Werner Nürnberg · Rolf Hanitsch

Die Prüfung elektrischer Maschinen

Sechste, vollständig überarbeitete Auflage

Mit 233 Abbildungen

Springer-Verlag Berlin Heidelberg New York
London Paris Tokyo 1987

em. Professor Dr.-Ing. Werner Nürnberg †

Professor Dr.-Ing. Rolf Hanitsch

Institut für elektrische Maschinen
Technische Universität Berlin
Einsteinufer 11
1000 Berlin 10

ISBN 3-540-17394-3 Springer-Verlag Berlin Heidelberg New York
ISBN 0-387-17394-3 Springer-Verlag New York Heidelberg Berlin

CIP-Kurztitelaufnahme der Deutschen Bibliothek
Nürnberg, Werner: Die Prüfung elektrischer Maschinen
Werner Nürnberg; Rolf Hanitsch. – 6., vollst. überarb. Aufl.
Berlin; Heidelberg; New York; London; Paris; Tokyo: Springer, 1987
Bis 5. Aufl. u. d. T.: Nürnberg, Werner:
Die Prüfung elektrischer Maschinen und die Untersuchung ihrer magnetischen Felder
ISBN 3-540-17394-3 (Berlin . . .)
ISBN 0-387-17394-3 (New York . . .)
NE: Hanitsch, Rolf

Satz: Thomas Müntzer, GDR
Druck: Saladruck Steinkopf & Sohn, Berlin
Bindearbeiten: Lüderitz & Bauer GmbH, Berlin
2068/3020/54321

Vorwort zur sechsten Auflage

Nachdem die Reprintausgabe der fünften Auflage nunmehr auch vergriffen ist, war es an der Zeit, eine Überarbeitung des Buches durchzuführen.

Die von aufmerksamen Lesern des Buches freundlicherweise gegebenen Anregungen konnten in der neuen überarbeiteten Auflage berücksichtigt werden.

Bei der Überarbeitung des Buches waren sich die Autoren einig, daß die Prüfung der elektrischen Maschinen nach wie vor den Kern des Buches bilden sollte. Die notwendige Erweiterung von verschiedenen Kapiteln durfte jedoch nicht zu einem Buch über Antriebstechnik, Leistungselektronik oder Meßtechnik führen und folglich mußten die ergänzenden Ausführungen dieser Zielvorgabe angepaßt werden.

Der weitergehend interessierte Leser wird über das neu aufgenommene Literaturverzeichnis auf vertiefende Arbeiten hingewiesen.

Dem Verlag gebührt für die konstruktive Zusammenarbeit und die vorzügliche Buchausstattung erneut der beste Dank.

Berlin, im August 1987 Werner Nürnberg, Rolf Hanitsch

Kurz vor Abschluß der Arbeiten am Manuskript für die 6. Auflage verstarb Herr Prof. Dr. Werner Nürnberg.

Der Springer-Verlag verliert mit ihm einen seiner bedeutenden Autoren und engagierten Herausgeber.

Der Verlag wird ihm ein ehrendes Gedenken bewahren.

Aus den Vorworten zu früheren Auflagen

Die eingehende Darstellung der Versuche bei der Prüfung elektrischer Maschinen unter besonderer Berücksichtigung ihrer Wirkungsweise ist der Zweck des vorliegenden Buches. Behandelt werden die Transformatoren, die Asynchron-, Synchron- und Gleichstrommaschine und die Kommutatormaschinen für Ein- und Mehrphasenstrom.

Von den Sonderanwendungen der Asynchronmaschine sind im einzelnen behandelt die polumschaltbare Maschine, der Einphasenmotor, der Asynchrongenerator, der Periodenwandler, die synchronisierte Maschine, die elektrische Welle, der Drehregler und die Maschinen mit Drehzahl- und Phasenregelung. Die Gleichstrommotoren und Generatoren sind mit allen gebräuchlichen Anordnungen des Erregerkreises beschrieben. Bei der Synchronmaschine sind auch jene Versuche angegeben, die die Bestimmung der zahlreichen charakteristischen Werte, wie z. B. der Reaktanzen in Längs- und Querachse für das mitläufige, das gegenläufige und das Nullsystem oder der Eigenschwingungszahlen u. a., erlauben.

Die Schaltungsschemas sind bei allen Maschinen und Transformatoren, bei den Gleichstrommaschinen sogar für beide Drehrichtungen wiedergegeben, da ihre Kenntnis bei der Prüfung der oft noch nicht fertig oder etwa falsch geschalteten Maschine von besonderem Nutzen ist. Die Stromwendung und die Ankerrückwirkung der mit Wendepolen ausgerüsteten Kommutatormaschinen für Gleich- und Wechselstrom werden theoretisch kurz, praktisch aber in ausführlicher Weise behandelt.

Das Verständnis bei der Prüfung der einzelnen Maschinengattungen wird durch Diagramme und Ortskurven vertieft, die in genauer oder in zulässig vereinfachter Form auf Grund von Leerlauf- und Kurzschlußversuchen oder von Lastablesungen gezeichnet und ausgewertet werden können.

Die Wirkungsweise der elektrischen Maschine beruht auf dem Auftreten eines magnetischen Feldes, welches zusammen mit den in den Leitern fließenden Strömen die mechanischen Nutzkräfte ausbildet und welches in bewegten Leitern bzw. bei eigener zeitlicher Änderung in ruhenden Leitern die elektrischen Spannungen erzeugt.

Das magnetische Feld wird gekennzeichnet durch seinen Fluß, seine örtliche Dichte und seine als Feldkurve bezeichnete Verteilung. Es wird bei den Transformatoren und den ohne eigene Gleichstromerregung arbeitenden Wechsel- oder Drehstrommaschinen durch ein- oder mehrphasige Blindströme aufgebaut, während es bei Gleichstrom- und Synchronmaschinen durch ein eigenes gleichstromgespeistes Polsystem im Ständer oder Läufer der Maschine erregt wird.

Der Zusammenhang zwischen Fluß und Erregung wurde bisher bei allen Maschinen und Transformatoren durch Aufnahme der sogenannten Leerlauf- oder Magnetisierungskennlinie bestimmt, wobei aber nicht der Fluß selbst, sondern die von ihm induzierte Leerlaufspannung bzw. die mit ihr nahezu übereinstimmende Klemmenspannung gemessen wurde. Neue und unmittelbare Wege einer viel weitergehenden Untersuchung bieten sich bei der Benutzung der beiden modernen Hilfsmittel, nämlich des *Flußmessers* und der *Hall-Sonde* an. Ersterer liefert eine sofortige, stehende Anzeige von Flußänderungen, die eine entsprechende Veränderung der Erregung begleiten, letztere zeigt die Dichte des Flusses in Luft sowohl bei konstanten als auch bei wechselnden Feldern an.

Da die Hall-Sonde darüber hinaus das Produkt zweier physikalischer Größen zu messen gestattet, auch wenn diese schnellen zeitlichen Änderungen unterworfen sind, kann sie bei der Prüfung oder Überwachung und bei der Regelung oder Steuerung der Maschinen zur Bestimmung von Leistungen, Drehmomenten, Wicklungsverlusten usw. benutzt werden, wenn ein oder zwei Sonden zuverlässig und auswechselbar in einen Hauptpolbogen eingebaut werden. Die Hall-Sonde erlaubt weiter die genaue Untersuchung der Wendefelder und klärt bei Haupt- und Wendefeldern der Gleichstrommaschine den Unterschied zwischen stationärem und dynamischem Verhalten bei langsamen oder schnellen Änderungen der Erregung. Vorzüglich geeignet erscheint sie für die Aufnahme genauer Feldkurven von Gleich- und Synchronmaschinen, so daß sich mit ihrer Hilfe unter gleichzeitiger Benutzung des Flußmessers neue Wege zum tieferen Eindringen in das Verhalten speziell der beiden letztgenannten

Maschinengattungen eröffnet haben. Diesen magnetischen Untersuchungen ist in der vierten Auflage ein eigenes neues Kapitel gewidmet worden, welches vorerst unabhängig lesbar neben den Abschnitten über die gewohnten Prüfmethoden stehen soll.

Von den Meßgeräten oder Verfahren ist in knapper Form nur das wichtigste angegeben. Hier müssen zum näheren Studium die einschlägigen Werke benutzt werden. Die Berechnung der Meßkonstanten und die Erweiterung des Meßbereiches mit Neben- und Vorwiderständen und mit Strom- und Spannungswandlern ist in aller Ausführlichkeit durchgeführt. Die zur Messung der mechanischen Größen, also von Temperatur, Drehzahl, Schwingungen, Geräuschen und Drehmomenten dienenden Geräte werden kurz gestreift.

Berlin, Januar 1940, Juni 1955, April 1959, Januar 1965 — Werner Nürnberg

Inhaltsverzeichnis

Verzeichnis der Formeln

Induzierte Spannung

Gleichstrommaschine $U_i = z \cdot \frac{2p}{2a} \cdot n \cdot \Phi$.

Drehstromkommutatormaschine, ständergespeist $U_{\varnothing} = \frac{z}{\sqrt{2}} \cdot \frac{2p}{2a} \cdot n_{syn} \cdot \Phi \cdot s$.

Drehstromkommutatormaschine, läufergespeist $U_{\varnothing} = \frac{z}{\sqrt{2}} \cdot \frac{2p}{2a} \cdot n_{syn} \cdot \Phi$.

Einphasenkommutatormaschine $U = \frac{z}{\sqrt{2}} \cdot \frac{2p}{2a} \cdot n \cdot \Phi$.

Drehstromwicklungen (für Lochzahlen pro Pol und Strang >2)

$$U = 4{,}24 \cdot w \cdot f \cdot \Phi_1 \cdot f_s, \qquad f_s = \sin\left(\frac{W}{\tau_p} \cdot 90°\right), \qquad 4{,}24 = \frac{2\pi}{\sqrt{2}} \cdot \frac{3}{\pi}.$$

Transformator $U = 4{,}44 \cdot w \cdot f \cdot \Phi, \qquad 4{,}44 = \frac{2\pi}{\sqrt{2}}$.

Widerstand

$$R = \frac{l}{qL}, \qquad L = L_{20°} \cdot \frac{20 + T}{\vartheta_{warm} + T}, \qquad \frac{R_{warm}}{R_{kalt}} = \frac{\vartheta_{warm} + T}{\vartheta_{kalt} + T},$$

L und T siehe Tabelle.

Erwärmung

Auswertung des Dauerlaufs bei Kupferwicklungen

$$\vartheta_{ü} = \frac{R_{warm} - R_{kalt}}{R_{kalt}} (235 + \vartheta_{kalt}) - (\vartheta_{raum,\,warm} - \vartheta_{kalt}),$$

$$\vartheta_{ü} = \frac{R_{warm} - R_{kalt}}{R_{kalt}} (235 + \vartheta_{kalt}) - (\vartheta_{kühlmittel} - \vartheta_{kalt}).$$

Wicklungsverluste

aus Widerstand und Strom $P_{Cu} = I^2 \cdot R$,

aus Stromdichte und Gewicht $P_{Cu} = \frac{j^2 \cdot G}{\varrho \cdot L}$.

Hochlauf, Bremsung

Beschleunigungs- bzw. Bremsmoment $M = J \frac{d\omega}{dt} = 2\pi J \frac{dn}{dt}$.

Beschleunigungs- bzw. Bremsleistung $P = J\omega \frac{d\omega}{dt} = J \frac{\omega_1^2}{T_H}$.

Auslauf

$$J = \frac{P_V}{\omega_1^2} T_H \, ; \qquad T_H = \frac{J\omega}{M_B} .$$

Drehmoment, Drehzahl

$$M = \frac{P}{\omega}; \qquad M = Fr; \qquad \omega = 2\pi n .$$

Gleichstrommaschine $M = \frac{z}{2\pi} \cdot \frac{2p}{2a} \cdot I \cdot \Phi$.

Gleichstrommotor $n = \frac{U - I \cdot R}{C_1 \Phi}$, $\quad C_1 = z \cdot \frac{2p}{2a}$.

Synchronmaschine $n_s = \frac{120 \cdot f}{2p}$ in U/min,

Asynchronmotor $n = \frac{120 \cdot f}{2p} \cdot (1 - s)$ in U/min

$$n_s = \frac{f}{p} \text{ in } 1/\text{s}$$

Kinetische Energie

Bewegte Masse $E = \frac{1}{2} m v^2$,

Drehende Masse $E = \frac{1}{2} J\omega^2$

Umrechnung der Einheiten für Arbeit, Leistung, Kraft

Arbeit
- 1 kp m = 9,81 Ws, 1 PSh = 632 kcal, 1 Nm = 1 Ws,
- 1 Ws = 0,102 kpm, 1 kWh = 860 kcal.
- 1 kcal = 4180 Ws = 427 kpm,

Leistung
- 1 kpm/s = 9,81 W,
- 1 PS = 0,736 kW ,
- 1 kW = 102 kpm/s = 1,36 PS.

Kraft 1 N = 0,102 kp

Tabelle

	Dichte (Spezifisches Gewicht) g/cm^3 ϱ	Spezifische Wärme Ws/kg K c	Leitwert m/Ω mm^2 L		Negative Temperatur wo Wid. fast zu Null wird T
			bei 20°	bei 75°	
Kupfer	8,90	390	57	46,8	235
Aluminium	2,70	920	36	29,8	245
Walzeisen	7,86	480	7	5,5	184
Wasser	1,00	4180			

Bezeichnungen

$2a$ = Zahl der parallelen Zweige = 2 bei eingängiger Wellenwicklung
= $2p$ bei eingängiger Schleifenwicklung

c = spezifische Wärme in Ws/kg K
E = kinetische Energie in Ws
f = Frequenz
f_s = Sehnungsfaktor
G = Gewicht
J = Trägheitsmoment
j = Stromdichte
I = Stromstärke
L = Leitfähigkeit
$L_{20°}$ = Leitfähigkeit bei 20 °C
l = Länge
M = Drehmoment
P_{Brems} = Bremsende Leistung (beim Auslauf)
P = Leistung
n = Drehzahl
n_1 = Auslaufdrehzahl bzw. Hochlaufdrehzahl
n_s = synchrone Drehzahl

$\frac{dn}{dt}$ = Beschleunigung, bzw. Verzögerung
$2p$ = Polzahl
q = Querschnitt
R = Widerstand
R_{warm} = Widerstand bei ϑ_{warm}
R_{kalt} = Widerstand bei ϑ_{kalt}
s = Schlupf $= \frac{s\,\%}{100} = \frac{n_s - n}{n_s} = \frac{n_{syn} - n}{n_{syn}}$
t = Zeit
ϑ_{kalt} = Wicklungstemperatur bei kalter Widerstandsmessung in °C
ϑ_{warm} = Wicklungstemperatur bei warmer Widerstandsmessung in °C
$\vartheta_{Raum,\ warm}$ = Raumtemperatur bei warmer Widerstandsmessung in °C
$\vartheta_{Kühlmittel}$ = Eintrittstemperatur des Kühlmittels in °C
$\vartheta_{ü}$ = Übertemperatur in K
T = Auslaufzeit bzw. Hochlaufzeit
τ_p = Polteilung
T = negative Temperatur in °C, bei der der Widerstand fast zu Null wird
U_i = induzierte Spannung eines Strangs bzw. zwischen den Bürsten
$U_{\varnothing}$ = induzierte Durchmesserspannung zwischen Bürsten in Entfernung einer Polteilung
P_V = Verluste
v = Geschwindigkeit
W = Spulenweite
w = wirksame Windungszahl je Strang
z = gesamte Leiterzahl eines Gleichstromankers
ϱ = spezifisches Gewicht
Φ = magnetischer Kraftfluß
Φ_1 = Grundwelle von Φ

Einleitung

Die Prüfung der elektrischen Maschinen dient vor allem der Feststellung der notwendigen elektrischen und mechanischen Festigkeit, der thermischen Reichlichkeit, der Überlastbarkeit und der technischen Daten, zu denen als wichtigste der Wirkungsgrad und der Leistungsfaktor zählen. Im Leerlaufversuch werden die magnetischen Verhältnisse des Nutzkraftlinienwegs und die Leerverluste bestimmt; im Kurzschlußversuch untersucht man die Verhältnisse der Streuwege, die Ankerrückwirkung und die Zusatzverluste. Die Lastversuche erstrecken sich auf die Aufnahme der Kennlinien für die Erregung, die Klemmenspannung und die Drehzahl über der veränderlichen Last, und beim Dauerversuch auf die Bestimmung der Erwärmung bei Normallast. Bei den selbstanlaufenden Motoren wird das Drehmoment im Stillstand und im Hochlauf gemessen, wozu im weitesten Umfange vom Hochlaufversuch Gebrauch gemacht wird. Die zur Auswertung nötige Bestimmung des Trägheitsmoments erfolgt meistens durch den Auslaufversuch. Alle Maschinen mit Kommutator, also die Gleichstrom- und die Drehstrom- oder Einphasenkommutatormaschinen, werden vor Beginn der eigentlichen Messungen einer Einstellung unterzogen, die der Bestimmung der neutralen Zone der Bürstenbrücke und der richtigen Phasenlage von Drehzahl- und Leistungsfaktorregelspannung dient. Von der Genauigkeit dieser Einstellung hängt bei vielen dieser Maschinen das ordnungsgemäße Arbeiten in entscheidendem Maße ab. Untersuchungen über Vibrationen, Geräusche und die Belüftung ergänzen die rein elektrischen Prüfungen an neuen Generatoren und Motoren. Eine ganze Reihe von Untersuchungen kehrt in der gleichen Weise bei den verschiedenen Maschinengattungen wieder und wird daher im ersten Abschnitt als „Allgemeine Maschinenprüfung“ gemeinsam behandelt. Der zweite Abschnitt bringt dann die „Besondere Maschinenprüfung“ der Transformatoren, Drehstrom-, Gleichstrom- und Kommutatormaschinen. Die Ausmessung magnetischer Felder mit neuzeitlichen Geräten bringt der folgende Abschnitt. Die vornehmlich im praktischen Prüffeldbetrieb benutzten „Meßgeräte und Verfahren“ für die elektrischen und mechanischen Untersuchungen sind im letzten Abschnitt in kurzer Form behandelt.

1 Allgemeine Maschinenprüfung

Die Prüfung der elektrischen Maschinen ist auch der Hauptinhalt von zahlreichen VDE Bestimmungen. Für umlaufende elektrische Maschinen und Transformatoren sind folgende Bestimmungen wichtig:

— VDE 0530: „Bestimmungen für umlaufende elektrische Maschinen" früher als „Regeln für elektrische Maschinen" (REM) bezeichnet.
— VDE 0532: „Bestimmungen für Transformatoren und Drosselspulen". (RET)
— VDE 0535: „Bestimmungen für elektrische Maschinen, Transformatoren, Drosseln und Stromrichtern auf Bahn- und anderen Fahrzeugen".
— VDE 0730: „Bestimmungen für Geräte mit elektromotorischem Antrieb für den Hausgebrauch und ähnliche Zwecke". u. a.

Im Buch wird in erster Linie auf die REM Bezug genommen. Diese umfangreichen Vorschriften können jedoch nur auszugsweise wiedergegeben werden und für die Durchführung von Messungen, die den Vorschriften voll entsprechen sollen, ist stets der Urtext der Bestimmungen zugrunde zu legen.

1.1 Widerstandsmessung

Die Prüfung der angelieferten Maschine beginnt zweckmäßigerweise mit der Messung der Widerstände der einzelnen Wicklungen. Der Vergleich des Meßwerts mit dem im allgemeinen vorausberechneten Sollwert läßt grobe Fehler sofort erkennen. Außerdem dient der kalte Widerstandswert zur nachherigen Bestimmung der Temperaturzunahme der Wicklung nach der Dauerbelastung. Wird die kalte Widerstandsmessung aufgeschoben, so ist eine lästige Wartezeit bis zur vollständigen Auskühlung nicht zu vermeiden.

Die praktische Messung richtet sich nach der Höhe des Widerstands. Kleinste Widerstandswerte, wie solche von Gleichstromankern, Hauptstromerregerwicklungen, Wendepol- und Kompensationswicklungen, die unter 0,001 Ω liegen, werden am besten durch Strom- und Spannungsmessung ermittelt.

Höhere Widerstände zwischen 0,001 und 1,0 Ω werden mit der Thomsonbrücke bestimmt. Werte über 1,00 Ω mißt man mit der Wheatstonebrücke. Gleichzeitig erfolgt die thermometrische Temperaturmessung der Wicklung. Dies ist schon allein wegen der starken Temperaturabhängigkeit des Widerstands nötig. Außerdem wird dieser Temperaturwert ebenfalls zur Errechnung der Erwärmung benötigt. Am sorgfältigsten geschieht die Temperaturmessung mittels in die Köpfe oder Lagen der Wicklungen eingebauter Widerstandsthermometer. Begnügt man sich mit der Ablesung der Raumtemperatur, so ist mit einer möglichen Abweichung zwischen Wicklung und Raum von einigen Grad Celsius zu rechnen. Insbesondere hinken alle geschlossenen Maschinen hinter den Änderungen der Raumtemperatur her.

Bei der Widerstandsmessung ist zu beachten, daß alle benützten Kontakte, sowohl der Meßleitungen als auch der Wicklungsenden, gute blanke Oberflächen besitzen, und daß etwaige Verbindungsbrücken gut angezogen sind. Diejenigen Schaltverbindungen, die das Meßergebnis stören, sind natürlich zu entfernen.

Der Meßstrom, der bei den einzelnen Meßverfahren durch die Wicklungen gesandt wird, erwärmt diese in unerwünschter Weise. Der dadurch entstehende Fehler bleibt in zulässigen Grenzen, wenn zur Messung etwa $^1/_{10}$ bis $^1/_5$ Nennstromstärke der betreffenden Wicklung nicht überschritten wird.

Die wiederholte Messung des gleichen Widerstands, insbesondere bei der späteren Bestimmung des warmen Werts, muß nach dem vorher geübten Verfahren und außerdem mit der gleichen Empfindlichkeit geschehen. Bei Brückenschaltungen sind also dieselben Normalwiderstände und bei Strom- und Spannungsmessung die gleiche Stromstärke zu benutzen. Auf diese Weise wird bei allen Messungen mit gleicher Meßgenauigkeit und mit gleichem Meßfehler gearbeitet. Die Ermittlung der prozentualen Widerstandszunahme erfolgt dann recht genau, auch wenn der absolute Ohmwert mit geringer Abweichung vom wahren Betrag gemessen wurde.

1.1.1 Drehstromwicklungen

Die Wicklungen der Transformatoren, Asynchronmotoren und Synchronmotoren sind meist miteinander verkettet geschaltet. Bei leichter Trennmöglichkeit der Stränge voneinander empfiehlt sich die Messung des einzelnen Phasenwiderstands unter Angabe seiner Phasenzugehörigkeit. Liegt dagegen unlösbare Verkettung in Sternschaltung vor, so können nur die Summenwiderstände von je zwei Phasen gemessen werden. Die Einzelwerte je Strang ergibt eine einfache Nebenrechnung, mit den Bezeichnungen nach Abb. 1 zu:

$$r_u = \frac{1}{2}(R_{uv} + R_{wu} - R_{vw}), \qquad r_v = \frac{1}{2}(R_{vw} + R_{uv} - R_{wu}),$$

$$r_w = \frac{1}{2}(R_{wu} + R_{vw} - R_{uv}).$$

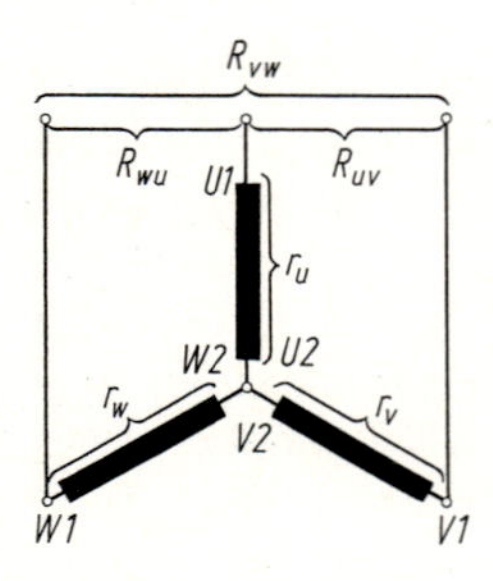

Abb. 1. Widerstandsmessung bei Sternschaltung

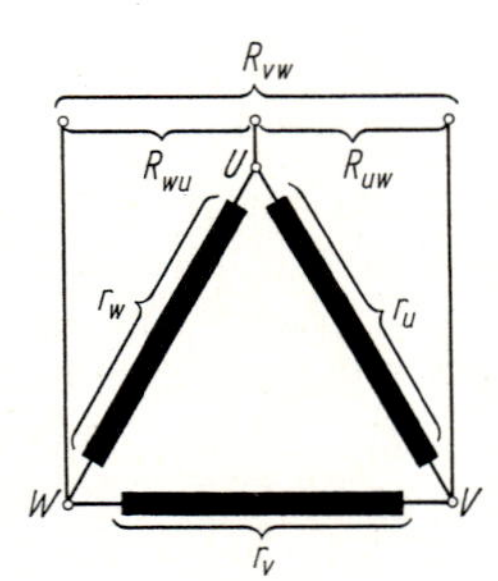

Abb. 2. Widerstandsmessung bei Dreieckschaltung

Bei Messung der Widerstände in Dreieckschaltung betragen die ebenfalls erst rechnerisch zu ermittelnden Einzelwerte entsprechend Abb. 2:

$$r_u = \frac{1}{2}\left(\frac{4R_{vw}R_{wu}}{-R_{uv} + R_{vw} + R_{wu}} - [-R_{uv} + R_{vw} + R_{wu}]\right),$$

$$r_v = \frac{1}{2}\left(\frac{4R_{wu}R_{uv}}{+R_{uv} - R_{vw} + R_{wu}} - [+R_{uv} - R_{vw} + R_{wu}]\right),$$

$$r_w = \frac{1}{2}\left(\frac{4R_{uv}R_{vw}}{+R_{uv} + R_{vw} - R_{wu}} - [+R_{uv} + R_{vw} - R_{wu}]\right).$$

Wenn keine wesentliche Abweichung zwischen den drei Meßwerten auftritt, so genügt als Angabe des Phasenwiderstands:

$$R_{ph} = \frac{1}{2} R_{verkettet} \quad \text{bei Sternschaltung},$$

$$R_{ph} = \frac{3}{2} R_{verkettet} \quad \text{bei Dreieckschaltung}.$$

Bei zweipoligen Einschichtwicklungen ergibt sich infolge der verschieden großen Wickelkopfausladung der einzelnen Phasen leicht eine Verschiedenheit in den Widerstandswerten von einigen Prozent, die also im allgemeinen keinen Hinweis auf etwaige Fehler in der Ausführung der Wicklung gibt.

Der Widerstand der Läuferwicklung der Asynchronmotoren und der Feldwicklung der Synchronmaschinen wird durch Anhalten der Meßleitungen an die Schleifringe bestimmt, damit der Übergangs- und Eigenwiderstand der Bürsten nicht mitgemessen wird. Dieser letztere Wert wird nicht durch Messung bestimmt, sondern durch den von ihm hervorgerufenen Spannungsabfall berücksichtigt. Dabei gelten, unabhängig von der Stromstärke, 1,0 V für Kohlebürsten und 0,2 V für die metallhaltigen Kohlesorten.

Der Widerstand von Kurzschlußankern jeder Art, worunter auch die Dämpferkäfige zu verstehen sind, wird nicht gemessen. Nur wenn die eigentlichen Belastungsmessungen begründeten Verdacht auf Verwendung falschen Werkstoffes aufkommen lassen, muß die Leitfähigkeit eines Probestückes bestimmt werden.

1.1.2 Gleichstromwicklungen

Die Messung des Feldwiderstandes der Nebenschluß- und der Fremderregungswicklung bietet keine Schwierigkeit. Bei kleinen Maschinen wird meist die Wheatstone- und bei größeren die Thomsonbrücke verwendet.

Schwieriger gestaltet sich die Bestimmung des Widerstands der hauptstromdurchflossenen Wicklungen für Wendepole, Verbunderregung und Kompensation. Die kalten Widerstände erscheinen häufig bis zu 50 % gegenüber den errechneten Werten zu hoch, bei denen der Widerstand der Verbindungsstücke zwischen den einzelnen Teilspulen sowie die auch bei bester Verbindungsweise unvermeidbaren Übergangswiderstände nicht berücksichtigt werden. Die warmen Widerstände hingegen liegen oft, verglichen mit dem Ergebnis der thermometrischen Temperaturbestimmung, zu tief. Dies liegt zum Teil wiederum an den zusätzlichen Widerständen, die ja nicht immer die gleiche Erwärmung erleiden, und zum anderen Teil an der guten, schnellen Abkühlung der häufig blank verlegten Spulen, die ein schnelles Absinken des warmen Widerstandswerts zur Folge hat.

Große Sorgfalt verlangt die Messung des Ankerwiderstands. Unter diesem Wert versteht man den Widerstand zwischen zwei um genau eine Polteilung auf dem Kommutator voneinander entfernten Segmenten in der Betriebsschaltung des Ankers. Diese liegt stets vor, wenn alle Kohlen auf dem Kommutator aufsitzen. Wenn der Anker, wie es bei Schleifenwicklung großer Maschinen üblich ist, hinreichend viele Ausgleichsverbindungen hat, so kann der Widerstand auch ohne Kohlen bestimmt werden. Bei aufliegenden Kohlen ist das Meßergebnis infolge der sich mit der Ankerstellung ändernden Überdeckung von mehr oder weniger Segmenten in geringen Grenzen schwankend. Zum Vergleich mit dem Sollwert reicht es aus, bei Errechnung der Widerstandszunahme ist es nicht unbedingt zuverlässig. Genauere Werte bei eingängigen Wicklungen ergeben sich, wenn zwei benachbarte Lamellen des Kommutators bezeichnet werden und der dazwischenliegende Widerstand kalt und warm gemessen wird. Dieser Wert hängt von der jeweiligen Ankerstellung nur in geringem Maße ab. Zweckmäßigerweise dreht man den Anker, bis die bezeichneten Lamellen ziemlich genau zwischen zwei Bürstenbolzen zu liegen kommen. Die Stromstärke muß wesentlich geringer als bei der andern Meßart gewählt werden, da sich der Meßstrom praktisch nicht verzweigt, sondern größtenteils nur durch die zwischen den beiden Segmenten liegende Ankerspule tritt. Einwandfreie Meßergebnisse erhält man, auch bei Messung in der Polteilung, wenn die Kohlen herabgenommen werden, ein Verfahren, das sich bei größeren Maschinen jedoch von selbst verbietet.

1.1.3 Wicklungen der Ein- und Mehrphasenkommutatormaschinen

Diese Maschinen besitzen Ständerwicklungen, die in Aufbau und Schaltung entweder den Wicklungen der Gleichstrom- oder der Asynchronmaschinen entsprechen. Es gilt also das bereits dort Gesagte. Häufig ist allerdings, um die Klemmenzahl auf das Notwendigste zu beschränken, bereits eine innere Verbindung der schaltungsmäßig zusammengehörigen Spulen durchgeführt. So liegen z. B. bei den Mehrphasenkommutatormaschinen mit Wendepolen oft die Wendepol- und die Kompensationswicklung unlösbar hintereinandergeschaltet. Gemessen wird dann der Summenwiderstand unter entsprechender genauer Angabe der betreffenden Spulen. Die Ankerwicklung dieser Maschinen ist identisch mit einer Gleichstromankerwicklung und wird wie diese in Polteilung ($\tau_p = 180°$ el) gemessen. Bei der Wirkungsgradberechnung wird dieser Widerstandswert dann durch eine einfache Umrechnung auf die einzelnen Phasen bezogen. Liegt noch eine besondere Drehstromwicklung in den Ankernuten, so wird deren Widerstand zwischen den drei oder sechs Schleifringen bestimmt. Zu beachten ist das etwaige Vorhandensein von sog. Widerstandsverbindungen, welche sich zwischen Wickelkopf und Kommutatorsegment befinden und der Verringerung der Kurzschlußströme unter den Bürsten dienen. Sind solche vorhanden, so ist der Wickelkopf oberhalb der Fahne blank zu machen und als

Meßpunkt zu benutzen. Die Widerstandsfahne selbst kann dann noch getrennt mit mäßiger Stromstärke gemessen werden. Durch höhere Stromwerte kann sie leicht verbrannt werden.

1.2 Isolationsfestigkeit

Die Isolationsprobe nach REM, welche möglichst an der warmen Maschine vorgenommen wird, besteht aus der Wicklungsprobe, der Sprungwellenprobe und der Windungsprobe. Hierzu tritt in der Praxis die Hochfrequenzprobe. Leitsätze für Prüfverfahren zur Beurteilung des thermischen Verhaltens fester Isolierstoffe enthält VDE 0304. Neben diesem umfangreichen Vorschriftenwerk gibt es zahlreiche weitere Bestimmungen und Regeln für Isoliermaterialien in der Elektrotechnik [VDE 0310; 0315; 0316; 0318; 0322; 0332; 0334; 0335; 0340; 0345; 0360; 0365; 0368; 0370 u. a.].

1.2.1 Wicklungsprobe

Die Wicklungsprobe dient zur Ermittlung der ausreichenden Isolationsfestigkeit der Wicklungen untereinander und gegen das Eisen. Eine in den REM und RET festgelegte Wechselspannung wird mit dem einen Pol der zu prüfenden Wicklung und mit dem andern Pol dem Maschinenkörper, bzw. den unter sich zusammengeschlossenen restlichen Spulengruppen zugeführt. Man entnimmt sie einem kleinen, primärseitig über einen Regelwiderstand an Wechselspannung von 220 oder 380 V liegenden Prüftransformator. In langsamer Steigerung wird sie auf den vorgeschriebenen Betrag hochgeregelt und eine Minute dabei belassen. Bei etwaigem Isolationsschaden geht die Anzeige des Spannungsmessers auf fast Null zurück. Die Fehlerstelle kann meist an einem knisternden Geräusch oder gar an einem sichtbaren Flammbogen erkannt werden.

1.2.2 Sprungwellenprobe

Die Sprungwellenprobe nach REM und RET soll an den fertigen Maschinen von über 2,5 kV Spannung vorgenommen werden. Da sich in der Praxis gezeigt hat, daß diese Probe geeignet ist, außer bei den Transformatoren eine an und für sich gute Isolation u. U. zu verschlechtern, und Beanstandungen nach der Inbetriebnahme zu erwarten sind, wird im Einverständnis mit dem Kunden darauf verzichtet.

Stoßspannungsprüfungen im Rahmen von vorbeugenden Instandhaltungsmaßnahmen gewinnen in letzter Zeit an Bedeutung zur Entdeckung und Bewertung von möglichen Wicklungsfehlern sowie zur Früherkennung von Isolationsfehlern. Eine Stoßspannung mit steiler Stirn (Stirnzeit ca. 1 µs) pflanzt sich wie eine Wanderwelle längs der Wicklung fort und ruft Spannungsdifferenzen zwischen den Windungen einer Wicklung hervor. Trifft die Stoßspannungswelle auf eine Schwachstelle in der Wicklungsisolation, so tritt ein Überschlag zur nächsten Windung, Wicklung, Phase oder Erde auf. Mit einem Oszilloskop läßt sich die Stoßspannung und ihre Antwort darstellen und anhand der Schwingungsform kann man auf typische Wicklungsfehler schließen.

Bei der Anwendung der Stoßspannungsprüfung werden die Prüfspannungen ermittelt gemäß:

$$U_{st} = 1{,}4 \dots 1{,}8(2U_n + 1000 \text{ V}) .$$

Von der Industrie werden heute tragbare Stoßspannungsprüfgeräte angeboten, so daß eine breite Anwendung erfolgen kann [1–4].

1.2.3 Hochfrequenzprüfung

Die Sprungwellenprobe wird oft ersetzt durch eine Hochfrequenzprüfung, die eine Probe der noch nicht eingebauten Spule mit der ihren Enden zugeführten vollen verketteten Spannung ermöglicht. In Abb. 3 ist eine der in der Praxis eingeführten Anordnungen zu sehen. Die einem Netz von 500 Hz entnommene regelbare Spannung wird in einem Transformator *Tr* auf einige kV umgespannt und einem Kondensator *C* zugeführt. Parallel zu diesem liegt über einer einstellbaren Löschfunkenstrecke *L* und über einem Strombegrenzungswiderstand R_3 die zu prüfende Spule *Sp*, deren eine Klemme geerdet wird. Durch Veränderung des Abstands der Löschfunkenstrecke kann bei ausreichend hoher Spannung am Kondensator jede gewünschte Überschlagsspannung zwischen 1000 und 10000 V eingestellt und der Probespule zugeführt werden. Im Augenblick des Überschlags setzt ein Schwingungsvorgang in dem aus Kondensator *C* und Spule *Sp* gebildeten Kreis ein, der nach einigen Perioden erlischt und sofort von neuem einsetzt, wenn die Spannung am Kondensator wieder genügend angestiegen ist. Einige Tausend solcher Wellenzüge, die eine Periodenzahl von 10000 bis 100000 Hz besitzen, werden während der Probe der Spule zugeleitet. Ein Resonanzkreis, der lose angekoppelt ist, dient der Anzeige von Spulen mit

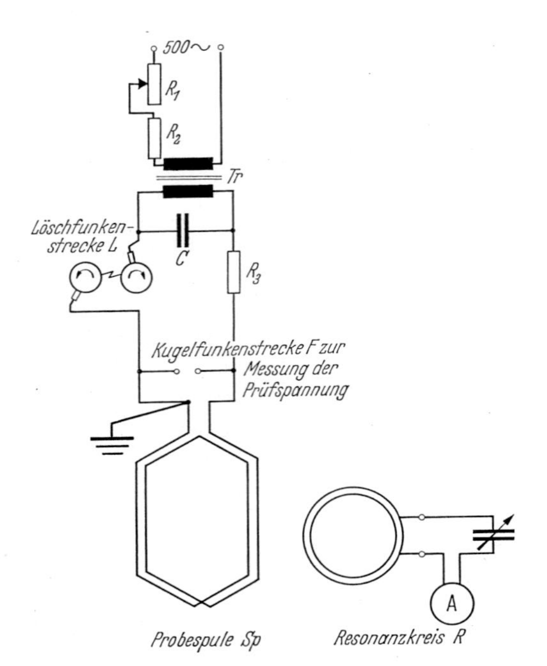

Abb. 3. Hochfrequenzprobe an einer Formspule mit voller Maschinenspannung

durchgeschlagenen, kurzgeschlossenen Windungen. Diese Spulen bewirken eine Verstimmung der Resonanz beider Kreise und werden am starken Rückgang der Strommesseranzeige erkannt. Der genaue Wert der Prüfspannung, deren Scheitelwert auf die $\sqrt{2}$-fache verkettete Maschinenspannung eingestellt wird, ist an einer parallel zur Spule *Sp* liegenden Kugelfunkenstrecke *F* zu messen.

1.2.4 Windungsprobe

Die Windungsprobe prüft die Isolationsgüte zwischen den Windungen der gleichen Wicklung. Sie wird nach den REM und RET mit dem 1,3-, 1,5- oder 2fachen Betrag der normalen Windungsspannung durchgeführt. In der einfachsten und in der Prüffeldpraxis meistens geübten Weise wird im Verlauf der Leerlaufmessungen bei Aufnahme der Magnetisierungskennlinie die Maschine auf den erhöhten Spannungswert gebracht, sei es durch stärkere Erregung oder durch Zuführung erhöhter Netzspannung. Wird die Maschine gleichzeitig mit der aus mechanischen Gründen stets vorgeschriebenen erhöhten Drehzahl gefahren, die durch schnelleres Antreiben oder durch Erhöhung der Netzfrequenz erreicht werden kann, so läßt sich auf diese Weise häufig eine wesentliche Erhöhung des magnetischen Kraftflusses bei Vornahme der Probe umgehen. Die Maschine arbeitet dann nahezu mit normaler Sättigung. Bei prozentual höheren Schleuderdrehzahlen ist sie allerdings schwächer als normal gesättigt. Die Probe dauert 3 Minuten, während für die Schleuderprobe nur 2 Minuten vorgeschrieben sind [5, 6].

1.2.5 Isolationswiderstand

Der Absolutwert des Isolationswiderstands in Ohm ist nach den vorigen Prüfungen noch nicht bekannt. Zu seiner Messung dient die einfache Stromspannungsmeßmethode, d. h. es wird der Stromdurchgang bei bekannter, angelegter Gleichspannung, und zwar meistens von 500 V, gemessen. Als Spannungsquelle dient z. B. ein Kurbelinduktor geeigneter Bauart oder ein vorhandenes Gleichstromnetz. Der Wert des Isolationswiderstands liegt etwa zwischen einigen hunderttausend und einigen Millionen Ohm. Er hängt sehr stark vom Feuchtigkeitszustand der Maschine ab.

Bei neumontierten Maschinen oder nach Betriebspausen von einigen Tagen liegt er oft tiefer, steigt aber bei Anheizung durch Strom oder äußere Wärmezufuhr bald an. Bei Nachmessungen des Werts an Ort und Stelle beachte man den Feuchtigkeits- und den Verschmutzungszustand des Klemmbretts und des Kommutators, da dieser leicht einen zu geringen Isolationswiderstand der Wicklungen selbst vortäuscht.

1.3 Wickelsinn und Wickelachse

Der Wickelsinn und die Wickelachse der Spulen in den elektrischen Maschinen bestimmen die Richtung und die räumliche Achse der von ihnen bei Stromdurchgang erzeugten magnetischen Felder. Ebenso entscheiden sie über die zeitliche Lage der in ihnen induzierten Spannungen. Von der Richtigkeit dieser Verhältnisse hängt die fehlerfreie Arbeitsweise der Maschinen ab.

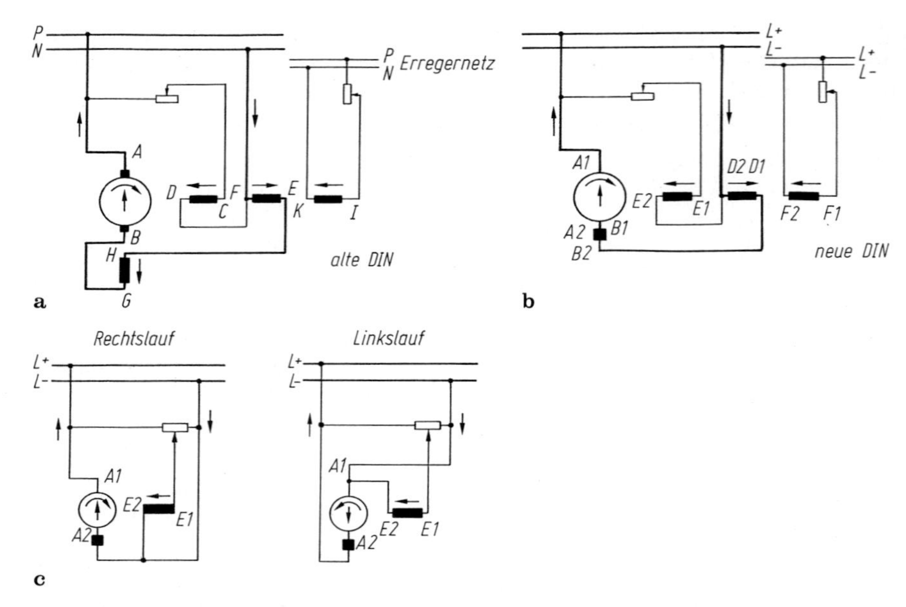

Abb. 4. Anschlußbezeichnungen für Gleichstrommaschinen. **a** Bezeichnungen gemäß alter DIN für Krämerdynamo; **b** Bezeichnungen gemäß DIN 57530/Teil 8; **c** Schaltungsbeispiele

An dieser Stelle sei auf DIN 57530, Anschlußbezeichnungen und Drehsinn von umlaufenden elektrischen Maschinen, hingewiesen. Aus Abb. 4 kann entnommen werden, wie sich die Bezeichnungen gegenüber den alten Vorschriften bei Gleichstrommaschinen verändert haben. Abbildung 4a zeigt noch die Bezeichnungen nach der alten DIN-Vorschrift, wie sie auch noch auf der Mehrzahl der Gleichstrommaschinen anzutreffen sind. Motoren, die in den letzten Jahren gebaut wurden, haben natürlich die neuen Anschlußbezeichnungen nach Abb. 4b erhalten. Wie auch aus Tabelle 1 zu ersehen ist, werden nach der neuen Norm die Anschlußstellen von Gleichstromwicklungen mit Buchstaben und Zahlen gekennzeichnet. Für die Polarität der sich weitgehend aufhebenden Magnetfelder in der Querachse ist jetzt festgelegt, daß die Wicklungen von Wendepol einschließlich Kompensationswick-

Tabelle 1. Kennbuchstaben für stromdurchflossene Wicklungsteile bei Gleichstrommaschinen

Wicklung	DIN 57530 Kennbuchstabe		Klassische Kennbuchstaben
Ankerwicklung	A	A1–A2	A–B
Wendepolwicklung	B	B1–B2	G–H
Kompensationswicklung	C	C1–C2	G_K–H_K
Erregerwicklung (Reihenschluß)	D	D1–D2	E–F
Erregerwicklung (Nebenschluß)	E	E1–E2	C–D
Erregerwicklung (Fremderregung)	F	F1–F2	I–K

lung und Anker richtig geschaltet sind, wenn in allen diesen Wicklungen der Strom die Durchflußrichtung von der niedrigeren, (höheren) Kennzahl zur höheren (niedrigeren) hat.

Bei der Prüfung der Gleichstrommaschinen sollte man jedoch die physikalischen Gegebenheiten in der Maschine in den Vordergrund der Betrachtungen stellen und sich darüber im klaren sein, daß z. B. das Ankerfeld dem Wendefeld entgegengesetzt ist. Daher haben die Autoren beschlossen, in den Schaltbildern für die Gleichstrommaschine noch die alten Bezeichnungen und Symbole zu benutzen. Eine Neubezeichnung der Anschlußstellen ist gemäß Tabelle 1 unschwer durchzuführen und Abb. 4c zeigt zwei Beispiele.

Auch für Wechselstrommaschinen gibt die neue DIN 57530/Teil 8 an, wie die Anschlußbezeichnung erfolgen soll. Abbildung 5 zeigt einige Beispiele. Die Zuordnung der Buchstaben U, V, W, N zur Primärwicklung und der Buchstaben K, L, M, Q zur Sekundärwicklung ist vorgesehen. Für von Gleichstrom durchflossene Erregerwicklungen (Feldwicklungen) ist in Übereinstimmung mit der Anschlußbezeichnung bei Gleichstrommaschinen der Buchstabe F zu verwenden.

1.3.1 Feldwicklungen von Gleichstrommaschinen

Liegt nur eine Erregerwicklung auf den Hauptpolen, so beschränkt sich die Prüfung auf Feststellung der wechselnden und mit der Zeichnung übereinstimmenden Polfolge bei erregter Wicklung. Die Klemmen C—D, d. h. $E1$—$E2$ bei Nebenschlußschaltung bzw. I—K, d. h. $F1$—$F2$, bei Fremderregung oder E—F, d. h. $D1$—$D2$, bei Hauptstromerregung werden mit der Stromquelle verbunden; dann wird eine drehbar gelagerte Magnetnadel den einzelnen Polschuhen langsam genähert. Der Nordpol zieht die nach Süden, der Südpol die nach Norden zeigende Spitze an. Bei richtiger Spulenverbindung müssen die Nadelspitzen demnach abwechselnd angezogen werden. Bei zu rascher Annäherung der Nadel kann dieselbe umgepolt werden, wodurch natürlich eine Fehlanzeige entsteht. Als Richtungsregel sei kurz vermerkt: Auf die Fläche des Polschuhs blickend, wird der vom Erregerstrom rechts — im Uhrzeigersinn — umflossene Pol zum Südpol, der vom Erregerstrom links — entgegen dem Uhrzeigersinn — umflossene Pol zum Nordpol.

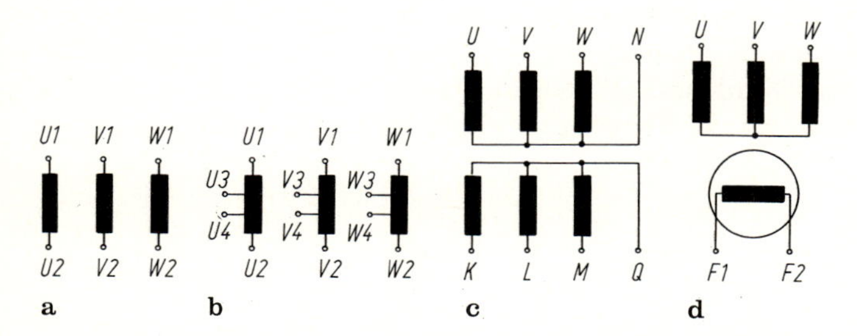

Abb. 5. Kennzeichnungen von Wechselstrommaschinen. **a** Dreiphasen-Asynchronmotor mit Käfigläufer in offener Schaltung; **b** Dreiphasen-Asynchronmotor mit angezapfter Wicklung (Käfigläufer); **c** Dreiphasen-Asynchronmotor mit Schleifringläufer (Sternpunkte herausgeführt); **d** Dreiphasen-Synchrongenerator mit Gleichstromerregung im Läufer

Besitzt die Maschine mehrere Erregerwicklungen, so wird erst eine einzige, wie oben geschildert, geprüft. Die Ausmessung der restlichen erfolgt dann am besten nach induktivem Verfahren. Dies dient jedoch nur zur Kontrolle der Gesamtwirkung der einzelnen Erregerkreise auf die Maschine. Bei Verdacht auf Fehlschaltung einzelner Pole sind auch die übrigen Wicklungen einzeln mit der Nadel zu prüfen. Liegt nun auf den Polen z. B. außer der Selbsterregung $E1-E2$ $(C-D)$ noch eine Hauptstromerregung $D1-D2$ $(E-F)$ und eine Fremderregung $F1-F2$ $(I-K)$, so ist die Schaltung und die Klemmenbezeichnung nur dann richtig, wenn alle Wicklungen bei Stromeintritt in die mit der gleichen nachgestellten Zahl bezeichneten Klemme eine gleichsinnige Erregung der Maschine hervorrufen. Das heißt also: Bei gleicher Polarität der Klemmen $E1(C)$, $D1$ (E) und $F1$ (I) müssen sich alle Wicklungen gegenseitig unterstützen. Die induktive Probe geht nun von der Überlegung aus, daß bei Änderungen des gemeinsamen magnetischen Flusses in allen Spulen Spannungen gleicher Richtung induziert werden müssen. Man legt also z. B. an die Klemmen $E1$ (C) $D1$ (E) und $F1$ (I) die (+)-Klemme und an die Klemmen $E2$ (D), $D2$ (F) und $F2$ (K) die (—)-Klemme eines empfindlichen Spannungsmessers an. Durch eine der Wicklungen sendet man Erregerstrom, den man dem Netz über einen einstellbaren Widerstand entnimmt unter Beobachtung eines richtigen Geräteausschlags an der betreffenden Spule. Beim Einschalten müssen alle Spannungsmesser im gleichen Sinn ausschlagen. Beim Ausschalten des Stroms zeigen jedoch die Spannungsmesser der nichtstromführenden Erregerwicklungen umgekehrten Ausschlag an. Als kurze Merkregel diene: „Die Eingangsklemmen der richtig bezeichneten Erregerwicklungen haben beim Einschalten eines der Erregerströme alle unter sich die gleiche Polarität.“ Zeigt eine der Wicklungen falsche Polarität, so ist die Klemmenbezeichnung zu tauschen. Ausdrücklich sei bemerkt, daß durch die innere Maschinenschaltung der Erregersinn immer noch in feldverstärkender oder feldschwächender Weise gedreht werden kann. Soll z. B. die Kompoundwicklung spannungserhöhend wirken, so muß der Strom in $D1$ (E) ein- und aus $D2$ (F) austreten, wenn gleichzeitig die Selbsterregung so geschaltet ist, daß $E1(C)$ an (+) und $E2(D)$ an (—) liegt. Sie wirkt feldschwächend bei umgekehrtem Stromdurchgang.

1.3.2 Feldwicklung von Synchronmaschinen

Die Feldwicklung der Synchronmaschine wird wie die einer Gleichstrommaschine geprüft. Meist zeigt bereits der bloße Augenschein den Wickel- und damit den Erregersinn der fast immer in Reihe geschalteten Einzelspulen an. Entsprechend der wechselnden Polfolge von Nord- und Südpol folgt auf den rechtsumflossenen Pol der linksumflossene. Wenn bei der Fabrikation alle Erregerspulen unter sich gleich

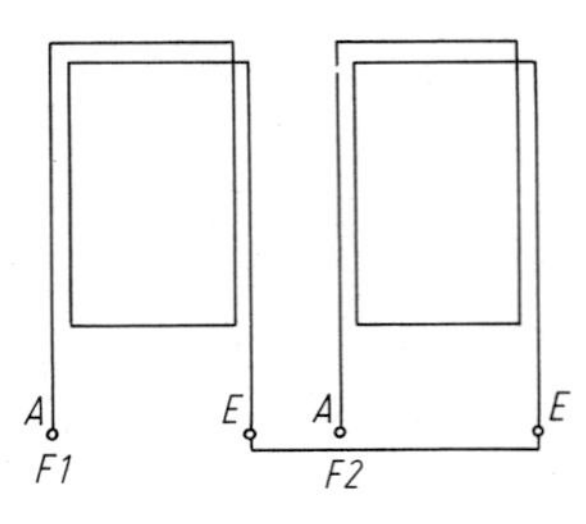

Abb. 6. Feldwicklungen von Synchronmaschinen Schaltungsbeispiel

hergestellt wurden und die Bezeichnung *A* für den Anfang *E* für das Ende erhalten haben, dann ist die richtige Verbindung *E* mit *E*. Abbildung 6 läßt die Schaltung für eine einfache zweipolige Anordnung erkennen.

1.3.3 Ankerwicklung von Kommutatormaschinen

Die Ankerwicklung der Kommutatormaschinen wird in ihrer Achse ausschließlich durch die räumliche Stellung der Bürsten auf dem Kommunator festgelegt. Diese befinden sich bei Gleichstrommaschinen in der sog. neutralen Stellung, wenn sie elektrisch betrachtet genau senkrecht zur Feldachse der Hauptpole stehen. Räumlich gesehen liegen sie — infolge der Versetzung des Kommutatorsegments gegen die zugehörigen Ankerleiter um rund eine halbe Polteilung — allerdings ziemlich genau unter der Mitte der Hauptpole. Wenn auch aus gewissen Gründen die neutrale Bürstenstellung nicht immer im Betrieb beibehalten wird, so gilt sie doch stets als Ausgangslage für etwaige Verschiebungen und muß daher vor Beginn der eigentlichen Maschinenmessungen mit aller Sorgfalt ermittelt werden. Dies geschieht meist auf induktivem Wege. Eine der Hauptpolerregerwicklungen wird über einen regelbaren Widerstand an das Netz gelegt. Über einen kleinen Feldschalter kann sie leicht ein- und ausgeschaltet werden. Hierdurch werden Induktionsstöße in Richtung der Hauptpole erzeugt. Steht die Bürstenbrücke genau senkrecht hierzu, so zeigt ein angelegter, empfindlicher Spannungsmesser keinerlei Ausschlag beim Betätigen des Feldschalters an. Wird jedoch ein Ausschlag beobachtet, so ist die Brücke so lange zu verstellen, bis er verschwindet. Ein etwaiges Überschreiten der Neutralstellung macht sich am Gleichstromspannungsmesser durch Umkehr des Ausschlags bemerkbar. Um sich nicht verwirren zu lassen, beobachte man nur den Einschaltstoß. Der Ausschaltstoß erfolgt auch hier in umgekehrter Richtung. Die neutrale Stellung wird sofort nach ihrer Ermittlung durch Einritzen einer Marke in der Brücke und einer Gegenmarke im Gehäuse als solche festgelegt. Voraussetzung der ganzen Messung sind gut eingeschliffene Kohlen, die praktisch in voller Fläche auf dem Kommutator aufliegen. Andernfalls kann die endgültige Ausmessung der neutralen Stellung erst nach Einlaufen der Kohlen vorgenommen werden. Sie wird endgültig durch einen nicht zu schwachen Zeiger dauerhaft markiert. Die Betriebsstellungen für Rechtslauf und für Linkslauf werden, soweit sie von der Neutralstellung abweichen, durch eine weitere Marke *R* und *L* ebenfalls dauerhaft gekennzeichnet. Eine gute Kennzeichnung, die auch noch den Vorzug der guten Sichtbarkeit von außen haben soll, erspart bei Untersuchungen der Maschine an Ort und Stelle manche lästige Arbeit.

Bei einer anderen Art der Ermittlung der neutralen Stellung werden nur Anker und Wendepole vorsichtig mit einem schwachen Strom erregt. Die Hand fühlt am Wellenende ein Drehmoment, das bei richtiger Bürstenverschiebung auf die Neutralstellung zu kleiner wird und bei Erreichen derselben auf Null zurückgeht. Da dieses Drehmoment bei Durchgang durch die Neutralstellung seinen Drehsinn umgekehrt, ist diese Art der Ausmessung sehr empfindlich. Das Verfahren empfiehlt sich in all jenen Fällen, in welchen die Erregung der Hauptpole Schwierigkeiten bereitet oder, wie bei einigen Sondermaschinen mit ungleichmäßig bewickelten Spaltpolen, unmöglich ist.

Bei den meist folgenden Belastungsaufnahmen kann die richtige Neutralstellung der Kohlen auch noch daran erkannt werden, daß die Lastkennlinien bei Rechtslauf und bei Linkslauf sich völlig decken müssen. Auch hierbei ist die Fehlerquelle von in nur einer Drehrichtung eingelaufenen oder kippenden Kohlen auszuschließen.

Bei Wechselstromkommutatormaschinen legt man die senkrecht zur neutralen Ankerachse stehende Ständerwicklung an Wechselspannung und beobachtet den Ausschlag eines an die Bürsten gelegten Wechselspannungsmessers, dessen Nullausschlag die richtige Stellung der Brücke anzeigt. Weitere Verfahren sind bei diesen Maschinen besonders angeführt.

Der Richtungssinn der Gleichstromankerwicklung kann durch Vertauschen der positiven und der negativen Ankerklemme in einfachster Weise umgedreht werden. Er hängt von der Ausführung dieser Wicklung als gekreuzte oder als ungekreuzte Wicklung ab. Sollen mehrere Maschinen untereinander austauschbar sein oder sollen Reserveanker mitgeliefert werden, so ist bei der Ausmessung unbedingt darauf zu achten, ob auch die Anker unter sich gleichgängig hergestellt wurden. Da es durchaus möglich ist, daß innerhalb der Reihenherstellung auch einmal irrtümlich ein andersgängiger Anker fertiggestellt wird, muß dieser Fall berücksichtigt werden. Am besten werden die Anker auch wirklich im Gehäuse geprüft. Haben alle Maschinen räumlich gleiche Stellung ihrer positiven Bürsten und der positiven Pole, so stimmen bei gleicher Drehrichtung auch die Ankerwicklungen miteinander überein.

1.3.4 Wicklungen von Synchron- und Asynchronmaschinen für Drehstrom

Die Wicklungen der Synchron- und der Asynchronmaschinen für Drehstrom liegen der Achse und der Richtung nach meist infolge des untereinander gleichen Aufbaus der einzelnen Stränge richtig fest. Selten nur ist eine Phase verkehrt angeschlossen. Zeigt die erregte Synchronmaschine gleiche verkettete Spannung und gleiche Phasen-

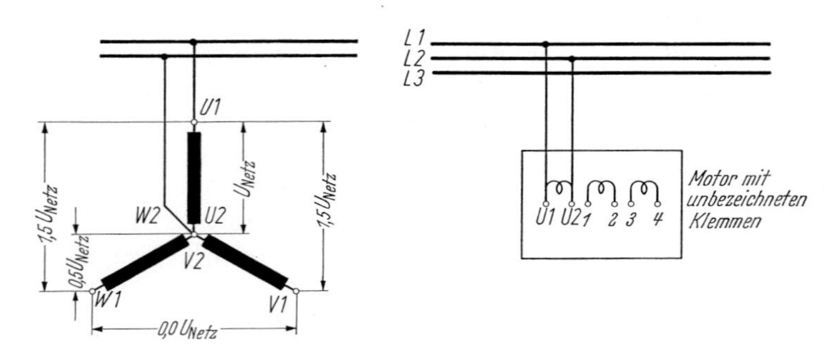

Abb. 7. Bestimmung der richtigen Klemmenbezeichnung *U1U2*, *V1V2*, *W1W2* mit Spannungsmesser und einphasiger Erregung.

1. Mit Galvanometer Anfänge und Enden der Phasen bestimmen und willkürlich eine Phase mit *U1—U2*, die anderen mit *1*, *2*; *3*, *4* bezeichnen.
2. *U1—U2* einphasig erregen. *U2* mit je einer Klemme der anderen Phasen so verbinden, daß die Spannung zwischen den beiden freien Klemmen zu Null und zwischen *U1* und jeder einzelnen der freien Klemmen gleich 1,5 · (Spannung an *U1*, *U2*) wird.
3. Freie Klemmen mit *V1*, *W1* bezeichnen, und zwar derart, daß Netzanschluß *L1*, *L2*, *L3* an *UVW* die Solldrehrichtung ergibt. Zugehörige Enden heißen *V2*, *W2*.
4. Stern- oder Dreieckschaltung ausführen

spannung, so ist auch die Schaltung der Spulen richtig. Das gleiche gilt von der Asynchronmaschine, welche leerlaufend am Netz liegt und gleiche Spannungen nach dem Sternpunkt zu und gleiche Stromaufnahme in allen Phasen zeigt. Eine etwa verkehrt angeschlossene Phase hat erheblich abweichende Stromaufnahme zur Folge. Die Untersuchung dieser Wicklungen beschränkt sich meist auf die Feststellung der richtigen Klemmenbezeichnung. Normalerweise soll, wenn keine bestimmte Drehrichtung vorgeschrieben ist, der Anschluß der Netzphasen L1, L2, L3 an die Maschinenklemmen *UVW* einer — auf Antriebseite gesehenen — rechtsläufigen Drehung der Maschine entsprechen. Liegt dagegen die Drehrichtung fest, so sind, insbesondere bei großen Motoren und bei Generatoren, *UVW* so zu wählen, daß die Netzphasenfolge L1, L2, L3 mit dieser Drehrichtung übereinstimmt.

Wenn bei einem Drehstrommotor mit Phasen- oder Kommutatoranker oder bei einem dreiphasigen Drehregler die drei Anfänge und die drei Enden der Phasen gar nicht oder falsch bezeichnet sind, so kann man durch systematisches Probieren nach den Angaben der Abb. 7 schnell die richtigen Klemmen *U1*, *V1*, *W1* und *U2*, *V2*, *W2* auffinden und danach die gewünschte Stern- oder Dreieckschaltung bilden. Benötigt wird Wechselspannung und ein Spannungsmesser.

1.3.5 Ausmessung der gegenseitigen Lage von Primär- und Sekundärwicklungen

Die Ausmessung der gegenseitigen Lage von Primär- und Sekundärwicklungen ist eine Prüffeldaufgabe, die bei der Probe von Drehreglern, unbezeichneten Transformatoren geschlossener Bauart und vor allen Dingen bei den Drehstromkommutatoren und bei Drehstromerregermaschinen immer wiederkehrt und den eigentlichen Ausgangspunkt der weiteren Untersuchungen bildet. Das beste und übersichtlichste Verfahren beruht auf der unmittelbaren Ausmessung der gegenseitigen Phasenlage der in den einzelnen Wicklungen induzierten Spannungen. Hierzu wird nur ein Spannungsmesser mit geeigneten Meßbereichen und zusätzlich für jede Wicklung in Dreieckschaltung oder mit nicht zugänglichem Sternpunkt ein dreiphasiger Wider-

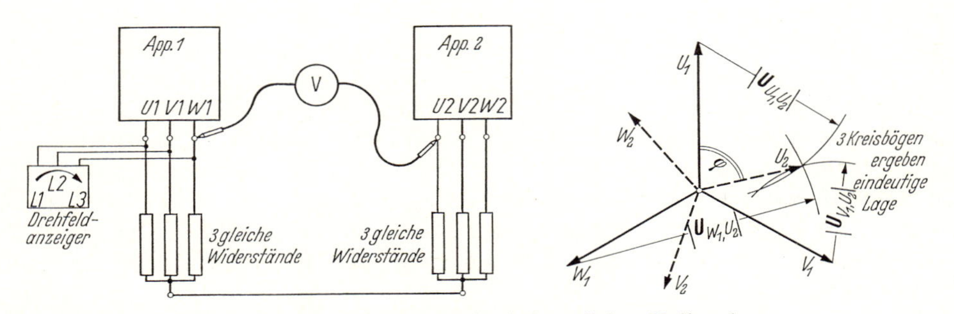

Abb. 8. Ausmessung der Spannungszeiger mittels künstlicher Nullpunkte.
1. Evt. Prüfung der Phasenfolge mittels Drehfeldanzeiger.
2. Ausmessung des Spannungssterns „1“ (U_1, V_1, F_1).
3. Bestimmung von Punkt U_2 mittels der Spannungen zwischen der Klemme U_2 und den Klemmen U_1, V_1 und W_1.
4. Desgl. für Punkt V_2 und W_2.
5. Kontrolle des Sterns „2“ (U_2, V_2, W_2) durch Messung der Phasen- und verketteten Spannungen an Apparat *2*

stand zur künstlichen Nullpunktbildung benötigt. Eine der Wicklungen, und zwar am besten die betriebsmäßig am Netz liegende Primärwicklung, wird an Spannung gelegt. Vorzugsweise wählt man eine geringere als die Nennspannung, um etwaige bei Fehlschaltung auftretende Kurzschlußströme klein zu halten und auch, um die Ausmessung gefahrloser durchführen zu können. Dann untersucht man mit dem Spannungsmesser, ob etwa die Stern- oder künstlichen Nullpunkte Spannung gegeneinander führen. Dies darf, wenn vorher alle Verbindungen zwischen Primär- und Sekundärseite gelöst wurden, nicht der Fall sein. Zeigt der Spannungsmesser keinen Ausschlag, so werden die Nullpunkte nunmehr miteinander verbunden. Anschließend werden alle Einzelspannungen, sowohl die verketteten wie auch die Phasenspannungen, systematisch ausgemessen und als Spannungsstern bzw. Spannungsvieleck auf dem Papier aufgetragen. Die Lage des Primärsterns zum Sekundärstern geht eindeutig aus den Spannungsmessungen hervor, die zwischen den Klemmen der Primär- und den Klemmen der Sekundärwicklungen ausgeführt werden. Die Betrachtung der aufgezeichneten Spannungszeiger zeigt unmittelbar an, welche Maßnahmen getroffen werden müssen, um die gestellten Forderungen der sinngemäßen Phasenbezeichnung, wie sie sich aus dem Schaltschema ergeben, oder der verlangten gegenseitigen Phasenlage zu erfüllen. Diese Art der Ausmessung wird bei den einzelnen Maschinen ausführlich behandelt. Zur eindeutigen Bestimmung der einzelnen Punkte des Sekundärsterns ist je eine Messung von allen drei Klemmen U, V und W der Primärwicklung aus nötig (Abb. 8).

Eine zweite, oft recht fruchtbare Methode benutzt die Erregung nur einer einzelnen Phase. In diesem Fall tritt in den Maschinen nur ein Wechselfeld auf. In allen Spulen oder Phasen, deren mittlere, wirksame Achse in Richtung der erregenden Spule liegt, wird die volle Spannung induziert. In allen genau senkrecht hierzu liegenden Spulen herrscht die Spannung Null. Die übrigen Spulen führen Spannungen zwischen Null und dem Höchstwert, insbesondere ist die Spannung der um 60° und um 120° verdrehten Wicklungen genau gleich $^1/_2$ der Höchstspannung. Dies folgt aus der Tatsache, daß bei einachsigem Feld die induzierten Spannungen sich mit dem Kosinus des Verdrehungswinkels ändern. Soll z. B. bei gegenseitig drehbar angeordneten Wicklungen, also im Falle eines Drehreglers, die Sekundärwicklung in die gleiche Lage wie die Primärwicklung gebracht werden, so wird die Phase $U1$—$U2$ primär an Spannung gelegt und der Rotor so lange verstellt, bis die Spannung der Phase $u1$—$u2$ sekundärseitig ihr Maximum erreicht. Um die Ungenauigkeit infolge des flachen Verlaufes dieses Höchstwerts auszuschalten, werden zur Kontrolle die Spannungen an Phase $v1$—$v2$ und $w1$—$w2$ gemessen, die genau miteinander übereinstimmen und dabei den halben Wert der Spannung der Phase $u1$—$u2$ haben müssen. Die verkettete Spannung der beiden letzten Phasen, also die Spannung zwischen $v1$—$v2$, ist Null, da diese beiden Einzelphasen zusammen wie eine einzige Ersatzphase wirken, deren Richtung senkrecht zur Phase $u1$—$u2$ steht (vgl. auch Abb. 7).

Die einphasige Erregung empfiehlt sich immer dann, wenn Verschaltungen vorliegen und zu allererst einmal die einzelnen Phasen als solche richtig erkannt werden sollen. Die darauf erfolgte Richtigstellung der Gesamtschaltung wird dann zweckmäßig mit dreiphasiger Erregung nachgeprüft.

Die induktive Ausmessung mit Gleichstromstößen wird bei Wechselstrommaschinen nur vereinzelt angewandt, aber man benutzt sie, um die richtige Bezeichnung

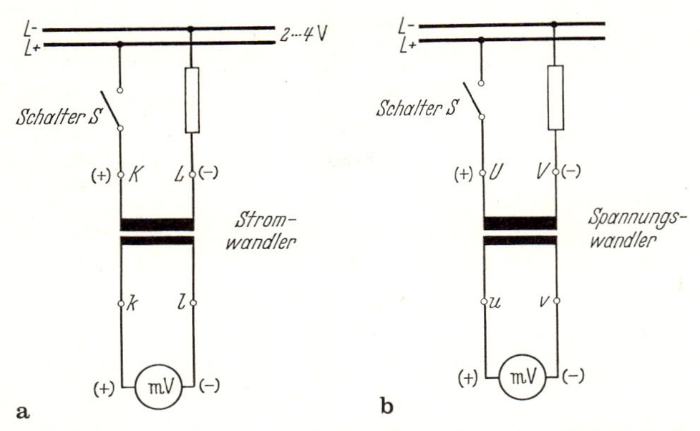

Abb. 9. Bestimmung oder Kontrolle der richtigen Klemmenbezeichnung an **a** Strom- und **b** Spannungswandlern. Primärseite so an Gleichspannung legen, daß Klemme K bzw. $U(+)$ wird. Beim Einschalten zeigt Sekundärklemme k bzw. $u(+)$-Potential

der Klemmen von Strom- und Spannungswandlern nachzuprüfen. Abbildung 9 gibt die hierzu nötige Anweisung [7—9].

1.4 Leerlaufversuch

Der Leerlaufversuch gibt Aufschluß über die Eigenschaften des magnetischen Kreises, die bei leerlaufender Maschine auftretenden Verluste und das rein mechanische Verhalten bei Lauf. Er wird vorgenommen bei Nenndrehzahl, Nennfrequenz und Nennspannung. Nach Möglichkeit wird er ausgedehnt auf das Gebiet auch kleinerer und höherer Spannungswerte sowie auf die aus mechanischen Gründen stets vorgeschriebene Überdrehzahl von etwa 20 bis 120 % der normalen Drehzahl. In der Art der Durchführung des Versuchs werden das Motorverfahren und das Generatorverfahren unterschieden, die beide zu den gleichen Ergebnissen führen [DIN 57530, Teil 2].

1.4.1 Motorverfahren

Die zu prüfende Maschine wird an das Netz der vorgeschriebenen Spannung gelegt. Sie entnimmt diesem die im wesentlichen zur Deckung der Reibungs- und Eisenverluste nötige Leistung auf elektrischem Wege. Der Magnetisierungsstrom wird bei Transformatoren und Induktionsmaschinen aller Art ebenfalls dem Netz entnommen. Gleichstrommaschinen werden zweckmäßigerweise fremderregt, um von vornherein eine saubere Trennung zwischen Anker- und Erregerstrom auch bei selbsterregten Maschinen zu besitzen. Gemessen wird die Netzspannung U, die der Maschine zufließende Wirkleistung P_0, der aufgenommene Leerlaufstrom I_0, der Erregerstrom I_f und gegebenenfalls der Leistungsfaktor $\cos\varphi_0$. Meist geschieht die Bestimmung des letzteren rechnerisch aus den übrigen Meßergebnissen. Zur Gewinnung der Leerlaufkennlinien wird die Messung bei konstant gehaltener Drehzahl und veränderter Netzspannung wiederholt. Die Spannung kann meist bis auf ein

Drittel ihres Nennwerts abgesenkt werden, ohne daß die Maschine beginnt, unstabil zu werden. Weitere Erniedrigung führt gelegentlich zu Schwierigkeiten und bringt meist keine wesentlichen Aufschlüsse. Die Erhöhung der Spannung über den Nennwert hinaus sollte immer durchgeführt werden, um das Verhalten der Maschine in Hinsicht auf die Eisenverluste und den Magnetisierungsbedarf bei höherem magnetischem Kraftfluß kennenzulernen.

Die wichtigste der Leerlaufkennlinien ist die sog. Sättigungskurve, die auch als Magnetisierungs- oder mit Leerlaufkurve bezeichnet wird. Sie gibt den Zusammenhang zwischen Magnetisierungsstrom I_f und der induzierten Spannung U_i. Letztere wird dabei fast immer der Leerlaufklemmenspannung U gleichgesetzt, da die geringen Unterschiede, die durch den Spannungsabfall an den inneren Ohmschen oder induktiven Widerständen infolge der Leerlaufstromaufnahme entstehen, unberücksichtigt bleiben können. Nur bei Gleichstrommaschinen zieht man etwa 2 V für den Abfall unter den Bürsten ab. Der Magnetisierungsstrom ist bei Gleichstrommaschinen gleich dem Erregerstrom, bei Induktionsmaschinen und Transformatoren muß er rechnerisch ermittelt werden als das Produkt aus Leerlaufstrom und dem Sinus des Leerlaufphasenwinkels. Bei einem Leerlauf-cos φ zwischen 0,01 und 0,15 kann der Sinus gleich Eins und somit der Magnetisierungsstrom gleich dem gemessenen Leerlaufstrom I_0 gesetzt werden, ohne daß ein Fehler von mehr als 1% begangen wird. Die Sättigungskurve besitzt einen für alle mit Luftspalt versehenen Maschinen charakteristischen Verlauf. Mit wachsender Erregerstromstärke nimmt die induzierte Spannung U_i erst linear zu, dann wächst sie langsamer und nähert sich praktisch einem Grenzwert, den sie auch bei sehr hohen Erregerströmen nicht mehr überschreitet. In diesem Zustand ist die Maschine voll gesättigt. Da einerseits die induzierte Spannung, also auch der Kraftfluß, zur völligen Ausnützung des aktiven Eisens möglichst hochgetrieben werden soll, andererseits aber ein zu hoher Aufwand an Erregerleistung vermieden werden muß, ist die Kenntnis der Sättigungskurve zur Beurteilung dieser Verhältnisse besonders bei allen Erstausführungen von besonderer Wichtigkeit. In der Praxis werden daher bei allen Maschinen mindestens zwei bis drei, meist jedoch noch mehr Meßpunkte ermittelt. In Abb. 10 ist eine Sättigungskurve üblicher Form dargestellt.

Zur weiteren Beurteilung der Maschine gehört die genaue Kenntnis der Leerverluste, also der Reibungs- und der Eisenverluste bei unbelasteter Maschine. Diese ergeben sich aus der bei Leerlauf dem Netz entnommenen Leistung P_0 nach Abzug der vom Leerlaufstrom in der Wicklung hervorgerufenen Kupferverluste P_{Cu}.

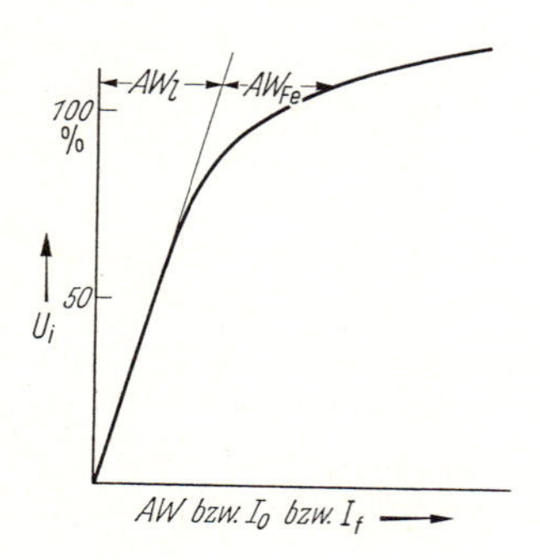

Abb. 10. Sättigungskennlinie. $AW_l = AW$ zur Magnetisierung des Luftspalts. $AW_{Fe} = AW$ zur Magnetisierung des Eisens

Da letztere meist nur einen sehr geringen Bruchteil ausmachen, ist es oft zulässig, die Leerverluste gleich der Leerlaufleistung zu setzen. Dies gilt besonders für Gleichstrommaschinen und für Transformatoren. Langsamlaufende Asynchronmotoren und solche für Kranbetrieb sind auszunehmen, da bei ihnen der Leerlaufstrom bis zu 80% des Vollaststroms ausmachen kann, wodurch Leerlauf-Kupferverluste in Höhe von 64% der Nennlastverluste auftreten. Unterbleibt die Berücksichtigung der Leerlauf-Kupferverluste, so bewegt man sich hinsichtlich der Leerverluste $P_{Fe} + P_{Rbg}$ auf der sicheren Seite.

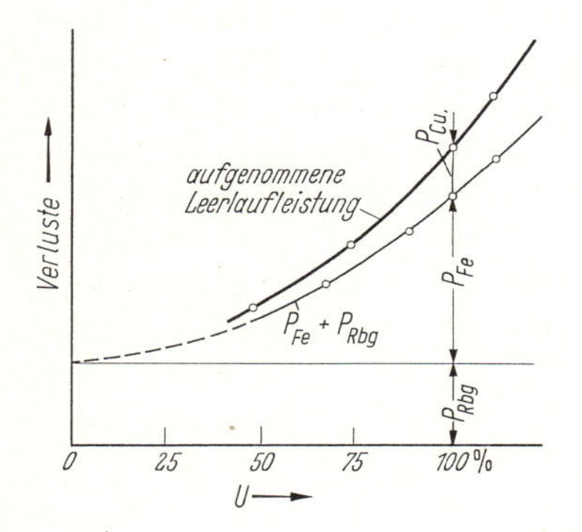

Abb. 11. Graphische Aufteilung der Leerlaufverluste eines Asynchronmotors in Leerlauf-Kupferverluste P_{Cu}, Eisenverluste P_{Fe} und Reibungsverluste P_{Rbg}

Die Leerverluste werden als Verlustkurve in Abhängigkeit der Spannung aufgetragen. Die Kurve hat parabolischen Verlauf und schneidet auf der Ordinate für Spannung Null den Betrag der Reibungsverluste ab. Da die direkte Aufnahme, wie oben erwähnt, nur bis etwa $^1/_3$ Nennspannung möglich ist, muß die Verlängerung der Verlustkurve nach unten sinngemäß von Hand erfolgen. Um die Unsicherheit hierbei zu verringern, empfiehlt es sich, die Kurve auch noch über dem Quadratwert der Spannungen aufzutragen. Infolge der fast rein quadratischen Abhängigkeit der Eisenverluste von der Spannung liegen nunmehr die Meßpunkte auf einer geraden Linie, die unschwer und mit größerer Sicherheit nach Null zu verlängert werden kann. Die Abb. 11 zeigt Verlustkurven einer Asynchronmaschine mit verhältnismäßig hohen Leerlauf-Kupferverlusten, Abb. 12 die Trennung der Verluste.

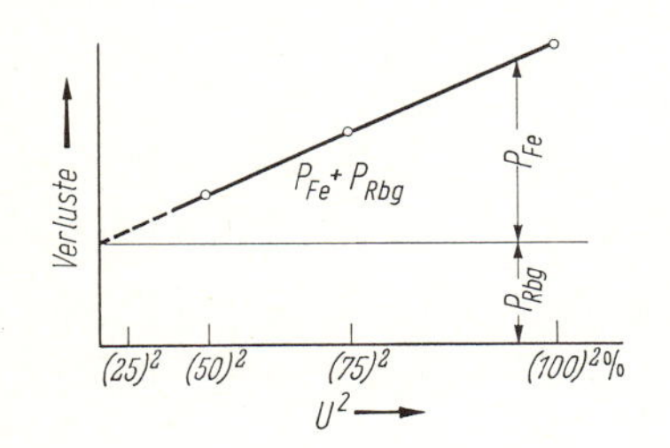

Abb. 12. Graphische Trennung der Eisen- und Reibungsverluste durch Darstellung der Leerverluste über dem Quadrat der Spannung

1.4.2 Generatorverfahren

Bei diesem Verfahren wird die Probemaschine mit einem kalibrierten, fremderregten Antriebsmotor gekuppelt und durch diesen auf Nenndrehzahl hochgefahren. Dann wird sie erregt, und zwar nach Möglichkeit mittels Fremderregung. Die Deckung der Eisen- und der Reibungsverluste geschieht auf mechanischem Wege über die Welle. Kupferverluste treten nur in der Erregerwicklung auf. Sie werden vom Erregernetz gedeckt und stören die Messung nicht. Die Aufnahme der Sättigungskurve geschieht durch Betätigung des Feldreglers unter Beobachtung konstanter Drehzahl. Die induzierte Spannung U_i wird fehlerfrei gemessen, da in den induzierten Wicklungen kein Strom fließt. Die Ermittlung der Leerverluste $P_{Fe} + P_{Rbg}$ ist dagegen umständlicher als beim Motorverfahren; sie werden aus der Leistungsaufnahme des Antriebsmotors nach Abzug seiner Verluste errechnet. In der Praxis genügt es manchmal, seine Leistungsaufnahme zu messen und von ihr nur die Leerlaufleistung des abgekuppelten Motors abzuziehen. Dies führt zu brauchbaren Ergebnissen, wenn der Antriebsmotor verhältnismäßig groß ist. Bei genaueren Messungen jedoch müssen alle Verluste im Antriebsmotor berücksichtigt werden. Der große Vorzug des Generatorverfahrens liegt darin, daß kein Netz regelbarer Spannung benötigt wird und daß die Ermittlung der Sättigungskurve und der Reibungsverluste schnell und einwandfrei möglich ist. Bei Synchronmaschinen wird es oft, bei Gleichstrommaschinen gleich häufig wie das Motorverfahren angewandt. Verschlossen bleibt es natürlich allen Maschinen ohne eigenen Erregerkreis.

1.4.3 Schleuderprobe

Nach Abschluß der eigentlichen Leerlaufmessungen wird die Überdrehzahl gefahren. Diese beansprucht die Maschine in mechanischer Hinsicht. Die Probe ist nötig, um festzustellen, ob die Maschine den sich unter Umständen im späteren Betrieb ergebenden erhöhten Drehzahlen gewachsen ist. Diese treten auf z. B. bei Generatoren nach Lastabwurf, bevor der Drehzahlregler die Antriebsleistung gedrosselt hat, oder bei Hauptstrommotoren bei Entlastung, oder bei Motoren mit zu hohen durchziehenden Lasten. Die Überdrehzahl hängt im wesentlichen von der Verwendungsart und nicht der Maschinengattung selbst ab. Die Probe wird bei großen Maschinen manchmal in sog. Schleudergruben vorgenommen, um eine Gefährdung der Umgebung auszuschließen. Liegt die Überdrehzahl nur 20 bis 50% über der normalen, so wird häufig gleichzeitig die Probe mit erhöhter Spannung vorgenommen.

Die Zeit für die Schleuderproben beträgt 2 min. Sie wird in den Prüfnachweisen besonders vermerkt [10].

1.4.4 Mechanischer Lauf

Während des Leerlaufs wird auch die Güte des mechanischen Laufs der Maschine geprüft. Die Geräusche dagegen hängen oft stark von der Belastung ab und können daher im Leerlauf nicht abschließend beurteilt werden.

Störungen an den Lagern machen sich bemerkbar durch übermäßige Erwärmung, bei deren Feststellung die Maschine sofort stillgelegt werden muß, und durch schabende Geräusche, wie sie besonders an defekten Wälzlagern beobachtet werden können. Das schadhafte Lager wird durch Abhorchen mittels eines angelegten Stabs leicht ermittelt.

Über richtiges Wellenspiel in axialer Richtung, einseitiges Anlaufen infolge magnetischen Zugs, Ölansaugen durch den Ventilator u. ä., unterrichtet der Augenschein.

Unruhiger Lauf der Maschine kann durch Berühren mit der Hand, die allerdings sehr empfindlich ist, festgestellt werden. Zu objektiven Ergebnissen gelangt man mit Hilfe der in Kapitel 5 angegebenen Geräte. Um die Möglichkeit magnetischer Unsymmetrien als Ursache erkennen zu können, wird die Maschine mit und ohne Spannung geprüft. Läuft nur die erregte Maschine schlecht, so ist durch genaues Luftspalteinstellen für Abhilfe zu sorgen. Zeigt dagegen auch die auf ebener Platte mit gut aufliegenden Füßen stehende Maschine noch Unruhe, nachdem sie vom Netz getrennt ist, so muß sie dynamisch nachbalanciert werden. Um auch eine etwaige schlechte Aufstellung als Ursache auszuschließen, wird in besonderen Fällen die Maschine freihängend untersucht. Zu diesem Zweck wird sie auf dem Boden stehend angefahren, dann mit dem Kran in die Höhe gehoben und vom Netz abgeschaltet. Zeigt sich jetzt während des Auslaufs keinerlei Unruhe, so ist die Auswuchtung einwandfrei. Zu warnen ist vor dem Einschalten der Maschine in dieser Lage. Das Anlaufdrehmoment wirkt auf den Ständer im gleichen Maße verdrehend wie auf den Läufer und vermag daher die Maschine aus dem Kranhaken zu schnellen [10, 11].

Ein etwas unruhiger Lauf, der erst außerhalb des Drehzahlbereichs, in welchem die Maschinen laufen sollen, auftritt, wird meist nicht beanstandet.

Bei Untersuchung von Aggregaten, die aus mehreren Maschinen bestehen und bei welchen zu Beginn oft unruhiger Lauf festgestellt wird, führt nur die Abkupplung aller Einzelmaschinen voneinander und getrennte Prüfung zum Ziel.

Unter Berücksichtigung aller Ergebnisse, die der Leerlaufversuch liefert, ist es verständlich, daß er an jeder Maschine vorgenommen werden sollte, und daß er insbesondere bei der Prüfung einer ganzen Reihe gleicher Maschinen sogar eine ausreichende Probe darstellt, sofern ein Vergleich mit den Messungen an einigen vollständig durchgeprüften Maschinen praktische Übereinstimmung zeigt. Auf dem Prüfnachweis ist in solchen Fällen der entsprechende Hinweis zu machen.

1.5 Belastungsversuch

Die Belastungsversuche werden vorgenommen, um die Maschinen unter den gleichen oder doch möglichst den angenäherten Bedingungen zu prüfen, unter denen sie später zu arbeiten haben. Die Prüfung erstreckt sich dabei zuerst auf die Untersuchung der Belastbarkeit an sich, wie sie durch die elektrischen Eigenschaften bedingt ist; dann auf das charakteristische Verhalten bei veränderlicher Last im stationären Betrieb und mitunter auf die Stabilität, besonders bei mechanischem und elektrischem Parallellauf mit anderen Maschinen. Der Dauerlastversuch geschieht zur Bestimmung der Erwärmung, die die Wicklungen, das wirksame Eisen, der Kommutator, die Schleifringe, die Lager und die anderen Teile der Maschine bei Nennlast erfahren.

1.5.1 Belastungskennlinien

Zur Aufnahme der Belastungskennlinien wird die Probemaschine in einer der später beschriebenen Belastungsarten geprüft. Als grundlegende Kennlinien gelten die Kurven, welche den Verlauf der Klemmspannung bei Generatoren und den der Drehzahl bei Motoren in Abhängigkeit der Last darstellen. Hinzu kommen bei Maschinen mit eigenem Erregerkreis die Regelkennlinien, welche den Zusammenhang zwischen Erregerstrom und der Last bei nunmehr konstant gehaltener Spannung bzw. Drehzahl zeigen. Ergänzt werden die Belastungskennlinien durch die Kurven für den Wirkungsgrad und gegebenenfalls für den Leistungsfaktor. Bei Synchrongeneratoren und Motoren ergibt sich eine ganze Schar von Regelkurven, wobei zu jeder einzelnen entweder ein bestimmter Wert des Leistungsfaktors oder der Wirklast gehört. Weiterhin werden bei allen drehzahlregelbaren Motoren die Kennlinien für verschiedene Geschwindigkeiten ermittelt, wobei zum mindesten die tiefste, die mittlere und die höchste Drehzahl berücksichtigt werden.

Die Prüfung erfolgt bei Teillast, Vollast und Überlast. Für letztere schreiben die REM bei den einzelnen Maschinengattungen einen Mindestwert vor, der einzuhalten und nachzuprüfen ist. Die Praxis geht über diese Anforderungen häufig hinaus, so daß Überlastungen von 100 bis 200% und mehr verlangt werden können. Rechnerische Verfahren, die auf Meßergebnisse beruhen, helfen da aus, wo die unmittelbare Prüfung der geforderten Leistungsfähigkeit nicht möglich ist. Den Vorzug verdient die unmittelbare Messung.

1.5.2 Erwärmungsprobe (Dauerlauf)

Zur betriebssicheren Maschine gehört eine Erwärmung, die keinesfalls zu einer Gefährdung insbesondere der Wicklungsisolation im späteren Gebrauch führen kann. Als bindende Grundlage für die zulässige Temperaturzunahme gelten in den meisten Ländern bestimmte Vorschriften; diese schreiben für die einzelnen Wicklungen und für das benachbarte Eisen Grenztemperaturen vor, die von der Art der in verschiedenen Klassen eingeteilten Isolation abhängen [10, 12, 13].

Die Kenntnis der wirklich auftretenden Erwärmung ist aus zwei Gründen von besonderer Wichtigkeit. Einmal muß der Nachweis erbracht werden, daß die Bedingungen, unter denen die Maschine verkauft wurde, eingehalten worden sind, daß also die gewährleistete Temperaturzunahme nicht überschritten wird. Dann soll in Erfahrung gebracht werden, um wieviel die vorgesehene Leistung etwa noch heraufgesetzt werden kann, bis die zulässige Grenzerwärmung erreicht wird. Diese gesteigerte Leistung heißt die thermische Grenzleistung der Maschine. Sie ist durch die thermischen Verhältnisse, also meist durch die Art der Kühlung bedingt und kann manchmal nach deren Verbesserung noch weiter heraufgesetzt werden. Sie darf nicht mit der Kippleistung oder Höchstleistung verwechselt werden, die ohne Rücksicht auf die dabei auftretenden Erwärmungen nur durch die physikalischen Eigenschaften bedingt ist und für die kurzzeitige oder stoßweise Überlastbarkeit von Interesse ist. Bei mittleren und großen Maschinen liegt in der Regel die thermische Grenzleistung weit unter der physikalischen Höchstleistung.

Zur Bestimmung der Erwärmung dient der Dauerlauf der belasteten Maschine. Er heißt in der Praxis der Temperaturlauf. Nach Möglichkeit wird der Temperaturlauf bei Nennspannung, Nennstrom und Nenndrehzahl vorgenommen. Bei regelbaren Maschinen ist es zweckmäßig, einen Lauf mit der tiefsten und einen zweiten Lauf mit der höchsten Drehzahl vorzunehmen. Zur Erreichung wirklich beharrlicher Temperaturen wird der Lauf auf Stunden, meist zwischen 4 und 8 Stunden, ausgedehnt.

Zu bemerken ist, daß offene, gut belüftete Maschinen bereits nach kurzer Zeit, geschlossene Maschinen erst nach vielen Stunden die Enderwärmung erreichen. Maschinen für aussetzenden Betrieb werden bei genauer Prüfung auch im Aussetzbetrieb gefahren. Eine Elektronikschaltung mit einstellbaren Zeitgliedern aktiviert die erforderlichen Schütze, welche das Einschalten, das Abschalten und gegebenenfalls das Abbremsen besorgen. In der Praxis begnügt man sich manchmal mit abgekürzten Ersatzläufen, bei denen die Maschine nur 10 bis 60 min mit vollem Strom belastet wird. Dieses Verfahren empfiehlt sich nur, wenn die Ersatzzeit genau bekannt ist und mehrere Maschinen gleicher Bauart zur Probe kommen.

Bei großen Einheiten ist es nicht immer möglich, die Maschinen voll zu belasten. In diesem Fall wird dann ein Lauf mit vollem Strom bei verringerter Spannung vorgenommen. Die Wicklungstemperaturen erreichen bei offener Maschine fast denselben Wert wie beim richtigen Betrieb. Die Eisenerwärmung ist infolge der stark verringerten Eisenverluste natürlich zu klein. Bei ganz großen Maschinen, vornehmlich bei den großen Synchron- und Gleichstromgeneratoren, wird ein Lauf im reinen Kurzschluß mit Nennstrom und ein zweiter Lauf im reinen Leerlauf mit Nennspannung gefahren. Die sich hierbei ergebenden Temperaturen werden addiert und als die wahre Übertemperatur betrachtet. Obwohl diese Überlagerung nicht ganz richtig ist, liefert sie in der Praxis doch sehr brauchbare Ergebnisse, die nur um einige Grad über den wahren Werten liegen. Zur Abkürzung des Temperaturlaufs wird die Maschine oft in der ersten halben oder ganzen Stunde mit erhöhter Stromstärke bei entsprechend schnellerer Temperaturzunahme gefahren. Über die hierbei zu wählenden Werte kann nur die Erfahrung entscheiden. Sollen an derselben Maschine zwei Läufe etwa bei zwei verschiedenen Drehzahlen gemacht werden, so ist es mit Rücksicht auf die Zeitersparnis erwünscht und meist auch unbedenklich, den zweiten, verkürzten Lauf unmittelbar an den ersten anzuschließen. Dies setzt allerdings eine in beiden Fällen praktisch gleiche Erwärmung voraus.

1.5.3 Erwärmungsmessungen

Die Messung der Temperaturen an den zugänglichen Maschinenteilen während des Laufs geschieht mit Flüssigkeitsthermometern mit Quecksilber- oder Alkoholfüllung, mit Thermoelementen oder mit elektrischen Widerstandsthermometern aus Nickel oder Platin. Diese Geräte, ihre Anwendung und Wirkungsweise sind im Abschnitt 5.2.4 eingehend behandelt. Die mittlere Erwärmung der Wicklungen kann erst nach dem Abstellen der Maschine durch Messung der warmen Wicklungswiderstände bestimmte werden. Zwischen Widerstand und Temperatur besteht bei den reinen Metallen der einfache Zusammenhang:

$$\frac{R_{\text{warm}}}{R_{\text{kalt}}} = \frac{T + \vartheta_{\text{warm}}}{T + \vartheta_{\text{kalt}}},$$

wobei T ein vom Metall abhängiger Wert ist, der bei Kupfer gleich 235 °C und bei Aluminium gleich 245 °C ist. Die Abhängigkeit des Widerstands ist in Abb. 13 wiedergegeben. Bei der Temperatur von $-T$ verschwindet praktisch jeglicher Widerstand.

Aus der Messung des warmen Wicklungswiderstands kann man also rückwärts auf die mittlere Temperatur der Wicklung schließen. Für die Übertemperatur, die

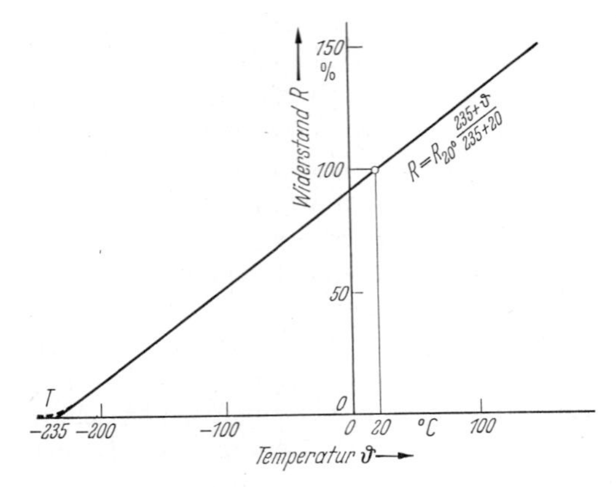

Abb. 13. Kupferwiderstand in Abhängigkeit der Temperatur

vor allen Dingen interessiert, ergibt sich folgende Beziehung, in der auch eine etwaige Zunahme der Raumtemperatur berücksichtigt wird, für Kupferwicklungen:

$$\vartheta_{ü} = \Delta r\% \cdot \frac{235 + \vartheta_{kalt}}{100} - (\vartheta_{raum, warm} - \vartheta_{kalt}),$$

wobei bedeutet:

$$\Delta r\% = \frac{R_{warm} - R_{kalt}}{R_{kalt}} \cdot 100$$

und ϑ_{kalt} = Wicklungstemperatur bei kalter Messung,
$\vartheta_{raum, warm}$ = Raumtemperatur bei warmer Messung.

Dies gilt, solange die Kühlluft dem Raume entnommen wird. Bei Fremdbelüftung ist die Temperatur der ankommenden Kühlluft, bei Wasserkühlung seine Eintrittstemperatur statt $\vartheta_{raum, warm}$ einzusetzen, da stets die Übertemperatur über das Kühlmittel bestimmt werden soll.

1.5.4 Praktische Durchführung des Dauerlaufs

Vor Beginn des Laufs wird die Maschine an verschiedenen Stellen mit Thermometern oder mit Thermoelementen ausgerüstet. Bei offener Bauart wird ein Gerät möglichst gut an dem aktiven Eisenpaket befestigt. Geeignet sind die meist zugänglichen Ventilationskanäle. Die Berührungsstelle wird durch aufgeklebten Filz vor dem Zutritt kühlender Luft geschützt. Bei geschlossenen Maschinen wird die Kranöse oder eine andere geeignete Schraube herausgedreht, an deren Stelle das Thermometer eingeführt wird. Durch Ausfüttern mit Stanniol wird ein guter Wärmekontakt geschaffen. Auch hier isoliert eine Filzschicht vor der Außenluft. Die Wickelköpfe der ruhenden Wicklungen nehmen weitere Geräte auf, die so tief wie möglich eingeschoben werden. Bei geschlossenen Maschinen gelingt oft das Anbringen eines Thermoelements im Innern, dessen Zuleitungen durch eine der zu Luftspaltmessungen vorgesehenen Lagerschildbohrungen nach außen geführt wird. Im Abstand von 1 m und in gleicher Höhe mit der Maschine wird die Raumtemperatur gemessen. Bei Verwendung besonderer Kühlmittel oder bei besonders angebrachten Luftein- und -austrittsstutzen wird noch die Temperatur des ein- und austretenden Kühlmittels, bzw. der angesaugten und ausgeblasenen Luft mittels eigens angebrachter Thermometer ermittelt [DIN 57530, Teil 1].

Alle Geräte werden zu Beginn des Laufs und dann in regelmäßigen Abständen von etwa $^1/_4$ bis $^1/_2$ Stunde abgelesen. Diese Werte werden unter genauer Zeitangabe mit den elektrischen Größen und der Drehzahl im Nachweis eingetragen. Die Temperaturzunahme der sich erwärmenden Teile, also insbesondere des Eisens und der Wicklungen, erfolgt erst geradlinig mit der Zeit, wird dann geringer und hört auf, wenn die Endtemperatur erreicht ist und alle umgesetzten Verluste nach außen abgegeben werden.

Infolge der verschieden hohen Verluste und der ebenfalls verschieden guten Abkühlmöglichkeiten von Eisen und Wicklung erreichen beide nach einem auch anfangs voneinander abweichenden Temperaturanstieg ihre Enderwärmung zu verschiedenen Zeiten. Als abgeschlossen kann der Temperaturverlauf erst dann gelten, wenn die Erwärmung gegenüber der Raumtemperatur sich überhaupt nicht mehr oder doch nur noch sehr langsam, etwa 1 °C in der halben Stunde, ändert. Dies ist aus dem Vergleich der letzten Ablesungen ohne weiteres ersichtlich. Die Temperaturzunahme von Erregerwicklungen bei Gleichstrom- und Synchronmaschinen, deren Strom konstant zu halten ist, kann zuverlässig an der zunehmenden Erregerspannung beobachtet werden, die sich in gleichem Maße wie der ansteigende Widerstand der Wicklung ändert. Der Spannungsmesser muß natürlich hinter dem Feldregelwiderstand angeschlossen sein. Bei Gleichstrommotoren wird das Feld im allgemeinen nicht nachgeregelt. Hier gibt der abnehmende Erregerstrom bei konstanter Spannung am Feld das Maß für die zunehmende Erwärmung. Bleiben Strom und Spannung konstant, so hat die Erregerwicklung ihren Beharrungszustand erreicht. Im übrigen sei darauf hingewiesen, daß sich aus dem Verhältnis Spannung zu Strom der Erregerwicklungswiderstand als einziger während des Temperaturlaufs dauernd überwachen läßt. Es empfiehlt sich, die daraus errechenbare Temperaturzunahme mit der anderen, die sich aus der Widerstandsmessung mit der Brücke nach Stillsetzung ergibt, zusammen im Nachweis zu vermerken. Der Fehler infolge der Abkühlung in der Zeit zwischen Abstellen und Messen der Maschine entfällt hierbei.

Nach Erreichen der Endtemperaturen wird die Maschine abgestellt und sogleich nach Lösen aller die Messung störenden Schaltverbindungen der Widerstandsmessung unterzogen. Hierbei wird das gleiche Meßverfahren unter Verwendung der gleichen Widerstände bzw. derselben Meßstromstärke angewandt, das bei der kalten Widerstandsmessung benutzt wurde. Möglichst gleichzeitig werden jene thermometrischen Messungen, die bei Lauf nicht möglich waren, an Läuferwicklung, Läufereisen, Schleifringen oder Kommutator durchgeführt. Auch die anderen Thermometer werden noch einmal abgelesen, da sich manchmal nach einigen Minuten noch ein höherer Wert einstellt. Die Auswertung der Widerstandszunahme ergibt durchweg höhere Temperaturen als die thermometrische Messung, die ja nur außerhalb der Isolation und an den gut gekühlten Wickelköpfen möglich ist. Der Unterschied beträgt 5 bis 10 °C, kann aber auch noch größer ausfallen. Dies rührt daher, daß die Widerstandsmessung den Mittelwert für die ganze Wicklung ergibt, während die Thermometermessung nur einen örtlichen Wert anzeigt. Die Temperaturen im Innern, besonders in der Mitte der einzelnen Eisenpakete, können noch wesentlich höher liegen.

Bei sehr genauen Messungen wird der Abkühlung der Wicklungen während des Messens dadurch Rechnung getragen, daß wiederholte Widerstandsbestimmungen unter genauer Zeitbestimmung vorgenommen werden. Auf diese Weise gewinnt man eine zeitliche Abkühlkurve, deren rückwärtige Verlängerung bis zum Zeitpunkt der Beendigung des Temperaturlaufs den wahren Temperaturwert ergibt. Dieses Meßverfahren ist zeitraubend und wird in der Praxis sehr wenig angewandt; man nimmt den kleinen Fehler, der durch die stets zwischen Abschalten der Maschine und Durchführung der Widerstandsmessungen verstreichende Zeit hereinkommt, in Kauf. Um ihn klein zu halten, wird die vermutlich sich am stärksten erwärmende Wicklung zuerst, die Gruppe der weniger beanspruchten übrigen Spulen anschließend gemessen. Maschinen mit großem eigenem oder angekuppeltem Schwungmoment müssen zur Verkürzung des Auslaufs abgebremst werden. Die Fremdbelüftung ist in allen Fällen sofort abzustellen.

1.5.5 Grenzleistung

Bei Neuausführungen von Maschinen werden häufig weitere Temperaturläufe, zum Teil im unmittelbaren Anschluß an den ersten, vorgenommen. Bei diesen Läufen wird eine Leistungserhöhung vorgenommen, die voraussichtlich, nach dem Ergebnis des ersten Laufs zu schließen, zur zulässigen Grenzerwärmung führen wird. Sind z. B. 60 K Zunahme in der Wicklung zulässig und hat der erste Lauf eine Übertemperatur von nur 48 K in der am stärksten erwärmten Wicklung ergeben, so wird der zweite Lauf mit etwa im Verhältnis 60 zu 48 erhöhten Wicklungsverlusten vorgenommen. Die Stromstärke wird daher im Verhältnis der Wurzel hieraus, also auf das $\sqrt{60/48} = 1{,}12$fache erhöht. Um ein wirklich zuverlässiges Ergebnis zu besitzen, erfolgt noch die Vornahme eines dritten Laufs mit einer Stromstärke, die wahrscheinlich eine geringe Überschreitung der Grenzerwärmung bringen wird. Die Erwärmung aus diesen drei Läufen wird in Kurvenform, und zwar üblicherweise über dem Quadrat des Stroms dargestellt (Abb. 14). Bei fehlerfreier Vornahme der Läufe und der Messung ergibt sich dann sehr angenähert eine Gerade, die für den Strom Null auf der Ordinate noch einen bestimmten Wert abschneidet. Diese Temperatur entspricht im wesentlichen der Erwärmung infolge der Eisenverluste. Wo sich die Kurve mit der zulässigen Übertemperatur schneidet, wird die wirklich zulässige Stromstärke und damit die thermische Grenzleistung bei der gegebenen Spannung abgelesen. Eine weitere Leistungssteigerung ist jetzt nur noch möglich durch Erhöhung des Kraft-

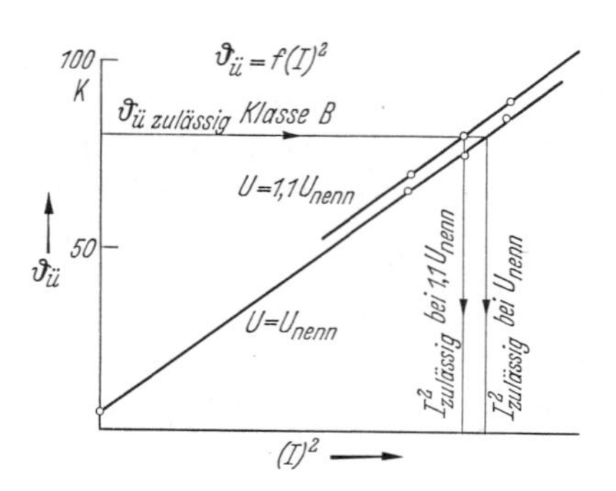

Abb. 14. Bestimmung der thermisch zulässigen Grenzleistung bei Nennspannung und bei 10% höherer Spannung

flusses, also durch Erhöhung der zugeführten Spannung. Für die in ein oder zwei Stufen erhöhte Spannung werden neue Läufe, am besten wiederum mit verschiedenen Stromstärken, durchgeführt. Die ihnen entsprechenden Erwärmungskurven liegen infolge der erhöhten Eisenverluste etwas über der zuerst gewonnenen Kurve. Die Stromstärke muß demnach bei höheren Spannungen etwas verringert werden, doch kann sich oft ein beträchtlicher Gewinn an Mehrleistung ergeben. Ob und inwieweit die Flußerhöhung tatsächlich durchgeführt werden darf, wird allerdings erst unter Berücksichtigung der veränderten Sättigungsverhältnisse, der etwaigen Verminderung von Wirkungsgrad und Leistungsfaktor und nach Maßgabe der Reichlichkeit der Erregung entschieden.

Gelegentlich zeigen Maschinen einer Type, die bereits früher mit gutem Ergebnis durchgeprüft worden ist, höhere Erwärmungen, als sich nach den damaligen Messungen ergeben dürften. Nach Ausschaltung etwaiger grober Fehler in der Versuchsdurchführung, die in zu hoher Belastung, Vornahme eines Dauer- statt Stunden- oder Aussetzlaufs u. ä. bestehen können, muß der Lüftung, insbesondere der Luftführung, Aufmerksamkeit geschenkt werden. Der häufigste Ausführungsfehler besteht darin, daß die Luftführungsbleche zu großen Abstand vom Lüfter haben oder gar fehlen. Schon eine geringe Annäherung derselben um wenige mm vermag die Temperatur um 5 bis 10 °C und unter Umständen noch mehr herabzusetzen. Andere Ursachen bestehen in ungeeignetem Versuchsaufbau, etwa darin, daß die Maschine z. B. von ihrer Belastungsmaschine mit warmer Luft angeblasen wird oder die eigene Warmluft wieder ansaugt. Ursachen, die meist nicht mehr beseitigt werden können, sind z. B. zu gedrängt gewickelte Spulenköpfe und bei geschlossenen Maschinen nicht ganz satt an der Gehäuseinnenwand anliegende Ständerbleche.

1.5.6 Belüftungsmessungen

Bei Erstausführungen und bei größeren Maschinen werden außer den Temperaturen der eintretenden und der ausströmenden Luft auch die minutliche Kühlluftmenge und ergänzend der Luftwiderstand, den die Maschine bietet, gemessen.

Üblicherweise wird der Maschine eine Luftmenge von 3,0 bis 3,5 m^3/min je Verlust-kW zugeführt. Dies entspricht einer Erwärmung der Luft um ungefähr 15,5 bis 18 K. Die erforderliche Gesamtluftmenge kann daher überschläglich angenommen werden zu:

$$\text{Kühlluftbedarf in m}^3\text{/min}$$
$$= \text{Maschinenleistung in kW} \cdot \frac{100 - \text{Wirkungsgrad in }\%}{\text{Wirkungsgrad in }\%} \cdot 3{,}5\,.$$

Beispielsweise beträgt die Kühlluftmenge einer Maschine von 350 kW Leistung mit einem Wirkungsgrad von 94,5%: 350 · (100 — 94,5)/94,5 × 3,0 bis 3,5 = 61 bis 71 m^3/min.

Der Druckabfall, also der Luftwiderstand, liegt meist in den Grenzen zwischen 30 und 60 mm WS, erreicht aber auch 200 mm WS, wobei 1 mm WS = $98{,}067 \cdot 10^{-3}$ mbar entspricht.

1.5.6.1 Luftmengenmessung

Die Luftmengenmessung kann durch direkte oder indirekte Geschwindigkeitsbestimmung mittels Anemometer oder Geschwindigkeitsmesser durchgeführt werden. Man unterteilt den Luftaustrittsstutzen durch Schnüre in viele gleich große Quadrate, die man auf der einen Seite durch Zahlen, auf der anderen durch Buchstaben kennzeichnet. Nunmehr wird die Luftgeschwindigkeit in der Mitte eines jeden Quadrats gemessen, wobei auf die Richtung der Luftströmung zu achten ist. Ausströmende Luft wir mit +, einströmende Luft mit — bezeichnet. Überwiegend ist natürlich ausströmende Luft zu beobachten. Aus den Einzelgeschwindigkeiten wird unter Vorzeichenbeachtung die mittlere Geschwindigkeit über den ganzen Querschnitt berechnet, woraus sich die Austrittsluftmenge in m^3/min ergibt zu:

$$= 60 \cdot \text{Mittlere Luftgeschwindigkeit in m/s} \cdot \text{Austrittsquerschnitt in m}^2,$$

$$V = 60 \cdot v_{\text{mittel}} \cdot Q \,.$$

Zu beachten ist, daß auch aus anderen Öffnungen eine mehr oder minder große zusätzliche Luftmenge aus der Maschine austreten kann. Einen gewissen Anhalt über die Richtigkeit der Messung bietet obige Formel; einen besseren erhält man, wenn man die von der Luft mitgeführte Wärme mit den Verlusten der Maschine vergleicht. Letztere müssen allerdings infolge der zusätzlichen Wärmeabgabe durch Strahlung und Leitung etwas höher sein. Bei einem Temperaturunterschied von $(\vartheta_{\text{aus}} - \vartheta_{\text{ein}})$ der Kühlluft ergibt sich abgeführte Wärme in kW zu:

$$\text{Durch Kühlluft abgeführte Leistung in kW} = (\vartheta_{\text{aus}} - \vartheta_{\text{ein}}) \frac{\text{Kühlluftmenge in m}^3\text{/min}}{54{,}5} \,.$$

Dies gilt für die normalen Bedingungen bei 1013 hPa Luftdruck und etwa 20 °C Raumtemperatur.

Als Ergänzung seien noch die Formeln für Öl und Wasser als Kühlmittel angegeben:

$$\text{Durch Öl abgeführte Leistung in kW} = (\vartheta_{\text{aus}} - \vartheta_{\text{ein}}) \cdot \text{Ölmenge in l/s} \cdot 1{,}7 \,.$$

$$\text{Durch Wasser abgeführte Leistung in kW} = (\vartheta_{\text{aus}} - \vartheta_{\text{ein}}) \cdot \text{Wassermenge in l/s} \cdot 4{,}2 \,.$$

1.5.6.2 Luftwiderstandsmessung und Leistungsbedarf des Lüfters

Der Luftwiderstand der Maschine wird bestimmt durch Messung des statischen Luftdrucks an der Eintritts- und an der Austrittsstelle der Luft, wobei die Differenz dieser beiden Drücke gleich dem gesuchten Wert ist. Der Lüfter muß sich außerhalb der beiden Meßstellen befinden, weshalb einwandfreie Messungen nur bei fremdbelüfteten Maschinen leicht durchführbar sind. Der Luftwiderstand wird in mbar, Pa, N/m^2 oder mm Ws angegeben.

Der Leistungsbedarf des Lüfters hängt von dem von ihm zu überwindenden Gesamtdruck ab, der sich aus dem zu überwindenden statischen Gegendruck der Maschine, also deren Luftwiderstand, und aus dem dynamischen Druck der bewegten

Luft zusammensetzt. Hinzu kommt unter Umständen noch der Widerstand von Rückkühlern oder Filtern sowie langer Luftkanäle. Der dynamische Druck beträgt:

$$p_{\text{dyn}} = \frac{v_{\text{luft}}^2 \varrho}{2} \qquad v_{\text{luft}} = \text{Luftgeschwindigkeit}$$

$$\varrho = 1{,}29\ \text{kg/m}^3 \quad \text{(Luftdichte)}$$

Der dynamische Druck ändert sich also mit dem Quadrat der Luftgeschwindigkeit, welchem Gesetz auch der Luftwiderstand der Maschine folgt. Wenn p_{stat} den Luftwiderstand bezeichnet, beträgt der Leistungsbedarf des Lüfters

$$= \text{Volumenstrom} \cdot (p_{\text{stat}} + p_{\text{dyn}})/\eta_{\text{L}}$$

mit η_{L} als dem Lüfterwirkungsgrad. Der Wirkungsgrad der Lüfter liegt etwa zwischen 0,40 und 0,60 [14, 15].

1.6 Kurzschlußversuch

Nach beendigtem Temperaturlauf findet meist die Untersuchung der kurzgeschlossenen Maschine statt. Man nimmt diesen Versuch gern bei warmer Maschine vor, und außerdem verbleibt zu dieser Messung, die nicht allzulange dauert, meist noch die nötige Zeit. Einer anderen Reihenfolge steht natürlich nichts im Wege. Die Vornahme des Versuchs geschieht im Lauf oder im Stillstand. Maschinen mit eigener Erregung werden im Lauf, die übrigen, also vor allem die Asynchronmaschinen, im Stillstand oder bei sehr geringer Geschwindigkeit geprüft. Synchronmaschinen mit Selbstanlauf arbeiten während des Hochlaufs wie Asynchronmotoren und erst nach dem Intrittfallen als Synchronmaschinen. Sie werden während des Anlaufs und im Lauf untersucht. Der Kurzschlußversuch dient der Messung der Werte des Stoß- und des Dauerkurzschlußstroms, der Kurzschlußverluste, in denen die Zusatzverluste enthalten sind, der Kurzschlußdrehmomente und auch der mechanischen Kurzschlußfestigkeit von Wicklung und Gehäuse. Weiterhin werden aus diesen Ergebnissen eine Reihe von charakteristischen Größen ermittelt. Bei Gleichstrommaschinen wird im Kurzschluß bei offenem Erregerkreis die Höhe des selbsterregten Stroms festgestellt und eine etwaige Gegenmaßnahme getroffen. Die Ergebnisse werden in Form von Kurzschlußkennlinien dargestellt.

1.6.1 Kurzschlußkennlinie

Die grundlegende Kurzschlußkennlinie zeigt den Verlauf des Kurzschlußstroms in Abhängigkeit des Erregerstroms bei Maschinen mit eigenem Erregerkreis und in Abhängigkeit der zugeführten Netzspannung bei den übrigen Maschinen. Diese Kennlinie ist meist eine gerade Linie. Erst bei höheren Strömen, die wesentlich über dem Nennwert liegen, zeigt sich eine Krümmung, die auf die beginnende Sättigung der Streuwege zurückzuführen ist. Aus der Kennlinie können charakteristische Größen wie Kurzschlußspannung, Kurzschlußreaktanz, Kurzschluß-AW u. a. ermittelt werden. Ergänzende Kennlinien sind jene, in welchen die übrigen Meßwerte, also Kurzschlußverluste, Leistungsfaktor und Drehmoment in Abhängigkeit von Strom oder Spannung dargestellt werden.

1.6.2 Kurzschlußdrehmoment

Bei allen selbstanlaufenden Motoren, wozu heute auch die meisten Synchronmotoren gehören, ist das Anzugsmoment durch Messung zu bestimmen. Nur bei Asynchronmotoren mit Schleifringankern und bei normalen Gleichstrommotoren mit Anlassern wird auf diese Messung, sofern nicht ungewöhnlich hohe Anlaufdrehmomente vorgeschrieben sind, verzichtet. Alle anderen Maschinen, also Asynchronmotoren mit Kurzschlußankern, Synchronmotoren mit besonderem Anlaufkäfig, Gleichstrommotoren mit tief heruntergehendem Regelbereich, Wechselstromkommutatormotoren und — als Sonderfall — asynchrone Schlupfregler werden dagegen auf ihre Drehmomententwicklung im Stillstand oder aus dem Stillstand heraus untersucht.

Der Versuch wird durchweg mit verringerter Spannung durchgeführt und das Ergebnis auf volle Spannung umgerechnet. Das Drehmoment und die aufgenommene Leistung werden quadratisch und der aufgenommene Strom linear mit der Spannung auf deren Nennwert umgerechnet. Maschinen mit Dreieckschaltung werden oft im Stern bei Nennspannung geprüft. Dies entspricht einem im Verhältnis $1/\sqrt{3}$ verringerten Kraftfluß. Die Werte für Drehmoment, Leistung und Strom sind in diesem Falle durch Malnehmen mit 3 auf Dreieck umzurechnen. In Wirklichkeit sind die bei Nennspannung selbst beobachteten Größen höher, als sich nach diesen Umrechnungen ergibt, und zwar liegt dies an den obenerwähnten Sättigungserscheinungen der Streuwege. Die sichersten Werte liefert also der bei Nennspannung vorgenommene Versuch, der allerdings nur bei kleinen und mittleren Maschinen im Stillstand durchgeführt werden darf. Auch Wechselstromkommutatormaschinen können nur mit stark verringerter Spannung im Stillstand geprüft werden, da die Kurzschlußspannung unter den Bürsten sonst zum Aufglühen derselben und zum Verschmoren der Segmente führen würde.

Das Kurzschlußdrehmoment kann mit dem Hebelarm oder dem Torsionsstab gemessen werden, die in Kapitel 5 beschrieben sind. Eine andere Versuchsanordnung wird dann bevorzugt, wenn das abgegebene Drehmoment nicht nur bei Stillstand, sondern auch bei kleinen Motorgeschwindigkeiten im normalen Drehsinn und im Gegendrehsinn untersucht werden soll. In diesem Fall wird mit dem Motor eine Gleichstrommaschine gekuppelt, welche regelbare Erregung besitzt und der ein regelbarer Strom zugeführt werden kann. Dieser wird entweder dem Gleichstromnetz über einen — allerdings recht großen — Widerstand oder besser einem besonderen Prüffeldumformersatz in Leonardschaltung entnommen. Durch Einstellen des Anker- oder Feldstroms der angekuppelten Hilfsmaschine kann die Drehzahl sehr feinfühlig auf Null oder kleine Werte im einen oder anderen Drehsinn gebracht werden. Bei Verwendung der Leonardschaltung empfiehlt es sich, die angekuppelte Maschine kräftig und die Leonarddynamo nur schwach im einen oder anderen Sinn zu erregen, da dann bei den kleinstmöglichen Ankerströmen das gewünschte Gegendrehmoment erzielt werden kann. Die Drehmomentermittlung erfolgt rechnerisch-graphisch aus den Werten des Anker- und des Feldstroms der Bremsmaschine nach dem in Abschnitt 2.4 gegebenen Verfahren oder besser an Hand von einmal aufgestellten Kalibriertafeln, in denen das Drehmoment in Abhängigkeit des Ankerstroms für die einzelnen Werte des Erregerstroms getrennt dargestellt ist. Ist die Hilfsmaschine eine Pendelmaschine, so wird das Drehmoment ausgewogen; ist sie über einen Torsionsstab angekuppelt, so wird es aus dessen Verdrehung abgelesen. Die empfindlichen

Kommutatormaschinen und auch Asynchronmotoren, deren Stillstandsmoment stark von der jeweiligen Läuferstellung abhängt sowie Sondergleichstrommaschinen, deren tiefste Drehzahlkennlinie genau bestimmt werden muß, werden gern in dieser mit „Gegenstrom“ bezeichneten Anordnung untersucht.

Zu beachten ist bei allen Drehmomentmessungen der Erwärmungszustand der Maschine, da je nach Maschinengattung und Auslegung das Drehmoment sich mit der Erwärmung erhöhen oder vermindern kann. Es ist also angebracht, neben der Messung zu vermerken, ob diese an der kalten oder an der warmen Maschine vorgenommen wurde, da Drehmomentunterschiede bis zu 30% beobachtet werden können.

1.6.3 Kurzschlußzusatzverluste

In den Wechselstrom- und den Gleichstromankerwicklungen der elektrischen Maschinen treten bei Stromdurchgang Verluste auf, die höher sind, als unter Zugrundelegung des mittels Gleichstrom gemessenen oder des berechneten Widerstands zu erwarten sind. Der dem Wechselstrom bzw. kommutierenden Gleichstrom sich entgegensetzende Wirkwiderstand muß also größer sein als dieser sog. Gleichstromwiderstand. Die Ursache liegt in den durch Stromverdrängung im Kupfer selbst auftretenden Wirbelstrom- und in den im aktiven Eisen und in den benachbarten metallischen Teilen sich zeigenden Zusatzverlusten. Sie können zusammen mit den normalen Ohmschen Verlusten im Kurzschlußversuch bestimmt werden. Da ihrer Messung bei Synchronmaschinen und bei Transformatoren keine Schwierigkeiten entgegenstehen, werden sie bei diesen beiden Gattungen auch stets durch Prüfung ermittelt. Gemessen werden die gesamten zugeführten Verluste bei Nennstromstärke des Kurzschlußstroms. Von ihnen werden die reinen Kupferverluste unter Berücksichtigung des bei der Messung vorhandenen Wicklungswiderstands und bei umlaufenden Maschinen noch die Reibungsverluste abgezogen. Es verbleiben dann die Zusatzverluste, die zwischen 10 und 100% der eigentlichen Kupferverluste betragen können. Bei Umrechnung auf andere Stromwerte oder von einem abweichenden Versuchswert auf den Nennstrom werden sie wie die Kupferverluste quadratisch mit dem Strom geändert.

Obwohl bei Gleichstrommaschinen grundsätzlich auch eine solche Messung im Kurzschluß vorgenommen werden kann, verzichtet man doch mit Rücksicht auf die zu großen Fehlerquellen und Ungenauigkeiten bei der Vornahme und Auswertung auf diesen Versuch. Dasselbe gilt von den Asynchronmaschinen und den übrigen Maschinengattungen. Man berücksichtigt hier die Zusatzverluste durch einen festen Verlustprozentsatz der elektrisch umgesetzten Leistung bei Nennlast und rechnet sie quadratisch mit dem Strom bei Laständerungen um. Die REM schreiben bestimmte, im Abschnitt über den Wirkungsgrad angeführte Sätze von 0,5 und 1% vor, die als verbindliche Werte bei der Wirkungsgradbestimmung zu betrachten sind. Die wirklichen Werte können natürlich davon abweichen und liegen z. B. bei kleinen Asynchronmotoren und Wechselstromkommutatormaschinen wohl gelegentlich über den angenommenen Beträgen.

1.7 Hochlaufversuch

Der Hochlaufversuch dient der *Messung des Anzugsmoments* großer Maschinen, bei denen von der Anwendung des Hebelarms, des Torsionsstabs und des Gegenstromverfahrens wegen der zu großen Momente und Kurzschlußleistungen abgesehen werden muß. Ein Drehmoment von 5000 Nm dürfte praktisch als obere Grenze überhaupt für Versuche im Stillstand zu betrachten sein, und wirklich gut und einfach zu messen sind sogar nur Drehmomente bis etwa 2000 Nm. Weiterhin gewinnt man durch die punktweise Auswertung des Hochlaufversuchs die gesamte *Drehmomentkurve über der Drehzahl* und nimmt daher den Versuch auch an anderen Motoren vor, wenn diese Kennlinie bestimmt werden soll.

Der Versuch wird durchgeführt, indem man den unbelasteten, üblicherweise mit einer Prüffeldmaschine zusammengekuppelten Motor ans Netz legt und den Verlauf der Drehzahl vom Stillstand bis zur Leerlaufdrehzahl zusammen mit dem Strom und der Klemmenspannung oszillographisch aufnimmt. Als Drehzahlanzeige benutzt man die Spannung der schwach fremderregten Prüffeldmaschine oder bei Alleinanlauf die einer kleinen angebauten Tachomaschine. Diese erhält vorzugsweise einen sehr stark vergrößerten Luftspalt, damit ihre Spannungskurve möglichst frei von den durch die Nutung hervorgerufenen Oberwellen bleibt. Im Oszillogramm erhält man dann eine deutliche schwarze Kurvenschrift, die besonders leicht graphisch auszuwerten ist.

Während des Hochlaufs entwickelt der Motor ein von der jeweils durchfahrenen Drehzahl abhängiges Drehmoment, welches erst bei Erreichung der vollen Geschwindigkeit zu Null wird. Dieses Moment dient zum weitaus größten Teil der Beschleunigung der Schwungmassen aller umlaufenden Teile und nur zum geringen Teil der Überwindung der Reibungsmomente sowie der Deckung der kleinen Eisenverluste, die in der schwach erregten, angekuppelten Prüffeldmaschine auftreten. Auf Grund des Zusammenhangs zwischen Beschleunigung, Trägheitsmoment J und Drehmoment:

$$M = J\,\frac{\mathrm{d}\omega}{\mathrm{d}t} = 2\pi\,J\,\frac{\mathrm{d}n}{\mathrm{d}t},$$

wobei J = Trägheitsmoment in kg m^2,
$\omega = 2\pi\,n$ Winkelgeschwindigkeit in s^{-1},
t = Zeit in s,
M = Drehmoment in Nm,

kann nachträglich das Drehmoment bestimmt werden, welches die beim Hochlauf beobachtete Beschleunigung hervorgerufen hat. Wird zu diesem Beschleunigungsmoment noch das Reibungsmoment der Belastungsmaschine zugeschlagen, so ist damit das nutzbar abgegebene Motordrehmoment bekannt. Wird weiterhin noch das eigene Reibungsdrehmoment des Probemotors hinzugefügt, so ist das gesamte vom Motorläufer erzeugte Drehmoment bestimmt. Die Reibungsdrehmomente von großen Motoren sind von der Größenordnung von 0,3 bis 0,7% des Nennmoments, sofern es sich, wie es fast immer der Fall ist, um Synchron- oder Asynchronmotoren handelt, und das Reibungsmoment der meist gleich großen Belastungsmaschine, die durchweg eine Gleichstrommaschine ist, liegt etwas höher, nämlich bei rund 1,0 bis 2,0% ihres Nennmoments. Das mittlere beim Hochlauf entwickelte Drehmoment beträgt nun etwa 50 bis 150% des Nennmoments, und die Meßgenauigkeit liegt in den Grenzen von ±5%. Es genügt demnach wirklich, nur das Beschleunigungsmoment zu bestimmen und dieses als das vom Motor abgegebene Drehmoment zu betrachten. Über die Größenordnung des hiermit begangenen Fehlers sollte man sich bei der Auswertung jedoch Rechenschaft geben.

1.7.1 Auswertung

Die Auswertung geht von der Bestimmung der Beschleunigung dn/dt, also des Drehzahlanstiegs in der Zeiteinheit, aus. Hierzu stehen mannigfaltige Wege offen. Der gebräuchlichste Weg in der Praxis ist die graphische Auswertung der Drehzahlkurve des Hochlaufoszillogramms. In Abb. 15 ist eine solche Aufnahme wiedergegeben, und es soll beispielsweise die Beschleunigung im Punkt A bestimmt werden. Zu diesem Zwecke wird im Punkt A mittels eines angelegten Lineals die Tangente gezeichnet. Zwei beliebige Punkte a und b werden auf ihr eingezeichnet, und durch diese beiden wird eine Senkrechte und eine Waagerechte gelegt, die sich im Punkt c treffen. Es entsteht so das Dreieck abc. In diesem ist die Höhe bc der Drehzahlerhöhung und die Strecke ac der Zeit, in welcher sie stattgefunden hat, verhältnisgleich. Der Wert (Drehzahlunterschied $= bc$) geteilt duch (Zeitunterschied $= ac$) ist also gleich der wirklichen Beschleunigung im Punkt A; b—c ist natürlich eine Strecke in mm, die erst in U/min, und a—c eine Strecke in mm, die erst in s umgerechnet werden muß. Dies geschieht mittels des Maßstabs für die Drehzahl m_{drehzahl} und des für die Zeit m_{zeit} durch Malnehmen der Streckenlängen in mm mit diesen Maßstäben. Sie werden errechnet zu:

$$\text{Drehzahlmaßstab} \quad m_{\text{drehzahl}} = \frac{\text{Leerlaufdrehzahl in U/min}}{\text{Strecke } CD \text{ in mm}},$$

$$\text{Zeitmaßstab} \quad m_{\text{zeit}} = \frac{\text{Hochlaufzeit in s}}{\text{Strecke } ED \text{ in mm}}.$$

Das rechnerische Ergebnis der Beschleunigung in U/min je s ist also für den Punkt A:

$$\text{Beschleunigung}_A = \frac{(\text{Strecke } bc \text{ in mm}) \cdot \text{Drehzahlmaßstab}}{(\text{Strecke } ac \text{ in mm}) \cdot \text{Zeitmaßstab}} \quad \text{in} \quad \frac{\text{U/min}}{\text{s}}.$$

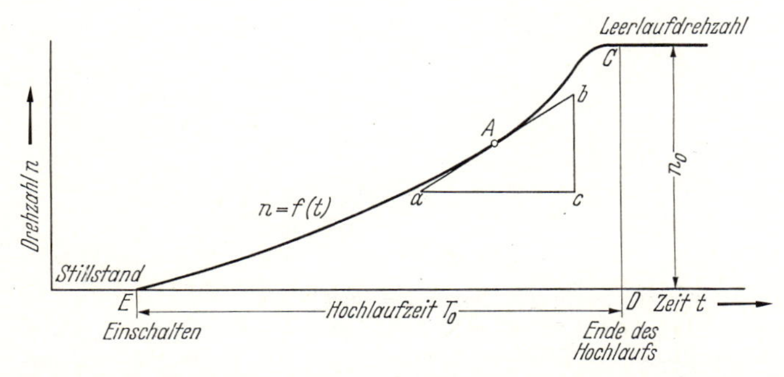

Abb. 15. Hochlaufkurve eines Asynchronmotors. Bestimmung der Beschleunigung im Punkt A

Das gesuchte Drehmoment für den gleichen Punkt beträgt dann:

$$\text{Drehmoment}_A = \text{Beschleunigung} \cdot \text{Trägheitsmoment} \cdot \frac{2\pi}{60},$$

worin das Trägheitsmoment in kg m^2 einzusetzen ist.

In der gleichen Weise können alle anderen Punkte, insbesondere also auch der Stillstandspunkt, untersucht werden, woraus der Wert des Anzugsmoments gewonnen wird. Man begnügt sich mit etwa 5 bis 10 Auswertungen, welche zur Darstellung der Drehmomentkurve ausreichen. Aus praktischen Gründen zeichnet man nicht für jeden Punkt ein solches kleines Hilfsdreieck, sondern man bestimmt für die einzelnen Punkte nur die Tangenten. Diese verschiebt man dann parallel zu sich selbst, bis sie alle durch ein und denselben beliebig gewählten Punkt der Drehzahlnullinie gehen. Dieser ist in Abb. 16 mit F bezeichnet. In an sich beliebigem Abstand nach rechts wird ein zweiter Punkt G auf der Nullinie eingezeichnet, durch welchen die Senkrechte nach oben gelegt sird. Die parallel verschobenen Tangenten durch den Punkt F schneiden dieselbe in den sinngemäß bezeichneten Punkten 0′, 1′, 2′ usw. Die Länge der Strecken zwischen diesen Schnittpunkten und dem Fußpunkt G ist ein unmittelbares Maß für die Beschleunigung und somit für das Drehmoment selbst in den einzelnen Hochlaufkurvenpunkten 0, 1, 2, ... , da sie alle einen Drehzahlanstieg in der gleichen Bezugszeit, nämlich in der Zeitdifferenz entsprechend der Länge FG, darstellen. Die Beschleunigung braucht daher gar nicht erst errechnet zu werden, sondern man bestimmt sofort das Drehmoment in Nm. Dazu braucht nur der Drehmomentmaßstab $m_{\text{drehmoment}}$ berechnet zu werden, der sich ergibt zu:

$$m_{\text{drehmoment}} = \frac{2\pi}{60} \frac{(J \text{ in kg m}^2)\, n_0}{(T_0 \text{ in s})} \cdot \frac{(ED \text{ in mm})}{(CD \text{ in mm})\,(FG \text{ in mm})},$$

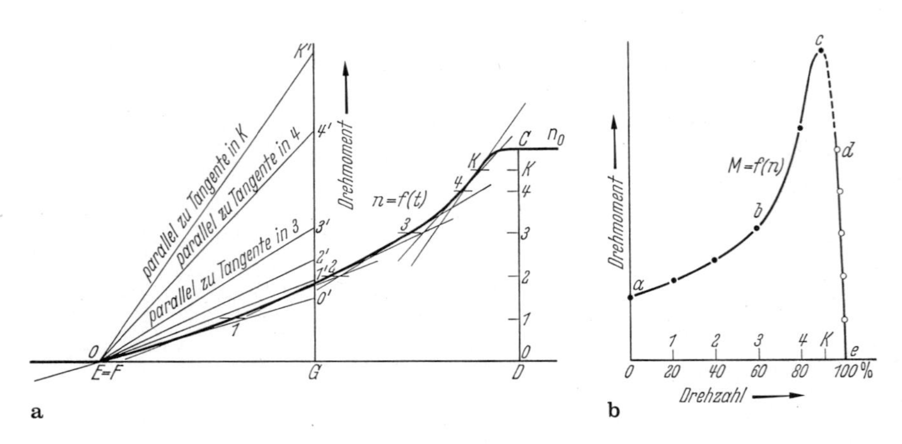

Abb. 16. Auswertung der Hochlaufkurve nach dem Tangentenverfahren.
a Hochlaufkurve mit Tangenten, die parallel verschoben durch gemeinsamen Punkt F gehen, der mit Punkt E zusammenfällt; **b** Drehmoment — Drehzahlkennlinie. Kurvenast *abc* aus Hochlaufkurve; Kurvenast *ed* aus Belastungsversuch; Kurvenast *cd* sinngemäß ergänzt

wobei n_0 die Leerlaufdrehzahl in U/min und T_0 die Hochlaufzeit in s bedeuten. Das Drehmoment zum Punkte 4′ z. B. ergibt sich zu: (Länge der Strecke $4'G$) · Drehmomentmaßstab.

Wenn das Anzugsmoment im Stillstand gesondert bestimmt worden ist, kann die Auswertung des Hochlaufs auch ohne Kenntnis des Trägheitsmoments erfolgen. Man bestimmt dann den Drehmomentmaßstab zu:

$$m_{\text{drehmoment}} = \frac{\text{Anzugsdrehmoment in Nm}}{\text{Länge } O'G \text{ in mm}}.$$

Das Anzugsmoment ist natürlich auf die Spannung beim Hochlaufversuch quadratisch umzurechnen, wenn der Stillstandsversuch bei einer anderen Spannung vorgenommen worden ist. Wenn das Trägheitsmoment bekannt ist, erhält man aus beiden Versuchen zweimal den Wert des Anzugsmoments und somit eine gute Kontrolle für beide Versuche.

Bei nachgiebiger Netzspannung ist an den erhaltenen Drehmomentwerten noch eine Korrektur, die den Spannungsabfall berücksichtigt, vorzunehmen. Aus dem Oszillogramm werden zu den einzelnen Drehzahlpunkten die Werte der wahren Netzspannung ermittelt und die Drehmomente quadratisch auf die Soll-Spannung umgerechnet. Die Ströme, die man ebenfalls im Hochlaufkurvenblatt darstellt, werden linear mit der Spannung umgerechnet.

Der steil abfallende Verlauf der Drehmomentkurve in der Nähe der Leerlaufdrehzahl kann bei Asynchronmotoren aus dem Hochlaufversuch nur mit ungenügender Genauigkeit ermittelt werden. Sehr genau zu zeichnen ist er jedoch auf Grund der Ergebnisse des Belastungsversuchs, die zusammenhängende Werte von Drehzahl bzw. Schlupf und Drehmoment liefern. Jeder Belastungspunkt gibt einen Punkt dieses Asts der Drehmoment-Drehzahlkennlinie, der anfangs eine Gerade ist, welche in Richtung Kippmoment sanft abbiegt.

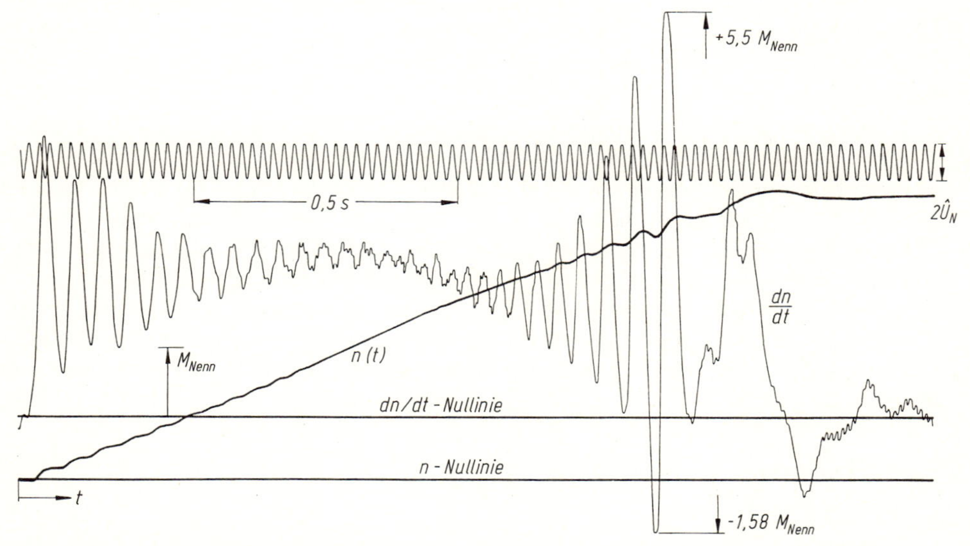

Abb. 17. Hochlauf eines Maschinensatzes bestehend aus Synchronmotor — drehelastische Kupplung — Gleichstromgenerator

Wenn der Hochlauf wegen zu kleiner Schwungmasse in kürzerer Zeit als 1 bis 2 s erfolgt, so erhält man Ergebnisse, welche sich infolge der Ausgleichvorgänge innerhalb der Maschinen nicht mit den bei stationärem Betrieb gewonnenen decken. Vor allem wird meist ein zu kleines Kippmoment beobachtet. Zur Erzielung einwandfreier Ergebnisse untersucht man den Probemotor dann mit verringerter Spannung oder aber kuppelt ihn mit der hinreichend großen Schwungmasse einer Prüffeldmaschine. Abbildung 17 zeigt den Hochlauf eines Maschinensatzes bestehend aus Synchronmotor und angekuppelter Gleichstrommaschine [16, 24, 25].

1.8 Auslaufversuch

Der Auslaufversuch dient der Bestimmung des Trägheitsmoments J und in geringerem Umfang der Messung und der Aufteilung von Verlusten. Er besteht in der Aufnahme des zeitlichen Verlaufs der Auslaufdrehzahl der Maschine nach dem Abschalten ihres Antriebs. Die Kurve $n = f(t)$ heißt die Auslaufkurve.

Bei der Vornahme des Versuchs fährt man die Probemaschine selbst oder ihren Antriebsmotor hoch, und zwar nach Möglichkeit — mit Hilfe gesteigerter Frequenz oder erhöhter Ankerspannung — auf eine Geschwindigkeit, die um 10 bis 20% über der Nenndrehzahl liegt. Dann schaltet man vom Netz ab. Bei großen Maschinen mit einer Auslaufzeit von über 1 min liest man in Zeitabständen von 5 oder 10 s (Stoppuhr) die Anzeige eines Tachometers oder eines Spannungsmessers ab, der die Spannung entweder der Probemaschine selbst oder ihres Antriebsmotors oder einer angebauten, kleinen Tachomaschine mißt. Die spannungsgebende Maschine muß natürlich fremderregt laufen.

Bei kürzeren Auslaufzeiten, etwa zwischen 1 min und wenigen s, erfolgt die Aufnahme am besten oszillographisch, da das Umschalten des Tachometers auf die tieferen Meßbereiche nicht schnell genug erfolgen kann und die genaue Ablesung des Spannungsmessers bei dem schnell zurückgehenden Zeiger sehr schwer fällt. Außerdem läßt sich die Auslaufkurve mit Hilfe der wenigen Meßpunkte nur ungenau aufzeichnen.

Kleinere Maschinen werden durch das angedrückte Tachometer zusätzlich belastet und kommen daher beschleunigt zum Stillstand. Bei ihnen sollte man daher möglichst von der Spannungsmessung Gebrauch machen. Ein zusammengehöriges Wertepaar von Drehzahl und Spannung, welches vor dem Abschalten ermittelt wird, erlaubt die Umrechnung der Spannungen in Drehzahlen. Führte die spannungsgebende Maschine dabei motorischen Strom, so zieht man 2 V von der Angabe des Spannungsmessers ab, um den Bürstenspannungsabfall zu berücksichtigen. Die reduzierte Spannung wird dann gleich der gemessenen Drehzahl gesetzt. Ferner bietet sich die Verwendung eines X-Y-Schreibers mit einem geeigneten Zeiteinschub für die X-Achse an.

1.8.1 Auswertung

Die Auswertung des Auslaufversuchs entspricht der des Hochlaufversuchs, nur ist statt der Beschleunigung die Verzögerung bei einer bestimmten Drehzahl zu ermitteln. Abbildung 18a stellt eine Auslaufkurve dar, in welcher zur Drehzahl n_1 die Ver-

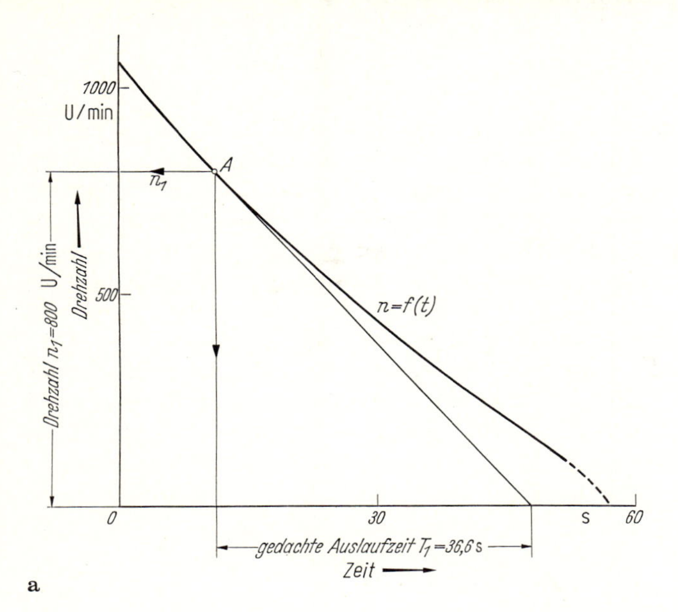

a

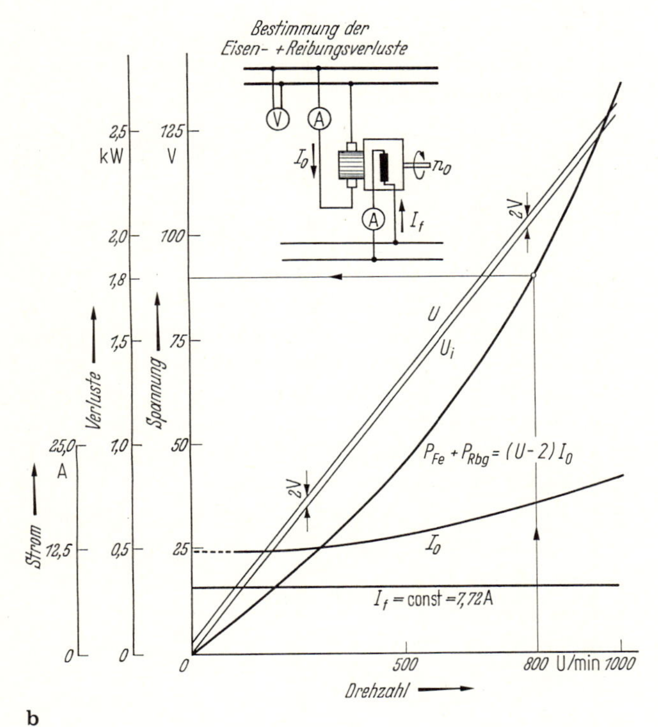

b

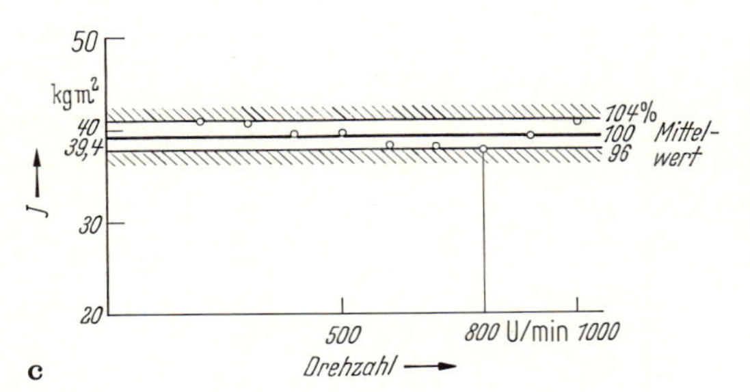

c

Abb. 18. Auslaufversuch zur Bestimmung des Trägheitsmoments J. **a** Auslaufdrehzahl = f(Zeit); **b** Bestimmung der Eisen- u. Reibungsverluste; **c** $J = f$(Drehzahl)

zögerung in U/min je s bestimmt werden soll. Man legt hierzu im Punkte A, der der Drehzahl n_1 entspricht, die Tangente an die Auslaufkurve und verlängert sie bis zum Schnittpunkt mit der Nullinie. Die Zeitdifferenz T_1 zwischen diesem Schnittpunkt und dem Fußpunkt zu A heißt die „Gedachte Auslaufzeit". Sie würde gleich der wahren Auslaufzeit nach Durcheilen der Drehzahl n_1 sein, wenn die zu diesem Zeitpunkt wirksamen Bremsmomente sich bis Stillstand nicht ändern würden. Die Verzögerung ergibt sich zu: (n_1 in U/min):(T_1 in s).

Die Abnahme der Drehzahl beim Auslauf ist eine Folge der bremsenden Drehmomente, die die Luft- und Lagerreibung, die Bürstenreibung und die gegebenenfalls auftretenden weiteren Verluste entwickeln. Zur Überwindung dieser Momente und zur Deckung dieser Verluste steht nur die lebendige Energie der sich drehenden Schwungmassen zur Verfügung, die unter ständiger Drehzahlabnahme hierzu frei gemacht wird, wobei die Beziehung gilt:

$$M = J \frac{\mathrm{d}\omega}{\mathrm{d}t} = 2\pi \, J \frac{\mathrm{d}n}{\mathrm{d}t} = 2\pi \, J \frac{n_1}{T_1},$$

mit ω = Winkelgeschwindigkeit = $2\pi \, n$,
n = Drehzahl,
n_1 = betrachteter Drehzahlwert,
T_1 = zugehörige, „Gedachte Auslaufzeit" in s.

Wenn man statt des Bremsdrehmoments die entsprechenden Bremsverluste P_{brems} einsetzt, kommt man zu der praktisch wichtigeren Beziehung:

$$P_{\text{brems}} = M \cdot \omega = J\omega \frac{\mathrm{d}\omega}{\mathrm{d}t} = J \frac{\omega_1^2}{T_1}.$$

Man erkennt hieraus, daß bei Kenntnis von dreien dieser vier Werte: J, P_{brems}, ω_1 und T_1 der vierte berechnet werden kann. Der Zusammenhang zwischen ω_1 bzw. n_1 und T_1 ist durch die Auslaufkurve gegeben. Kennt man also die Bremsverluste, die während des Auslaufs auftreten, so ist das J zu berechnen, kennt man das J, so kann man die unbekannten Verluste errechnen. Macht man zwei oder mehrere Läufe a, b, c usw., so kann man, wenn man die Verluste im ersten Auslauf vorher bestimmt hat, die zusätzlichen Verluste bei den anderen Läufen aus den veränderten „Gedachten Auslaufzeiten" $T_{1\,\mathrm{a}}$, $T_{1\,\mathrm{b}}$ usw. ohne Kenntnis des Trägheitsmoments J berechnen.

1.8.2 Bestimmung des Trägheitsmoments

Gleichstrommaschine oder Synchron- oder Asynchronmaschine, welche durch eine Prüffeldgleichstrommaschine hochgefahren wird: Die Maschine oder die Gruppe wird auf Nenndrehzahl hochgefahren. Nach einigen Minuten wird die Spannung U und der dem Netz entnommene Ankerstrom I_0 abgelesen. Aus diesen Werten wird die Verlustleistung $P_{\text{Fe}} + P_{\text{Rbg}} = (U - 2) \cdot I_0$ berechnet. Dann wird die Drehzahl durch Steigern der Ankerspannung, keinesfalls aber durch Feldschwächung, um 20% erhöht. Zur Kontrolle werden noch einmal Spannung und Drehzahl abgelesen. Die erhöhte Spannung minus 2 V muß im gleichen Verhältnis zur erhöhten Drehzahl stehen, wie $(U - 2)$ zu n_{nenn}. Nunmehr wird das Netz abgeschaltet. Die Maschine bzw. die Gruppe beginnt mit unverändertem Erregerstrom den Auslauf. Alle 5 s wird die Drehzahl bzw. die Ankerspannung gemessen. Der Zeitpunkt des erreichten Stillstands wird genau abgestoppt. Dann trägt man die Kurve n in Abhängigkeit der Zeit t auf. Im Punkte zur Drehzahl n_{nenn} legt man die Tangente und bestimmt die gedachte Auslaufzeit T_{nenn}. Das Trägheitsmoment J ergibt sich dann zu:

$$J = \frac{(P_{Fe} + P_{Rbg}) \cdot T_{nenn}}{\omega_{nenn}^2} \quad \text{in kg m}^2 ,$$

$$= \frac{(U - 2)\, I_0 \cdot T_{nenn}}{(2\pi\, n_{nenn})^2} .$$

Wenn eine genaue Bestimmung des Trägheitsmoments gewünscht wird, nimmt man bei unveränderter Erregung zu mehreren Drehzahlen die Verluste auf. Man verändert also die Ankerspannung in weiten Grenzen und mißt zu jedem Punkt die Drehzahl n_0, die Spannung U und die Ankerstromaufnahme I_0. Hieraus berechnet man die Werte $(U - 2) \cdot I_0$ und trägt sie am besten über der Drehzahl auf (Abb. 18c). Dann macht man den Auslauf und wiederholt ihn zur Kontrolle. Nun bestimmt man zu einer Reihe von Drehzahlen n die „Gedachte Auslaufzeit T“, greift aus der Verlustkurve die zugehörigen Werte der Bremsverluste ab und berechnet die sich ergebenden Werte für das Trägheitsmoment J. Bei sorgfältiger Messung und Auswertung schwanken die einzelnen Werte des Schwungmoments nur um etwa $\pm 5\%$ um den Mittelwert. Wenn man die Trägheitsmoment-Werte über der Drehzahl darstellt, so erhält man eine Zickzackkurve, wie sie in Abb. 18c dargestellt ist. Wenn man den Bürstenspannungsabfall von 2 V nicht berücksichtigt, ergeben sich bei den tieferen Drehzahlen zu hohe Werte für das Trägheitsmoment.

Man erhält natürlich immer das Gesamtträgheitsmoment der Maschinengruppe. Das Trägheitsmoment der Probemaschine wird erst nach Abzug des Trägheitsmoments der angekuppelten Prüffeldmaschine gewonnen, das daher nicht viel größer sein darf, falls genaue Werte gewünscht werden.

Alleinlaufende, erregte Synchronmaschine: Die Maschine wird auf Nenndrehzahl gebracht und der Erregerstrom so eingeregelt, daß die Stromaufnahme aus dem Netz ein Minimum, also $\cos \varphi_0 = 1{,}0$ wird. Dann werden die Leistungsmesser abgelesen. Die Angabe beider Geräte kann wegen der Kleinheit der Ankerkupferverluste gleich $P_{Fe} + P_{Rbg}$ gesetzt werden. Durch Steigerung der zugeführten Frequenz wird anschließend die Geschwindigkeit um 10 bis 20% gesteigert und dann das Netz abgetrennt. Die Maschine bleibt erregt. Die Aufnahme des Auslaufs geschieht am besten mit Hilfe einer kleinen Tachomaschine. Die Auswertung geschieht mit der Formel:

$$J = \frac{T \cdot P_{V,0}}{\omega_{nenn}^2} ,$$

worin $P_{V,0}$ die Leerlaufverluste bedeuten.

Alleinlaufende Asynchronmaschine: Diese Maschine kann den Auslauf nur unerregt machen. Als bremsende Verluste kommen nur die Reibungsverluste in Frage. Diese müssen daher durch eine besondere Messung bestimmt werden. Die Maschine wird auf Nenndrehzahl hochgefahren und die aufgenommene Leistung, der aufgenommene Strom und die zugeführte Spannung abgelesen. Dann wird die Spannung in mehreren Stufen herabgesetzt und jedesmal die Messung durchgeführt. Wie bereits beschrieben, werden nunmehr die Reibungsverluste ermittelt, indem man die um die Stromwärmeverluste verringerten Leerlaufverluste über dem Quadrat der Spannung aufträgt und die durch diese Punkte gelegte Kurve (angenäherte Gerade) zum Schnitt mit der Ordinate bringt. Die Auswertung geschieht nach der Formel:

$$J = \frac{T \cdot P_{\mathrm{Rbg}}}{\omega_{\mathrm{nenn}}^2}.$$

Auch bei dieser Maschine bringt man die Drehzahl durch Frequenzsteigerung vor Beginn des Auslaufs auf einen erhöhten Wert.

Durch die Eisenverluste, welche bei erregten Maschinen auftreten, kommen dieselben schneller zum Stillstand, als es bei unerregten Maschinen der Fall ist. Man bevorzugt daher in der Praxis bisweilen jene Auslaufverfahren, bei denen die Probemaschine von einer Prüffeldmschine angetrieben wird und die Drehzahl durch die Anzeige der besonderen Tachomaschine erhalten wird. Man trennt dann nicht nur den Anker, sondern auch die Erregung der Antriebsmaschine bei Beginn des Auslaufs vom Netz. Da nur die Reibungsverluste wirksam werden, müssen dieselben bei einer bestimmten Drehzahl durch Aufnahme der Verluste bei verschiedenen Spannungen, wie oben beschrieben, ermittelt werden. Wenn man aus irgendwelchen Gründen die Nenndrehzahl der Probemaschine nicht überschreiten will, also den Auslauf mit Nenndrehzahl beginnt, so empfiehlt es sich, die Reibungsverluste bei 80% der Nenndrehzahl zu bestimmen und die Auslaufkurve im entsprechenden Punkte auszuwerten. Niemals bestimme man die gedachte Auslaufzeit für den allerersten Punkt der Kurve, da dort die Tangente nur mit Unsicherheit zu konstruieren ist.

1.8.3 Messung und Trennung der Verluste

Dieses Verfahren wird praktisch zur Bestimmung der Kurzschlußverluste großer Synchronmaschinen angewandt, die aus irgendwelchen Gründen nicht mechanisch angetrieben werden können. Die Probemaschine wird mit steigender Frequenz über die Nenndrehzahl hochgefahren. Dann wird das Netz abgetrennt, die Erregung ausgeschaltet, der Klemmenkurzschluß hergestellt und die Erregung wieder eingeschaltet. Der Wert des Erregerstroms wird dabei auf jenen Betrag eingestellt, der den gewünschten Kurzschlußstrom in der Ankerwicklung, also vorzugsweise den Nennstrom hervorruft. Alle Schaltungen und Einstellungen müssen erledigt sein, ehe die auslaufende Maschine durch die Nenndrehzahl gefahren ist. Als Drehzahlanzeige wird die Spannung der schwach erregten, aufgebauten Erregermaschine benutzt.

In der Auslaufkurve wird die Tangente an den Punkt entsprechend der Nenndrehzahl gelegt und die „Gedachte Auslaufzeit“ T_{nenn} bestimmt. Die gesuchten Kurzschlußverluste $P_{\mathrm{V,k}}$ ergeben sich zu:

$$P_{\mathrm{V,k}} = P_{\mathrm{Cu}} + P_{\mathrm{Zus}} = \frac{J\omega_{\mathrm{nenn}}^2}{T_{\mathrm{nenn}}} - P_{\mathrm{Rbg}}.$$

Der Betrag der Reibungsverluste ist den Ergebnissen des Leerlaufversuchs zu entnehmen. Durch Wiederholung des Versuchs mit verschiedenen Erregerströmen, also verschiedenen Kurzschlußströmen, erhält man eine Reihe von Werten für die

Kurzschlußverluste, die recht angenähert in quadratischer Abhängigkeit vom Strom stehen müssen.

Wenn man den Auslaufversuch an der gleichen Maschine einmal im unerregten Zustand und dann mit verschieden starken Erregerströmen bei offenen Klemmen durchführt, so müssen die „Gedachten Auslaufzeiten" zu ein und derselben Drehzahl offenbar im umgekehrten Verhältnis der zugehörigen Verluste stehen. Wenn durch Messung ein einziger Wert der Verluste bestimmt worden ist, kann man daher alle anderen Verluste durch einfache Umrechnung aus diesem Wert berechnen. Als Beispiel sei eine Gleichstrommaschine betrachtet. Bei ihr liege die Messung der Eisen- und Reibungsverluste bei Nenndrehzahl und Nennspannung vor, und die Reibungsverluste sollen getrennt bestimmt werden. Man macht also einen Auslauf ‚*a*' mit voller Erregung und schließt einen zweiten Auslauf ‚*b*' mit unerregter Maschine an. T_a und T_b seien die entsprechenden gedachten Auslaufzeiten. Dann ergibt sich:

$$P_{\text{Rbg}} = (P_{\text{Fe}} + P_{\text{Rbg}}) \frac{T_a}{T_b} .$$

Wie man sieht, findet eine Aufteilung der Verluste statt, wonach der Versuch benannt wird. Die praktische Anwendung ist recht selten, da man fast immer die Aufteilung nach dem graphischen Verfahren beim Leerlaufversuch bevorzugt.

1.9 Wirkungsgrad

Der Wirkungsgrad stellt bei allen Maschinen, Generatoren, Motoren, Transformatoren und Maschinenaggregaten das Verhältnis der nutzbar abgegebenen zur insgesamt zugeführten Leistung dar. Bei schwankender Leistung spricht man auch zuweilen vom mittleren Wirkungsgrad innerhalb eines angegebenen Zeitraums als dem Verhältnis zwischen nutzbar verwerteter und insgesamt zugeführter Energie. Es gibt, wie besonders betont sei, keine in ihrer Definition voneinander abweichende Formeln etwa für Motoren und für Generatoren. Spricht man manchmal doch von der Motor- oder Generatorformel, so liegt der nur äußerliche Unterschied darin, daß in beiden Fällen die bequem meßbare elektrische Leistung eingeführt ist; diese wird beim Motor zugeführt und beim Generator abgegeben. Allgemein gilt:

$$\text{Wirkungsgrad} = \frac{\text{abgegebene Leistung}}{\text{zugeführte Leistung}} ,$$

wobei (abgegebene Leistung) = (zugeführte Leistung — Gesamtverluste).

Die Verfahren zur Bestimmung des Wirkungsgrads lassen sich grundsätzlich in die beiden Gruppen der direkten und der indirekten Methode scheiden, deren Grundzüge nachstehend entwickelt werden. Der im einzelnen Fall einzuschlagende Weg wird bei den verschiedenen Maschinengattungen genau behandelt.

1.9.1 Direkte Wirkungsgradbestimmung

Der Wirkungsgrad wird bei diesem Verfahren unmittelbar aus dem Verhältnis der abgegebenen zur zugeführten Leistung bestimmt. Bei Transformatoren, Einankerumformern, Kaskadenumformern und Motorgeneratoren treten beide in elektrischer

Form auf und werden durch Gerätemessungen ermittelt. Auf der Drehstromseite muß dabei in Drei- oder Zweileistungsmesserschaltung gemessen werden. Auf der Gleichstromseite ergibt das Produkt Spannung mal Strom die Leistung.

Bei Motoren finden alle Arten von Abbremsung Anwendung, in denen eine leichte Ermittlung der Bremsleistung möglich ist. Diese wird, wie in Abschnitt 1.10 und 1.11 angegeben, aus dem Bremsdrehmoment und der Drehzahl bestimmt. Bei Generatoren geht man umgekehrt vor. Man ermittelt die zugeführte mechanische Leistung aus Drehmoment und Drehzahl und mißt die abgegebene elektrische Leistung. Wenn eine kalibrierte Prüffeldmaschine zur Verfügung steht, können die Motoren oder Generatoren mit dieser zu einer Motorgeneratorgruppe vereinigt werden.

Der Wirkungsgrad ergibt sich dann zu:

$$\text{Maschinenwirkungsgrad} = \frac{\text{Gruppenwirkungsgrad}}{\text{Prüffeldmaschinenwirkungsgrad}}$$

$$= \frac{\text{abgegebene elektrische Leistung}}{\text{aufgenommene elektrische Leistung}} \cdot \frac{1}{\text{Prüffeldmaschinenwirkungsgrad}} .$$

Bei diesen direkten Verfahren ist zu beachten, daß ihre Genauigkeit im allgemeinen auf höchstens 1% eingeschätzt werden kann, weil die Fehler, selbst bei genauer Bestimmung der Meßgrößen Spannung, Strom, Leistung, Drehzahl und Drehmoment bereits jeweils zwischen 0,2 und 0,5% liegen und der Gesamtfehler gleich der Summe aller gemachten Einzelfehler werden kann. Anwendung findet daher die direkte Wirkungsgradbestimmung nur bei Maschinen mit einem Wirkungsgrad von etwa 80 bis 90% und darunter. Sie wird dagegen bevorzugt bei der Prüfung der Wechselstromkommutatormaschinen bis zu den höchsten Leistungen.

1.9.2 Indirekte Wirkungsgradbestimmung

Dieses Verfahren beruht grundsätzlich auf der Messung der Verluste selbst. Die Genauigkeit ist wesentlich höher als bei dem direkten Verfahren, da die Unsicherheiten und Ungenauigkeiten bei der Bestimmung der Verluste erst als Fehler zweiter Ordnung im Wirkungsgrad erscheinen.

1.9.3 Rückarbeitsverfahren

Die Rückarbeit findet Anwendung, wenn zwei völlig gleiche Maschinen vorhanden sind, die sowohl als Generator als auch als Motor gefahren werden können. Die Maschinen werden miteinander gekuppelt und elektrisch zusammengeschaltet. Bei Lauf tritt dann ein Kreislauf der Energie auf. Der Generator gibt elektrische Energie ab, der Motor nimmt diese auf und setzt sie in mechanische Energie um. Diese wird dem Generator wieder über die Welle zugeführt. Die unvermeidlichen Verluste können gedeckt werden durch zusätzlichen mechanischen Antrieb des Generators oder durch zusätzliche elektrische Speisung des Motors aus dem Netz. Letztere geschieht fast immer vom parallel liegenden Netz aus, seltener nur von einer in Reihe liegenden Hilfsmaschine. Dieses letztere Verfahren mag hier nur angedeutet werden.

1.9.3.1. Gleichstrommaschinen

Gleichstrommaschinen mit Deckung der Verluste durch das Netz werden in der Anordnung nach Abb. 19 geprüft. Man stellt die beiden etwas voneinander abweichenden Ströme so ein, daß ihre Summe gleich dem doppelten Nennstrom ist, also $I_{gen} + I_{mot} = 2I_{nenn}$ wird. Die Spannung beider Maschinen ist natürlich gleich.

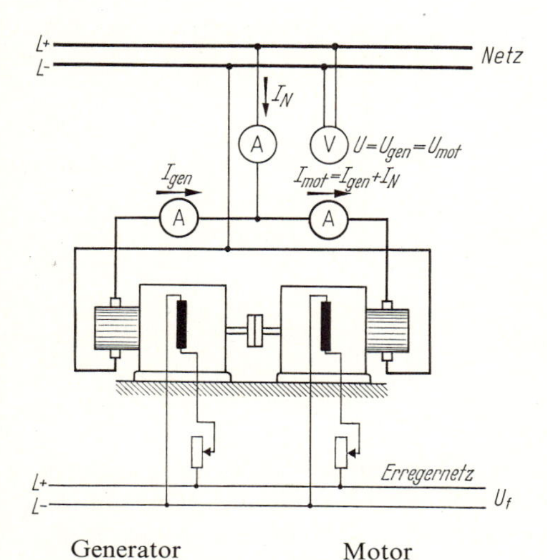

Abb. 19. Rückarbeit von Gleichstrommaschinen mit elektrischer Deckung der Verluste durch das Netz. Man mache bei Bestimmung des Wirkungsgrads als: Motor: $U = (U_{nenn} - I_{nenn} \cdot R - 2)$; $I_{mot} + I_{gen} = 2I_{nenn}$; $n = n_{nenn}$. Generator: $U = (U_{nenn} + I_{nenn} \cdot R + 2)$; $I_{mot} + I_{gen} = 2I_{nenn}$; $n = n_{nenn}$. Die Gesamtverluste einer Maschine bei Nennbetrieb sind gleich: $P_{V,ges} = \frac{1}{2} U \cdot I_N + U_f \cdot I_{f,nenn}$

Wenn der Wirkungsgrad der Maschinen als Generator bestimmt werden soll, wird die Netzspannung auf den Wert:

$$U = U_{nenn} + I_{nenn} \cdot R + 2\,,$$

und wenn der Wirkungsgrad als Motor zu untersuchen ist, wird sie auf den Wert:

$$U = U_{nenn} - I_{nenn} \cdot R - 2$$

eingestellt. Dann treten in beiden Maschinen zusammen die doppelten Kupfer-, Bürstenübergangs-, Reibungs- und Eisenverluste des Nennbetriebs auf, die gleich der dem Netz entnommenen Leistung P_{Netz} sind. Der Wirkungsgrad wird errechnet zu:

$$\eta_{gen} = \frac{2U_{nenn} \cdot I_{nenn}}{2(U_{nenn} \cdot I_{nenn} + U_f \cdot I_{f,nenn}) + P_{Netz}}$$

bei Generatoren, und

$$\eta_{mot} = \frac{2U_{nenn} \cdot I_{nenn} - P_{Netz}}{2U_{nenn} \cdot I_{nenn} + 2U_f \cdot I_{f,nenn}}$$

bei Motoren. Hierbei ist U_{nenn} die Nennspannung und I_{nenn} der Nennstrom des Ankers; der Erregerstrom $I_{f,nenn}$ ist aus der Regelkurve der Maschine zu entnehmen.

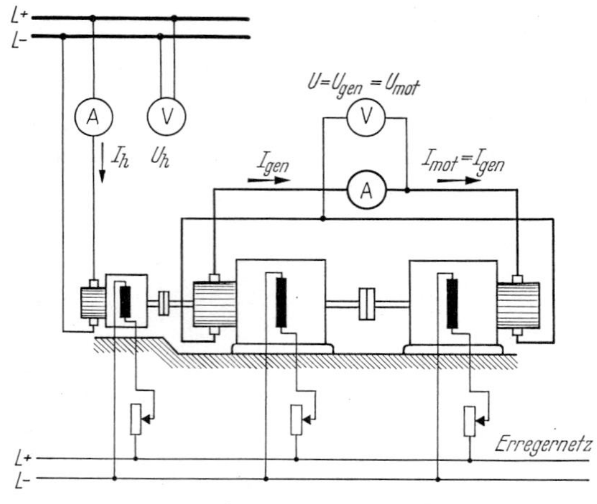

Hilfsmotor (Feld auf Nenndrehzahl einstellen) — Generator (Feld verstärken!) — Motor (Feld schwächen!)

Abb. 20. Rückarbeit von Gleichstrommaschinen mit mechanischer Deckung der Verluste. Man mache bei Bestimmung des Wirkungsgrads als Motor: $U = (U_{nenn} - I_{nenn} \cdot R - 2)$; $I_{mot} = I_{gen} = I_{nenn}$; $n = n_{nenn}$. Generator: $U = (U_{nenn} + I_{nenn} R + 2)$; $I_{mot} = I_{gen} = I_{nenn}$; $n = n_{nenn}$. Die Gesamtverluste einer Maschine bei Nennbetrieb sind gleich: $P_{V,ges} = \frac{1}{2} \cdot (U_h I_h - P_{0,h} - I_h[2 + I_h \cdot R_h]) + U_f I_{f,nenn}$

Bei mechanischer Deckung der Verluste in Schaltung nach Abb. 20 sind Strom und Spannung beider Maschinen einander gleich. Die Stromstärke wird auf den Nennwert I_{nenn} und die Spannung auf die gleichen Werte wie bei der vorigen Rückarbeitschaltung eingeregelt. Eisen- und Reibungsverluste sowie Stromwärmeverluste im Ankerkreis sind gleich den doppelten normalen Verlusten und gleich der vom Hilfsmotor an der Welle abgegebenen Leistung. Wenn dessen Ankerspannung U_h, der von ihm aufgenommene Strom I_h und seine Leerverluste $P_{o,h}$ betragen und sein Ankerkreiswiderstand gleich R_h ist, errechnet sich der Wirkungsgrad zu:

$$\eta_{gen} = \frac{U_{nenn} \cdot I_{nenn}}{(U_{nenn} \cdot I_{nenn} + U_f \cdot I_{f,nenn}) + 0{,}5(U_h \cdot I_h - P_{0,h} - I_h[R_h \cdot I_h + 2])}$$

bei Generatoren und

$$\eta_{mot} = \frac{U_{nenn} \cdot I_{nenn} - 0{,}5(U_h \cdot I_h - P_{o,h} - I_h[R_h \cdot I_h + 2])}{U_{nenn} \cdot I_{nenn} + U_f \cdot I_{f,nenn}}.$$

bei Motoren.

1.9.3.2 Synchronmaschinen

Die Rückarbeit von Synchronmaschinen mit Deckung der Verluste aus dem Netz kann ohne Kupplung in der Schaltung nach Abb. 21 erfolgen. Beide Maschinen nehmen aus dem Netz praktisch den gleichen kleinen Verluststrom I_v auf. Die eine Maschine wird übererregt und die andere untererregt. Die Blindstromstärke wird auf Nennstrom eingestellt. Durch feine Nachregelung des Erregerstroms wird die Netzstromstärke auf den Kleinstwert gebracht. Dem Netz wird also nur Wirkleistung entnommen, die in den beiden Leistungsmessern gemessen wird. Sie betrage P_{Netz}.

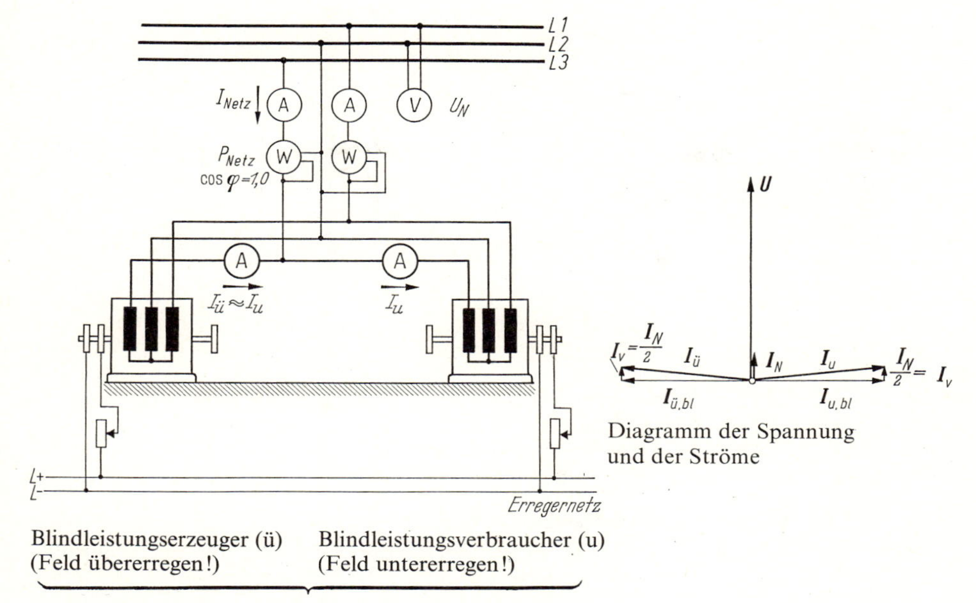

Bei mechanischer Kupplung läßt sich entsprechend der gegenseitigen Verdrehung der Kupplungshälften jede beliebige Wirkleistung einstellen.

Abb. 21. Rückarbeit von Synchronmaschinen mit elektrischer Deckung der Verluste durch das Netz. (Man mache bei Bestimmung des Wirkungsgrads als Motor oder Generator: $U = U_{nenn}$; $I_ü \approx I_u = I_{nenn}$; $f = f_{nenn}$. Die Gesamtverluste einer Maschine bei Nennbetrieb betragen: $P_{V,\,ges} = \frac{1}{2} P_{Netz} + U_f \cdot I_{f,\,nenn}$)

Der Wirkungsgrad wird bestimmt zu:

$$\eta_{gen} = \frac{\sqrt{3} \cdot U_{nenn} \cdot I_{nenn} \cdot \cos\varphi_{nenn}}{\sqrt{3} \cdot U_{nenn} \cdot I_{nenn} \cdot \cos\varphi_{nenn} + 0{,}5 \cdot P_{Netz} + U_f \cdot I_{f,nenn}}$$

bei Generatoren, und

$$\eta_{mot} = \frac{\sqrt{3} \cdot U_{nenn} \cdot I_{nenn} \cdot \cos\varphi_{nenn} - 0{,}5 \cdot P_{Netz}}{\sqrt{3} \cdot U_{nenn} \cdot I_{nenn} \cdot \cos\varphi_{nenn} + U_f \cdot I_{f,nenn}}$$

bei Motoren.

Die Netzspannung ist bei diesem Versuch auf den Wert U_{nenn} einzustellen. Der Erregerstrom $I_{f,\,nenn}$ ist der Regelkennlinie oder dem Schwedendiagramm zu entnehmen (Abschnitt 2.3.8.2).

Die Deckung der Verluste von einem Hilfsmotor aus ist in Abb. 22 dargestellt. Die Netzspannung wird auf den Nennwert U_{nenn} gebracht. Der Wirkungsgrad bei Generatoren errechnet sich zu:

$$\eta_{gen} = \frac{\sqrt{3} \cdot U_{nenn} \cdot I_{nenn} \cdot \cos\varphi_{nenn}}{\sqrt{3} \cdot U_{nenn} \cdot I_{nenn} \cdot \cos\varphi_{nenn} + U_f \cdot I_{f,nenn} + 0{,}5(U_h \cdot I_h - P_{0,h} - I_h[R_h \cdot I_h + 2])}$$

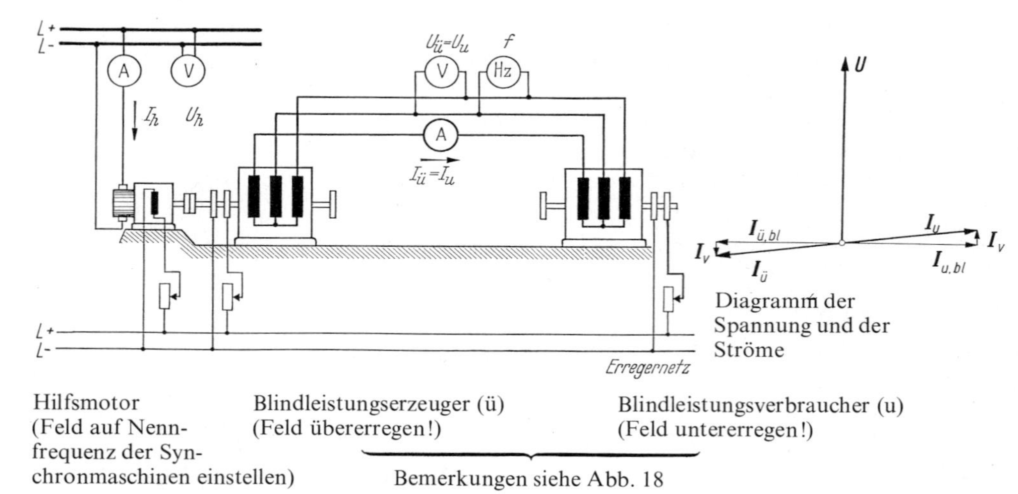

Abb. 22. Rückarbeit von Synchronmaschinen mit mechanischer Deckung der Verluste durch Hilfsmotor. (Man mache bei Bestimmung des Wirkungsgrades als Motor oder Generator: $U_{ü} = U_{u} = U_{nenn}$: $I_{ü} = I_{u} = I_{nenn}$, $f = f_{nenn}$. Die Gesamtverluste einer Maschine bei Nennbetrieb betragen: $P_{V,ges} = \frac{1}{2}(U_h I_h - P_{0,h} - I_h[2 + I_h R_h]) + U_f \cdot I_{f,nenn}$

und bei Motoren:

$$\eta_{mot} = \frac{\sqrt{3} \cdot U_{nenn} \cdot I_{nenn} \cdot \cos\varphi_{nenn} - 0{,}5(U_h \cdot I_h - P_{0,h} - I_h[R_h \cdot I_h + 2])}{\sqrt{3} \cdot U_{nenn} \cdot I_{nenn} \cdot \cos\varphi_{nenn} + U_f \cdot I_{f,nenn}}$$

Wenn die rückarbeitenden Synchronmaschinen gekuppelt werden, kann durch gegenseitige Verstellung beider Kupplungshälften jeder beliebige Wirkleistungsaustausch und durch verschiedene Erregung beider Maschinen jeder beliebige Blindleistungsaustausch eingestellt werden. Insbesondere können die Maschinen mit dem Nennleistungsfaktor gefahren werden. Meist nimmt man jedoch hiervon Abstand.

Wenn man eine einzelne Synchronmaschine als leerlaufenden Motor an das Netz von Nennfrequenz und Nennspannung legt und die Maschine durch Über- oder Untererregung auf Abgabe oder Aufnahme von Blindstrom von Nennstromstärke bringt, so treten praktisch die vollen Eisen-, Reibungs-, Kupfer- und Zusatzverluste wie bei Nennbetrieb auf. Tatsächlich sind die Eisenverluste im ersten Fall (Übererregung) etwas zu hoch und im zweiten Fall (Untererregung) etwas zu tief. Wenn man den Mittelwert der dem Netz entnommenen Leistungen nimmt, kann man diesen Betrag, vermehrt um die wirklichen Erregerverluste bei Nennbetrieb, gleich den Gesamtverlusten der Synchronmaschine setzen und daraus den Wirkungsgrad ermitteln. Zu bedenken sind allerdings die Fehler, die durch Verwendung der Wandler und Meßgeräte entstehen und prozentual von recht großem Einfluß sein können, da der $\cos\varphi$ bei diesen Versuchen zwischen 0,02 bei ganz großen und 0,06 bei mittleren Maschinen liegt. Bei diesen kleinen Leistungsfaktoren machen sich die Fehlwinkel der Wandler bereits bemerkbar. Das Verfahren, welches an und für sich den geringsten Aufwand zu erfordern scheint, wird daher in der Praxis nur selten angewandt.

1.9.4 Einzelverlustverfahren

Die wichtigste Art der Wirkungsgradbestimmung bei den Maschinen fast aller Gattungen ist die rechnerische Ermittlung auf Grund der in der Maschine auftretenden Einzelverluste. Diese lassen sich in drei Hauptgruppen einteilen: Leerverluste, Erregerverluste und Lastverluste, in denen die Zusatzverluste enthalten sind [18, 21–23].

Die *Leerverluste* umfassen die Eisenverluste bei Leerlauf und die Reibungsverluste. Zu den Eisenverlusten rechnen vor allem die eigentlichen durch Ummagnetisierung und durch Wirbelströme entstehenden Verluste im aktiven Eisen; außerdem zählen dazu alle anderen bei spannungsführender, leerlaufender Maschine auftretenden Verluste, die in den Preßplatten, in der Isolation, in der Polschuhoberfläche, in Kurzschlußkäfigen und Dämpferwicklungen und in allen dem Streufeld ausgesetzten Teilen auftreten. Die Reibungsverluste entstehen in den Lagern, an den aufliegenden Bürsten und durch die Luftreibung an allen bewegten Teilen.

Erregerverluste sind die Stromwärmeverluste in der Nebenschluß- und Fremderregungswicklung auf den Hauptpolen sowie die Übergangsverluste bei der Speisung dieser Wicklungen über Schleifringe. Die Verluste in den zugehörigen Regelwiderständen und in den angebauten Erregermaschinen sind nach den REM mit zu berücksichtigen.

Die *Lastverluste* treten auf als Stromwärmeverluste in den Ankerwicklungen, in den Wendepol- und Reihenschlußspulen sowie als Übergangsverluste am Kommutator oder an den Schleifringen, die den Laststrom führen. Als *Zusatzverluste*, unter denen alle restlichen Verluste zu verstehen sind, werden betrachtet: die Wirbelstromverluste in Wechselstrom- und Gleichstromankerwicklungen und die Verluste, welche bei stromführender Maschine zusätzlich im Eisen, in den Konstruktionsteilen und im Dämpferkäfig entstehen.

Die Summe dieser Verluste ergibt die Gesamtverluste der Maschine, also den Unterschied zwischen nutzbar verwerteter und insgesamt zugeführter Leistung. Der rechnerische Wirkungsgrad aus den Einzelverlusten ist mithin:

$$\eta = \frac{\text{Leistungsabgabe}}{\text{Leistungsabgabe} + (\text{Leer-} + \text{Erreger-} + \text{Last-} + \text{Zusatzverluste})}$$

oder

$$\eta = \frac{\text{Leistungsaufnahme} - (\text{Leer-} + \text{Erreger-} + \text{Last-} + \text{Zusatzverluste})}{\text{Leistungsaufnahme}}.$$

Die Ermittlung der Verluste erfolgt im Leerlaufversuch und zum Teil im Kurzschlußversuch. Man geht dabei von der grundsätzlichen Annahme aus, daß bei Leerlauf außer den meistens sehr geringfügigen Stromwärmeverlusten durch den Leerlaufstrom keine Lastverluste auftreten, die Leerverluste dagegen voll vorhanden sind, und daß im Kurzschluß nur die Last- und die Zusatzverluste neben den Reibungsverlusten auftreten, die eigentlichen Eisenverluste aber vernachlässigbar klein sind. Die Erregerverluste ergeben sich rechnerisch als Produkt aus Erregerstrom und Erregerspannung unter Berücksichtigung der unmittelbar im Erregerkreis noch weiter auftretenden Verluste. Die eigentlichen Kupferverluste werden aus I^2R gerechnet. Die Zusatzverluste werden allerdings nur bei Synchronmaschinen, Drehreglern und Transformatoren im Kurzschluß bestimmt. Bei allen anderen Maschinen begnügt man sich in Ermangelung eines einfachen und zuverlässigen Meßverfahrens mit einem in den REM festgelegten Prozentsatz der bei Nennbetrieb umgesetzten elektrischen Leistung, also bei Generatoren der erzeugten und bei Motoren der abgeführten Leistung. Bei Umformern wird die gleichstromseitig abgegebene Leistung zugrunde gelegt. Die so bestimmten Zusatzverluste gelten bei Nennstrom und werden auf andere Stromstärken quadratisch umgerechnet. Es gelten folgende Sätze:

Gleichstrommaschinen kompensiert	0,5%
Gleichstrommaschinen unkompensiert	1,0%
Asynchronmotoren	0,5%
Einankerumformer	0,5%
Kaskadenumformer	1,0%

Dies sind also vereinbarte Werte, die in Wirklichkeit je nach Ausführung und Größe der Maschinen größer oder kleiner sein können.

1.9.4.1 Wirkungsgradkennlinie

Die zu den einzelnen Lastpunkten errechneten Wirkungsgrade werden in Form der Wirkungsgradkennlinie entweder über der aufgenommenen oder über der abgegebenen Leistung oder bei regelbaren Motoren auch über dem abgegebenen Drehmoment dargestellt. Diese η-Kurven haben drei typische Arten des Verlaufs, der von der Aufteilung der Verluste in im wesentlichen lastunabhängige und in lastabhängige Verluste abhängt. Zu dem lastabhängigen Anteil gehören in erster Linie die Lastverluste und weiter die Zusatzverluste und jener Teil der Erregerverluste, der bei belasteter Maschine zu den Leerlauferregerverlusten hinzukommt. In erster Annäherung können diese Verluste als quadratisch von der Last abhängig betrachtet werden. Zu den lastunabhängigen Verlusten gehören alle übrigen, also die Reibungsverluste, die Eisenverluste und die Erregerverluste bei Leerlauf. In Abb. 23 sind für gleiche Gesamtversuche bei 100% Last die Wirkungsgradkennlinien dargestellt, wie sie sich für die drei typischen Fälle ergeben: überwiegend lastabhängige, gleiche last- und lastunabhängige und überwiegend lastunabhängige Ver-

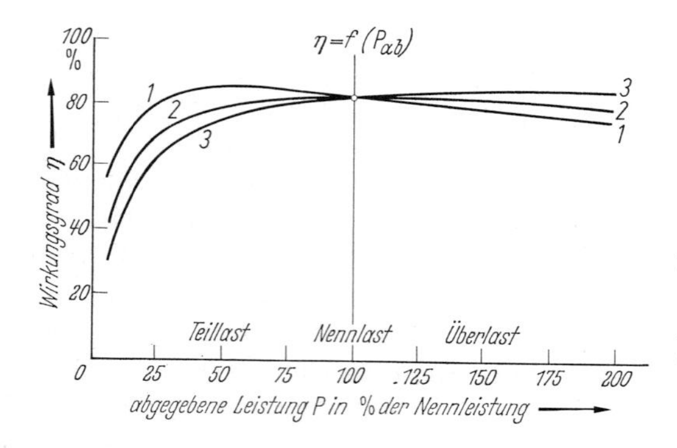

Abb. 23. Wirkungsgradkennlinien bei verschiedener Aufteilung der gleichen Gesamtverluste bei Vollast. Leerverluste bei Kurve *1*: $\frac{1}{4}$, Kurve *2*: $\frac{1}{2}$, Kurve *3*: $\frac{3}{4}$ der Gesamtverluste bei Vollast

luste bei Nennlast. Im ersten Fall hat der Wirkungsgrad sein Maximum bei Teillast, im zweiten Fall bei Vollast und zuletzt bei Überlast. Bei bekannter Aufteilung kann man sich also den Verlauf der Kurven vorstellen, und bei Ansicht der gegebenen Kurven gewinnt man umgekehrt einen Anhalt über die Aufteilung der Verluste.

Einen tieferen Einblick in den Verlauf der Wirkungsgradkennlinien erhält man, wenn der *prozentuale* Einfluß der Leer-, der Übergangs- und der Lastverluste getrennt berücksichtigt wird. Dies ist bei allen Maschinen möglich, wo die elektrisch umgesetzte Leistung, also Aufnahme bei Motoren oder Abgabe bei Generatoren, dem Strom proportional ist. Dies trifft zu bei den Gleichstrom- und den Synchronmaschinen, in gewisser Annäherung auch bei den Asynchronmaschinen. Unter Übergangsverlusten sollen alle Verluste betrachtet werden, die linear vom Strom abhängen, also z. B. ein Teil der bei Last auftretenden Erregerverluste. Trägt man, wie in Abb. 24a und b die drei Verlustgruppen in Prozent der jeweils umgesetzten elektrischen Leistung auf, so werden die Leerverluste durch eine Hyperbel, die Übergangsverluste durch

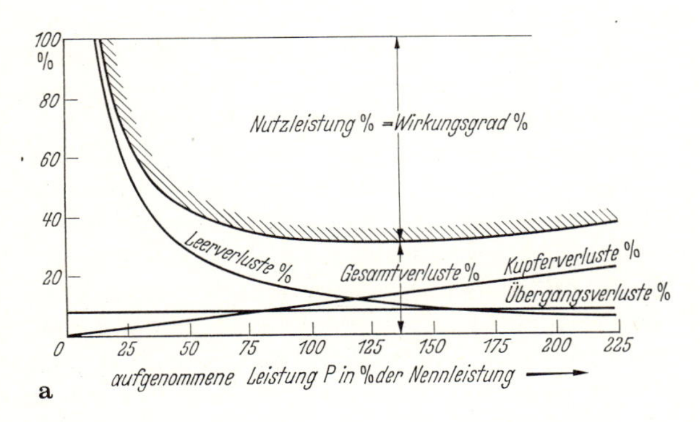

a

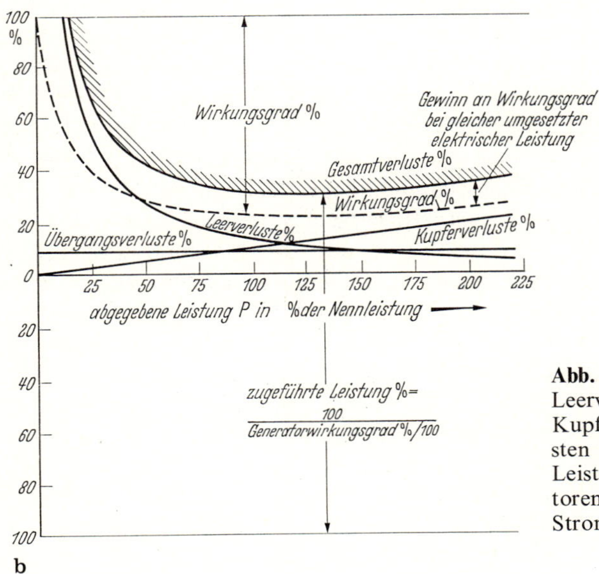

b

Abb. 24. Der prozentuale Anteil der Leerverluste, Übergangsverluste und Kupferverluste an den Gesamtverlusten über der elektrisch umgesetzten Leistung bei **a** Motoren und **b** Generatoren, wenn diese proportional dem Strom ist.

eine Parallele zur Nullinie und die Kupferverluste durch eine Gerade durch den Nullpunkt dargestellt. Die Summe aller drei Kurven stellt die prozentualen Gesamtverluste dar. Diese haben also ein Minimum, und zwar bei jener Last, wo sich Leer- und Lastverluste schneiden. Bei Motoren stellt die Kurve der Gesamtverluste bereits unmittelbar den Verlauf des Wirkungsgrads dar, wenn man als zugehörige Nullinie die Waagerechte durch 100% auf der Ordinate wählt. Bei Generatoren erhält man, wie in der Abbildung gezeigt, unmittelbar nur den reziproken Wert des Wirkungsgrads, also den Wert 1/(Generatorwirkungsgrad), aus dem leicht die tatsächliche Kurve bestimmt werden kann. Es ist auch zu sehen, wie die gleiche Maschine, bei gleicher umgesetzter Leistung, einen höheren Wirkungsgrad als Generator gegenüber dem Motorbetrieb besitzt [15, 18, 26].

1.10 Belastungsverfahren

Die elektrischen Maschinen werden bei der Prüfung möglichst vollbelastet und ihrer späteren Anwendung entsprechend gefahren. Der Generator wird als Stromerzeuger geschaltet und der Motor zum Antrieb von Belastungsmaschinen oder Bremsen benutzt. Zu diesem Zwecke werden die *Generatoren* von einem ihrer Leistung angepaßten Prüffeldmotor über Riemen oder Kupplung angetrieben. Als Stromverbraucher dienen entweder ruhende Widerstände oder ein aufnahmefähiges Netz, welches vorhanden ist oder durch einen besonderen Prüffeldumformer gebildet wird. Als Widerstände werden bei den kleineren Leistungen bis etwa 80 kW Drahtspiralen benutzt, die frei hängend in einem Eisenrahmen befestigt sind. Durch geeignet angeordnete Schalter ist es möglich, den Widerstandsbetrag in weiten Grenzen durch Reihen- oder Parallelschalten der einzelnen Gruppen zu verändern und der Spannung und der Stromstärke des Generators anzupassen. Für größere Leistungen bis zu einigen hundert kW verwendet man Wasserwiderstände mit regelbarem Zufluß. Diese bestehen im wesentlichen aus einem Wasserbehälter, in welchen mehrere in der Höhe verstellbare Elektroden eintauchen. Eine geringe Sodabeigabe verringert den Flüssigkeitswiderstand, ist aber oft gar nicht erforderlich. Die bei Stromdurchgang frei werdende Wärme erhitzt und verdampft einen Teil des Wassers, der durch den regelbaren Zufluß wieder ersetzt wird. Bei Verwendung der Wasserwiderstände sind einige Vorsichtsmaßnahmen zu beachten: Trog und Zuleitungen dürfen bei Betrieb nicht berührt werden. Die Elektroden müssen so durchgebildet sein, daß sie sich nicht einander nähern oder gar berühren können. Bei Versuchen an Generatoren höherer Spannung dürfen die Elektroden zur Erzielung des richtigen Belastungswiderstands nicht unmittelbar bis zu ihrer unteren Kante ausgefahren werden. In diesem Falle besteht die Gefahr eines sich über der Oberfläche ausbreitenden Flammbogens, der leicht zur Inbrandsetzung benachbarter Teile führen kann. Die Wasserzufuhr muß vor Beginn der Versuche angestellt werden und ist während derselben zu überwachen.

Höhere Generatorleistungen werden fast ausschließlich an das Netz zurückgeliefert, ein Verfahren, das aus rein wirtschaftlichen Gründen bei Dauerversuchen auch schon bei kleineren Leistungen unter 100 kW Anwendung findet. Oft fährt man die Maschine wegen der bequemen Regelbarkeit während der Belastungsaufnahmen auf Widerstände und schaltet sie erst bei Dauerlauf auf das Netz.

Die *Motoren* treiben bei ihrer Belastung Prüffeldmaschinen an, die ihrerseits als Generatoren auf Widerstände oder das Netz arbeiten. Wegen ihrer allgemeinen Verwendbarkeit sind fast alle Prüffeldmaschinen Gleichstromnebenschlußmaschinen. Als solche können sie in gleicher Weise zur Belastung von Motoren und zum Antrieb von Generatoren innerhalb eines großen Drehzahlbereichs Verwendung finden. Zur besseren Anpassung von Leistung und Drehzahl werden die Probemotoren bis zu den mittleren Leistungen meistens über Riemen mit der Prüffeldmaschine verbunden. Die direkte Kupplung, die mehr Arbeit erfordert, findet Anwendung bei den Schnelläufern und bei den größeren Motoren über 100 kW. Sie wird bei der Vornahme von Hochlauf- oder Auslaufversuchen bevorzugt.

Wenn mehrere gleiche Maschinen zur Prüfung kommen, so können diese oft in Rückarbeit aufeinander belastet werden, indem die eine als Motor arbeitend die zweite antreibt, welche als Generator läuft und die von ihr erzeugte elektrische Leistung an den Motor zurückgibt. Zur Deckung der Verluste wird das Netz oder ein kleiner, mechanischer Zusatzantrieb herangezogen. Eine eingehende Beschreibung dieses Rückarbeitsverfahrens findet sich in Abschnitt 1.9.

Die rein mechanische Belastung der Motoren mittels irgendwelcher *Bremsen*, also die sog. Abbremsung, tritt in der elektrischen Prüffeldpraxis weitgehend hinter der Belastung auf Generatoren zurück. Nur noch selten findet man den Pronyschen Zaum und die Wasserwirbelbremse in den Prüffeldern vor. Beide arbeiten nach dem gleichen Grundsatz. Durch trockene oder flüssige Reibung wird ein auf die Maschinenwelle aufgesetzter Körper gebremst, wobei das auftretende Bremsdrehmoment am Ende eines mit dem ruhenden Teil der Bremse verbundenen Hebelarms durch Gewichte oder eine Waage bestimmt werden kann. Aus der Bezeichnung $P = \omega M$ ergibt sich dann bei bekannter Drehzahl unmittelbar die vom Motor abgegebene Leistung. Da diese in Wärme umgesetzt wird und durch Kühlwasser von der Bremse weggeführt werden muß, ist die ganze Anlage mit einem Wasserzufluß und Abfluß auszurüsten.

Die Regelung der Bremsleistung findet beim Bremszaum durch verschieden starkes Anspannen und bei der Wasserwirbelbremse durch Veränderung des Wasserinhalts im Innern der Bremse statt. Der verhältnismäßig einfache Aufbau, die leicht übersehbare Wirkungsweise und der geringe Raumbedarf werden zum Teil von den Nachteilen aufgewogen. Der unbedingt erforderliche Wasseranschluß, der oft schwierig zu bewerkstelligende Abfluß und die weniger feine Regelbarkeit haben diese Bremsen sogar bei den kleineren Leistungen im elektrischen Prüffeld fast ganz verschwinden lassen. Die Unmöglichkeit der nutzbaren Wiedergewinnung der vom abgebremsten Motor abgegebenen Leistung schließt ihre Anwendung bei der Prüfung größerer elektrischer Motoren heute wohl völlig aus.

1.11 Pendelmaschine

In steigendem Umfang wird als Prüffeldmaschine die Pendelmaschine verwendet, die die Vorzüge der elektrischen Belastungsmaschinen mit denen der mechanischen Bremsen, nämlich die Energierückgewinnung mit der leichten und zuverlässigen Drehmomentbestimmung, vereinigt. Sie kann zum Antrieb und zur Belastung benutzt werden. Mit Pendelbremse, Pendelbremsdynamo oder elektrischer Leistungswaage werden alle jene Prüfmaschinen bezeichnet, welche bei sonst ganz normalem elektrischem Aufbau als Gleich- oder Wechselstrommaschine ein drehbar gelagertes Gehäuse besitzen. Diese Maschinen erlauben in einfachster und sehr genauer Weise das Drehmoment zu messen, welches ihrer Welle zugeführt oder von ihr abgegeben wird. Die Bestimmung desselben erfolgt genau wie bei den mechanischen Bremsen durch Kräfte am Ende eines Hebelarms, der am Gehäuse angesetzt ist. Kraft in N mal Hebelarm in m ergibt bei waagerechtem Arm und senkrecht angreifender Kraft das Drehmoment in Nm. Die Leistungsbestimmung ergibt sich wie oben zu: Leistung = Drehmoment mal Winkelgeschwindigkeit.

Aus unten näher angeführten Gründen tritt zu der gemessenen Kraft noch ein kleiner Korrekturwert, der nur von der Drehzahl abhängt und bei der einmaligen Kalibrierung der Pendelmaschine ermittelt wird. Man stellt ihn in einer Tabelle oder Korrekturkurve dar.

1.11.1 Wirkungsweise

Die Wirkungsweise der Pendelmaschine beruht auf der Wechselwirkung der Kräfte zwischen Läufer und Ständer der elektrischen Maschinen. Läuft z. B. eine Maschine als Motor und treibt eine Arbeitsmaschine mit einem Drehmoment von 1000 Nm an, so wirkt das gleiche Drehmoment, und zwar in umgekehrter Richtung auf ihren Ständer zurück. Dieses Drehmoment wird normalerweise von den Fundamentschrauben auf den Sockel übertragen und bleibt daher der Beobachtung oder gar der Messung unzugänglich. Fehlt die starre Gehäusebefestigung dagegen, und tritt an ihre Stelle eine drehbare Lagerung, so versucht das Gehäuse der belasteten Maschine sich zu verdrehen, und zwar in Gegenrichtung zur Ankerdrehung bei motorischem und in Drehrichtung bei generatorischem Betrieb. Man merkt sich leicht: Der Motorläufer stößt sein Gehäuse nach hinten ab, der Generatorläufer zieht den Ständer mit. Wenn das Gehäuse waagerechte Hebelarme erhält, so kann durch daran in richtigem Sinne ansetzende Kräfte, seien es Gewichte oder der Gegendruck einer Waage, die Verdrehung des Gehäuses gerade vermieden werden. Bei zu geringer Kraft verdreht es sich im einen, bei zu großer Kraft im anderen Sinne. Anschläge begrenzen die Ausschläge nach beiden Seiten. Bei richtigem Auswiegen spielt das Gehäuse und das Drehmoment kann abgelesen werden.

1.11.2 Aufbau

Der grundsätzliche Aufbau einer älteren Gleichstrompendelmaschine ist in Abb. 25 dargestellt. Die Ankerwelle läuft in den beiden äußeren Lagern, die fest mit der Grundplatte verbunden sind. Das Gehäuse kann sich mittels zweier weiterer Lager frei auf der ruhenden oder umlaufenden Welle drehen. Ein Gehäusezeiger und eine auf der Grundplatte befestigte Gegenmarke kennzeichnen die Nullage, die durch genaues Auswägen eingestellt werden muß.

Bei den neueren Ausführungen nach Abb. 26 fehlen die beiden äußeren Lager. Die Welle läuft in normal angeordneten Gehäuselagern und das Gehäuse selbst dreht sich in besonderen, mit der Grundplatte verbundenen Lagern. Auf diese Weise wird die Reibung zwischen der Welle und den festen Lagern vermieden, die bei der Bestimmung des Gehäusedrehmoments nicht unmittelbar mit erfaßt werden

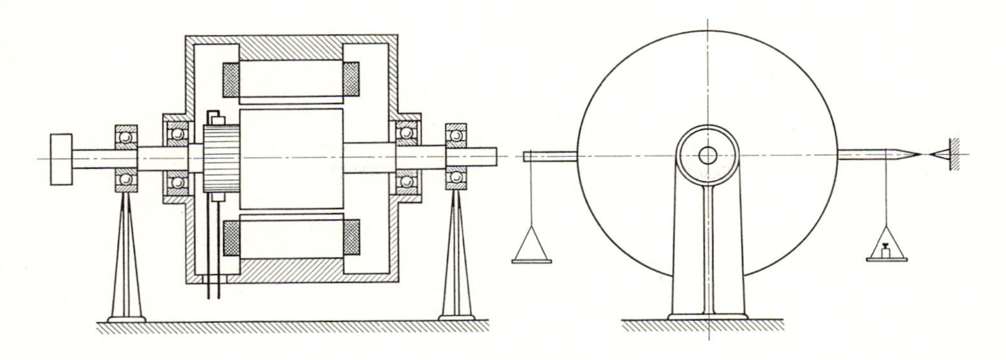

Abb. 25. Pendelmaschine älterer Bauart (Welle läuft in Bocklagern)

konnte. Fast alle Kräfte laufen über das Gehäuse. Es fehlen nur die geringfügigen Kräfte, die ein Teil des ein- und austretenden Kühlluftstroms auf den Ständer ausübt. Sie werden durch die Korrektur erfaßt. Die stillstehenden Gehäuselager verursachen infolge ihrer Reibungsmomente der Ruhe eine gewisse Ansprechunempfindlichkeit, die bei laufender Maschine durch das stets auftretende geringe Zittern des Gehäuses stark zurückgeht. Die Vorzüge der neueren Bauweise, die also in der wesentlichen Verringerung der Korrekturwerte bestehen, wiegen diesen kleinen Nachteil auf.

Die Pendelmaschine wird entweder durch Eigenlüfter oder bei großem Regelbereich durch einen aufgesetzten Fremdlüfter gekühlt. Die Luftführung wird so angeordnet, daß der Luftstrom möglichst axial ein- und ausgeleitet wird. Dies trägt zur weiteren Verringerung der Korrektur bei. Bei der Kalibrierung der Pendelmaschine werden alle ungewollterweise auftretenden Drehmomente erfaßt.

Fest angebaute Drehzahlmeßgeräte und selbsttätig arbeitende Waagen, die auf großen Skalen die Drehzahl und das Drehmoment in Nm anzeigen, vervollkommnen mitunter die Ausrüstung der Pendelmaschine. Optoelektronische oder magnetische Drehzahlaufnehmer in Verbindung mit Zählern gewährleisten die genaue Ermittlung der Drehzahl [27–30].

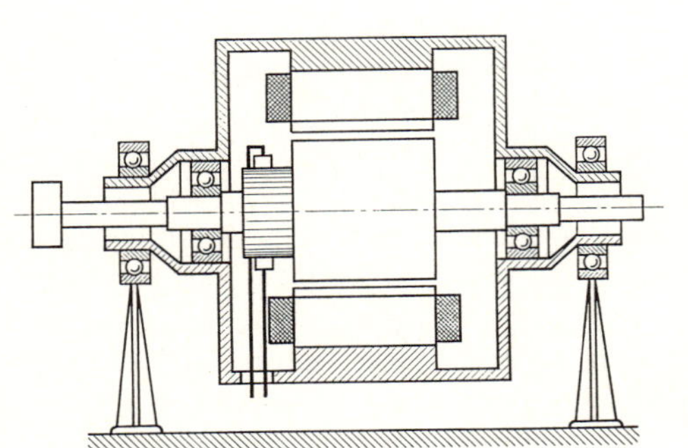

Abb. 26. Pendelmaschine neuerer Bauart (Welle läuft in Gehäuselagern)

1.11.3 Aufnahme von Belastungskennlinien

Die Pendelmaschine ist die gegebene Prüfmaschine für alle Motoren, die in einem großen Drehzahlregelbereich arbeiten und innerhalb desselben geprüft werden sollen. Hierzu gehören viele Gleichstrommotoren und alle Arten von Wechselstromkommutatormaschinen. Während bei ersteren auf die *Aufnahme vieler Belastungskennlinien* im verlangten Geschwindigkeitsbereich noch eher verzichtet werden kann, da die Lastpunkte auch ohne großen Aufwand rechnerisch oder zeichnerisch ermittelt werden können, liegen die Verhältnisse bei der Prüfung der Wechselstrommotoren schwieriger. Nur mit Mühe und wesentlich geringerer Genauigkeit kann das Verhalten zwischen Leerlauf und Vollast auf Grund der Vorausrechnung oder einfacher Meßergebnisse bestimmt werden. Die unmittelbare Messung ist stets erwünscht. Weiterhin ist bei diesen Maschinen infolge ihrer besonderen Wirkungsweise oft die Möglichkeit der Beeinflussung ihrer Kennlinien gegeben. Daher besteht bei der Prüfung die Aufgabe, die Belastungskennlinien bei neu eingestellter Maschine zu wiederholen. Häufig soll die Belastung der geregelten Motoren einem bestimmten Gesetz in Abhängigkeit der Drehzahl folgen, sei es, daß das Drehmoment konstant bleibt oder linear oder quadratisch mit der Geschwindigkeit zunimmt. Eine Prüfung solcher Betriebskennlinien mit Hilfe von normalen, wenn auch kalibrierten Prüffeldmaschinen ist lästig, zeitraubend und nicht immer frei von Fehlern. Bei Verwendung der Pendelmaschine wird vor Beginn der Prüfung eine Tabelle aufgestellt, in welcher zu den einzelnen Drehzahlen die zugehörigen Drehmomente eingetragen werden. Dann wird die Probemaschine angefahren, auf die einzelnen Geschwindigkeiten hochgeregelt und mit dem der Tabelle entnommenen Drehmoment belastet. Auf diese Weise erhält man schnell die Vollast- und gegebenenfalls die Teillastkurven. Jede Umrechnungsarbeit, die sonst bei nicht genau eingehaltenen Lastwerten geleistet werden muß, entfällt. Diese Vorzüge führen zur weitgehenden Verwendung der Pendelmaschine auch bei der Prüfung anderer Motoren.

1.11.4 Bestimmung des Wirkungsgrads

Außer zur Aufnahme der Belastungskennlinien wird die Pendelmaschine sehr häufig zur unmittelbaren Bestimmung des Wirkungsgrads der zu prüfenden Maschine benutzt. Dies gilt besonders für die Wechselstromkommutatormaschinen, bei denen andere Wirkungsgradermittlungen in der Praxis gänzlich zurücktreten.

Mit der genauen Kenntnis des Drehmoments an der Kupplung und der Drehzahl liegt der Wert der abgegebenen oder zugeführten Leistung der Probemaschine fest. Die Messung der elektrisch umgesetzten Leistung ist bei allen Maschinen mit Hilfe der in die Netzzuleitungen eingebauten Meßgeräte mit recht großer Genauigkeit möglich. Das Verhältnis beider Leistungen ergibt den Wirkungsgrad, und zwar mit einer Genauigkeit, welche der Genauigkeit der Einzelmessungen entspricht. Da die Drehmomentbestimmung auf die Messung einer Länge und einer Kraft zurückgeführt wird, ist sie sehr genau durchzuführen. Der Fehler dürfte $\pm 0{,}1\%$ nicht überschreiten. Die Drehzahlermittlung ist wesentlich ungenauer, wenn sie mit einem Drehzahlmesser erfolgt. Selbst gute Geräte haben einen Fehler von $\pm 0{,}5\%$. Bei Verwendung von Umlaufzählern, die nicht springen, wozu sie allerdings nur bei unsorgfältigem Anhalten und bei zu hohen Drehzahlen neigen, ist die Geschwindigkeitsmessung mittels einer guten Stoppuhr als fast fehlerfrei anzusehen. Die Ansprechempfindlichkeit der Pendelmaschine liegt etwa bei 0,2% des vollen Drehmoments. Die Korrekturwerte müssen berücksichtigt werden. Sie werden bei der Kalibrierung gemessen und ändern sich bei den Maschinen der neueren Bauart nicht im Laufe der Zeit. Unter Berücksichtigung dieser Fehler kann bei sorgfältigen Messungen eine Leistungsbestimmung von unter 1,0% Gesamtfehler erwartet werden. Der direkt gemessene Wirkungsgrad wird also ±1,0% genau bestimmt.

1.11.5 Bestimmung des Korrekturdrehmoments

Aus Abb. 27 sind in schematischer Darstellung die die Korrektur bedingenden Drehmomente zu entnehmen. Sie gehen ausschließlich auf jene Kräfte zurück, die von außen her entweder nur auf die Welle und den Läufer oder nur auf den Ständer einwirken. Alle Kräfte zwischen Läufer und Welle einerseits und Ständer andererseits werden dagegen beim Auswiegen des Ständers mit erfaßt. Auf die Welle wirken ein die Reibungskräfte der äußeren festen Lager bei der älteren Ausführung nach Abb. 25 und die Reibungskräfte der mitgerissenen Luft. Auf den Läufer wirken bei vollkommen geschlossener Maschine überhaupt keine äußeren Kräfte

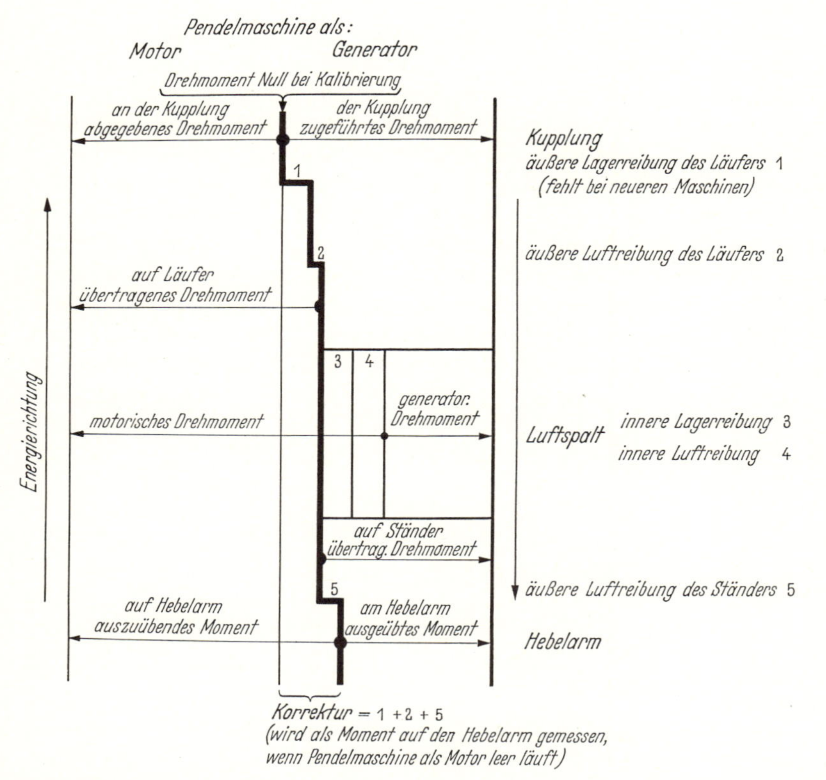

Abb. 27. Drehmomentfluß in der Pendelmaschine. $M_{\text{ku plung}} = M_{\text{Hebelarm}} + K$ bei Generatorbetrieb; $M_{\text{kupplun}} = M_{\text{Hebelarm}} - K$ bei Motorbetrieb; K = Korrekturdrehmoment

ein. Bei der offenen Maschine tritt jedoch eine Reibung mit der Außenluft auf, die allerdings nur einen sehr kleinen Teil der Gesamtluftreibung der bewegten Teile ausmacht. Der weitaus größte Teil der durch die innere Luftwirbelung hervorgerufenen Momente wird auf den Ständer übertragen und äußert sich nur in der meßbaren Grundlast der Maschine, d. h., daß man die Bremse nicht völlig entlastet fahren kann, auch wenn der Erregerstrom auf Null gebracht wird. Auf das Gehäuse wirken als äußere Kräfte vor allem Unbalanzen ein. Diese werden durch Gegengewichte von vornherein ausgeglichen. Weiter kann der von einem aufgebauten Fremdlüfter angesaugte Luftstrom tangentiale äußere Kräfte verursachen, die durch die Korrektur zu erfassen sind. Drittens kommt bei der neueren Ausführung nach Abb. 26 die Reibung der Gehäuselager hinzu. Sie kann durch die Korrektur nicht erfaßt werden, da die Richtung dieser Reibungskräfte unbestimmt ist. Sie bedingen den Ungenauigkeitsgrad der Anzeige. Die Bestimmung der Korrekturdrehmomente geht von folgender Überlegung aus. Wenn die Pendelmaschine als leerlaufender Motor an einem Netz beliebiger Spannung liegt, so muß offenbar das an ihrer freien Kupplung abgegebene Drehmoment gleich Null sein, da ja keinerlei Verbraucher mechanischer Energie angekuppelt ist. Das Gehäuse zeigt jedoch bei diesem Versuch einen Ausschlag, und es kann erst nach Auflegen eines Gewichts auf der einen oder anderen Seite in die Nullage gebracht werden. Dieses Drehmoment muß nun so korrigiert werden, daß es zu Null wird. Das Korrekturdrehmoment ist daher von umgekehrt gleicher Größe. Die Kalibrierung besteht also in der Vornahme des Leerlaufs als Motor bei verschiedenen Drehzahlen. Zu jeder Drehzahl wird das Drehmoment $M_0 = K$ in Nm bestimmt, welches nötig ist, um das Gehäuse auszuwiegen. Es ist positiv zu bezeichnen, wenn unter seiner alleinigen Wirkung sich das Gehäuse im Sinne der Läuferdrehrichtung verstellen würde. Es ist negativ zu benennen, wenn es allein wirkend gedacht den Ständer in Gegenrichtung zum Anker verdrehen würde. (Negative Werte für die Korrektur K ergeben sich in dem praktisch fast nie vorkommenden Fall, daß der einseitig wirkende Luftzug des Fremdlüfters größer als die von außen auf den Anker einwirkenden Verlustdrehmomente ist und in anderer Richtung wie diese wirkt.) Da der Korrekturwert für beide Drehrichtungen grundsätzlich verschiedene Werte annehmen kann, ist der Leerlaufversuch auch in beiden Drehrichtungen durchzuführen und eine getrennte Darstellung von K_{rechts} und K_{links} über der Rechts- bzw. Linksdrehzahl vorzunehmen.

Wenn die Pendelmaschine als Motor läuft, ist ihr wahres an der Kupplung abgegebenes Drehmoment:

$$M_{\text{kupplung}} = M_{\text{Hebelarm}} - K \quad \text{(Pendelmaschine treibt an)},$$

und wenn sie als Generator arbeitet, hat es den Wert:

$$M_{\text{kupplung}} = M_{\text{Hebelarm}} + K \quad \text{(Pendelmaschine wird angetrieben)}.$$

Man merkt sich leicht folgende Regel, die für positive Korrekturwerte, also für die meisten Fälle gilt:

Die mit der Pendelmaschine gemessenen Drehmomente werden durch die Korrektur so geändert, daß sich für den Wirkungsgrad der geprüften Maschine höhere Werte ergeben. Wenn die Korrektur nicht berücksichtigt wird, zeigen die geprüften Maschinen, Motoren oder Generatoren daher zu kleine Wirkungsgrade.

Die Wirkungsgradformeln lauten bei:

$$\text{Motorprüfung } \eta = \frac{(M + K) \cdot \omega}{P_{zu}},$$

$$\text{Generatorprüfung } \eta = \frac{P_{ab}}{(M - K) \cdot \omega},$$

wobei

M = gemessenes Gehäusedrehmoment,
K = Korrektur,
$\omega = 2\pi\, n$ = gemessene Winkelgeschwindigkeit,
P_{zu} = zugeführte Leistung,
P_{ab} = abgegebene Leistung,
η = Wirkungsgrad.

1.12 Drehmoment-Drehzahlkennlinien von Antriebs- und Belastungsmaschinen

Während der Prüfung der elektrischen Maschinen zeigt sich die Erscheinung, daß in der einen Anordnung die Belastung schnell und sicher eingestellt werden kann, während bei anderen Verfahren oft erst ein geduldiges und feinfühliges Hin- und Herregeln an den Erregerwiderständen zur genauen Einstellung der gewünschten Werte führt. Lästig wird solch ein unsicheres Verhalten der Maschinen besonders bei der Ablesung vieler Meßgeräte, da während der längeren Beobachtungszeit schon wieder wesentliche Laständerungen eingetreten sein können. Die Ursache dieser Erscheinungen wird klar, wenn man die Belastungskennlinien sowohl der Probe- wie auch der Prüffeldmaschine untersucht. Man geht am besten von den Drehmomentkennlinien über der Drehzahl aus und untersucht die Größe des Einflusses, den geringe Änderungen der Drehzahl, der Netzspannung oder des Erregerstroms ausüben.

1.12.1 Gleichstrommaschinen

Zuerst werde als wichtigste Prüffeldmaschine die Gleichstrommaschine mit Fremderregung untersucht. Sie arbeitet als Motor oder Generator auf das Netz oder als Generator auf Widerstände. Bei Netzanschluß gehört zur Leerlaufdrehzahl das Drehmoment Null. Wenn sie als Motor belastet wird, sinkt die Drehzahl mit steigendem Drehmoment etwas ab. Durch Feldschwächung oder Erhöhung der Netzspannung kann man den Leerlaufpunkt und mit ihm die Drehmomentlinie auf Werte höherer Drehzahl verschieben. Im großen und ganzen verlaufen diese Linien parallel zueinander.

Wenn die gleiche Maschine als Generator auf das Netz arbeiten soll, muß die Drehzahl über die Leerlaufgeschwindigkeit erhöht werden. Mit steigendem Generatordrehmoment steigt die Drehzahl etwas an. Die Drehmomentkennlinien über der Drehzahl stellen eine Verlängerung der Motorkennlinien dar. Beide sind gemein-

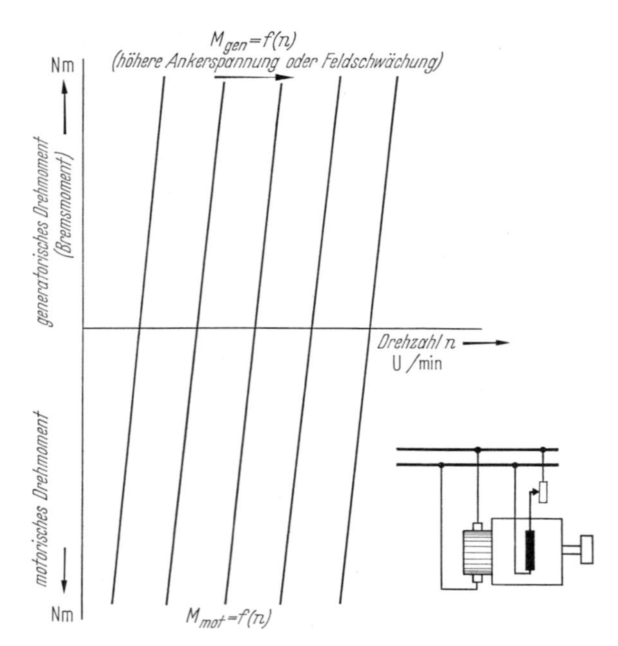

Abb. 28. Drehmomentkennlinien der Gleichstrommaschine am Netz

sam in Abb. 28 wiedergegeben. Es sei besonders darauf hingewiesen, daß die Kennlinien ganz allgemein den dargestellten Verlauf haben müssen, daß also die Motordrehzahl bei Last sinkt und die Generatorgeschwindigkeit bei Last steigt. Je größer die Steilheit der Kennlinien wird, desto härter arbeitet die Maschine. Wenn sie weniger steil verlaufen, spricht man von einer weichen Maschine. Die harte Maschine beantwortet geringste Änderungen der Drehzahl, der Netzspannung oder des Erregerstroms mit starken Lastschwankungen, während die weiche Maschine sich wesentlich unempfindlicher verhält. Durch Verdrehen der Bürstenbrücke kann der Härtegrad in gewissen Grenzen eingestellt werden, und zwar gilt, unabhängig ob Motor oder Generatorbetrieb vorliegt, die Regel:

— Bürstenverschiebung *in* Ankerdrehrichtung macht die Maschine *weicher*,
— Bürstenverschiebung *gegen* die Drehrichtung macht sie *härter*.

Da das zu harte Arbeiten einer Maschine Gefahren mit sich bringen kann, wird bei Prüffeldmaschinen die Bürstenbrücke immer etwas in der jeweiligen Drehrichtung vorgeschoben. Die Gefahr der harten Maschine, bei der also die Brücke in der neutralen Stellung steht oder gar rückwärts verschoben wurde, besteht bei Motoren in der Neigung zum Durchgehen und bei Generatoren in der Neigung zu übermäßiger Belastungsaufnahme.

Die Drehmoment-Drehzahlkennlinien des Gleichstromgenerators, der auf Widerstände als Verbraucher geschaltet ist, haben einen grundsätzlich anderen Verlauf. Bei gleichbleibendem Erregerstrom steigt die Spannung und mit ihr der Ankerstrom verhältnisgleich mit der Drehzahl an. Das Drehmoment, welches bei gleichbleibendem Fluß nur vom Strom abhängt, wächst also ebenfalls mit der Drehzahl an. Die Drehmoment-Drehzahllinie ist mithin eine Gerade durch den Nullpunkt (Abb. 29). Ihre Neigung hängt ab vom Wert des Belastungswiderstands und von der Höhe

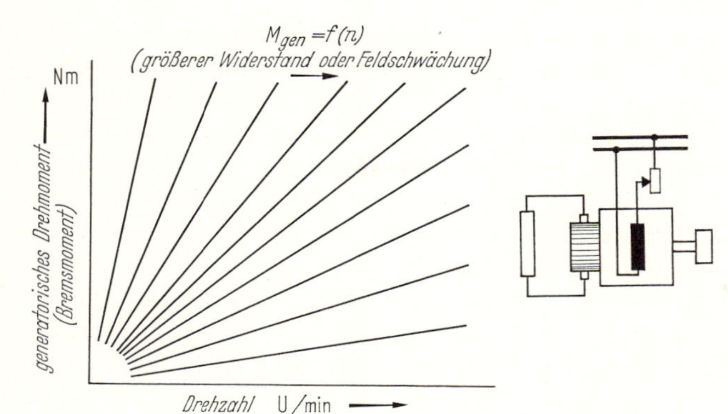

Abb. 29. Drehmomentkennlinien der Gleichstrommaschine mit Widerstandsbelastung

des Erregerstroms. Erhöhte Erregung oder verringerter Widerstand bewirken einen steileren Anstieg der Kennlinien. Bei schwacher Erregung und hohen Belastungswiderständen verlaufen sie flacher. Man erkennt, daß eine kleine Änderung des Erregerstroms oder der Drehzahl nur eine geringe Drehmomentänderung zur Folge hat, daß also der Generator in dieser Schaltung gegenüber dem Netzbetrieb sehr weich arbeitet. Hieraus erklärt sich die große Beliebtheit des Belastungsverfahrens auf Widerstände.

1.12.2 Synchronmaschinen

Die Synchronmaschine, welche nur in geringerem Umfange als Prüffeldmaschine bei verschiedenen Drehzahlen benutzt wird, hat ganz andere Kennlinien. Wenn sie

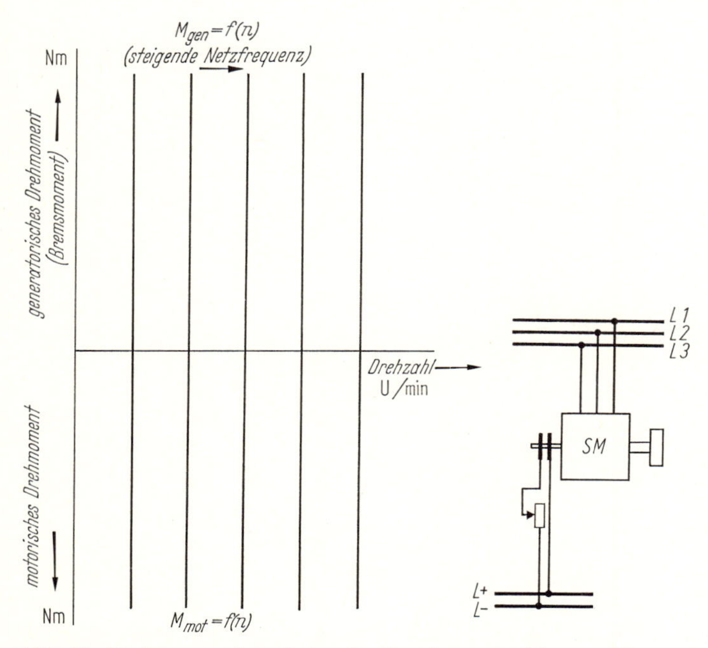

Abb. 30. Drehmomentkennlinien der Synchronmaschine am Netz

als Motor oder Generator arbeitet, so ist ihre Drehmomentkennlinie eine Senkrechte durch den Punkt der synchronen Drehzahl (Abb. 30). Wird die Synchronmaschine dagegen auf Widerstände belastet, so ändert sich der Verlauf wesentlich. Bei ganz kleinen Geschwindigkeiten gelten noch dieselben Überlegungen wie bei der Gleichstrommaschine. Die Spannung, der Strom und infolgedessen auch das Drehmoment steigen linear mit der Drehzahl an. Der Erregerstrom und der Belastungswiderstand beeinflussen die Neigung der Drehmoment-Drehzahllinie zu Beginn wie beim Gleichstromerzeuger. Die bei Synchronmaschinen auftretende Rückwirkung des Ankerstroms auf das Feld führt nun aber bei steigender Drehzahl zu einer immer stärkeren Feldschwächung, die trotz steigenden Ankerstroms zu einer Wiederabnahme des Drehmoments führt, nachdem dieses einen Höchstwert erreicht hat. Abbildung 31 zeigt die Kennlinien für verschieden hohe Belastungswiderstände und verschieden starke Erregerströme. Das Höchstmoment tritt meistens unterhalb des benutzten Drehzahlbereichs auf, so daß innerhalb desselben mit einem fast gleichbleibenden Drehmoment gerechnet werden kann. Dies bedeutet manchmal einen großen Vorteil, da Drehzahlschwankungen praktisch überhaupt keine Drehmomentänderungen hervorrufen. Lediglich die Einstellung des Erregerstroms oder des Belastungswider-

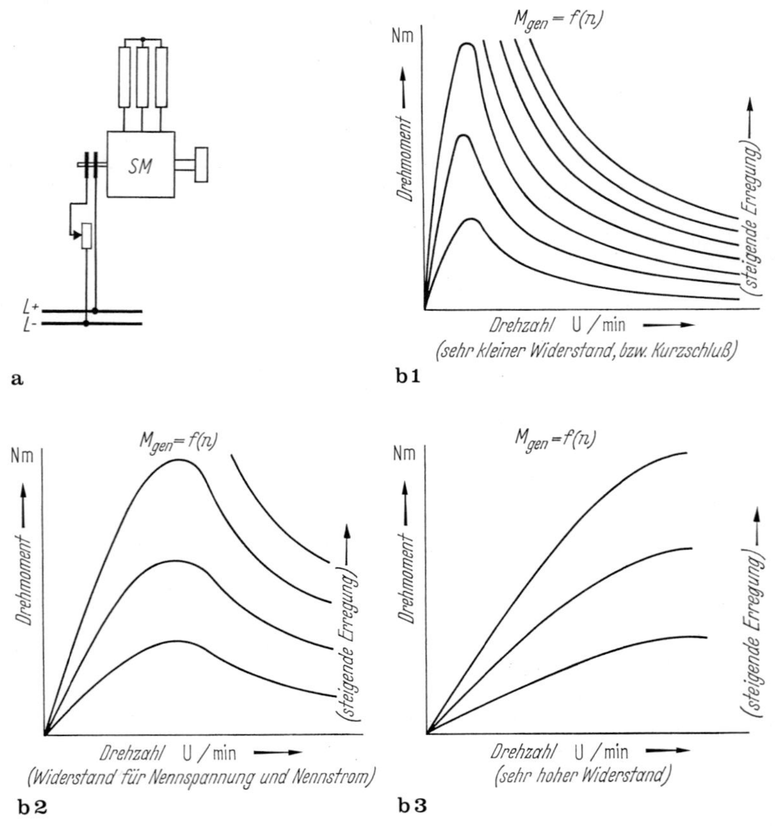

Abb. 31. Drehmomentkennlinien der Synchronmaschine mit Widerstandsbelastung. **a** Schaltung; **b** Kennlinien

stands bestimmt das bremsende Moment. Bei der Prüfung von Nebenschlußmotoren mit regelbarer Geschwindigkeit sind Synchronmaschinen, besonders wenn sie als Pendelbremsen ausgeführt sind, bequeme und angenehme Belastungsmaschinen. Man kann während der Belastungsaufnahmen ruhig die Drehzahl der Probemaschine höher regeln, ohne gleichzeitig aufmerksam die Erregung der Belastungsmaschine nachstellen zu müssen, und läuft dabei doch nicht Gefahr, daß sich die Belastung allzu schroff ändert.

1.12.3 Stabilität und Instabilität

Stabile Arbeitspunkte bei der Untersuchung eines Motors ergeben sich nur dort, wo sich die Drehmomentkennlinien des Motors und des ihn belastenden Generators schneiden und wo überdies bei steigender Drehzahl das Drehmoment des Motors weniger stark als das Bremsmoment des Generators zunimmt. Im allgemeinen ergeben sich also insbesondere dort stabile Punkte, wo die Drehmomentkennlinie des Motors mit zunehmender Geschwindigkeit abfällt. Wenn man zu jeder Drehzahl die Differenz aus Motordrehmoment und Bremsmoment bestimmt und über der Drehzahl aufträgt, so schneidet diese Restmomentkurve die Abszisse in allen Punkten, wo überhaupt eine Belastung möglich ist. Von diesen Punkten sind aber nur jene als stabil zu bezeichnen, wo die Kurve bei steigender Drehzahl negativ wird, unstabil dementsprechend jene anderen Punkte, wo die Kurve wieder positiv wird. In Abb. 32 ist der praktisch wichtige Fall der Untersuchung eines Asynchronmotors (es könnte auch ein Synchronmotor sein) dargestellt, dessen ganze Drehmomentkurve Punkt für Punkt aufgenommen werden soll. Man erkennt, daß dies nur mit einer am Netz liegenden Gleichstrommaschine möglich ist, da mit einer auf Widerstand arbeitenden Maschine ein großer Teil der Kurve nicht aufgenommen werden kann.

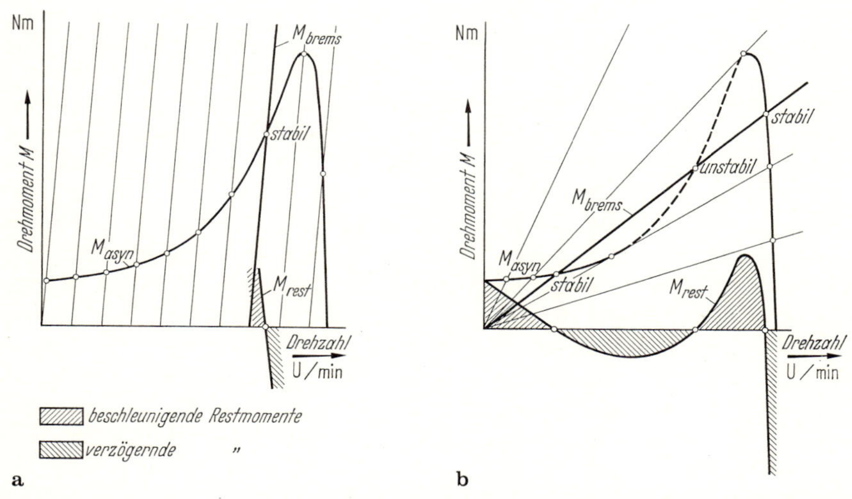

Abb. 32. Abbremsung eines Asynchronmotors durch Gleichstrommaschine, die **a** auf ein Netz, **b** auf einen Widerstand belastet wird. Im Fall a) kann die ganze Drehmomentkennlinie, im Fall b) nur der ausgezogene Teil stabil untersucht werden. Stabile Arbeitspunkte ergeben sich, wo Restdrehmomentkurve bei steigender Drehzahl negativ wird

2 Besondere Maschinenprüfung

2.1 Transformatoren

Die technischen Leistungstransformatoren dienen der Umspannung von Wechselstrom gegebener Spannung in solchen einer anderen Spannung unter Übergabe von Wirk- und Blindleistung aus dem speisenden Primärnetz in das gespeiste Sekundärnetz. Der Transformator besteht im wesentlichen aus dem aktiven Eisenkörper und den darauf aufgebrachten Wicklungen, von denen die Primärwicklung die Leistung aufnimmt und eine oder mehrere Sekundärwicklungen die Leistung an Verbraucher abgeben. Gelegentlich vorgesehene Tertiärwicklungen in Dreieckschaltung dienen der Verbesserung der Magnetisierungsverhältnisse und werden nicht nach außen geführt. Je nach Schaltung unterscheidet man den einfachen Transformator, der ohne leitende Verbindung zwei Netze miteinander kuppelt und den Spartransformator, bei dem die Wicklungen so in Reihe geschaltet sind, daß die ankommende Primärspannung um den kleinen Betrag der Sekundärspannung vergrößert oder verkleinert wird; ferner den Zusatztransformator, dessen Sekundärspannung meist unter Phasenschwenkung mit der Spannung eines anderen Stromkreises in Reihe geschaltet ist und den Stromtransformator, der als einziger in Reihenschaltung im Primärnetz liegt. Er speist irgendwelche Verbraucher nennenswerter Leistungsaufnahme mit einer dem primären Strom proportionalen Stromstärke. Die Drosselspule besitzt den Aufbau eines Transformators, der nur eine Primärwicklung trägt. Sie hat entweder einen Eisenkern oder wird als Luftdrossel ausgeführt [VDE 0532, 0535].

Der leerlaufende Transformator entnimmt dem Netz einen kleinen Leerlaufstrom, dessen Blindanteil der Magnetisierung des Eisens und dessen Wirkanteil der Deckung der Eisenverluste und der meist verschwindend geringen Leerlaufkupferverluste dient.

Der sekundärseitig belastete Transformator nimmt einen erhöhten Primärstrom auf, der um den Betrag des auf die Primärseite umgerechneten Sekundärstroms größer als der Leerlaufstrom ist. Bei Speisung von Wirk- und Blindlastverbrauchern sinkt dabei die sekundäre Spannung infolge der an den eigenen Wirk- und Blindwiderständen auftretenden Spannungsabfälle ab. Der auf die sekundäre Nennspannung bezogene Abfall wird in Prozent ausgedrückt und Spannungsänderung genannt.

Der widerstandslos kurzgeschlossene Transformator führt einen den primären Nennstrom um ein Mehrfaches überragenden Kurzschlußstrom, dessen Höhe von der Größe der Wirk- und Streublindwiderstände abhängt. Er darf den 30fachen Wert nicht überschreiten.

Die Prüfung der Transformatoren erstreckt sich auf den Leerlaufversuch, den Kurzschlußversuch, den Erwärmungsversuch, die Proben der elektrischen Festigkeit und die rechnerischen Bestimmungen der Spannungsänderung und des Wirkungsgrads. Die Kontrolle auf richtige Schaltgruppen erfolgt durch gegenseitige Ausmessung der Spannungen der einpolig verbundenen Primär- und Sekundärseite. Stoßkurzschlußversuche werden meist nur an Modellen, an Erstausführungen einer Typenreihe und an Transformatoren für Gleichrichterbetrieb vorgenommen [31, 32].

2.1.1. Schaltgruppen

Die Wicklungen der Primär- und der Sekundärseite der mehrphasigen Transformatoren können in Stern, in Dreieck oder in Zickzack geschaltet werden. Die Art der gewählten Schaltung hängt vom Verwendungszweck ab. Man unterscheidet kleine Verteilungstransformatoren, mit wenig oder vollbelastbarem Sternpunkt, große Verteilungstransformatoren mit vollbelastbarem Sternpunkt für Netze mit neutralem Leiter sowie große Transformatoren für Kraftwerke und Stationen, die nicht der Verteilung dienen [VDE 0532].

Bei der Stern-Schaltung der Gruppe A2 ist Sternpunktbelastung der Kerntransformatoren nur bis zu einem geringen Betrag von etwa 10% der Nennleistung zulässig. Abbildung 33 läßt erkennen, daß auf der Primärseite auch die Wicklungen der beiden unbelasteten Schenkel Strom führen müssen. Die Stromwindungssumme in beiden Fenstern ist zwar gleich Null, jedoch verbleibt eine in allen drei Schenkeln gleichgerichtete Magnetisierung mit einem Rückschluß der Kraftlinien über die Luft und den Kessel. Die Folge ist eine empfindliche Störung der Spannungssymmetrie.

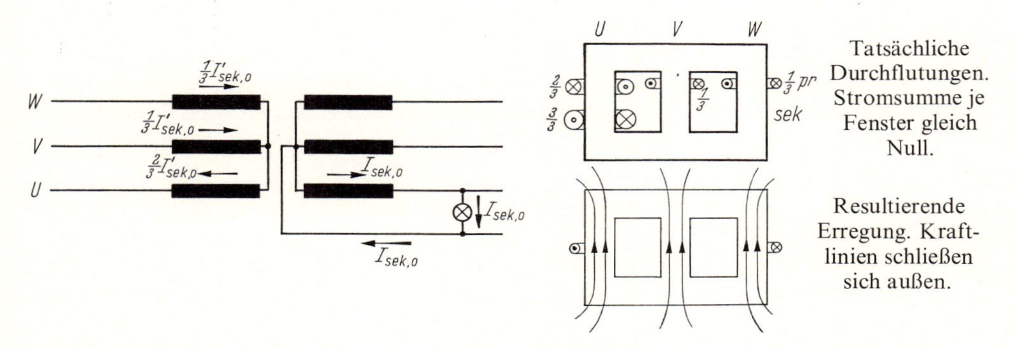

Abb. 33. Einphasige Belastung eines Stern/Stern Schenkeltransformators. Zulässiger Strom etwa 10% des Nennwerts

In der Stern-Zickzackschaltung (Gruppe C 3) kann der Sternpunkt voll belastet werden. Der Strom der einphasigen Last (Abb. 34) verteilt sich gleichmäßig auf die Sekundär- und auf die Primärseite zweier Schenkel. Diese Schaltung wird bei kleineren Leistungen bevorzugt.

Bei Dreieck-Sternschaltung (Gruppe C 1) ist der Sternpunkt ebenfalls voll belastbar. Dem einphasigen sekundären Belastungsstrom wirkt auf der Primärseite ein Primärstrom entgegen, der, ohne eine weitere Phase zu durchfließen, unmittelbar dem Netz entnommen wird. Der belastete Schenkel verhält sich wie ein Einphasentransformator. Diese Schaltung wird bei großen Einheiten gewählt (Abb. 35).

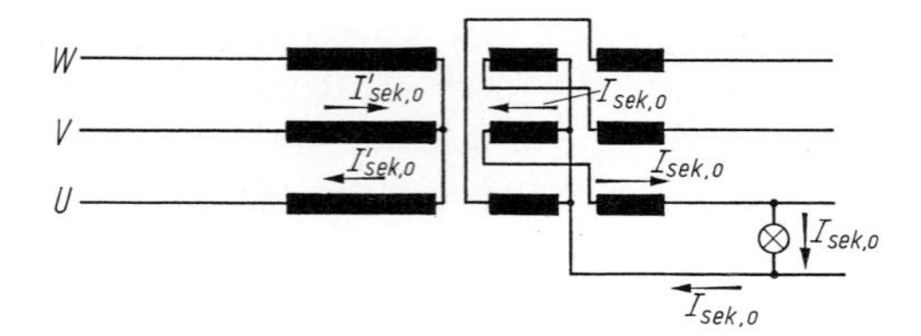

Abb. 34. Einphasige Belastung eines Stern/Zickzack Transformators. Summe der Stromwindungen je Schenkel gleich Null. Zulässiger Strom gleich Nennstrom

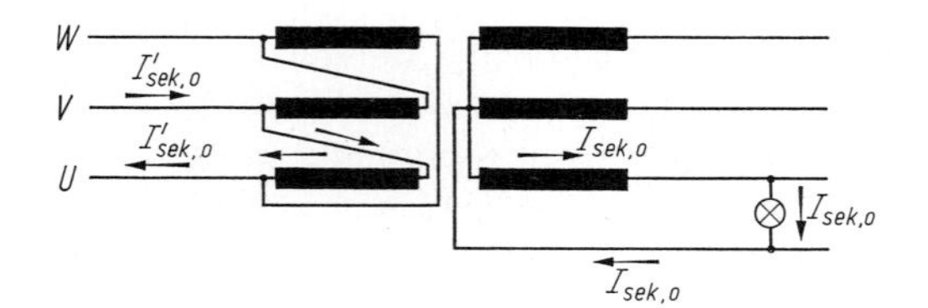

Abb. 35. Einphasige Belastung eines Dreieck/Stern-Transformators. Summe der Stromwindungen je Schenkel gleich Null. Zulässiger Strom gleich Nennstrom

Die Schaltung Stern-Dreieck (Gruppe C 2) wird bei großen Transformatoren bevorzugt, da bei ihr das Austreten von Streuflüssen der dreifachen Periodenzahl verhindert wird. Im Innern der Dreieckwicklung kann sich der zur Magnetisierung benötigte Strom dreifacher Periodenzahl ausbilden. Bei ganz großen Einheiten, die sekundär mit einer Erdschlußspule ausgerüstet werden, wählt man wieder die Stern-Sternschaltung A 2, versieht aber den Transformator mit einer Dreieck-Tertiärwicklung von etwa 20 bis 30% des Kupferaufwands einer Arbeitswicklung.

Die Schaltgruppen nach RET sind in Tabelle 2 zusammengestellt. In Gruppe A liegen die Sekundärklemmenspannungen gleichphasig mit den primären, in Gruppe B dagegen in Gegenphase. In Gruppe C haben die Sekundärspannungen eine Phasenschwenkung von 210° und in Gruppe D eine solche von 30° gegenüber den Primärspannungen. Bei freier Wahl der Gruppen zieht man A der Gruppe B und C der Gruppe D vor. B und D werden nur verwendet, wenn neue Transformatoren mit vorhandenen parallellaufen sollen.

Die Einphasentransformatoren, die zur Gruppe E gehören, haben gleiche Phasenlage beider Spannungen.

Die Klemmenbezeichnungen lauten *UVW* auf der Oberspannungsseite, *uvw* auf der Unterspannungsseite. *O* und *o* bezeichnet die Sternpunkte. Einphasentransformatoren haben die Klemmenbezeichnungen *UV* und *uv*, wobei der Wickelsinn von gleichbezeichneten Klemmen aus gesehen derselbe ist.

2.1.2 Parallelarbeit

Parallel arbeitende Transformatoren müssen gleiches Leerlaufübersetzungsverhältnis und gleiche Kurzschlußspannung haben sowie der gleichen Schaltgruppe angehören. Nur bei Erfüllung dieser Bedingungen treten bei Leerlauf keine Ausgleichsströme auf und verteilen sich bei Last die Ströme der Größe nach prozentual richtig auf beide Einheiten. Damit auch die Phasenlage beider Ströme die gleiche wird, muß als weitere Bedingung die eines gleichen Kurzschlußwinkels erfüllt sein, d. h. sowohl Streuspannung als auch relative Ohmsche Spannung müssen miteinander übereinstimmen. In der Praxis zeigt sich, daß Transformatoren mit einer prozentua-

Tabelle 2. Zusammenstellung der Schaltgruppen

1	2	3		4		5
Bezeichnung		Zeigerbild		Schaltungsbild a)		Übersetzung b)
Kennzahl	Schaltgruppe	OS	US	OS	US	$U_{L1} : U_{L2}$
Drehstrom-Leistungstransformatoren						
0	Dd0	V U W	v u w	U V W	u v w	$\frac{W_1}{W_2}$
	Yy0	V U W	v u w	U V W	u v w	$\frac{W_1}{W_2}$
	Dz0	V U W	v u w	U V W	u v w	$\frac{2W_1}{3W_2}$
5	Dy5	V U W	u w v	U V W	u v w	$\frac{W_1}{\sqrt{3}W_2}$
	Yd5	V U W	u w v	U V W	u v w	$\frac{\sqrt{3}W_1}{W_2}$
	Yz5	V U W	u w v	U V W	u v w	$\frac{2W_1}{\sqrt{3}W_2}$
6	Dd6	V U W	w u v	U V W	u v w	$\frac{W_1}{W_2}$
	Yy6	V U W	w u v	U V W	u v w	$\frac{W_1}{W_2}$
	Dz6	V U W	w u v	U V W	u v w	$\frac{2W_1}{3W_2}$
11	Dy11	V U W	v w u	U V W	u v w	$\frac{W_1}{\sqrt{3}W_2}$
	Yd11	V U W	v w u	U V W	u v w	$\frac{\sqrt{3}W_1}{W_2}$
	Yz11	V U W	v w u	U V W	u v w	$\frac{2W_1}{\sqrt{3}W_2}$
Einphasen-Leistungstransformatoren						
0	Ii0	U V	u v	U V	u v	$\frac{W_1}{W_2}$

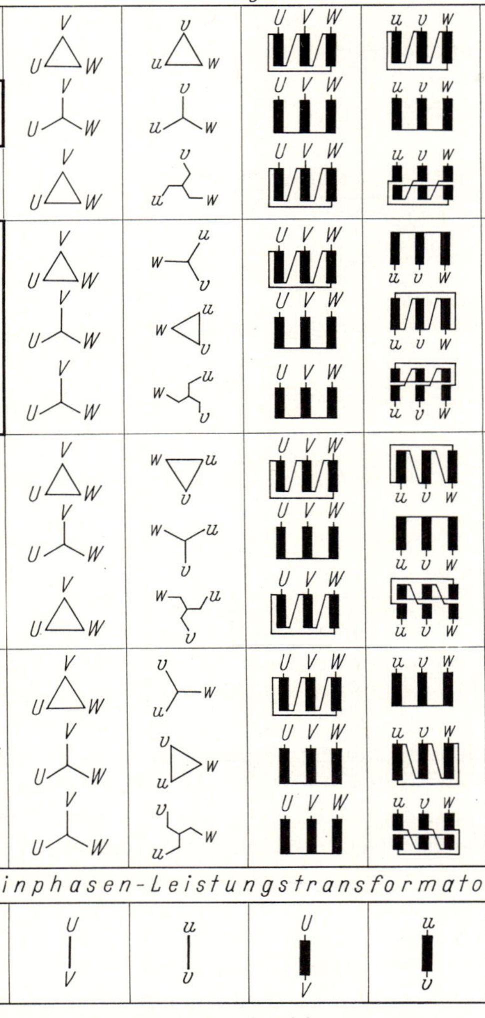

a) Bei den Wicklungen wird gleicher Wickelsinn vorausgesetzt.
b) W_1 und W_2 sind die Strangwindungszahlen, U_{L1} und U_{L2} die Leiterspannungen.

len Abweichung der Übersetzung bis $^1/_{20}$ des Prozentsatzes der Kurzschlußspannung noch befriedigend parallellaufen können. Es darf also bei einem Transformator mit 10% Kurzschlußspannung die Übersetzung um 0,5% von der eines parallellaufenden abweichen. Für die Kurzschlußspannung beträgt die zulässige Abweichung 10% ihres Werts.

Der Parallellauf von Transformatoren mit einem größeren Unterschied in der Leistung als etwa 1:3 wird vermieden. Zur Vermeidung der Überlastung des kleineren Transformators soll dessen Kurzschlußspannung die größere sein. Abweichende Kurzschlußspannungen können durch Drosselspulen dem Betrag nach gleichgemacht werden. Die Prüfung auf Richtigkeit der Schaltung, also der gleichen Phasenlage der sekundären Spannungen beim Zuschalten eines zweiten Transformators, erfolgt nach Abb. 36. Der zweite Transformator wird einpolig mit den Sekundärschienen verbunden. Dann darf ein an die beiden offenen Trennstellen gelegter Spannungsmesser keine Spannung anzeigen. Wenn dies zutrifft, kann unbedenklich zugeschaltet werden.

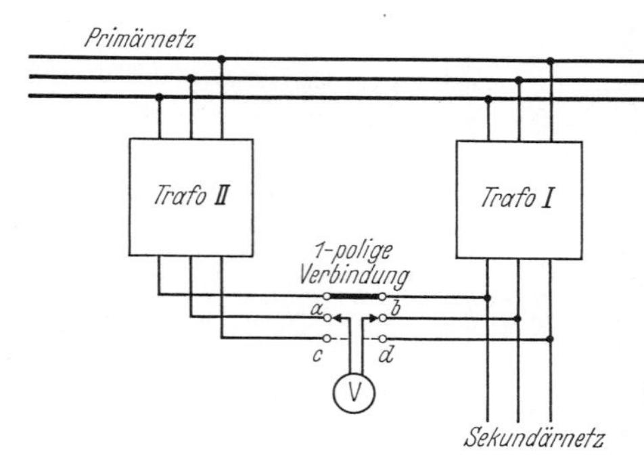

Abb. 36. Kontrolle der richtigen Schaltung vor dem sekundärseitigen Zuschalten des Trafos II. Nach einpoliger Verbindung Spannung zwischen *ab* und zwischen *cd* messen. Wenn diese gleich Null ist, kann dreipolig zugeschaltet werden.

2.1.3 Transformatordiagramme

Die Spannungen und Ströme der Primär- und Sekundärwicklungen des Transformators werden im sog. Transformatordiagramm dargestellt. Dies wird nur für eine Phase gezeichnet, da die Darstellung für die übrigen Stränge nur eine Wiederholung aller um denselben Winkel geschwenkten Größen bedeuten würde. Es empfiehlt sich, die Sekundärspannung und den Sekundärstrom so zu zeichnen, wie es allgemein für einen Stromverbraucher üblich ist. Auch die Primärgrößen werden am besten in der gleichen Weise dargestellt, wobei man sich vorstellen kann, daß ja die Primärseite für das speisende Netz ebenfalls ein Verbraucher ist. Diese Darstellung hat den Vorzug, daß die beiden Spannungen und die beiden Ströme im Diagramm nicht etwa um nahezu 180° gegeneinander verdreht erscheinen, sondern daß man in einfacher Weise sieht, wie die Sekundärspannung aus der Primärspannung nach Abzug der Ohmschen und der induktiven Abfälle hervorgeht, und wie sich der Primärstrom als Summe von Leerlaufstrom und umgerechnetem Sekundärstrom ergibt. Außerdem erkennt man, daß der ideale Transformator ohne Magne-

---

Abb. 37. Transformatordiagramme; **a**, **b**, **c** für Energieabgabe auf der Sekundärseite: **d**, **e**, **f** für Energierücklieferung. (Die Diagramme sind als Verbraucherdiagramme gezeichnet. Die Ohmschen Abfälle $\boldsymbol{I}_1 R_1$ und $\boldsymbol{I}_2' R_2'$ liegen in Phase mit den Strömen, die induktiven Abfälle $\boldsymbol{I}_1 \cdot jx_{s,1}$ und $\boldsymbol{I}_2' \cdot jx_{s,2}'$ eilen ihnen um 90° vor. Die dargestellten Gleichungen lauten: $\boldsymbol{U}_1 - \boldsymbol{I}_1 R_1 - \boldsymbol{I}_1 \cdot jx_{s,1} = \boldsymbol{U}_{i,1} = \boldsymbol{U}_{i,2}'$; $\boldsymbol{U}_{i,2}' - \boldsymbol{I}_2' R_2' \cdot jx_{s,2}' = \boldsymbol{U}'$; $\boldsymbol{I}_1 = \boldsymbol{I}_{1,\mu} + \boldsymbol{I}_2'$.) ▶

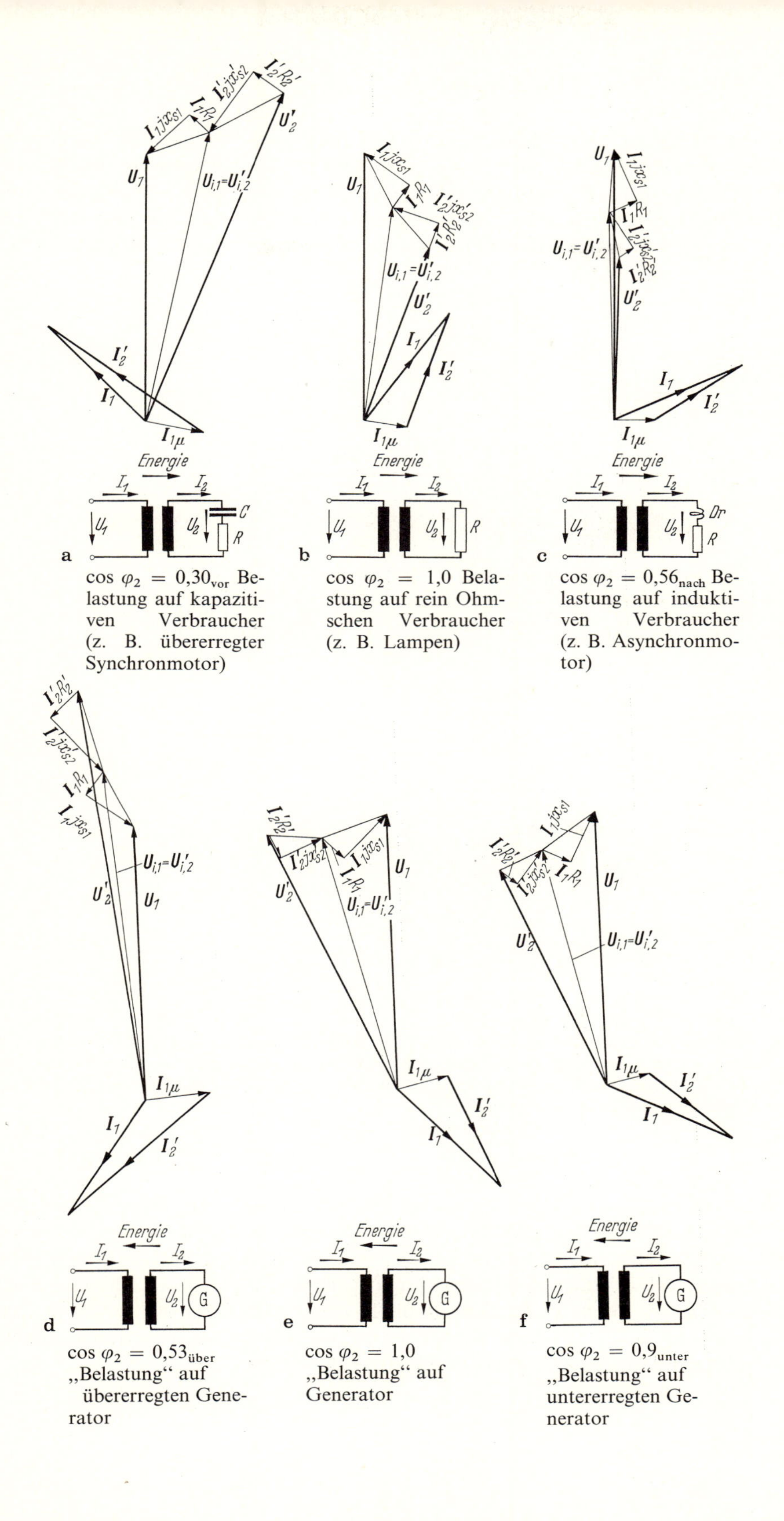

a $\cos\varphi_2 = 0{,}30_{\text{vor}}$ Belastung auf kapazitiven Verbraucher (z. B. übererregter Synchronmotor)

b $\cos\varphi_2 = 1{,}0$ Belastung auf rein Ohmschen Verbraucher (z. B. Lampen)

c $\cos\varphi_2 = 0{,}56_{\text{nach}}$ Belastung auf induktiven Verbraucher (z. B. Asynchronmotor)

d $\cos\varphi_2 = 0{,}53_{\text{über}}$ „Belastung“ auf übererregten Generator

e $\cos\varphi_2 = 1{,}0$ „Belastung“ auf Generator

f $\cos\varphi_2 = 0{,}9_{\text{unter}}$ „Belastung“ auf untererregten Generator

tisierungsstrom und ohne Spannungsabfälle so wirkt, als ob er gar nicht vorhanden wäre. $\boldsymbol{U}_1$ und $\boldsymbol{U}_2$ sowie $\boldsymbol{I}_1$ und $\boldsymbol{I}_2$ fallen zusammen. Darstellungen, in welchen $\boldsymbol{U}_2$ um fast 180° gegen $\boldsymbol{U}_1$ verdreht erscheint, sind zu vermeiden, da sie den irreführenden Eindruck erwecken, als ob die sekundäre Klemmenspannung auch bei gleichsinniger Wicklung wirklich um diesen großen Winkel gegen $\boldsymbol{U}_1$ verdreht würde.

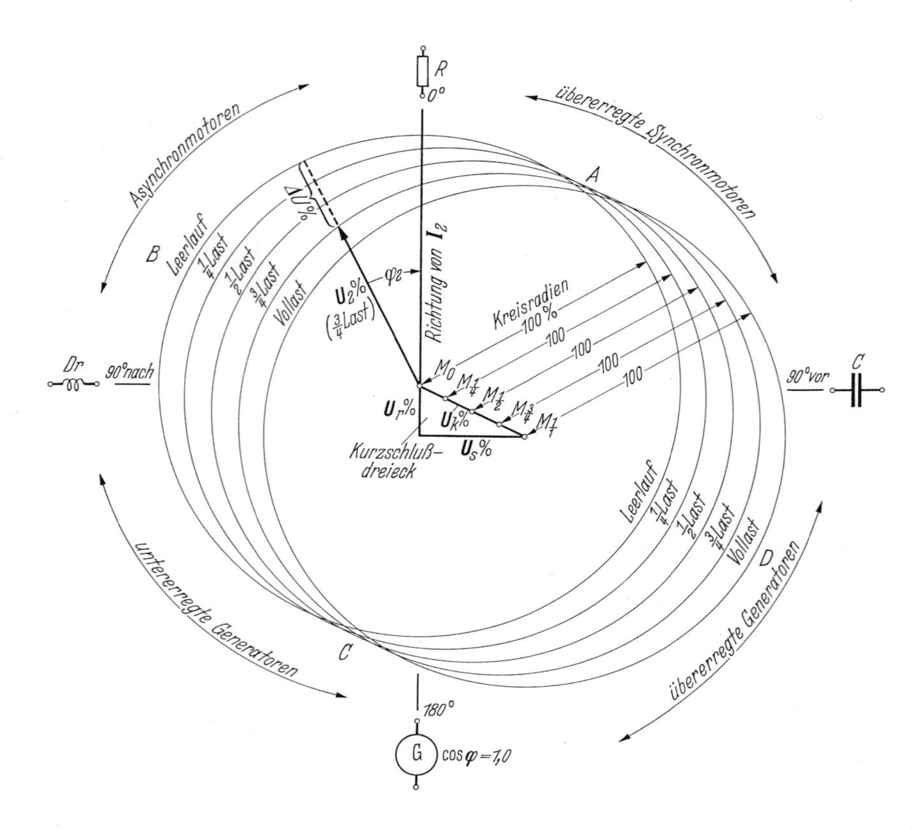

Abb. 38. Kappsches Diagramm. (Eingezeichneter Spannungszeiger $\boldsymbol{U}_2$ gilt für Belastung auf induktiven Verbraucher mit $\frac{3}{4}$ des Nennstroms und einem Leistungsfaktor von 0,89; ΔU beträgt 30%. Im Bereich *ABC* tritt Spannungsabsenkung, im Bereich *CDA* Spannungserhöhung auf. Übertrieben große Kurzschlußspannung!)

In Abb. 37 sind die Diagramme für alle möglichen Belastungsfälle einschließlich der Leistungsrücklieferung gezeichnet, und zwar unter getrennter Berücksichtigung der einzelnen Widerstände auf der Primär- und der Sekundärseite. In der Abb. 38 ist die vereinfachte, aber in der Praxis ausreichende Darstellung nach Kapp gegeben, welche nur mit einem Gesamtspannungsabfall rechnet. Als solcher wird die Nennkurzschlußspannung gewählt, sofern das Diagramm, wie üblich, für Nennstrom = 100% und für Nennspannung = 100% gezeichnet wird.

Die Sekundärgrößen I_2', U_2', $jX_{s,2}'$ und R_2' in den Diagrammen entsprechen den auf Primärseite umgerechneten Strömen, Spannungen und Widerständen. Es gilt dabei:

$$U_2' = U_2 \cdot ü \quad \text{und} \quad U_2 = \frac{U_2'}{ü} \quad \text{mit} \quad ü = \frac{U_1}{U_{2,0}} = \frac{w_1}{w_2}$$

$$I_2' = \frac{I_2}{ü} \qquad I_2 = I_2' \cdot ü$$

$$R_2' = R_2 \cdot ü^2 \qquad R_2 = \frac{R_2'}{ü^2}$$

$$jX_{s,2}' = jX_{s,2} \cdot ü^2 \qquad jX_{s,2} = \frac{jX_{s,2}'}{ü^2}.$$

2.1.4 Spannungsänderung

Die Spannungsänderung, also der bei Last auftretende und auf die Leerlaufspannung U_{20} bezogene Spannungsabfall wird rechnerisch nach der Formel ermittelt:

$$u_\varphi = u_\varphi' + 1 - \sqrt{1 - u_\varphi''^2} \quad \text{(genau)}$$
$$= u_\varphi' + 0{,}5 u_\varphi''^2 \quad \text{(sehr angenähert)}.$$

Hierbei bedeuten:

$$u_\varphi' = u_r \cos\varphi + u_s \sin\varphi \quad \text{und} \quad u_\varphi'' = u_r \sin\varphi - u_s \cos\varphi .$$

Die Werte der relativen Ohmschen Spannung u_r und der Streuspannung u_s sind als die Anteile $u_k \cos\varphi_k$ und $u_k \sin\varphi_k$ der Nennkurzschlußspannung u_k aus dem Ergebnis des Kurzschlußversuchs bekannt.

Beträgt z. B. die Nennkurzschlußspannung 10%, die relative Ohmsche Spannung 8% und die Streuspannung also 6%, so ist bei einem $\cos\varphi$ von 0,8

$$u_\varphi' = 0{,}08 \cdot 0{,}8 + 0{,}06 \cdot 0{,}6 = 0{,}100 ,$$

$$u_\varphi'' = 0{,}08 \cdot 0{,}6 - 0{,}06 \cdot 0{,}8 = 0{,}00 ,$$

$$u_\varphi = 0{,}10 + 0{,}5 \cdot 0{,}00^2 = 0{,}10 = 10\% .$$

2.1.5 Berechnung des Wirkungsgrads

Im Transformator treten bei Last nur zwei Gruppen von Verlusten auf, die Leerlaufverluste und die Wicklungsverluste; sie werden im Leerlauf- und im Kurzschlußversuch gemessen. Die Gesamtverluste betragen also:

$$P_{V,\text{gesamt}} = P_0 + P_{k,z} \left(\frac{I}{I_n}\right)^2$$

P_0 = Leerlaufverlust bei Nennspannung,
$P_{k,z}$ = Kurzschlußverlust bei Nennstrom,
I = Laststrom, I_n = Nennstrom.

Der Wirkungsgrad errechnet sich aus dem Verhältnis der Wirklastabgabe zur Wirklastaufnahme zu:

$$\eta = \frac{\text{Leistungsabgabe}}{\text{Leistungsabgabe} + \text{Verluste}}$$

$$= \frac{(\text{Scheinleistung}) \cdot \cos \varphi}{(\text{Scheinleistung}) \cdot \cos \varphi + \text{Verluste}}.$$

Der Wirkungsgrad ist stark vom Leistungsfaktor abhängig, da die Verluste nur vom Strom, die Leistungsabgabe dagegen vom Produkt Strom · Leistungsfaktor abhängt. Bei gleichem kVA-Betrag, aber anderen Werten des Leistungsfaktors, erscheinen daher die Gesamtverluste im Verhältnis $1/\cos \varphi$ erhöht.

Die Aufteilung der Verluste bei Auslegung des Transformators wird entsprechend seinem späteren Verwendungszweck vorgenommen. Transformatoren für die Landwirtschaft, welche nur kurze Zeit im Jahre vollbelastet werden, erhalten möglichst geringe Leerlaufverluste, solche für die Industrie dagegen geringere Lastverluste. Auf diese Weise werden die besten Jahreswirkungsgrade erzielt [33, 34].

2.1.6 Prüfung des unbewickelten Kerns

Der Eisenkern des Transformators wird bereits ohne Wicklung zur Probe gegeben. Er wird mit einer provisorischen Wicklung im Prüffeld versehen und mit einer Spannung zwischen 1000 und 1500 V auf vollen Fluß erregt. Dies wird erreicht, indem man je Probewindung genau die gleiche Spannung zuführt, wie sie beim fertigen Wandler vorhanden sein wird. Natürlich muß mit gleicher Frequenz gefahren werden. Die Windungsspannung steht mit Frequenz und Fluß in dem Zusammenhang:

$$U_{\text{windung}} = \frac{2\pi}{\sqrt{2}} \cdot f \cdot \Phi = 4{,}44 \cdot f \cdot \Phi = \frac{U_{\text{nenn, phase}}}{w_{\text{phase}}},$$

wobei

f = Frequenz in Hz und w_{phase} = Windungszahl je Phase ist.

Die Kernprüfung dient erstens der Feststellung etwaiger Fehler im Aufbau oder in der Ausführung, die sich in Brummen, Vibrieren oder starker örtlicher Erwärmung äußern können. Zweitens werden schon jetzt die aufgenommenen *Leerlaufverluste* P_0, der Magnetisierungsstrom I_0 in allen drei Phasen und die zugeführte Spannung U_0, die natürlich nicht mit einer der wirklichen Nennspannungen übereinzustimmen braucht, gemessen. Die Leerlaufverluste bestehen im wesentlichen aus Ummagnetisierungs- und Wirbelstromverlusten, also aus den sog. Eppsteinverlusten in den Blechen des Eisenkörpers. Nur etwa 5 bis 10% kommen noch als sog. zusätzliche Eisenverluste infolge der Bearbeitung der Bleche hinzu. Die Leerlaufkupferverluste, die der Magnetisierungsstrom verursacht, sind stets verschwindend klein. Die verwendete Schaltung der Meßgeräte nimmt Rücksicht auf den sehr kleinen Leistungsfaktor $\cos \varphi_0$, der etwa zwischen 0,05 und 0,08 liegt. Die beiden Leistungsmesser sind nach Abb. 39 geschaltet. Der Strompfad ist unmittelbar in die Netzleitungen gelegt, und die Spannungsspulen liegen über Vorwiderständen an der vollen Spannung. Strom- und Spannungswandler werden zur Vermeidung von Meßfehlern oder von

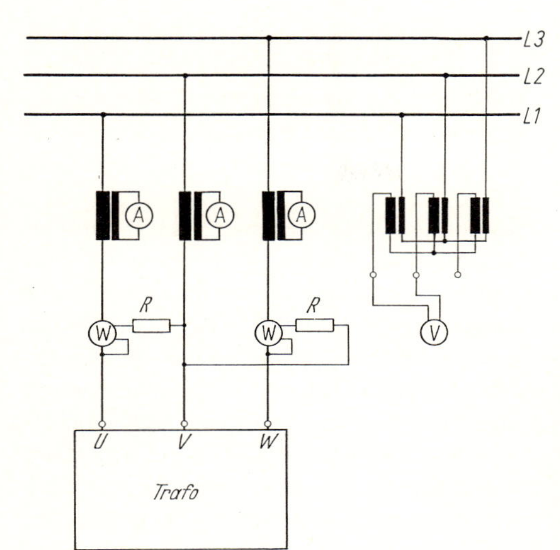

Abb. 39. Schaltung der Meßgeräte beim Leerlauf- und beim Kurzschlußversuch. Die Spannungs- und Strommesser liegen über Wandler, die Leistungsmesser zur Vermeidung von Korrekturen direkt am Netz. Die Verluste in den Vorwiderständen sind abzusetzen.

langwierigen Korrekturen gänzlich vermieden. Die Ströme dürfen bei dieser Anordmung bis 400 A groß werden, und Vorschaltwiderstände werden bis zu 10000 V verwendet. Der Strom und die Spannung werden jedoch über Wandler gemessen. Die Verluste in den Vorwiderständen der Leistungsmesser sind zu berücksichtigen.

Bei großen Transformatoren, die mit Oberwellenkompensationswicklungen versehen sind, werden auch diese provisorisch aufgebracht und ihre Wirkung durch oszillographische Aufnahme des Magnetisierungsstroms geprüft. Wenn die Annäherung dieser Stromkurve an die gewünschte Sinusform unter 0,5% Abweichung zu liegen kommt, genügt die graphische Untersuchung des Oszillogramms nicht mehr. Oberwellenmeßgeräte mit hoher Empfindlichkeit zeigen noch geringere Abweichungen an. Als störende Oberwellen kommen vor allem die dritte, fünfte und siebente Harmonische in Betracht.

Die Prüfung wird beendet durch einen Versuch mit um 10% erhöhtem Kraftfluß, der 15 min lang dauert. Wenn sich auch jetzt keine Anstände ergeben, wird der Eisenkörper als fehlerfrei betrachtet und zum Aufbringen der Wicklungen zurückgeschickt.

Im folgenden soll die Prüfung des gewickelten Transformators ohne Öl und ohne Kessel behandelt werden. Transformatoren mit *parallelen Wicklungszweigen* werden vor Fertigstellung der Schaltung wieder angeliefert. Eine der — nicht parallele Zweige enthaltenden — Wicklungen sind erregt, und zwar am besten so, daß genau 1 V Spannung je Windung auftritt. Dann kann die Windungszahl in jeder anderen Wicklung leicht durch Spannungsmessung kontrolliert werden, da genau soviel Windungen vorhanden sein müssen, wie der angelegte Spannungsmesser in Volt anzeigt. Alle Gruppen, insbesondere auch die Anzapfungen, werden durchgemessen. Wenn an den parallel zu schaltenden Zweigen gleiche Spannung herrscht, wird ausgeschaltet und die Enden werden miteinander verbunden. Mit einem Spannungsmesser für sehr kleinen Meßbereich (Gleichrichtergerät für 1,0 bis 1,5 V) mißt man nun die etwa doch vorhandenen Differenzspannungen an den noch freien Enden. Wenn keine Spannungen zu messen sind, liegen auch keine Fehler der Windungszahl vor. Die

Parallelschaltung kann also vorgenommen werden, In besonderen Fällen verschafft man sich vorher noch besondere Sicherheit, indem man die Parallelschaltung erst mit dünnen Drähten herstellt. Diese schmelzen dann bei erregtem Transformator durch, sofern innerhalb der Parallelschaltung doch Ausgleichsströme auftreten. Nunmehr wird die Schaltung der Zweige und der ganzen Wicklung fertiggestellt und auch die Klemmen werden genau bezeichnet.

Die nächste Prüfung besteht in der Bestimmung der *Übersetzung*. Es gilt zur Vermeidung von Unfällen die Regel, nur die Oberspannungsseite zu speisen, wobei eine Spannung von 1000 bis 1500 V gewählt wird. Die Spannung der freien Klemmen kann dann keinesfalls höhere Werte als diesen Betrag annehmen. Bei den üblichen Nennspannungen der Oberspannungsseite von 3000 V aufwärts wird der Transformator also höchstens mit 50% seiner Nennspannung erregt. Wandler für 200000 V führen bei diesem Versuch sogar nur 0,5% der Nennspannung. Der Magnetisierungsstrom kann völlig vernachlässigt werden, und das Verhältnis der auf Ober- und Unterspannungsseite gemessenen Spannungen stimmt genau unter Berücksichtigung der Schaltung mit dem Verhältnis der Windungszahlen überein. Zur genauesten Ermittlung des Übersetzungsverhältnisses verwendet man einen Hilfstransformator, der primär z. B. insgesamt 1000 und sekundär 100 Windungen besitzt. Entsprechende Unterteilungen erlauben die Wahl jeder von 1 zu 1 veränderlichen Windungszahl auf beiden Seiten. Der Hilfstransformator wird nach Abb. 40 in Gegenschaltung zum Probetransformator gelegt und seine Übersetzung gleich der Übersetzung des letzteren gemacht. Ein 1,0 V-Spannungsmesser zeigt die Übereinstimmung der Übersetzungen an, wenn er keine Differenzspannungen auf der Sekundärseite mißt. Auch bei diesem Versuch macht man am besten die Windungsspannung gleich 1 V, da man dann gleich die Windungszahlen messen kann. Aus dem etwaigen Ausschlag des Differenzspannungsmessers kann ohne weiteres auf eine Abweichung der Übersetzung geschlossen werden.

Bei direkter Messung der Spannungen zur Bestimmung der Übersetzung verzichtet man am besten auf Spannungswandler und benutzt nur Vorwiderstände.

Anschließend wird die Richtigkeit der Schaltung geprüft, indem man die Erfüllung der Bedingungen der vorgeschriebenen Schaltgruppe kontrolliert. Die Abb. 41a bis h dienen der Erläuterung der nachstehenden Versuche, die mit dem Spannungsmesser an dem über *UVW* erregten Wandler stattfinden.

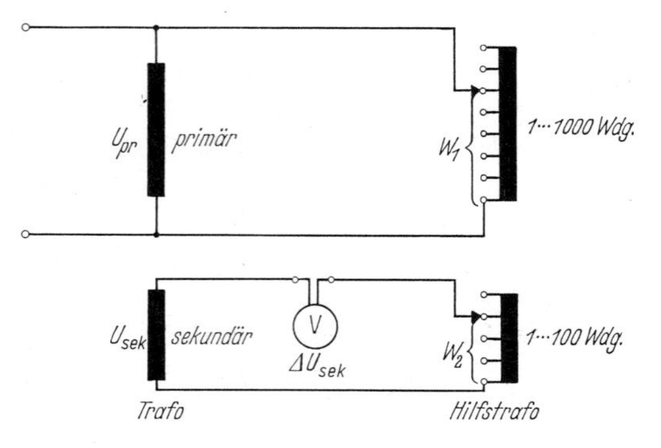

Abb. 40. Messung der Übersetzung mittels Hilfstrafo, dessen Windungszahlen von 1 zu 1 gewählt werden können. $\ddot{u} = \frac{U_{pr}}{U_{sek}} = \frac{w_1}{w_2}$, wenn Spannungsmesser die Differenzspannung $\Delta U_{sek} = 0$ anzeigt.

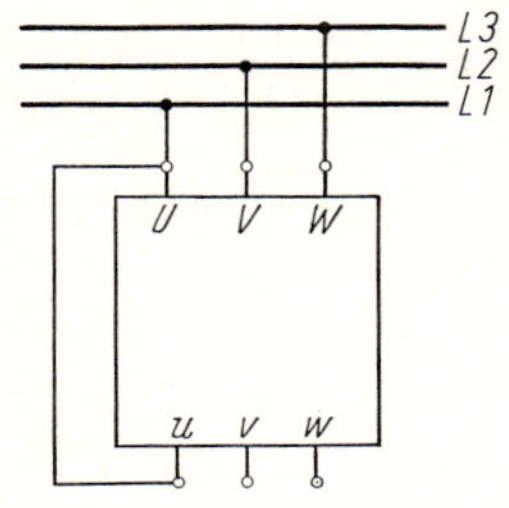

a

Schaltung I bei Gruppe: *A* und *B*, sowie *C* und *D*, wenn bei diesen beiden der sekundäre Sternpunkt nicht zugänglich ist

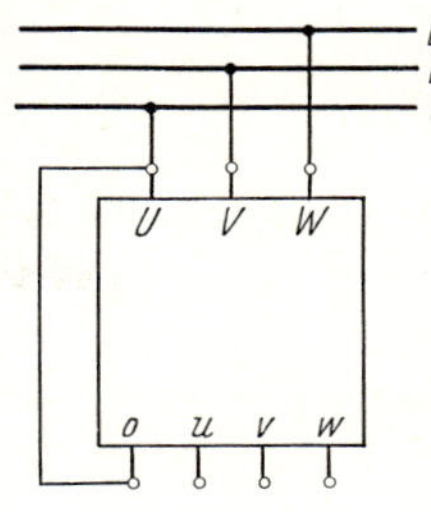

b

Schaltung II bei Gruppe: *C* und *D* bei zugänglichem sekundärem Sternpunkt

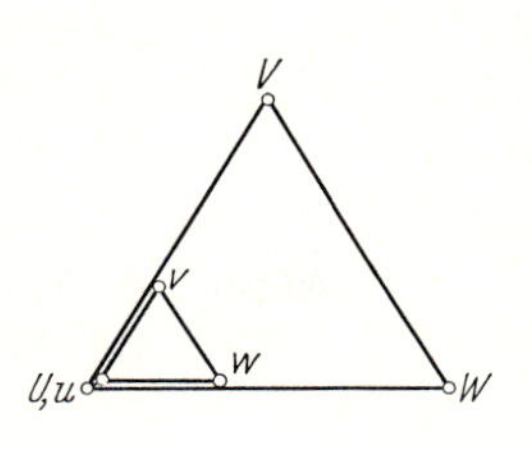

c

Gruppe A:
2 Spannungsmessungen:
$v - V = U_{pr} - U_{sek}$
$w - W = U_{pr} - U_{sek}$
Schaltung I

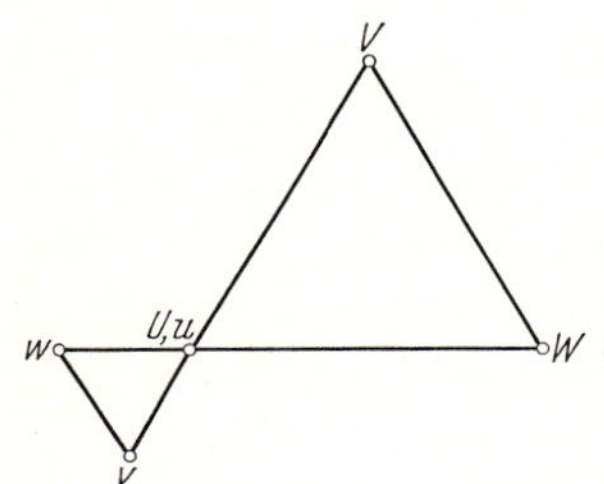

d

Gruppe B: 2 Spannungsmessungen:
$v - V = U_{pr} + U_{sek}$
$w - W = U_{pr} - U_{sek}$
Schaltung I

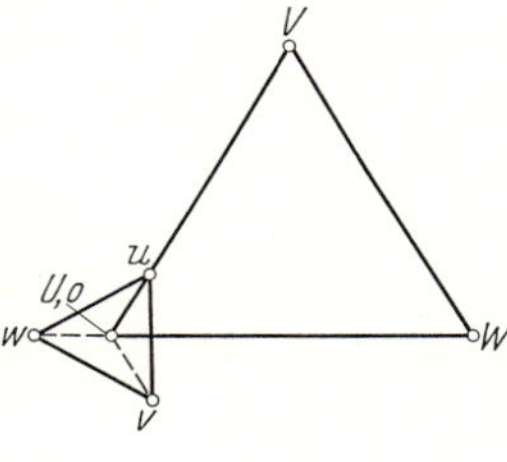

e

Gruppe C: 2 Spannungsmessungen:
$u - V = U_{pr} - U_{sek}/\sqrt{3}$
$w - W =$
$U_{pr} + U_{sek}/\sqrt{3}$
Schaltung II

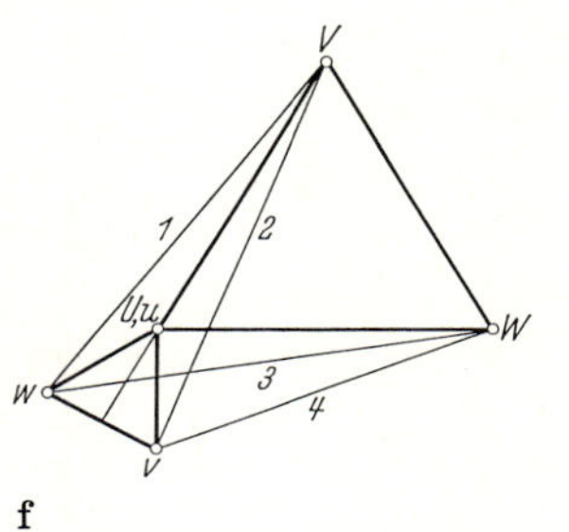

f

Gruppe C:
4 Spannungsmessungen zwischen *V*, *W* und *v*, *w*
Schaltung I

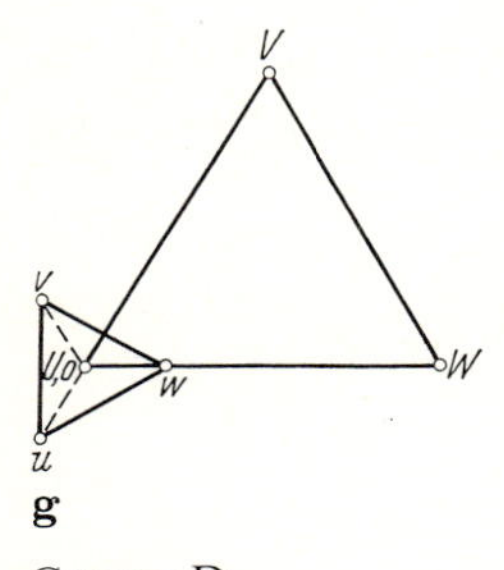

g

Gruppe D:
2 Spannungsmessungen:
$u - V = U_{pr} + U_{sek}/\sqrt{3}$
$w - W = U_{pr} - U_{sek}/\sqrt{3}$
Schaltung II

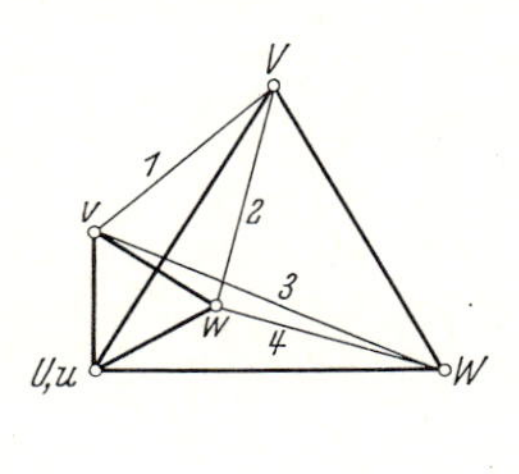

h

Gruppe D:
4 Spannungsmessungen zwischen *V*, *W* und *v*, *w*
Schaltung I

Abb. 41 a–h. Kontrolle der Schaltgruppe *A*, *B*, *C*, *D* durch Spannungsausmessung. Aufzeichnung der Ergebnisse ist nur nötig bei Gruppe *C* und *D* ohne zugänglichen Sekundär-Sternpunkt, entspr. *f* und *h*. U_{pr} und U_{sek} sind die verketteten Spannungen, d. h. die Spannungen zwischen den Außenleitern.

Schaltgruppe A. Die Klemmen U und u werden miteinander verbunden und die Spannungen $v - V$ und $w - W$ gemessen. Beide müssen gleich $U_{pr} - U_{sek}$ sein (Abb. 41c).

Schaltgruppe B. Wiederum sind die Klemmen U und u zu verbinden. Die Spannungen $v - V$ und $w - W$ müssen gleich $U_{pr} + U_{sek}$ sein (Abb. 41d).

Schaltgruppe C mit zugänglichem Sternpunkt auf der Sekundärseite. Die primäre Klemme U wird mit dem sekundären Sternpunkt verbunden. Es genügen auch hier zwischen $u - V$, die gleich $U_{pr} - U_{sek}/\sqrt{3}$ sein muß, und zwischen $w - W$, die gleich $U_{pr} + U_{sek}/\sqrt{3}$ ist (Abb. 41e).

Schaltgruppe C ohne zugänglichen Sternpunkt auf der Sekundärseite. In diesem Falle ist U mit u zu verbinden. Es müssen vier Spannungsmessungen durchgeführt werden, und zwar zwischen $V - v$, $V - w$, $W - v$ und $W - w$. Mit Hilfe dieser Messungen wird mit dem Zirkel die Lage der Punkte v und w bestimmt, die, wie in Abb. 41f gezeigt, liegen müssen.

Schaltgruppe D mit zugänglichem sekundären Sternpunkt. Der Sternpunkt wird mit U verbunden. Zwei Spannungsmessungen müssen ergeben, daß Spannung $W - w$ gleich $U_{pr} - U_{sek}/\sqrt{3}$ und Spannung $V - u$ gleich $U_{pr} + U_{sek}/\sqrt{3}$ ist (Abb. 41g).

Schaltgruppe D ohne sekundären zugänglichen Sternpunkt. U wird mit u verbunden. Auf Grund der Messungen der Spannungen $V - v$, $V - w$, $W - v$, $W - w$ wird mit dem Zirkel die Lage der Produkte v und w bestimmt, die nach Abb. 41h liegen müssen.

Wenn das Übersetzungsverhältnis des Transformators über 25:1 liegt, wird die Spannungsausmessung unsicher, da $U_{pr} + U_{sek}$ kleiner als $1{,}04 \cdot U_{pr}$ und $U_{pr} - U_{sek}$ größer als $0{,}96 \cdot U_{pr}$ ist. Beide Werte haben also fast die gleiche Größe. In diesen Fällen hilft man sich in einfacher Weise, indem man die Sekundärspannung durch einen Stern—Stern geschalteten Hilfstransformator auf höhere Werte unter Beibehaltung der Phasenlage umspannt. Die offene Seite des Hilfstransformators wird nun als Sekundärseite des Probetransformators behandelt, also ihre Klemme u bzw. ihr Sternpunkt o mit der Klemme U des Probetransformators verbunden.

Wenn die Übersetzung und die Schaltgruppe sich bei diesen Untersuchungen als richtig erwiesen haben, kann eindeutig auf richtige Schaltung des Transformators geschlossen werden.

Nunmehr wird der *Kurzschlußversuch* vorgenommen. Die Schaltung entspricht der beim Leerlaufversuch benutzten, jedoch werden die unterspannungsseitigen Klemmen möglichst widerstandslos kurzgeschlossen. Normale Meßwandler im Kurzschluß-

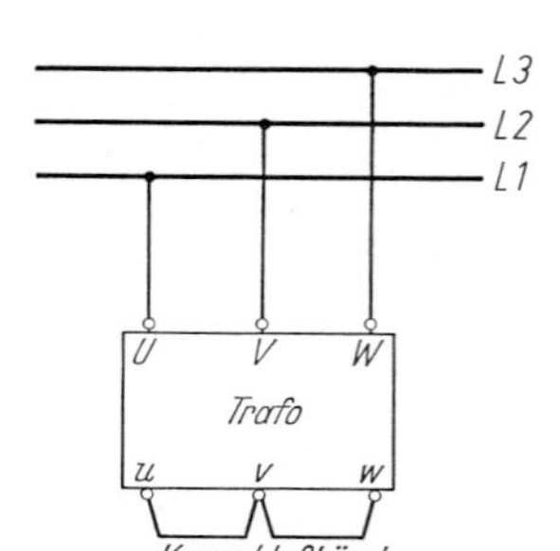

Abb. 42. Schaltung bei Kurzschluß. Geräte wie in Abb. 39.

kreis können das Ergebnis unter Umständen empfindlich stören und werden daher nicht eingeschaltet. Will man jedoch den sekundären Kurzschlußstrom auch messen, so kann man unbedenklich einen Zangen-Stromwandler benutzen, der nur einen sehr kleinen zusätzlichen Wirk- und Streublindwiderstand besitzt. Die Speisung erfolgt deshalb von der Hochspannungsseite aus, weil es im Prüffeld leichter möglich ist, den kleineren Kurzschlußstrom dieser Seite bei entsprechend höherer Kurzschlußspannung zur Verfügung zu stellen. Die Schaltung ist in Abb. 42 wiedergegeben. Die zugeführte Spannung wird schnell so weit hochgeregelt, bis der Transformator einen Kurzschlußstrom von $^1/_2$ oder $^1/_1$ I_{nenn} aufnimmt. Die Ablesung muß innerhalb von etwa 2 min nach Beginn des Versuchs beendet sein, damit unzulässige Temperaturzunahmen vermieden werden. Diese können auftreten, da die kühlende Wirkung des Öls noch fehlt. Gemessen werden die Spannung U_k, der Strom I_k und die Leistung P_k. Bei Transformatoren mit besonderer Tertiärwicklung mißt man, wenn deren Dreieckschaltung an einer Stelle geöffnet werden kann, die dort auftretende Spannung dreifacher Frequenz, die von den Flüssen dreifacher Periodenzahl induziert wird.

Aus den Versuchsergebnissen errechnet man die Nennkurzschlußspannung

$$u_k = \frac{(\text{Kurzschlußspannung, bei der Nennstrom fließt}) \cdot 100}{\text{Nennprimärspannung}} \quad \text{in } \%$$

und relative Ohmsche Spannung $u_r = u_k \cdot \cos \varphi_k$ in %,
Streuspannung $u_s = u_k \cdot \sin \varphi_k$ in %.

Die Lastverluste ergeben sich aus den bei Nennstrom gemessenen Kurzschlußverlusten nach Abzug etwaiger merklicher Verluste im äußeren Kurzschlußbügel. Wenn die Verluste bei anderer Stromstärke bestimmt wurden, sind sie quadratisch auf Nennstrom umzurechnen. Sie setzen sich zusammen aus den reinen Ohmschen Verlusten in beiden Wicklungen und den zusätzlich auftretenden Wirbelstromverlusten im Kupfer und in den der Wicklung benachbarten Konstruktionsteilen. Wenn die Temperatur der Wicklung nicht 75 °C betragen hat, so sind die Ohmschen Verluste auf diese Temperatur umzurechnen, indem man sie im Verhältnis (235 + 75): (235 + Versuchstemperatur) erhöht. Die Zusatzverluste sind meist so geringfügig, daß man auf ihre Umrechnung verzichten kann. Will man es doch tun, so muß es im umgekehrten Verhältnis geschehen, da die Wirbelstromverluste mit steigender Temperatur fallen. Bei Aluminiumwicklungen ist statt 235 der Wert 245 einzusetzen. Die Verluste im äußeren Kurzschlußbügel machen sich nur bei kleinen Sekundärspannungen, jedoch hohen Sekundärströmen, also z. B. bei Ofentransformatoren bemerkbar.

Die Kurzschlußströme ändern sich in weiten Grenzen linear mit der Spannung. Auch bei Kurzschlüssen mit voller Spannung ergeben sich Stromstärken, welche aus dem Ergebnis des Kurzschlußversuchs umgerechnet werden können. Der Kurzschlußstrom bei Nennspannung als Vielfaches des Nennstroms ergibt sich zu $100/u_k\,\%$. Er darf den 30fachen Wert nicht überschreiten, da hierbei bereits der bei Stoßkurzschluß auftretende augenblickliche Höchstwert in einer Phase den $30 \cdot \sqrt{2} \cdot 1{,}8 = 75$fachen Wert von I_{nenn} erreichen kann. Höhreren Strömen ist die Wicklung nicht mehr gewachsen. Die Nennkurzschlußspannung der Transformatoren darf daher den Wert 3,3% nicht unterschreiten. Anderenfalls ist durch Strombegrenzungsdrosseln für ihre Erhöhung Sorge zu tragen.

Für die Zeichnung des Diagramms benötigt man noch folgende Werte, die aus den Meßwerten des Versuchs gewonnen werden:

Bei Einphasentransformatoren

$$\text{Kurzschlußimpedanz} \quad Z_k = \frac{\text{Kurzschlußspannung}}{\text{Kurzschlußstrom}} = \frac{U_k}{I_k} \quad \text{in } \Omega\,,$$

$$\text{Kurzschlußwiderstand} \quad R_k = \frac{\text{Kurzschlußleistung}}{(\text{Kurzschlußstrom})^2} = \frac{P_k}{I_k^2} \quad \text{in } \Omega.$$

$$\text{Kurzschlußreaktanz} \quad X_k = \frac{1}{I_k}\sqrt{U_k^2 - (P_k/I_k)^2} \quad \text{in } \Omega\,,$$

und entsprechend:
Bei Dreiphasentransformatoren in Stern auf der Oberspannungsseite

$$Z_k = \frac{U_k}{\sqrt{3}\cdot I_k}\,, \qquad R_k = \frac{P_k}{3\cdot I_k^2}\,, \qquad X_k = \frac{1}{I_k}\cdot\sqrt{\frac{U_k^2}{3} - \left(\frac{P_k}{3I_k}\right)^2}.$$

Bei in Dreieck geschalteten Oberspannungswicklungen ist das Dreifache dieser Werte, auf die Phase bezogen, einzusetzen. Unter Z_k, R_k und X_k sind die auf einen Strang der Oberspannungsseite bezogenen Summenwerte aus Primär und Sekundärimpedanz bzw. Widerstand und Streuwiderstand zu verstehen. Will man eine Aufteilung auf beide Seiten vornehmen, so kann man unbedenklich je den halben Wert einsetzen. Die Widerstände, Reaktanzen und Impedanzen für die beim Kurzschlußversuch kurzgeschlossen gewesene Unterspannungsseite sind natürlich mit $1/\ddot{u}^2$ malzunehmen. Zwischen den Werten bestehen noch folgende Zusammenhänge:

$$R_k = Z_k \cdot \cos\varphi_k\,, \qquad X_k = Z_k \cdot \sin\varphi_k$$

mit $\cos\varphi_k$ = Kurzschlußleistungsfaktor und $\sin\varphi_k = \sqrt{1 - \cos^2\varphi_k}$.

Die Bestimmung der *Nullreaktanz* erfolgt bei den Transformatoren, die mit Erdschlußkompensation durch Petersenspule arbeiten sollen, in einem weiteren Kurzschlußversuch nach Abb. 43. Die Nullreaktanz ist der Blindwiderstand, der sich einem einphasigen Strom entgegensetzt, der gleichzeitig über alle drei Schenkel fließt. Von entscheidendem Einfluß auf ihre Größe ist das Vorhandensein einer Arbeits- oder einer Tertiärwicklung in Dreieckschaltung. Sobald sich nämlich eine Dreieckwicklung auf den drei Schenkeln befindet, kann in ihrem Innern ein Gegenstrom fließen,

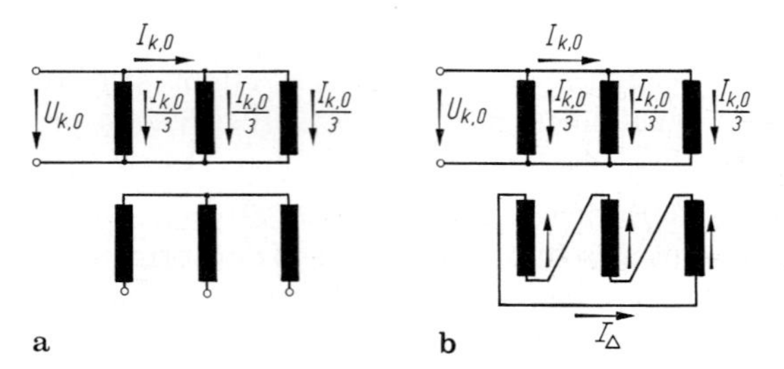

Abb. 43 Messung der Nullreaktanz. **a** Trafo ohne $\triangle$-Wicklung, große Nullreaktanz; **b** Trafo mit $\triangle$-Wicklung, kleine Nullreaktanz.

der die Magnetisierungswirkung des Nullstroms gleicher Phasenlage in allen Phasen praktisch aufhebt. Da der Kessel von Einfluß auf die Ausbildung der sich außen herum schließenden Kraftlinien sein kann, ist der Versuch nach Einbau des Wandlers in denselben am besten zu wiederholen. Die Nullreaktanz aller drei parallelliegenden Phasen ergibt sich zu:

$$X_0 = \frac{U_{k,0}}{I_{k,0}} \cdot \sin \varphi_{k,0}\,,$$

wobei $U_{k,0}$ die zugeführte Spannung und $I_{k,0}$ der zugeführte Strom ist. Die Nullreaktanz je Phase ist dreimal so groß. In den einzelnen Phasen fließt $I_{k,0}/3$. Der Leistungsfaktor $\cos \varphi_{k,0}$ — und daraus $\sin \varphi_{k,0}$ — wird aus der Leistungsaufnahme berechnet. Die der Nullreaktanz entsprechende Streuspannung beträgt 25 bis 35% bei Wandlern ohne Dreieckwicklung und nur 2,5% bei solchen mit Dreieckwicklung, wenn im Sternpunkt der Nennstrom abgenommen wird.

2.1.7 Prüfung des fertigen Transformators mit ölgefülltem Kessel

Erst nach Fertigstellung des ganzen Wandlers ist es möglich, die *Proben der elektrischen Festigkeit* vorzunehmen. Diese Proben sind in den RET vorgeschrieben und bestehen aus der Wicklungsprobe, der Sprungwellenprobe und der Windungsprobe. Die Sprungwellenprüfung, die bei Maschinen aus den in Abschnitt 1.2.2 angegebenen Gründen von vielen Herstellern nicht durchgeführt wird, hat bei Transformatoren einen ziemlich harmlosen Charakter. Tatsächliche Aufschlüsse liefern die beiden anderen Proben.

Die *Wicklungsprobe* wird mit der den RET zu entnehmenden Prüfspannung durchgeführt, indem man den einen Pol der Stromquelle an die zu prüfende Wicklung und den anderen an die übrigen unter sich und mit dem Körper verbundenen Wicklungen legt. Bis zu 150 kV mißt man die Prüfspannung auf der Oberspannungsseite des Hochspannungsprüftransformators mittels Spannungswandler. Noch höhere Werte bestimmt man dagegen mit der Funkenstrecke, wobei man allerdings zur Sicherheit auch noch die niederspannungsseitige Spannung mißt. Die Probe erfolgt mit sinusförmiger Spannung von 50 Hz und dauert 1 min.

Die *Stoßspannungsprüfung* erfolgt in der in den RET angegebenen Weise.

Die *Windungsprobe* dient der Untersuchung ausreichender gegenseitiger Isolation der einzelnen Windungen. Sie wird nach den RET möglichst mit 2facher Nennspannung durchgeführt. In der Praxis untersucht man fast durchweg mit dieser Spannung. Der Transformator wird mit Strom von 150 Hz gespeist, hat also nur eine Kraftliniendichte im Eisen von 66,7% des normalen Werts. Man wählt die Frequenz so hoch, um unliebsame Verluste im Eisen zu vermeiden. Während der 5 min, die die Probe dauert, regelt man bei Transformatoren mit unter Last regelbaren Stufen den ganzen Bereich durch und führt auf diese Weise gleichzeitig eine scharfe Prüfung aller Kontaktstellen durch.

Anschließend an diese Versuche bestimmt man den *Widerstand* der Wicklungen, wobei man je nach Größe desselben wie bei den Maschinen die Wheatstone- oder die Thomsonbrücke benutzt. Bei besonders kleinen Wicklungswiderständen führt man die Messung auch mit Strom und Spannung durch (S. 308).

Der *Leerlaufversuch* wird wiederholt. Bei Transformatoren bis etwa 10000 kVA bestimmt man nur den einen Punkt für Nennspannung, während man bei größeren Einheiten drei Meßpunkte bei 90, 100 und 110% der Nennspannung aufnimmt. Die Leistungsmesser werden wiederum ohne Verwendung von Wandlern benutzt. Ströme bis 400 A und Spannungen bis 10000 V können so den Geräten noch unmittelbar bzw. über Vorwiderstände zugeführt werden. Bei noch höheren Spannungen muß man die Leistung vor dem Prüffeldtransformator, der zur Erregung benutzt wird, messen und dessen Verluste absetzen. Diese werden ein für allemal unter den verschiedensten Verhältnissen bestimmt und in Verlustfaktoren übersichtlich dargestellt. Die Speisung des Probetransformators erfolgt fast ausschließlich über die Niederspannungsseite, da man anderenfalls ja die Zuleitungen alle für die hohen Oberspannungen von mitunter einigen hundert kV isolieren und vor allem auch einen geeigneten Prüffeldtransformator besitzen müßte. Ströme und Spannungen werden jedoch über Wandler am Probetransformator selbst gemessen.

Eine erneute Bestimmung der *Übersetzung* und der *Schaltgruppen* gibt die Gewißheit, daß sich beim Einbau des Wandlers in den Kessel nichts geändert hat.

Der *Kurzschlußversuch* wird ebenfalls wiederholt. Bei Transformatoren ohne Dreieckwicklung können sich nunmehr höhere Verluste ergeben, die auf zusätzliche Wirbelstromverluste im Kessel zurückzuführen sind. Wenn dagegen eine solche Wicklung vorgesehen ist, zeigt sich praktisch kein Unterschied gegen die frühere Messung. Tertiärwicklungen werden fast immer zu zwei Klemmen über Deckel geführt, die betriebsmäßig verbunden sind und das Dreieck schließen. In diesen Fällen macht man zwei Aufnahmen mit geöffnetem und geschlossenem Dreieck, wobei also im ersten Fall die erhöhten Verluste zu erwarten sind. Die Versuchsdauer kann ausgedehnt werden, da das Öl für gute Kühlung der Wicklung sorgt. Man führt den Versuch bei Nennstrom durch und wiederholt ihn bei Regeltransformatoren für die höchste und tiefste Stellung.

2.1.8 Erwärmungslauf

Im Erwärmungslauf wird die Übertemperatur bestimmt, die die Wicklungen und das Öl gegenüber dem eintretenden Kühlmittel annehmen. Nur bei Wandlern für kurzzeitigen Betrieb bestimmt man statt dessen die Erwärmung gegenüber dem kalten Ausgangszustand. Die großen Leistungen können bei der Dauerprobe nur sehr selten zur Verfügung gestellt werden, und es sind daher eine Reihe von Kunstschaltungen angegeben worden, bei denen dem Prüffeldnetz nur eine Leistung von der Höhe der einfachen oder doppelten Verluste entnommen wird. In der Praxis beschränkt man sich oft auf zwei dieser Verfahren, und zwar bevorzugt man bei Transformatoren unter 1000 kVA das Rückarbeitsverfahren und bei größeren Typen das Kurzschlußverfahren.

Zum *Rückarbeitsverfahren* werden zwei gleiche Transformatoren benötigt, von denen der eine natürlich ein Prüffeldwandler sein kann. Meistens stehen allerdings mehrere gleiche Transformatoren bei diesen Leistungen zur Verfügung. Abbildung 44 zeigt die Schaltung. Die beiden Primärwicklungen liegen am Netz von Netzspannung und Nennfrequenz. Beide Wandler werden also mit vollem Kraftfluß gefahren und haben daher auch die richtigen Eisenverluste. Die Sekundärwicklungen sind über einen Hilfstransformator mit offener Schaltung parallelgeschaltet. Dieser Hilfs-

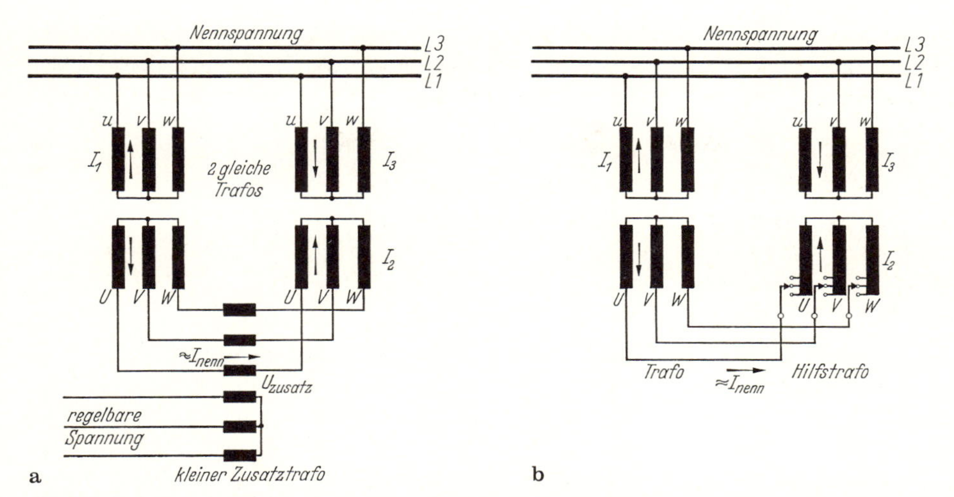

Abb. 44. Rückarbeitsschaltung beim Erwärmungslauf. Die beiden Trafos liegen primär an der vollen Spannung. Sekundär sind sie über **a** Zusatztrafo oder **b** unmittelbar parallelgeschaltet. Im ersten Fall treibt die Zusatzspannung, im zweiten Fall die Spannungsdifferenz der Sekundärspannungen den Laststrom durch die Leitungen.

transformator wird von einer regelbaren Prüffeldspannungsquelle gespeist, die so weit erhöht wird, bis die beiden Probetransformatoren sekundärseitig den Nennstrom führen. Die Primärströme weichen etwas voneinander ab, da sich der dem Hauptnetz entnommene Magnetisierungsstrom verschiedenartig dem Kurzschlußstrom überlagert. Man regelt so lange fein nach, bis in einem der beiden Transformatoren in beiden Wicklungen zusammen die Verluste auftreten, die dem Nennbetrieb entsprechen. Der Temperaturlauf dauert einige Stunden und kann abgebrochen werden, wenn die Temperaturzunahme nicht mehr als 1 K je Stunde beträgt. Gemessen wird wenigstens die Öltemperatur dicht unter dem Deckel. Bei Neuausführungen nimmt man aber auch die Temperatur des Eisenkerns und wenn möglich der Wicklungen mit Hilfe von eingebauten Thermoelementen auf. Auch werden hierbei noch weitere Thermometer zur Messung der Öltemperaturen in verschiedener Höhe angebracht, aus deren Ablesung man Rückschlüsse auf die Güte der Kühlvorrichtungen ziehen kann.

Bei dem *Kurzschlußlauf* benötigt man keinen zweiten Transformator. Man schließt den Transformator kurz und führt ihm eine solche Spannung zu, daß er den 1,5fachen Nennstrom aufnimmt. So fährt man 1 Stunde. In den nächsten 2 Stunden verringert man den Strom auf den 1,3fachen Betrag. Zu Beginn etwa der 4. Stunde verringert man den Strom noch einmal, und zwar so weit, daß die Wicklungsverluste gleich den normalen Gesamtverlusten einschließlich der Eisenverluste werden. Dies bedeutet also, daß sich die Ölerwärmung richtig einstellen wird, die Wicklung jedoch etwas überlastet wird. Sobald die Öltemperatur nicht mehr steigt, wird der Strom auf Nennstrom verringert und der Lauf noch etwa $^1/_2$ bis 1 Stunde fortgesetzt. Nunmehr kann angenommen werden, daß auch die Wicklungserwärmung ihren richtigen Wert angenommen hat, die Ölerwärmung jedoch noch nicht nennenswert abgesunken ist. Jetzt wird abgeschaltet, die etwa vorhandene zusätzliche Luft- oder Wasserkühlung abgestellt und die Temperatur des Öles an der heißesten Stelle gemessen.

Die *Bestimmung der mittleren Wicklungstemperatur* erfolgt wie bei den Maschinen aus der prozentualen Widerstandszunahme der Primär- und der Sekundärwicklungen. Man benutzt folgende Formeln:

$$\vartheta_{ü} = \frac{R_{warm} - R_{kalt}}{R_{kalt}} \cdot (235 + \vartheta_{kalt}) - (\vartheta_{kühlmittel} - \vartheta_{kalt}) ,$$

bei Betriebsart Dauerbetrieb S 1

bzw. $$= \frac{R_{warm} - R_{kalt}}{R_{kalt}} \cdot (235 + \vartheta_{kalt})$$

bei Kurzzeitbetrieb und Durchlaufbetrieb mit Kurzzeitbelastung unter 1 Stunde.

Hierbei bedeutet: R_{warm} und R_{kalt} den warmen und den kalten Wicklungswiderstand, ϑ_{kalt} die Wicklungstemperatur bei der kalten Messung und $\vartheta_{kühlmittel}$ die Eintrittstemperatur des Kühlmittels.

Größere Transformatoren erhalten heute sehr häufig eine Vorrichtung, die es auf Grund einer *thermischen Abbildung* erlaubt, die mittlere Wicklungstemperatur dauernd im Betriebe zu überwachen. Unter dem Deckel befindet sich ein elektrisches Widerstandsthermometer, welches von einer Heizwicklung umgeben ist. Diese besteht aus mehreren Wicklungen Drahts, der eine der Hauptwicklung thermisch ähnliche Isolation besitzt. Gespeist wird die Heizwicklung über einen besonderen Stromwandler, der vom Strom des Transformators durchflossen wird. Die Heizwicklung ist reichlich bemessen, so daß ein Teil des Heizstroms zu einem regelbaren Parallelwiderstand geführt werden muß. Dieser erlaubt den Abgleich der Anordnung. Er wird so eingestellt, daß das an das Widerstandsthermometer angeschlossene Meßgerät genau die jeweilige Übertemperatur der Wicklung anzeigt. Falls gewünscht, kann auch die höchste Übertemperatur der Wicklung gegen das Öl angezeigt werden. Die Anordnung ist herausnehmbar und wird in einem kleinen Ölbad, dessen Temperatur auf die Öltemperatur des Transformators gebracht werden kann, außerhalb desselben eingestellt. Die Öltemperatur des Thermometers wird durch ein normales, eingebautes elektrisches Widerstandsthermometer ferngemessen.

2.1.9 Transformator in Sparschaltung

Diese Transformatoren dienen der meist nur geringfügigen Erhöhung oder Verringerung der Spannung des sekundären Netzes, welches an das primäre Netz angeschlossen ist. Beide Netze sind über die Windungen der Sekundärwicklung leitend miteinander verbunden. Diese Wicklung besitzt häufig Anzapfungen, die eine Spannungsregelung

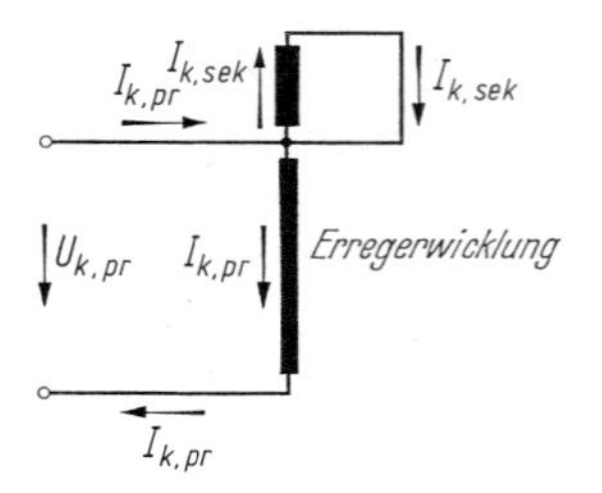

Abb. 45. Kurzschlußschaltung beim Kurzschlußversuch des Spartransformators

in einigen Stufen erlauben. Die Untersuchung dieser Transformatoren entspricht der der normalen Wandler. Nur der *Kurzschlußversuch* wird nicht in der betriebsmäßigen Schaltung vorgenommen, sondern nach Abb. 45 in einer Schaltung, die der Verwendung als gewöhnlicher Wandler entsprechen würde. Man speist also die dünndrähtige Primärwicklung und schließt die dickdrähtige Sekundärwicklung kurz. Wenn man mit $i_{k,pr}$ den auf Nennspannung U_{pr} umgerechneten Kurzschlußstrom — in Abb. 45 als $I_{k,pr}$ ausgewiesen — bezeichnet, so sind die in der betriebsmäßigen Schaltung auftretenden *Kurzschlußströme* mit den Bezeichnungen nach Abb. 46a folgende:

$$I_{k,pr} = i_{k,pr} \frac{U_{pr} + U_{sek}}{U_{sek}},$$

$$I_{k,sek} = I_{k,verbr} = i_{k,pr} \frac{U_{pr}}{U_{sek}} \frac{U_{pr} + U_{sek}}{U_{sek}},$$

$$I_{k,netz} = I_{k,pr} + I_{k,sek} = i_{k,pr} \left(\frac{U_{pr} + U_{sek}}{U_{sek}}\right)^2.$$

Wenn der Spartransformator zur Verringerung der ankommenden Netzspannung dient, ergeben sich mit den Bezeichnungen nach Abb. 46 die Werte:

$$I_{k,pr} = i_{k,pr} \frac{U_{pr} + U_{sek}}{U_{sek}},$$

$$I_{k,sek} = I_{k,netz} = i_{k,pr} \frac{U_{pr}}{U_{sek}} \frac{U_{pr} + U_{sek}}{U_{sek}},$$

$$I_{k,verbr} = I_{k,sek} + I_{k,pr} = i_{k,pr} \left(\frac{U_{pr} + U_{sek}}{U_{sek}}\right)^2.$$

Die Kurzschlußleistung des speisenden Netzes erhöht sich gewaltig gegenüber der Kurzschlußleistung p_k des nur im Sekundärteil kurzgeschlossenen Wandlers. Sie ist in beiden Schaltungen gleich groß und beträgt:

$$P_k = p_k \cdot \left(\frac{U_{pr} + U_{sek}}{U_{sek}}\right)^2.$$

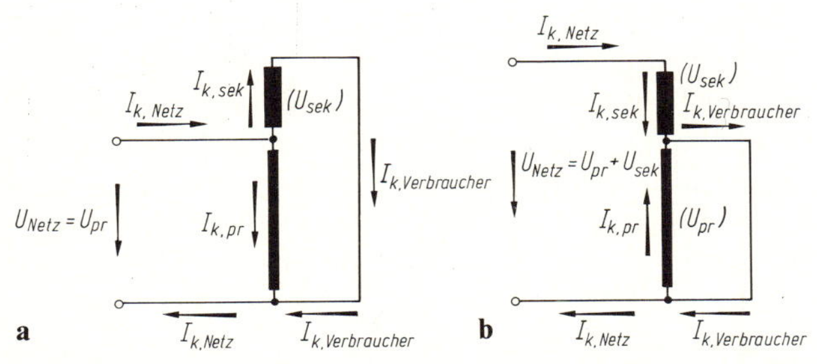

Abb. 46. Bezeichnungen der Kurzschlußströme beim Kurzschluß des Spartrafos auf der Verbraucherseite. Eingeklammerte Spannungen gelten bei Leerlauf.

Man sieht, daß die Ströme und Leistungen im Kurzschluß um so größer werden, je geringer die Zusatzspannung U_{sek} bei gegebener Primärspannung U_{pr} wird. Sie sind im Verhältnis $(U_{pr} + U_{sek}) : U_{sek}$ größer als bei einem Leistungstransformator für die gleiche Durchgangsleistung.

Die Durchgangsleistung des Spartransformators beträgt, wenn seine Wicklungen gleichsinnig in Reihe liegen, das $(U_{pr} + U_{sek}) : U_{sek}$fache seiner Eigenleistung. Er ist also praktisch gesprochen nur für den Prozentsatz der Durchgangsleistung auszulegen, den die Zusatzspannung auf die Netzspannung bezogen ausmacht.

2.1.10 Toleranzen

Nach den RET gelten für Transformatoren folgende Toleranzen:

Gewährleistung für:

Leerlaufverluste	+10%
Kurzschlußverluste	+15%
Gesamtverluste = Leerlauf- und Kurzschlußverluste	+10%
Kurzschlußspannung	±10%

Nennübersetzung ±0,5% oder ±1/10 der gemessenen Kurzschlußspannung. Es gilt der kleinere der beiden Werte.

2.2 Asynchronmaschinen

Die Asynchronmaschine besteht aus einem Ständer und einem Läufer, die beide aus Blechen geschichtet sind und in Nuten gebettete Wicklungen tragen. Als Drehstrommaschine besitzt sie im Ständer eine Dreiphasenwicklung und im Läufer entweder ebenfalls eine dreiphasige oder seltener eine zweiphasige Wicklung. Diese ist zu Schleifringen geführt. Die Kurzschlußmotoren tragen in ihren Läufernuten gezogene oder gegossene Stäbe, die durch Ringe auf beiden Seiten des Ankers zu Käfigen, entweder einem einzigen oder mehreren, verbunden sind. Die sog. Staffelläufer besitzen einen weiteren Ring in der Mitte des Ankers. Die Querschnittsformen der Nuten und der Stäbe bei Kurzschlußläufern sind sehr mannigfaltig. Man findet runde, rechteckige, ovale und keilförmige Abmessungen.

Als Werkstoff für die Ständerwicklungen kommt ausnahmslos Kupfer zur Verwendung. Das gleiche gilt für gewickelte Läufer. Kurzschlußkäfige werden dagegen aus Kupfer, Bronze, Messing und Aluminium, letzteres oft als Guß, gebaut.

Die ruhende Asynchronmaschine mit offenem Sekundärkreis verhält sich, wenn sie ans Netz gelegt wird, wie ein leerlaufender Transformator. Sie nimmt einen stark nacheilenden Strom auf, dessen Blindanteil der Magnetisierung, also dem Aufbau des magnetischen Kraftflusses, und dessen Wirkanteil der Deckung der Eisenverluste im Läufer und Ständer sowie der kleinen Leerlaufkupferverluste dient. Der Leerlaufstrom ist allerdings wesentlich größer als beim Transformator, da außer dem Eisen auch noch der Luftspalt mit seinem hohen Bedarf an Erregung zu magnetisieren ist; er beträgt etwa 20 bis 80% des Nennstroms.

Ein an die Schleifringe angelegter Spannungsmesser zeigt eine Spannung an, die etwas kleiner ist, als dem Verhältnis der Ständerwindungszahl zur Läuferwindungszahl unter Berücksichtigung der Schaltung und der Wickelfaktoren entspricht. Die

Frequenz der Schleifringspannung bei Stillstand ist natürlich gleich der Netzfrequenz. Der grundlegende Unterschied gegenüber einem Transformator besteht darin, daß es möglich ist, die Phasenlage der Schleifringspannung durch Verdrehen des Läufers beliebig im vor- oder nacheilenden Sinne zu schwenken. Auf dieser Eigenschaft beruht die Wirkungsweise der Drehregler.

Wenn der Läufer durch irgendeinen Antrieb in Drehung versetzt wird, so ändert sich die Schleifringspannung nach Größe und Frequenz. Erfolgt die Drehung im Sinne des Drehfelds, so nehmen beide linear mit dem Schlupf ab. Unter Schlupf versteht man das Verhältnis (Synchrondrehzahl—Läuferdrehzahl): (Synchrondrehzahl). Man drückt ihn meistens in Prozent aus. Bei Synchronismus werden Läuferspannung und Läuferfrequenz gleich Null. Wegen der Abhängigkeit von dem Schlupf spricht man von der Schlupfspannung und der Schlupffrequenz des Läufers.

Die synchrone Drehzahl hängt ab von der Netzfrequenz f und der Polzahl $2p$ der Maschine. Sie ist gleich $(120 \cdot f)/2p$. Insbesondere errechnet man die Synchrondrehzahl der Motoren am 50 Hz-Netz zu:

$$n_{syn} = \frac{f}{p} \quad \text{oder} \quad n_{syn} = \frac{6000}{\text{Polzahl}} \quad \text{in U/min}\,.$$

Legt man an die Schleifringe des stillstehenden Motors einen Anlaßwiderstand, so nimmt dieser einen von der Stillstandsspannung und dem Widerstand abhängigen Strom auf. Dieser durchfließt die Ankerleiter und ruft in gemeinsamer Wirkung mit dem Kraftfluß das Anfahrdrehmoment hervor. Wenn dieses größer als das Gegenmoment der Last ist, läuft der Motor an. Die Kurzschlußankermotoren laufen natürlich von selbst an, sobald sie an das Netz gelegt werden. Der aufgenommene Strom ist sehr hoch, da der Motor bei Stillstand sich im Kurzschluß befindet.

Grundsätzlich läßt sich feststellen, daß der Asynchronmotor nur dann ein Anlaufdrehmoment entwickeln kann, wenn in seinem Sekundärkreis Wirkleistung umgesetzt wird. Dieser Umsatz findet beim Schleifringläufer zum weitaus größten Teil im äußeren Anlaßwiderstand, beim Kurzschlußläufer aber ausschließlich in den Ankerstäben und Kurzschlußringen statt. Bei gegebener Maschine ist er also nur bei ersterem zu beeinflussen. Das Anlaufdrehmoment beträgt:

$$M_a = \frac{P_{sek,el}}{2\pi\, n_{syn}} \quad \text{in Nm}\,,$$

wobei $P_{sek,el}$ = im Sekundärkreis umgesetzte elektrische Leistung,
n_{syn} = Synchrondrehzahl.

Sobald der Motor läuft, gilt eine andere Gleichung, die die Abhängigkeit des vom Motor im Lauf ausgeübten Drehmoments vom Schlupf berücksichtigt, nämlich:

$$M = \frac{P_{sek,el}}{s} \cdot \frac{1}{2\pi\, n_{syn}}\,, \quad \text{wobei} \quad s = \text{Schlupf} \quad \text{bzw.} \quad \frac{\text{Schlupf in }\%}{100}\,.$$

Man sieht, daß bei sehr kleinen Schlüpfen, also bei Geschwindigkeiten nahe dem Synchronismus, der elektrische Leistungsumsatz auf der Sekundärseite bei gleichen Drehmomenten sehr stark zurückgeht. In der Tat gehören zu einem Schlupf von 1 bis 2% auch nur Sekundärkupferverluste von 1 bis 2% der Nennleistung. Bei Stillstand müssen dagegen zur Erzielung eines Drehmoments von 100% des Nenn-

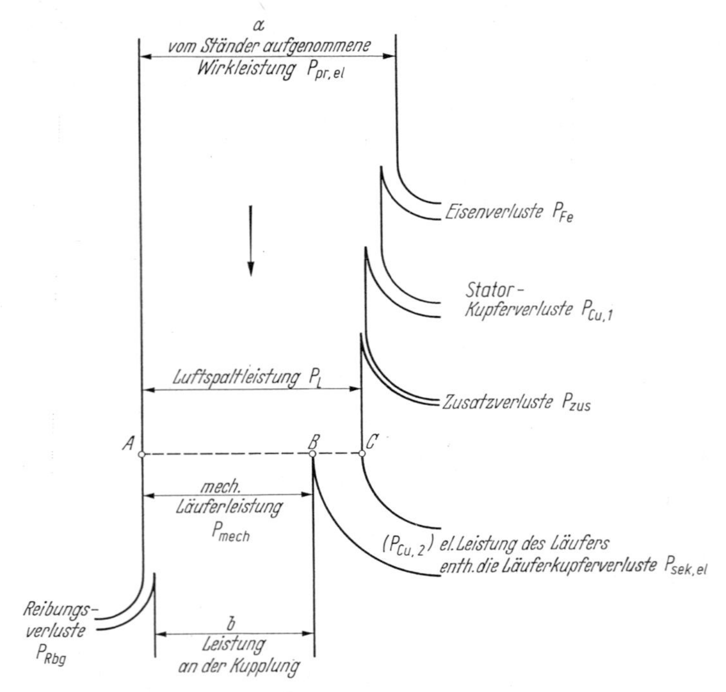

Abb. 47. Wirkleistungsfluß der Asynchronmaschine als Motor. Strecke *AC* entspricht der synchronen Drehzahl, Strecke *AB* der wirklichen Drehzahl und Strecke *BC* dem Schlupf. Wirkungsgrad $\eta = b/a$

moments, weil der Schlupf 100% beträgt, auch 100% Leistung im Ankerkreis umgesetzt werden.

In der Abb. 47 ist der Fluß der dem Netz entnommenen Wirkleistung innerhalb der Maschine dargestellt. $P_{\mathrm{pr,el}}$ ist die aufgenommene Leistung. Von ihr gehen im Ständer als Verluste ab die Eisenverluste und die Ständerkupferverluste. Auch die sog. Zusatzverluste P_{zus} können als im Ständer entstanden betrachtet werden, obwohl sie sich wie die Eisenverluste zu einem gewissen Teil auch auf den Läufer aufteilen. Durch den Luftspalt tritt die Luftspaltleistung P_{L}, die gleich der Differenz aus Netzaufnahme und Ständerverlusten ist. Sie wird auf den Läufer übertragen und spaltet sich dort in zwei Teile auf, von denen der eine gleich der im Ankerkreis umgesetzten elektrischen Leistung $P_{\mathrm{sek,el}}$ und der andere gleich der vom Anker abgegebenen mechanischen Leistung P_{mech} ist. Beide stehen in dem nur vom Schlupf s und sonst nichts abhängigen Verhältnis:

$$\frac{P_{\mathrm{mech}}}{P_{\mathrm{sek,el}}} = \frac{1-s}{s},$$

wobei $P_{\mathrm{mech}} + P_{\mathrm{sek,el}} = P_{\mathrm{L}} = P_{\mathrm{pr,el}} - (P_{\mathrm{Fe}} + P_{\mathrm{Cu\,1}} + P_{\mathrm{zus}})$ und

$$P_{\mathrm{mech}} = (1-s)\,P_{\mathrm{L}},$$

$$P_{\mathrm{sek,el}} = sP_{\mathrm{L}} \quad \text{ist.}$$

Diese Beziehungen sind von Bedeutung bei den Schleifringmotoren, welche durch Widerstand im Läuferkreis in der Drehzahl geregelt werden, da sie erkennen lassen, daß sich eine gewünschte mechanische Leistungsabgabe beim Schlupf s nur erreichen läßt, wenn man die entsprechenden Verluste im Ankerkreis in Kauf nimmt.

Die an der Welle abgegebene Leistung verringert sich natürlich noch um die Reibungsverluste des Motors selbst.

Wenn die Asynchronmaschine als Periodenwandler benutzt wird, dann ist die im Sekundärkreis umgesetzte Leistung gleich der Nennleistung des Wandlers. Die obengenannten Gleichungen lassen dann erkennen, daß der Wandler zusätzlich angetrieben oder abgebremst werden muß, sobald er belastet wird. Ersteres ist der Fall, wenn der Periodenwandler die Frequenz heraufsetzt, wenn also der Schlupf größer als 1,0 wird, letzteres, wenn die Sekundärfrequenz kleiner als die Netzfrequenz ist und der Schlupf kleiner als 1,0 ist.

Wenn sich im Läuferkreis der Asynchronmaschine nur Widerstände befinden, also z. B. wenn der Läufer im Kurzschluß arbeitet, so kann bei Auftreten von Läuferstrom die sekundäre, elektrische Leistung P_{sek} nur positiv sein, da sie gleich $m_{sek} \cdot I_{sek}^2 \cdot R_{sek}$ ist. Nun ist aber

$$P_{sek,el} = P_L \cdot s$$

und daher $P_L = P_{sek,el}/s$.

Sobald der Schlupf negative Werte annimmt, muß demnach die den Luftspalt vom Ständer her durchsetzende Leistung P_L negativ werden. Dies bedeutet aber Rücklieferung von Leistung an den Ständer und somit an das Netz. Der Asynchronmotor wird daher bei Durchgang durch den Synchronismus zum Asynchrongenerator. Die mechanische Leistung P_{mech} wird ebenfalls negativ; die Welle muß also in diesem Betriebszustand von außen angetrieben werden. Dies folgt natürlich auch aus dem Energieprinzip.

Wenn der Läufer der Asynchronmaschine mit Gleichstrom gespeist wird oder, seltener, an ein Netz konstanter Frequenz gelegt wird, wird er zu einem Synchronmotor bzw. Synchrongenerator. Er besitzt dann auch die typischen Eigenschaften dieser Maschinen. Im letztgenannten Fall spricht man auch von einer doppeltgespeisten Maschine, bei der aber nur der Anschluß von Ständer und Läufer an das gleiche Netz von Interesse ist. Der Motor nimmt dann die doppelte synchrone Drehzahl an, die er auch bei Last nicht ändert [18, 23].

2.2.1 Drehstromasynchronmotor

Der Drehstromasynchronmotor ist die wichtigste Antriebsmaschine und steht zahlenmäßig im Prüffeld an erster Stelle. Die Prüfung beginnt mit der Messung der Widerstände der kalten Maschine. Dann folgt der Leerlauf- oder der Kurzschlußversuch. Die Belastungsaufnahmen werden oft während des Dauerlaufs vorgenommen. Der Hochlaufversuch gibt Aufschluß über das Anzugs-, das Sattel- und das Kippmoment und über den Kurzschlußstrom der Maschine. Das Trägheitsmoment wird im Auslauf bestimmt. Während die Windungsprobe im Anschluß an den Leerlaufversuch vorgenommen wird, steht die Wicklungsprobe ganz am Ende der Prüfung.

Bei Prüfung ganzer Maschinenreihen gleicher Ausführung genügt es, etwa $^1/_4$ bis $^1/_5$ aller Motoren genau zu untersuchen, während man sich bei den übrigen auf Leerlauf- und Kurzschlußversuch beschränkt. Allerdings wird dann der Leerlauf auf einige Stunden ausgedehnt.

2.2.1.1 Leerlaufversuch

Man beginnt mit der *Widerstandsmessung* der Ständerwicklung. Wenn es möglich ist, mißt man die Phasenwiderstände; sonst begnügt man sich mit der Messung der Widerstände zwischen den Anschlußklemmen. Dieser Wert wird mit R_{kl} bezeichnet. Er erlaubt die Bestimmung der Kupferverluste auch ohne Kenntnis der inneren Schaltung in Stern oder Dreieck, denn diese betragen $I^2 \cdot 1{,}5 \cdot R_{\text{kl}}$. Die genaue rechnerische Ermittlung der wirklichen Phasenwiderstände ist nach den in Abschnitt 1.1.1 gegebenen Formeln möglich. Sie wird selten durchgeführt.

Der Läuferwiderstand wird nur bei Schleifringankern gemessen. Man mißt unmittelbar an den Ringen, nicht etwa an den Bürsten oder den Anschlußklemmen. Bei dreiphasigen Läufern kann man immer nur die verketteten Widerstände R_{schl} messen, da der Sternpunkt nicht herausgeführt wird. Nur ganz große Motoren haben sechs Ringe bei offener Phasenschaltung. Der Widerstand von Kurzschlußläufern wird nicht gemessen.

Bei Anlaß- und Regelmotoren wird anschließend die *Übersetzung* im Stillstand bestimmt. Der Ständer wird bei offenem Ankerkreis an die volle Spannung gelegt und die Spannung zwischen den Ringen gemessen. Das Übersetzungsverhältnis ist:

$$\ddot{u} = \frac{U_{1,\,\text{verk}}}{U_{20,\,\text{verk}}} = \frac{w_1 \cdot f_{\text{w}1}}{w_2 \cdot f_{\text{w}2}} \left(1 + \frac{\sigma_{\text{h}}}{2}\right)$$

bei Stern/Stern oder Dreieck/Dreieckschaltung des Motors. Wenn nur eine Wicklung in Stern geschaltet ist, ist deren Windungszahl mit $\sqrt{3}$ multipliziert einzusetzen. σ_{h} ist der sog. Heylandsche Streufaktor der Maschine, der zwischen 0,02 und 0,10 schwankt. Er kann aus den Meßergebnissen berechnet werden zu:

$$\sigma_{\text{h}} = \frac{I_0}{I_{\text{k, i}} - I_0}$$

mit I_0 = Leerlaufstrom bei Nennspannung, $I_{\text{k, i}}$ = ideeller Kurzschlußstrom bei Nennspannung $\approx I_{\text{k}}/\sin \varphi_{\text{k}}$.

Da I_0 von der Ständerspannung nicht linear abhängt, ist der Streufaktor und somit auch die Übersetzung von derselben abhängig. Man bevorzugt daher die Messung bei Nennspannung. Die Übersetzung ist ein wichtiger Wert, da sie auch das Verhältnis (Sekundärstrom) zu (Primärstrom $\triangleq$ Leerlaufstrom) darstellt, wenn man die in den Zuleitungen fließenden Linienströme einsetzt.

Nunmehr wird der Motor hochgefahren. Beim Regel- und Anlaßläufer benutzt man einen Anlasser. Kurzschlußmotoren werden entweder direkt oder in Stern/Dreieckschaltung an das Netz gelegt. Wenn die erforderliche Leistung, die das 3,5- bis 6fache (bzw. ein Drittel hiervon) der Nennscheinleistung des Motors beträgt, nicht aufgebracht werden kann, fährt man mit verringerter Spannung hoch. Abbildung 48 gibt die Schaltung der Meßgeräte wieder. Man bestimmt in Abhängigkeit

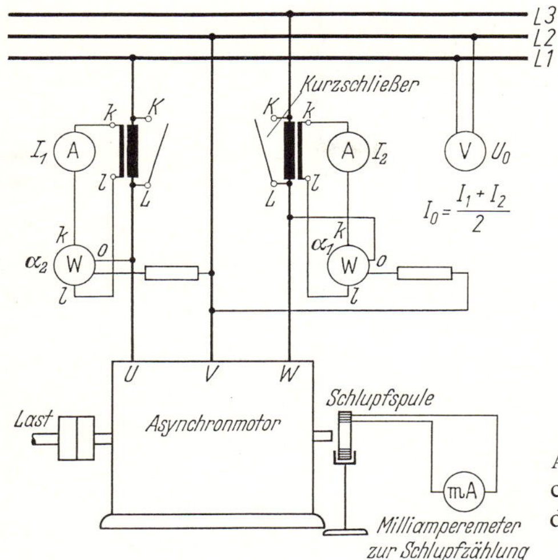

Abb. 48. Schaltung der Meßgeräte beim Asynchronmotor. Bei Spannungen über 600 V werden Spannungswandler benutzt

der veränderten Netzspannung U_0 die Stromaufnahme I_0, die Leistungsaufnahme P_0 und den Leistungsfaktor cos φ_0. Die Spannung wird auf etwa ein Drittel des Nennwerts verringert. Die Drehzahl wird dauernd überwacht, da der Versuch nicht weitergetrieben werden soll, wenn sie mehr als etwa 1 % abfällt. Bei zu geringer Spannung wird die Maschine unstabil und bleibt unter Umständen stehen.

Die Meßergebnisse werden als Leerlaufkennlinien dargestellt. Man trägt auf über U_0 die Werte von P_0, I_0 und cos φ_0. Die Verluste werden um den Betrag der Leerlaufkupferverluste $1{,}5 \cdot R_{\text{kl}} \cdot I_0^2$ verringert, wobei für R_{kl} der kalte Widerstand einzusetzen ist. Die verbleibenden Verluste stellen die Summe aus Eisen- und Reibungsverlusten dar, deren Aufteilung durch Verlängerung der Kurve bis zum

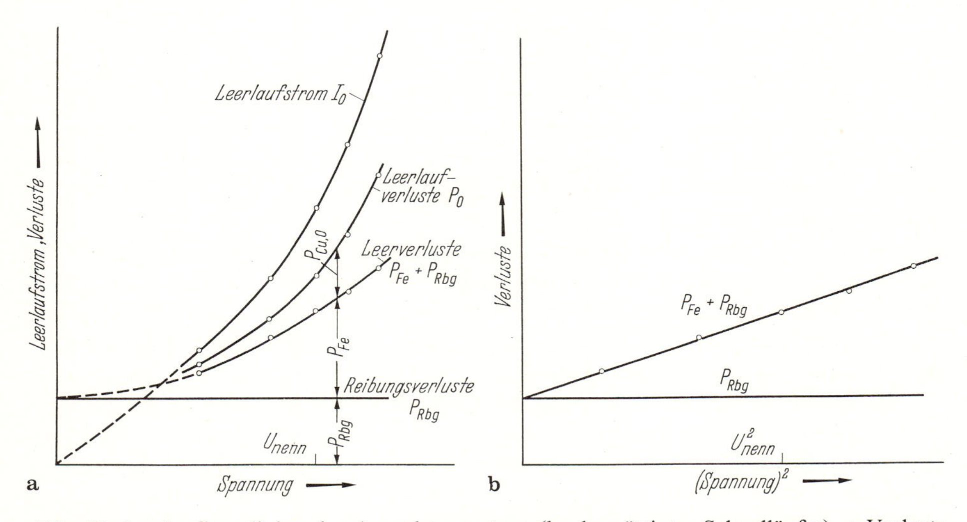

Abb. 49. Leerlaufkennlinien des Asynchronmotors (hochgesättigter Schnelläufer). **a** Verluste und Strom über der Spannung und **b** Verluste über dem Quadrat der Spannung

Schnitt mit der Ordinate gelingt. Besser erhält man die Reibungsverluste, wenn man die Verluste nach Abb. 12 über dem Quadrat der Spannung aufträgt.

Abbildung 49 zeigt den Verlauf dieser Kennlinien. Die Eisenverluste nehmen praktisch quadratisch mit der Spannung ab. Der Leerlaufstrom nimmt den Verlauf einer Sättigungskennlinie, solange der cos φ_0 nicht über etwa 0,1 bis 0,15 geht. Der Leistungsfaktor nimmt mit fallender Spannung zu. Dies beruht darauf, daß die konstanten Reibungsverluste prozentual immer stärker ins Gewicht fallen, der mit kleiner Spannung betriebene Motor also schließlich gar nicht mehr leer läuft, sondern verhältnismäßig stark belastet wird. Man beachte, daß das Kippmoment bei 32% Spannung nur noch 10% des normalen Kippmoments beträgt.

Wenn der Leerlaufversuch sehr weit nach unten ausgedehnt wird, nimmt der Leerlaufstrom sogar wieder zu. Die Maschine gerät anschließend in den Kurzschlußzustand.

2.2.1.2 Kurzschlußversuch

Der Kurzschlußversuch wird an allen Motortypen, ob mit Anlaß-, Regel- oder Kurzschlußankern, in gleicher Weise vorgenommen. Der Läufer wird durch einen auf das Wellenende aufgesetzten Hebelarm festgehalten und der Ständer an eine Spannung von Nennfrequenz gelegt, welche bei kleineren Maschinen etwa $^1/_3$ bis $^1/_1$, bei größeren Motoren aber nur $^1/_6$ bis $^1/_3$ der Nennspannung betragen kann. Motoren für besonders kleine Anfahrströme, die nur das 3,5- bis 4,5fache des Nennstroms betragen, werden allerdings auch bei größeren Leistungen mit voller Spannung im Stillstand geprüft. Wenn die Wicklung des Ständers betriebsmäßig in Dreieck liegt, nimmt man gern den Kurzschlußversuch mit Nennspannung in Sternschaltung des Ständers vor. Dies entspricht einer Spannung von

$$\frac{1}{\sqrt{3}} = 0{,}577 \cdot U_{\text{nenn}} \,.$$

Beim Kurzschlußversuch werden abgelesen: die Kurzschlußspannung U_k, der zufließende Kurzschlußstrom I_k, die aufgenommene Leistung P_k und bei den größeren Schleifringmotoren auch noch der Läuferstrom $I_{2,k}$. Die Messung wird recht schnell durchgeführt, wozu am besten mehrere Beobachter herangezogen werden. Nur bei *Kurzschlußankern* wird gleichzeitig das am Hebelarm meßbare Drehmoment bestimmt. Wegen der möglicherweise vorhandenen Abhängigkeit des Drehmoments von der jeweiligen Läuferstellung muß der Anker während des Versuchs zwischen zwei aufeinanderfolgenden Stellungen höchsten Drehmoments verdreht werden, wobei man das höchste und das tiefste Drehmoment mißt. Dieses kann sogar stellenweise negativ werden. Man nimmt den Mittelwert beider Ablesungen, setzt die Ruhelast, die der Hebel und sein Zubehör ausüben, ab und erhält das wahre mittlere Anzugs- oder Kurzschlußmoment des Motors.

Die an sich empfehlenswerte Vornahme des Kurzschlußversuchs bei langsamem, ständigem Durchdrehen des Läufers gegen seine Drehrichtung wird in der Praxis wegen des wesentlich höheren Aufwands nur selten durchgeführt. Soll der Versuch dennoch in dieser Form vorgenommen werden, so eignet sich die in Abschnitt 1.6.2 beschriebene Anordnung mit der mit Gegenstrom gespeisten Pendelmaschine hierzu besonders gut.

Bei der Prüfung mehrerer gleicher Motoren begnügt man sich mit einer einzigen Messung. Bei Einzeluntersuchungen wiederholt man sie mit veränderter Spannung. Man geht von der höchsten Spannung aus, damit die zusätzliche Aufheizung der Wicklungen im weiteren Verlauf des Versuchs immer kleiner wird. An Maschinen unter 50 kW macht man etwa 3, bei größeren bis zu 10 Aufnahmen.

Ein Hinweis auf die Bestimmung des $\cos \varphi_k$ mag angebracht sein. Der Leistungsfaktor wird, wie es sich stets empfiehlt, sowohl aus dem Verhältnis kW/kVA als auch aus dem Verhältnis $\alpha_{\text{klein}}/\alpha_{\text{groß}}$ der beiden Leistungsmesserausschläge bestimmt. Wenn Zweifel bestehen, ob der kleinere Ausschlag positiv oder negativ ist, so kann an Hand der berechneten $\cos \varphi$-Werte nicht immer mit Sicherheit entschieden werden, ob er in Wirklichkeit über 0,5 oder unter 0,5 liegt. Dies ist nur möglich, wenn der $\cos \varphi_k$ über 0,55 oder unter 0,45 liegt. In einem solchen Falle ist eine dem Kurzschlußversuch unmittelbar folgende Feststellung des fraglichen Vorzeichens bei natürlich unveränderter Meßanordnung nötig, die darin besteht, daß der Motor nach Lösen des Bremsarms erneut angefahren wird. Im Leerlauf ist, wenn man von ganz besonderen Fällen absieht, der fragliche Leistungsmesserausschlag immer negativ. Wenn der Zeiger richtig ausschlägt, war das Vorzeichen negativ, wenn er nach links gegen den Anschlag geht, war es dagegen positiv.

Motoren mit Schleifringläufern haben meistens einen $\cos \varphi_k$, der unter 0,5 liegt. Der eine Leistungsmesserauschlag ist daher fast immer negativ. Dasselbe gilt von den großen Kurzschlußmotoren. Der $\cos \varphi_k$ liegt höher als bei den Schleifringmaschinen. Kleine Maschinen, besonders solche mit Doppelnutankern, haben Kurzschlußleistungsfaktoren, die zwischen 0,4 und 0,6 liegen, also gerade in jenem Bereich, in welchem bei der Bestimmung leicht Fehler unterlaufen können. Einen Anhalt über die Leistungsaufnahme beim Kurzschlußversuch kann man aus der Gleichung gewinnen:

$$P_k = M_a \cdot \omega_{\text{syn}} + I_k^2 \cdot 1{,}5 \cdot R_{k1},$$

wobei M_a das Stillstandsmoment ist.

Umgekehrt kann man mit ihrer Hilfe das Drehmoment überprüfen.

Die Ergebnisse des Kurzschlußversuchs werden nach Art der Abb. 50 in Kurvenform dargestellt, und zwar derart, daß in Abhängigkeit der Spannung der Strom I_k, der Leistungsfaktor $\cos\varphi_k$ und das Drehmoment M_a sowie gegebenenfalls der Läuferstrom $I_{2,k}$ aufgetragen werden. Die Kurzschlußleistung wird normalerweise nicht weiter benötigt. Man kann sie nicht zur Bestimmung der Zusatzverluste heranziehen und übernimmt sie daher auch nicht immer in das Kurvenblatt. Am meisten interessiert bei den Kurzschlußankermotoren der Verlauf des Kurzschlußstroms, da der Wert des Einschaltstroms, der häufig gewährleistet wurde, oft nur durch Verlängerung dieser Kurve über die Meßpunkte hinaus ermittelt werden kann. Sie zeigt anfangs, bei den kleineren Spannungen, einen linearen Verlauf, der sich bei schwach oder mäßig gesättigten Maschinen bis zur vollen Nennspannung fortsetzen läßt. Stärker gesättigte Motoren zeigen jedoch ein mehr oder weniger starkes Abbiegen der Kurve nach stärker als linear mit der Spannung ansteigenden Stromwerten zu, so daß mitunter der wahre Wert des vollen Kurzschlußstroms 10 bis 20%, äußersten Falls sogar bis zu 50% höher als der linear umgerechnete Betrag liegen kann. Die Ursache liegt in der hohen Sättigung der Ständerzähne im Phasensprung und der Köpfe der Läuferzähne bei verhältnismäßig engen Nutenschlitzen. Sobald sich diese Teile des Streuwegs hoch sättigen, wirken sie wie Luftspalte, und

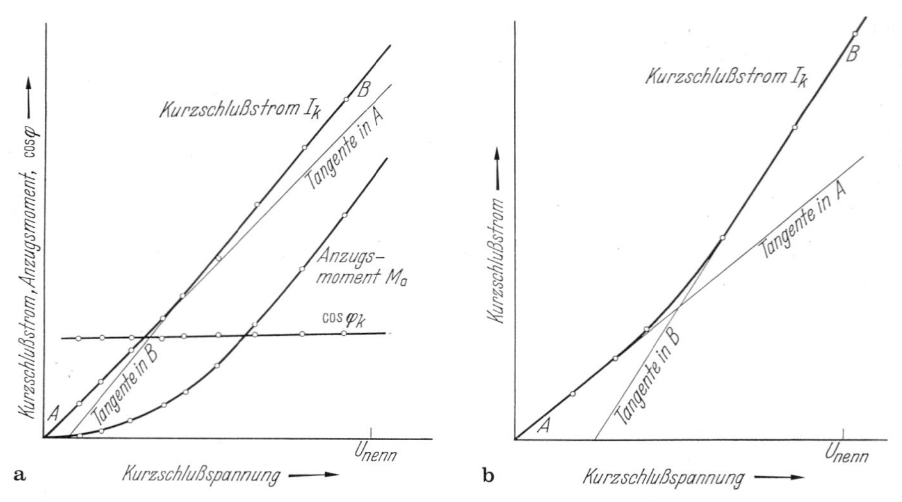

Abb. 50. Kurzschlußkennlinien des Asynchronmotors. **a** normal und **b** stark sich bemerkbar machende Sättigung der Streuwege

der weitere Verlauf der Kurzschlußstromkurve ist wieder linear, aber bei einer wesentlich stärkeren Neigung der Kurve. Man berücksichtigt diese Verhältnisse in der Praxis dadurch, daß man die Kurve geradlinig in ihrem letzten Teil verlängert und Ströme für höhere Spannungen auf dieser Verlängerung extrapoliert. Ein anderes Hilfsmittel besteht in der Verwendung von doppelt logarithmischem Papier, auf dem die Meßpunkte häufig nahezu auf einer Geraden liegen. Die Verlängerung derselben bis zur Nennspannung kann allerdings unter Umständen zu zu hohen Strömen führen.

Der gemessene Kurzschlußstrom darf nicht mit dem sog. *ideellen Kurzschlußstrom* verwechselt werden, der auftreten würde, wenn die Ohmschen Widerstände der Ständer- und der Läuferwicklung Null wären. Dieser Strom $I_{k,i}$ ist immer größer als I_k und kann recht angenähert berechnet werden zu:

$$I_{k,i} = \frac{I_k}{\sin \varphi_k} \quad \text{bei Leerlaufströmen unter } 0{,}40 \cdot I_{nenn}\,,$$

oder genauer

$$= \frac{I_k}{\sin \varphi_k} \left[\frac{1 - \dfrac{I_0}{I_k} \sin \varphi_k}{1 - \dfrac{I_0}{I_k \sin \varphi_k}} \right] \quad \text{bei Leerlaufströmen über } 0{,}40 \cdot I_{nenn}\,.$$

Es ist üblich, den Kurzschlußstrom als Vielfaches des Nennstroms anzugeben, und auch in der kurvenmäßigen Darstellung wird gern ein entsprechender Maßstab gewählt. Da diese relativen Werte oft von ähnlichen Maschinen bekannt sind, geben sie einen guten Anhalt über das normale oder abweichende Verhalten des Probemotors oder aber weisen auf einen gemachten Meßfehler hin.

Die relativen Kurzschlußströme betragen bei Schleifringankermotoren über 500 U/min das 5- bis 8fache und bei solchen unter 500 U/min das 3,5- bis 5fache des Nennstroms. Motoren mit Einfachkäfigläufer aus runden Stäben haben etwas kleinere Kurzschlußströme, und für sog. Industrieläufer mit Doppelnut- oder ausgesprochenen Stromverdrängungsankern gelten Werte des 3,5- bis 4,5fachen Nennstroms. Unter den Wert des 3,5fachen Nennstroms darf der Kurzschlußstrom im allgemeinen nicht sinken, da sonst das Kippmoment nicht mehr ausreicht. Dieses soll mindestens das 1,6fache des Nenndrehmoments betragen.

Die Umrechnung der Kurzschlußmeßergebnisse auf andere Spannungen erfolgt grundsätzlich für die Ströme linear und für die Drehmomente und die Leistungen quadratisch mit der Spannung. Der Leistungsfaktor wird nicht verändert. Bei der Umrechnung von Ergebnissen, die in Sternschaltung gewonnen wurden, auf solche in Dreieckschaltung ist noch mit 3 malzunehmen. Dabei ist als Strom der vom Netz entnommene, also nicht der Phasenstrom innerhalb der Dreieckschaltung zu verstehen. Es gelten also folgende Beziehungen bei Umrechnung auf die Spannung U:

$$I_k = I_{k,\text{versuch}} \frac{U}{U_{\text{versuch}}}, \qquad M_a = M_{\text{versuch}} \frac{U^2}{U^2_{\text{versuch}}},$$

$$P_k = P_{k,\text{versuch}} \frac{U^2}{U^2_{\text{versuch}}},$$

wenn die Schaltung nicht geändert wird. Bei Umrechnung der Sternversuche auf Dreieckschaltung benutzt man allgemein die Gleichungen:

$$I_\Delta = I_Y \cdot 3 \cdot \frac{U_\Delta}{U_Y}, \qquad M_\Delta = M_Y \cdot 3 \cdot \frac{U_\Delta^2}{U_Y^2}, \qquad P_\Delta = P_Y \cdot 3 \cdot \frac{U_\Delta^2}{U_Y^2},$$

und im besonderen Fall der Umrechnung von Stern auf Dreieck bei gleicher Spannung die Beziehungen:

$$I_\Delta = 3 \cdot I_Y, \qquad M_\Delta = 3 \cdot M_Y, \qquad P_\Delta = 3 \cdot P_Y.$$

Die Höhe des Kurzschlußstroms hängt ab von dem magnetischen Leitwert der Streuwege. Je besser dieser Leitwert ist, desto geringere Kurzschlußströme treten bei gleicher aufgedrückter Spannung auf. Die magnetischen Kraftlinien im Kurzschluß verlaufen im wesentlichen quer zu den Ständernuten, rund um die Wickelköpfe des Ständers und des Läufers und quer zu den Läufernuten. Einige Linien gehen vom Ständer durch den Luftspalt zum Läufer, bewirken aber keine nützliche Verkettung. Als Leitwert für die Ständer- und Läufernutstreuung kommt in Betracht das Verhältnis Höhe der Nut zur Breite der Nut. Schmale, hohe Nuten verkleinern also den Kurzschlußstrom. Besonders hohe Nutenschlitze, die man auch Streunuten nennt, verringern ihn zusätzlich. Lange Wickelköpfe erhöhen die Wickelkopfstreuung, die durch benachbartes magnetisches Eisen noch wesentlich vergrößert werden kann. Die Streuung im Luftspalt, welche mit doppeltverketteter Streuung bezeichnet wird, sinkt mit größer werdendem Luftspalt und vor allem mit steigender Nutenzahl. Man erkennt, daß eine nachträgliche Erhöhung des Kurzschlußstroms, die z. B. zur Erhöhung des Kippmoments oder des Anzugsmoments sich als erforderlich erweisen kann, nur in mäßigen Grenzen möglich ist. Praktisch kommt nur ein Aufweiten der Läufernutenschlitze und bei Maschinen mit sehr wenig Nuten je Pol und Phase eine Vergrößerung des Luftspalts durch Abdrehen des Ankers in Betracht. Wenn sich dagegen Abweichungen des Kurzschlußstroms gegenüber gleichen Motoren bei der Prüfung zeigen, so untersucht man den Raum um die Wickelköpfe und Endringe auf zu dicht herangeführte Eisenteile, insbesondere auf eiserne Abdeck- und Luftführungsbleche, die stark auf den Kurzschlußstrom drücken können.

Das Drehmoment im Stillstand kann in weiteren Grenzen als der Strom ohne größere Änderungen erhöht werden. Grundsätzlich führt jede Vergrößerung des Läuferwiderstands zum Ziel. Diese ist möglich bei Einfachkäfigläufern durch Abdrehen der Endringe. Man bedenke jedoch, daß man gleichzeitig die Kupferverluste bei Lauf erhöht und somit den Wirkungsgrad verschlechtert.

Besondere Überlegungen sind beim Doppelnutmotor erforderlich. In Abb. 53 ist die Ortskurve dieser Maschine zu erkennen. Der große Kreis würde gelten, wenn nur der äußere Käfig vorhanden wäre, und der kleine Kreis wäre die Ortskurve der Maschine, wenn sie nur den inneren Käfig mit seiner großen Streuung hätte. Die beiden gestrichelten Kreise sind Schmiegungskreise der wahren Ortskurve einer Maschine mit beiden Käfigen; sie geben den Verlauf im Bereich sehr kleiner und sehr großer Schlüpfe vorzüglich wieder. Der Anlaufpunkt P_k des Doppelnutmotors liegt zwischen den beiden zuerst genannten Kreisen und er wandert, wenn man den Widerstand der oberen Ringe durch Abdrehen erhöht, auf den tief unten liegenden Anlaufpunkt des inneren Käfigs auf dem kleinen Kreis zu. Meist würde also diese Maßnahme das Anlaufdrehmoment verringern. Schwächt man dagegen die unteren Ringe und steigert man auf diese Weise ihren Widerstand, so wandert der bisherige Anlaufpunkt P_k auf den Scheitel des großen Kreises zu, wo der Anlaufpunkt des alleinigen äußeren Käfigs liegen würde. Das Drehmoment nimmt bei dieser Maßnahme im allgemeinen zu.

Sehr hohe Kurzschlußströme bei zu kleinen Anlaufdrehmomenten weisen beim Doppelnutmotor auf zu geringen Widerstand des oberen Anlaufkäfigs hin. Dieser kann z. B. durch Verwendung von Werkstoff zu hoher Leitfähigkeit, also etwa durch Einbau von Kupfer- statt Bronze- oder Messingstäben entstehen. Eine Untersuchung des spezifischen Widerstands gibt hierüber Aufschluß.

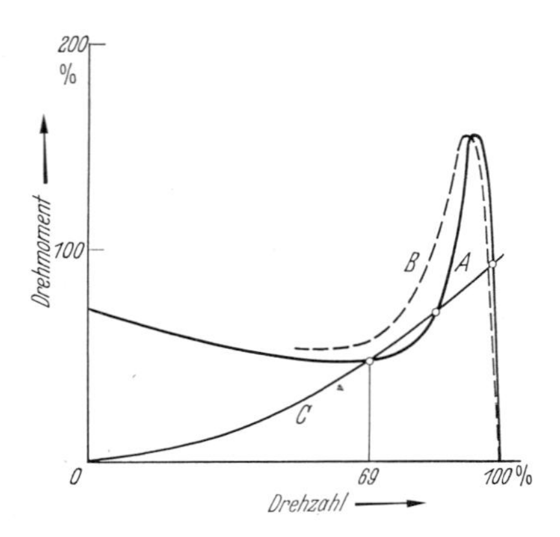

Abb. 51. Erhöhung des Kippschlupfs durch erhöhte Läuferverluste, um Hängenbleiben des belastet anlaufenden Motors bei 69% der Nenndrehzahl zu verhüten. Kurve *A*: ursprüngliche Drehmomentkennlinie des Motors. Kurve *B*: veränderte Drehmomentkennlinie des Motors, Kurve *C*: Gegenmoment der Last (Kreiselverdichter)

Die Erhöhung des Kippschlupfs eines Motors kann erforderlich werden, wenn zwar die Höhe des Kippdrehmoments ausreicht, dieses Moment aber erst bei einer zu hohen Drehzahl erreicht wird. Abbildung 51 zeigt einen solchen Fall, wo das Gegendrehmoment eines Kreiselverdichters kurz vor dem Kippschlupf größer als das Motordrehmoment wird. Man sieht, daß der Motor im Hochlauf hängenbleiben muß. In diesem Falle würde natürlich die Erhöhung des Kippmoments ebenfalls zum Ziele führen, jedoch ist sie nur in mäßigen Grenzen durch die besprochene Erhöhung des Anlaufstroms möglich. Dagegen hilft die Vergrößerung des Kippschlupfes durch Erhöhung des Ankerwiderstands. An Hand der aufgetragenen Kurven wird festgestellt, um wieviel der Kippschlupf vergrößert werden muß, damit die Motorkurve mit Sicherheit über die Gegenmomentkurve zu liegen kommt. Dann sind die Ringe oder aber auch die Stäbe so stark abzuarbeiten, bis eine entsprechende Widerstandserhöhung erreicht wird. Die neue Drehmomentkurve nimmt den gestrichelt eingetragenen Verlauf. Da sich die normalen Läuferverluste im gleichen Verhältnis wie der Kippschlupf erhöhen, erfährt der Wirkungsgrad eine fühlbare Absenkung, die vorher genau in Erwägung gezogen werden muß.

Gelegentlich wird die Angabe des Stoßkurzschlußdrehmoments des Asynchronmotors verlangt. Dieses Moment tritt als in beiden Richtungen pulsierendes Moment im allerersten Augenblick nach dem Einschalten auf und klingt infolge der dämpfenden Wirkung der Läuferwicklung sehr schnell ab. Von der Höhe des Läuferwiderstands ist es unabhängig. Man berechnet es, da es keine geeigneten Meßverfahren zu seiner experimentellen Bestimmung gibt, zu:

$$M_{\text{stoß}} = \pm M_{\text{nenn}} \frac{I_{\text{k}}}{I_{\text{n}} \cdot \cos \varphi_{\text{n}}} .$$

Das Stoßmoment verhält sich also zum Nennmoment wie der Kurzschlußstrom zum Nennwirkstrom.

2.2.1.3 Hochlaufversuch

Der Kurzschlußversuch bei stillstehender oder nur sehr langsam laufender Maschine wird häufig ergänzt durch den Hochlaufversuch, bei dem die oszillographische Aufnahme der Drehzahl des Stroms und der Spannung der unbelastet anlaufenden Maschine erfolgt. Wie in Abschnitt 1.7 im einzelnen ausgeführt, liefert dieser Versuch nicht nur den genauen Wert des Kurzschlußstroms und des Kurzschlußdrehmoments bei voller oder nur wenig verringerter Spannung, sondern auch alle übrigen Werte in Abhängigkeit der Drehzahl bis zur Leerlaufdrehzahl. Aus der graphisch leicht zu ermittelnden Drehmoment-Drehzahlkurve entnimmt man das Anzugsdrehmoment, welches auch Einschalt- oder Anfahrmoment heißt, ferner das Sattelmoment und angenähert das Kippmoment. Das Sattelmoment ist das geringste vor dem Kippmoment vom Motor entwickelte Drehmoment, welches also nicht kleiner als das betriebsmäßig zu überwindende Gegendrehmoment der Last werden darf. Das Kippmoment wird bei rund 90% der Leerlaufdrehzahl erreicht.

Ungünstige Feldkurven und Ankernutzahlen können Anlaß zu Sattelbildungen in der Drehmoment-Drehzahlkurve geben, die das Hochlaufen des belasteten Motors erschweren oder gar unmöglich machen, wenn das Gegendrehmoment größer als der eingesattelte Wert ist. Die Ermittlung solcher Einsattelungen aus der Hochlaufkurve ist etwas unsicher und es empfiehlt sich daher, bei genaueren Untersuchungen die Drehmomentkurve Punkt für Punkt mit der Pendelmaschine zu untersuchen. Starke Sattelbildungen liegen vor, wenn der Motor nicht mit Sicherheit anläuft oder bei irgendeiner Geschwindigkeit hängenbleibt. In diesen Fällen muß der Motor geändert werden.

Da die Gesamthochlaufzeit bei bekanntem Trägheitsmoment der leer anlaufenden Maschine oder Maschinengruppe ein Maß für das mittlere Drehmoment ist, kann diese Zeit bei wiederholter Prüfung von unter sich gleichen Motoren als ein Vergleichswert betrachtet werden, der die erneute oszillographische Untersuchung erübrigt. Beträgt die Hochlaufzeit T_0, die Leerlaufdrehzahl n_0 und das Trägheitsmoment J so ist das mittlere Drehmoment in Nm:

$$M_{\text{mittel}} = \frac{2\pi J n_0}{T_0}.$$

Die Hochlaufzeit ändert sich verhältnisgleich mit dem Trägheitsmoment.

Der Kurvenverlauf des Kurzschlußstroms über der Drehzahl ist bei den verschiedenen Kurzschlußankertypen sehr ähnlich, während der Verlauf der Drehmomentkennlinie für jede der drei grundsätzlichen Ankerarten ganz charakteristisch ist. In Abb. 52 sind solche Kurven dargestellt, und zwar sind Motoren miteinander verglichen, welche gleichen Kurzschlußstrom besitzen. Die kleinsten Anfahrdrehmomente haben demnach Phasenanker. Dicht darüber liegen die Einfachkäfigläufer, in deren Stäben nur eine verhältnismäßig schwache Widerstandserhöhung infolge Stromverdrängung auftritt. Wesentlich höhere Drehmomente zwischen Stillstand

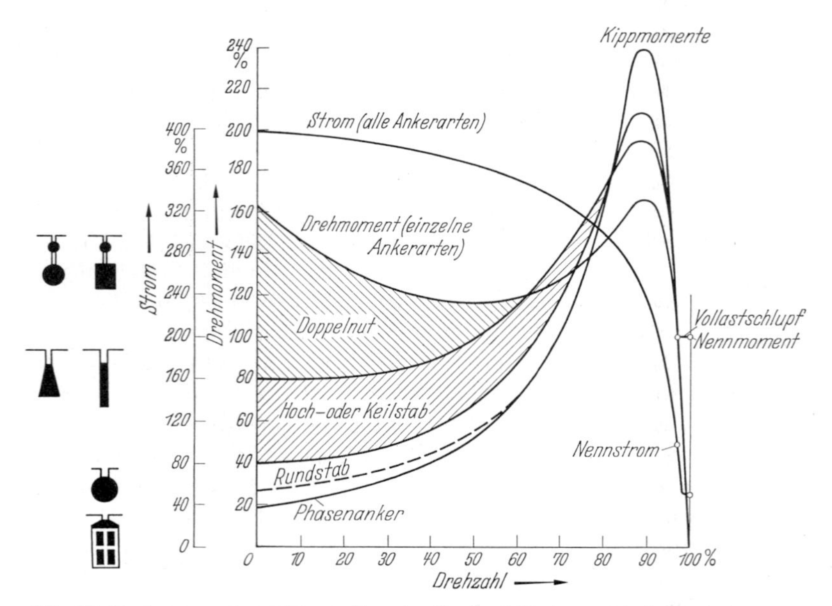

Abb. 52. Drehmoment und Strom über der Drehzahl bei verschiedenen Ankerarten, aber gleicher Motorgröße, gleichem Anlaufstrom und gleichen Läuferverlusten bei Nennlast. Die Kippmomente fallen mit steigenden Anzugsmomenten ab

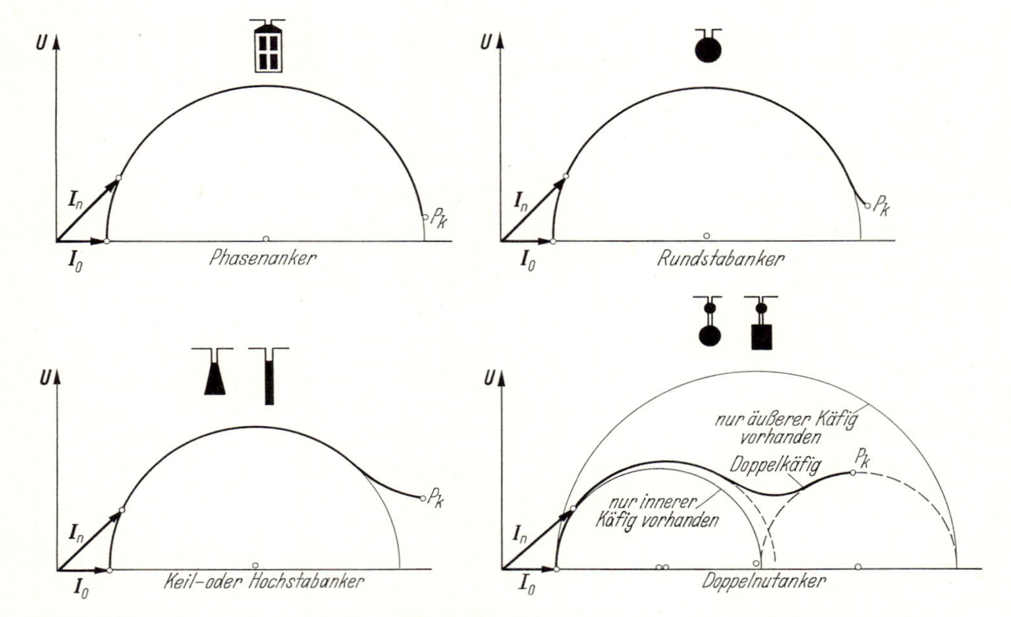

Abb. 53. Stromdiagramme des Asynchronmotors bei gleichem Kurzschlußstrom und den verschiedenen Ankerarten. Die Erhöhung des Anzugsmoments bewirkt geringeren cos φ und kleineres Kippmoment

und Kippmoment haben die eigentlichen Stromverdrängungsläufer mit rechteckigen oder keilförmigen Stabquerschnitten. Die höchsten Anfahrmomente und auch Hochlaufmomente besitzen die Doppelnutanker. Es ist das ganze Gebiet dargestellt, innerhalb dessen die Drehmomentkennlinien je nach Aufteilung des Stabwiderstands auf oberen und unteren Käfig liegen können. Zu beachten ist die Tatsache, daß jede Erhöhung des Anlaufmoments notgedrungen eine Verschlechterung des Kippmoments, des Nennleistungsfaktors und des Wirkungsgrads des Motors mit sich bringt, wie aus den Diagrammen in Abb. 53 zu ersehen ist.

2.2.1.4 Belastungsversuch

Das Verhalten der belasteten Asynchronmaschine kann nur bei Motoren mit Schleifringankern genügend genau dem Kreisbild entnommen werden, zu dessen Aufstellung die Ergebnisse des Leerlaufs und des Kurzschlusses ausreichen. Auch Motoren mit Kurzschlußkäfig aus Rundstäben, die also nur geringe Stromverdrängungserscheinungen im Stillstand besitzen, haben ein Kreisdiagramm, das angenähert richtig gezeichnet werden kann und dem die Punkte für Teillast, Vollast und Überlast entnommen werden können. Bei den übrigen Maschinen, die heute vielfach zur Prüfung gelangen, ist man dagegen fast ausschließlich auf unmittelbare Lastablesungen angewiesen. Diese nimmt man in der Praxis an allen Motoren vor, insbesondere da sich hierzu während des Temperaturlaufs stets die Möglichkeit bietet. Man liest mindestens den Nennlastpunkt ab, beobachtet aber meistens auch noch eine Reihe von Teillastpunkten und ein oder zwei Überlastpunkte. Es werden abgelesen: die

Netzspannung, falls erforderlich die Netzfrequenz, der zufließende Netzstrom, die aufgenommene Leistung, die Drehzahl und bei großen Schleifringläufern der Läuferstrom.

2.2.1.5 Schlupf

Der Schlupf, der eine der wichtigsten Größen der belasteten Asynchronmaschine ist, da die Läuferwicklungsverluste in festem Verhältnis zu ihm stehen, wird durch unmittelbares Auszählen der Schlupffrequenz oder der Schlupfdrehzahl bestimmt. Nur bei Schlupfwerten über 6% bestimmt man ihn aus der mit Drehzahlmesser gemessenen Motordrehzahl.

Als Schlupffrequenzmesser wird ein empfindliches Drehspulgerät beliebiger Genauigkeit benutzt, das entweder an die kurzgeschlossenen Schleifringe oder an die Klemmen einer sog. Schlupfspule gelegt wird. Im ersteren Fall genügt der an sich sehr kleine Spannungsabfall der Kurzschlußverbindung, um das Gerät zum Ausschlag zu bringen. Der Spannungsabfall hat Schlupffrequenz, die gleich der Anzahl der nach einer Seite erfolgenden Ausschläge je s ist.

Die Schlupfspule besteht z. B. aus einer ringförmigen Spule von etwa 700 Windungen eines 1 mm starken Runddrahts und hat einen mittleren Windungsdurchmesser von 60 cm. Man führt die Spule axial dicht an die Maschine heran. Man kann sie in allen vorkommenden Fällen, also bei der Prüfung offener und geschlossener Motoren und solcher mit Schleifring- oder Kurzschlußanker verwenden. Das angeschlossene Drehspulgerät schlägt im Takt der Schlupfperiodenzahl nach links und rechts aus. Man zählt die Ausschläge nur nach einer Seite, indem man mit Null zu zählen beginnt. Ohne weitere Rechnung erhält man bei 50 Hz Netzfrequenz den Schlupf in Prozent, wenn man die Ausschläge während 20 s abzählt und diese Zahl durch 10 teilt. Hat man z. B. in 20 s 33 Ausschläge gezählt, so beträgt der Schlupf eines 50-Periodenmotors 3,3%.

Dies ist natürlich ein in der Praxis beliebtes Verfahren, und der Schlupf kann ganz allgemein, wenn in der abgestoppten Zeit von T s n Ausschläge nach einer Seite abgezählt wurden und f die Netzfrequenz ist, berechnet werden zu:

$$s = \frac{n \cdot 100}{T \cdot f} \text{ in } \%,$$

wobei man bedenke, daß n/T die Schlupffrequenz ist.

Die Wirkungsweise der Schlupfspule beruht darauf, daß sie von dem nach außen tretenden Streufeldern der Maschine induziert wird. Eigentlich erwartet man nur eine induzierte Spannung von Netzfrequenz, wenn der am Netz liegende Motorteil der Ständer ist und als solcher relativ zur Schlupfspule ruht, da die Streufelder des Ständers bestimmt nur mit Netzfrequenz auftreten können und die Streufelder des Läufers sich zu einer Art Streudrehfeld zusammenschließen, das mit Schlupffrequenz plus Drehzahlfrequenz, also ebenfalls mit Netzfrequenz erscheint. In Wirklichkeit zeigt die in Abb. 54 wiedergegebene oszillographische Aufnahme der in der Spule induzierten Spannung sowohl Netzfrequenz wie auch überlagerte Schlupffrequenz. Diese wird von örtlichen Streuwechselfeldern der Läuferwicklung, die sich nicht zu einem Streudrehfeld zusammenschließen, induziert. Das angelegte Drehspulgerät reagiert auf die hohe Periodenzahl nur mit einem kaum merklichen Schwir-

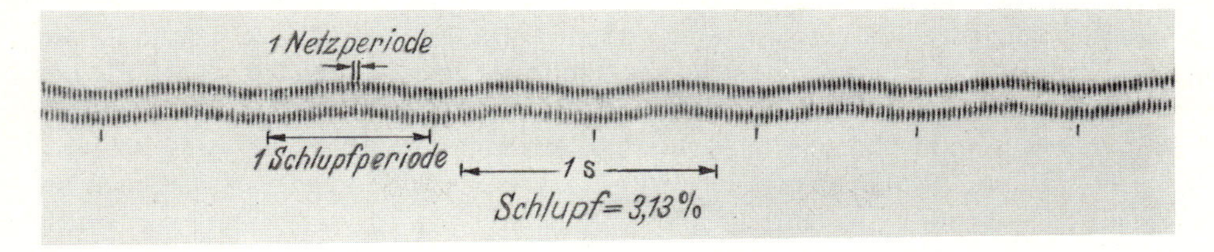

Abb. 54. Oszillogramm der in einer Schlupfspule induzierten Spannung

ren des Zeigers, folgt aber den langsamen Schwingungen mit sichtbarem Ausschlag.

Das Abzählen der Ausschläge kann bei etwas Übung bis zu 3 je s oder 60 je 20 s erfolgen. Darüber hinaus wird das Zählen sehr schwierig und das Ergebnis infolgedessen unsicher. In solchen Fällen, wo also der Schlupf über 6% liegt, nimmt man den Drehzahlmesser zu Hilfe. Da die Geräte meistens nur eine konstante Mißweisung haben, kann dieser Fehler dadurch im Ergebnis vermieden werden, daß man die Drehzahldifferenz zwischen Leerlauf und Last abliest und diese gleich der geschlüpften Drehzahl setzt. Zeigt z. B. das Gerät bei einer vierpoligen Maschine für 50 Hz im Leerlauf 1510 U/min und bei Last 1410 U/min, so ist die Schlüpfung gleich 1510 — 1410 = 100 U/min. Daraus erhält man den Schlupf in Prozent zu:

$$\text{Schlupf} = \frac{\text{Drehzahldifferenz zwischen Leerlauf und Last}}{\text{Synchrone Drehzahl}} \cdot 100 \quad \text{in } \%,$$

$$s = \frac{n_{\text{syn}} - n}{n_{\text{syn}}} \cdot 100 \text{ in } \%,$$

also im gewählten Beispiel zu $s = 100 \cdot 100/1500 = 6{,}67\%$. Voraussetzung ist bei dieser Messung natürlich, daß der leerlaufende Motor auch wirklich synchron läuft, wie dies bei allen nicht zu kleinen Motoren auch praktisch zutrifft.

Die *optische Bestimmung des Schlupfs* wird in der Praxis bei der Prüfung von Asynchronmotoren, außer bei solchen sehr kleiner Leistung, nur selten angewendet, da sie einen wesentlich größeren Aufwand erfordert. Sie beruht auf dem sog. stroboskopischen Prinzip, demzufolge sich Drehbewegungen — bei einer genau im Takte oder fast im Takte der Drehzahl oder eines Vielfachen von ihr erfolgenden blitzartigen Beleuchtung — als Stillstand oder ganz langsamer, bewegter Vorgang dem Auge des Beobachters darbieten. Zur Durchführung des Versuchs zeichnet man auf dem Wellenende oder einer aufgesetzten Scheibe auf hellem Grunde einen schwarzen Strich zwischen Mittelpunkt und Umfang auf. Die Beleuchtung erfolgt im einfachsten Fall durch eine Neonlampe, welche an das speisende Netz des Motors angelegt wird. Diese Lampe leuchtet, wenn sie eine kleine und eine große Elektrode besitzt, im Takte der angelegten Frequenz auf, also 50mal je s an einem 50-Periodennetz. Ein zweipoliger, synchronlaufender Motor wird von der Lampe immer nach genau einer vollen Umdrehung beleuchtet, der schwarze Strich erscheint daher immer an derselben Stelle und steht scheinbar still. Schlüpft nun der Motor z. B. mit $^1/_{100}$ seiner synchronen Drehzahl, so hat der Strich bei jeder neuen Beleuchtung gerade $^1/_{100}$ eines Umlaufs noch nicht beendet, d. h. das Auge sieht ihn um diesen Betrag gegen die Drehrichtung verspätet. Da sich dies bei jedem Aufleuchten der Neonröhre wiederholt, entsteht der Eindruck eines langsamen Rücklaufs des Strichs gegen die wirkliche Drehrichtung. Zählt man die Rücklaufdrehzahl mittels Stoppuhr aus und rechnet sie auf 1 min um, so kennt man den Betrag der geschlüpften Drehzahl je Minute. Wenn der Motor mehr als zwei Pole hat, so sieht man bei Synchronismus statt eines einzelnen Striches deren so viele, wie Polpaare vorhanden sind, man erblickt also einen Stern mit p Strahlen. Dieser läuft bei einsetzendem Schlupf ebenfalls rückwärts um, und seine Schlupfdrehzahl kann in der gleichen Weise in U/min gemessen werden. Nur muß man bei Durchführung des Versuchs auch wirklich die Drehzahl des Sterns und nicht etwa den Vorbeigang der einzelnen Strahlen an einer äußeren festen Marke beobachten. Der Schlupf in Prozent ergibt sich zu:

$$s = \frac{\text{Umläufe des Sterns} \cdot 6000}{\text{Beobachtungszeit in s} \cdot \text{Synchrone Drehzahl}} \quad \text{in } \% .$$

Wenn man zur Beleuchtung eine Neonlampe mit zwei gleichmäßig ausgebildeten Elektroden benutzt oder eine dünndrähtige Glühlampe verwendet, so erhält man je s soviel Lichtblitze, wie die Polwechselzahl des Netzes beträgt. Die Lampen leuchten mit doppelter Netzfrequenz, also 100mal je s am 50-Periodennetz auf. Dies hat zur Folge, daß die Strahlenzahl verdoppelt erscheint, daß man also genau soviel Strahlen sieht, wie der Motor Pole hat. Wenn man auch in diesem Fall nur die Drehzahl des gesamten Sterns bestimmt, ändert sich nichts gegenüber vorher. Wohl erscheint der Vorbeigang der einzelnen Strahlen an einer festen Marke verdoppelt. Man tut daher gut, in allen Fällen stroboskopischer Beobachtung den Stern als Ganzes zu betrachten.

Der Vorbeigang der Einzelstrahlen je s gibt zwar bequemerweise bei Beleuchtung mit Netzfrequenz unmittelbar die Schlupffrequenz an, bei Beleuchtung mit doppelter Netzfrequenz aber den doppelten Wert. Da bei einer geschlossen angelieferten Beleuchtungsanlage nicht immer bekannt ist, in welchem Verhältnis die Lichtblitzzahl zur Netzfrequenz steht, vermeidet man lieber die Unsicherheit in der Bestimmung der Schlupffrequenz und bevorzugt die Bestimmung der Schlupfdrehzahl.

Als Lampen kommen auch besonders gespeiste Quecksilberlampen in Betracht, die bei kürzester Leuchtzeit eine außerordentliche Helligkeit besitzen, so daß bei hellstem Tageslicht messerscharfe Bilder der umlaufenden Teile gewonnen werden (Lichtblitzstroboskop).

In Sonderfällen ist die stroboskopische Methode von großem Vorteil, und zwar dann, wenn die Drehzahl stark schlüpfender oder regelbarer Kleinstmotoren bestimmt werden soll, die keine Belastung durch angelegte Drehzahlmesser vertragen. Man speist die Beleuchtungslampe mit regelbarer Frequenz, die man entweder einem Stromerzeuger meßbarer, veränderlicher Drehzahl oder einem Schwingkreis entnimmt. Man regelt die Frequenz so ein, daß der Strahlenstern zum Stillstand kommt. Die wirkliche Drehzahl steht dann in einem ganzzahligen Verhältnis zur Leuchtfrequenz. Welche Verhältniszahl in Frage kommt, geht aus der Überlegung hervor, daß die Motordrehzahl ja in der Nähe der möglichen Drehzahl, also z. B. bei einem Asynchronmotor unterhalb der Synchrondrehzahl, liegen muß [35, 36].

Die Beobachtungen während der Belastungsaufnahmen erstrecken sich außerdem auf das rein *mechanische Verhalten* der Maschine, insbesondere was Lagererwärmung, ruhigen mechanischen Lauf und Geräuschbildung betrifft. Letztere kann bei Asynchronmotoren in Brummen oder dem lästigen Heulen bei Last bestehen. Während das Brummen meistens schon im Leerlauf zu beobachten ist und oft auf geringe Unsymmetrien des Luftspalts oder losen Sitz der Bleche oder mitvibrierende Schutzklappen zurückgeführt werden kann, tritt das Heulen als eine Folge der sich bei Last ausbildenden Oberfelder auf, die von ungünstig gewählten Ankernutzahlen herrühren.

2.2.1.6 Belastungskennlinien

Die Meßergebnisse der Lastaufnahmen werden nach Art der Abb. 55 als sog. *Belastungskennlinien* aufgetragen. Man stellt die einzelnen Größen in Abhängigkeit der aufgenommenen Leistung dar, da diese unmittelbar gemessen wurde und auch bei späteren Untersuchungen an Ort und Stelle meistens an einem Leistungsmesser in der Motorzuleitung abgelesen werden kann. Die abgegebene Leistung zu wählen hat den Nachteil, daß die ganze Darstellung der Ergebnisse erst nach deren Ermittlung über den Wirkungsgrad erfolgen kann. Bei Verwendung der Pendelmaschine als Belastung wird die abgegebene Leistung schon während des Versuchs zusammen mit den anderen Größen ermittelt, aber wegen der Einheitlichkeit der Darstellung sollte man auch in diesem Fall von der zugeführten Netzleistung ausgehen. Nur bei Motoren, deren Drehzahl weit herunter geregelt wird, wählt man das abgegebene Drehmoment als unabhängige Veränderliche, um gut übersichtliche Kurven zu erhalten. Unter Angabe der Netzspannung und der Netzfrequenz werden dargestellt: Der Netzstrom, der Leistungsfaktor und der Schlupf. Diese Kurven werden meistens ergänzt durch jene für den Wirkungsgrad, die abgegebene Leistung und die Drehzahl. Seltener trägt man auch den Läuferstrom auf. Es empfiehlt sich, mehrere Kurvenblätter anzulegen, da die gleichzeitige Wiedergabe all dieser Kurven stark die Übersichtlichkeit beeinträchtigt. Strom, Schlupf und Drehzahl in einem, Leistungsfaktor, Wirkungsgrad und Nutzleistung im anderen Blatt sind eine gute

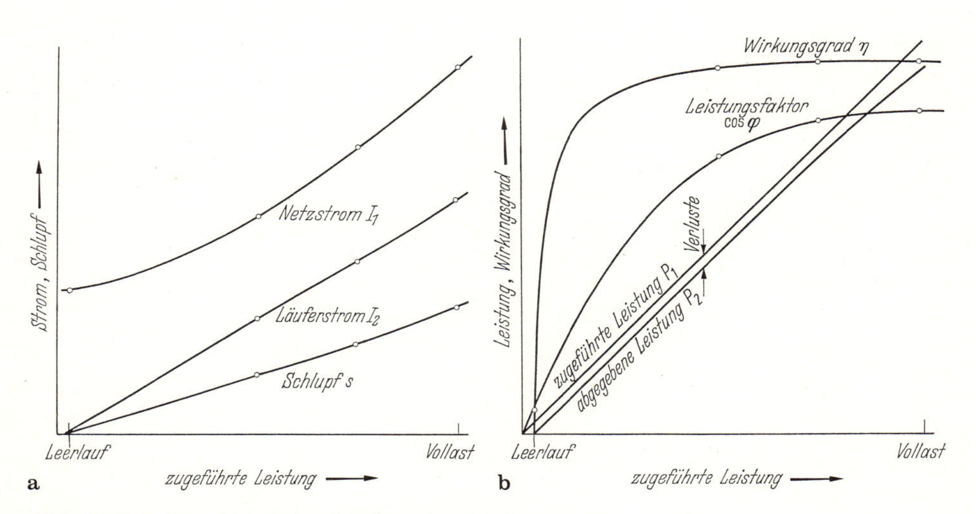

Abb. 55. Belastungskennlinien des Asynchronmotors

Aufteilung. Wenn man in letzterem Blatt die aufgenommene Leistung in Abhängigkeit von sich selbst darstellt, also als eine Gerade einträgt, die durch Null geht und bei dem üblicherweise gleichen Leistungsmaßstab auf Ordinate und Abszisse unter 45° verläuft, so gewinnt man einen guten Überblick über die Gesamtverluste. Diese entsprechen ja der Ordinatendifferenz zwischen der Leistungsaufnahme und der Leistungsabgabe. Anfangs verlaufen beide Linien fast parallel, und bei zunehmender Last biegt die Linie für die Nutzleistung immer stärker ab. Man sieht daraus, wie bei kleinen Lasten die konstanten Leerlaufverluste, bei hohen Lasten die quadratisch zunehmenden Lastverluste stärker ins Gewicht fallen. Außerdem kann man Zwischenwerte für den Wirkungsgrad schnell aus dem Verhältnis der Abstände beider Linien von der Nullinie ermitteln.

Meistens werden nur die Kurvenäste aufgetragen, welche für die normalen Betriebszustände zwischen Leerlauf- und Vollastdrehzahl gelten. Dies ist der stabile Arbeitsbereich des Motors. Gelegentlich wird die Asynchronmaschine aber auch über den Kippunkt hinaus untersucht oder aber die Größen dem Diagramm entnommen. Alle Kurven zeigen dann rückläufige Äste, da die Netzleistung nach einem Höchstwert wieder abnimmt. Wirkungsgrad, Leistungsfaktor und Nutzleistung zeigen ausgesprochene Maxima. Nur der Netzstrom und der Schlupf nehmen bis Stillstand noch zu. Eine solche vollständige Darstellung wird aber bei der praktischen Untersuchung nur ausnahmsweise vorgenommen. Wenn man aus besonderen Gründen den Motor im ganzen Drehzahlbereich abgebremst hat, trägt man die Größen besser über der Drehzahl auf, wie dies z. B. bei der Auswertung des Hochlaufversuchs immer üblich ist.

2.2.1.7 Dauerlauf

Der Dauerlauf zur Ermittlung der Erwärmung wird an Asynchronmotoren möglichst bei voller Spannung, Nennstrom sowie Nennfrequenz vorgenommen. Es gelten die in Abschnitt 1.5 gemachten Angaben über die Durchführung und Auswertung. Bei größeren Motoren macht man den Temperaturlauf, sofern zwei völlig oder annähernd gleiche Maschinen zur Probe kommen, gern im Rückarbeitsverfahren. Der zu untersuchende Motor liegt am Netz mit Nennfrequenz und treibt den zweiten Motor an, der an einem von einem Umformer regelbarer Drehzahl gebildeten Netz geringerer Periodenzahl liegt. Diese wird so weit herunter geregelt, bis sich die erste Maschine voll belastet. Die zweite läuft mit etwas geringerer Leistung als Asynchrongenerator.

Zur Ermittlung der thermischen Grenzleistung macht man häufig mehrere Läufe mit verschiedenen Stromstärken und verschiedenen Klemmenspannungen.

Wenn besonders hohe Erwärmungen im Läufer, speziell im Läufereisen, auftreten, so ist bei Kurzschlußankermotoren hierin oft ein Hinweis auf zu hohe zusätzliche Leerlaufverluste zu erblicken. Diese werden als Eisenverluste gemessen, machen sich also nicht etwa durch erhöhten Schlupf bemerkbar und treten z. B. auf, wenn die Stäbe des Ankerkäfigs zu hoch liegen. Dies ist manchmal bei gegossenen oder gespritzten Aluminiumläufern zu beobachten, die daher im Nutenschlitz abgeätzt werden sollen. Auch Rund- oder Hochstabläufer aus Kupfer zeigen sehr hohe Eisenverluste, wenn die obere Stabzone bündig mit dem Ankerumfang abschließt oder doch nur unter 1 mm zurückliegt. Sehr stark wachsen diese Leerlaufverluste an, wenn außerdem der Ständer offene Nuten besitzt. Eine Abhilfe ist auch bei der fertigen Maschine noch durch Abfräsen der oberen Stabfaser um einige Millimeter möglich.

Auf den ungünstigen Einfluß fehlender oder zu weit entfernt vom Lüfter sitzender Luftführungsbleche wurde ebenfalls im Abschnitt 1.5 hingewiesen.

2.2.1.8 Wirkungsgrad

Der Wirkungsgrad der Asynchronmotoren wird bei der praktischen Maschinenprüfung ausschließlich nach dem Einzelverlustverfahren ermittelt. Zu Forschungszwekken, besonders bei Untersuchungen über die wirkliche Höhe der Zusatzverluste, werden auch direkte Verfahren mit Hilfe von Pendelmaschinen oder kalorimetrische Meßmethoden angewandt, die auf der direkten Messung der abgegebenen Leistung oder der Gesamtverluste beruhen. Sie erfordern einen weit über das übliche Maß ragenden Aufwand an Geräten und Zeit.

Der übliche Gang der Wirkungsgradberechnung geht von folgender Überlegung aus: Der am Netz liegende Motor entnimmt diesem bei Belastung die Netzleistung P_1. Hiervon gehen verloren ein Teil der Eisenverluste P_{Fe} und die Ständerwicklungsverluste $P_{Cu,1}$. Auch treten die Zusatzverluste P_{Zus} zum großen Teil im Ständer auf, die gleichfalls abzusetzen sind. Die restliche Leistung geht als sog. Luftspaltleistung P_L vom Ständer auf den Läufer über. Hier erfolgt eine weitere Verringerung um die Läuferkupferverluste $P_{Cu,2}$, die Läuferzusatzverluste und die Läufer-Eisenverluste. Der übriggebliebene Anteil der Leistung wird in mechanische Leistung umgewandelt, von der noch die Reibungsverluste P_{Rbg} des Motors abgehen. Auch ein gewisser Teil der Eisenverluste wird mechanisch vom Anker her gedeckt. Die übrigbleibende mechanische Leistung P_2 steht an der Kupplung als nutzbare Leistungsabgabe des Motors zur Verfügung. Das Verhältnis dieser Leistungsabgabe zur Netzleistung ist der Wirkungsgrad des Motors.

Die gesamten meßbaren Eisenverluste P_{Fe} setzen sich zusammen aus den eigentlichen Hysterese- und Wirbelstromverlusten in den Ständer- und den Läuferblechen, von denen erstere mit Netzfrequenz, letztere jedoch nur mit der sehr kleinen Schlupffrequenz ummagnetisiert werden. Diese Läufer-Eisenverluste sind verhältnismäßig klein. Hinzu kommen die Verluste durch Wirbelströme in den bearbeiteten Stellen der Oberfläche der beiden Blechkörper, da hier durch Gratbildung eine quer zu den magnetischen Kraftlinien verlaufende, leitende Schicht vorliegt, in der die Wirkung der Lamellierung und Isolation der Bleche teilweise aufgehoben wird. Weitere Eisenverluste entstehen durch die Pulsation der Kraftliniendichte im Luftspalt, die auf die Folge von Nutöffnung und Zahn zurückzuführen ist. Die entsprechenden Verluste treten in den Zähnen von Läufer und Ständer auf. Zusätzliche Verluste, die den eigentlichen Eisenverlusten zugerechnet werden, entstehen in den Preßplatten der Pakete und in den oberen, dem Luftspalt zugewandten Schichten der Ankerleiter. Bei Motoren mit Käfiganker treten noch Verluste durch die Wegdämpfung der Oberfelder auf, die dadurch entstehen, daß die Läuferwicklung ja nur für das Grundfeld synchron umläuft, von den Oberfeldern aber fast mit voller Geschwindigkeit geschnitten wird. Diese Verluste erhöhen sich bei Belastung, der entsprechende Anteil gehört dann aber zu den nichtmeßbaren Last-Zusatzverlusten. Die Deckung all dieser Verluste erfolgt zum Teil direkt durch das Netz und zum Teil durch Überwindung des von ihnen verursachten Bremsmoments auf mechanische Weise von der Welle aus. Diese mechanische Leistung wird bei untersynchronem Lauf aber auch vom Netz her aufgebracht, so daß also die gesamten Eisenverluste bei leer laufendem Motor in der Leerlaufleistungsaufnahme enthalten sind. Sie werden aus dieser durch Abzug der Reibungsverluste und der Leerlaufkupferverluste gewonnen. Zwischen Leerlauf und Last ändert sich der Kraftfluß des Asynchronmotors bei gleichbleibender Klemmenspannung etwas nach Maßgabe des vom Ständerwirk- und Blindwiderstande verursachten Spannungsabfalls. Dies hat eine geringe Abnahme der Ständereisenverluste zur Folge, der eine geringe Zunahme der Eisenverluste im Läufer infolge der bei der Last ansteigenden Schlupffrequenz gegenübersteht. Es ist üblich und auch richtig, bei normalen Maschinen die unveränderten Leerlaufeisenverluste auch bei Last einzusetzen, sie also als lastunabhängig zu betrachten.

Die Ständerwicklungsverluste $P_{Cu,1}$ treten als normale Ohmsche Verluste, hervorgerufen durch den Wicklungswiderstand, auf. Sie werden errechnet zu:

$$P_{Cu,1} = m_1 I_{1,ph}^2 R_{1,ph} ,$$

oder einfacher bei Drehstrommotoren

$$= 1{,}5 R_{kl} I_1^2 ,$$

wobei

m_1 = Phasenzahl des Ständers,
$I_{1,ph}$ = Phasenstrom des Ständers,
$R_{1,ph}$ = warmer Phasenwiderstand des Ständers,
I_1 = Netzstrom, unabhängig von der Ständerschaltung,
R_{kl} = warmer Widerstand zwischen den Netzanschlußklemmen, unabhängig von der Ständerschaltung.

Für den Ständerwicklungswiderstand ist entweder der gemessene warme Wert oder aber der auf 75 °C umgerechnete Wert einzusetzen.

Die Lastzusatzverluste P_{Zus} in der Ständer- und Läuferwicklung, im aktiven Eisen und den der Wicklung benachbarten metallischen Konstruktionsteilen, die im wesentlichen durch Wirbelströme verursacht werden, werden weder gemessen noch vorausberechnet. Sie finden ihre Berücksichtigung durch die Annahme einer Leistungsverringerung des mit Nennlast laufenden Motors um 0,5% seiner abgegebenen Leistung. Auf Teillasten werden sie quadratisch mit dem Netzstrom umgerechnet. Besonders bei kleineren Motoren dürften sie in Wirklichkeit diesen Betrag nach REM nicht unwesentlich überschreiten.

Die Läuferwicklungsverluste $P_{Cu,2}$ treten wie die Ständerwicklungsverluste als Ohmsche Stromwärme auf und können bei Schleifringankern in gleicher Weise berechnet werden zu:

$$P_{Cu,2} = m_2 I_{2,ph}^2 R_{2,ph} ,$$

oder einfacher bei Dreiphasenanker

$$= 1{,}5 R_{schl} I_{schl}^2 ,$$

wobei m_2 = Läuferphasenzahl,
$I_{2,\,ph}$ = Läuferphasenstrom,
$R_{2,\,ph}$ = warmer Läuferphasenwiderstand,
I_{schl} = Schleifringstrom, unabhängig von der Schaltung,
R_{schl} = warmer Widerstand zwischen den Schleifringen, unabhängig von der Schaltung des Ankers.

Diese Berechnungsweise ist jedoch nur bei der Vorausrechnung des Motors üblich. Sobald die Meßergebnisse der ausgeführten Maschine bekannt sind, werden die Läuferkupferverluste in sicherer und einfacher Weise mit Hilfe des Schlupfs bestimmt. Hierzu führt folgende Überlegung. Den Ständer des Motors denkt man sich durch eine mit synchroner Motorgeschwindigkeit umlaufende, antreibende Kupplungsscheibe ersetzt, die das volle, der Luftspaltleitung P_L entsprechende Drehmoment auf den von ihr mitgenommenen Läufer überträgt. Dessen Geschwindigkeit weicht nun um die Schlupfdrehzahl von der synchronen Geschwindigkeit, prozentual also um den Schlupf in Prozent von der 100proz. Synchrondrehzahl ab. Demgemäß nimmt der Läufer, wie bei jeder schlüpfenden mechanischen Kupplung, nur eine entsprechend verringerte Leistung auf. Der Rest geht verloren. Bei mechanischen Kupplungen wird er in Wärme, beim Asynchronmotor in die elektrische Leistung des Läuferkreises, also letzten Endes auch in Stromwärme der Ankerwicklung, des Bürstenübergangs, der äußeren Zuleitungen und etwaiger Regelwiderstände umgesetzt. Die Berechnung erfolgt nach der Beziehung:

$$P_{Cu,\,2} = P_L \frac{s\%}{100},$$

oder auch

$$= P_{mech} \frac{s\%}{100 - s\%},$$

wobei P_L = Luftspaltleistung, P_{mech} = Motorabgabeleistung ist.

Die Luftspaltleistung P_L kann sehr angenähert gesetzt werden:

$$P_L = P_1 - (P_{Cu,\,1} + P_{Fe} + P_{Zus})$$

wobei: P_{Fe} = Gesamteisenverluste, P_{Zus} = Gesamtzusatzverluste sind.

Die Reibungsverluste P_{Rbg} treten auf als Lager-, Luft- und Bürstenreibung. Sie ändern sich mit der Drehzahl des Motors und etwas mit der Temperatur der Lager und der Luft. Da diese Änderung mit Rücksicht auf die fast konstante Motorgeschwindigkeit zwischen Leerlauf und Last nur sehr gering sind, werden die Reibungsverluste genau wie die Eisenverluste als lastunabhängig betrachtet. Eigentlich dürfen sie erst von der mechanischen Läuferleistung abgesetzt werden, wozu man sie natürlich von den gemeinsam mitgemessenen Eisenverlusten trennen müßte, aber man macht bei der Bestimmung des Wirkungsgrads keinen Fehler, wenn man sie gleich von der Ständerleistung mit abzieht. Man erspart sich die Aufteilung der Leerverluste nach dem beim Leerlaufversuch angegebenen Verfahren, wozu ja stets eine Reihe von Leerlaufmessungen und die Anfertigung eines Kurvenblatts nötig ist. Bei größeren Motoren interessiert allerdings die genaue Kenntnis sowohl der Reibungs- wie auch der Eisenverluste. Dann kann man sie auch bei der η-Berechnung gesondert einsetzen.

Bei Maschinen, die mit fremder Welle und fremden Lagern ausgerüstet werden (Kolbenkompressormotoren), wird der auf die Lagerreibung entfallende Anteil nicht mit eingesetzt. Da die Aufteilung in Luft- und Lagerverluste sehr schwer ist, berechnet man in diesen Fällen den Wirkungsgrad ohne Reibung. Es ist dann ein entsprechender Vermerk zu machen.

In Abb. 47 wurde bereits der Fluß der Leistung unter genauer Berücksichtigung aller Einzelverluste dargestellt.

Tabelle 3 zeigt den Gang der Wirkungsgradberechnung. Man geht entweder von den wirklichen gemessenen Lastpunkten aus oder entnimmt Netzstrom und Leistungsfaktor sowie den Schlupf den Belastungskennlinien oder dem Kreisbild. Wenn man vom Kreisbild ausgeht, berechnet man allerdings die Läuferwicklungsverluste besser aus Widerstand und Strom, da kleine Schlupfwerte nicht allzu genau abgegriffen werden können. Man erhält zum Schluß der Rechnung die abgegebene Leistung bei verschiedenen Lastgraden. Trägt man η über der Abgabe auf, so kann man ohne weiteres alle Zwischenwerte für bestimmte Teillasten, also besonders für $^1/_4$, $^1/_2$, $^3/_4$, $^1/_1$ und $^5/_4$ Last bestimmen.

Tabelle 3. Wirkungsgradberechnung
Bei der Berechnung der Zusatzverluste wurden diese mit 0,5% der Leistungsaufnahme eingesetzt.

Netzspannung U	in V	380	380	380	380
Leistungsaufnahme P_1	in kW	80,00	60,00	40,00	20,00
Leistungsfaktor $\cos\varphi$	—	0,86	0,85	0,81	0,63
Netzstrom I_1	in A	141,5	107,5	75,2	48,3
Schlupf s%	in %	3,6	2,7	1,8	0,9
Leerverluste $P_{Fe} + P_{Rbg}$	in kW	2,80	2,80	2,80	2,80
Ständerkupferverluste $P_{Cu,1}$	in kW	3,40	1,97	0,96	0,40
Zusatzverluste P_{Zus}	in kW	0,40	0,23	0,11	0,05
Luftspaltleistung P_L	in kW	73,40	55,0	36,13	16,75
Läuferkupferverluste $P_{Cu,2}$	in kW	2,64	1,48	0,65	0,15
Leistungsabgabe P_2	in kW	70,76	53,52	35,48	16,60
Gesamtverluste $P_{V,ges}$	in kW	9,24	6,48	4,52	3,40
Gesamtverluste in Prozent der Aufnahme $P_{V,ges}$	in %	11,55	10,80	11,30	17,00
Wirkungsgrad η	in %	88,45	89,20	88,70	83,00

Bei großen Maschinen mit hohen Wirkungsgraden errechnet man η sehr genau, indem man setzt:

$$\eta = 100 - 100\frac{P_1 - P_2}{P_1} = 100 - 100 \cdot \frac{P_{V,ges}}{P_1} \text{ in } \% .$$

Bei Motoren mit Drehzahlregelung durch Widerstände erhält man den stark verringerten Wirkungsgrad zu

$$\eta = \eta_M \frac{n}{n_M},$$

wobei η_M und n_M Wirkungsgrad und Drehzahl der normalen ungeregelten Maschine bei gleichem Drehmoment sind. Die herabgeregelte Drehzahl wird mit n bezeichnet.

2.2.1.9 Gewährleistung und Toleranzen

Bei den Asynchronmotoren werden oft Gewährleistungen für den Wirkungsgrad, den Leistungsfaktor und die Überlastbarkeit übernommen, zu denen bei Kurzschlußankermotoren noch jene für den Anlaufstrom, das Anlauf- und das Hochlaufdrehmoment treten. In besonderen Fällen, z. B. bei starr parallellaufenden Motoren oder solchen für Kompressorantriebe, wird auch der Wert des Vollastschlupfes verbindlich angegeben. Alle diese Werte gelten als eingehalten, wenn sie die nachstehenden Abweichungen nach REM nicht überschreiten.

Gewährleistung für:	Zulässige Abweichung:
Wirkungsgrad η in %	$\pm\frac{100-\eta\%}{10}$, aufgerundet auf 0,1 %.
Leistungsfaktor $\cos\varphi$	$\pm\frac{1-\cos\varphi}{6}$, aufgerundet auf 0,01, mindestens aber 0,02, höchstens aber 0,07.
Drehzahl	±20 % der Sollschlüpfung
Kippmoment	± 10 % des Sollwerts
Anlaufmoment	±20 % des Sollwerts
Anlaufstrom	±20 % des Sollwerts

Als Normalwert ist nach den REM für das Sattelmoment, also das kleinste während des Hochlaufes vom Motor abgegebene Drehmoment, das 0,3fache und als Normalwert für das Kippmoment das 1,6fache Nennmoment des Motors einzusetzen.

Das Leistungsschild der fertig geprüften Maschine enthält die Angaben: Hersteller, Motortype, Fertigungsnummer, Verwendungsart, Nennleistung, Nennspannung, Nennstrom, Nennfrequenz, Leistungsfaktor und Schaltung des Ständers und außerdem Betriebsart, Nenndrehzahl, Spannung, Strom und Schaltung des Läufers.

Die Läuferspannung ist die bei Stillstand gemessene Spannung zwischen den Ringen. Bei Dreiphasenankern wird nur eine Spannung, bei Zweiphasenläufern die Spannung einer Phase und ihr $\sqrt{2}$facher Wert vermerkt.

Der Läuferstrom bei Abgabe P in kW wird meistens errechnet zu:

$$I_2 \approx \frac{P \cdot 1000}{\sqrt{3} \cdot U_{2,0} \cdot 0{,}95} \quad \text{bei Dreiphasenankern und}$$

$$I_{2,\mathrm{ph}} \approx \frac{P \cdot 1000}{2 \cdot U_{2,0,\mathrm{ph}} \cdot 0{,}95} \quad \text{bei Zweiphasenankern als Phasenstrom und}$$

$$I_{2,\mathrm{verk}} = I_{2,\mathrm{ph}} \cdot \sqrt{2} = \frac{P \cdot 1000}{U_{2,\mathrm{verk}} \cdot 0{,}95} \quad \text{als verketteter Strom .}$$

Der Wert 0,95 berücksichtigt die Verluste im Läufer selbst.

2.2.2 Kreisbild der Drehstromasynchronmaschine mit Phasenanker

Der dem Netz entnommene Strom I_1 des Asynchronmotors bzw. der an das Netz abgegebene Strom des Asynchrongenerators liegt auf einem Kreis, der von Heyland in grundsätzlicher vereinfachter und von Ossanna in erweiterter Form angegeben wurde. Diesem Kreis können außerdem der Netzleistungsfaktor cos φ, der Läuferstrom I_2, die dem Netz entnommene oder zugeführte Leistung P_1, das an der Welle auftretende, nutzbare Drehmoment M und die an der Kupplung abgegebene oder zugeführte mechanische Leistung P_2 entnommen werden. Insbesondere lassen sich die Höchstwerte für das Drehmoment und die Nutzleistung, die nur selten durch einen unmittelbaren Versuch nachweisbar sind, im Kreisbild ablesen. Durch Einzeichnung von Schlupflinien wird das Diagramm noch weiter ergänzt. Die Entnahme des Wirkungsgrads ist ebenfalls möglich, tritt aber gegenüber der genaueren punktweisen Berechnung in der Prüffeldpraxis stark zurück.

Es empfiehlt sich, die Linienströme, welche in den Netzzuleitungen zum Ständer und in den äußeren Zuleitungen zu den Schleifringen fließen, darzustellen, da diese dann auch bei in Dreieck geschalteten Wicklungen ohne Umrechnung über $\sqrt{3}$ mit den bei der Prüfung der Maschine ermittelten Werten verglichen werden können. Nur bei der Vorausrechnung ist es üblich, die Phasenströme zugrunde zu legen. Statt der Phasenwiderstände $R_{1,\,ph}$ und $R_{2,\,ph}$ in Ständer und Läufer rechnet man besser mit den ebenfalls den unmittelbaren Meßergebnissen zu entnehmenden Werten R_{kl} und R_{schl}, die, wie ihre Fußzeichen andeuten, die Widerstandswerte zwischen den Klemmen des Ständers und den Schleifringen des Läufers in betriebsmäßiger Schaltung derselben darstellen. Es ist also allgemein $R_{kl} = 2R_{1,\,ph}$ in Y und $2/3 R_{1,\,ph}$ in $\triangle$-Schaltung bzw. $R_{schl} = 2R_{2,\,ph}$ in Y und $= 2/3 R_{2,\,ph}$ in $\triangle$-Schaltung. Dies bietet besonders Vorzüge bei der Berechnung von Verlusten, die sich ergeben zu: $P_{Cu,\,1} = 1{,}5 R_{kl} I_1^2$ im Ständer und $P_{Cu,\,2} = 1{,}5 R_{schl} I_2^2$ im Läufer.

Man benötigt vier Maßstäbe bei der Zeichnung und Auswertung des Diagramms, von denen aber nur ein einziger frei gewählt wird, und zwar der für den Netzstrom I_1. Diesen wählt man so, daß der Kurzschlußpunkt noch mit auf den zur Verfügung stehenden Raum fällt. Bei dreiphasigem Ständer und dreiphasigem Läufer bestimmt man die Maßstäbe zu:

Maßstab für Netzstrom I_1 in A 1 mm $= a_1 A$ (wird frei gewählt),

Maßstab für Läuferstrom I_2 in A 1 mm $= a_2$A $\left(a_2 = a_1 \dfrac{U_1}{U_{20}}\right)$,

Maßstab für Leistung in W . . . 1 mm $= w$W $(w = \sqrt{3}\, U_1 a_1)$,

Maßstab für Drehmoment in Nm 1 mm $= m$Nm $\left(m = \dfrac{1}{\omega_{syn}} \sqrt{3}\, U_1 a_1\right)$.

2.2.2.1 Zeichnung des Kreisbilds

Die Konstruktion des Kreisbilds ist in Abb. 56 wiedergegeben. Man legt von 0 aus unter Berücksichtigung des gewählten Primärstrommaßstabs und der Leistungsfaktoren den Leerlaufstrom $I_{1,0}$ und den Kurzschlußstrom $I_{1,k}$ hin. Man erhält so die beiden Punkte P_0 und P_k. In P_0 errichtet man ein Lot, welches den Vektor des

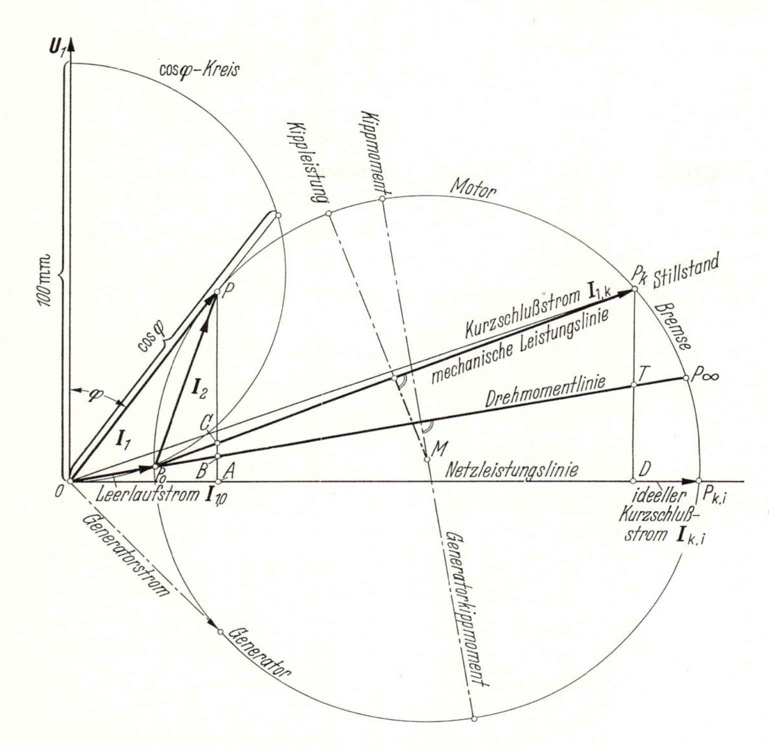

Abb. 56. Kreisdiagramm des Asynchronmotors

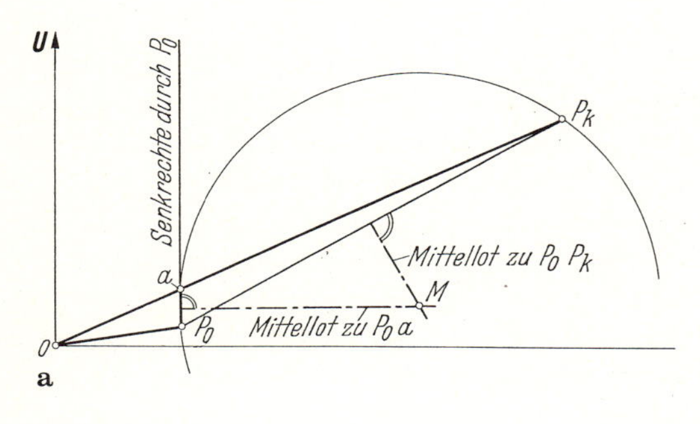

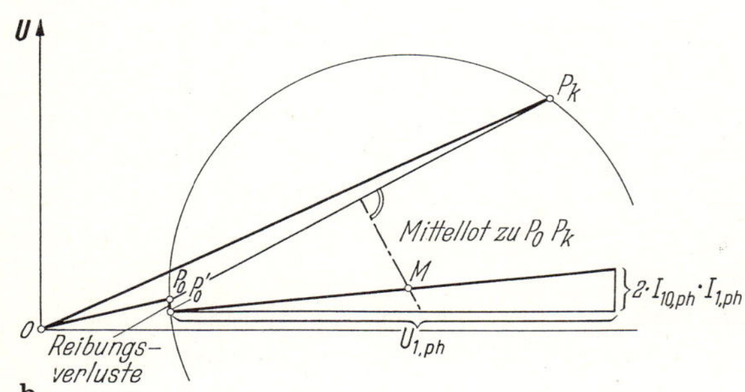

Abb. 57. Bestimmung des Mittelpunkts zum Kreisdiagramm **a** unter der Annahme gleicher Ständer- und Läuferkupferverluste und **b** unter Berücksichtigung des wahren Ständerwiderstands

Kurzschlußstroms im Punkt a schneidet. Der gesuchte Kreis geht durch die drei Punkte P_0, a und P_k (Abb. 57a). Der Mittelpunkt M muß also auf der Mittelsenkrechten zu P_0 und P_k und auf der Mittelsenkrechten zu P_0 und a liegen, welche letztere parallel zur Nullinie verläuft. Diese Konstruktion gilt für gleiche Aufteilung der Kupferverluste auf Ständer und Läufer. Wenn diese dagegen nicht im Verhältnis 1:1 stehen, geht man folgendermaßen vor: Man bestimmt den Punkt P'_0, der um den Betrag der Reibungsverluste senkrecht unter P_0 liegt. Durch diesen legt man eine Gerade, deren Neigung gegen die Waagerechte $(2I_{1,0,\mathrm{ph}} \cdot R_{1,\mathrm{ph}})$: $(U_{1,\mathrm{ph}}) = \sqrt{3}\, I_{1,0}R_{\mathrm{kl}}: U_{\mathrm{netz}}$ beträgt. Diese schneidet die Mittelsenkrechte zu P_0, P_k in M (Abb. 57b).

Der Punkt P_∞, der der Betriebspunkt für unendlich hohen Schlupf ist, wird gefunden, indem man auf der Senkrechten durch P_k von der Nullinie aus die den Kurzschluß-Kupferverlusten des Ständers entsprechende Strecke $v_{\mathrm{Cu},1} = I^2_{1,k}\, 1{,}5R_{\mathrm{kl}}/w$ mm abträgt. Man erhält den Punkt T, der mit P_0 verbunden wird. Die Verbindungslinie wird bis zum Kreis verlängert, den sie im gesuchten Punkt P_∞ trifft. Die restliche Strecke P_kT muß den Kurzschlußwicklungsverlusten des Läufers entsprechen, also gleich $v_{\mathrm{Cu},2} = I^2_{2,k}\, 1{,}5R_{\mathrm{schl}}/w$ mm sein. $I_{1,k}$ ist der Ständerkurzschlußstrom und $I_{2,k}$ der Läuferkurzschlußstrom, der gleich (Strecke P_0P_k) a_2 ist. Außerdem muß dieselbe Strecke $P_kT = v_{\mathrm{Cu},2}$ in mm dem von Motor bei Stillstand ohne Anlaßwiderstände entwickelten Drehmoment entsprechen. Es ist also $P_kT = M_a/m$ mm. Wenn die Ständer- oder die Läuferwiderstände unbekannt sind, halbiert man die Senkrechte durch P_k und verbindet den Mittelpunkt mit P_0. Diese sehr häufig verwendete Vereinfachung gilt genau, wenn die Verluste in Ständer und Läufer sich wie 1:1 verhalten. Bei Motoren mit verhältnismäßig hohen Läuferverlusten kommt dann natürlich P_∞ zu hoch auf den Kreisumfang hinauf. Die Abtragung der beiden errechneten Verluststrecken $v_{\mathrm{Cu},1}$ und $v_{\mathrm{Cu},2}$ ist eine gute Kontrolle für die Kurzschluß-Leistungs-Messung.

Die Drehmoment- und Leistungslinien werden durch Verbindung des Leerlaufpunkts P_0 mit P_∞ bzw. mit P_k gewonnen. Man erhält die zugeführte Netzleistung P_1 als $(PA)\, w$, das Drehmoment M als $(PB)\, m$ und die mechanisch abgegebene Leistung P_2 als $(PC)\, w$. Die Reibungs- und Eisenverluste werden hierbei voll berücksichtigt. A, B und C sind die Schnittpunkte des Lots durch den beliebigen Kreispunkt P mit der Nullinie, der Drehmomentlinie und der mechanischen Leistungslinie. Ganz genau erhält man P_2 und M, wenn man die Senkrechte zum Kreisradius P_0M benutzt, doch ist die getroffene Vereinfachung fast immer zulässig. Man erkennt, daß im Punkte P_k das Drehmoment noch einen gewissen Wert besitzt, die mechanische Nutzleistung dagegen verschwunden ist. Moment und mechanische Leistung verschwinden beide im Punkt P_0. Auf dem Bogen zwischen P_0 und P_k liegt der eigentliche Arbeitsbereich des Motors. Stabil ist der Betrieb jedoch nur zwischen P_0 und dem Punkt des Kippmoments, der unschwer gefunden wird, wenn man von dem Kreismittelpunkt M das Lot auf die Drehmomentlinie fällt und dieses bis zum Kreise selbst verlängert. Die höchste Leistungsabgabe des Motors an der Welle tritt bereits etwas früher auf. Man findet den zugehörigen Kreispunkt als Schnitt des Lots von M auf die mechanische Leistungslinie.

Wenn man zu beliebigen Motorleistungen, z. B. zu $^1/_4$, $^1/_2$, $^3/_4$ und $^1/_1$ Last die entsprechenden Kreispunkte $P_{\frac{1}{4}}$, $P_{\frac{1}{2}}$, $P_{\frac{3}{4}}$ und $P_{\frac{1}{1}}$ finden will, errichtet man im Kreismittelpunkt (weil man dort eine Übersicht am wenigsten beeinträchtigt) ein Lot.

Auf diesem trägt man, vom Schnittpunkt mit der mechanischen Leistungslinie ausgehend, nach oben die entsprechenden Millimeterstrecken $\frac{P_{\text{nenn}}}{4w}$, $\frac{P_{\text{nenn}}}{2w}$, $\frac{3 \cdot P_{\text{nenn}}}{4w}$ und $\frac{P_{\text{nenn}}}{w}$ ab. Durch die zugehörigen Punkte werden nun Parallelen zur mechanischen Leistungslinie nach links gezogen, die den Kreis in den gesuchten Betriebspunkten treffen. Zu diesen können dann die Ständerstromstärke I_1, der Leistungsfaktor $\cos\varphi$, Netzleistung P_1 und die Läuferstromstärke I_2 abgelesen werden. P_1 kontrolliert man am besten, wenn man eine Wirkungsgradrechnung durchführen will, indem man aus U_1, I_1 und $\cos\varphi$ den gleichen Wert rechnerisch bestimmt zu $\sqrt{3}\, U_1 I_1 \cos\varphi$. Den Läuferstrom I_2 erhält man aus $(P_0P)\ a_2$ in A. Wenn man die Strecke (P_0P) dagegen mit dem Primärstrommaßstab a_1 multipliziert, erhält man den Läuferstrom I_2', also den auf die wirksame Ständerwindungszahl bezogenen Strom.

Die Strecke des Ständerstroms (OP) mal dem Leistungsmaßstab w ergibt die Scheinleistung des Ständers.

2.2.2.2 Bestimmung des Schlupfs

Der Schlupf wird dem Kreisbild entweder mittels einer Schlupfgeraden entnommen oder aber punktweise durch eine kleine Nebenrechnung gefunden. Theoretisch kann eine unendliche Anzahl von Schlupfgeraden konstruiert werden, jedoch wählt man zur Bestimmung mittlerer Schlüpfe am besten eine Parallele zur Drehmomentlinie und zur Auffindung kleiner Schlüpfe in der Nähe der Betriebsdrehzahl eine Senkrechte zur Nullinie. Die punktweise Ermittlung ist von besonderem Vorteil beim Aufsuchen von Kreispunkten für Schlüpfe über 0,5 bis 2,0, die bei Periodenwandlern oder Maschinen in elektrischer Wellenschaltung benötigt werden.

Die Schlupfgerade für kleine Schlüpfe. Nach Abb. 58a legt man durch den Punkt P_∞ eine Senkrechte, die den Kreis im unteren Schnittpunkt S trifft. Von S wird nach oben eine Strecke von 100 mm abgetragen. Dies ergibt Punkt S'. S wird mit P_0 und mit P_k verbunden. Die Parallele durch S′ zur Linie SP_0 schneidet die Linie SP_k im Punkte S''. Eine Senkrechte durch diesen Punkt ergibt die gesuchte Schlupflinie. S'' ist der Punkt für den Schlupf $s = 100\%$ und S''', der sich als unterer Schnittpunkt mit der Hilfslinie SP_0 findet und genau 100 mm unter S'' liegt, gilt für den Schlupf $s = 0\%$. Die Teilung der Schlupfgeraden ist linear, 1 mm ist gleich 1% Schlupf. Der Schlupf zu einem beliebigen Kreispunkt P wird gefunden, indem man P mit S verbindet. Diese Linie schneidet die Schlupfgerade im Punkt des zugehörigen Schlupfs. Man sieht, daß diese Konstruktion sich besonders gut für normale Betriebspunkte eignet.

Die Schlupfgerade für mittlere Schlüpfe. Nach Abb. 58b wird im Punkt P_0 die Tangente an den Kreis gelegt und P_0 mit den Kreispunkten P_k und P_∞ (beide Linien sind als mechanische Leistungs- und Drehmomentlinie meistens schon vorhanden und werden u. U. nur etwas verlängert) verbunden. Auf letzterer Linie, also der M-Linie, wird die Strecke von 100 mm von P_0 aus abgetragen. Dies ergibt Punkt S′. Die Parallele durch S' zur Tangente im Leerlaufpunkte P_0 schneidet die Linie P_0P_k, also die mechanische Leistungslinie, in S''. Die gesuchte Schlupflinie ergibt sich als Parallele durch diesen Punkt S'' zur Drehmomentlinie P_0P_∞. S'' entspricht

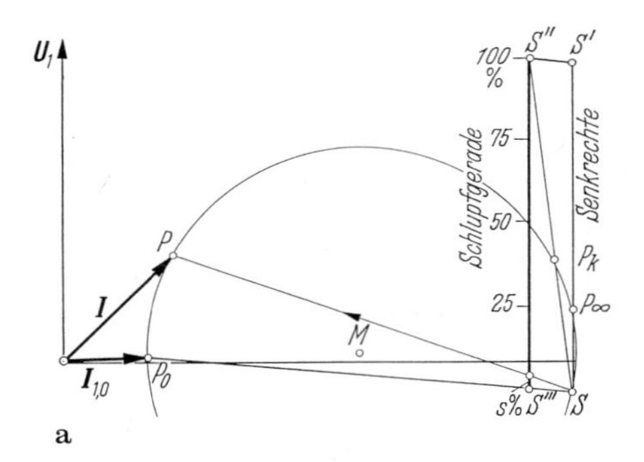

Senkrechte $SS' = 100$ mm,
Strecke $S'S'' \parallel SP_0$,
Schlupf $s\%$ wird durch PS abgeschnitten.

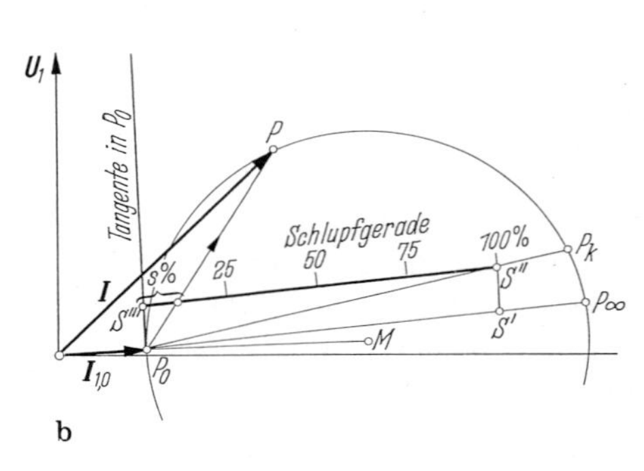

Strecke $P_0S' = 100$ mm,
Strecke $S'S'' \parallel$ Tangente in P_0,
Schlupf $s\%$ wird durch P_0P abgeschnitten.

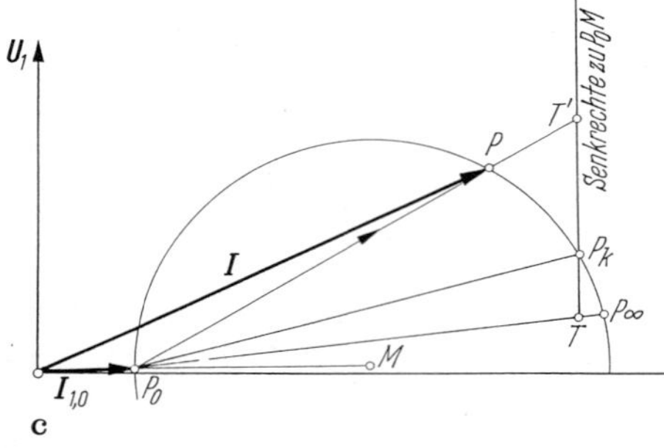

Gerade $TP_k \perp P_0M$ (praktisch $\perp$ Nullinie),

Schlupf $s = \dfrac{TP_k}{TT'} 100$ in %,

T' liegt über P_n für $s < 1$,
T' liegt unter P_n für $s + 1$.

Abb. 58. Bestimmung des Schlupfs. **a** für kleine; **b** für mittlere; **c** für größere Schlüpfe

dem Schlupf $s = 100\%$ und S''', der Schnittpunkt mit der Tangenten im Punkt P_0, dem Schlupf $s = 0\%$. Die Teilung ist wiederum linear, 1 mm ist gleich 1% Schlupf. Zum beliebigen Kreispunkt P findet man den Schlupf als Schnittpunkt der Hilfslinie P_0P mit der Schlupfgeraden.

Man sieht, daß die Werte in unmittelbarer Nähe des Leerlaufpunkts besser mit der ersten Konstruktion, die Schlupfbeträge in der Nähe des Kippunkts und des Stillstands besser mit der letzten Konstruktion gefunden werden können.

Wenn man statt 0% Schlupf 100% Drehzahl und statt 100% Schlupf 0% Drehzahl an die Schlupflinie anschreibt, erhält man eine Drehzahllinie.

Die punktweise Ermittlung des Schlupfs bzw. das Auffinden eines Kreispunkts zu gegebenem Schlupf. Man legt durch den Stillstandspunkt die Senkrechte (genauer müßte es eine Parallele zur Kreistangente im Leerlaufpunkt P_0 sein), deren Schnittpunkt mit der Drehmomentlinie P_0P_∞ wie vorher mit T bezeichnet wird. Der Schlupf $s\%$ für einen beliebigen Kreispunkt P, der beispielsweise in Abb. 58c zwischen P_k und

P_0 für den Fall eines Periodenwandlers mit Frequenzverringerung gewählt wurde, ergibt sich aus der Beziehung:

$$s = \frac{\text{Länge } TP_\text{k}}{\text{Länge } TT'} \cdot 100 \quad \text{in } \%.$$

T' ist der Schnittpunkt der Geraden P_0P mit der Senkrechten durch P_k. Umgekehrt ergibt sich der Betriebspunkt P, der zu einem gegebenen Schlupf $s\,\%$ gehört, wenn man die Strecke TT' macht:

$$\text{Länge } TT' = \frac{\text{Länge } TP_\text{k}}{s\,\%} \cdot 100\,.$$

Für Werte des Schlupfs unter 20% ist diese Konstruktion weniger gut geeignet, da sich zu lange Strecken TT' ergeben. Für Werte darüber, besonders für alle Werte über 100%, ist sie jedoch die bequemste, da sie die sichersten Schnittpunkte liefert.

2.2.2.3 Bestimmung von Anlaßwiderständen und Regelwiderständen

Aus der allgemein gültigen Beziehung:

$$\frac{R_\text{anker} + R_\text{vorschalt}}{sR_\text{anker}} = \frac{\text{Länge } TT'}{\text{Länge } TP_\text{k}} \qquad \text{Abb. 58c)} \quad s = \text{Schlupf} = \frac{s\,\%}{100}$$

können folgende Gleichungen abgeleitet werden. R_anker ist der Eigenwiderstand des Läufers und $R_\text{vorschalt}$ der außen an die Schleifringe angelegte Anlaßwiderstand, beide je Sternphase gerechnet.

a) Erzielung eines gewünschten Anlaufdrehmoments M_a: Man suche Kreispunkt P, der dieses Drehmoment besitzt, und der auf dem stabilen Bogen zwischen Leerlaufpunkt und Kippunkt liegen muß. Die Verbindungsgerade von P_0P schneidet die Senkrechte durch P_k in T'. Die Länge $T'P_\text{k}$ ist ein Maß für den vorzuschaltenden Anlaßwiderstand $R_\text{vorschalt}$ und die Länge TP_k ein Maß für den Läufereigenwiderstand R_anker. Es gilt:

$$R_\text{vorschalt} = R_\text{anker} \frac{\text{Länge } T'P_\text{k}}{\text{Länge } TP_\text{k}}\,.$$

b) Regelwiderstände bei Lauf: Wenn der Asynchronmotor durch Regelwiderstände in der Drehzahl herabgeregelt werden soll, so geht man folgendermaßen vor. Man bestimmt zum gewünschten Drehmoment M den Kreispunkt P auf dem stabilen Bogen zwischen P_0 und dem Kippunkt. Die Verbindungslinie P_0P trifft die Senkrechte durch P_k in T'. Der zur Erzielung des Schlupfs $s = s\,\%/100$ nötige vorzuschaltende Widerstand ergibt sich zu:

$$R_\text{vorschalt} = R_\text{anker}\left(s\,\frac{\text{Länge } TT'}{\text{Länge } TP_\text{k}} - 1\right).$$

Dieser Wert wird Null, wenn ein Schlupf erreicht werden soll, der bereits dem normalen Schlupf der Maschine entspricht. Negative Werte bedeuten, daß eine Regelung auf eine Drehzahl erzielt werden soll, die über der normalen Geschwindigkeit des Motors liegt. Dies ist nicht möglich.

c) Welche Lastdrehzahl stellt sich ein, wenn Regelwiderstände verwendet werden? Man berechnet den Schlupf, der zum Drehmoment entsprechend Kreispunkt P gehört, zu:

$$s = \frac{s\%}{100} = \left(1 + \frac{R_{\text{vorschalt}}}{R_{\text{anker}}}\right) \frac{\text{Länge } TP_{\text{k}}}{\text{Länge } TT'} .$$

2.2.2.4 Allgemeine Beziehungen

Streufaktoren: Man gebraucht in der Praxis zwei verschiedene Streufaktoren für die Gesamtstreuung des Motors, von denen der nach Heyland und der nach Ossanna die meistbenutzten sind. Sie können berechnet werden zu:

$$\sigma_{\text{Heyland}} = \frac{I_0}{I_{\text{k, i}} - I_0}, \qquad \sigma_{\text{Ossanna}} = \frac{I_0}{I_{\text{k, i}}}, \qquad I_{\text{k, i}} \approx \frac{I_{\text{k}}}{\sin \varphi_{\text{k}}},$$

$$(1 + \sigma_{\text{Heyland}}) = \frac{1}{(1 - \sigma_{\text{Ossanna}})},$$

Es ist

$$\sigma_{\text{Heyland}} = \frac{X_1 X_2}{M^2} - 1 \quad \text{und} \quad \sigma_{\text{Ossanna}} = 1 - \frac{M^2}{X_1 X_2} .$$

X_1 = Gesamtblindwiderstand je Ständerphase,
X_2 = Gesamtblindwiderstand je Läuferphase,
M = Widerstand der Gegeninduktivität.

Kippmoment: Das von einem Asynchronmotor abgebbare Höchstdrehmoment läßt sich in guter Annäherung bestimmen, wenn man den Leerlauf- und den Kurzschlußversuch gemacht hat, zu:

$$M_{\max} = \frac{\sqrt{3}\, U(I_{\text{k, i}} - I_0)}{\omega_{\text{syn}}(2 + \cos \varphi_{\text{k}})} \quad \text{mit} \quad I_{\text{k, i}} \approx \frac{I_{\text{k}}}{\sin \varphi_{\text{k}}} .$$

Motorhöchstleistung: Die größte mechanische Leistungsabgabe an der Welle kann ebenfalls auf Grund des Leerlauf- und des Kurzschlußversuchs angegeben werden zu:

$$P_{2\,\max} = \frac{\sqrt{3}\, U(I_{\text{k, i}} - I_0)}{(2 + 2 \cos \varphi_{\text{k}})} .$$

Bester Leistungsfaktor: Der Höchstwert des $\cos \varphi$ wird erreicht, wenn der Ständerstrom im Diagramm den Kreis berührt. Sein Wert ist

$$\cos \varphi_{\max} = \frac{I_{\text{k, i}} - I_0}{I_{\text{k, i}} + I_0} = \frac{1}{1 + 2\sigma_{\text{Heyland}}} = \frac{1 - \sigma_{\text{Ossanna}}}{1 + \sigma_{\text{Ossanna}}} .$$

Man erkennt an allen Gleichungen die innigen Beziehungen mit dem Verhältnis von Leerlaufstrom zu Kurzschlußstrom, also mit den Gesamtstreufaktoren der Maschine.

2.2.3 Polumschaltbare Asynchronmaschinen

Ein wachsendes Anwendungsgebiet finden die Asynchronmaschinen mit mehreren Drehzahlen, die durch Polumschaltung der Wicklungen erzielt werden können. In der Mehrzahl der Fälle wird nur die Ständerwicklung, die entweder aus einer einzigen in Gruppen aufgeteilten oder aus mehreren getrennten Wicklungen besteht, umgeschaltet. Der Läufer muß dann natürlich einen Kurzschlußkäfig oder aber eine für alle vorkommenden Polzahlen wirksame, in sich kurzgeschlossene Phasenwicklung tragen. Ist Regelung des Anlaßvorgangs oder der Drehzahl über Schleifringe erforderlich, so muß auch die Wicklung (oder die Wicklungen) des Läufers zu einer Anzahl von Ringen geführt sein, über welche dann durch ruhende oder durch mitumlaufende Umschaltvorrichtungen die Polumschaltung stattfindet. Zur Verringerung der Anzahl der benötigten Schleifringe ist die Phasenzahl in diesem letzteren Fall häufig gleich zwei, während die Ständerphasenzahl immer gleich der Netzphasenzahl ist. Die Wicklungen der Motoren bestehen, wenn sie für zwei oder mehrere Polzahlen umschaltbar sind, vorteilhafterweise aus Zweischichtformspulen geeigneter Spulenweite in besonderer Anordnung, wodurch gegenüber den Einschichtwicklungen beträchtlich bessere Feldkurven erreicht werden.

Die Prüfung dieser polumschaltbaren Maschinen, die durchweg als Motoren Anwendung finden, erstreckt sich zu allererst auf die Kontrolle der richtigen Schaltung, die in einfacher und zumindest auch hinreichend sicherer Weise durch Messung des Widerstands der jeweils umgeschalteten Wicklungen erfolgt. An Hand des zur Probe notwendigen Schemas, das die Schaltung der Wicklungen bei den einzelnen Polzahlen in klarer Weise darstellt, können die Sollwerte der jeweiligen Phasenwiderstände geprüft werden. Stimmt die Messung mit dem Sollwert überein, so erfolgt die Kontrolle auf richtigen Drehsinn. Dabei ist zu beachten, daß die Klemmenbezeichnungen des Ständers dann richtig sind, wenn bei Anschluß der Netzphasen *RST* an die Motorklemmen *UVW* sich stets derselbe Drehsinn einstellt. Die verschiedenen Geschwindigkeiten werden am besten durch Fußbezeichnungen mittels Zahlen festgelegt, welche die Zahl der Pole angeben.

Sehr wichtig ist die Beobachtung etwaiger Ausgleichströme in den jeweils nicht an das Netz angeschlossenen weiteren Wicklungen. Solche Ströme können in gewissen Fällen durch parallel geschaltete Gruppen oder bei Dreieckschaltungen und Polzahlverhältnissen von 1:3 auftreten, während sich im allgemeinen bei in Reihe geschalteten Strängen die induzierende Wirkung eines Felds fremder Polzahl aufhebt. Die Feststellung dieser nur unnötige Verluste und zusätzliche Erwärmung verursachenden Ausgleichströme erfolgt durch Einschalten von Strommessern in den Strompfad der zu untersuchenden Wicklung. Werden bei der Prüfung Ausgleichströme innerhalb einer Dreieckschaltung festgestellt, so muß am Polumschalter eine zusätzliche Einrichtung zum Öffnen des Dreiecks bei nichtbenutzter Wicklung vorgesehen werden. Liegt dagegen Induzierung von parallel geschalteten Zweigen vor, so hilft oft nur die Neuwicklung unter Vermeidung der zum Fehler führenden Parallelschaltung.

Die übrige Prüfung erfolgt für jede Polzahl getrennt genau wie bei jeder normalen Asynchronmaschine. Der Dauerlauf zur Ermittlung der Erwärmung kann für die zweite und die weiteren Geschwindigkeiten häufig zur Ersparnis an Zeit im Anschluß an den ersten Lauf vorgenommen werden [23, 37].

Eine zusätzliche Probe ist die des Überschaltversuchs vom Lauf in einer Geschwindigkeit auf die folgende. Sie dient zur Messung der Überschaltströme und der Überschaltdrehmomente und kann erklärlicherweise nur mittels oszillographischer Aufnahme ausgewertet werden.

Da der zugehörige Polumschalter bei der Erprobung der Maschine nicht immer zur Verfügung steht und mit den üblichen Prüffeldeinrichtungen seine Wirkungsweise nicht leicht nachgeahmt werden kann, verzichtet man — auch bei Gewähr-

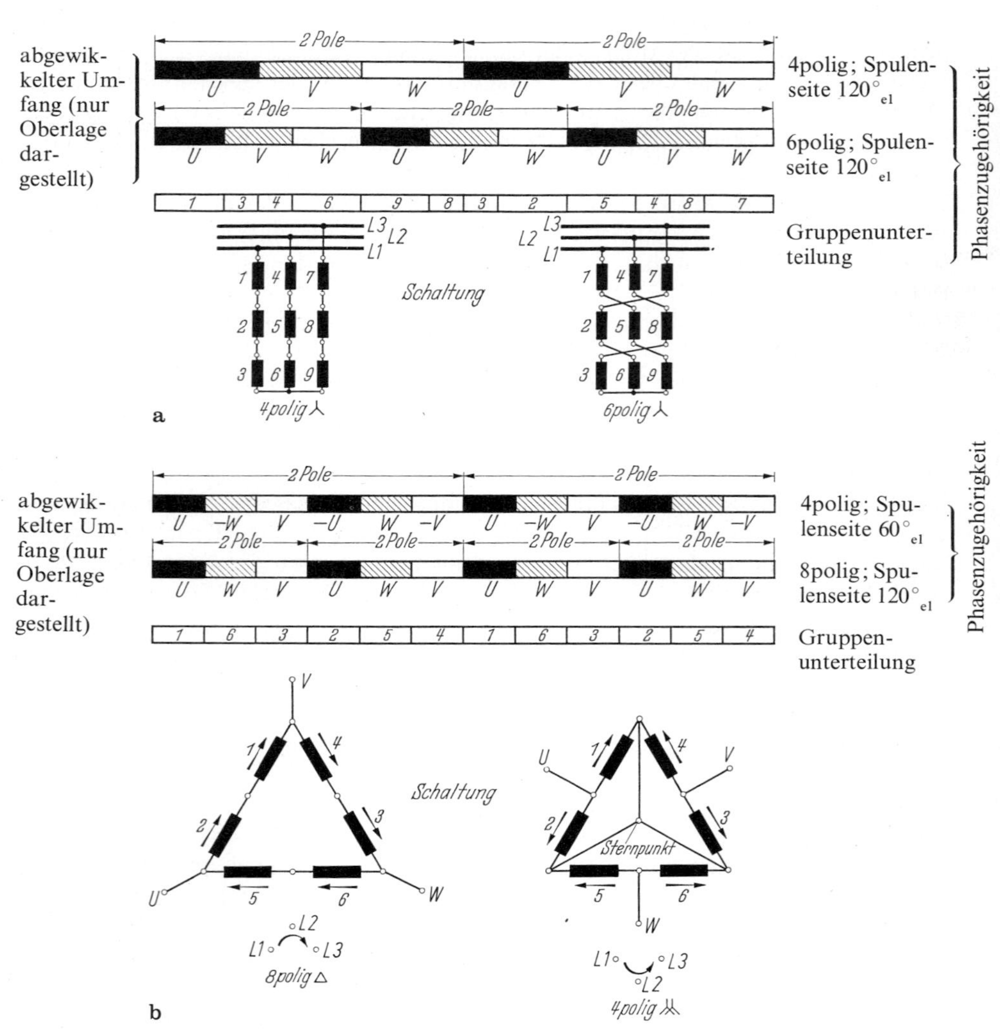

Abb. 59.a. Beispiel einer polumschaltbaren Wicklung für zwei beliebige Polzahlen. Unterteilung in 9 Spulengruppen, aus denen durch Umschaltung die 3 Stränge gebildet werden. **b** Dahlanderschaltung für Polumschaltung im Verhältnis 1:2. Unterteilung der Wicklung in sechs Gruppen, aus denen meist ohne innere Umschaltung durch Verlegung der Netzanschlüsse und Bildung eines Sternpunkts die beiden Polzahlen entstehen. Man beachte den Tausch zweier Netzanschlüsse, da sich die Drehrichtung sonst umkehrt

leistung der Überschaltwerte — meist auf die Vornahme des Versuchs und bestimmt die Größen für Strom und Drehmoment in hinreichend genauer Weise aus den für die einzelnen Drehzahlen berechneten und an Hand der Meßwerte nachgeprüften Ortskurven. Dabei findet man die Überschaltpunkte, wenn man überlegt, welchen Schlupf der Motor bei der neuen Polzahl hat. Wird z. B. ein mit 490 U/min laufender Motor aus der 12poligen Schaltung auf die 8polige Wicklung mit der synchronen Drehzahl 750 U/min umgeschaltet, so liegt der Betriebspunkt unmittelbar nach dem Umschalten bei einem Schlupf von (750 — 490):750 = 34,6%. Wenn die Läuferwiderstände nicht allzu hoch sind, entspricht der Umschaltpunkt etwa dem Kurzschlußpunkt bei der neuen Polzahl, so daß in erster Annäherung bei solchen Maschinen der Überschaltstrom gleich dem Kurzschlußstrom gesetzt werden darf. Das Drehmoment hängt allerdings stark vom Schlupf selbst ab und sollte daher immer der Ortskurve entnommen werden.

Da man häufig beim Stillsetzen der polumschaltbaren Motoren Gebrauch von der übersynchronen Bremsung durch Rückschaltung von der hohen Drehzahlstufe auf die nächstkleinere macht, ist manchmal auch die Frage nach den hierbei auftretenden Momenten und Strömen zu beantworten. Sie geschieht ebenfalls am besten durch Auswertung der Angaben der Ortskurven unter Berücksichtigung des nunmehr negativen Wertes des Schlupfs. Die mit z. B. 990 U/min laufende 6polige Maschine hat nach der Rückschaltung auf 12 Pole mit einer synchronen Drehzahl von 500 U/min im ersten Augenblick einen Schlupf von (500 — 900):500 = —98%.

Zwei der meistgebräuchlichen Polumschaltungen sind in Abb. 59 wiedergegeben, und zwar 1. die Umschaltung mittels Gruppenaufteilung der einzelnen Phasen in je drei Teile und 2. die Polumschaltung im Verhältnis 1:2 nach Dahlander. Die Schaltung kann gewöhnlich für jede Polzahl in Dreieck oder Stern erfolgen und richtet sich nach der verlangten Leistung; jedoch entscheidet oft der einfachere Aufbau des Umschalters und auch die innere Maschinenschaltung für bestimmte Schaltungen der Phasen, die nicht immer den vorliegenden Lastverhältnissen am besten entsprechen [37].

2.2.4 Asynchrongenerator

Die Asynchronmaschine geht wie jede elektrische Maschine mit Nebenschlußverhalten bei einer die Leerlaufdrehzahl übersteigenden Geschwindigkeit in den Generatorbetrieb über. Der Anker läuft dann schneller als das synchron rotierende Ständerdrehfeld, er läuft also übersynchron. Dem antreibenden Drehmoment an der Kupplung, das meistens von Wasserkraftmaschinen, Windenergiekonvertern oder dgl. aufgebracht wird, setzt sich das generatorische Bremsdrehmoment der Maschine entgegen. Dieses hängt von der Höhe des übersynchronen Schlupfs ab und besitzt wie das Drehmoment bei Motorbetrieb einen Höchstwert, der etwas größer ist als jener. Die Ströme und Leistungen lassen sich ebenfalls der Ortskurve entnehmen. Der Generatorbetrieb beginnt etwas unterhalb des Punkts P_0 und reicht über den unteren Kreisbogen hinweg bis zum Punkt P_∞. Dieser gilt also gleichzeitig für unendlich hohe Drehzahlen im Sinne oder gegen den Sinn des Drehfelds. Eine Leistungsabgabe an das Netz erfolgt nur auf dem Bogen der Ortskurve bis $P_{k,i}$.

Abbildung 56 stellte bereits einen Kreis dar, auf dem ein generatorischer Betriebspunkt besonders eingezeichnet ist. Die Auswertung der Messungen und die

Errechnung des *Wirkungsgrads* erfolgt wie beim Asynchronmotor. Die Prüfung unterscheidet sich nicht, was den Leerlauf- und den Kurzschlußversuch betrifft. Nur die Belastungsaufnahmen werden im Generatorbetrieb gefahren, indem man die Maschine durch eine Prüffeldmaschine antreibt.

Der Schlupf des Generators ist entsprechend seiner Definition negativ und auch in den Formeln mit negativem Vorzeichen einzusetzen. Die Läuferkupferverluste, die aus Schlupf mal Luftspaltleistung berechnet werden, sind positiv, da auch die Luftspaltung jetzt negativ geworden ist. Diese ist größer als die Netzleistung, und zwar um den Betrag der im Ständer auftretenden Verluste. Die mechanisch zuzuführende Leistung an der Welle ist um die Läuferverluste größer als die Luftspaltleistung. Man erkennt dies am Leistungsflußbild in Abb. 60. Die Leistung ein und derselben Asynchronmaschine als Generator ist größer als die als Motor. Sie verhält sich zu ihr etwa wie 1:Motorwirkungsgrad. Eine gewisse Verringerung hiergegen tritt jedoch auf, wenn der Leistungsfaktor kleiner als der bei Motorbetrieb wird.

Zum Betrieb des Asynchrongenerators, der übrigens meistens mit einem Kurzschlußanker ausgerüstet wird, ist ein leitendes Netz nötig. Dieses liefert den zur Magnetisierung nötigen Blindstrom. Die Frequenz des Generators stimmt mit der Netzfrequenz überein. Die Wirkleistungsabgabe hängt nur von der Drehzahl ab und diese stellt sich, falls das Antriebsmoment nicht etwa das generatorische Kippmoment überschreitet, ganz automatisch entsprechend der zur Verfügung stehenden Antriebsleistung ein. Sie liegt 1 bis 3% über der Synchrondrehzahl. Der Asynchrongenerator eignet sich gut für unbemannte kleine Wasserkraftwerke, besonders da er keinerlei Regelorgane für Frequenz und Spannung braucht.

Der Asynchrongenerator kann in Verbindung mit Kondensatoren zur Selbsterregung kommen und Spannung halten, jedoch macht man hiervon sehr wenig Gebrauch. Er erregt sich im Leerlauf auf jene Spannung, bei der sein Blindlastbedarf genau gleich ist der Blindleistungsabgabe des parallel liegenden Kondensators [38–40].

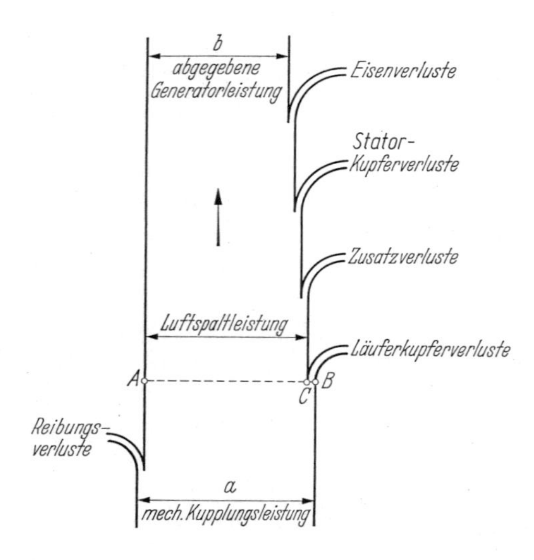

Abb. 60. Wirkleistungsfluß der Asynchronmaschine als Generator. Strecke AC entspricht der synchronen Drehzahl, Strecke AB der wirklichen Drehzahl und Strecke BC dem Schlupf. Wirkungsgrad $\eta = b/a$

2.2.5 Einphasenasynchronmotor

Der normale Drehstromasynchronmotor läuft als Einphasenmotor weiter, wenn bei Lauf einer der drei Netzanschlüsse unterbrochen wird. Die thermische Leistungsfähigkeit sinkt um etwa 30 bis 40 % und der Leistungsfaktor geht um einen kleinen Betrag zurück. Da sich das Kippmoment beträchtlich, und zwar auf etwa die Hälfte verringert, muß die Leistung der Maschine u. U. sogar um 40 bis 50 % zurückgesetzt werden. Der Ständer des Einphasenmotors besitzt häufig eine normale Drehstromwicklung. Der eine Strang dient als Hilfswicklung zum Anlassen und die beiden anderen in Reihe geschalteten Stränge sind die eigentliche Haupt- oder Arbeitswicklung. Haupt- und Hilfswicklung können natürlich auch verschiedenartig ausgeführt werden. Ihre Achsen stehen aufeinander senkrecht.

Der im Stillstand ohne Hilfsphase an das Netz gelegte Einphasenmotor entwickelt kein Drehmoment. Das auftretende Wechselfeld kann in zwei gegenläufige Drehfelder zerlegt werden; beide wirken mit gleichem, aber entgegengesetztem Drehmoment auf den Läufer ein. Sobald der Anker durch äußeren Antrieb oder bei Leerlauf durch eigene kleine Pendelungen in irgendeiner Drehrichtung angeworfen wird, wächst das mitläufige Drehfeld an, das gegenläufige wird kleiner und es ergibt sich ein überschießender Drehmomentbetrag in Drehrichtung, der beschleunigend auf den Anker einwirkt. Dieser läuft unter ständig anwachsendem Drehmoment hoch. Das Drehmoment erreicht einen Höchstwert und wird kurz vor Synchronismus zu Null. Praktisch erreicht der Motor die synchrone Drehzahl. Bei dieser und in ihrer Nähe ist das Gegendrehfeld fast verschwunden, das Mitdrehfeld hat seinen vollen Wert erreicht und ist genau so stark wie das einer Drehstrommaschine, die an einer verketteten Spannung gleich der einphasigen Spannung des Einphasenmotors liegt.

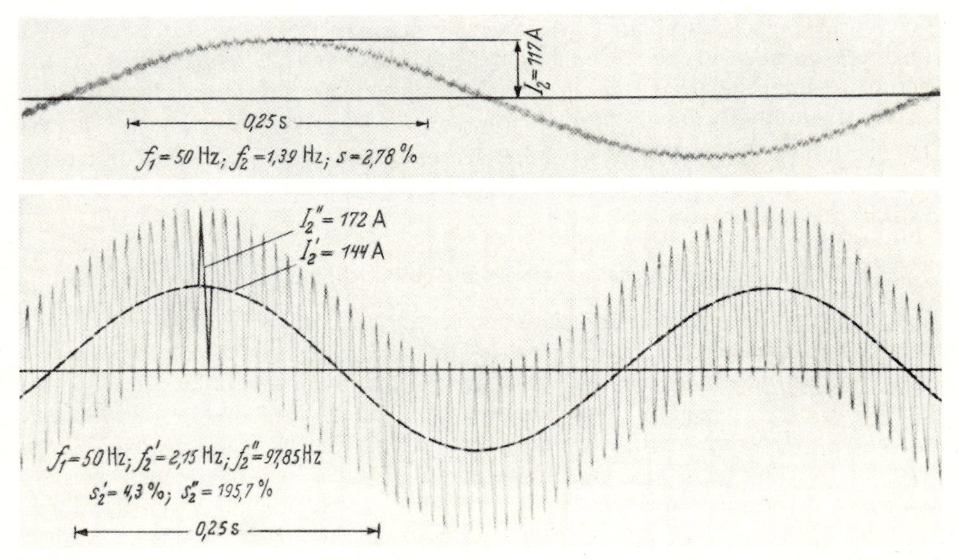

Abb. 61. Oszillogramme des Sekundärstroms eines Asynchronmotors bei **a** dreiphasiger und **b** bei einphasiger Speisung bei gleichem Belastungsmoment

Der einphasige Motor besitzt also im Stillstand ein reines Wechselfeld, im Anlauf ein elliptisches Drehfeld und bei Leerlauf und Betriebsdrehzahl ein nahezu kreisförmiges Drehfeld.

Im Anker fließen zwei ganz verschiedene Ströme, von denen der eine Schlupffrequenz hat, während die Frequenz des anderen nahezu doppelte Netzfrequenz ist. Genau beträgt sie: (Doppelte Netzfrequenz—Schlupffrequenz). Die beiden Ströme sind praktisch gleich groß, der höherfrequente Strom ist etwas größer als der andere. Bei Leerlauf verschwindet der schlupffrequente Strom, während der andere dem halben Ständerstrom das magnetische Gleichgewicht hält. Daher muß auch der Leerlaufstrom, der dem Netz entnommen wird, größer als bei Dreiphasenbetrieb sein, wo eine gegenmagnetisierende Ankerrückwirkung im Leerlauf nicht auftritt. Der Leerlaufstrom ist rund $\sqrt{3}$mal so groß wie bei Dreiphasenmaschinen. Öffnet man dagegen den Ankerkreis der Einphasenmaschine, so daß die Gegen-AW des Ankers entfallen, so sinkt der Leerlaufstrom auf die Hälfte; die Maschine arbeitet wieder mit einem reinen Wechselfeld, und an den Schleifringen tritt eine hohe Spannung doppelter Netzfrequenz auf. Die Ankerkupferverluste errechnen sich aus Phasenzahl mal Widerstand mal Summe der Quadrate beider Ankerströme. Sie sind mehr als doppelt so hoch wie die eines mit gleichem Drehmoment belasteten Drehstrommotors. Der zeitliche Verlauf des Ankerstroms ist aus dem Oszillogramm der Abb. 61 zu erkennen. Errechnet werden die Verluste im Anker am besten zu: $P_{\mathrm{Cu},2} \approx P_{\mathrm{L}} \cdot (1 - v^2)$, wobei $v = (1 - s)$ und P_{L} die Luftspaltleistung ist. Bei kleinen Schlüpfen kann statt $(1 - v^2)$ auch in guter Annäherung $2s$, also der doppelte Schlupf gesetzt werden, so daß

$$P_{\mathrm{Cu},2} \approx P_{\mathrm{L}} \cdot 2s$$

wird. Wie beim Diagramm gezeigt wird, kann $(1 - v^2)$ als „scheinbarer Schlupf" in derselben Weise wie der wahre Schlupf des Drehstrommotors, und zwar einer Geschwindigkeitsquadratlinie entnommen werden. Die Näherungsformeln versagen im Synchronismus, wo sich rechnungsmäßig die Läuferverluste Null ergeben, obwohl der Strom doppelter Netzfrequenz geringe Verluste hervorruft.

Der Kurzschlußstrom des Einphasenmotors ist kleiner als der des entsprechenden Drehstrommotors; er beträgt $^1/_2 \sqrt{3}$, also rund 87% desselben. Bei Motoren mit Hilfsphase unterscheidet man zwei Kurzschlußströme, die in getrennten Kurzschlußversuchen ermittelt werden.

2.2.5.1. Diagramm des Einphasenmotors ohne Hilfswicklung

Das Kreisdiagramm des Einphasenmotors, der nur mit einer Wicklung am Netz liegt, läßt sich in ähnlicher Weise wie jenes des Drehstrommotors aufzeichnen (Abb. 62). Man trägt den Leerlaufstrom und den Kurzschlußstrom unter Berücksichtigung des $\cos\varphi_0$ und des $\cos\varphi_{\mathrm{k}}$ auf. Den Mittelpunkt M und den Punkt P_∞ findet man, wobei man nur einen kleinen Fehler begeht, auf die gleiche Weise wie beim Drehstrommotor. Besonders aufmerksam sei darauf gemacht, daß das Kreisbogenstück zwischen P_{k} und P_∞ nicht vorhanden ist, weil es keinen Lauf gegen das Drehfeld gibt, da dieses sich immer im Sinne der mechanischen Drehrichtung des Läufers dreht. Bezeichnet man die senkrecht zu P_0M gemessenen Abstände des Punkts P von den beiden Geraden P_0P_{k} und P_0P_∞ mit a und b, so ist die mechanische

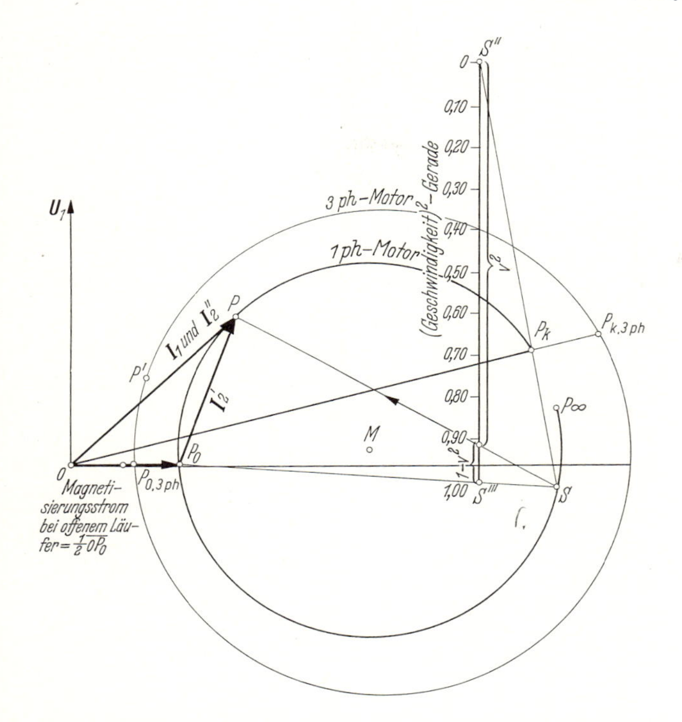

Abb. 62. Kreisdiagramm des Einphasenasynchronmotors mit zum Vergleich eingetragenen Kreis des Dreiphasenmotors. (Man beachte, daß der Leistungsmaßstab beim 1_{ph}-Motor kleiner als beim 3_{ph}-Motor ist. Punkt P' entspricht dem gleichen Moment wie Punkt P).

Leistung a und das Drehmoment $\sqrt{ab}$ proportional [41]. Die Schlupflinie wird beim Einphasenmotor durch die Geschwindigkeitsquadratlinie ersetzt. Diese wird in der gleichen Weise wie die Schlupflinie beim Drehstrommotor eingetragen, nur entspricht der dortige Abschnitt s nunmehr dem Wert $(1 - v^2)$ und der dortige Restabschnitt $(1 - s) = v$ jetzt dem Wert v^2. v stellt das Verhältnis (Motordrehzahl) :(Synchrondrehzahl) dar. $(1 - v^2)$ ist gleich dem Produkt des Schlupfs gegenüber dem Mitfeld s und des Schlupfs gegenüber dem Gegenfeld $(2 - s)$, wie aus der Beziehung $s = (1 - v)$ und $(2 - s) = (1 + v)$ ohne weiteres ersichtlich ist. Für Geschwindigkeiten in der Nähe der synchronen Drehzahl wird $(1 - v^2)$ angenähert zu $2s$; man kann daher für Punkte zwischen Leerlauf und Vollast den Schlupf wie beim Drehstrommotor entnehmen, muß aber den abgegriffenen Wert durch 2 teilen. Die Läuferkupferverluste werden praktisch genau erhalten, wenn man den „scheinbaren Schlupf", also $(1 - v^2)$ abgreift und mit diesem Wert die Luftspaltleistung $P_{\mathrm{L}} = P_1 - P_{\mathrm{V,\,stator}}$ malnimmt. Man sieht, wie oben bereits angegeben, daß die Kupferverluste des Läufers praktisch mit dem doppelten Schlupf zu errechnen sind.

Der Ständerstrom, der Leistungsfaktor und die Netzleistungsaufnahme können dem Kreis zu jedem Betriebspunkt P entnommen werden. Die mechanische Nutzleistung wird angenähert mittels der Leistungslinie P_0P_{k} abgegriffen. Das Drehmoment muß dagegen über den Wirkungsgrad bestimmt werden.

Der Läuferstrom von Schlupffrequenz I_2' und der Läuferstrom von fast doppelter Netzfrequenz I_2'' können in guter Annäherung als die Strecken PP_0 und PO dem Kreisbild entnommen werden.

Die Maßstäbe berechnet man zu:

Primärer Strommaßstab . . . . . 1 mm = a_1A (frei wählbar).

Sekundärer Strommaßstab . . . . 1 mm = $a_2\text{A} = a_1 \dfrac{U_{\text{netz}}}{\sqrt{3}\,U_{\text{schl, max}}}$.

Leistungsmaßstab . . . . 1 mm = $w\text{W} = U_{\text{netz}} a_1$.

Unter $U_{\text{schl, max}}$ ist die bei Messung der Übersetzung im Stillstand zwischen den Schleifringen auftretende Höchstspannung zu verstehen, die bei Speisung des Ständers mit der Netzspannung U_{netz} gemessen wird, wenn man den Anker so lange verdreht, bis der Ausschlag am Spannungsmesser am größten wird.

2.2.5.2 Kurzschlußdiagramm des Motors mit Hilfsphase

Das reine Wechselfeld des nur über eine Hauptwicklung gespeisten, stillstehenden Einphasenmotors kann in ein mehr oder weniger vollkommenes Drehfeld umgewandelt werden, wenn auch durch die senkrecht zur Hauptwicklung liegende Hilfswicklung Strom geleitet wird, der gegen den Strom der Hauptwicklung eine Phasenverschiebung von möglichst 90° besitzt. Abbildung 63 zeigt die entsprechende Schal-

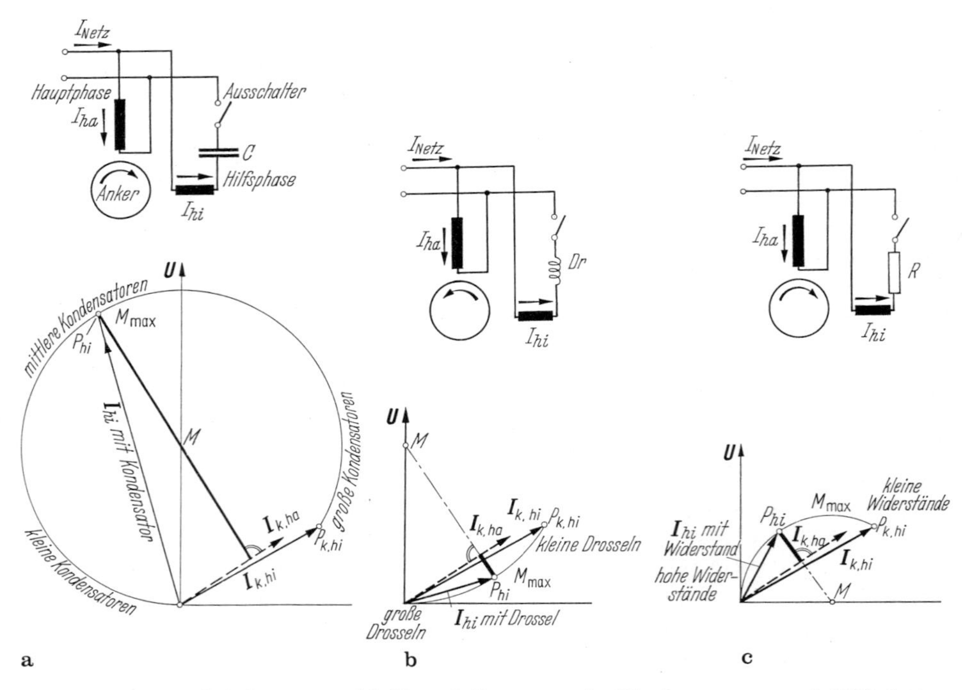

Abb. 63 a–c. Anlaufschaltungen und Stillstandsdiagramme des Einphasenmotors mit Hilfsphase. In den Diagrammen sind die Punkte des höchsten Anlaufmoments eingetragen; die Momente werden durch die stark ausgezogenen Strecken wiedergegeben.

tung. Zur Erzielung einer Phasenverschiebung legt man vor die Hilfsphase entweder einen Ohmschen, induktiven oder kapazitiven Widerstand. Die Fläche des Dreiecks, welches durch den Kurzschlußstrom $\boldsymbol{I}_{\mathrm{k,ha}}$ der Hauptwicklung und den phasenverschobenen Anlaufstrom $\boldsymbol{I}_{\mathrm{hi}}$ der Hilfswicklung begrenzt wird, ist ein Maß für das entwickelte Anlaufdrehmoment. Die Größe dieser Fläche ist direkt proportional dem senkrechten Abstand des Anlaufpunkts P_{hi} vom Stromvektor $I_{\mathrm{k,ha}}$. Dieser Punkt wandert beim Vorschalten eines rein Ohmschen Widerstands R_{vor} vor die Hilfswicklung auf einem Kreis, der durch den Kurzschlußpunkt $P_{\mathrm{k,hi}}$ der Hilfswicklung und den Nullpunkt geht und dessen Mittelpunkt auf der Nullinie liegt. Der Anlaufpunkt nähert sich dem Nullpunkt um so mehr, je größer der vorgeschaltete Widerstand ist (Abb. 63c).

Bei Verwendung einer verlustlosen Drosselspule wandert der Anlaufpunkt P_{hi} auf einem Kreis, der wiederum durch $P_{\mathrm{k,hi}}$ und 0 geht, dessen Mittelpunkt aber auf der Senkrechten durch 0 liegt. Er nähert sich mit wachsendem, induktivem Widerstand der Drossel dem Nullpunkt von rechts her. Wird statt der Drossel ein Vorschaltkondensator benutzt, so gilt als geometrischer Ort für den Anlaufpunkt derselbe Kreis, jedoch nähert sich der Anlaufpunkt bei wachsendem, kapazitivem Widerstand dem Nullpunkt über den oberen Teil des Kreises (Abb. 63b, a).

Man erhält die Punkte des höchsten Anlaufdrehmoments in den drei verschiedenen Schaltungen, wenn man vom Mittelpunkt M des Kreises für den Strom der Hilfswicklung das Lot auf den Stromvektor $\boldsymbol{I}_{\mathrm{k,ha}}$ der Hauptphase fällt und dieses bis zum Schnitt mit dem Kreise verlängert. Der Schnittpunkt ist der gesuchte, beste Anlaufpunkt. Zur Erzielung des höchsten Anfahrdrehmoments bemißt man die vorzuschaltenden Widerstände nach folgenden Formeln:

$$\text{a)}\quad R_{\mathrm{vor}} = \frac{U_{\mathrm{netz}}}{I_{\mathrm{k,\,hi}}}\left(\frac{\sin\varphi_{\mathrm{ha}}\sin\varphi_{\mathrm{hi}}}{1-\cos\varphi_{\mathrm{ha}}} - \cos\varphi_{\mathrm{hi}}\right) \approx \frac{U_{\mathrm{netz}}}{I_{\mathrm{k,\,hi}}}\,.$$

Die Spannung am Widerstand R_{vor} beträgt rund 57% der Netzspannung und der Strom im Widerstand rund 57% des Kurzschlußstroms der Hilfswicklung, wenn $\cos\varphi_{\mathrm{ha}} \approx \cos\varphi_{\mathrm{hi}} \approx 0{,}5$.

$$\text{b)}\quad X_{\mathrm{drossel}} = \frac{U_{\mathrm{netz}}}{I_{\mathrm{k,\,hi}}}\left(\frac{\cos\varphi_{\mathrm{ha}}\cos\varphi_{\mathrm{hi}}}{1-\sin\varphi_{\mathrm{ha}}} - \sin\varphi_{\mathrm{hi}}\right) \approx \frac{U_{\mathrm{netz}}}{I_{\mathrm{k,\,hi}}}\,.$$

Die Spannung der Drosselspule beträgt rund 57% der Netzspannung und der Strom rund 57% des Kurzschlußstroms der Hilfswicklung.

$$\text{c)}\quad X_{\mathrm{kondensator}} = \frac{1}{2\pi f C} = \frac{U_{\mathrm{netz}}}{I_{\mathrm{k,hi}}}\left(\frac{\cos\varphi_{\mathrm{ha}}\cos\varphi_{\mathrm{hi}}}{1+\sin\varphi_{\mathrm{ha}}} + \sin\varphi_{\mathrm{hi}}\right) \approx \frac{U_{\mathrm{netz}}}{I_{\mathrm{k,hi}}}\,.$$

Die Spannung am Kondensator beträgt rund $U_{\mathrm{netz}}/\cos\varphi_{\mathrm{hi}}$ und der Strom rund $I_{\mathrm{k,hi}}/\cos\varphi_{\mathrm{hi}}$.

Es bedeuten: U_{netz} die Netzspannung des Einphasenmotors, $I_{\mathrm{k,hi}}$ den Kurzschlußstrom der an voller Spannung liegenden Hilfswicklung, $\cos\varphi_{\mathrm{hi}}$ den dazugehörigen Leistungsfaktor und $\cos\varphi_{\mathrm{ha}}$ den Kurzschlußleistungsfaktor der Hauptwicklung. Die jeweils rechts angegebenen Näherungsformeln gelten ganz genau, wenn die Kurzschluß-Leistungsfaktoren von Haupt- und Hilfswicklung miteinander übereinstimmen. Man kann folgende einfache Regel ableiten:

Der vorzuschaltende Widerstand Ohmscher, induktiver oder kapazitiver Art muß genau so groß sein wie der Kurzschlußscheinwiderstand der Hilfswicklung. Er muß also einen Ohmwert besitzen gleich $U_{netz}/I_{k,hi}$.

2.2.5.3 Erzielung des höchsten Anfahrdrehmoments

Man erhält die höchsten Anfahrdrehmomente im allgemeinen mit Kondensatoren. Ein Ohmscher Widerstand ist der Drossel vorzuziehen, wenn der Kurzschlußleistungsfaktor der Hauptwicklung unter 0,7 liegt. Eine Drossel gibt höhere Momente als der Widerstand, wenn der Kurzschlußleistungsfaktor der Hauptwicklung über 0,7 liegt. Zu bemerken ist, daß eine Drossel Anlauf in der einen, Widerstand und Kondensator Anlauf in der anderen Richtung ergeben. Die Umkehr der Drehrichtung erfolgt durch Vertauschen der Anschlüsse einer der beiden Wicklungen.

Einphasenmotoren mit Kondensatoren laufen häufig bei voller Drehzahl mit einem Teil des Kondensators in der Hilfsphase weiter. Bei Verwendung von Drossel oder Widerstand muß dagegen die Hilfsphase unbedingt nach erfolgtem Hochlauf durch einen einpoligen Schalter abgetrennt werden.

Außer den behandelten Schaltungen gibt es noch eine Reihe anderer Anforderungen, von denen nur jene erwähnt werden mögen, bei denen man zwei Phasen eines normal gewickelten Drehstrommotors in Sternschaltung als Hauptwicklung benutzt, während man die dritte Motorklemme über Widerstand, Drossel oder Kondensator an eine der beiden Netzleistungen anschließt. Die dritte Ständerphase, die also die Hilfswicklung darstellt, liegt dann mit dem anderen Ende am Mittelpunkt der Hauptphase.

2.2.6 Periodenwandler

Die Schaltung der Asynchronmaschine als Perioden- oder Frequenzwandler ist in Abb. 64a und b dargestellt. Bei Frequenzerhöhung (b) benötigt der Umformer einen

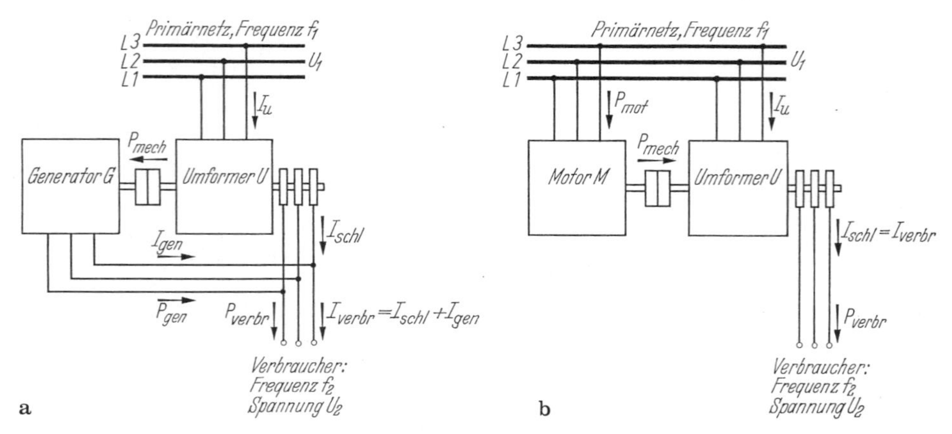

Abb. 64. Schaltung des Periodenwandlers. Schaltung **a**: Frequenzverringerung $f_2 < f_1$; Schaltung **b**: Frequenzerhöhung $f_2 > f_1$

motorischen Antrieb, bei der Frequenzverringerung (a) muß er dagegen durch einen Generator gebremst werden. Die Drehzahl beider Maschinen in U/min ist:

$$n = (f_1 - f_2) \cdot \frac{120}{2p_u},$$

wobei

f_1 = primäre Netzfrequenz,
f_2 = Verbraucherfrequenz,
$2p_u$ = Polzahl des Umformers ist.

Eine negative Drehzahl bedeutet Lauf gegen das Drehfeld, eine positive dagegen Lauf mit dem Feld.

Die Wirk- und Blindleistungen verteilen sich bei verlustlosen Maschinen entsprechend der Darstellung in Abb. 65a und b. Es gelten die Gleichungen:

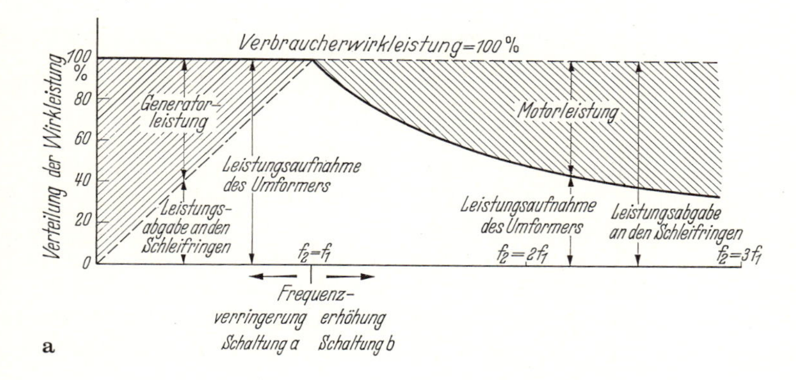

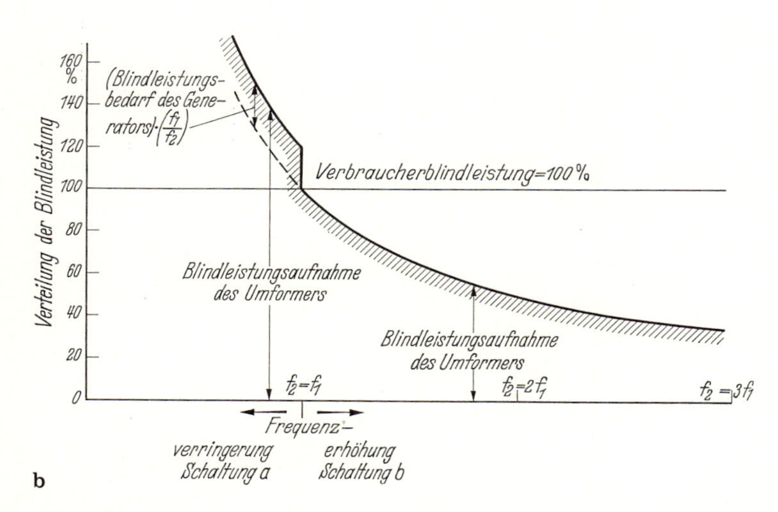

Abb. 65. Verteilung der **a** Wirk- und **b** Blindleistungen beim verlustlosen Periodenwandler

1. Frequenzerniedrigung, also $f_2 < f_1$ (Schaltung a)

$$P_{\text{wirk, Umformer}} = P_{\text{wirk, Verbraucher}},$$

$$P_{\text{blind, Umformer}} = P_{\text{blind, Verbraucher}} \cdot \frac{f_1}{f_2} + P_{\text{blind, Generator}} \cdot \frac{f_1}{f_2},$$

$$P_{\text{wirk, Generator}} = \left(1 - \frac{f_2}{f_1}\right) \cdot P_{\text{wirk, Verbraucher}}\,.$$

2. Frequenzerhöhung, also $f_2 > f_1$ (Schaltung b)

$$P_{\text{wirk, Umformer}} = \frac{f_1}{f_2} \cdot P_{\text{wirk, Verbraucher}},$$

$$P_{\text{blind, Umformer}} = \frac{f_1}{f_2} \cdot P_{\text{blind, Verbraucher}},$$

$$P_{\text{wirk, Motor}} = \left(1 - \frac{f_1}{f_2}\right) \cdot P_{\text{wirk, Verbraucher}}\,.$$

Wegen der unvermeidlichen Verluste weichen die tatsächlich auftretenden Leistungen nicht unbeträchtlich von diesen Werten ab.

2.2.6.1 Prüfung

Die Prüfung des Periodenwandlers besteht in der Vornahme von Leerlauf und Kurzschluß bei der Betriebsdrehzahl. Diese Versuche sind zur Zeichnung des Diagramms erforderlich. Ergänzt werden sie durch die Messung der Übersetzung bei Stillstand und den Kurzschlußversuch bei Stillstand. Wenn möglich, wird der Wandler mit richtigem sekundärem Leistungsfaktor belastet. Der Dauerlauf wird immer gefahren, wobei besonders der Eisenerwärmung des Läufers Aufmerksamkeit zu schenken ist. Die unter Umständen recht hohe Sekundärfrequenz hat beträchtliche Eisenverluste zur Folge.

Der Leerlaufversuch. Zuerst wird die Übersetzung des stillstehenden Periodenwandlers wie bei einem normalen Asynchronmotor bestimmt, indem man die zugeführte Netzspannung U_1 und die induzierte Schleifringspannung $U_{2,0}$ mißt. Man errechnet die Stillstandsübersetzung zu:

$$\ddot{u}_{\text{still}} = \frac{\text{Netzspannung}}{\text{Schleifringspannung}},$$

wobei man die Schaltung von Läufer und Ständer unberücksichtigt läßt.

Anschließend wird derselbe Versuch bei Lauf mit Nenndrehzahl vorgenommen. Die Übersetzung hat sich nunmehr im Verhältnis der Frequenzwandlung verändert. Sie beträgt:

$$\ddot{u}_{\text{lauf}} = \frac{\text{Netzspannung}}{\text{Schleifringspannung bei Lauf}} = \ddot{u}_{\text{still}} \cdot \frac{f_1}{f_2}\,.$$

Die gemessene Leistungsaufnahme dient im wesentlichen zur Deckung der Eisenverluste. Die Reibungsverluste und der restliche Teil der Eisenverluste werden von der Antriebsmaschine her gedeckt.

Der Kurzschlußversuch. Außer der normalen Kurzschlußprobe bei stillstehender Maschine, die in der gleichen Weise wie bei jedem Asynchronmotor vorgenommen wird, erfolgt noch die Vornahme eines zweiten Kurzschlusses bei Nenndrehzahl. Das Primärnetz wird erst eingeschaltet, wenn der sekundär kurzgeschlossene Wandler auf Nenndrehzahl hochgefahren worden ist. Man vermeidet auf diese Weise, daß er unter Umständen auf seine eigene synchrone Drehzahl hochläuft. Bei beiden Kurzschlußversuchen wird die Leistung, der Strom und nach Möglichkeit auch der Strom der Sekundärseite gemessen [17, 18].

2.2.7 Synchronisierte Asynchronmaschine

Jede Asynchronmaschine kann durch Erregung des Sekundärkreises mit Gleichstrom synchronisiert werden und als Synchronmotor oder Synchrongenerator Verwendung finden. Eine solche Maschine vereinigt die Vorzüge beider Gattungen. Der Anlauf erfolgt mittels Anlasser bei kleinen Strömen mit beliebig starken Drehmomenten bis zur Höhe des asynchronen Kippmoments, und bei Lauf kann der Leistungsfaktor bei entsprechender Auslegung auf jeden gewünschten Wert, insbesondere auf 1,0 oder voreilende Werte eingestellt werden. Nachteilig ist das geringe synchrone Kippmoment dieser Maschinen, dessen Ursache im kleinen Luftspalt begründet liegt. Durch Vergrößerung desselben oder durch Übererregung kann der Wert des Kippmoments allerdings auf das 1,3- bis 1,4fache Nennmoment und darüber heraufgesetzt werden. Durch Parallelschalten zweier Läuferphasen oder Kurzschluß einer einzigen zwischen Ring und Sternpunkt erreicht man die bei Synchronmaschinen stets erwünschte Dämpferwirkung.

2.2.7.1 Schaltung

Die Schaltung der synchronisierten Asynchronmaschine ist in Abb. 66 dargestellt, und zwar für die meist gebräuchliche Sternschaltung des Sekundärkreises. Bei größeren Maschinen liegt der Sekundärkreis beim Anlauf zur Vermeidung zu hoher Läuferspannungen meistens in Dreieck; bei Betrieb erfolgt dann die Umschaltung mittels einer Schaltwalze in Stern. Seltener verwendet man die Dreieckschaltung des Ankers.

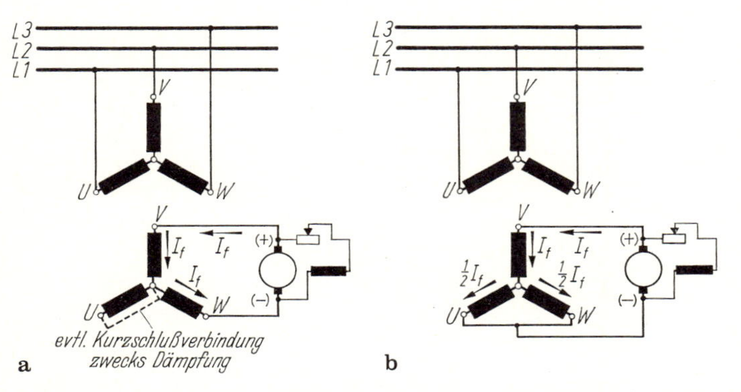

Abb. 66. Schaltung der synchronisierten Asynchronmaschine. **a** Erregung über 2 Ringe oder **b** über 3 Ringe. Erregerstrom im Fall a) $\sqrt{1,5} = 1,23$mal, im Falle b) $\sqrt{2} = 1,41$mal so groß wie dreiphasiger Sekundärstrom

Grundsätzliche Unterschiede bestehen, unabhängig von der Läuferschaltung, nur darin, ob der Erregerstrom über einen Ring zu- und über einen zweiten Ring abgeführt wird, wobei der dritte Ring also stromlos bleibt, oder aber, ob der Strom über zwei durch einen Kurzschluß verbundene Ringe abfließt. Der erste Fall soll Reihen- und der zweite Parallelerregung genannt werden. In manchen Fällen, wenn die Netzspannung klein ist und voreilender cos φ verlangt wird, vertauschen Ständer und Läufer die Rollen. Der Läufer wird ans Netz gelegt und der Ständer erregt. Dies hat den Vorzug der besseren Ausnützung des zur Verfügung stehenden Wickelraums.

Die synchronisierte Maschine wird sowohl als Asynchronmaschine wie auch als Synchronmaschine geprüft. Am besten erfolgt die Niederschrift der Versuchsergebnisse in zwei entsprechenden Prüfungsnachweisen. Die einzelnen Proben sind also folgende: Messung der Übersetzung und Vornahme des Leerlauf-, Kurzschluß- und Belastungsversuchs als Asynchronmotor und anschließend Leerlauf-, Kurzschluß- und Lastversuch mit Gleichstromerregung als Synchronmaschine. Die Belastungsaufnahmen als Synchronmaschine erfolgen mit konstanter Erregerstromstärke, wenn es sich um einen Motor handelt, da dieser meistens mit fest eingestelltem Vollasterregerstrom läuft. Die Prüfung eines Generators geschieht mit konstanten Leistungsfaktoren. Nötig sind die Belastungsaufnahmen im Synchronbetrieb nicht, da die graphische Bestimmung des Erregerstroms bei gegebenem Leistungsfaktor und umgekehrt des Leistungsfaktors bei gegebenem Erregerstrom leicht und sicher erfolgen kann.

2.2.7.2 Diagramm

Das Diagramm der synchronisierten Maschine wird zweckmäßigerweise aus dem Diagramm der Asynchronmaschine entwickelt, woraus das verschiedenartige Ver-

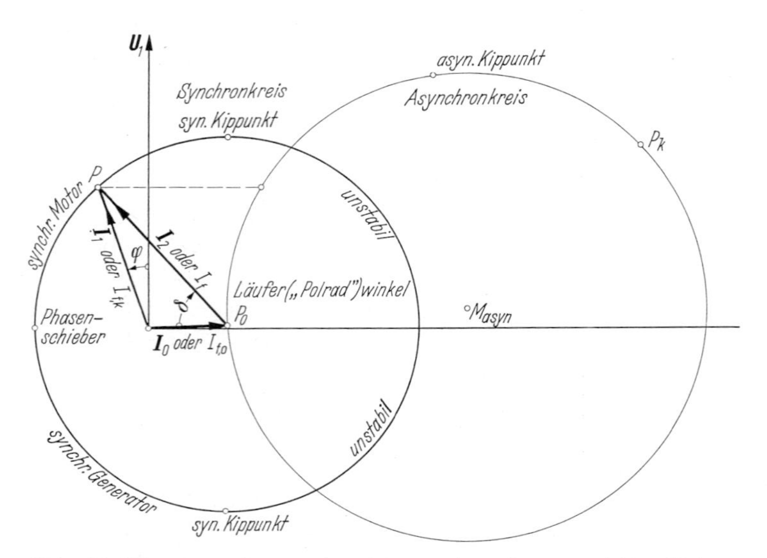

Abb. 67. Diagramm der synchronisierten Asynchronmaschine. (Dünn ausgezogen das Diagramm als normale Asynchronmaschine.)

halten in beiden Betriebsarten unmittelbar zu ersehen ist. Abbildung 67 zeigt die beiden miteinander vereinigten Diagramme, die aus den Meßergebnissen des asynchronen Leerlaufs und des asynchronen Kurzschlusses gezeichnet werden können. Das Asynchronkreisbild ist nach den Angaben des Abschnitts 2.2.2 gezeichnet und in der Darstellung zur Unterscheidung vom Synchronkreisbild nur schwach ausgezogen. Letzteres ist ein Kreis, der den Leerlaufpunkt P_0 zum Mittelpunkt und den Erregerstrom zum Radius hat.

Der Synchronkreis geht durch den gewünschten Betriebspunkt P. Den Maßstab für den Erregerstrom gewinnt man auf Grund folgender Überlegung: Der Zustand bei Reihenerregung ist identisch mit jenem Augenblickszustand bei Asynchronbetrieb, wo der Läuferstrom in einer Zuleitung gleich Null, in der zweiten gleich $+0{,}866 \cdot I_{max}$ und in der dritten gleich $-0{,}866 \cdot I_{max}$ ist. Bei der Parallelerregung ist der gleichwertige Augenblickszustand derjenige, wo in einer Zuleitung $+I_{max}$ und in beiden anderen je $-0{,}5 \cdot I_{max}$ fließt. Daraus ergibt sich, daß der gleichwertige Gleichstrom bei Speisung über zwei Schleifringe $0{,}866 \cdot \sqrt{2} = 1{,}23$mal und bei Speisung über drei Schleifringe $\sqrt{2} = 1{,}41$mal so groß wie der effektive Läuferwechselstrom sein muß. Der Erregerstrommaßstab ergibt sich also zu:

bei Reihenerregung über zwei Ringe

$$\text{Erregerstrommaßstab} = \text{Sekundärwechselstrommaßstab} \cdot 1{,}23$$

und
bei Parallelerregung über drei Ringe

$$\text{Erregerstrommaßstab} = \text{Sekundärwechselstrommaßstab} \cdot 1{,}41.$$

Der Sekundärwechselstrommaßstab ist in allen beiden Fällen, wie hier nochmals angegeben sei, zu bestimmen aus:

$$\text{Sekundärwechselstrommaßstab} = \text{Netzstrommaßstab} \cdot \frac{\text{Netzspannung}}{\text{Schleifringspannung}};$$

Schleifringspannung ist die bei Stillstand an den Ringen zu messende Spannung bei Betriebsschaltung des Läufers. Als Erregerstrom gilt der der Erregerquelle zu entnehmende Strom, als Sekundärwechselstrom der in den Zuleitungen zu den Schleifringen fließende Strom und als Netzstrom der in den Netzzuleitungen auftretende Strom. Die Phasenströme, die bei Dreieckschaltung im Verhältnis $1:\sqrt{3}$ kleiner als die Linienströme sind, werden also nicht betrachtet.

Statt vom Primärstrommaßstab kann man aber auch wie bei den Synchronmaschinen vom Erregerstrommaßstab ausgehen, aus dem sich dann der Netzstrommaßstab durch Multiplikation mit $I_0/I_{f,0}$ oder mit $I_{nenn}/I_{f,k}$ ergibt. $I_{f,0}$ ist der Leerlauf- und $I_{f,k}$ der Kurzschlußerregerstrom, I_0 der asynchrone Netzleerlaufstrom und I_{nenn} der Netznennstrom.

Die erforderliche Erregerleistung ist, vom Einfluß der Verluste durch die Bürsten und die beiden Zuleitungen abgesehen, unabhängig von der Art der Erregerschaltung. Die Erregerspannung berechnet man aus Strom mal wirksamem Widerstand plus doppelter Wert des Abfalls in einer Bürste und einer Zuleitung. Hierfür kann man insgesamt 1,0 V einsetzen, wenn man für jede Bürste 0,3 und jede Zuleitung 0,2 V einsetzt. Wenn R_{schl} der Widerstand zwischen zwei Schleifringen in der normalen Läuferschaltung ist, dann beträgt die Erregerspannung:

$$\text{Erregerspannung} = \text{Erregerstrom} \cdot R_{schl} + 1{,}0 \text{ in Reihenerregung,}$$

$$\text{Erregerspannung} = \text{Erregerstrom} \cdot \frac{3}{4} \cdot R_{schl} + 1{,}0 \text{ in Parallelerregung.}$$

Zum schnellen Überschlagen des Erregerstroms, der benötigt wird, wenn man einen Asynchronmotor synchronisiert mit $\cos\varphi = 1{,}0$ fahren will, kann man folgende Formeln benutzen:
bei Reihenerregung über zwei Ringe

$$I_f = 1{,}23 \cdot \frac{P}{\sqrt{3}\, U_{schl} \eta \cos\varphi_{as}} \cdot 780 \cdot N\,,$$

bei Parallelerregung über drei Ringe

$$I_f = 1{,}41 \cdot \frac{P}{\sqrt{3}\, U_{schl} \eta \cos\varphi_{as}}\,.$$

Hierbei bedeuten: P die Leistungsabgabe, U_{schl} die Spannung zwischen zwei Schleifringen bei Stillstand in der betriebsmäßigen Läuferschaltung und η und $\cos\varphi_{as}$ Wirkungsgrad und Leistungsfaktor als Asynchronmotor. Beispielsweise muß ein Asynchronmotor für 375 kW, dessen Läuferstillstandsspannung 780 V, dessen Wirkungsgrad 92,5% und dessen Leistungsfaktor 0,85 beträgt, über zwei Ringe mit 435 A oder über drei Ringe mit 500 A erregt werden.

2.2.7.3 Überlastbarkeit

Die Betrachtung der beiden Kreise für den synchronen und den asynchronen Betrieb zeigt, daß die *Überlastbarkeit* der synchronisierten Maschine erheblich kleiner ist, aber durch Verschieben des Nennlastpunkts P gegenüber dem Leerlaufpunkt P_0 nach links gesteigert werden kann. Höhere Erregung ist nötig, ob man nun diese Verschiebung durch Lauf mit voreilendem $\cos\varphi$ oder durch Vergrößerung des Leerlaufstroms infolge entsprechender Vergrößerung des Luftspalts erzielt.

Die Überlastbarkeit als Synchronmaschine läßt sich bei Betrieb mit $\cos\varphi = 1{,}0$ leicht überschlagen zu $ü = M_{kipp}/M_{nenn} = 1/\cos\varphi_{as}$. Obiger Motor würde also eine Überlastbarkeit von $1/0{,}85 = 1{,}17$ besitzen. Bei Betrieb mit einem beliebigen, voreilenden $\cos\varphi_{syn}$ kann man die Überlastbarkeit bestimmen zu:

$$ü = \frac{M_{kipp}}{M_{nenn}} \approx \frac{I_f}{I_{f,k} \cdot \cos\varphi_{syn}}\,,$$

wobei I_f der tatsächliche Erregerstrom und $I_{f,k}$ der bei Kurzschluß mit Nennstrom benötigte Erregerstrom ist.

Wenn man den asynchronen Leerlaufstrom I_0 und den Wirkstrom I_w kennt, kann man $ü$ in Abhängigkeit vom synchronen $\cos\varphi_{syn}$ berechnen zu:

$$ü = \frac{M_{kipp}}{M_{nenn}} \sqrt{\frac{1}{\cos\varphi_{syn}^2} + \left(\frac{I_0}{I_w}\right)^2 + 2 \cdot \frac{I_0}{I_w} \cdot \tan\varphi_{syn}} = \sqrt{1 + \left(\frac{I_0}{I_w} + \tan\varphi_{syn}\right)^2}\,.$$

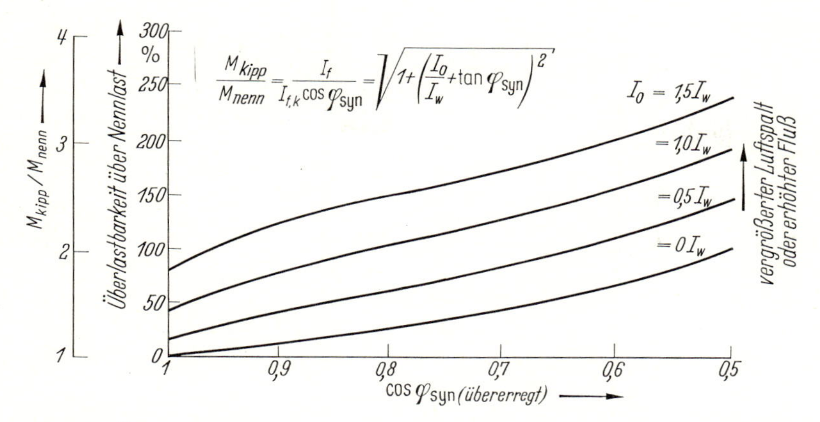

Abb. 68. Überlastbarkeit der synchronisierten Asynchronmaschine in Abhängigkeit vom Verhältnis (Leerlaufstrom: Wirkstrom) und vom synchronen Leistungsfaktor

Man sieht, daß hohe Leerlaufströme, also große Luftspalte, und stark voreilender Phasenwinkel das Kippmoment im günstigen Sinne beeinflussen. In Abb. 68 sind die angegebenen Beziehungen kurvenmäßig dargestellt.

Allzu ängstlich braucht man wegen der geringen synchronen Überlastbarkeit nicht zu sein, wenn man in Parallelschaltung oder mit einer in sich kurzgeschlossenen Läuferphase arbeitet, da die aus dem Tritt gefallene Maschine eine hohe asynchrone Überlastbarkeit besitzt und nach Rückgang der Überlast meistens von selbst wieder in Tritt läuft.

2.2.8 Elektrische Welle

Zwei gleich große Asynchronmaschinen in der Schaltung nach Abb. 69 bilden eine sog. elektrische Welle, die sich im wesentlichen wie die darunter dargestellte mechanische Welle verhält. Die beiden Wellenstümpfe haben genau die gleiche Drehzahl und der abtreibende Stumpf wird gegenüber dem angetriebenen Stumpf um einen von der Belastung abhängigen Winkel verdreht. Ein wesentlicher Unterschied besteht nur darin, daß bei der mechanischen Welle das abgegebene Bremsmoment M_b wegen der unvermeidlichen Reibungsverluste immer kleiner als das zugeführte Antriebsdrehmoment M_a ist. Bei der elektrischen Welle dagegen kann auch der Fall eintreten, wo das abgegebene Drehmoment größer ist. Die elektrische Welle kann somit mit einem mechanischen Wirkungsgrad von über 1,0 arbeiten, und zwar geschieht dies bei Lauf im Sinne des Drehfelds. Bei Lauf gegen das Drehfeld liefert die elektrische Welle auch weniger Drehmoment ab, als ihr zugeführt wird, arbeitet also mit einem Wirkungsgrad der Übertragung von unter 1,0.

Zu einer elektrischen Welle können auch mehr als zwei Maschinen vereinigt werden, die auch verschiedener Größe sein können. Nur müssen die Spannungen der Primär- und der Sekundärseite miteinander übereinstimmen. Nachstehend soll nur der praktisch wichtigste Fall von zwei gleichen Maschinen kurz behandelt werden.

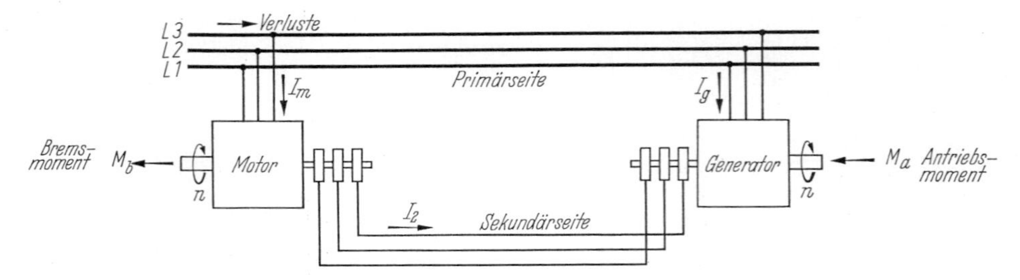

Elektrische Welle, Motorläufer ist gegen Generatorläufer räumlich um Winkel α_{el}/p zurückverdreht.

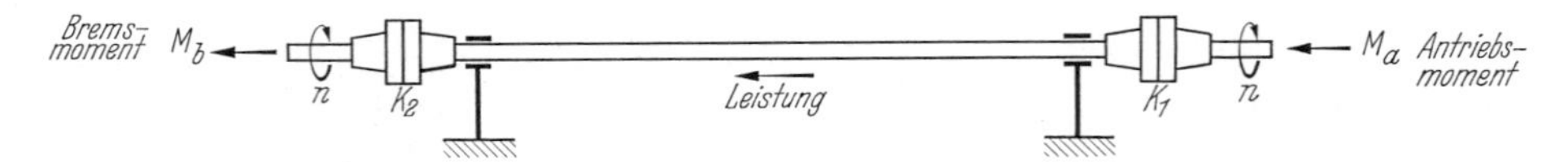

Mechanische Welle, Kupplung K_2 ist wegen Torsion um Winkel α gegen Kupplung K_1 zurückverdreht.

Abb. 69. Die elektrische Welle. Die Leistungsübertragung geschieht über die Primärseite bei Lauf mit dem Feld, über die Sekundärseite bei Lauf gegen das Feld. Bremsmoment M_b ist bei mechanischer Welle wegen Lagerreibung kleiner als Antriebsmoment M_a. Bei der elektrischen Welle ist es bei Lauf mit dem Feld größer, bei Lauf gegen das Feld kleiner als jenes

2.2.8.1 Wirkungsweise

Die Wirkungsweise der Welle ist kurz folgende. Die Maschine, der das Antriebsdrehmoment M_a zugeführt wird, also ein Drehmoment im Sinne der mechanischen Drehrichtung, versucht sich zu beschleunigen und gegen die andere Maschine vorzueilen. Dies hat eine Phasenverschiebung der sekundär induzierten Spannungen und somit das Auftreten eines ausgleichenden Stroms zur Folge. Die angetriebene Maschine wird zum Generator, die andere zum Motor. Der Austausch der Leistungen findet statt über die Primärseite, wenn die elektrische Welle mit dem Drehfeld läuft, und über die Sekundärseite, wenn sie gegen das Drehfeld arbeitet. Die überschüssige Schlupfleistung nimmt den umgekehrten Weg.

Das Antriebsdrehmoment und das Bremsdrehmoment können innerhalb des stabilen Arbeitsbereichs nur bis zu einem bestimmten Höchstwert gesteigert werden, bei dessen Überschreitung die Welle zerreißt. Bei Lauf mit dem Drehfeld bestimmt das höchstzulässige Antriebsdrehmoment, bei Lauf gegen das Drehfeld das höchstzulässige Bremsdrehmoment die Grenze.

Die Lösung von Antriebsaufgaben mit Hilfe einer elektrischen Welle ist heute nur vereinzelt anzutreffen, so daß auf das Kreisdiagramm, die Stabilitätsprobleme und die weitere Prüfung im Rahmen dieser Auflage nicht weiter eingegangen wird [17].

Auf die Prüfung von asynchronen Linearmotoren, insbesondere die Untersuchung der Anfahrkraft und der Erwärmungsvorgänge soll, da die Linearmotoren nur einen kleinen Marktanteil haben, nicht gezielt eingegangen werden [42–47].

2.2.9 Stromrichtergespeiste Asynchronmaschinen

Bei dem Betrieb von Arbeitsmaschinen mit veränderbarer Drehzahl der antreibenden Asynchronmaschine sind neben den technischen Aspekten besonders die Problemstellungen der Wirtschaftlichkeit zu betrachten. Im folgenden soll kurz auf den spannungsgesteuerten Asynchronmotor und den frequenzgesteuerten Asynchronmotor eingegangen werden. Die Speisung der Asynchronmaschine mit einem Drehstromsteller (Abb. 70) verursacht deutliche Abweichungen der Spannungen und Ströme von der Sinusform. Es entstehen zusätzliche Verluste durch Spannungs- und Stromoberschwingungen (Tabelle 4). Der Einsatz von speziellen Wattmetern zur Messung der stromabhängigen Verluste wird in Kapitel 5 behandelt.

Bei einem Käfigläufermotor in Normausführung treten bei der Drehzahlverstellung infolge Spannungsstellung zwei Nachteile auf: Wirkungsgrad und Leistungsfaktor nehmen mit der Drehzahl deutlich ab. Durch Verwendung von Silumin anstelle von Aluminium als Käfigwerkstoff lassen sich die Wirkungsgrade im Teillastbereich günstig beeinflussen. Beispielsweise hat ein 220 W-Asynchronmotor einen Wirkungsgrad im Nennpunkt von 63% (950 U/min) und bei Phasenanschnittsteuerung jedoch nur $\eta = 38\%$ (66 U/min). Wird anstelle von Aluminium das Käfig-

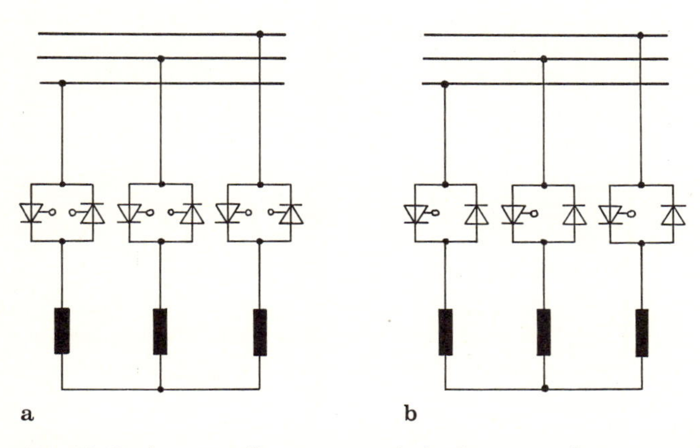

Abb. 70. Drehstromsteller **a** symmetrische Steuerung; **b** unsymmetrische Steuerung

Tabelle 4. Merkmale von Umrichtern (Beispiel 90 kVA)

Merkmale	U-Umrichter	I-Umrichter
Anwendungen	Einzel- und Gruppenantriebe	Einzelantriebe
Ausgangsgröße	Blockförmige Spannungen	Blockförmige Ströme
Verluste	Rotorverluste um ca. 34% höher als Grundschwingungsverluste Statorverluste um ca. 9% höher als bei Sinusspeisung	Statorverluste um ca. 7% höher gegenüber Sinusspeisung
	Eisenverluste etwas erhöht	

material Silumin eingesetzt, so beträgt der Nennwirkungsgrad 58% und der Teillastwirkungsgrad 40% bei Phasenanschnittsteuerung.

Sind bei der Prüfung der spannungs- oder frequenzgesteuerten Maschine auch die Netzrückwirkungen zu untersuchen, so ist VDE 0838 und VDE 0160, je nach Anwendungsbereich, zu beachten.

Zur Frequenzsteuerung von Asynchronmotoren mit Leistungen bis in den MW-Bereich kommen Thyristorumrichter mit Strom- oder Spannungszwischenkreis zum Einsatz [48–50].

Im unteren Leistungsbereich bis ca. 50 kW werden vorzugsweise Pulswechselrichter mit Spannungszwischenkreis mit Transistoren oder GTO-Thyristoren zur Drehzahlverstellung benutzt. Da die Mehrzahl der industriellen Antriebe im unteren Leistungsbereich liegt, soll auf den Asynchronmotor mit Pulsumrichter eingegangen werden.

2.2.9.1 Asynchronmotor mit Pulsumrichter

Das grundsätzliche Schema des Umrichters zeigt Abb. 71. Die Spannung des 50 Hz-Netzes wird über eine vollgesteuerte, antiparallele Drehstrombrückenschaltung gleichgerichtet und durch ein LC-Glied geglättet.

Wegen der großen Kapazität im Zwischenkreis kann dieser praktisch als ideale Gleichspannungsquelle betrachtet werden.
Verzichtet man auf eine Energierücklieferung und eine Spannungsverstellung im Zwischenkreis, so kann eine Diodenbrücke den netzgeführten Stromrichter I ersetzen.

Zum Verständnis des selbstgeführten Stromrichters läßt sich folgende Überlegung anstellen: In jeder Phase schaltet ein idealer Schalter nach bestimmten Schaltgesetzen die positive und negative Polarität der Zwischenkreisspannung auf die Klemmen der Asynchronmaschine. Der Schalter wird von einem Komparator, an dessen Eingang eine Referenz- und eine Abtastspannung liegen, angesteuert. Die Frequenz der Referenzspannung ist gleich der Frequenz der Grundschwingung der Ausgangsspannung. Die Amplitude der Referenzspannung bestimmt die Amplitude der Grundschwingung der Ausgangsspannung.

Für die Referenzspannung kommen als Kurvenform vornehmlich Rechteck, Trapez oder Sinus in Frage.

Als Abtastspannung wird eine Dreieckspannung konstanter Amplitude gewählt. Referenz- und Abtastspannung sind gegeneinander synchronisiert, um Subharmo-

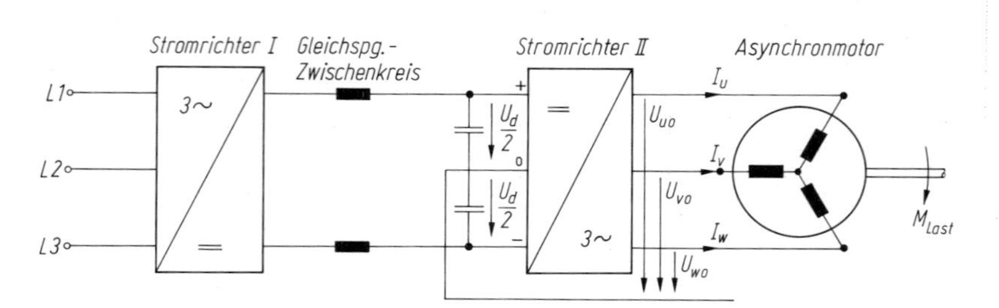

Abb. 71. Blockschaltbild von Asynchronmotor und Pulsumrichter

nische, geradzahlige Harmonische und Oberschwingungen mit der Frequenz der Abtastspannung zu unterdrücken

$$f_{\text{Abtast}} = f_{\text{Referenz}} \cdot Z_{\text{T}} \quad \text{mit der Taktzahl} \quad Z_{\text{T}} = 1, 3, 6, 9, 15.$$

Aus Abb. 72 ist zu entnehmen, daß die Taktzahl einen erheblichen Einfluß auf die Verluste hat.

Im Bereich kleiner Grundschwingungsfrequenzen weicht man von dieser Zuordnung ab [51, 52].

Auf die Ausgangsspannung des Stromrichters II und damit auf die Eingangsspannung der Asynchronmaschine haben folgende Größen einen Einfluß:

a) *Die Zwischenkreisspannung* U_{d} beeinflußt direkt proportional die Amplitude der Umrichterspannung. Das betrifft Grund- und auch Oberschwingungen.

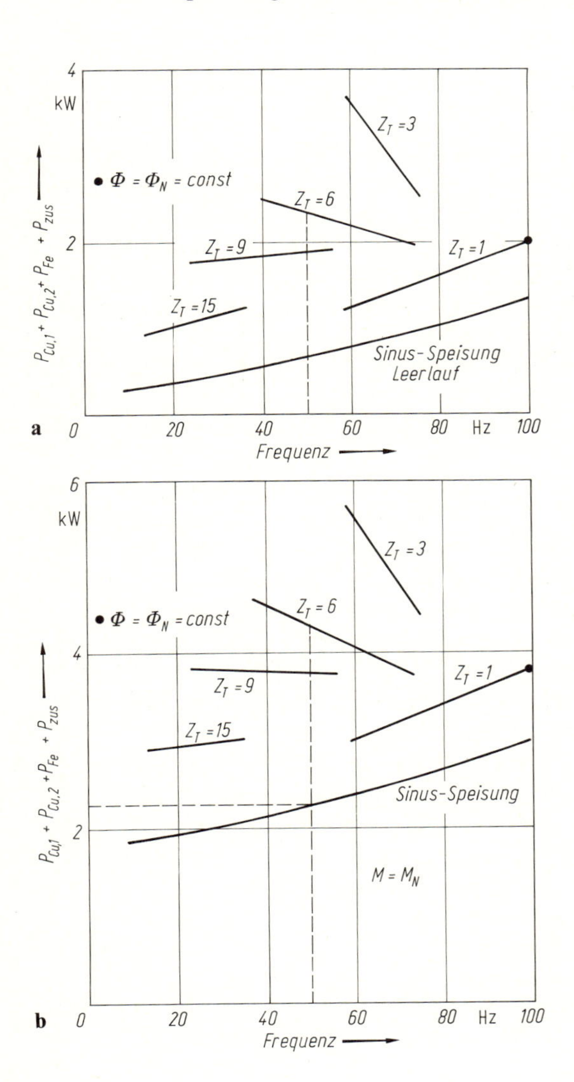

Abb. 72. Vergleich der Verluste für einen Käfigläufer
a Leerlauf, **b** Last

b) Der *Aussteuergrad* ist das Amplitudenverhältnis von Referenzspannung zu Abtastspannung. Die Amplitude der Abtastspannung wird im Regelfall konstant gelassen, während die Amplitude der Referenzspannung geändert wird. Die Amplitude der Grundschwingung der Umrichterspannung ist in erster Näherung dem Aussteuergrad proportional. Ferner wird durch den Aussteuerungsgrad der Oberschwingungsgehalt beeinflußt. Aufgrund der endlichen Kommutierungszeit ist der Aussteuergrad nach oben begrenzt. Typische Werte liegen bei 0,8 bis 0,9. Der Maximalwert des Aussteuergrades ist gegeben durch

$$A_{St} < 1 - 2f_{Abtast} \cdot \tau_{Kom} \ .$$

c) Die Taktzahl Z_T ist das Frequenzverhältnis von Abtastspannung zu Referenzspannung und bestimmt maßgeblich das Oberschwingungsspektrum der Umrichterspannung. Ferner wird die maximale Spannungsausnutzung, d. h. bei voller Aussteuerung der Quotient von Umrichterspannung zu Zwischenkreisspannung, durch die Taktzahl beeinflußt.

Eine Möglichkeit zur Verringerung der Oberschwingungen und der damit verbundenen Verluste ist die Vergrößerung der Streuinduktivitäten. Die Maßnahme hat jedoch Einfluß auf das gesamte Betriebsverhalten der Asynchronmaschine. Um bei unverändertem Schlupf das gleiche Drehmoment zu erhalten, muß die Maschine für einen höheren Gesamtfluß ausgelegt werden. Geht man von einer konstanten Rückeninduktion aus, so ist wegen der Maßnahmen (Nuthöhe, Streustege) bei zwei- und vierpoligen Maschinen mit einem größeren Außendurchmesser zu rechnen. Dies würde Sonderblechschnitte erfordern und ist daher selten wirtschaftlich vertretbar.

Eine weitere Möglichkeit wäre das Einschalten von Vordrosseln zwischen Pulsumrichter und Asynchronmaschine.

In jedem Fall bedingt eine Erhöhung der Streuung eine Vergrößerung der Grundschwingungsscheinleistung des selbstgeführten Wechselrichters, da zusätzlich Blindleistung benötigt wird. Wegen der geringen Wirkverluste in den Vordrosseln braucht der netzgeführte Stromrichter in seiner Typenleistung nur unwesentlich vergrößert werden. Der Gleichspannungszwischenkreis überträgt nur Wirkleistung.

Bei der Umrichterspeisung verursacht die nichtsinusförmige Spannung zusätzliche Eisenverluste und zusätzliche Wicklungsverluste. Zahlreiche Untersuchungen haben gezeigt, daß die zusätzlichen Eisenverluste infolge Umrichterspeisung als vernachlässigbar klein anzusehen sind [50, 53, 54].

Es ist empfehlenswert, für die gewählte Läuferart der Asynchronmaschine den Leerlauf- und den Belastungsversuch (Nennlast) für sinusförmige Spannung und Umrichterspeisung durchzuführen. Die Versuche werden vorzugsweise so durchgeführt, daß für $Z_T = 1$ bei Frequenzänderungen die Zwischenkreisspannung verändert wird. Für Taktzahlen $Z_T > 1$ wird die Zwischenkreisspannung konstant gehalten und der Aussteuerungsgrad wird verändert.

Für niedrige Grundschwingungsfrequenzen bietet es sich an, die Frequenz der Abtastspannung konstant zu halten.

Gemessene Gesamtverluste bei Nennfluß im Stator lassen erkennen, daß die Nennverluste (ohne Lüfter- und Reibungsverluste) etwa um 100% ansteigen können und die Taktzahl einen deutlichen Einfluß auf die Verlustvergrößerung hat. Im Leerlauf können, je nach Taktzahl, Verlusterhöhungen um ca. 200% festgestellt werden [55].

Zur Messung der aufgenommenen Leistung des Motors sind heute zweikanalige digitale Meßinstrumente erhältlich, die kurvenformunabhängig den Effektivwert sowie die Wirkleistung messen. Der Frequenzbereich dieser Geräte reicht bis 20 kHz.

2.3 Synchronmaschinen

Die Synchronmaschinen bestehen aus dem mit Gleichstrom erregten Induktor und dem die Ein- oder Mehrphasenwechselstrom-Wicklung tragenden Anker. Das Polsystem ist bei vier- und mehrpoligen Maschinen meistens mit ausgeprägten Polen ausgerüstet, während die zweipoligen und teilweise die ganz großen vierpoligen Generatoren und Motoren einen trommelförmigen Induktor besitzen. Man bezeichnet letztere als Turboläufer. Die Erregerwicklung der Einzelpolmaschinen ist als konzentrische Wicklung auf den Polen aufgebracht; bei den Turboläufern ist sie dagegen verteilt angeordnet und in Nuten eingebettet. Außer bei Maschinen kleiner Leistung ist der Induktor als der sich drehende Teil der Maschinen ausgebildet, der im allgemeinen im Innern des Ankers umläuft und nur selten zur Erzielung eines besonders hohen Trägheitsmoments (Dieselantrieb) außenrotierend angeordnet wird. Die Pole können massiv, ganz oder teilweise geblättert sein. Der aus Dynamoblechen aufgebaute Ständer trägt in Nuten die Ankerwicklung. In den Polschuhen befindet sich, sofern sie aus Blechen aufgebaut sind, häufig eine sog. Dämpferwicklung, die aus mehreren, den Schuh in axialer Richtung durchsetzenden Stäben aus Kupfer, Messing, Bronze oder Eisen gebildet wird, die durch Endringe auf beiden Seiten zu einem gemeinsamen Kurzschlußkäfig verbunden sind. Bei massiven Polschuhen fehlen die Stäbe; Kurzschlußringe um die Pole herum ergeben einen unvollkommenen, aber doch ausreichenden Käfig. Der aus Kupfer aufgebaute Kurzschlußkäfig dient der Dämpfung der aus irgendeinem Grund angeregten Pendelungen und vor allem bei einphasigen oder unsymmetrisch belasteten Maschinen zur Aufhebung des inversen Felds. Der aus Widerstandswerkstoff ausgeführte Käfig ermöglicht den Selbstanlauf der Synchronmaschine als Motor auch gegen beachtliche Gegenmomente.

Die Prüfung der Synchronmaschine ist grundsätzlich die gleiche für den Motor und für den Generator. Sie besteht im wesentlichen im Leerlauf-, Kurzschluß- und Belastungsversuch und in der Dauerprobe zur Bestimmung der Erwärmung. Ergänzend finden Untersuchungen statt über die Kurvenform der Spannung, über die Höhe des Stroms und das Verhalten der Maschine bei Stoßkurzschluß sowie über den Hochlauf der selbstanlaufenden Motoren. Durch besondere Messungen, die der Beschaffung von Unterlagen und der Bestimmung kennzeichnender Größen dienen, kann die Prüfung vervollkommnet werden. Der Dauerlauf großer Maschinen muß meistens mit stark verringerter Spannung, häufig aber im Kurzschluß gefahren werden. Die Verluste werden durchweg im Leerlauf und Kurzschluß einzeln ermittelt. Seltener werden sie im Übererregungsverfahren unmittelbar gemessen. Die Bestimmung des Wirkungsgrads findet nach dem Einzelverlustverfahren statt. Die Einphasenmaschinen werden der gleichen Prüfung wie die Mehrphasenmaschinen unterzogen [22, 56, 57].

2.3.1 Streuprobe ohne Induktor

Bei größeren Synchronmaschinen wird vor Einbau des Induktors die sog. Streuprobe durchgeführt, die die Bestimmung des Ständerstreuwiderstands bzw. der ihr entsprechenden Ständerstreuspannung ermöglicht. Gleichzeitig ist sie eine erste Prüfung der Ständerwicklung auf Richtigkeit der Schaltung und Windungszahl. Bei dem Versuch wird der fertiggeschaltete Ständer an kleine Spannung gelegt, die so lange gesteigert wird, bis der aufgenommene Strom die Höhe des Nennstroms erreicht hat. Die aufzuwendende Spannung teilt sich auf in den Betrag zur Deckung der Streuspannung der Ständerwicklung und den restlichen Wert zur Deckung der vom Bohrungsfeld induzierten Bohrungsspannung. Letztere läßt sich recht genau berechnen. Zieht man sie von der Gesamtspannung ab, so erhält man den Wert der gesuchten Ständerstreuspannung. Die Formel für die Bohrungsspannung lautet:

$$U_{\text{bohr, phase}} = \frac{1}{6{,}63}\left(\frac{w f_{\text{w}}}{100}\right)^2 \cdot \frac{f}{50} \cdot \frac{1}{2p}\left(l_{\text{anker}} - \frac{1}{2}\, l_{\text{vk}} + \frac{\tau_{\text{p}}}{6}\right) I_{\text{phase}}\,,$$

wobei bedeuten: w, f_{w} Windungszahl und Wickelfaktor der Ständerwicklung je Phase, f die Frequenz, $2p$ die Polzahl, l_{anker} die Länge des Eisenpakets, l_{vk} die Summe aller Ventilationskanäle, beide in cm, τ_{p} die Polteilung in cm, I_{phase} den aufgenommenen Strom je Phase und $6{,}63 = 125/6\pi$.

Die Streuspannung des Ständers je Phase beträgt mithin:

$$U_{\text{s, ständer}} = U_{\text{versuch, phase}} - U_{\text{bohr, phase}}\,,$$

woraus sich errechnen läßt:
die prozentuale Ständerstreuspannung $u_{\text{s, ständer}} = \dfrac{U_{\text{s, ständer}}}{U_{\text{nenn, phase}}} \cdot 100$ in %.
Der Streublindwiderstand beträgt:

$$X_{\text{s, ständer}} = \frac{U_{\text{s, ständer}}}{I_{\text{nenn}}}\,.$$

Die prozentuale Ständerstreuspannung liegt etwa in den Grenzen 7 bis 20%.

2.3.2 Leerlaufversuch

Der Leerlaufversuch, der im Anschluß an die Widerstandsmessung der Anker- und der Erregerwicklung vorgenommen wird, kann im Generator- oder im Motorverfahren durchgeführt werden. Man bevorzugt das Generatorverfahren. In diesem Falle wird die Synchronmaschine mit einer kalibrierten Gleichstrommaschine gekuppelt, deren Leistung zur Deckung der Verluste ausreichen muß.

Beide Maschinen werden hochgefahren und die Leerlaufablesungen bei steigenden Werten des Erregerstroms durchgeführt. Man vermeidet dabei jegliches Zurückregeln des Erregerstroms, um eindeutig auf einem Kurvenast liegende Punkte zu erhalten. Den Erregerstrom entnimmt man am besten einem getrennten Erregernetz. Beobachtet werden: Spannung, Erregerstrom und Erregerspannung der Synchronmaschine, Drehzahl, Spannung und Stromaufnahme des Antriebsmotors. Die Ergebnisse werden in zwei Kurvenblättern dargestellt. In dem einen wird die Spannung über dem Erregerstrom, im zweiten die Eisen- und Reibungsverluste über der Spannung aufgetragen.

Das Motorverfahren ($\cos \varphi_0 = 1{,}0!$) wendet man meistens nur bei kleineren Maschinen an. Die Messung der Leistung ist nicht so genau wie beim Generatorverfahren; insbesondere kann die Trennung der Reibungsverluste nur graphisch nach dem in Abschnitt 1.4.2 beschriebenen Verfahren erfolgen. Man erspart aber das Ankuppeln der Hilfsmaschine.

In vielen Fällen besitzt die Synchronmaschine eine angebaute Erregermaschine, die entweder selbsterregt oder durch eine Hilfserregermaschine fremderregt arbeitet. Die Regelung des Feldstroms der Synchronmaschine geschieht durch einen feinstufigen Regelwiderstand im Feldkreis einer der Erregermaschinen. Die Untersuchung der richtigen Stufung dieses Widerstands gehört zur Prüfung der Maschine. Die Abstufung gilt als gut, wenn erstens 80% der Nennspannung im Leerlauf, zweitens 100% der Nennspannung im Leerlauf bei etwa $^1/_3$ Verdrehung des Reglers und drittens der volle Erregerstrom bei $^2/_3$ Verdrehung eingestellt werden können.

Durch schnelles Zurückdrehen des Reglers in die Endlage überzeugt man sich, ob die Erregermaschine nicht zum Entregen oder Ummagnetisieren neigt. Diese Gefahr besteht bei aus der Neutralstellung verstellten Bürsten.

2.3.3 Spannungskurve

Durch eine Reihe geeigneter Maßnahmen bei der Auslegung der Wicklung der Synchronmaschine und der Formgebung, der Schrägstellung oder der Staffelung der Polschuhe wird angestrebt, der Spannungskurve eine möglichst sinusförmige Gestalt zu verleihen. Auch die durchweg bevorzugte Sternschaltung dient diesem Zwecke, da durch sie die in der Phasenspannung enthaltene dritte Harmonische in der verketteten Spannung wegfällt. Bei Dreieckschaltung der Wicklung, die für Motoren mit Sterndreieckanlauf Verwendung findet, vermeidet man die dritte Harmonische durch Sehnung der Wicklung um 60°.

Die Nachprüfung der wirklichen Spannungskurve erfolgt durch oszillographische Aufnahme der Leerlaufspannung. Gute Spannungswandler verursachen keine Verzerrung und können daher bei Hochspannungsmaschinen unbedenklich zur Spannungsherabsetzung verwendet werden. Man nimmt die Phasen- und die Klemmenspannung auf. Nach den REM gilt die Spannungskurve als praktisch sinusförmig, wenn die größte Abweichung des Augenblickswerts a vom gleichphasigen Wert g der Grundwelle nicht mehr als 5% des Scheitelwerts S der Grundwelle beträgt. Untersucht wird nur die Spannung an den Klemmen. Der Scheitelwert wird, unter Berücksichtigung der Darstellung in Abb. 73, berechnet zu:

$$S = \frac{a_0 + \sqrt{3}\, a_1 + a_2}{3},$$

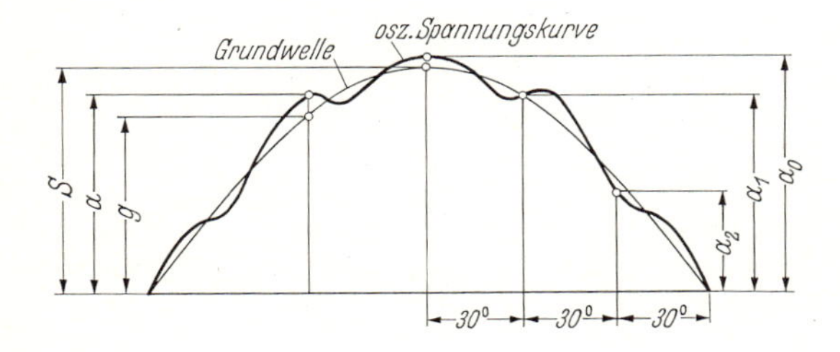

Abb. 73. Untersuchung der oszillographierten Kurve der verketteten Spannung auf praktische Sinusform

sofern die Viertelperioden symmetrisch zueinander sind. Dies trifft in den allermeisten Fällen zu.

Wenn die Güte der Spannungskurve nicht ausreicht, kann an der fertigen Maschine durch Änderung der Polschuhform oder Staffelung oder Schrägstellung der Polschuhe unter Umständen eine weitgehende Verbesserung erzielt werden. Maßnahmen an der Wicklung sind nur in den seltensten Fällen möglich. Die Erhöhung des Erregerstroms, welche durchweg als Folge dieser Änderungen auftritt, ist vor deren Inangriffnahme zu überschlagen.

2.3.4 Kurzschlußversuch

Dieser Versuch dient der Aufnahme der Kurzschlußkennlinie $I_k = f(I_f)$ und der Bestimmung der lastabhängigen Zusatzverluste. Üblicherweise wird bei Drehstrommaschinen nur der dreipolige Kurzschlußversuch durchgeführt, der selten durch den zwei- und den einpoligen Versuch ergänzt wird. In Abb. 74 sind die entsprechenden Schaltungen dargestellt. Die Kurzschlußbügel werden beim dreipoligen Kurzschluß als Stern geschaltet. Dreieckschaltung darf nicht angewendet werden, da infolge der stets vorhandenen Ungleichmäßigkeiten des Widerstands die Stromverteilung stark unsymmetrisch werden könnte. Bei dem einphasigen Versuch in zwei- oder einpoliger Schaltung werden bei fehlender Dämpferwicklung in den nicht kurzgeschlossenen Wicklungsteilen vom inversen Feld Spannungen induziert, die infolge ihrer Höhe eine Gefährdung für den Bedienenden mit sich bringen können. Bei diesen Prüfungen muß die Maschine daher als unter voller Spannung stehend betrachtet werden. Der Erregerstrom wird bei den einphasigen Versuchen nur von einem Drehspulgerät richtig gemessen, da ein normales Wechselstromgerät auch den im Erregerkreis induzierten Wechselstromanteil doppelter Frequenz mitmessen würde. Bei Maschinen in Dreieckschaltung wird als Kurzschlußstrom der Linienstrom gemessen; der Phasenstrom ergibt sich dabei als der $1/\sqrt{3}$ Teil.

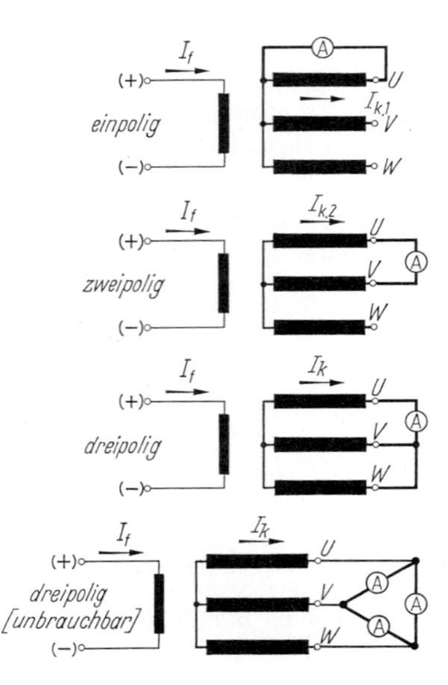

Abb. 74. Kurzschlußschaltungen der Synchronmaschine. (Letzte Schaltung unbrauchbar, da Anzeige der drei Strommesser vom Widerstand der Verbindungen abhängt.)

Die Kurzschlußkennlinie kann auch bei mehr oder weniger stark abweichender Drehzahl ermittelt werden, da der Kurzschlußstrom I_k praktisch unabhängig von der Geschwindigkeit ist. Dies kommt daher, daß sowohl die induzierte Spannung wie auch der induktive Widerstand der Wicklungen linear mit der Frequenz ansteigen. Nur bei ganz kleiner Drehzahl würde man zu kleine I_k-Werte erhalten, da dann der Ohmsche Wicklungswiderstand immer stärker in Erscheinung tritt.

Die Kurzschlußverluste setzen sich zusammen aus den Reibungsverlusten, den reinen Kupferverlusten und den *Zusatzverlusten*. Die Erregerverluste werden von außen gedeckt, brauchen also nicht berücksichtigt zu werden. Die normalen Eisenverluste werden beim Kurzschlußversuch vernachlässigt. Die tatsächlich auftretenden Eisenverluste gehören zu den Zusatzverlusten, die sich außerdem aus den Verlusten durch Wirbelströme in der Wicklung und in benachbarten metallischen Bauteilen der Maschine sowie aus Verlusten in den Dämpferstäben zusammensetzen. Da die Zusatzverluste sich mit der Frequenz ändern, muß bei ihrer Messung auf genaue Nenndrehzahl geachtet werden. Während des Versuchs soll die Wicklungstemperatur durch ein Thermometer, besser jedoch durch vorherige und anschließende Widerstandsmessung gemessen werden. Die Zusatzverluste liegen in der Größenordnung von 10 bis 100% der Kupferverluste, und diese können sich infolge der veränderlichen Temperatur bei gleichen Strömen um rund 25 bis 30% ändern, also praktisch um den gleichen Betrag, den die zu messenden Verluste ausmachen. Wenn man keine Temperaturablesungen vorgenommen hat, legt man den Mittelwert zwischen dem kalten und dem betriebsmäßigen Widerstand zugrunde.

Die gesamten Kurzschlußverluste werden von einer angekuppelten Gleichstrommaschine, deren Verluste bekannt sind, gedeckt. Man nimmt mehrere Punkte bis zum Nennstrom oder etwas darüber hinaus auf. Der Zusammenhang zwischen Kurzschlußstrom und Erregerstrom ist in diesem Bereich linear, so daß eigentlich die Aufnahme eines einzigen Punkts genügen würde. Durch remanenten Magnetismus kann sich die Kurzschlußkennlinie um einen kleinen Betrag nach links oder rechts verschieben. Man legt daher durch die Meßpunkte eine Gerade, die also nicht unbedingt durch den Nullpunkt zu gehen braucht.

Bei ganz großen Maschinen oder solchen, wo keine Antriebsmaschine angekuppelt werden kann und die eigene Erregermaschine nicht zum Antrieb ausreicht, wird der Kurzschlußversuch im *Auslauf* durchgeführt. Man fährt die Synchronmaschine mit steigender Frequenz über ihre Nenndrehzahl hoch, schaltet sie vom Netz ab und auf einen Kurzschluß über. Wenn die Erregung vorher eingeschaltet war, muß sie zur Vermeidung des Stoßkurzschlusses erst ausgeschaltet und dann wieder neu eingestellt werden. Man wiederholt diese Ausläufe für verschiedene Kurzschlußströme und entnimmt der Auswertung die Kurzschlußkennlinie und die Gesamtkurzschlußverluste. Die reinen Reibungsverluste bestimmt man durch einen weiteren, anschließenden Auslauf bei Erregung Null. Die Verluste bei Durchgang durch die Synchrondrehzahl ω_{syn} werden bestimmt zu:

$$P_V = \frac{J\omega_{syn}^2}{T}.$$

T ist die gedachte Auslaufzeit. Die Ergebnisse solcher Auslaufverlustmessungen streuen etwas. Man tut daher gut, die ermittelten Zusatzverluste alle quadratisch

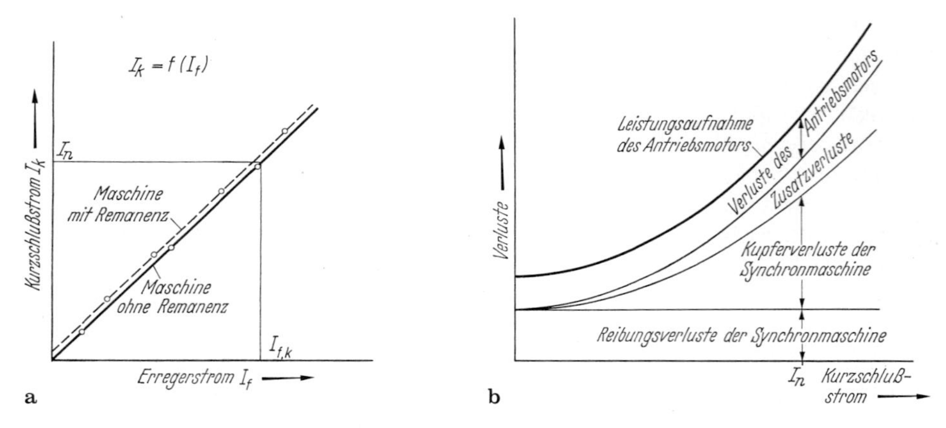

Abb. 75. a Kurzschlußstromkennlinie und **b** Aufteilung der Gesamtkurzschlußverluste der Synchronmaschine.

auf Nennstrom umzurechnen, den Mittelwert zu bilden und diesen dann wieder rückwärts auf die Teilströme zu beziehen.

Die Zusatzverluste können auch bei Leerlauf im über- oder untererregten Zustand nach den Angaben des Abschnitts 1.9.3.2 als Teil der Gesamtverluste bestimmt werden.

Die Kurzschlußkennlinie wird über dem Erregerstrom, die Verluste werden über dem Ankerstrom aufgetragen (Abb. 75).

2.3.5 Stoßkurzschlußversuch

Dieser Versuch dient der Bestimmung des bei plötzlichem Klemmenkurzschluß auftretenden Stroms und dem Nachweis der mechanischen Festigkeit der Maschine, insbesondere der Wicklung gegen die dabei auftretenden Kräfte. Das Gehäuse selbst wird durch das hohe, pulsierende Stoßkurzschlußdrehmoment beansprucht. Der Versuch wird folgendermaßen durchgeführt. Die Synchronmaschine wird durch eine Gleichstrommaschine oder aber asynchron etwas über Nenndrehzahl hochgefahren. Dann wird die Verbindung mit dem Netz getrennt und die Maschine erregt. Bei Durchgang durch die Nenndrehzahl wird ein Schalter betätigt, der die Klemmen satt kurzschließt. In diesem Augenblick beginnt der Stoßkurzschluß, der nach einigen Sekunden in den Dauerkurzschluß übergeht. Die Drehzahl nimmt, da keinerlei Energie mehr vom Netz zufließen kann, während des Versuchs ab, und zwar während des eigentlichen Stoßkurzschlusses nach einer periodischen Funktion. Dies rührt von dem pulsierenden, aber bald abklingenden Stoßmoment her, welches abwechselnd verzögernd und dann wieder beschleunigend auf die träge Schwungmasse des Läufers einwirkt.

Die Ströme der drei Ankerphasen werden oszillographisch aufgenommen. Man erkennt aus den in Abb. 76 wiedergegebenen Oszillogrammen, daß dem eigentlichen Stoßkurzschluß-Wechselstrom in den verschiedenen Phasen ein verschieden hoher Stoßkurzschluß-Gleichstrom überlagert ist, der in jener Phase den höchsten Wert hat, deren Achse im Augenblick des Kurzschlusses der Erregerachse am nächsten

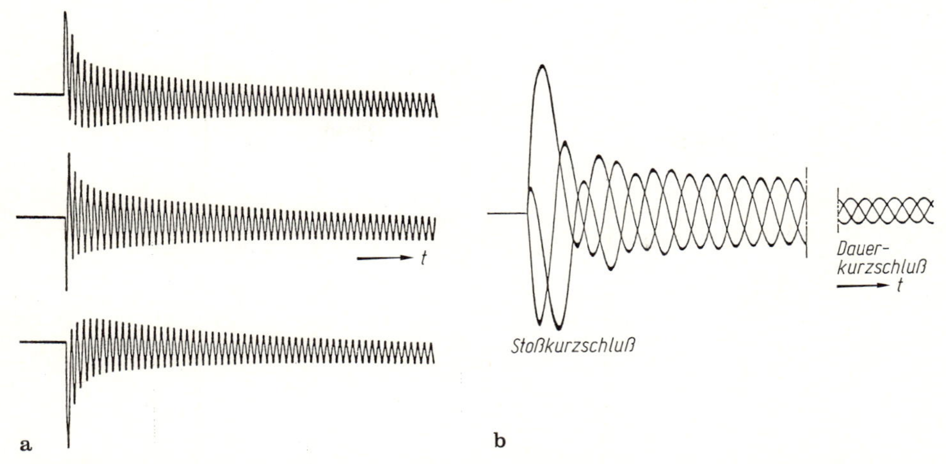

Abb. 76. Oszillogramme von Stoßkurzschlüssen. **a** Einzelaufnahmen und **b** Gesamtaufnahme der drei Phasen

lag. Die Summe der überlagerten Gleichströme ist in jedem Zeitpunkt gleich Null. (In Wirklichkeit ist dem Gleichstrom selbst ein Wechselstrom doppelter Frequenz überlagert, der aber sehr schnell abklingt und stets vernachlässigt werden kann.) Maschinen mit Dämpferwicklungen haben im allerersten Augenblick einen höheren Stoßkurzschlußstrom als gleiche Maschinen ohne Dämpfer. Dieser flüchtige Anteil geht bereits nach wenigen Perioden in den länger dauernden Stoßkurzschlußstrom über und dieser nach längerer Zeit in den Dauerkurzschlußstrom. Zum Unterschied soll der Strom in dem allerersten Zeitpunkt der flüchtige Stoßkurzschlußstrom, der anschließende der Stoßkurzschlußstrom genannt werden.

In der Praxis unterscheidet man entsprechend der Darstellung in Abb. 77 den Effektivwert des Stoßkurzschluß-Wechselstroms, den Absolutwert des Stoßkurzschluß-Gleichstroms, den Absolutwert des Stoßkurzschlußstroms und den Effektivwert des Dauerkurzschlußstroms. Der Stoßkurzschlußstrom kann etwa den 1,8-fachen Scheitelwert des Stoßkurzschluß-Wechselstroms annehmen. Weiterhin bezeichnet man als Stoßkurzschlußverhältnis das Verhältnis des Stoßkurzschluß-Wechselstroms zum Nennstrom und den umgekehrten Wert als relative Stoßkurzschlußstreuspannung.

Die Höhe des Stoßkurzschluß-Drehmoments kann zwar durch Auswertung der Auslaufkurve gefunden werden, doch ist deren Aufnahme nur mit einem gewissen Aufwand durchzuführen. Man verzichtet daher auf die Messung und errechnet dieses Stoßmoment zu:

$$M_{\text{stoß}} = \pm M_{\text{nenn}} \cdot \frac{I_{\text{stoß}}}{I_{\text{nenn}} \cdot \cos\varphi},$$

worin bedeutet:

M_{nenn} = Nenndrehmoment,
I_{nenn} = Nennstrom,
$\cos\varphi$ = Nennleistungsfaktor,
$I_{\text{stoß}}$ = Stoßkurzschluß-Wechselstrom (Effektivwert).

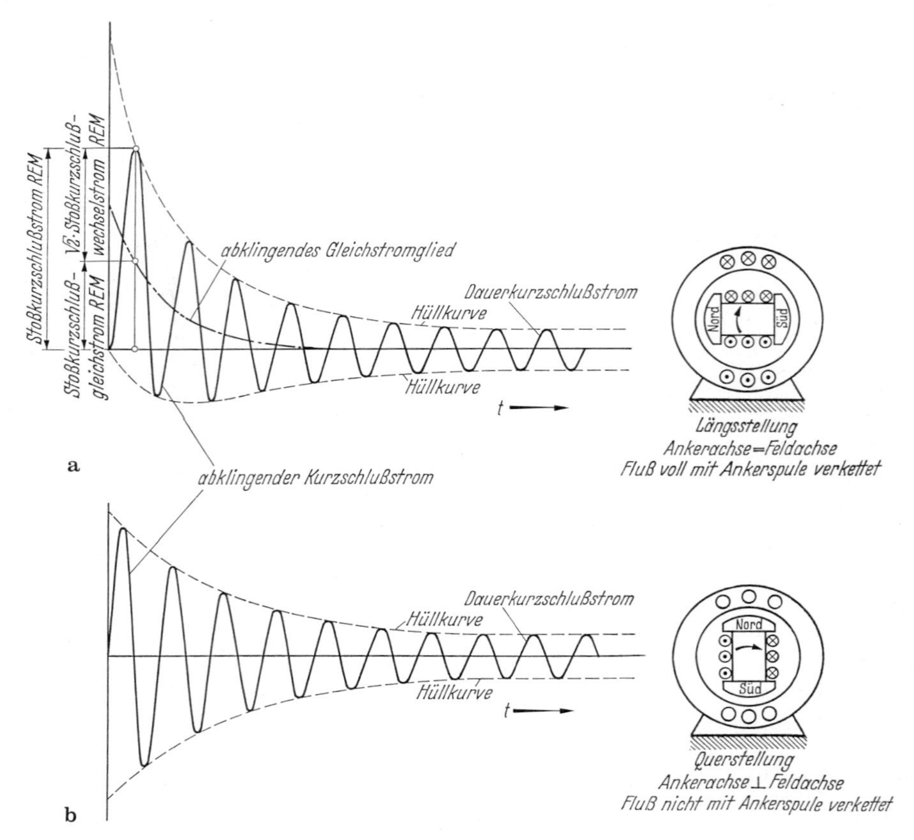

Abb. 77. Der Stoßkurzschluß bei (**a**) ungünstiger und (**b**) bei günstiger Lage der betrachteten Phase. Im ersten Fall volles, im zweiten kein Gleichstromglied

Das (+)- und das (—)-Zeichen erinnern an den pulsierenden Charakter dieses Moments. Der Schwingungsvorgang kommt zustande durch die Wechselwirkung zwischen der Feldenergie und der lebendigen Energie der bewegten Schwungmassen.

2.3.6 Hochlaufversuch

An allen selbstanlaufenden Synchronmaschinen, also vor allem an den Synchronmotoren für industrielle Antriebe aller Art, wird der Hochlaufversuch durchgeführt, wobei die oszillographische Aufnahme des Stroms, der Spannung und der Drehzahl in derselben Weise wie beim Asynchronmotor stattfindet. Es mag daher auf Abschnitt 1.7 und 2.2.1.3 Bezug genommen werden. Synchronmaschinen laufen entweder mit voller oder durch Anlaßtransformator bzw. vorgeschaltete Drosselspulen verringerter Netzspannung an. Außerdem findet der Anlauf in Stern-Dreieck-Schaltung sowie der sog. Teilwicklungsanlauf Verwendung. Die Dämpferkäfige übernehmen während des Hochlaufs die Rolle, die der Kurzschlußläufer bei der Asynchronmaschine spielt. Sie werden oft als Einstabkäfig, gelegentlich aber auch als Doppelkäfig ausgebildet. Die Erregerwicklung hat im allgemeinen nur einen Einfluß zweiter Ordnung. Sie darf, um hohe Spannungen zu vermeiden, nie offenbleiben, sondern wird zweckmäßigerweise durch einen Widerstand von etwa 8- bis 10fachem Eigenwiderstand überbrückt. Häufig wird die Erregermaschine in diesen Stromkreis mit einbezogen.

Im ersten Augenblick des Einschaltens der Spannung auf die ruhende Maschine liegen die gleichen Verhältnisse wie beim Stoßkurzschluß vor. Infolge des verhältnismäßig hohen Widerstands des Anlaufkäfigs entwickelt sich ein Anfahrdrehmoment, das als sehr günstig bezeichnet werden kann. Im übrigen ist der Stromverlauf ähnlich dem des Asynchronmotors, nur macht sich der Einfluß der Pollücken und der einachsigen Erregerwicklung im Stromoszillogramm durch typische Zickzackschwankungen bemerkbar. Der Drehmomentverlauf unterscheidet sich meistens etwas von dem des Asynchronmotors, und zwar ist der Kippschlupf im allgemeinen wesentlich größer. Das Kippmoment wird also früher erreicht. Bei rund 3 bis 5% Schlupf stellt sich die Beharrungsdrehzahl ein, wobei der Schlupf natürlich dem Belastungsdrehmoment proportional ist. Im allgemeinen wird jetzt auf normale Spannung oder normale Schaltung umgeschaltet. Die Drehzahl steigt noch etwas an und der Strom klingt nach dem Überschaltstoß auf einen etwas kleineren Wert ab. Jetzt wird die Gleichstromerregung eingeschaltet und der im Feldkreis liegende Anfahrschutzwiderstand kurzgeschlossen. Die Maschine fällt von selbst in Tritt. Man schaltet die Erregung am besten dann ein, wenn der im Erregerkreis induzierte schlupffrequente Wechselstrom gerade dieselbe Richtung wie der zuzuschaltende Erregerstrom hat. Man beobachtet das Drehspulgerät im Erregerkreis. Sobald der Zeiger nach rechts geht, wird erregt. Das nunmehr einsetzende synchronisierende Moment beschleunigt zusammen mit dem noch wirksamen asynchronen Moment die Schwungmassen auf volle Drehzahl. Der benötigte Erregerstrom hängt ab von der Höhe der Schwungmassen, der Größe des Gegendrehmoments durch die Last und von dem Betrag des Schlupfs bei Nenndrehmoment. In praktischen Fällen reicht die Nennerregung immer zum Synchronisieren aus, sofern der Nennschlupf den Wert von 5% nicht übersteigt.

Durch Veränderungen des Anlaufwiderstands im Erregerkreis kann die Höhe des Anlaufdrehmoments in mäßigen Grenzen beeinflußt werden. Wenn er vergrößert wird, ist die Erhöhung der an der Erregerwicklung auftretenden Spannung besonders zu beachten, da sie eine ernstliche Gefährdung der Isolation bedeuten kann.

Die Belastung der Synchronmaschine als Motor oder Generator wird, wenn die Leistungsfähigkeit der Prüffeldanlagen dies erlaubt, im Nennbetrieb, also mit Nennspannung, Nennstrom, Nennfrequenz und Nennleistungsfaktor vorgenommen. Zu diesem Zwecke wird die Maschine mit einer entsprechend großen Gleichstrommaschine gekuppelt, von dieser aus hochgefahren, synchronisiert und dann belastet. Außer dem Nennlastpunkt werden weitere Lastpunkte gefahren, die die charakteristischen Belastungskennlinien der Synchronmaschine ergeben. Anschließend wird der Dauerlauf zur Bestimmung der Erwärmung durchgeführt.

2.3.7 Synchronisierung

Unter Synchronisieren versteht man das Zuschalten der laufenden und auf Netzspannung erregten Synchronmaschine auf das Netz unter Vermeidung eines jeden merklichen Stromstoßes. Zu diesem Zwecke müssen drei Bedingungen erfüllt sein. Die Spannung der Synchronmaschine muß gleich der des Netzes sein, die Frequenz gleich der Netzfrequenz und die Phasenlage der Spannungen gleich der der Netzspannungen. Letztere Bedingung schließt gleichzeitig die gleiche zeitliche Phasenfolge der Spannungen in sich ein. Der Beobachtung dieser Bedingungen dienen gelegentlich besonders entwickelte Synchronisiergeräte, die allerdings im Prüffeld fast niemals Anwendung finden. Hier benutzt man die ebenso einfach wie sicher arbeitenden Phasenlampen in Hell- oder Dunkelschaltung, an deren Stelle genau so gut Spannungsmesser treten können.

2.3.7.1 Dunkelschaltung

In Abb. 78 ist die am meisten verwendete Dunkelschaltung dargestellt, und zwar für den Fall einer Niederspannungsmaschine. Bei Hochspannungsmaschinen werden die Lampen über einen Spannungswandler gespeist. Parallel zu den drei Trennstellen des Schalters liegt je eine Lampe, die für die doppelte Phasenspannung bemessen sein muß. Wenn die Nennspannung der Lampe zu klein ist, benutzt man zwei oder noch mehr in Reihe geschaltete Lampen. Die Wirkungsweise der Anordnung ist einfach. Sobald Spannung, Frequenz und Phasenlage der Synchronmaschine und des Netzes übereinstimmen, ist zu jedem Zeitpunkt die Potentialdifferenz an den Trennstellen des noch offenen Schalters gleich Null. Er kann eingelegt werden, ohne daß irgendein Strom zum Fließen kommt. Die Bedingung der vollkommenen Synchronisation ist also erfüllt. Solange noch keine Frequenzgleichheit besteht, leuchten die Lampen gemeinsam im Takte der Frequenzdifferenz auf.

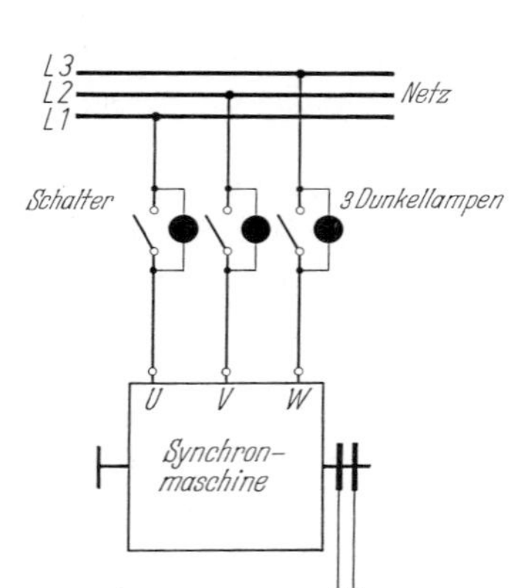

Abb. 78. Dunkelschaltung zum Synchronisieren. Bei vollkommener Synchronisation sind alle drei Lampen erloschen. Wenn eine Lampe erlischt und die beiden anderen leuchten, liegt falsche Phasenfolge auf Netz- oder Maschinenseite vor

2.3.7.2 Hellschaltung

Diese Schaltung, die in Abb. 79 dargestellt ist, hat vor der Dunkelschaltung den Vorzug, daß man erkennen kann, ob die zuzuschaltende Synchronmaschine zu schnell oder zu langsam läuft. Eine Lampe liegt zwischen zwei gleichen Phasen, die beiden andern dagegen über Kreuz zwischen zwei verschiedenen Phasen von Netz und Generator. Bei Synchronismus muß also die erste Lampe erlöschen, während

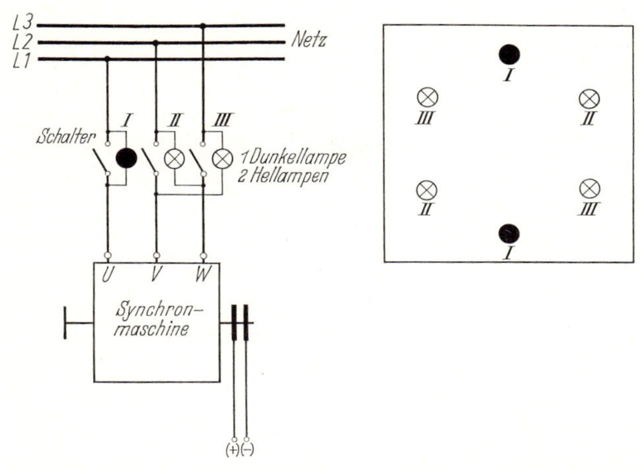

Abb. 79. Hellschaltung zum Synchronisieren. **a** stehendes Bild, wobei Lampe 1 dunkel ist = vollkommene Synchronisation; **b** links umlaufender Lichteffekt = zu langsam laufende Synchronmaschine; **c** rechts umlaufender Lichteffekt = zu schnell laufende Synchronmaschine; **d** periodisches, bzw. dauerndes Erlöschen aller Lampen = falsche Phasenfolge auf Netz- oder Maschinenseite

die beiden andern dagegen ziemlich hell aufleuchten. Die „Dunkellampe“ muß besonders gekennzeichnet sein, da nur sie, nicht aber eine der beiden andern Lampen dunkel werden darf. Man ordnet die Lampen am besten in Kreisform an, wobei man vorteilhafterweise jeder einzelnen eine gleichartig gespeiste weitere Lampe gegenübersetzt, also insgesamt sechs Lampen verwendet. Solange wohl die Spannung, jedoch noch nicht die Frequenz genau übereinstimmt, beobachtet man, daß alle Lampen nacheinander dunkel werden, aufhellen und wieder trübe werden. Es entsteht ein umlaufender Lichteindruck. Sobald dieser zum Stillstand kommt, ist die Frequenzgleichheit erreicht; sobald die Dunkellampe erlischt, ist die Synchronisation vollkommen. Bei dem in Abb. 79 gezeichneten Anschluß entspricht einem links umlaufenden Lichteffekt ein zu langsam laufender Generator. Seine Drehzahl muß also erhöht werden. Läuft das Licht rechts um, so ist die Generatordrehzahl zu hoch; sie ist herabzuregeln.

Die Dunkelschaltung hat den Vorzug geringerer Fehlermöglichkeiten und eignet sich für Prüffeldzwecke besonders gut. Die Hellschaltung empfiehlt sich für feste Anlagen und wird gern für stationäre Prüffeldumformer benutzt.

2.3.7.3 Kontrollmöglichkeit

Wenn eine vorliegende Synchronisierschaltung nicht mit Sicherheit bekannt ist oder möglicherweise Fehler in ihr enthalten sein können, so wird erst ein Vorversuch gemacht. Dies empfiehlt sich immer bei Hochspannungsanlagen, wo durch die Spannungswandler leicht Fehlschaltungen gemacht werden können. Man klemmt den Generator ab und isoliert die freien Zuleitungsenden zum Schalter. Dann legt man den Netzschalter ein. Für die Synchronisiereinrichtung schafft man also hierdurch den Betriebszustand, der einer vollkommenen Synchronisation entspricht. Sind alle Lampen dunkel, so liegt Dunkelschaltung vor, brennen zwei hell und bleibt die dritte dunkel, so hat man Hellschaltung. Nunmehr wird der Netzschalter getrennt und die Maschine wieder angeklemmt. Man fährt hoch, erregt und beobachtet aufmerksam das Verhalten der Lampen. Hatte man vorher Dunkelschaltung festgestellt, so müssen sie alle drei gleichzeitig an- und ausgehen und schließlich gemeinsam erlöschen. Hatte man dagegen Hellschaltung beobachtet, so muß kreisendes Licht entstehen und schließlich die gleiche Lampe wie vorher erlöschen, die beiden andern aber gleich hell leuchten.

Wenn man aber im Vorversuch Dunkelschaltung hatte und bei Lauf die Lampen kreisendes Licht zeigen, so ist die Drehrichtung des Generators falsch oder aber die Phasenfolge von Netz und Generator verschieden voneinander. Das gleiche gilt, wenn sich statt der erwarteten Hellschaltung Dunkelschaltung ergibt. In beiden Fällen ist entweder die Generatordrehrichtung umzukehren oder, falls diese mechanisch richtig ist, eine Vertauschung zweier Zuleitungen des Netzes oder der Maschine vorzunehmen. Da hierbei eine andere Lampe in der Hellschaltung zur „Dunkellampe" werden kann, wird der Vorversuch aus Gründen der Sicherheit wiederholt. Fehlschaltungen beim Synchronisieren können Drehmomente vom Vierfachen des Stoßmoments zur Folge haben und die Maschine ernstlich gefährden.

Bei allen Schaltungen gelangt über die Lampen und die gegebenenfalls verwendeten Spannungswandler auch bei noch offenem Netzschalter die volle Netzspannung an die Maschinenklemmen. Diese dürfen also auch bei Stillstand nur dann berührt werden, wenn die Trennmesser vor dem Schalter gezogen oder die Lampen herausgedreht worden sind.

Bei unruhigen Netz- oder Antriebsverhältnissen ist gelegentlich eine vollkommene Synchronisierung nur sehr schwer zu erreichen. In diesen Fällen beobachtet man einige Schwebungen und legt den Schalter, kurz bevor der richtige Zeitpunkt gekommen ist, ein. Es ist dabei immer am besten, den Generator etwas schneller laufen zu lassen, weil dann seine Schwungmassen nicht auf die Synchrondrehzahl beschleunigt zu werden brauchen, sondern sich von der ein wenig höheren Geschwindigkeit auf diese abbremsen. Dem Netz wird dann also keine Leistung entzogen, sondern zugeführt.

2.3.8 Belastungseinstellung

Die Synchronmaschine kann als Erzeuger und als Verbraucher von Wirkleistung und als Erzeuger und als Verbraucher von Blindleistung arbeiten. Sie setzt nur Wirkleistung um, wenn sie bei $\cos \varphi = 1{,}0$ läuft, und nur Blindleistung, wenn der $\cos \varphi = 0{,}0$ ist. Im allgemeinen arbeiten Motoren mit $\cos \varphi = 1{,}0$ und Generatoren mit einem $\cos \varphi = 0{,}7$ bis 0,8. Bei Lauf der Maschine an einem hinreichend großen Netz können diese vier Betriebszustände und die Zwischenzustände beliebig eingestellt werden.

Langsamer-Regeln der Antriebsmaschine ergibt: Wirkstromaufnahme aus dem Netz, also Motorbetrieb. Die Antriebsmaschine wird zum Generator. Vom Wechselstromnetz aus betrachtet, wirkt die Synchronmaschine wie ein Ohmscher Widerstand.

Schneller-Regeln der Antriebsmaschine ergibt: Wirkstromabgabe an das Netz. Die Antriebsmaschine wird zunehmend belastet. Vom Netz gesehen, wirkt die zum Generator gewordene Synchronmaschine wie ein negativer Widerstand.

Verringerung des Erregerstroms der Synchronmaschine, also Untererregung, ergibt: Blindstromaufnahme aus dem Netz. Die Antriebsmaschine wird nicht beeinflußt. Vom Wechselstromnetz aus betrachtet, wirkt die Synchronmaschine wie eine Drosselspule, welche Magnetisierungsleistung verbraucht.

Erhöhung des Erregerstroms der Synchronmaschine, also Übererregung, bewirkt: Blindstromabgabe an das Netz. Die Antriebsmaschine wird nicht beeinflußt. Vom Wechselstromnetz aus gesehen, wirkt die Synchronmaschine wie ein Kondensator.

Üblicherweise laufen die Synchronmaschinen immer mit einem Erregerstrom, der größer als der Leerlauferregerstrom ist. Sie gelten als übererregt, wenn Blindstrom an das Netz geliefert wird. Dies ist bei belasteten Generatoren die Regel. Nur beim Arbeiten im Leerlauf auf eine lange Leitung mit kapazitivem Charakter oder bei Phasenschieberbetrieb zur Herabsetzung der Netzspannung wird die Erregung geschwächt und mit Untererregung gefahren. Ein nacheilender Leistungsfaktor kommt also nur sehr selten vor.

Praktisch geschieht das Einstellen auf Voll- oder Teillast folgendermaßen: Die mit einer Prüffeldmaschine gleicher Leistung gekuppelte Synchronmaschine wird hochgefahren, erregt, synchronisiert und aufs Netz geschaltet. Im Falle der *Prüfung eines Synchronmotors* wird nunmehr der Erregerstrom der Antriebsmaschine erhöht. Die Folge ist, daß sie generatorischen Strom an ihr Netz abgibt, langsamer zu laufen versucht und die Synchronmaschine abbremst. Diese wird dadurch zum Motor. Man erhöht die Erregung der Gleichstrommaschine, bis die Leistungsmesser des Synchronmotors die gewünschte Leistungsaufnahme anzeigen. Nunmehr wird der $\cos\varphi$ eingestellt, indem man den Erregerstrom des Synchronmotors erhöht. Eine Erhöhung über den Leerlaufwert um etwa 30 bis 50% führt auf $\cos\varphi = 1{,}0$, der leicht am Minimum des Netzstroms und am gleichen Ausschlag beider Leistungsmesser erkannt werden kann. Weitere Steigerung der Erregung bewirkt den übererregten Zustand, in welchem also Blindstrom an das Netz abgegeben wird. Dies wird bei Synchronmotoren allerdings nur dann gewünscht, wenn benachbarte Verbraucher von Blindstrom kompensiert werden sollen. Häufig laufen Synchronmotoren mit $\cos\varphi = 1{,}0$. Die Übererregung hat, wie unten weiter ausgeführt wird, eine wesentliche Erhöhung des synchronen Kippmoments zur Folge und wird daher gelegentlich aus diesem Grunde gefordert.

Bei der *Prüfung eines Synchrongenerators* wird nach dem Synchronisieren der Erregerstrom der Antriebsmaschine geschwächt. Sie versucht also schneller zu laufen und treibt dadurch die Synchronmaschine verstärkt an. Diese wird zum Generator. Die Leistungsmesser zeigen den Wert der abgegebenen Wirkleistung an, die durch weitere Feldschwächung des Antriebsmotors auf den Wert der gewünschten Wirklast gleich Scheinleistung mal Leistungsfaktor eingeregelt wird. Jetzt wird der Leistungsfaktor selbst eingestellt. Wiederum ist der Erregerstrom der Synchronmaschine zu erhöhen. $\cos\varphi = 1{,}0$ wird bei geringerer Erhöhung des Erregerstroms als beim Motor erreicht, weil dessen Luftspalt im allgemeinen größer gehalten wird. Meistens ist aber der Leistungsfaktor des Generators gleich 0,8 oder 0,7. Diese Werte werden mit Erregerströmen vom rund doppelten Betrag des Leerlauferregerstroms erreicht. Man erkennt den gewünschten Leistungsfaktor am Verhältnis der Leistungsmesserausschläge oder einfacher am Wert des zugehörigen Netzstroms, den man am besten vorher aus Scheinleistung und Netzspannung errechnet hat. An Synchronmaschinen, für die keine Antriebsmaschine zur Verfügung gestellt werden kann, können nur

Blindbelastungen durchgeführt werden. Unterschiede zwischen Motor und Generator bestehen nicht. Die Maschine entnimmt dem Netz die geringe Wirkleistung zur Deckung ihrer Verluste, läuft also als leer laufender Motor und gibt bei Übererregung Blindleistung ab, bei Untererregung nimmt sie solche auf. Bei der leer laufenden Maschine, die hart auf der Grenze zwischen Motor und Generatorbetrieb arbeitet, erkennt man am besten, daß den leider üblichen Bezeichnungen kapazitiv beim übererregten Motor und induktiv beim übererregten Generator nur eine irreführende Vorstellung zugrunde liegt. Durch geringe Antriebs- oder Bremsmomente kann die Maschine generatorisch oder motorisch werden, ihre Blindstromabgabe wird nicht beeinflußt.

2.3.8.1 Belastungskennlinien

Für das praktische Verhalten der Synchronmaschine sind die Kennlinien bei konstanter Klemmenspannung die wichtigsten. Man kann solche aufnehmen bei konstantem Leistungsfaktor, bei konstanter Wirkleistung und bei konstantem Erregerstrom. Wenn man eine dieser Scharen gemessen hat, kann man die andern leicht daraus ermitteln. Bei Generatoren interessieren vor allem die Kennlinien für konstanten $\cos\varphi$, bei Motoren die für konstante Wirkleistung oder, wenn die Erregung nicht nachgeregelt wird, jene für konstanten Erregerstrom. Immer nimmt man die $\cos\varphi = 0$-Linie auf, die die Blindstromaufnahme bzw. -abgabe in Abhängigkeit der Erregung wiedergibt.

Die Regelkennlinien: $I = f(I_f)$; $U =$ const.; $\cos\varphi = 1{,}0,\ 0{,}8,\ \ldots\ 0{,}0 =$ const. Bei der Aufnahme dieser Kennlinien, die für eine Reihe von jeweils konstant zu haltenden Werten des Leistungsfaktors aufgenommen werden, kann man die Maschine

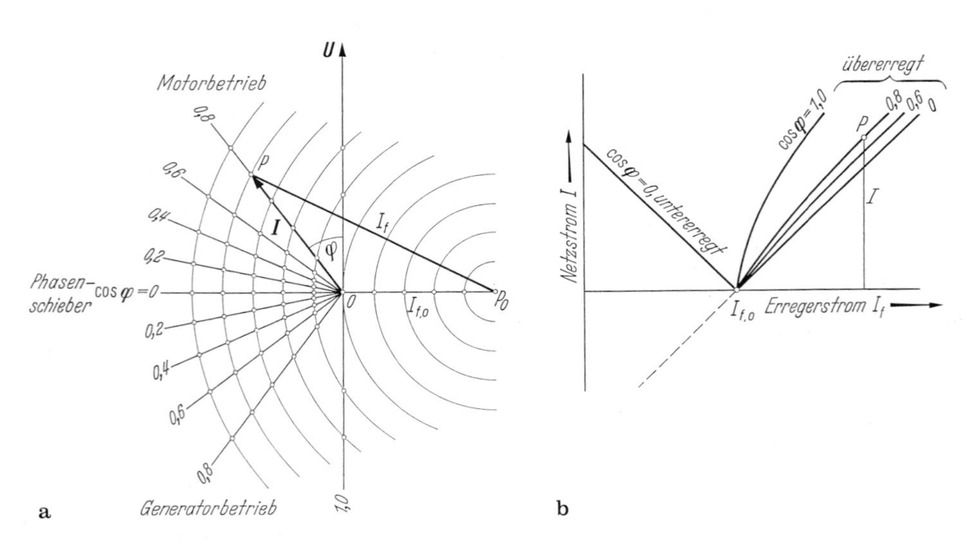

Abb. 80. Die Regelkennlinien $I = f(I_f)$ für $\cos\varphi =$ const. im **a** Vektor- und **b** Liniendiagramm bei der idealen, ungesättigten, verlustlosen Volltrommelmaschine.
a Zusammengehörige Werte von ***I*** und I_f liegen auf Strahlen durch den Nullpunkt; **b** Motorkurven ≈ Generatorkurven

entweder im Motor- oder im Generatorbetrieb fahren. Nur bei kleineren Maschinen ergibt sich ein geringfügiger Unterschied im Erregerstrom. Man richtet sich nach den Einrichtungen des Prüffelds. In Abb. 80a sind verschiedene Stromkreise wiedergegeben, auf denen die durch eine Regelkennlinie gegebenen Punkte durch Geraden verbunden sind. Man sieht, daß alle Linien für $I = 0$ durch den gleichen Wert des Erregerstroms, nämlich durch den Leerlaufstrom $I_{f,0}$ gehen müssen. Praktisch geht man bei der Aufnahme so vor, daß man vorher die einzuhaltenden Verhältnisse der Leistungsmesserausschläge errechnet. Es gilt z. B. für $\cos\varphi = 1{,}0$ $\alpha_{\text{klein}}/\alpha_{\text{groß}} = 1{,}0$, für $\cos\varphi = 0{,}8$ $\alpha_{\text{klein}}/\alpha_{\text{groß}} = 0{,}4$, $\cos\varphi = 0{,}6$, $\alpha_{\text{klein}}/\alpha_{\text{groß}} = 0{,}13$ und endlich für $\cos\varphi = 0{,}0$, $\alpha_{\text{klein}}/\alpha_{\text{groß}} = -1{,}0/+1{,}0$. Zugehörige weitere Werte können der Leiter in Abb. 206 entnommen werden. Man erhöht schrittweise die Wirkleistung durch Regelung der Erregerstromstärke der Gleichstrommaschine und stellt den Erregerstrom der Synchronmaschine nach. Meistens begnügt man sich mit den Kurven für $\cos\varphi = 1{,}0$, $0{,}8$ und $0{,}0$. Letztere sollte man immer auch auf das Gebiet der Untererregung ausdehnen und bis zum Erregerstrom Null aufnehmen. Die übliche Art der Darstellung ist in Abb. 80b widergegeben.

Die V-Kurven: $I = f(I_f)$, $U = \text{const}$, $P_{\text{wirk}} = \frac{1}{4}, \frac{1}{2}, \frac{3}{4}, \frac{1}{1}, \frac{5}{4}\, P_{\text{wirk, nenn}} = \text{const}$. Diese Kennlinien sind sehr bequem aufzunehmen. Man stellt die Synchronmaschine auf konstante Wirkleistung ein und ändert nur noch den Erregerstrom. Abbildung 81a läßt erkennen, daß auch hier praktisch gleiche Kurven für Motor- oder Generatorbetrieb zu erwarten sind. Die Punkte einer Kennlinie liegen im Stromdiagramm auf Parallelen zur Grundlinie. Man erkennt, daß sich durch einen bestimmten Erregerstrom bei den einzelnen Wirkleistungen das Stromminimum des Netzstroms einstellen läßt. Bei Abweichungen von diesem Erregerstrom wird der Strom wieder größer, und zwar infolge Blindstromabgabe an das Netz, wenn übererregt wird und durch

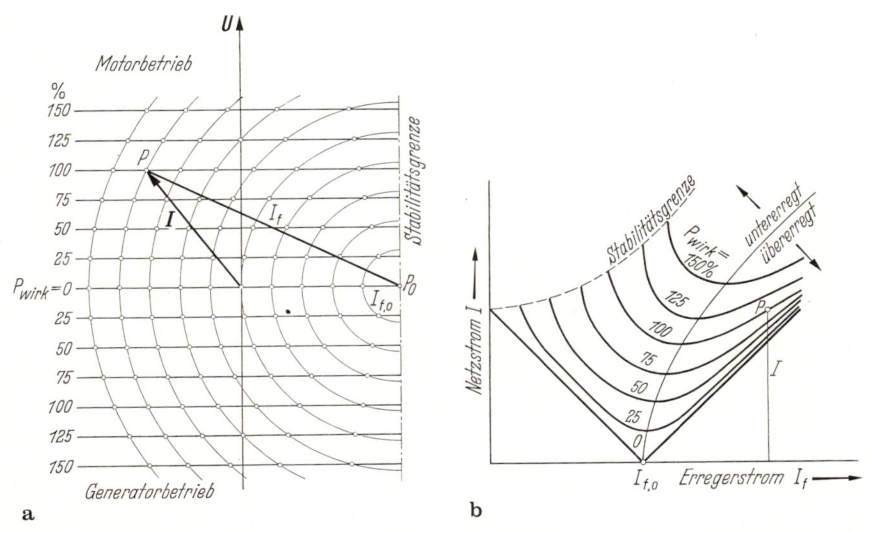

Abb. 81. Die V-Kurven für $I = f(I_f)$ für $P_{\text{wirk}} = \text{const.}$ im **a** Vektor- und **b** Liniendiagramm bei der idealen, ungesättigten, verlustlosen Volltrommelmaschine. **a** Zusammengehörige Werte von I und I_f liegen auf Parallelen zur Nullinie; **b** Motorkurven ≈ Generatorkurven

Blindstrombezug vom Netz, wenn untererregt wird. Die übliche Darstellung ist in Abb. 81b wiedergegeben. Der Verlauf der Kurven hat ihnen den Namen V-Kurven gegeben. Die einzelnen Kurven haben keinen Punkt gemeinsam. Die V-Kurve für $P_{\text{wirk}} = 0$ ist identisch mit der $\cos\varphi = 0$-Kurve der Regelkennlinien.

Wenn man auf den einzelnen V-Kurven die Punkte für $\cos\varphi = 1{,}0$, $0{,}8$, $0{,}6$ usw. einträgt und gleichbezeichnete Punkte untereinander verbindet, erhält man ohne weiteres die Regelkennlinien. Umgekehrt kann man aus diesen die V-Kurven erhalten, indem man Punkte gleicher Wirkleistung aufsucht und miteinander verbindet.

Die Ortskurven: I und $\cos\varphi = f(P)_{\text{wirk}}$, $U = \text{const.}$ $I_{\text{f}} = I_{\text{f,0}}, I_{\text{f,1/2}}, I_{\text{f,nenn}} = \text{const.}$ Die Ortskurven geben einen unmittelbaren Einblick in das Verhalten des Stromvektors bei Laständerungen. Man hält den Erregerstrom konstant, wobei man am besten den Leerlauferregerstrom, den Halblastwert, den normalen Erregerstrom und, mit einiger Vorsicht, den Erregerstrom Null einstellt. Abbildung 82a zeigt die Lage der Punkte, die also auf den „Kreisdiagrammen" der Synchronmaschine liegen. Die Bezeichnung Kreise soll nur an den Kreis des Asynchronmotors bzw. des Asynchrongenerators erinnern. In Wirklichkeit hat nur die ungesättigte Volltrommelmaschine ein Kreisbild, die Einzelpolmaschine dagegen als Ortskurve eine Pascalsche Schnecke, die allerdings im Bereich des Nennbetriebs recht gut durch einen Kreisbogen ersetzt werden kann. Infolge des stark ansteigenden Erregerbedarfs der Pole sind die Kreise bei reiner Blindstromabgabe, also bei Wirklast Null ziemlich stark abgeplattet. Die übliche Darstellung der Ortskurven wird nicht vektoriell durchgeführt, sondern man trägt nach Abb. 82b Strom und Leistungsfaktor über der aufgenommenen bzw. der abgegebenen Wirkleistung auf. Die einzelnen Punkte der Ortskurven können ohne weiteres den Regelkennlinien für $I_{\text{f}} = \text{const.}$ entnommen werden. Demnach sind alle drei Arten von Kennlinien gegeben, wenn man eine einzige Schar derselben aufgenommen hat.

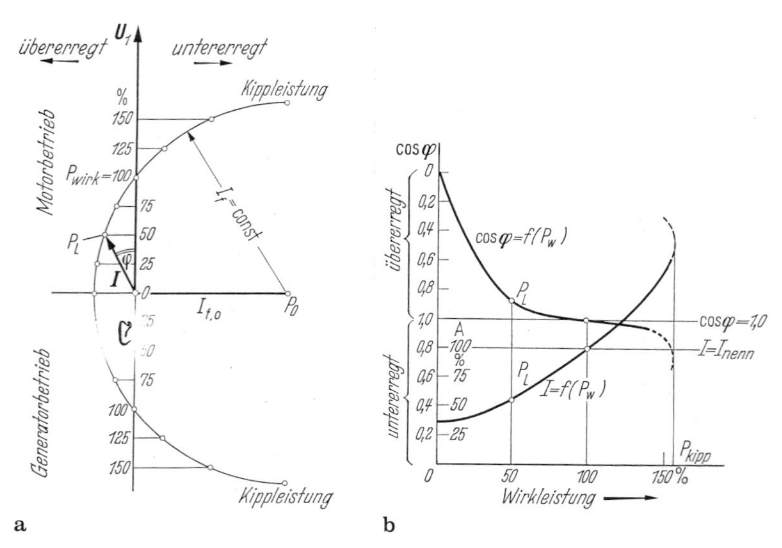

Abb. 82. Ortskurve der idealen, ungesättigten, verlustlosen Synchronmaschine im **a** Zeiger- und **b** im Liniendiagramm (gleiche Kurven für Motor- und Generatorbetrieb)

2.3.8.2 Bestimmung von Erregerstrom und Spannungsänderung nach den schwedischen Normalien

In der Prüffeldpraxis hat sich diese Bestimmung des Erregerstroms eingeführt und gut bewährt. Man benötigt die Leerlaufkennlinie, den Leerlauferregerstrom, den Kurzschlußerregerstrom und den Erregerstrom für Nennstrom bei $\cos \varphi = 0$ und Nennspannung. Diese Werte werden bei jeder Prüfung bestimmt. Abbildung 83 zeigt die Konstruktion des Diagramms für Nennstrom. Auf der Waagerechten wird der Leerlauferregerstrom und der Erregerstrom für $\cos \varphi = 0$ abgetragen. Im Endpunkt des Leerlauferregerstroms T wird eine Senkrechte von der Länge des Kurzschlußstroms errichtet. Bei kleinen Maschinen unter 100 kVA erhöht man den Wert um etwa 10 %, bei mittleren Einheiten von einigen Hundert kVA um 5 % und bei den großen um 0 bis 2 %. Durch den so gewonnenen Punkt D und den Punkt B auf der Waagerechten wird ein Kreis gelegt, dessen Mittelpunkt C auf der Waagerechten liegt. Die Konstruktion zeigt, wie zu einem beliebigen $\cos \varphi$ bei übererregter Maschine, Motor oder Generator, der Erregerstrom recht genau als die Strecke OH gefunden wird. Die schwedischen Normalien berücksichtigen auch noch den Ohmschen Spannungsabfall in der Ankerwicklung, wodurch ein kleiner Unterschied zwischen Motor- und Generatorerregerstrom zustande kommt. In Abb. 83 ist die entsprechende Konstruktion eingetragen, von der man praktisch wegen der Geringfügigkeit des

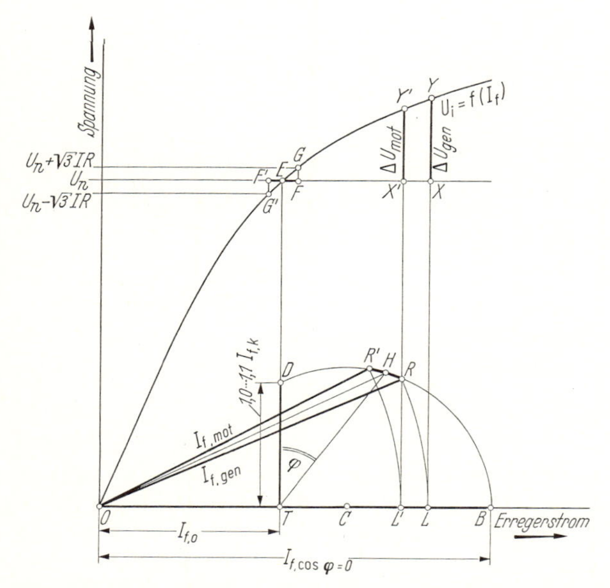

Abb. 83. Das „Schwedendiagramm". Bestimmung des Erregerstroms für Motor- oder Generatorbetrieb bei $\cos \varphi = 1{,}0$ oder Übererregung nach den schwedischen Normalien Sen 3. OEY Leerlaufkennlinie. $OT = I_{f,0} =$ Leerlauferregerstrom. $TD = (1{,}0$ bis $1{,}1) \cdot I_{f,k} = (1{,}0$ bis $1{,}1) \cdot$ Kurzschlußerregerstrom $OB = I_{f,\cos\varphi=0} =$ Erregerstrom bei Strom I und $\cos \varphi = 0$. $HR = EF$; $HR' = EF'$; $OR = OL = I_{f,gen} =$ Erregerstrom des Generators. $OR' = OL' = I_{f,mot} =$ Erregerstrom des Motors. YX Spannungsänderung des Generators, $Y'X'$ Spannungsänderung des Motors. φ Phasenverschiebungswinkel. Im allgemeinen gibt OH praktisch den richtigen Erregerstrom für Motor oder Generator, da $\sqrt{3}\,IR$ vernachlässigt werden darf

Spannungsabfalls keinen Gebrauch macht. Der etwas größere Generatorerregerstrom $I_{f, gen}$ wird als OR, der etwas kleinere Motorerregerstrom als OR' gefunden. Die Kreise für $^3/_4$, $^1/_2$, $^1/_4$ Stromstärke werden auf die gleiche Weise gefunden. Sie haben keine gemeinsamen Mittelpunkte. Auf der Senkrechten TD nimmt man eine lineare Unterteilung vor, auf der Waagerechten trägt man die der $\cos \varphi = 0$-Linie, also der V-Kurve für Leerlauf entnommenen Erregerströme ab. Die Kreismittelpunkte rücken für fallende Ströme nach links, bleiben aber auch für die kleinsten Ströme etwas rechts vom Fußpunkt der Senkrechten, also vom Endpunkt T des Leerlauferregerstroms liegen.

Unter *Spannungsänderung* wird die auf Nennspannung bezogene Differenz zwischen der Leerlaufspannung, die sich bei entlasteter, nicht nachgeregelter Synchronmaschine einstellt, und der Nennspannung selbst verstanden. Man drückt sie in Prozent aus. In den weitaus meisten Fällen ist der Erregerstrom der vollbelasteten Maschine größer als der Leerlauferregerstrom. Die zugehörige Leerlaufspannung liegt also über der Nennspannung, und zwar um so mehr, je schwächer die Maschine gesättigt ist. Dies trifft besonders bei kleineren Maschinen mit Rücksicht auf deren beschränkten Erregerwicklungsraum zu. Diese Maschinen zeigen daher Spannungsänderungen, die hart an den von den REM empfohlenen oberen Wert von 50% bei $\cos \varphi = 0{,}8$ herankommen. Man findet die Spannungsänderung, indem man zu dem aus der Lastablesung oder dem Schwedendiagramm bekannten Nennerregerstrom in der Leerlaufkennlinie den zugehörigen Wert U_i entnimmt und die Änderung errechnet zu:

$$= \frac{[(\text{Leerlaufspannung bei Nennerregung}) - (\text{Nennspannung})] \cdot 100}{\text{Nennspannung}}.$$

Wenn die Spannungsänderung bei der fertigen Maschine bei $\cos \varphi = 0{,}8$ größer als 50% wird, hilft im allgemeinen nur eine Verringerung der Ankerwindungszahl, die mitunter durch Totlegen einzelner Windungen ohne größere Schwierigkeiten durchgeführt werden kann. Maschinen mit zu hoher Spannungsänderung haben im Betrieb an sich keine besonderen Nachteile.

2.3.8.3 Bestimmung von Erregerstrom und Spannungsänderung nach den amerikanischen Normalien

Nach den amerikanischen Normalien wird die *Potierspannung* als Streuspannung zur Bestimmung des Erregerstroms der belasteten Synchronmaschine benutzt. Es muß bekannt sein: die Leerlaufkennlinie, die Kurzschlußkennlinie bzw. der Kurzschlußerregerstrom $I_{f,k}$ und der Erregerstrom für $\cos \varphi = 0$ bei Nennstrom und Nennspannung. Die Konstruktion des Diagramms ist in Abb. 84 durchgeführt. Die Potierspannung U_{pot} wird entsprechend der Darstellung bestimmt. Der Ohmsche Spannungsabfall des Ankers $\sqrt{3} \cdot IR$ ist in der Zeichnung berücksichtigt, kann aber stets vernachlässigt werden. Die Spannungen im Diagramm werden verkettet eingeführt, da die Leerlaufkennlinie für die verkettete Spannung vorliegt. An die Klemmenspannung $\boldsymbol{U}$ wird der Ohmsche und der induktive Spannungsabfall angetragen und zur sich ergebenden induzierten Spannung der Leerlauferregerstrom bestimmt. Von diesem wird aber nur der über die Luftspaltlinie hinausgehende Teil ΔI_f benutzt. Der Gesamterregerstrom I_f wird gefunden als vektorielle Summe aus dem Luft-

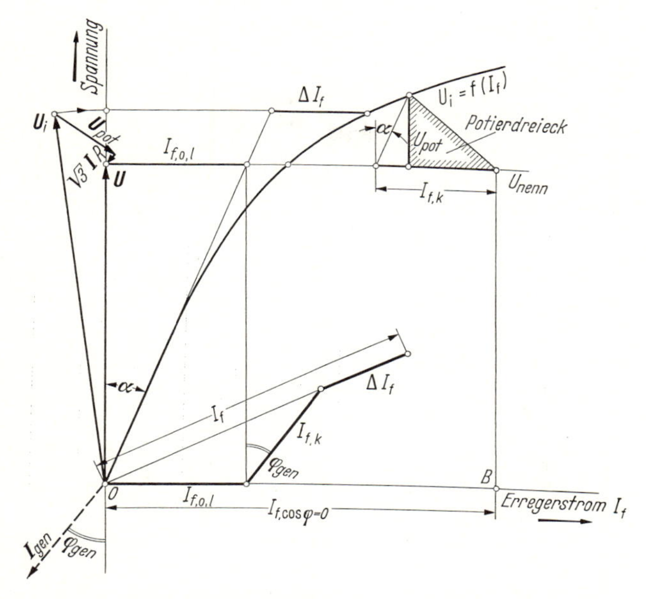

Abb. 84. Bestimmung des Erregerstroms nach den amerikanischen Normalien. (Bei Teillasten ist U_{pot}, $\sqrt{3}\,IR$ und $I_{f,k}$ proportional mit Strom I umzurechnen. Der gezeichnete Generatorzustand ist derselbe wie in Abb. 83. Das Ergebnis ist dasselbe.)

spaltanteil $I_{f,0,1}$ dem zur Nennspannung gehörigen Leerlauferregerstrom und dem Kurzschlußerregerstrom $I_{f,k}$. Hierzu kommt als algebraischer Zuschlag ΔI_f.

Man sieht, daß diese Konstruktion, die an Einfachheit etwas hinter der nach den schwedischen Normalien zurücksteht, genau die gleichen Werte wie diese für den Leerlauf und für Phasenschieberbetrieb ergibt. Man erhält in beiden Fällen den tatsächlich gemessenen Erregerstrom $I_{f,0}$ bzw. $I_{f,\cos\varphi=0}$. Für beliebige Belastungen weichen die Erregerströme nur unwesentlich voneinander ab [IEC Report 34-4 und 34-4A].

Die *Spannungsänderung* wird auf übliche Weise gefunden, indem man zu I_f aus der Leerlaufkennlinie die zugehörige Spannung U_i abgreift und $U_i - U_{nenn}$ in Prozent von U_{nenn} ausdrückt [VDE 0530, Teil 4].

2.3.8.4 Ortskurven und Diagramme

Bei den Synchronmaschinen besteht ein Unterschied, ob es sich um eine Volltrommelmaschine oder um eine Einzelpolmaschine handelt. Zu ersteren zählen die Turboläufer und die synchronisierten Asynchronmaschinen, zu letzteren die üblichen Maschinen mit ausgeprägten Polen. Die Volltrommelmaschine kann nur im erregten Zustand synchron laufen, die Einzelpolmaschine dagegen bleibt auch bei Erregerstrom Null im Tritt und kann sogar in diesem Zustand mit etwa 10 bis 20% ihres Nenndrehmoments belastet werden. Im Leerlauf kann ein schwacher Erregerstrom sogar in umgekehrter Richtung durch die Erregerwicklung geschickt werden. Betrieblich hat dies aber kein Interesse. Dagegen findet die unerregte Synchronmaschine, die keine Erregerwicklung, sondern nur einen Anlaufkäfig besitzt, als sog. *Reluktanz-*

motor für Spezialantriebe kleiner Leistung und für Regelzwecke, wo synchrone Drehzahl gefordert wird, eine gewisse Anwendung [15, 22].

Die *Volltrommelmaschine* verhält sich genau wie der synchronisierte Asynchronmotor, dessen Diagramm bereits in Abschnitt 2.2.7.2 beschrieben wurde. Erregerstrom I_f und Ankerstrom I erregen gemeinsam den Kraftfluß der Maschine. In Abb. 85a ist das Kreisdiagramm zum unmittelbaren Vergleich mit dem Diagramm der Einzelpolmaschine nochmals dargestellt. Da es bei der Synchronmaschine bequemer ist, dem Diagramm den leicht meßbaren Erregerstrom zugrunde zu legen, wird der Netzstrom I durch den zugehörigen Kurzschlußerregerstrom $I_{f,k}$ ausgedrückt. Der Maßstab für den Netzstrom ist also gleich dem gewählten Erregerstrommaßstab mal $I_{nenn}/I_{f,k}$.

Aus dem Diagramm kann man die in guter Annäherung stimmende Beziehung für das Kippmoment der Volltrommelmaschine entnehmen, nämlich:

$$M_{kipp} = M_{nenn} \cdot \frac{I_f}{I_{f,k} \cdot \cos\varphi},$$

wobei I_f der Erregerstrom bei Nennbetrieb ist. Da I_f vom Leerlauferregerstrom $I_{f,0}$ abhängt, wächst die Überlastbarkeit mit steigendem Leerlauferregerstrom stark an. Auch wirkt ein voreilender, kleiner Vollast-cos φ günstig auf die Überlastbarkeit ein. Soll er jedoch, wie es bei Motoren häufig gefordert wird, gleich 1,0 sein, so muß der Luftspalt des Synchronmotors gegenüber der normalen Ausführung vergrößert werden, um die Einbuße durch den guten Leistungsfaktor durch erhöhten Erregerbedarf bei Leerlauf wieder auszugleichen.

Das Diagramm für die *Einzelpolmaschine* ist in Abb. 85b dargestellt [58–60]. Man sieht, daß die Einzelpolmaschine auch im unerregten Zustand imstande ist, eine gewisse motorische oder generatorische Leistung abzugeben. Wenn man den Ankerstrom der unerregten Maschine als ,,Leerlaufstrom“ bezeichnen will, dann sind alle Ströme, die durch den „unerregten“ Kreis gegeben sind, als Leerlaufströme anzusprechen. Ihre Größe hängt nur ab von der elektrischen Winkelverdrehung des Polrads δ. Der Erregerstrom zu einem beliebigen Ankerstrom $\boldsymbol{I}$ wird unter dieser Annahme auf die gleiche Weise wie bei der Volltrommelmaschine als vektorielle Differenz von $\boldsymbol{I}$ und $\boldsymbol{I}_{0,\delta}$ bzw. $I_{f,k}$ und $I_{f,0,\delta}$ gefunden. Damit ist auch die Konstruktion der Ortskurve gegeben. Durch den Leerlaufpunkt für die Querstellung $P_{0,q}$ werden eine Reihe von Strahlen gelegt, auf denen man, vom Schnittpunkt mit dem Leerlaufkreis ausgehend, nach beiden Seiten den Erregerstrom I_f abträgt und die für konstante Werte von I_f ermittelten Punkte untereinander verbindet. Man sieht, daß durch die Pollücken Ortskurven zustande kommen, die nur in zwei einander gegenüberliegenden Punkten mit dem Kreis der Volltrommelmaschine übereinstimmen. Im übrigen Teil verläuft die Kurve der Einzelpolmaschine außerhalb des Volltrommelkreises. Größer ist der Unterschied bezüglich des Verdrehungswinkels δ des Polrads, der bei gleichen Wirkleistungen kleiner ausfällt. Dies bedeutet aber, daß das synchronisierende Moment der Einzelpolmaschine größer als das der Volltrommelmaschine ist. Den Leerlaufkreis findet man, indem man die unerregte, am Netz liegende Maschine durch eine geeignete Antriebsmaschine zum ganz langsamen Schlüpfen bringt. Der kleinste Strom ergibt den Punkt $P_{0,d}$ und der größte Strom den Punkt $P_{0,q}$. Durch beide wird ein Kreis gelegt, dessen Mittelpunkt auf der Waagerechten liegt (vgl. S. 157).

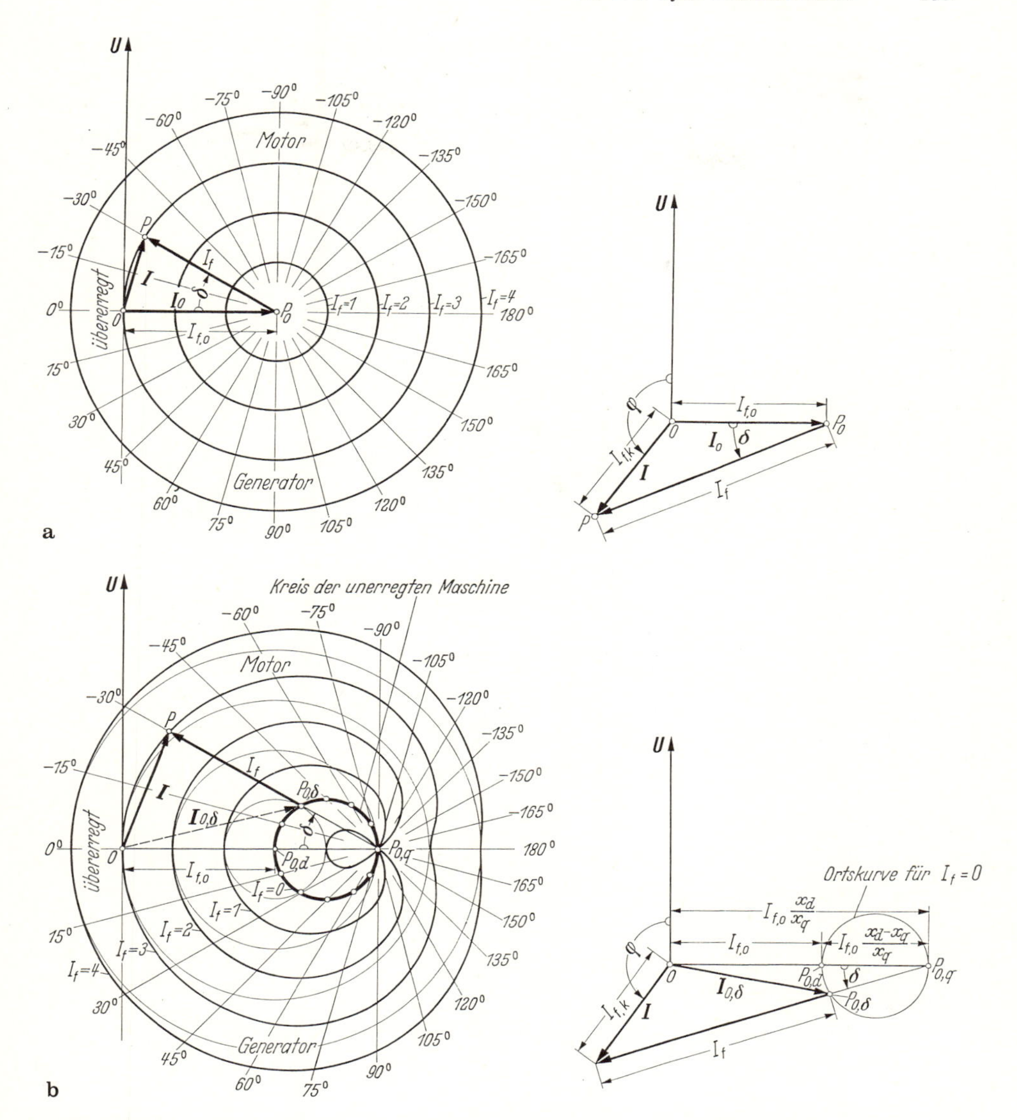

Abb. 85. Ortskurven und Diagramme der idealen, ungesättigten, verlustlosen Synchronmaschine in der Ausführung als **a** Volltrommel- und **b** als Einzelpolmaschine. Oben ist der Betriebszustand eines schwach untererregten Motors eingetragen, unten das Diagramm für einen übererregten Generator dargestellt. Im Falle a) ergibt sich Erregerstrom I_f als vektorielle Differenz zwischen Ankerstrom $\boldsymbol{I}$ und Leerlaufstrom $\boldsymbol{I}_0$, die der Länge nach durch $I_{f,k}$ und $I_{f,0}$ wiedergegeben werden. $\boldsymbol{I}_0$ ist von der Polradstellung δ unabhängig. Im Falle b) ergibt sich I_f als vektorielle Differenz zwischen Ankerstrom $\boldsymbol{I}$ und „Leerlaufstrom" $\boldsymbol{I}_{0,\delta}$. $\boldsymbol{I}_{0,\delta}$ hängt vom Polradwinkel δ ab, der seinerseits durch Betriebspunkt P gegeben ist. Polradwinkel δ ist voreilend bei Generatoren, nacheilend bei Motoren. Ortskurven a) sind Kreise mit I_f als Radius, Ortskurven b) Pascalsche Schnecken, die punktweise gefunden werden, indem man auf beliebigen Strahlen durch $P_{0,q}$ vom Schnitt mit dem Kreis der unerregten Maschine aus I_f nach beiden Seiten abträgt. Konstruktion dieses Grundkreises ist möglich, wenn X_d/X_q bekannt ist; Bestimmung von X_d und X_q s. Abschnitt 2.3.9.

Beide Diagramme, der Kreis für die Volltrommelmaschine und die Pascalschnecke für die Einzelpolmaschine, gelten in der wiedergegebenen Form nur für die *nichtgesättigte Maschine*, deren Ankerwiderstand vernachlässigbar klein ist. Sie haben daher für die modernen, hoch ausgenützten Maschinen geringe praktische Bedeutung, da bei diesen zu große Abweichungen zu erwarten sind. Für den Einblick in die inneren Verhältnisse bei beiden Maschinengattungen sind sie von großem Wert.

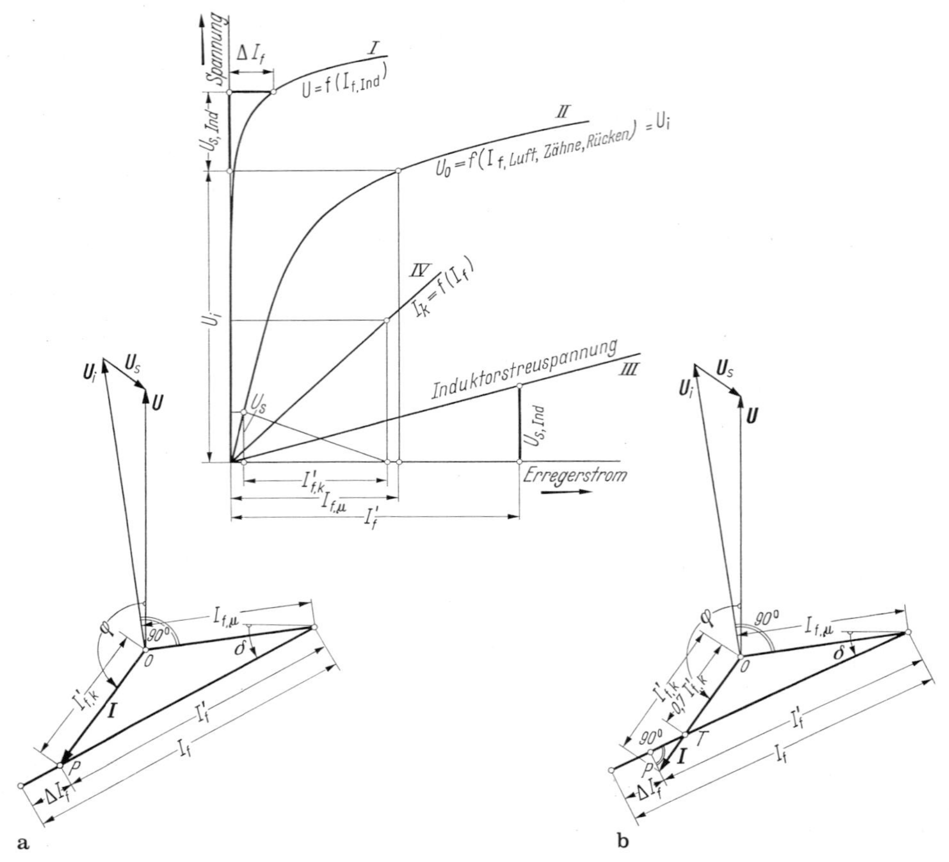

Magnetsisierungskurven und Kurzschlußkennlinie:
Kurve I: Magn. Kennlinie des Induktors.
Kurve II: Magn. Kennlinie für Luft, Zähne und Rücken.
Kurve III: Magn. Kennlinie (ungesättigt!) für Streuwege des Induktors.
Kurve IV: Kurzschlußkennlinie $I_k = f(I_f)$

Abb. 86. Diagramme der gesättigten Synchronmaschine unter der üblichen Vernachlässigung des Ohmschen Abfalls im Anker. **a** Volltrommelmaschine (Generatorzustand); **b** Einzelpolmaschine (Generatorzustand). $I_{f,\mu}$ = Magn.strom zur EMK bzw. U_i. $I'_{f,k}$ = Ankerrückwirkung für Ankerstrom I in Längsstellung. $0{,}7I'_{f,k}$ = Ankerrückwirkung in Querstellung. I'_f = Erregerstrom bei ungesättigtem Induktor; ΔI_f = zusätzliche Erregung des gesättigten Induktors; I_f = tatsächlicher Erregerstrom. δ = Polradwinkel, nach unten: voreilend im Generatorbetrieb, nach oben: nacheilend bei Motorbetrieb. φ = Phasenwinkel zwischen $\boldsymbol{U}$ und $\boldsymbol{I}$, $<90°$ bei Motor-, $>90°$ bei Generatorbetrieb. U_s = Streuspannung des Ankers beim Strom I. $U_{s,\mathrm{Ind}}$ = Streuspannung des Induktors beim Erregerstrom I'_f

Die *Sättigung* wird jedoch bei den nachfolgend beschriebenen Diagrammen berücksichtigt. Zu ihrer Konstruktion benötigt man den Verlauf des Polflusses, des Flusses in der aktiven Schicht: Luftspalt, Ankerzähne und Ankerrücken, und des Polstreuflusses über dem Erregerstrom. Außerdem muß bekannt sein: die Ständerstreuspannung, die Ankerrückwirkung und bei der Einzelpolmaschine das Verhältnis zwischen Hauptfeld-Längsblindwiderstand und Hauptfeld-Querblindwiderstand, das allerdings allgemein zu 1:0,7 gesetzt werden kann.

In Abb. 86a ist die ohne weiteres verständliche Konstruktion für die Volltrommelmaschine dargestellt, und in Abb. 86b ist die für die Einzelpolmaschine geltende Konstruktion wiedergegeben. Bei diesen Diagrammen wird der Netzstrom $\boldsymbol{I}$ nicht durch den Kurzschlußerregerstrom $I_{\mathrm{f,\,k}}$, sondern durch die Ankerrückwirkung $I'_{\mathrm{f,\,k}}$ wiedergegeben, welche um den der Streuspannung U_{s} entsprechenden Magnetisierungsstrom $I_{\mathrm{f,\,\mu,\,s}}$ der ungesättigten Maschine kleiner als $I_{\mathrm{f,\,k}}$ ist. (Vgl. weiter unten.)

Die Polverdrehungswinkel δ sind in beiden Diagrammen eingezeichnet. Da die Sättigungskennlinie für die Pole und der Polstreufluß, sowie die Kennlinie für die aktive Schicht bei der normalen Prüfung nicht ermittelt werden, können diese beiden genauen Diagramme, die der Vorausberechnung der Maschinen zugrunde liegen, nicht an Hand der üblichen Meßergebnisse gezeichnet werden. Sie lassen aber den mitunter sehr starken Einfluß der steigenden Polsättigung bei der Einzelpolmaschine erkennen.

In Abb. 87 ist das ohne Erklärungen verständliche Diagramm der kurzgeschlossenen und der mit $\cos\varphi = 0$ bei Nennspannung laufenden Synchronmaschine wiedergegeben. Man erkennt, wie bei Kenntnis der Ankerstreuspannung U_{s}, die durch die Bohrstreuprobe ermittelt wird, aus dem Kurzschlußversuch die Ankerrückwirkung $I'_{\mathrm{f,\,k}}$ ermittelt werden kann.

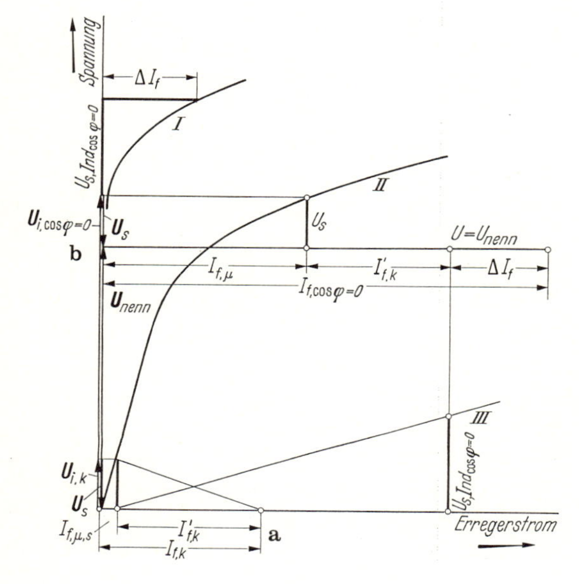

Abb. 87. Bestimmung des Erregerstroms bei Kurzschluß: **a** $I_{\mathrm{f,\,k}}$ und **b** bei Phasenschieberbetrieb mit $\cos\varphi = 0$ und Nennspannung: $I_{\mathrm{f,\,cos\,\varphi}} = 0$

2.3.9 Charakteristische Größen von Synchronmaschinen

Die Synchronmaschine besitzt eine Reihe von kennzeichnenden Größen, die für die Überlastbarkeit, die Stabilität, die Werte des Dauer- und des Stoßkurzschlusses, für das Verhalten bei schiefer oder Nullpunktsbelastung und den einwandfreien Lauf bei pulsierendem Antriebs- oder Belastungsdrehmoment von besonderer Bedeutung sind. Bei Kenntnis dieser Größen können Maschinen verschiedener Herkunft miteinander verglichen werden. Zu beachten ist, daß alle Blindwiderstände mehr oder weniger stark vom Sättigungszustand der Maschine abhängen und deshalb angegeben werden muß, ob es der gesättigte oder der ungesättigte Wert ist [56, 61, 62].

2.3.9.1 Kurzschlußverhältnis

Unter Kurzschlußverhältnis (short-circuit ratio) versteht man das Verhältnis des Leerlauferregerstroms bei Nennspannung zum Kurzschlußerregerstrom bei Nennstrom, also

$$\text{Kurzschlußverhältnis} = \frac{I_{\mathrm{f,0}}}{I_{\mathrm{f,k}}},$$

oder auch die identische Beziehung: Dauerkurzschlußstrom bei Leerlauferregung zu Nennstrom, also

$$\text{Kurzschlußverhältnis} = \frac{I_{\mathrm{k,0}}}{I_{\mathrm{nenn}}}.$$

Je größer das Kurzschlußverhältnis ist, desto größer ist die Überlastbarkeit der Synchronmaschine. Für die Überbelastbarkeit gilt:

$$\frac{M_{\mathrm{kipp}}}{M_{\mathrm{nenn}}} \approx \sqrt{1 + \left(\frac{I_{\mathrm{f,0}}}{I_{\mathrm{f,k}} \cdot \cos\varphi} + \tan\varphi\right)^2}.$$

Maschinen mit hohem Fluß haben ein großes, Maschinen mit hohem Strombelag ein kleineres Kurzschlußverhältnis. Im allgemeinen liegt der Wert etwa zwischen 0,8 und 1,5.

2.3.9.2 Synchrone Reaktanz

Die einzelnen Definitionen der synchronen Reaktanz weichen im Schrifttum und auch in der Praxis voneinander ab. Bei der ungesättigten Maschine decken sie sich dagegen. Man versteht unter synchroner Reaktanz den Blindwiderstand je Phase, den die synchronlaufende, aber unerregte Maschine der Netzspannung bietet. Bei Transformatoren und Asynchronmotoren bezeichnet man die gleiche Größe mit Leerlaufreaktanz. Sie stellt also nichts anderes dar als das Verhältnis der Leerlaufspannung je Phase zu dem dem Netz entnommenen Leerlaufstrom je Phase, wenn man, wie immer zulässig, den Ankerwiderstand vernachlässigt. Die synchrone Reaktanz hängt unmittelbar vom Kehrwert der Größe des wirksamen Luftspalts ab. Bei der Einzelpolmaschine gäbe es nach dieser Definition zu jeder Stellung des Polrads δ eine andere synchrone Reaktanz. Man unterscheidet aber nur die Reaktanz in der Längsstellung X_{d} und die in der Querstellung X_{q}, die wegen des der Pollücke entsprechenden größeren Ersatz-Luftspalts kleiner als X_d sein muß. Im allgemeinen ist die synchrone Reaktanz in der Querstellung rund 70 bis 75% derjenigen in der Längsstellung. In der synchronen Reaktanz ist bereits der Streublindwiderstand der Ankerwicklung eingeschlossen, denn es gilt die Gleichung:

Synchrone Reaktanz = Streureaktanz des Ankers + Hauptfeldreaktanz .

Es ist üblich, die synchrone Reaktanz wie folgt zu definieren:

$$\textit{Längsstellung}: \quad X_d = \frac{\text{Spannung je Phase}}{\text{Dauerkurzschlußstrom je Phase}}$$

bei gleichem Erregerstrom und bei ungesättigter Maschine, oder

$$= \frac{\text{Spannung je Phase}}{\text{Ankerstrom je Phase}}$$

bei unerregter, in Längsstellung befindlicher Maschine; bzw. den prozentualen Wert:

$$X_d = \frac{\text{Kurzschlußerregerstrom bei Nennstrom}}{\text{Luftspaltanteil des Leerlauferregerstromes bei Nennspannung}} \cdot 100 \text{ in } \% .$$

Man sieht, daß diese Definition der prozentualen Synchronreaktanz bei der ungesättigten Maschine mit dem Kehrwert des Kurzschlußverhältnisses übereinstimmt. Wenn man beide Werte miteinander malnimmt, erhält man also das Verhältnis Gesamtleerlauferregerstrom zu Luftspaltanteil desselben, also ein Maß für den Sättigungsgrad der Maschine.

$$\textit{Querstellung}: \quad X_q = \frac{\text{Spannung je Phase}}{\text{Ankerstrom je Phase}}$$

in Querstellung der unerregten, ungesättigten Maschine.

X_d und X_q sind also ungesättigte Größen. Sie werden durch einen Leerlaufversuch der unerregten, ganz langsam schlüpfenden Synchronmaschine experimentell ermittelt. Die Synchronmaschine wird an ein Netz von Nennfrequenz und ungefähr 25% der Nennspannung gelegt und durch eine entsprechend bemessene Antriebsmaschine auf eine nur ganz wenig von der synchronen Drehzahl abweichende Geschwindigkeit gebracht. Der dem Netz entnommene Leerlaufstrom schwankt zwischen einem Kleinstwert in der Längsstellung und einem rund 30 bis 50% größeren Höchstwert in der Querstellung hin und her. Den Kleinstwert $I_{0,d}$ liest man ab, wenn das an die offenen Erregerschleifringe gelegte Spannungsmeßgerät (am besten Drehspulinstrument!) die induzierte Spannung Null anzeigt. Den Höchststrom $I_{0,q}$ dagegen liest man ab, wenn die induzierte Spannung an den Schleifringen ihren Höchstwert hat. Wenn sich die Netzspannung mit den Stromschwankungen ändert, ist sie zur selben Zeit mit den Strömen abzulesen. Ihr Wert soll durch die Fußzeichen *d* in der Längsstellung und *q* in der Querstellung bezeichnet werden. Dann ergibt sich:

$$X_d = \frac{U_d}{\sqrt{3}\, I_{0,d}} \quad \text{und} \quad X_q = \frac{U_q}{\sqrt{3}\, I_{0,q}} .$$

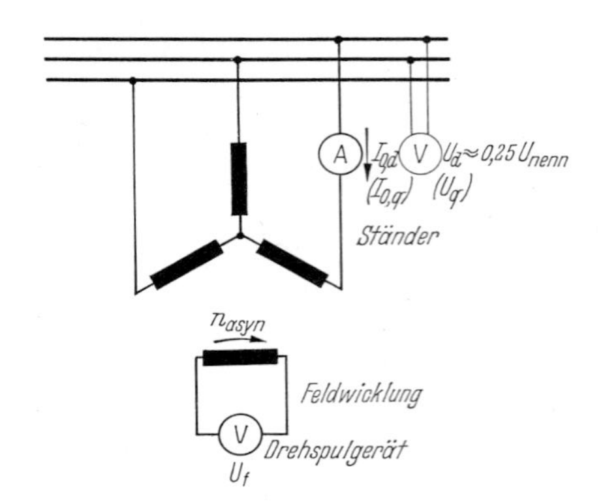

Abb. 88. Bestimmung der synchronen Reaktanzen X_d und X_q durch netzseitige Magnetisierung der unerregten, mit ganz geringem Schlupf angetriebenen Synchronmaschine. Zugeführte Spannung etwa 25% der Netzspannung. Synchronreaktanz in Längsstellung $X_d = \dfrac{U_d}{\sqrt{3}\, I_{0,d}}$, wenn $U_f = 0$. Synchronreaktanz in Querstellung $X_q = \dfrac{U_q}{\sqrt{3}\, I_{0,q}}$, wenn $U_f = \pm$ Maximum (Feldwicklung offen!)

In Abb. 88 ist die Schaltung und bildliche Erläuterung dieses Versuchs wiedergegeben. Dem Versuch liegt die Identität zwischen Dauerkurzschlußstrom bei Leerlauferregung und Leerlaufankerstrom in der Längsstellung der unerregten, ungesättigten Maschine zugrunde. Sobald die Maschine in den gesättigten Zustand übergeht, wird der Kurzschlußstrom, der zur Leerlauferregung gehört, größer als der Ankerstrom der unerregten Maschine bei gleicher Spannung [63].

Die ungesättigte synchrone Reaktanz X_d gibt die obere Grenze für den kapazitiven Widerstand X_c an, auf den die Synchronmaschine noch arbeiten darf, ohne sich selbst zu erregen. Solche Widerstände werden von langen Hochspannungsleitungen und Kabelnetzen dargestellt. Zum besseren Vergleich benutzt man wiederum den prozentualen Wert und spricht von der prozentualen *Ladeleistung* innerhalb der Selbsterregungsgrenze, die also definiert wird zu:

$$\begin{matrix}\text{Ladeleistung in Prozent der Nennleistung}\\ \text{innerhalb der Selbsterregungsgrenze}\end{matrix} = \frac{100}{X_d\,\%} \cdot 100\,.$$

2.3.9.3 Subtransiente Reaktanz

Die flüchtige Stoßkurzschlußreaktanz X'' (subtransient reactance) ist der Blindwiderstand, der sich plötzlichen, symmetrischen Laständerungen im allerersten Augenblick entgegensetzt. Im allgemeinen wird diese Reaktanz aus den Ergebnissen des Stoßkurzschlußversuchs ermittelt. Man erhält den Wert für die Längsrichtung, und zwar den gesättigten Wert, da der Stoßkurzschlußstrom ein Vielfaches des Nennstroms ausmacht. Durch einen Versuch an der stillstehenden Maschine kann man auch den mäßig gesättigten Wert erhalten, und zwar, je nach Stellung des Polrads, den Wert für die Längsstellung und den für die Querstellung.

Längsstellung: X_d'' aus Stoßkurzschlußversuch. Man zeichnet entsprechend Abb. 89 die Hüllkurve an den Stoßkurzschlußstrom und verlängert sie rückwärts bis zum Zeitpunkt des Beginns. Dabei ist Rücksicht auf die allerersten Stromwellen zu nehmen, die besonders schnell abklingen. Man dividiert den doppelten Scheitelwert des Stroms durch $2 \cdot \sqrt{2}$ und erhält den Effektivwert des flüchtigen Stoßkurzschlußstroms.

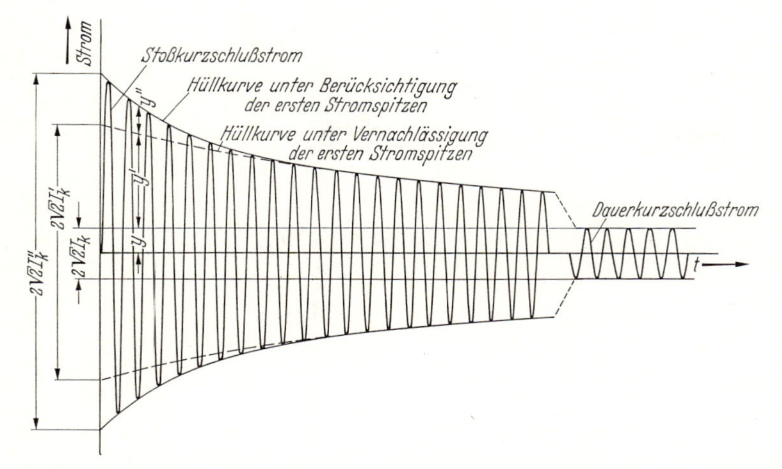

Abb. 89. Ermittlung der flüchtigen Stoßreaktanz X_d'' und der Stoßreaktanz X_d' in Längsstellung aus dem Stoßkurzschluß-Oszillogramm (gesättigte Werte).

$X_d'' = \dfrac{U_0}{\sqrt{3}\,I_k''}$ $\quad X_d' = \dfrac{U_0}{\sqrt{3}\,I_k'}$

U_0 = verk. Leerlaufspannung vor dem Stoßversuch.

Die Ordinatendifferenz: y ist konstant und gleich $\sqrt{2}\,I_k$,
y' klingt exponentiell ab mit der Kurzschlußzeitkonstanten T_d',
y'' klingt exponentiell ab mit der flüchtigen Kurzschlußzeitkonstanten T_d''.

Die Trennung von y' und y'' erfolgt auf halblogarithmischem Papier nach Darstellung von $y' + y'' = f(\text{Zeit})$

Hieraus und aus dem Leerlaufspannungswert vor Beginn des Stoßversuchs ergibt sich:

$$X_d'' = \frac{U_0}{\sqrt{3}\,I_k''} \qquad \text{(stark gesättigter Wert)}\,.$$

Querstellung: X_q'' ist bei laufender Maschine nur schwer zu bestimmen. Im allgemeinen erfolgt die Messung bei Stillstand im nachstehend beschriebenen Versuch.

Längsstellung: X_d'' aus Stillstandsversuch. Man macht den in Abb. 90 dargestellten Versuch an der zweisträngig gespeisten, stillstehenden Maschine, deren Erregerwicklung in sich kurzgeschlossen ist. Ein im Kurzschlußkreis des Felds eingeschalteter Wechselstrommesser (Netzfrequenz!) zeigt an, ob der dort fließende Kurzschlußstrom einen Höchstwert oder den Wert Null hat. Wenn U die zugeführte Spannung und I der in den in Reihe liegenden Phasen fließende Strom ist, so erhält man:

$$X_d'' \approx \frac{U}{2I},$$

wenn der Strom in der Erregerwicklung seinen Höchstwert annimmt. Im allgemeinen steht das Polrad in einer beliebigen Stellung und muß daher so lange verdreht werden, bis der Strom in der Erregerwicklung am größten wird.

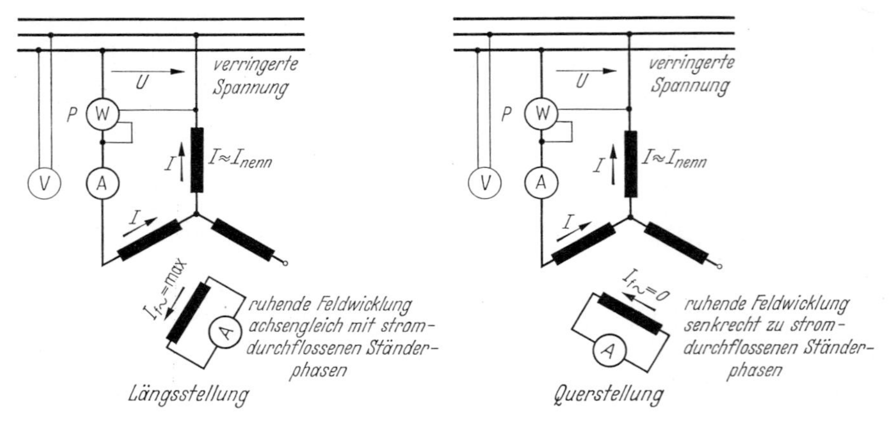

Abb. 90. Ermittlung der flüchtigen Stoßreaktanz X_d'' und X_q'' in Längs- und in Querstellung bei der stillstehenden, einphasig gespeisten Synchronmaschine (ungesättigte Werte, da $I \approx I_{nenn}$).

$$X_d'' = \frac{U \sin \varphi}{2I} \approx \frac{U}{2I}, \quad \text{wenn } I_{f,\sim} \text{ in Feldwicklung ein Maximum ist,}$$

$$X_q'' = \frac{U \sin \varphi}{2I} \approx \frac{U}{2I}, \quad \text{wenn } I_{f,\sim} \text{ in Feldwicklung verschwindet,}$$

$$\sin \varphi = \sqrt{1 - \left(\frac{P}{UI}\right)^2}.$$

Querstellung: X_q'' aus Stillstandsversuch. Der gleiche Versuch dient der Bestimmung der flüchtigen Stoßkurzschlußreaktanz in der Querstellung. Man muß nunmehr das Polrad so lange verdrehen, bis der in der Erregerwicklung induzierte Kurzschlußstrom Null wird. Dann ist:

$$X_q'' \approx \frac{U}{2I}.$$

Beide Blindwiderstände hängen von der Stärke des der Maschine zugeführten Stroms ab. Da man mit Rücksicht auf die Erwärmung, vor allem auch der Erregerwicklung bei Turboläufern, nicht wesentlich über $^1/_4$-Nennstrom gehen darf, erhält man praktisch ungesättigte oder doch nur ganz schwach gesättigte Werte. Sie liegen rund 25% über den beim Stoßkurzschluß ermittelten Beträgen; diese betragen daher rund 80% der beim Stillstandsversuch ermittelten Widerstände.

2.3.9.4 Transiente Reaktanz

Die Stoßkurzschlußreaktanz X' (transient reactance). Dieser Blindwiderstand ist bei den Maschinen ohne Dämpferkäfig oder ohne massive Polschuhe identisch mit dem flüchtigen Blindwiderstand. Es ist also der Widerstand, den eine Maschine beim Stoßkurzschluß bieten würde, wenn man den vorhandenen Dämpfer ausbauen oder die massiven Schuhe durch lamellierte ersetzen würde. Er ist größer als der flüchtige Widerstand, denn Dämpfer und massive Schuhe setzen den Stoßkurzschlußstrom hinauf. (Vergleiche Doppelnut-Asynchronmotor, wo nach Ausbau des oberen Käfigs der Kurzschlußstrom auf 50 bis 75% heruntergehen würde!) Man erhält ihn aus dem Kurzschlußversuch auf die gleiche Weise wie den flüchtigen Widerstand, wenn man die Hüllkurve so zeichnet, daß die allerersten, besonders schnell abklingenden Stromwellen vernachlässigt werden. Diese klingen um so schneller ab, je geringer der Werkstoffaufwand des Dämpfers und je geringer die Leitfähigkeit des verwendeten Stoffs ist. In diesen Fällen tritt im wesentlichen die Stoßkurzschlußreaktanz in Erscheinung. Wenn mit I_k' der rückwärts extrapolierte effektive Stoßkurzschlußstrom bezeichnet wird, ist nach Abb. 89:

Längsstellung:

$$X_d' = \frac{U_0}{\sqrt{3} \cdot I_k'}$$

(stark gesättigter Wert, erste Stromwellen nicht berücksichtigen).

Querstellung: In der Querstellung stimmt der Stoßkurzschlußblindwiderstand bei Einzelpolmaschinen mit der synchronen Reaktanz in der Querstellung überein, also ist $X_q' = X_q$.

2.3.9.5 Gegenläufige Reaktanz und Nullreaktanz

In der Literatur werden sie auch als ‚negative phase'- und ‚zero phase sequence-reactance' bezeichnet. Bei ungleicher Phasenbelastung kann das Stromsystem der Synchronmaschine in ein mitläufiges und ein gegenläufiges System zerlegt werden,

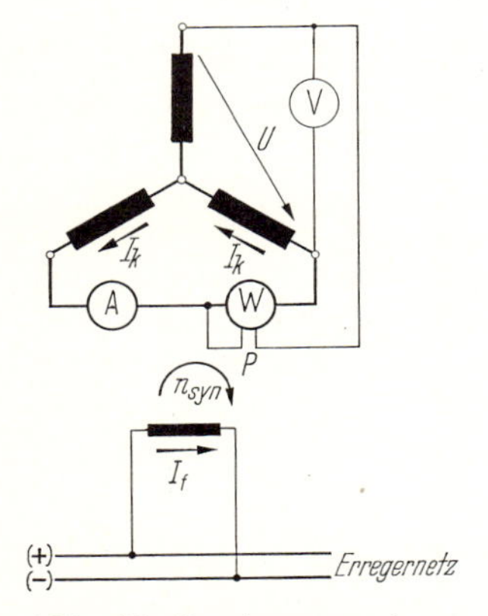

Abb. 91. Bestimmung der gegenläufigen Reaktanz X_2 bei synchron angetriebener, zweipolig kurzgeschlossener Synchronmaschine

$$X_2 = \frac{U \cos \varphi}{\sqrt{3}\, I_k} \approx \frac{U}{\sqrt{3}\, I_k},$$

$$\cos \varphi = \frac{P}{U I_k}.$$

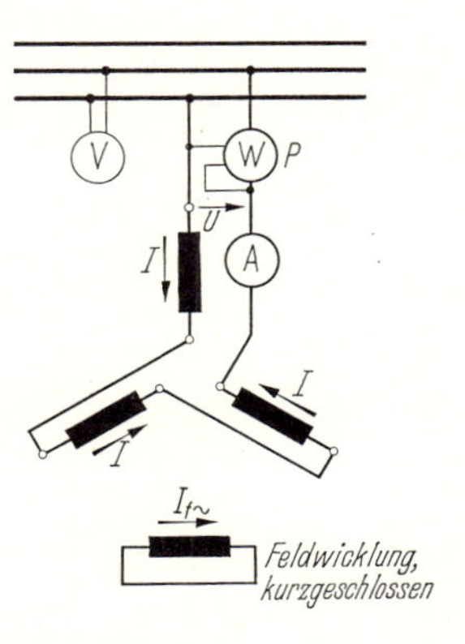

Abb. 92. Bestimmung der Nullreaktanz X_0 bei einphasig in Reihenschaltung aller Phasen gespeister, synchron angtriebener oder ruhender Synchronmaschine

$$X_0 = \frac{U \sin \varphi}{3I} \approx \frac{U}{3I},$$

$$\sin \varphi = \sqrt{1 - \left(\frac{P}{UI}\right)^2}.$$

sofern der Nullpunkt unbelastet bleibt. Wird auch dieser belastet, so tritt auch noch ein Ruhe- oder Nullsystem auf, welches von den Stromkomponenten gebildet wird, die in allen drei Phasen gleichzeitig fließen und über den Nullpunkt abgeführt werden. Die Maschine setzt den Strömen folgende Widerstände entgegen:
X''_d und X''_q dem mitläufigen System (flüchtige Stoßkurzschlußreaktanz),
X_2 dem gegenläufigen System (gegenläufige Reaktanz),
X_0 dem Nullsystem (Nullreaktanz).

Die *gegenläufige Reaktanz* X_2 ist praktisch genau so groß wie die flüchtige Stoßkurzschlußreaktanz und wird häufig in deren Höhe angegeben. Genauer nimmt man den Wert:

$$X_2 = \tfrac{1}{2}(X''_d + X''_q) .$$

Die Bestimmung durch den Versuch kann folgendermaßen geschehen: Man schließt die laufende Synchronmaschine in der Schaltung nach Abb. 91 zweipolig kurz und mißt den Dauerkurzschlußstrom sowie die Spannung zwischen der freien Klemme einerseits und einer der beiden andern Klemmen, also der Kurzschlußverbindung andererseits. Man erhält:

$$X_2 \approx \frac{U}{\sqrt{3} \cdot I_k} ,$$

wobei U die gemessene Spannung und I_k der gemessene Kurzschlußstrom ist. Dieser Wert für X_2 ist praktisch ungesättigt.

Die Nullreaktanz X_0 wird durch den Versuch an der stillstehenden oder laufenden Maschine, deren Erregerwicklung in sich kurzgeschlossen ist, vorgenommen. Man speist die in offener Dreieckschaltung liegende Ankerwicklung nach Abb. 92 mit der Spannung U und mißt den aufgenommenen Strom I. Dieser Versuch entspricht dem gleichen Versuch beim Transformator. Dann ergibt sich

$$X_0 \approx \frac{U}{3I}$$

als ungesättigter Wert. X_0 hängt sehr stark von der Sehnung der Ankerwicklung ab und ist für eine Wicklung mit $^2/_3$ Schritt am kleinsten. Der Wert liegt bei etwa $^1/_3$ von X''_d bei normalen Wickelschritten von 83% und bei $^1/_6$ bei einem Schritt von 66,6% der Polteilung.

2.3.9.6 Potierreaktanz

In einer Synchronmaschine mit ungesättigten Polen kann die Streuspannung und also auch die Streureaktanz des Ankers durch Eintragen des sog. *Potierdreiecks* gewonnen werden. Tatsächlich kommt bei modernen Maschinen infolge der hohen Ausnützung des Polquerschnitts ein Fehler durch den vernachlässigten, beträchtlichen Anteil der Pol-AW hinein, der allerdings zum großen Teil wieder durch einen zweiten Fehler wettgemacht wird, der darin besteht, daß bei der Konstruktion des Dreiecks nicht die Sättigungskurve für die aktive Schicht: Luft, Ankerzähne und Ankerrücken, sondern die durch den Leerlaufversuch gewonnene Leerlaufkennlinie benutzt wird. Immerhin bietet die durch die Potierkonstruktion gewonnene Potierspannung einen guten Anhalt für die Streuspannung der Ankerwicklung. Die Potierreaktanz erhält man, wenn die Potierspannung durch den $\sqrt{3}$fachen Ankerstrom geteilt wird. Wie in Abschnitt 2.3.8.3 dargestellt, wird die Potierspannung nach den amerikanischen Normalien zur Bestimmung der Erregerstromstärke bei beliebiger Belastung und Phasenverschiebung benutzt.

Am besten drückt man die Potierspannung in Prozent der Nennspannung der Maschine aus. Man erhält Werte zwischen 8 und 20%. Sie gibt gute Vergleichsmöglichkeiten zwischen ähnlichen Maschinen.

Die Konstruktion des Potierdreiecks ist Abb. 84 zu entnehmen.

2.3.9.7 Eigenschwingungszahl

Zu jeder Belastung der Synchronmaschine gehört ein bestimmter Verdrehungswinkel des Polrads gegenüber der Leerlauflage. Man bezeichnet diesen Winkel mit δ und mißt ihn in elektrischen Graden, die $p$mal größer als die entsprechenden räumlichen Winkelgrade sind. p ist die halbe Polzahl der Maschine. Wenn das Polrad durch einen Laststoß oder durch plötzliche Entlastung aus der bisherigen Winkelstellung entfernt oder in eine neue Stellung geführt wurde, so nimmt es die alte bzw. die neue Stellung erst nach einigen Pendelungen ein. Durch die Wirkung der synchronisierenden Kraft werden die Schwungmassen beschleunigt und führen so die Schwingungen herbei. Die Eigenfrequenz dieser Schwingungen bzw. die zugehörige Eigenschwingungszeit interessiert in jenen Fällen, wo das Antriebs- oder das Belastungsmoment pulsierend sind. Die Frequenz dieser Pulsationen muß zur Vermeidung gefährlicher Resonanzerscheinungen mindesten 30% von der Eigenfrequenz der Synchronmaschine entfernt liegen. Dies kann man durch geeignete Größe des Trägheitsmoments stets erreichen. Die Eigenfrequenz der Synchronmaschine hängt ab von der Höhe der Erregung und umgekehrt von der Höhe des Trägheitsmoments. Von der Netzfrequenz ist sie in weiten Grenzen unabhängig.

Die *Messung* der Eigenschwingungszahl ist recht einfach, kann aber nur oszillographisch erfolgen. Es genügt bei bekanntem Papiervorschub die Aufnahme des Ankerstroms. Man belastet die Synchronmaschine etwa mit 25% ihrer Nennleistung mittels einer angekuppelten Gleichstrommaschine und entlastet plötzlich.

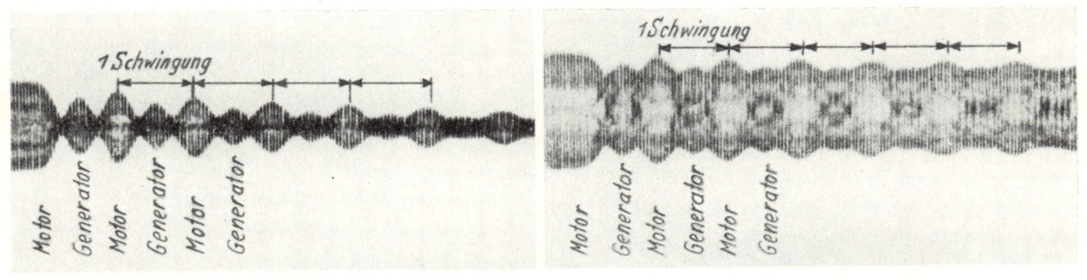

Erregerstrom = Leerlauferregerstrom   Erregerstrom = $\frac{1}{2}$ Last-Erregerstrom

Abb. 93. Bestimmung der Eigenschwingungszahl einer Synchronmaschine (Motor) bei Leerlauf durch oszillographische Aufnahme des Netzstroms. Anstoß zur Pendelung erfolgt durch plötzliches Entlasten von geringer Teillast auf Leerlauf. Maschine schwingt von Motorstellung des Polrads auf Generatorstellung hinüber und wieder zurück. Eigenschwingungszahl bei Last nimmt mit Wurzel aus dem „synchronisierenden Drehmoment" ab.

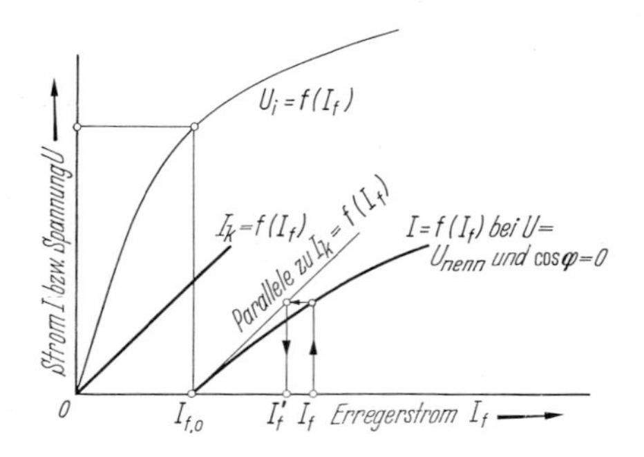

Abb. 94. Reduktion des Erregerstroms I_f auf I_f' zur Berechnung der Eigenschwingungszahl der Synchronmaschine

Nach wenigen Sekunden beendet man die Aufnahme. Man wiederholt den Versuch am besten für einen oder zwei geänderte Erregerströme, wobei man vorzugsweise auch den Leerlaufstrom $I_{f,0}$ wählt. Das eigene Schwungmoment der Gleichstrommaschine kann man meist vernachlässigen. Man führt die Versuche am besten mit Nennspannung durch, damit Umrechnungen vermieden werden. Abbildung 93 gibt zwei Oszillogramme wieder, eins bei Leerlauferregung, das andere bei Halblasterregung. Die scheinbare Schwingung doppelter Frequenz kommt dadurch zustande, daß die Maschine über die Nullage in das Generatorgebiet hinüberschwingt, wo innerhalb der gleichen Periode die Stromstärke wieder zunimmt. Sie erreicht aber nicht den gleichen Wert wie im Motorgebiet, da die Schwingungen um eine kleine motorische Winkellage (Reibungsverluste + Eisenverluste!) erfolgen.

Bei Erregung Null verliert die Volltrommel-Maschine ihre Schwingfähigkeit. Abbildung 95 zeigt den Verlauf von $f_{eigen} = f(I_f')$.

Die Einzelpolmaschine ist auch bei Erregung Null zu Schwingungen fähig. Dies beruht auf der Reaktionskraft der Einzelpole, die sich von selbst in die Achse des aufgedrückten Flusses einzustellen versuchen. Ihre Kurve $f_{eigen} = f(I_f')$ entspricht daher der Kurve der Volltrommelmaschine, wenn man diese um den Betrag $I_{f,0}/3$ nach links verschieben würde. Der Wert $^1/_3$ müßte genau heißen $(X_d - X_q)/X_q$, mit X_d gleich Synchronreaktanz in Längsstellung und X_q in Querstellung. $^1/_3$ entspricht dem praktisch häufig vorkommenden Verhältnis von $X_q/X_d = 0{,}75$. Aus Abb. 94 kann die Berechnung des reduzierten Erregerstroms entnommen werden.

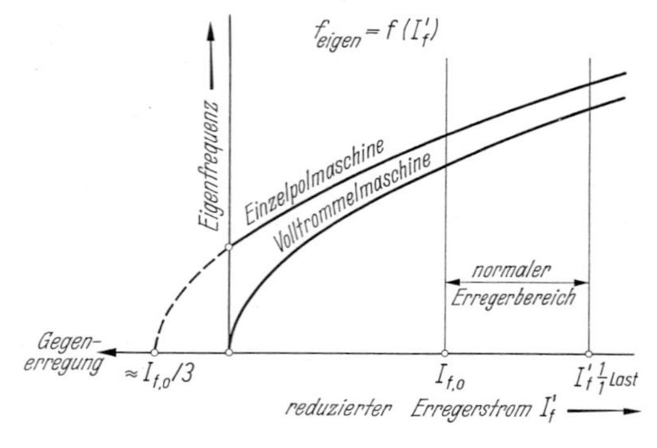

Abb. 95. Abhängigkeit der Eigenschwingungszahl der Synchronmaschine vom reduzierten Erregerstrom. Die Einzelpolmaschine ist auch im unerregten Zustand wegen der Reaktionswirkung der Pole noch schwingungsfähig

2.3.10 Drehmomente von Synchronmaschinen

Stillstands- oder Anzugsdrehmoment heißt das von den selbstanlaufenden Maschinen aus dem Stillstand heraus ausgeübte Drehmoment. Es ist wie beim Asynchronmotor vom Quadrat der zugeführten Spannung abhängig. Die Messung erfolgt aber nicht wie bei jenem im Stillstand mittels eines Hebelarms oder einer mit Gegenstrom gespeisten Gleichstrommaschine, sondern immer durch den Hochlaufversuch. Man wertet den ersten Punkt der Hochlaufkurve aus und erhält das mittlere Anzugsdrehmoment. Schwankungen in Abhängigkeit der Läuferstellung werden auf diese Weise nicht festgestellt.

Sattelmoment heißt das kleinste während des gesamten Hochlaufs auftretende Drehmoment zwischen Stillstand und Kippmoment. Es soll den Wert von 30% des Nenndrehmoments nicht unterschreiten.

Intrittfallmoment nennt man jenes höchste Lastdrehmoment, welches der Motor nach dem Einschalten der Erregung im günstigsten Schaltmoment noch mit Sicherheit überwindet, wenn er seine eigene und die angekuppelten Schwungmassen in Tritt zieht. Dieses Drehmoment ist stark von der Erregerstromstärke abhängig, deren Normalwert man zugrunde legt. Unter gegebenen Verhältnissen kann das Intrittfallmoment ohne weiteres gemessen werden. Man steigert nach und nach das Belastungsdrehmoment, bis die Maschine nicht mehr imstande ist, in Tritt zu laufen. Das Zuschalten der Erregung, das in fertigen Anlagen u. U. von polarisierten Relais überwacht wird, erfolgt in jenem Augenblick, wo der in der Erregerwicklung induzierte Schlupfstrom gerade die gleiche Richtung wie der zuzuschaltende Gleichstrom hat. Man erkennt dies am eingebauten Drehspulstrommesser.

Nennintrittfallmoment heißt zum Unterschied vom Intrittfallmoment jenes Drehmoment, welches die Synchronmaschine bei 95% ihrer Synchrondrehzahl, also bei 5% Schlupf, abgibt. Dieses Moment, welches etwa in der Größe von 75 bis 100% des Nennmoments liegt, erlaubt in jenen Fällen, wo die Schwungmomente der Last unbekannt sind, einen guten Vergleich von ähnlichen Maschinen. Es kann durch eine Belastungsaufnahme an der noch nicht in Tritt gefallenen unerregten Maschine wie beim Asynchronmotor gemessen werden.

2.3.10.1 Synchrones Moment

Synchrones Moment nennt man zum Unterschied vom asynchronen Moment während des Hochlaufs das bei Synchronlauf abgegebene Drehmoment, das bei gegebenem Erregerstrom nur von der Winkellage des Polrads abhängig ist (Abb. 96a, b). Bei Volltrommelmaschinen ist es von $\sin \delta$, bei der Einzelpolmaschine außerdem wegen der Reaktionskraft der Pole von $\sin 2\delta$ abhängig.

2.3.10.2 Synchronisierendes Moment

Synchronisierendes Verhalten zeigt die Synchronmaschine auf Grund ihrer Eigenschaft, Abweichungen des Polrads aus der dem Belastungszustand entsprechenden Stellung im voreilenden oder nacheilenden Sinn mit korrigierenden Drehmomentänderungen zu beantworten. Synchronisierendes Drehmoment heißt der auf die zugehörige kleine, im Bogenmaß gemessene Winkelabweichung bezogene Wert dieser Drehmomentänderung. Dieses Moment ist am größten im Leerlauf, etwas

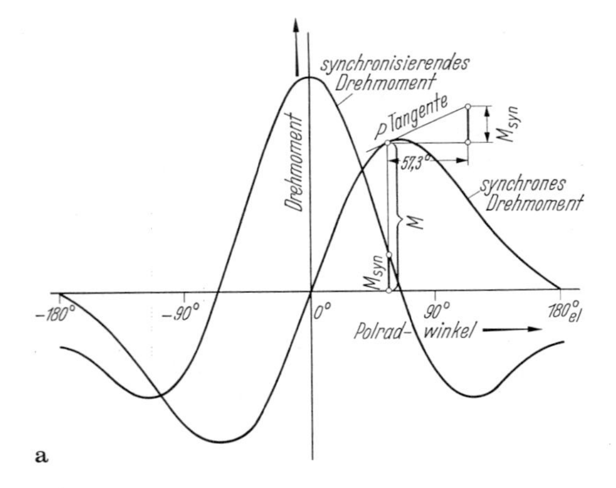

a

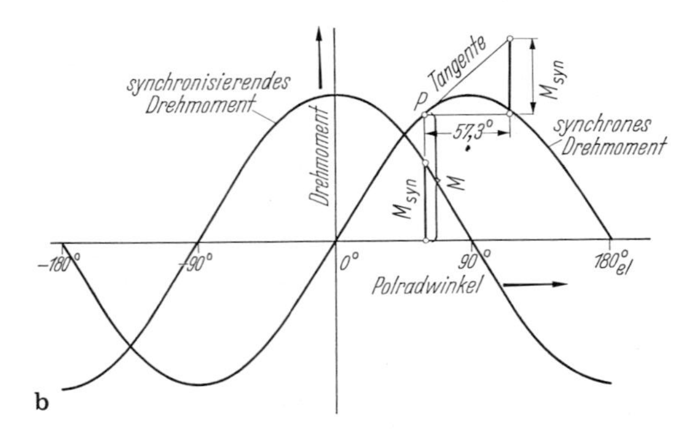

b

Abb. 96. Synchrones Drehmoment (M) und Synchronisierendes Drehmoment (M_{syn}) der **a** Einzelpol- und **b** der Volltrommelmaschine über dem elektrischen Polradwinkel, nebst graphischer Ermittlung des letzteren Moments zu einem beliebigen Polradwinkel

kleiner bei Nennlast und gleich Null bei Kipplast. Man gibt seine Größe für einen ganz bestimmten elektrischen Winkel, und zwar für den Winkel im Bogenmaß 1,0, also einen Winkel von $180°/\pi = 57{,}3°$ an. Für einen beliebigen Winkel β im Bogenmaß ist das tatsächliche rückführende Drehmoment gleich: Synchronisierendes Drehmoment $\cdot\ \beta$, und bei einem Winkel β in Grad gleich: Synchronisierendes Drehmoment $\cdot\ \beta°/57{,}3$. Man kann das synchronisierende Drehmoment für jedes Belastungsdrehmoment bestimmen, wenn der Verlauf des synchronen Drehmoments der Synchronmaschine über dem Polradwinkel δ bekannt ist. In Abb. 96a, b ist der Verlauf desselben für den Fall der Einzelpol- und der Volltrommelmaschine dargestellt. Zu einem beliebigen Belastungspunkt P gehört der Polradwinkel δ. Wenn dieser um den Winkel β vergrößert wird, tritt das zusätzliche Drehmoment ΔM als Folge des synchronisierenden Moments auf. Man erhält dessen oben definierte Größe, indem man nicht den beliebigen Winkel β, sondern den Winkel 1 bzw. 57,3° einführt und statt mit der Drehmomentkurve selbst mit der Tangente im Punkte P arbeitet. Die dem Winkel 1 bzw. 57,3° entsprechende Länge findet man, indem man die Strecke einer Halbperiode durch π teilt. Tatsächlich stellt also das synchronisierende Moment nichts anderes dar, als die Neigung der Drehmomentlinie, d. h. deren Differentialquotienten. Je steiler der Drehmomentverlauf ist, desto kräftiger beantwortet die Synchronmaschine jeden Versuch, ihr Polrad aus der richtigen Lage zu verdrehen. Man gibt das synchronisierende Drehmoment meistens für den Leerlaufzustand bei Nennerregung an, wobei man für *Volltrommelmaschinen* recht angenähert setzen kann:

Synchronisierendes Drehmoment im Leerlauf auf Winkel 1, d. h. 57,3° bezogen = Kippmoment der Maschine.

Dies ist aus der Abb. 96 ohne weiteres zu ersehen. Bei *Einzelpolmaschinen* ist der Wert etwa $(1 + I_{f,0}/3I_f')$mal so groß, wobei I_f' der reduzierte Erregerstrom nach Abb. 94 ist. Das synchronisierende Moment ändert sich bei Volltrommelläufern mit dem cos des Polradwinkels δ. Es kann bei allen Maschinen experimentell bestimmt werden, wenn besondere Vorrichtungen zum Messen des räumlichen Polradverstellwinkels δ_r vorhanden sind. Man belastet die Synchronmaschine *zusätzlich* mit einer kleinen Leistung und mißt den zusätzlichen Verdrehungswinkel gegenüber der Ausgangsstellung. Dann ist:

$$\text{Synchronisierendes Drehmoment bei Leerlauf, bzw. bei Last}$$
$$= \frac{\text{Zusatzbelastung}}{\text{Räumliche Polradwinkeländerung in Grad}} \cdot \frac{1}{\text{Synchrondrehzahl} \cdot \text{Polzahl}}.$$

2.3.10.3 Außertrittfallmoment

Außertrittfallmoment heißt das Kippmoment der Synchronmaschine bei Synchronbetrieb. Es gilt für Nennspannung, Nennfrequenz und Nennerregung. Seine Größe beträgt angenähert:

$$M_{\text{kipp,syn}} = M_{\text{nenn}} \cdot \frac{I_f}{I_{f,k} \cdot \cos\varphi} \quad \text{bei der Volltrommelmaschine und}$$

$$= M_{\text{nenn}} \cdot \frac{I_f}{I_{f,k} \cdot \cos\varphi} \left(1 + \frac{I_{f,0}}{6I_f} \cdot \frac{1}{\sqrt{1 + \frac{3}{2}\left(\frac{I_f}{I_{f,0}}\right)^2}} \right) \quad \text{bei der Einzelpolmaschine.}$$

2.3.11 Dauerlauf

Wenn möglich, wird der Temperaturlauf der Synchronmaschine mit Nennspannung, Nennstrom und Nennerregung gefahren, wobei es meistens ohne Bedeutung ist, ob die Maschine als Motor oder Generator läuft. In vielen Fällen kann, weil der entsprechende Antrieb oder Belastung nicht zur Verfügung steht, nur ein Lauf als Phasenschieber mit $\cos\varphi = 0$ durchgeführt werden. Wenn der Nennleistungsfaktor der Maschine unter 0,9 liegt, kann man ohne weiteres den Lauf mit voller Spannung und voller Ankerstromstärke fahren. Man erhält praktisch richtige Werte für die Erwärmung des Ständereisens und der Ankerwicklung. Die Erwärmung der Erregerwicklung ist wegen des zu hohen Erregerstroms natürlich zu hoch, kann aber unbedenklich quadratisch auf die Nennstromstärke umgerechnet werden.

Bei Maschinen mit einem Leistungsfaktor über 0,9, also besonders bei Synchronmotoren mit $\cos \varphi = 1{,}0$, erhält man beim Lauf als Phasenschieber viel zu hohe Erregerverluste, wodurch auch die Erwärmungen des Ankers wesentlich beeinflußt werden. Man zieht in diesen Fällen einen Lauf mit Nennerregerstrom vor und reduziert die kVA-Leistung der Maschine. Dies kann durch Herabsetzen der Spannung oder des Stroms geschehen. Üblicherweise fährt man mit Nennstrom und verringert die Klemmenspannung. In besonderen Fällen berücksichtigt man die Höhe der Eisen- und der Kupferverluste und wählt jenen Lauf, der den tatsächlichen Beanspruchungen am nächsten kommt.

Die *Temperatur der Erregerwicklung* kann laufend überwacht werden, indem man den Erregerstrom und die Erregerspannung an den Schleifringen beobachtet. Wenn man den Erregerwiderstand aus Spannung und Strom errechnet, kommt man meistens zu 5 bis 10 °C höheren Erwärmungen, als sich aus der nachherigen Widerstandsmessung mit der Brücke ergibt.

Nur bei Maschinen mit besonders langer Auslaufzeit kann es unter Umständen notwendig sein, die wahre Erwärmung durch rückwärtige Extrapolation einer durch mehrere Messungen gewonnenen Abkühlkurve zu ermitteln. Es entspricht den praktischen Anforderungen, wenn man durch Abbremsen der Maschine den Auslauf genügend verkürzt und die Kühlluft sofort bei Beendigung des Dauerlaufs abstellt. In diesen Fällen ergibt eine einmalige Messung des warmen Widerstands genügend genaue Meßresultate.

Dauerläufe in Kunstschaltungen, in denen die Wicklung mit Gleichstrom oder mit Wechselstrom in offener Dreieckschaltung gespeist wird, werden in der Prüffeldpraxis nicht durchgeführt. Wenn kein geeignetes Netz zur Verfügung steht oder die Antriebsmaschinen zu klein sind, fährt man oft den Erwärmungslauf im Kurzschluß. Man braucht dann eine Antriebsmaschine, welche die vollen Verluste, verringert um den Betrag der Eisenverluste und evtl. der Erregerverluste, aufzubringen imstande ist. Diese Leistung entspricht bei den großen Maschinen aber nur einem ganz geringen Prozentsatz der vollen Leistung. Der Kurzschlußlauf wird durch einen Lauf mit voller Spannung im Leerlauf ergänzt und die Erwärmungen beider Läufe zusammengezählt. Man erhält meistens um 5 °C zu hohe Erwärmungen.

2.3.12 Wirkungsgrad

Der Wirkungsgrad der Synchronmaschine wird fast ausschließlich nach dem Einzelverlustverfahren bestimmt. Das Rückarbeits- und das Übererregungsverfahren, welche in Abschnitt 1.9.3.2 beschrieben werden, ermöglichen zwar die Ermittlung der Gesamtverluste, werden in der Praxis aber nur zur Belastung der Maschinen benutzt.

Die Verluste der Synchronmaschine bestehen aus den *Leerverlusten*, den *Lastverlusten* und den *Erregerverlusten*. Sie werden aus den Messungen im Leerlauf und im Kurzschluß und durch Berechnung gewonnen.

Die Leerverluste:

1. Eisenverluste $= P_{\mathrm{Fe}} =$ Verluste bei Spannung U_{nenn} im Leerlauf. Die Ohmschen und induktiven Spannungsabfälle werden nach REM nicht berücksichtigt. (Die amerikanischen Normalien berücksichtigen den Ohmschen Spannungsabfall.)

2. Reibungsverluste $P_{\mathrm{Rbg}} =$ Verluste durch Luft- und Lagerreibung bei Synchrondrehzahl im Leerlauf. Lagerverluste in Lagern fremder Herkunft werden nicht be-

rücksichtigt. Bei langsam laufenden Kompressormotoren werden die Reibungsverluste meistens nicht eingesetzt, worauf beim Wirkungsgrad hingewiesen wird.

Reibungs- und Eisenverluste sind demnach nach den REM unabhängig von Art und Grad der Belastung.

Die Lastverluste:

1. Ankerkupferverluste $= P_{Cu} = 3I_{ph}^2 R_{ph} = 1{,}5 I^2 R_{kl}$, wobei I den Netzstrom und R_{kl} den warmen Widerstand zwischen zwei Ankerklemmen bezeichnet. Der warme Wert ist auf 75 °C oder auf die durch Messung gefundene Temperatur zu beziehen.

2. Zusatzverluste $= P_{Zus} = I^2(P_{Zus,kz}/I_{kz}^2)$, wobei $P_{Zus,kz}$ die Zusatzverluste im Kurzschluß beim Kurzschlußstrom I_{kz} bedeuten.

3. Übergangsverluste $= 0{,}9I$ bei metallhaltigen und $= 3I$ bei Graphit- oder Kohlebürsten. Sie treten nur bei kleinen Maschinen mit umlaufendem Anker auf.

Die Erregerverluste (Feldverluste):

1. Erregerkupferverluste $= P_f = I_f^2 R_f + P_{f,Rw}$, wobei das erste Glied die reinen Wicklungsverluste in der warmen Erregerwicklung und das zweite Glied die Verluste in den Regelwiderständen sowie in den *angebauten* Erregermaschinen bedeutet. Verluste in *fremdangetriebenen* Erregermaschinen werden nicht eingerechnet.

2. Übergangsverluste $= 0{,}6I_f$ bzw. $2I_f$ treten an den Schleifringen auf und werden allgemein vernachlässigt.

Bei *Generatoren* geht man von der *abgegebenen elektrischen Wirkleistung* aus, zu der man die Summe der Einzelverluste addiert, um die aufgenommene Leistung zu ermitteln. Diese besteht entweder aus rein mechanischer Leistung bei Maschinen mit Eigenerregung oder aus mechanischer plus Erregerleistung bei fremderregten Generatoren. Es gilt:

$$P_{aufnahme} = (P_{el,wirk} + P_{Fe} + P_{Rbg} + P_{Cu} + P_{Zus} + P_f) = (P_{el,wirk} + \sum P_v)\,.$$

Hieraus wird der Wirkungsgrad η errechnet zu:

$$\eta = 100 \cdot \frac{P_{el,wirk}}{P_{aufnahme}} = 100 \cdot \frac{P_{el,wirk}}{P_{el,wirk} + \sum P_v} = 100 - \frac{\sum P_v \cdot 100}{P_{el,wirk} + \sum P_v} \quad \text{in } \%\,.$$

Die zuletzt angegebene Formel eignet sich besonders gut zur genauen Berechnung des Wirkungsgrads sehr großer Maschinen.

Bei *Motoren* geht man von der *aufgenommenen Leistung*, also bei eigenerregten Maschinen von der dem Netz entnommenen Wirkleistung, bei den fremderregten Motoren von der Summe aus Netzaufnahme und Erregerleistung aus. Im allgemeinen wird man den Wirkungsgrad zu bestimmten motorischen Lasten erst angeben können, wenn man zu den gerechneten Punkten die Wirkungsgradkennlinie zeichnet. Es gilt:

$$P_{aufnahme} - (P_{Fe} + P_{Rbg} + P_{Cu} + P_{Zus} + P_f) = P_{abgabe}\,.$$

Man zieht also von der aufgenommenen Leistung die Summe aller Verluste ab und erhält die abgegebene mechanische Leistung an der Welle. Hieraus errechnet man η zu:

$$\eta = 100 \cdot \frac{P_{abgabe}}{P_{aufnahme}} = 100 \cdot \frac{P_{aufnahme} - \sum P_v}{P_{aufnahme}} = 100 - \frac{\sum P_v \cdot 100}{P_{aufnahme}} \quad \text{in } \%\,.$$

Bei *Phasenschiebern* werden nur die Verluste errechnet. Gelegentlich werden die Verlust-kW je 100 kVA oder die Verlust-kW in Prozent der umgesetzten Blindleistung angegeben. Auf diese Weise können die umlaufenden Phasenschieber am besten mit Kondensatoren verglichen werden, bei denen ebenfalls die Verluste je 100 kVA angegeben werden. Die Verluste bestehen aus:

$$\Sigma P_V = (P_{Fe} + P_{Rbg} + P_{Cu} + P_{Zus} + P_f)$$

und sind gleich der zugeführten Netz- plus der evtl. getrennt zugeführten Erregerleistung. Obwohl die unmittelbare Messung naheliegt, verzichtet man doch auf diese, da der sehr kleine Leistungsfaktor von etwa 0,02 bis 0,05 zu relativ großen Meßfehlern Anlaß gibt.

Der Leistungsfaktor ist von ausschlaggebendem Einfluß auf die Wirkungsgrade der Generatoren und Motoren, da bei gleicher Wirkleistung sowohl die Anker- und die Zusatzverluste, wie auch die Erregerverluste mit fallendem $\cos\varphi$ ansteigen. Es ist üblich, den Wirkungsgrad für $\cos\varphi = 1{,}0$ und für $\cos\varphi = 0{,}8$ anzugeben. Nur selten errechnet man den Wirkungsgrad für konstante Erregung, also für mit der Last veränderlichen $\cos\varphi$. Wird nur vom Wirkungsgrad ohne nähere Angaben gesprochen, so ist darunter der Wert bei Nennspannung, Nennstrom und Nennleistungsfaktor zu verstehen.

Für die gewährleisteten technischen Daten der Synchronmaschinen gelten nach den REM folgende Toleranzen:

Gewährleistungen für:	Zulässige Abweichungen:
Wirkungsgrad $\eta\,\%$.	$\pm \frac{100 - \eta\,\%}{10}$, aufgerundet auf 0,1 %.
Spannungsänderung	± 20 % des gewährleisteten Werts. (Dieser soll 50 % bei $\cos\varphi = 0{,}8$ nicht überschreiten.)
Stoßkurzschlußstrom	± 20 % des Sollwerts. (Dieser soll den 21-fachen Nennstrom nicht überschreiten.)
Dauerkurzschlußstrom	± 15 % des Sollwerts.
Anlaufstrom bei asynchronem Anlauf	± 20 % des Sollwerts.
Kippmoment (synchr.)	± 10 % des Sollwerts. (Das Kippmoment von Synchronmotoren soll bei Nennerregung mindestens das 1,5fache des Nennmoments betragen.)
Anzugsmoment	± 20 % des Sollwerts. (Das Hochlaufmoment, mithin also auch das Anlaufmoment, soll nicht unter 0,3fachem Nennmoment liegen. Nur bei besonderen Abmachungen darf das Anlaufmoment kleiner sein.)

2.4 Gleichstrommaschinen

2.4.1. Aufbau und Schaltschema

Die Gleichstrommaschinen bestehen im wesentlichen aus dem Magnetgestell, das aus den Haupt- und Hilfspolen sowie dem Joch zusammengebaut ist, und aus dem darin umlaufenden Anker. Die Hauptpole tragen Erregerwicklungen, die selbst-, fremd- oder hauptstromerregt werden können. Bei Selbst- und Fremderregung spricht man von Nebenschlußmaschinen, bei alleiniger Hauptstromerregung von Reihenschlußmaschinen. Motoren oder Generatoren mit gemischter Erregung heißen Doppelschluß- oder Kompoundmaschinen. Das Joch älterer Maschinen besteht in den weitaus meisten Fällen aus Stahlguß oder Walzeisen. Die Pole dagegen werden häufig geblättert ausgeführt. In Sonderfällen, z. B. bei Bahn- und Walzwerksmotoren, wird das Joch zweiteilig ausgeführt, um den Ausbau des Ankers zu erleichtern [21]. Bei kompensierten Maschinen liegt in den Polschuhen in Nuten eingebettet eine weitere Hauptstromwicklung, deren Achse senkrecht zur Achse der Hauptpole liegt. Sie hat den Zweck, die magnetisierende Wirkung des Ankers in Verbindung mit der Wendepolwicklung aufzuheben, also zu kompensieren.

Die Hilfs- oder Wendepole finden sich heute bei allen Gleichstrommaschinen bis hinab zu Leistungen von nur wenigen kW. Sie dienen der einwandfreien Stromwendung und werden vom Ankerstrom erregt. Die Einstellung des richtigen Wendepolluftspalts ist eine der wichtigsten Aufgaben der Gleichstrommaschinenprüfung.

Der Anker trägt eine Schleifen- oder Wellenwicklung, die an die Segmente des Kommutators angeschlossen ist. Bei Maschinen für Spannungsteilung ist die Wicklung außerdem mit zwei oder mehreren Schleifringen verbunden.

Auf dem Kommutator schleifen die Bürsten, die je zur Hälfte an die (+)- und an die (—)-Klemme der Maschine angeschlossen sind. Die Bürsten stehen üblicherweise unter der Mitte der Hauptpole, und zwar hängt die Stellung der (+)-Bürste unter einem Nord- oder einem Südpol von der offenen oder gekreuzten Ankerwicklung ab. Dies ist aus der Abb. 97 zu entnehmen. In den Schaltschemas stehen die Bürsten stets in der magnetischen Achse des Ankers, also unter den Hilfspolen, unter Annahme einer ungekreuzten Wicklung.

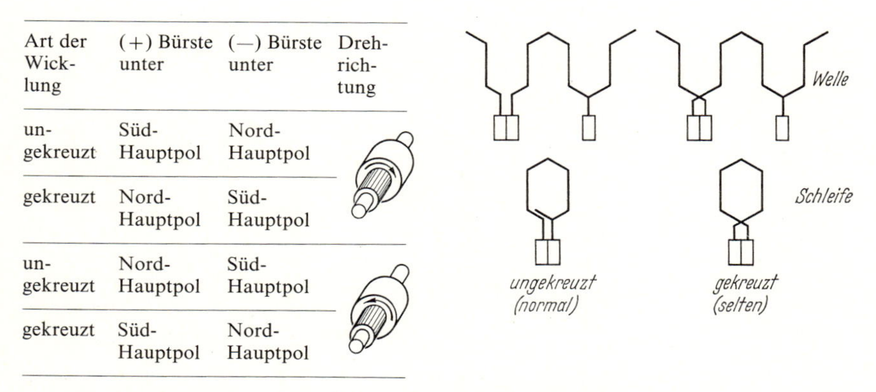

Art der Wicklung	(+) Bürste unter	(—) Bürste unter	Drehrichtung
ungekreuzt	Süd-Hauptpol	Nord-Hauptpol	
gekreuzt	Nord-Hauptpol	Süd-Hauptpol	
ungekreuzt	Nord-Hauptpol	Süd-Hauptpol	
gekreuzt	Süd-Hauptpol	Nord-Hauptpol	

Abb. 97. Räumliche Stellung der Bürsten von Gleichstrommaschinen

Infolge der mannigfaltigen Anordnung der Erregerwicklungen auf den Hauptpolen ist bei den einzelnen Gleichstrommaschinen ein eindeutiges Schaltschema zur Prüfung unerläßlich. Diesem Schema ist die Drehrichtung, der Betrieb als Motor oder Generator und die sich unterstützende oder einander entgegengerichtete Wirkung der Hauptpolerregerwicklungen zu entnehmen. Außerdem ist die Bezeichnung der oft zahlreichen Klemmen darin enthalten. Pfeile deuten die Stromrichtung und die mit ihr übereinstimmende Richtung der magnetischen Felder an. Spulen, deren Strompfeile gleiche Richtung haben, unterstützen sich, Spulen mit entgegengesetzten Pfeilen wirken sich entgegen. Die Drehrichtung liegt fest, wenn der Pfeil des Hauptfelds und der Pfeil des Ankers gegeben sind. Bei Motoren ist die Drehrichtung so einzutragen, als wollte man den Ankerpfeil auf kürzestem Wege in die Richtung des Hauptfeldpfeils bringen. Bei Generatoren zeichnet man den Drehrichtungspfeil umgekehrt, also, als wollte man den Ankerpfeil auf dem längeren Wege in die Richtung des Feldpfeils drehen. Die Pfeile des Ankers und des Wendepols müssen immer entgegengesetzt liegen. Da Kompensations- und Wendepolwicklung sich unterstützen, stimmen ihre Pfeile überein. Allerdings wird die Kompensationswicklung nicht mehr getrennt gezeichnet. Das Schema und die Drehrichtung werden angegeben für Ansicht von der Antriebsseite aus. Will man es als von Kommutatorseite gesehen betrachten, so braucht man es nur von der Rückseite her anzuschauen. Alle Pfeile behalten ihre Gültigkeit. Die wichtigsten Schemas der Wendepolmotoren und Generatoren sind in den Abb. 117 bis 124 wiedergegeben.

2.4.2 Ankerrückwirkung

Der stromdurchflossene Anker der Gleichstrommaschine übt einen magnetisierenden oder entmagnetisierenden Einfluß auf die Hauptpole aus. Man bezeichnet ihn als Ankerrückwirkung. Diese Rückwirkung kommt durch drei verschiedene Ursachen zustande, und zwar durch *Sättigung der* auflaufenden *Polschuhkante* bei den Motoren bzw. der ablaufenden Kante bei den Generatoren, durch *Verschiebung der Bürsten* aus der neutralen Stellung und durch *Verschiebung der Kommutierungszone* aus der Bürstenmitte durch die *Wendepole.*

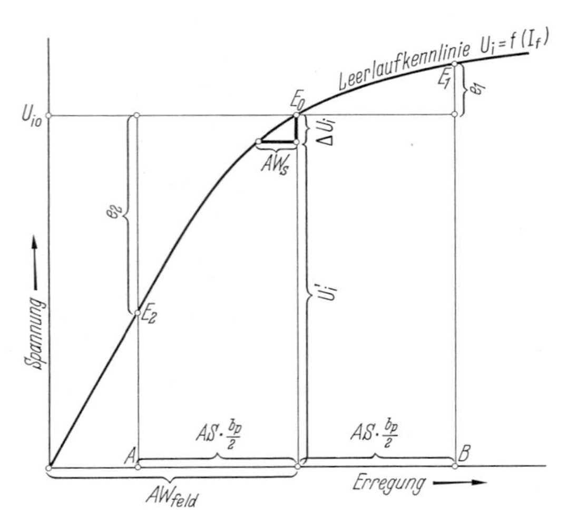

Abb. 98. Bestimmung der Ankerrückwirkung AW_s infolge Feldverzerrung durch Sättigung der Polschuhkanten. $E_2 E_0 E_1$ stellt Feldverlauf unter dem Pol bei Belastung dar. AS Ankerstrombelag in A/cm; b_p Polbogen in cm;

$$\Delta U_i = \frac{e_2 - e_1}{6}.$$

Die Rückwirkung durch Sättigungserscheinung tritt nur im gekrümmten Teil der Sättigungskennlinie auf. Sie wirkt stets feldschwächend, unabhängig, ob die Maschine als Motor oder Generator arbeitet. Man drückt sie aus durch jene Anzahl AW, die zusätzlich auf dem Hauptpol benötigt werden, um bei Fließen des Ankerstroms die gleiche induzierte Spannung bzw. EMK in der Ankerwicklung wie bei Leerlauf zu erzielen. Sie sei mit AW_s bezeichnet, wobei das Fußzeichen s auf die Sättigungsabhängigkeit hinweist. In Abb. 98 ist ihre graphische Ermittlung wiedergegeben. Links und rechts von den Hauptpol-AW wird eine Strecke entsprechend dem Betrage der Anker-AW unter der linken und rechten Polschuhspitze abgetragen, also $AS\, b_p/2$ oder $AW_a \cdot b_p/\tau_p$. Hierin bedeutet AS den Ankerstrombelag in A/cm, b_p und τ_p Polbogenbreite und Polteilung in cm und AW_a die gesamten Anker-AW unter dem Wendepol, also den Wert $AS\, \tau_p/2$.

Die geschwächte induzierte Spannung U_i' ergibt sich als mittlere Höhe der Fläche $E_1E_0E_2AB$. Diese kann durch Planimetrieren gefunden werden. Wesentlich einfacher, aber mit recht guter Genauigkeit ermittelt man den Abfall der EMK nach der auf die Simpsonsche Regel zurückgehenden Formel:

$$\Delta U_i = U_{i0} - U_i' = \frac{e_2 - e_1}{6},$$

zu dem man ohne weiteres die Zahl der feldschwächenden AW_s ablesen kann. Die AW_s sind immer negativ und ändern sich zwischen Leerlauf und etwa 1,25facher Nennlast *quadratisch* mit dem Ankerstrom I. Es ist also nur nötig, $AW_{s,\,nenn}$ für den Nennstrom zu bestimmen und bei beliebigen Strömen zu setzen:

$$AW_s = -AW_{s,\,nenn}(I/I_{nenn})^2 .$$

Bei höheren Strömen ändern sich die AW_s schwächer mit der Stromstärke. Die AW_s sind die Hauptursache für das Unstabilwerden größerer Gleichstrommotoren, da sie mit steigender Last zunehmend das Feld schwächen und die Motordrehzahl in die Höhe treiben [19, 21].

Die kompensierte Gleichstrommaschine besitzt verringerte Ankerrückwirkung durch Sättigungserscheinungen und wird daher für Großmaschinen besonders gern verwendet.

Die *Ankerrückwirkung durch Bürstenverschiebung* sei mit $AW_{bü}$ bezeichnet; sie wird berechnet nach der Beziehung:

$$AW_{bü} = ks\frac{D_a}{D_K}AS,$$

wobei bedeuten: k = Anzahl der Segmente, um welche die Bürsten verschoben sind,
s = Breite eines Segments in cm,
D_a = Ankerdurchmesser in cm,
D_K = Kommutatordurchmesser in cm,
AS = Ankerstrombelag in A/cm.

$AW_{bü}$ kann positiv oder negativ sein. Positiv, also feldverstärkend, wirkt die Bürstenverschiebung im Sinne der Kommutatordrehung bei Motoren und gegen die Drehrichtung bei Generatoren. Negativ, also schwächend auf das Hauptfeld, wirken die

Bürsten, wenn sie gegen die Drehrichtung bei Motoren, in der Drehrichtung bei Generatoren verstellt werden. Man erhält das richtige Vorzeichen für $AW_{\text{bü}}$, wenn k positiv bei Verschiebung in Drehrichtung, negativ bei Verschiebung dagegen rechnet, und AS positiv bei Motor-, negativ bei Generatorstrom einsetzt. AS berechnet sich zu:

$$AS = \frac{z \frac{I}{2a}}{\pi D_{\text{a}}},$$

mit z = Gesamtzahl aller Ankerleiter und
$2a$ = Zahl der parallelen Zweige,
I = Ankerstrom in A, (+) bei Motoren, (—) bei Generatoren.

Die Verschiebung der Bürsten wirkt allgemein ausgedrückt:

bei Verdrehung in Drehrichtung stabilisierend,
bei Verdrehung dagegen entstabilisierend.

Dies bedeutet, daß Motoren und Generatoren mit vorgeschobenen Bürsten in der Drehzahl bzw. der Spannung abfallen bei zunehmender Last, während sie bei rückwärts verdrehten Kohlen die Drehzahl bzw. Spannung bei steigender Last zu erhöhen suchen. Aus Gründen der Kommutierung werden die Bürsten bei den heutigen Wendepolmaschinen nicht mehr verstellt, aus Gründen der besseren Stabilität dagegen in vielen Fällen. Das Zurückschieben der Bürsten wird möglichst niemals angewendet. Man macht davon nur vorsichtig Gebrauch, wenn ein Generator zu knapp in der Spannung, ein Motor nicht reichlich genug in der Drehzahl ist.

Die Ankerrückwirkung infolge des Einflusses der Wendepole besteht in der Verschiebung der Kommutierungszone unter der Bürste *gegen* die Drehrichtung bei zu *starkem*, *in* der Drehrichtung bei zu *schwachem* Wendefeld. Sie kann nur abgeschätzt werden und steht in keinem einfachen Zusammenhang mit der Stromstärke. Bei sehr starken Wendefeldern findet die Stromwendung fast schon an der auflaufenden Bürstenkante statt, da sie verfrüht einsetzt. Dies entspricht also äußerstenfalls einer Verschiebung der Bürsten um eine halbe Breite oder um die gleichwertige Anzahl Kommutatorsegmente. Bei sehr schwachen Wendepolen setzt die Stromwendung stark verzögert ein, der Strom wendet erst in unmittelbarer Nähe der Ablaufkante der Kohle. Dies entspricht dem Vorschub der Bürste um halbe Breite in Drehrichtung. Tatsächlich wirken richtig eingestellte Wendepole von Maschinen, welche eine nennenswerte Überlast fahren sollen, bei kleinen Ankerströmen etwas zu stark, bei hohen Ankerströmen dagegen zu schwach. Dies geht auf die ebenfalls durch Sättigungserscheinungen gekrümmte Kennlinie der Wendepole zurück. Die starken Wendepole beeinträchtigen daher zwischen Leerlauf und Vollast unter Umständen die Stabilität von Motor und Generator und müssen in solchen Fällen durch eine entsprechende Vergrößerung ihres Luftspalts geschwächt werden, wobei die Grenze durch die einsetzende Verschlechterung der Stromwendung gegeben ist. Es gilt:
Zu starke Wendepole wirken wie rückgeschobene Bürsten: entstabilisierend, und:
Zu schwache Wendepole wirken wie vorgeschobene Bürsten: stabilisierend.

Von großem Einfluß ist der Zustand der Lauffläche unter den Bürsten. Wenn nur die Auflaufkante trägt, wirkt die Bürste rückgeschoben, wenn nur die Ablaufkante trägt, vorgeschoben. Die Bürsten müssen daher vor jeder Untersuchung, insbesondere auch bei der Inbetriebnahme, tadellos eingeschliffen werden.

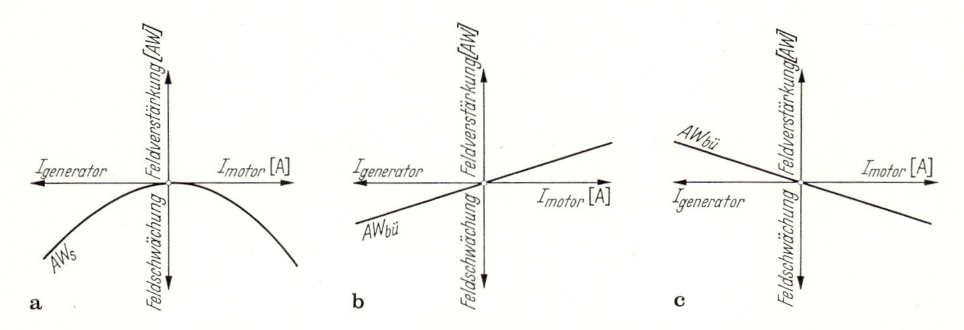

Abb. 99. Verlauf der Ankerrückwirkung infolge **a** Feldverzerrung durch Sättigung der Polschuhkanten bzw. **b** Bürstenvorschub und **c** Bürstenrückschub über dem Motor- bzw. Generatorstrom

Die durch Sättigungserscheinungen der Polkanten und durch Bürstenverschiebung bewirkte gesamte Ankerrückwirkung, aber mit Ausnahme der durch die Wendepole hervorgerufenen Feldbeeinflussung, errechnet sich zu:

$$AW_r = AW_s + AW_{bü} = -AW_{s,\,nenn}\left(\frac{I}{I_{nenn}}\right)^2 + Iks\,\frac{1}{\pi D_K}\,\frac{z}{2a}\,.$$

Der Verlauf der Anteile AW_s, sowie $AW_{bü}$ über dem Strom ist in Abb. 99 dargestellt. In der Literatur wird auf die quadratische Abhängigkeit der sättigungsbedingten AW_s selten hingewiesen, doch ist sie von besonderer Wichtigkeit für die Stabilität großer, unkompensierter Gleichstrommotoren. Diese können nämlich manchmal wegen dieser Abhängigkeit durch Hauptstromwicklungen nur in einem kleinen Arbeitsbereich bis knapp über Nennlast stabilisiert werden, da die quadratisch ansteigende Feldschwächung darüber hinaus den Sieg über die nur linear zunehmende Feldverstärkung der Hauptstromwicklung davonträgt [19, 21].

2.4.3 Kennlinien

Die Kennlinien der belasteten Gleichstrommaschinen können in manchen Fällen nicht unmittelbar aufgenommen werden oder müssen während der Prüfung in weitem Maße durch Änderungen im Erregerkreis beeinflußt werden. Man hat daher eine ganze Reihe von zeichnerischen Verfahren entwickelt, die alle darauf hinausgehen, bei Kenntnis der Leerlaufkennlinie $U_i = f(I_f)$ bzw. $U_i = f(AW)$ die Betriebspunkte Punkt für Punkt oder als Kurve zu erhalten, um sie mit der Messung zu vergleichen oder sie unter Umständen an deren Stelle zu setzen. Bei Kenntnis geeigneter Verfahren ist es auch leichter, die richtigen Maßnahmen zu finden, um im Prüffeld den Probemaschinen die verlangten Spannungs-, Drehzahl- oder Regelkennlinien zu verleihen. Die grundlegenden Kennlinien sind folgende:

Regelkennlinie bei Motoren und Generatoren. Diese zeigt die Abhängigkeit zwischen Ankerstrom und Erregerstrom bei unveränderten Werten der Klemmenspannung und der Drehzahl. Man sieht ihr auch das stabile oder unstabile Verhalten der Maschine an. Im Motorbetrieb darf der Ankerstrom im allgemeinen nur ansteigen, wenn der Feldstrom geschwächt wird, und der Generatorstrom darf nur anwachsen,

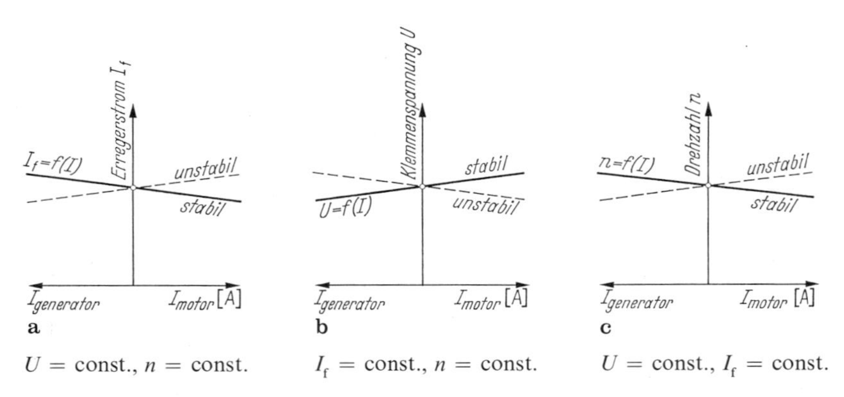

Abb. 100. Stabile und unstabile **a** Regel-, **b** Klemmenspannungs- und **c** Drehzahlkennlinien von Gleichstrommotoren und Generatoren. Harte Maschinen haben schwach fallende, weiche Maschinen stark fallende Kennlinien

wenn der Feldstrom verstärkt wird. Sobald zwei verschiedene Ankerströme zu ein und demselben Erregerstrom gehören, liegt fast immer unstabiles Verhalten vor. Abbildung 100 zeigt gute und schlechte Regelkennlinien.

Klemmenspannungskennlinie. Dieses ist die kennzeichnende Kurve für die Generatoren. Sie zeigt die Abhängigkeit der an den Klemmen bei Last abgegebenen Verbraucherspannung in Abhängigkeit des Laststroms bei unveränderter Erregung bzw. Erregerwiderstand. Wenn sie sehr flach abfällt, spricht man von einer harten Maschine, wenn sie stark geneigt ist, nennt man den Generator weich. Weiche Maschinen arbeiten gut parallel miteinander, harte Maschinen weniger gut. Wenn die Klemmenspannungskennlinie mit dem Laststrom ansteigt, ist die Maschine im allgemeinen nicht als stabil zu betrachten, außer sie arbeitet auf eine längere Leitung mit nennenswertem Spannungsabfall. Die Spannungskennlinie gilt für unveränderte Drehzahl (Abb. 100b).

Drehzahlkennlinie. Diese Kurve ist kennzeichnend für Motoren, die mit unveränderter Erregung an einem Netz konstanter Spannung arbeiten. Sie zeigt die Motorgeschwindigkeit über dem Ankerstrom oder über der Leistung. Für den Verlauf gilt das gleiche wie bei der Klemmenspannungskennlinie. Motoren mit flach fallender Kennlinie sind hart, solche mit starkem Drehzahlabfall gelten als weich. Sobald die Drehzahl mit zunehmender Last ansteigt, ist der Motor als unstabil zu bezeichnen. Abbildung 100c zeigt typische Drehzahlkennlinien für stabile und für unstabile Maschinen.

Nachstehend wird ein *allgemeines Diagramm* der Gleichstrommaschine entwickelt, in dem die Diagramme aller Maschinen normaler Bauart enthalten sind. Insbesondere können daraus die Diagramme der Nebenschluß-, Hauptschluß-, Doppelschlußmotoren und Generatoren, sowie der Krämermaschine mit ihren drei verschiedenen Feldwicklungen abgeleitet werden. Benötigt wird die Leerlaufkennlinie, der gesamte Ankerkreiswiderstand R, in dem auch der Bürstenübergangswiderstand enthalten sein soll, und die Ankerrückwirkung AW_r bei Nennstrom. Als Vereinfachung soll vorerst angenommen werden, daß sich der Spannungsabfall und die Ankerrückwirkung linear mit dem Strom I ändern, obwohl dieses nach obigem nicht genau zutrifft.

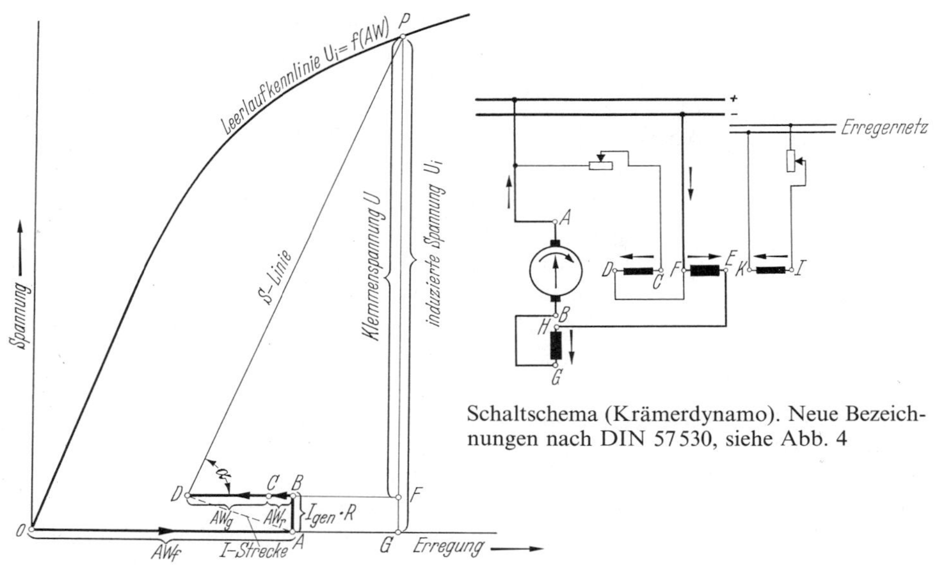

Schaltschema (Krämerdynamo). Neue Bezeichnungen nach DIN 57530, siehe Abb. 4

Abb. 101. Diagramm der Gleichstrommaschine. Beispiel eines Krämerdynamos mit Fremderregung *IK*, Selbsterregung *CD* und Gegenstromerregung *FE*. Die Buchstabenfolge im Diagramm entspricht der Konstruktion: $OA = AW_f$ = Fremderregung, $AB = I_{gen}R$ = Ohmscher Abfall (bei Generatorbetrieb nach oben, bei Motorbetrieb als $I_{mot}R$ nach unten), $BC = AW_r$ = Ankerrückwirkung (nach links bei Feldschwächung, nach rechts bei Feldverstärkung), $CD = AW_g$ = Gegenstromerregung (nach links bei Feldschwächung entspr. Gegenkompoundierung, nach rechts bei Feldverstärkung entspr. Kompoundierung), *S*-Linie = Selbsterregungslinie = Gerade mit Neigungswinkel α ($\alpha = 90°$ bei Selbsterregungswiderstand ∞ oder fehlendem Selbsterregerkreis, $\alpha > 90°$ bei Selbstentregung). Induzierte Spannung U_i = senkrechter Abstand des Punkts *P* von Nullinie. Klemmenspannung *U* = senkrechter Abstand von Linie *BD*, gestrichelte Strecke *AD* = „*I*-Strecke", welche nur vom Strom abhängig ist. Durch Unterteilung derselben entspr. den Teillastströmen 0,75*I*, 0,50*I*, 0,25*I*, 0,0*I* und Parallelverschieben der *S*-Linie durch die zugehörigen Teilpunkte wird das Diagramm für diese Lastzustände erweitert. Vgl. Abb. 103–106

In den Fällen, wo die Ankerrückwirkung von besonderem Einfluß ist, kann sie Punkt für Punkt in ihrer richtigen Höhe eingeführt werden, wie z. B. in Abb. 122 und 123.

In Abb. 101 ist das Diagramm gezeichnet für eine Maschine, die eine Fremd-, eine Selbst- und eine Hauptstromerregerwicklung besitzt. Wenn man sich eine oder zwei dieser Wicklungen weggefallen denkt, erhält man alle bekannten Typen von Maschinen. Die Fremderregerwicklung wirkt immer feldverstärkend, die Selbst- oder die Hauptstromerregung kann dagegen feldaufbauend oder feldschwächend sein. Die Stärke der Erregerwicklungen ist durch ihre *AW*-Zahl wiedergegeben. Nach rechts weisende *AW* sind feldverstärkend, nach links weisende feldschwächend. Der Ohmsche Spannungsabfall, der von der Nullinie aus eingetragen ist, wird nach oben bei Generatorbetrieb, nach unten bei Motorbetrieb gezeichnet. Für die Selbsterregung kann man im allgemeinen noch nicht die entsprechenden *AW* angeben, da sie von der meistens erst zu bestimmenden Klemmenspannung *U* bei Last abhängen. Kennzeichnend und ausreichend für die Wiedergabe der Stärke des Selbsterregerkreises ist die

Neigung der Selbsterregungslinie, die unter dem Winkel α gegen die waagerechte Nullinie verläuft. Dieser Winkel ist um so kleiner, je kleiner der Widerstand im Erregerkreis ist. Er nimmt zu, wenn der Widerstand erhöht wird. Die Gerade wird zur Senkrechten, wenn der Kreis geöffnet wird oder aber gar nicht vorhanden ist. Wenn die Neigung mit einem Winkel α über 90° verläuft, liegt Selbstentregung vor, d. h., die Selbsterregerwicklung ist gegengeschaltet. Dies kommt praktisch nur vor bei der Selbstmordschaltung, die angewandt wird, um die durch Remanenz erzeugte Maschinenspannung in besonderen Fällen möglichst zu vernichten.

Der *Aufbau des Diagramms*, das immer nur für die Drehzahl gilt, die der Leerkennlinie zugrunde liegt, ist folgender. Zuerst wird auf der Nullinie die Strecke AW_f entsprechend den Fremderregungs-AW hingelegt. Diese sind unabhängig von Strom I und Spannung U. Dann wird senkrecht der Spannungsabfall IR im Spannungsmaßstab angetragen. Nach oben bei Generatoren, nach unten bei Motoren. Nach links kommen die stromabhängigen, feldschwächenden AW der Ankerrückwirkung und einer etwa vorhandenen Gegenschlußwicklung, nach rechts die feldverstärkenden AW der Ankerrückwirkung und der etwa vorgesehenen Hauptschlußwicklung. Diese ein bis drei Strecken sind nur vom Strom abhängig. Die resultierende Strecke sei mit „I-Strecke" bezeichnet. Sie bildet das wertvollste Hilfsmittel beim Aufbau der speziellen Diagramme. Im Endpunkt wird die Selbsterregungsgerade S unter dem Winkel α gezeichnet, nach rechts oben weisend bei Selbsterregung, nach links oben bei Entregung. Sie geht genau senkrecht nach oben, wenn überhaupt keine Selbsterregung vorhanden ist. Diese Gerade trifft die Leerlaufkennlinie im Punkte P, der unmittelbar den Wert der Klemmenspannung liefert.
Der Winkel α der Selbsterregungslinie wird gefunden, indem man zu einem beliebigen Wert der an den Selbsterregungskreis angelegten Spannung mittels des Widerstands den aufgenommenen Strom und zu diesem durch Malnehmen mit der Windungszahl je Pol die AW berechnet. Man trägt dann waagerecht die AW, senkrecht ansetzend die Spannung ab und verbindet Ausgangs- und Endpunkt beider Strecken durch die so gefundene Selbsterregungslinie. Bei Entregungsschaltung sind die AW nach links, also im feldschwächenden Sinn abzutragen. Die tatsächlich auftretenden Selbsterregungs-AW werden erst nach dem Auffinden der Klemmenspannung U bekannt. Man greift sie im Diagramm als die Strecke DF ab, die ein Lot durch den Schnittpunkt P mit der Leerlaufkennlinie auf der Waagerechten durch den unteren Anfangspunkt der Selbsterregungslinie abschneidet. Diese Selbsterregungs-AW sind als einzige von der Spannung U abhängig.

Die Strecken, die vom Nullpunkt O zum Klemmenspannungspunkt P führen, zerfallen: 1. in die von Strom I und Spannung U unabhängigen Fremd-AW, 2. in den vom Strom I abhängigen Spannungsabfall IR, die Ankerrückwirkungs-AW und die Hauptstrom-AW bzw. Gegenstrom-AW, also die „I-Strecke", sowie 3. die Selbsterregungslinie, deren Neigung nur vom Widerstand des Selbsterregungskreises abhängt.

Man erkennt ohne weiteres die Maßnahmen, die notwendig sind, um zu einer anderen Klemmenspannung U zu kommen. Soll diese höher liegen als die aufgefundene Spannung, so ist entweder die Fremderregung oder die Selbsterregung zu verstärken, soll sie tiefer sein, so ist eine der beiden zu schwächen. Maßnahmen am Spannungsabfall IR sind nur im Sinne einer Vergrößerung desselben möglich, dürfen aber im allgemeinen wegen der Unwirtschaftlichkeit nicht vorgenommen werden. Die Beeinflussung durch Veränderung der Ankerrückwirkungs-*AW* ist, wenn es sich um geringe Spannungsänderungen handelt, oft durch Bürstenvorschub oder -rückschub möglich. Die Hauptstrom- oder Gegenstrom-*AW* können meistens nur durch einen parallel zur Wicklung geschalteten Nebenwiderstand geschwächt werden. Dieser kann aber, auch wenn er als Kurzschluß ausgeführt wird, meistens nur 50 bis 80 % des Stroms übernehmen, da der Widerstand der Hauptstromwicklung selbst recht klein ist.

Als Klemmenspannung ist bei Motor- oder Generatorbetrieb, wie dies in Abb. 101 besonders gekennzeichnet ist, die senkrechte Komponente der Selbsterregungslinie zu betrachten. *IR* ist dann berücksichtigt. Als induzierte Spannung U_i bzw. *EMK* dagegen ist die Senkrechte vom Punkt *P* auf der Leerlaufkennlinie bis zur Nullinie zu betrachten, die also um *IR* größer wird als die Spannung bei Generatoren, um *IR* kleiner bei Motoren.

Außer einzelnen Punkten können auf Grund der erläuterten Diagramme die vollständigen Regel-, Spannungs- und Drehzahlkennlinien gewonnen werden. Diese erscheinen zwar in einem schiefen oder krummlinigen Koordinatensystem, lassen aber ohne irgendwelche weitere Arbeit sofort das qualitative Verhalten der Maschine, insbesondere was Stabilität oder Unstabilität, sowie statische Grenzbelastbarkeit, Drehzahl- und Spannungsänderung betrifft, erkennen. Man bestimmt lediglich die sog. „I-Strecke" der Maschine für den betrachteten Generator- oder Motorbetrieb

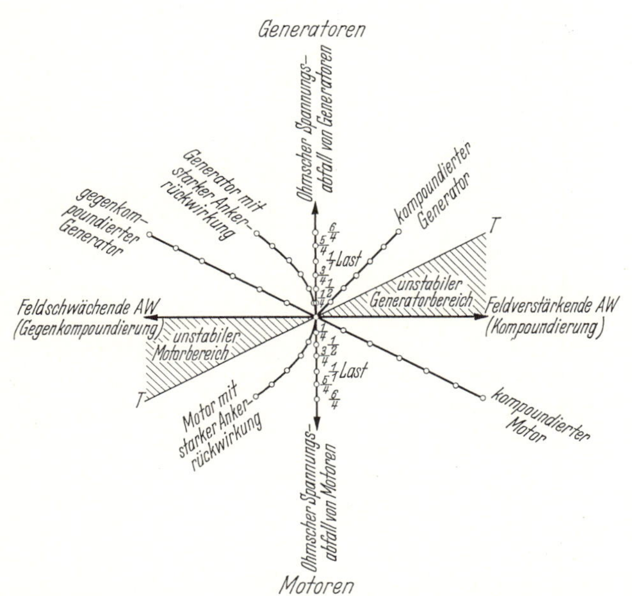

Abb. 102. Die „*I*-Strecken" der Gleichstrommaschinen. Sie verbinden die bei Teillasten oder Vollast zusammengehörigen Werte des Ohmschen Spannungsabfalls im Ankerkreis und die vom Ankerstrom *I* unmittelbar (Hauptstromwicklungen) oder mittelbar (Ankerrückwirkung) hervorgerufenen Erreger-*AW* auf dem Hauptpol. Die Maßstäbe sind die gleichen wie die der Leerlaufkennlinie. Generatoren und Motoren sind unstabil, wenn die „*I*-Strecke" innerhalb des schraffierten Raums fällt. *TT* ist parallel zur Tangente an die Leerlaufkennlinie im Leerlaufpunkt P_0

oder für beide zusammen. Die „I-Strecke" entsteht nach obigem, indem man zu verschiedenen Ankerstromstärken I die Summe aus Ankerrückwirkung und Hauptstrom-AW bzw. Gegenstrom-AW berechnet und über diesen die zugehörigen Werte von IR aufträgt. Wenn man die Ankerrückwirkung und den Spannungsabfall unter den Bürsten als linear von I abhängig betrachtet, ist die „I-Strecke" natürlich eine mehr oder weniger flach verlaufende Gerade. Sie geht nach oben bei Generatoren, nach unten bei Motoren, nach rechts bei Feldverstärkung durch den Strom I, nach links bei Feldschwächung durch denselben. Bei Berücksichtigung der tatsäch-

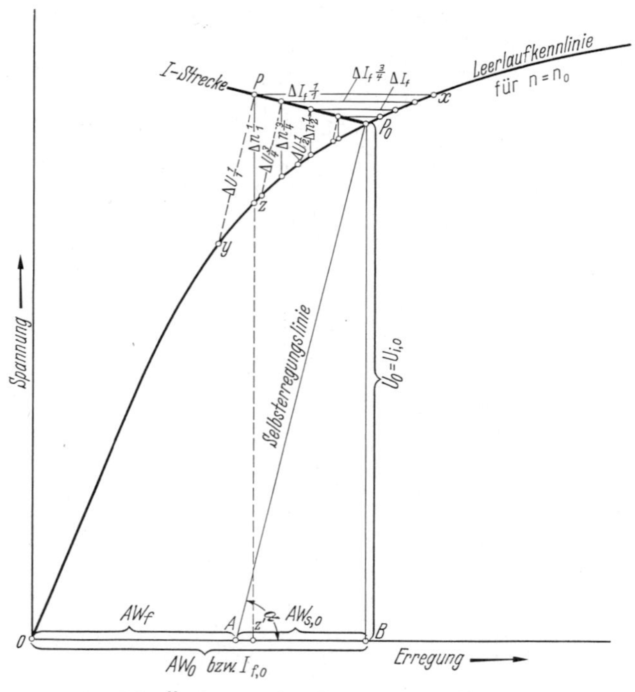

Abb. 103. Die Änderung der Erregung I_f, der Klemmenspannung U und der Drehzahl n im Diagramm der Gleichstrommaschine. (Beispiel eines Krämerdynamos)

Erregungsänderung ΔI_f = waagerechter (U = const., n = const.)
Spannungsänderung ΔU = schiefer, zur Selbsterregungslinie paralleler . . . . (I_f bzw. R_f = const., n = const.)
Drehzahländerung Δn = senkrechter . (U = const., I_f = const.)

} Abstand zwischen den der jeweiligen Last entsprechenden Punkten der „I-Strecke" und der Leerlaufkennlinie

Es ist, wenn „I-Strecke" *oberhalb*, *unterhalb* der Leerlaufkennlinie liegt:

$$\Delta I_f = +\frac{PX}{OB}\cdot I_{f,0}\,, \quad -\frac{PX}{OB}\cdot I_{f,0}$$

$$\Delta U = -\frac{PY}{P_0A}\cdot U_0\,, \quad +\frac{PY}{P_0A}\cdot U_0$$

$$\Delta n = +\frac{PZ}{ZZ'}\cdot n_0\,, \quad -\frac{PZ}{ZZ'}\cdot n_0\,.$$

lich quadratischen Abhängigkeit der Ankerrückwirkung vom Strom verläuft sie gekrümmt. Man sieht, daß die „I-Strecke" nichts anderes ist als der Ort der Endpunkte der stromabhängigen Strecken im Diagramm. Abbildung 102 zeigt die „I-Strecke" für verschiedene Fälle.

Der Zusammenhang zwischen Stromstärke und Änderungen des Erregerstroms, der Klemmenspannung oder der Drehzahl ist in Abb. 103 dargestellt. Die „I-Strecke" ist an den Leerlaufpunkt P_0 angesetzt, der der Leerlaufspannung U_0 bez. der Leerlauferregung AW_0 entspricht und auf der zur Leerlaufdrehzahl n_0 gehörenden Sättigungskennlinie liegt. Geht man von dem zum betrachteten Strom I auf der „I-Strecke" liegenden Punkt P aus *waagerecht* bis zur Sättigungskennlinie, so erhält man die Änderung der Erregung ΔI_f, die nötig ist, um bei gleichbleibender Klemmenspannung U die Drehzahl $n = n_0$ oder bei gleichbleibender Drehzahl n die Klemmenspannung $U = U_0$ aufrechtzuerhalten.

Hält man die Erregung bzw. den Widerstand im Selbsterregungskreis konstant, dann entspricht der *senkrechte* Abstand von P zur Sättigungskennlinie der sich einstellenden Drehzahländerung Δn, wenn die Klemmenspannung U konstant bleibt.

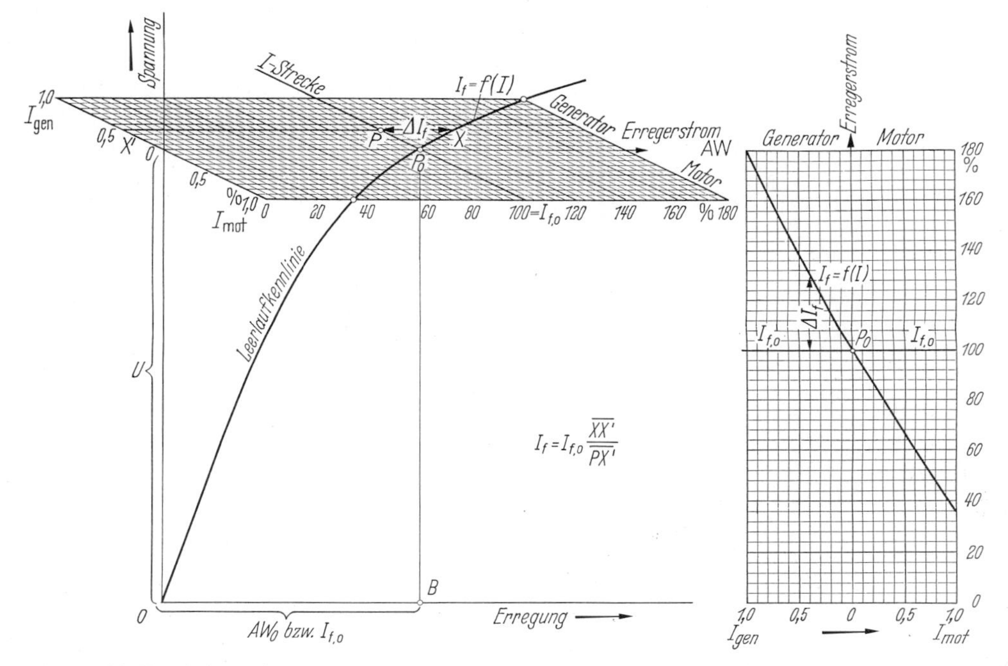

Abb. 104. Ermittlung der Regelkennlinie $I_f = f(I)$ mittels der Leerlaufkennlinie und der „I-Strecke". Beispiel eines gegenkompoundierten Generators oder eines kompoundierten Motors. Konstruktion: Auf Nullinie die gesamte Leerlauferregung AW_0, bzw. $I_{f,0}$ abtragen. Auf der Senkrechten $U = U_0$ abmessen. Durch P_0 Leerlaufkennlinie darstellen. An P_0 die „I-Strecke" ansetzen, deren waagerechte Abstände von der Leerlaufkennlinie die erforderlichen Erregungsänderungen ΔI_f ergeben. In dem eingezeichneten, schiefwinkligen Koordinatensystem stellt die „I-Strecke" durch P_0 die Werte $I_f = I_{f,0}$ = const. dar, während die Leerlaufkennlinie selbst die gesuchte Regelkennlinie wiedergibt. Der 0-Punkt des Systems liegt auf der Nullpunktsordinaten des Diagramms in gleicher Höhe mit P_0. Der Maßstab für I_f ist in beiden Systemen der gleiche.

Bleiben die Drehzahl und der Erregerstrom bzw. Widerstand im Selbsterregungskreis konstant, so gibt der zur Selbsterregungsgeraden parallele, *schräge* Abstand von P zur Sättigungskennlinie die Änderung der Klemmenspannung ΔU. Bei Maschinen ohne Selbsterregungskreis ist natürlich der senkrechte Abstand zu nehmen. Man erhält (vgl. auch Abb. 123, 124, 125):

$$\Delta I_\mathrm{f} = \frac{PX}{OB} I_{\mathrm{f},0} \quad \text{und} \quad I_\mathrm{f} = \frac{XX'}{PX'} I_{\mathrm{f},0}\,,$$

$$\Delta U = \frac{PY}{P_0 A} U_0 \qquad U = \frac{YY'}{PY'} U_0\,,$$

$$\Delta n = \frac{PZ}{ZZ'} n_0 \qquad n = \frac{PZ'}{ZZ'} n_0\,.$$

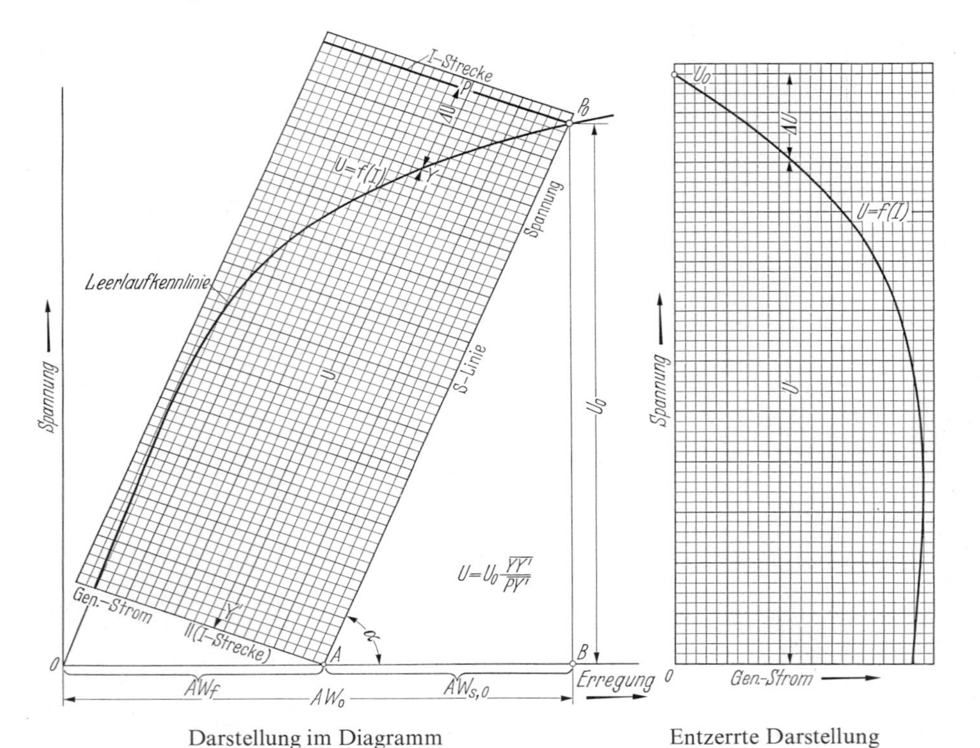

Darstellung im Diagramm Entzerrte Darstellung

Abb. 105. Ermittlung der Klemmenspannungskennlinie $U = f(I)$ mittels der Leerlaufkennlinie und der „I-Strecke". Beispiel einer Krämermaschine. Konstruktion: Auf Nullinie die gesamte Leerlauferregung AW_0 abtragen. Auf der Senkrechten U_0 abmessen. Durch P_0 die Leerlaufkennlinie darstellen. An P_0 die „I-Strecke" ansetzen, deren schiefe — zur Selbsterregungslinie parallele — Abstände von der Leerlaufkennlinie die Spannungsänderungen ΔU ergeben. In dem eingezeichneten, schiefwinkligen Koordinatensystem stellt die „I-Strecke" durch P_0 die Werte $U = U_0 = \text{const.}$ dar, während die Leerlaufkennlinie selbst die gesuchte Klemmenspannungskennlinie wiedergibt. Der 0-Punkt des Systems liegt um den — auf die Fremderregung entfallenden — Anteil der Leerlauferregung entfernt vom 0-Punkt des Diagramms auf dessen Abszisse. Der Maßstab für U ist gleich dem Spannungsmaßstab im Diagramm multipliziert mit dem Sinus des Selbsterregungswinkels α

Positives ΔI_f bedeutet Erhöhung der Erregung, positives ΔU Erhöhung der Spannung und positives Δn Erhöhung der Drehzahl. Das positive oder negative Vorzeichen hängt davon ab, ob die „I-Strecke" oberhalb oder unterhalb der Sättigungskennlinie verläuft. Und zwar ist:

wenn die „I-Strecke" oberhalb, unterhalb der Sättigungslinie liegt,

	oberhalb	unterhalb
ΔI_f	+	—
ΔU	—	+
Δn	+	—

Die Ermittlung der Regelkennlinie $I_f = f(I)$ geschieht nach Abb. 104, die der Klemmenspannungskennlinie $U = f(I)$ nach Abb. 105 und die der Drehzahlkennlinie $n = f(I)$ nach Abb. 106. Wegen der Anschaulichkeit ist in diesen Abbildungen

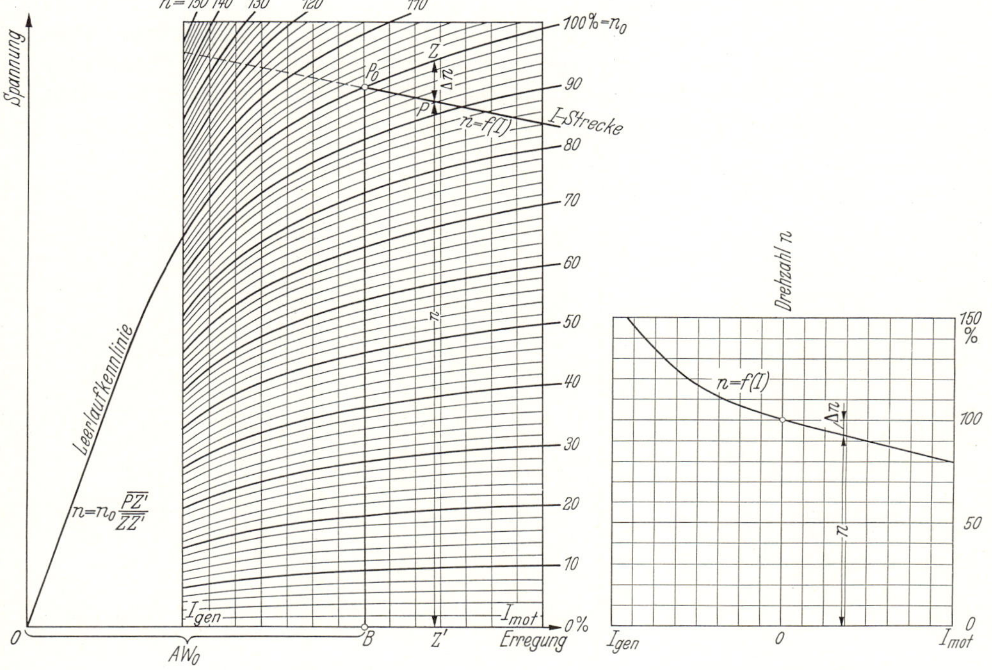

Abb. 106 Ermittlung der Drehzahlkennlinie $n = f(I)$ mittels der Leerlaufkennlinie und der „I-Strecke". Beispiel eines stark kompoundierten Motors unter Einschluß des Generatorbereichs. Konstruktion: Auf Nullinie die gesamte Leerlauferregung AW_0 abtragen. Auf der Senkrechten U_0 abmessen. Durch P_0 die Leerlaufkennlinie mit Drehzahl $n_0 = 100\%$ darstellen. (Bei Motoren ohne Leerlauferregung, also bei Reihenschlußmaschinen, ist U_0 auf der Ordinate im 0-Punkt abzutragen und eine beliebige Leerlaufkennlinie darzustellen.) An P_0 „I-Strecke" ansetzen, deren senkrechte Abstände von der Leerlaufkennlinie die Drehzahländerungen Δn ergeben.

In dem eingezeichneten Koordinatensystem stellt die Leerlaufkennlinie die Werte $n = n_0 = \text{const.}$ dar, während die „I-Strecke" die gesuchte Drehzahlkennlinie wiedergibt. Der 0-Punkt des Systems liegt senkrecht unter P_0 auf der Nullinie des Diagramms. Der Maßstab für n ist veränderlich, und zwar stellt die jeweilige Ordinate der ursprünglich wiedergegebenen Leerlaufkennlinie die Drehzahl $n_0 = 100\%$ dar.

ein Koordinatensystem eingetragen, dessen entzerrte Wiedergabe auch dargestellt ist. Man erkennt, daß die beiden ersten Kennlinien ein Stück der Sättigungskennlinie sind, während die letzte durch die „I-Strecke" wiedergegeben wird. Die wichtigsten Kennlinien sind bei den einzelnen Maschinen nochmals ermittelt und wiedergegeben.

Im allgemeinen wird das von der Gleichstrommaschine aufgenommene oder abgegebene Drehmoment aus der Leistung an der Welle und der Drehzahl wie bei anderen Maschinen berechnet zu:

$$M = \frac{P_{\text{welle}}}{2\pi n}.$$

Häufig ist es aber erwünscht, das von der Maschine erzeugte Motor- oder Generatormoment nur aus dem Erreger- und dem Ankerstrom zu bestimmen; es unterscheidet sich vom Moment an der Welle nur durch das Verlustmoment zur Deckung der Reibungs- und der Eisenverluste. Dieses beträgt meistens nur wenige Prozent des Nennmoments und kann diesem gegenüber oft vernachlässigt werden, mag aber in bestimmten Fällen seine Berücksichtigung finden. Nachstehend werde nur das innere Moment bestimmt. Man berechnet es zu:

$$M_{\text{i}} = \frac{U_{\text{i}} I}{\omega} = \frac{U_{\text{i}} I}{2\pi n},$$

$$= \left(\frac{U_{\text{i}}}{n}\right) \frac{I}{k},$$

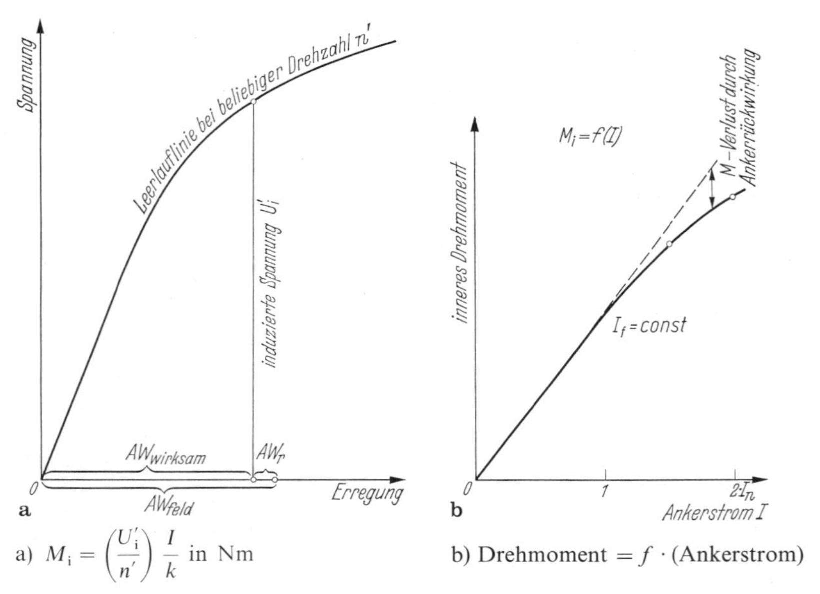

a) $M_{\text{i}} = \left(\frac{U'_{\text{i}}}{n'}\right) \frac{I}{k}$ in Nm

b) Drehmoment $= f \cdot$ (Ankerstrom)

Abb. 107a Bestimmung des inneren Drehmoments der Gleichstrommaschine mittels einer für *beliebige* Drehzahl n' gezeichneten Leerlaufkennlinie und der sich aus der tatsächlichen Erregung AW_{feld} und der Ankerrückwirkung AW_{r} ergebenden wirksamen Erregung AW_{wirksam}. **b** Darstellung der Linie $M_{\text{i}} = f(I)$ bei $I_{\text{f}} = \text{const.}$ (b).

wobei U_i die zur bekannten Erregung und Ankerrückwirkung gehörende induzierte Spannung bei Drehzahl n ist.

Man bestimmt also zum Ankerstrom I und zu den Erreger-AW die induzierte Spannung und berechnet das Moment. Schwierig wird dies bei sehr kleinen Drehzahlen, also insbesondere in jenen Fällen, wo die Maschine bei voller Erregung durch Spannungsregelung weitgehend heruntergeregelt wird. Im Stillstand versagt die Formel vollends, da der Quotient 0:0 zu bilden ist. Man macht dann folgenden Kunstgriff. Man bestimmt die induzierte Spannung nicht für die wahre, also mitunter sehr kleine oder ganz verschwindende Drehzahl, sondern für volle Drehzahl. Abbildung 107a erläutert dies. Diese induzierte Spannung soll U_i' heißen, die entsprechende Drehzahl n'. Dann ändert man die gegebene Formel ab in:

$$M_i' = \frac{U_i' I}{n} \frac{1}{k} \frac{n}{n'} = \left(\frac{U_i'}{n'}\right) \frac{I}{k} \quad \text{in Nm}$$

Man rechnet also überhaupt nicht mehr mit der wahren Drehzahl n, sondern mit der willkürlichen Drehzahl n', setzt aber auch die höhere induzierte Spannung U_i' statt der wahren induzierten Spannung U_i ein. Von Interesse ist oft der Verlauf des Drehmoments über dem Ankerstrom I. Für kleine und mittlere Ströme bis etwa zum doppelten Nennstrom verläuft diese Kennlinie als gerade Linie. Darüber hinaus zeigt sich bei Maschinen mit hohem Strombelag, also starker Feldschwächung durch Ankerrückwirkung, ein Abbiegen der Kurve derart, daß zu weiter zunehmenden Ankerströmen nur noch wenig ansteigende Drehmomente gehören. In Abb. 107b ist der Drehmomentverlauf eines normalen, fremderregten Nebenschlußmotors mit neutral stehenden Bürsten dargestellt. Die Ankerrückwirkung ist nach dem in Abschnitt 2.4.2 angegebenen Verfahren aus der Leerlaufkennlinie ermittelt.

Das wahre Moment an der Welle erhält man durch Berücksichtigung der den Eisen- und Reibungsverlusten bei den betrachteten Drehzahlen entsprechenden Momenten, die bei Generatoren zuzufügen, bei Motoren abzusetzen sind.

2.4.4 Parallellauf und Lastverteilung

Die Neigung der Kennlinie $U = f(I)$ bei den Generatoren und $n = f(I)$ bei den Motoren ist von ausschlaggebendem Einfluß auf die Fähigkeit der Gleichstrommaschine, stabil mit anderen Maschinen parallel zu arbeiten. Bei Generatoren ist unter $U = f(I)$ die tatsächliche, betriebsmäßige Kennlinie zu verstehen, die nicht nur vom Verhalten der Maschine selbst, sondern auch von der Drehzahlcharakteristik ihres Antriebs abhängt. Eine bei Last in der Drehzahl nachgebende Antriebsmaschine macht den Stromerzeuger in der Spannungskennlinie weich.

Generatoren oder Motoren können im allgemeinen nur dann parallel arbeiten, wenn ihre Kennlinien fallend verlaufen. Die Verteilung der gemeinsamen Last geschieht, wie in Abb. 108a, b gezeigt wird, nach Maßgabe der Härte der Maschinen. Die härtere der beiden Maschinen, deren Kennlinie also die schwächere Neigung besitzt, übernimmt den größeren Anteil; die weichere Maschine wird nur schwach belastet. Gleiche — auf die Nennleistung der einzelnen Maschine bezogene — Leistung wird nur dann übernommen, wenn die prozentualen Kennlinien übereinstimmen, d. h., wenn bei gleicher prozentualer Last der Abfall der Spannung oder

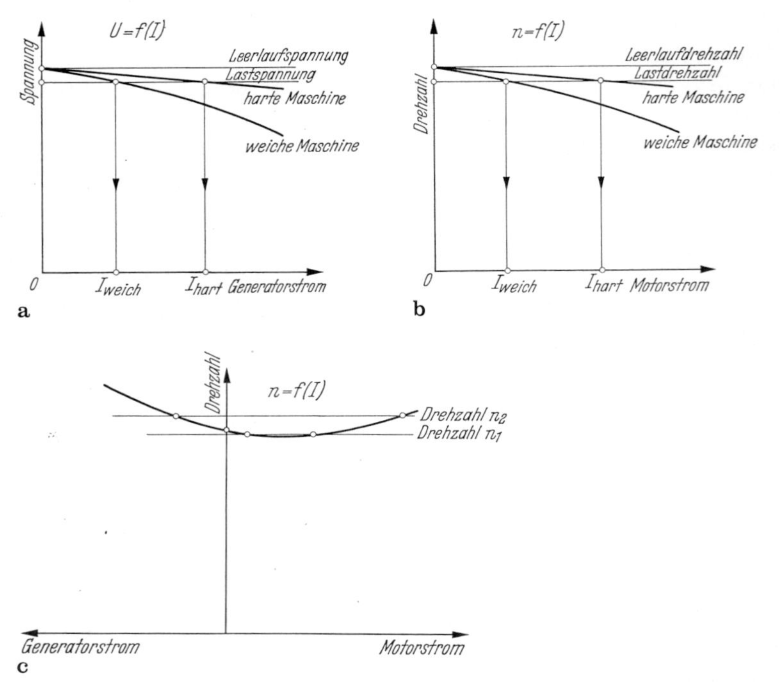

Abb. 108 Verteilung der Last bei parallellaufenden Gleichstrommaschinen. **a** Parallellauf eines weichen und eines harten Generators. Letzterer übernimmt die größere Last. **b** Parallellauf eines weichen und eines harten Motors. Letzterer übernimmt die größere Last. **c** Parallellauf zweier gleichartiger Motoren mit unstabilem Ast der Kennlinie. Zu jeder Drehzahl gehören zwei verschiedene Ströme, von denen einer sogar generatorisch werden kann. (Rückarbeit!)

der Drehzahl derselbe ist. Wenn ein einzelner Generator auf ein großes Netz arbeitet, so kann dieses als ein zweiter Generator mit starrer Spannungskennlinie betrachtet werden. Die Maschine wird sich daher, wenn sie im Leerlauf auf das Netz geschaltet wurde, überhaupt nicht an der Speisung neu hinzutretender Verbraucher beteiligen. Dies tut sie erst, wenn ihre Spannungskennlinie durch Erhöhen des Erregerstroms parallel nach oben verschoben wurde. Der Grad der Verlagerung entspricht dem Grad der Belastung. Motoren, welche auf einen Verbraucher mechanischer Arbeit belastet werden, dessen Drehzahl konstant ist, verhalten sich, als ob sie mechanisch parallel mit einer unendlich großen Maschine liefen. Dieser Fall ist beim Antrieb von Synchrongeneratoren gegeben. Der Gleichstrommotor wird erst dann zum Antrieb herangezogen, wenn seine Drehzahlkennlinie nach oben verlagert wird, indem man seine Erregung schwächt. Dem Grad der Verschiebung entspricht der Grad der übernommenen motorischen Leistung.

Bei Maschinen mit einer erst fallenden und dann ansteigenden Kennlinie, wie diese vor allen Dingen bei Motoren beobachtet werden kann, ist eine eindeutige Lastverteilung nicht mehr zu erwarten. Abbildung 108c zeigt, daß zwei Motoren mit völlig gleicher Kennlinie, auch wenn sie durch Kupplung auf gleiche Drehzahl gebracht werden, sich verschieden stark belasten können. Bei einer solchen Kennlinie besteht sogar die große Gefahr, daß die eine Maschine zum Generator, die zweite zum Motor werden kann, so daß sich beide mit starken Strömen in Rückarbeit aufeinander belasten. Diese Neigung besteht mitunter bei durch Feldschwächung geregelten Motoren für Umkehrbetrieb, bei denen eine natürliche Veranlagung zur Unstabilität besteht und die Bürsten nicht vorgeschoben werden dürfen, da sie in der anderen Drehrichtung dann zurückgeschoben wären. Hier hilft dann oft eine Schwächung des Wendefelds.

Doppelschlußgeneratoren mit durch Hauptstromwicklung bewirkter steigender Spannungskennlinie können nicht ohne weiteres parallel auf ein gemeinsames Netz arbeiten. (Allein können sie auf ein vorhandenes Netz, das von großen Maschinen gebildet wird, überhaupt nicht arbeiten, da sie sich immer überlasten würden.) Sie müssen durch eine Ausgleichsleitung untereinander parallel geschaltet werden. Diese wirkt aber nur dann, wenn die Maschinen bis zum Punkt, wo die Ausgleichsleitung ansetzt, an sich fallende Kennlinien haben. Diese sind notfalls durch Bürstenvorschub zu erzwingen. Dasselbe gilt für Motoren mit einer Gegenstromwicklung auf den Polen, die einen gewissen Drehzahlanstieg bei Last bewirken soll. Auch diese können durch eine Ausgleichsleitung zur einwandfreien Parallelarbeit gebracht werden, wenn ihre Kennlinie ohne die Gegenstromwicklung fallend ist. Sehr sicher wird der Parallellauf, wenn man zwischen Anker und Beginn der Gegenstromwicklung eine schwächere Hauptstromwicklung einschaltet. Diese verleiht den beiden Motoren eine sicher abfallende „innere" Kennlinie, die den Parallellauf ermöglicht, während nach außen hin durch die lastabhängige Verlagerung der Kennlinie die steigende, wirkliche Charakteristik wirksam wird. Bedeutung haben diese Überlegungen bei parallellaufenden Ausgleichsaggregaten, wo kompoundierte Generatoren und gegenkompoundierte Motoren starr zusammenlaufen müssen.

2.4.5 Stromwendung

Unter Kommutierung oder Stromwendung versteht man den eigentlichen Vorgang der Stromwendung in der durch die Bürste kurzgeschlossenen Spule und auch alle Begleiterscheinungen, also insbesondere die Funkenbildung zwischen Kohle und Stromwender. Der Zweigstrom in der Ankerspule beträgt, bevor sie die Bürste erreicht, $+I_z$, und nachdem sie die Bürste verlassen hat, $-I_z$, wobei $I_z = I/2a$ ist. In der Kommutierungszeit T_k, die zwischen Erreichen und Verlassen der Bürste verfließt, führt die kommutierende Spule den Kurzschlußstrom i_k, der sich also von $+I_z$ auf $-I_z$ verändern muß. Wenn im wesentlichen nur der Übergangswiderstand zwischen Bürste und Stromwender den Vorgang beeinflussen würde, wie es etwa bei außerordentlich langsamem Lauf der Maschine zutrifft, so würde der zeitliche Verlauf des Kurzschlußstroms i_k praktisch geradlinig sein. Die Abnahme des Stroms, also seine Änderung, wäre dann konstant. In Wirklichkeit ist aber die Stromänderung vom Auftreten einer induktiven Spannung e_r begleitet, welche ihrem Charakter entsprechend die Änderung zu verzögern sucht. Sie heißt die Reaktanzspannung. Bei dieser Betrachtung wird das Ankerfeld im Bürstenbereich als gelöscht angenommen. Bezeichnet man mit L_s die resultierende Streuinduktivität der gesamten während der Stromwendung sich gegenseitig beeinflussenden Ankerleiter, so beträgt die induktive Spannung:

$$e_r = -L_s \frac{di_k}{dt},$$

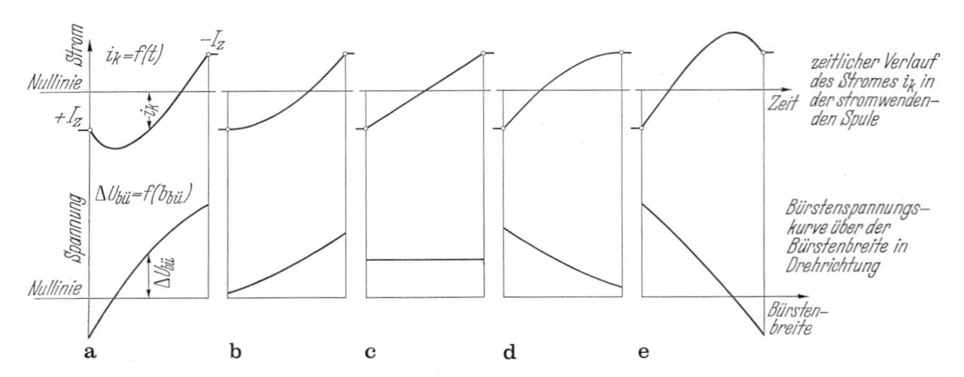

Abb. 109 Verlauf des Stroms i_k in der stromwendenden Spule über der Zeit und der Bürstenspannung über der Bürstenbreite in Drehrichtung gemessen. **a** starke Unterkommutierung (Wendepolluftspalt verkleinern); **b** Unterkommutierung; **c** gerade Kommutierung (normal bei Überlast); **d** Überkommutierung (normaler Verlauf liegt zwischen c und d); **e** starke Überkommutierung (Wendepolluftspalt vergrößern!)

worin das (—)-Zeichen auf die die Stromwendung hemmende Wirkung der Reaktanzspannung hinweist. Die an sich erstrebte, mit der Zeit geradlinig verlaufende Stromwendung nach Abb. 109c wird so beeinflußt, daß der Kurzschlußstrom i_k erst nur langsam abnimmt, gegen Ende der Kurzschlußzeit dagegen beschleunigt dem Endwert $-I_z$ zustrebt. Die Folge hiervon ist eine ungünstige Verteilung des Stroms auf den Bürstenquerschnitt, die sich in geringer Stromdichte unter der auflaufenden und in erhöhter Stromdichte unter der ablaufenden Bürstenkante äußert. Nun bedeutet aber gerade die erhöhte Belastung der Ablaufkante eine besonders schwere Bedingung für einwandfreie Kommutierung. Man versucht daher durch eine von einem äußeren Magnetfeld durch Drehung innerhalb der kommutierenden Spule induzierte Spannung e_w möglichst die schädliche Reaktanzspannung e_r aufzuheben. Diese Spannung erhält sogar vorteilhafterweise einen etwas höheren Wert als die Reaktanzspannung e_r, damit die Stromwendung nach Abb. 109d zu Beginn etwas beschleunigt verläuft. Man erhält auf diese Weise eine Entlastung der Ablaufkante. Der Betrag der Reaktanzspannung e_r ist zeitlich nicht konstant, stimmt aber um so besser mit seinem zeitlichen Mittelwert überein, je geradliniger der Verlauf von i_k ist. Dieser Mittelwert kann angegeben werden, da er, wenn man einen konstanten Wert der Streuinduktivität L_s voraussetzt, nur von der Gesamtänderung des Stroms i_k in der Kurzschlußzeit T_k abhängt. Die Gesamtstromänderung ist aber nach obigem $+I_z - (-)I_z = 2I_z$. Der Absolutwert der mittleren Reaktanzspannung ist daher:

$$|e_r| = L_s \frac{2I_z}{T_k}.$$

Sie beträgt einige Volt. Durch einige Umformungen gelangt man zu der praktisch wichtigen Pichelmayerschen Formel:

$$e_r = H2l_e w_s v_a AS\,,$$

worin bedeuten: H die Hobartsche Streuziffer, die die Streuleitwerte berücksichtigt, l_e die reine Eisenlänge, w_s die Windungszahl je Segment, v_a die Ankerumfangsgeschwindigkeit und AS den Strombelag. H liegt in weiten Bereichen der Leistung und der Drehzahl zwischen (4 bis 8) 10^{-8} Vs/Acm und kann, wie nachstehend erläutert, bei der normalen Prüfung bestimmt werden [12, 21].

Das äußere Feld, welches in der kurzgeschlossenen Spule die Wendespannung e_w induziert, heißt das *Wendefeld* der Maschine. Es wird vom Wendepol aufgebracht. Die Größe der Wendespannung berechnet sich zu:

$$e_w = 2 l_e w_s v_a B_w ,$$

wobei B_w die Kraftliniendichte unter dem Wendepol ist.

Damit die beiden Spannungen e_r und e_w einander aufheben, muß unabhängig von der jeweiligen Ankergeschwindigkeit die grundlegende Beziehung gelten:

$$B_w = H \cdot AS ,$$

wie ohne weiteres aus beiden vorher genannten Formeln hervorgeht. Die Kraftliniendichte des Wendefelds steht also über die Hobartsche Streuziffer H in unmittelbarem Zusammenhang mit dem Strombelag des Ankers, ist aber von allen anderen Größen unabhängig. Hieraus folgt, daß die Erregung des Wendefelds bei steigender Last im gleichen Maße wie der Ankerstrom selbst erhöht werden muß. Dies geschieht bei den *Maschinen mit Wendepolen* automatisch durch Speisung ihrer Erregerwicklungen mit dem Ankerstrom selbst. Die erforderliche Windungszahl der Wendepolwicklung ergibt sich aus folgender Überlegung: Zuerst muß sie mindestens so groß sein wie die auf einen Pol bezogene wirksame Windungszahl des Ankers w_a damit das *Ankerfeld gelöscht* wird und keine Spannung in der kurzgeschlossenen Ankerspule induziert. Zweitens muß sie so viel zusätzliche Windungen erhalten, daß durch deren Wirkung die benötigte Kraftliniendichte B_w unter dem Wendepolschuh erzeugt wird. Man bezeichnet das Verhältnis der Wendepolwindungszahl zur wirksamen Ankerwindungszahl je Pol mit relativer Kompensation k. Sie beträgt meistens zwischen 1,2 und 1,35, kann aber in Sonderfällen bis 1,8 ansteigen. k steht in einem Zusammenhang mit der Hobartschen Streuziffer H, der Polpaarzahl p, dem Wendepolluftspalt δ_w und dem Maschinendurchmesser D durch die Beziehung:

$$k = \frac{\text{Wendepol-Windungszahl}}{\text{Wirksame Ankerwindungszahl je Pol}} = 1 + \frac{H \delta_w p}{D} .$$

Aus dieser Gleichung läßt sich H bei einer einwandfrei kommutierenden Maschine ermitteln zu:

$$H = (k - 1) \frac{D}{\delta_w p} .$$

In die Wendepolwindungszahl ist die Windungszahl einer etwa vorhandenen Kompensationswicklung einzurechnen. Die wirksame Ankerwindungszahl w_a je Pol ist gleich:

$$z/(2 \cdot 2a \cdot 2p) .$$

Da die Wendefelder dem Ankerfeld entgegenwirken müssen, ergibt sich die Polfolge der Maschinen zu:

——————— Ankerdrehrichtung ———————→

Nordhauptpol-Südwendepol-Südhauptpol-Nordwendepol (Generator)
Nordhauptpol-Nordwendepol-Südhauptpol-Südwendepol (Motor)

Bei den heute nur noch für kleinste Leistungen gebauten *wendepollosen Maschinen* steht als Wendefeld nur das aus Haupt- und Ankerfeld gebildete Gesamtfeld der Maschine zur Verfügung. Es besitzt natürlich keinen proportionalen Zusammenhang mit dem jeweiligen Ankerstrom, und die Bürsten müssen, um in das Gebiet der erforderlichen Kraftliniendichte zu kommen, aus der neutralen Stellung verschoben werden. Bei Motoren erfolgt die Verschiebung mit steigender Last in zunehmendem Maße entgegen der Drehrichtung des Ankers, bei Generatoren dagegen in Drehrichtung.

Der Verlauf des Kurzschlußstroms i_k in der kurzgeschlossenen Spule läßt sich experimentell nur sehr schwer, und zwar durch oszillographische Aufnahme des Spannungsabfalls an einem Ankerleiter, unmittelbar ermitteln. Die Fehler durch unvollkommene Meßstromabnahme über die hierbei benötigten Schleifringe können bedeutend sein. Indirekt kann man auf den Stromverlauf durch Messung der sog. *Bürstenspannungskurve* schließen oder zumindest seinen Charakter qualitativ beurteilen. Wie oben erwähnt, besitzt die Bürste bei verzögerter Stromwendung, die als Unterkommutierung bezeichnet wird, eine nach der Ablaufkante zu ansteigende Stromdichte. Der der Stromdichte entsprechende Spannungsabfall zwischen Bürste und Stromwender muß also ebenfalls nach der Ablaufkante zu ansteigen (Abb. 109b).

Die linear verlaufende Stromwendung hat eine gleichmäßige Verteilung des Bürstenstroms zur Folge. Der Bürstenabfall längs der Kohle ist daher konstant (Abb. 109c).

Bei beschleunigter Kommutierung, die man Überkommutierung nennt, ist die Stromdichte an der Auflaufkante am größten. Dort ist daher auch der Spannungsabfall am höchsten, der nach der Ablaufkante zu abnimmt (Abb. 109d).

In Fällen sehr starker Unterkommutierung überschreitet der Kurzschlußstrom i_k zu Beginn unter dem Einfluß des Ankerfelds sogar den Zweigstrom $+I_z$. Dies bewirkt eine Umkehr des Stroms in der Auflaufkante der Bürste und eine wesentlich verstärkte Dichte des Stroms an der Ablaufkante. Das Gegenstück hierzu liefert eine Maschine mit übermäßig starken Wendepolen. Der Kurzschlußstrom i_k fällt gleich zu Anfang sehr jäh ab, schießt über den zu erreichenden Endwert $-I_z$ hinaus und muß daher zu Ende der Stromwendung nochmals abnehmen. Dies hat sehr hohe Stromdichte an der auflaufenden Bürste und umgekehrte Stromrichtung in der ablaufenden Bürste zur Folge. Der Spannungsabfall hat infolgedessen im ersten Fall an der Auflaufkante, im zweiten Fall an der Ablaufkante falsche Polarität.

Als Bürstenspannungskurve bezeichnet man jene Kurve, die die räumliche Verteilung des Spannungsabfalls Bürste: Stromwender längs der Breite der Bürste in *Dreh*richtung wiedergibt. Sie wird bei der elektrischen Untersuchung der Stromwendung aufgenommen und erlaubt, auf die Stromdichte in der Bürste und somit rückwärts auf die Kurve des Kurzschlußstroms i_k zu schließen. Wegen der Veränderlichkeit des Übergangswiderstands zwischen Kohle und Kommutator besteht kein einfacher Zusammenhang zwischen Spannungsabfall und Stromdichte nach Art des

Ohmschen Gesetzes. Aber zum steigenden Abfall gehört eine ebenfalls ansteigende Stromdichte und zum Spannungsabfall Null auch die Dichte Null. Hohe, geringe und umgekehrt gerichtete Stromdichten, sowie die Zone einer etwaigen Stromlosigkeit können daher mit Sicherheit erkannt werden. In einer gewissen Annäherung an die tatsächlichen, recht verwickelten Stromwendeverhältnisse kann gesagt werden, daß sich i_k als Funktion der Zeit ergibt, wenn man die Bürstenspannungskurve integriert und auf der Abszisse statt der Bürstenbreite die Kurzschlußzeit T_k einträgt. Umgekehrt gewinnt man die Spannungskurve der Bürste durch Differentiation der i_k-Kurve über der Zeit, wobei man statt T_k die Bürstenbreite einführt. Die Abb. 109a–c enthalten in einer anschaulichen Zusammenstellung die typischen Kurven für die drei erwähnten Fälle der Unter-, der geradlinigen und der Überkommutierung, sowie ergänzend die für die beiden Sonderfälle extremer Über- und extremer Unterkommutierung. Man beachte stets, daß die Kurven in Drehrichtung des Stromwenders aufzutragen und zu messen sind. Man trägt sie immer so auf, daß der Mittelwert, der sich aus den Einzelmessungen ergibt, nach oben zu liegen kommt. Zeigt sich insbesondere, daß der Abfall der Auflauf- und der Ablaufkante verschiedene Vorzeichen haben, so ist als positiv der absolut größere der beiden Abfälle zu betrachten (vgl. auch Abb. 110).

Die Stromwendung der Gleichstrommaschine wird bei Nenndrehzahl und bei Nennstrom untersucht. Außerdem wird sie oft bei Überstrom beobachtet. Bei kleineren und mittleren Maschinen wird die Prüfung bei Nennspannung vorgenommen. Bei größeren Maschinen, wo die Prüffeldeinrichtungen leistungsmäßig nicht immer ausreichen, führt man die Versuche im Kurzschluß durch. Insbesondere können die verlangten Spitzenströme bei Walzwerks- und Fördermaschinen nur selten unter den normalen Bedingungen gefahren werden. Die Kurzschlußuntersuchung ist bei Maschinen mit Wendepolen der Prüfung bei voller Spannung gleichwertig. Die Drehzahl muß natürlich gleich der Nenndrehzahl sein.

Der Augenschein belehrt unmittelbar, ob einwandfreie oder zu beanstandende Stromwendung vorliegt. Wenn weder an der auflaufenden noch an der ablaufenden Kante irgendwelche Funken zu beobachten sind, so kommutiert die Maschine gut. Treten nur bei der Überstromprobe kleine Funken auf, die keinerlei dauernde Schä-

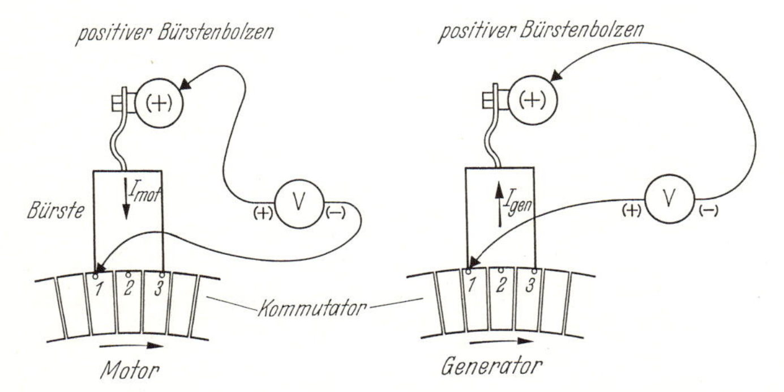

Abb. 110 Messung der Bürstenspannungskurve. Beim Motor sind gleichpolige Bolzen und Geräteklemmen, beim Generator ungleichpolige miteinander zu verbinden. Meßpunkte stets in Drehrichtung aufnehmen.

digung des Stromwenders hervorrufen können, so ist auch im Bereich der Überlast die Kommutierung einwandfrei.

Zeigen sich dagegen bei Nennstrom und bei Überstrom dauernd Funken, insbesondere solche von knallendem Geräusch, so müssen geeignete Gegenmaßnahmen getroffen werden. Die Ursachen können rein mechanischer und rein elektrischer Natur sein. Zu ersteren gehören unrunder Kommutator, schlechte Bürstenhalter mit zu lockerem oder zu strammem Sitz der Kohle, zu hoher oder zu kleiner Bürstendruck, ungleiche Bürstenteilung, schlecht eingelaufene oder überhaupt ungeeignete Kohlen, vorstehender Glimmer zwischen den Segmenten und nicht zuletzt schlechte Lötstellen der Ausgleichsverbindungen und Fahnen. Zu den elektrischen Ursachen rechnet vor allem falscher Wickelsinn der Wendepolspulen oder ein zu starkes oder zu schwaches Wendefeld.

2.4.5.1 Mechanische Untersuchung der Stromwendung

Die Feststellung der wahren Ursache schlechter Kommutierung gehört zu den zeitraubenden Prüfungen an der Gleichstrommaschine. Zuerst sind, besonders wenn bereits gute Erfahrungen mit einer Maschine gleicher Type vorliegen, die groben mechanischen Gründe zu untersuchen und abzustellen. Da ungleiche Bürstenteilung starke Störungen verursacht, ist sie am ersten nachzuprüfen. Dies geschieht mit einem Streifen schmalen Papiers, der um den ganzen Kommutator unter den Bürsten liegend herumgeführt wird. Mit einem scharf zugespitzten Bleistift wird eine der Bürstenkanten jeder Spindel angezeichnet und der Abstand der einzelnen Striche nach Herausnahme des Streifens nachgemessen. Unterschiede von mehr als 1 mm in der Bürstenteilung gelten bereits nicht mehr als zulässig und sind zu beseitigen.

Die weitere Untersuchung gilt dem Sitz der Kohle im Halter, wobei das Spiel zwischen beiden nicht größer oder kleiner als 0,2 bis 0,4 mm sein soll. Durch starke Wärmeentwicklung infolge schlechter Kommutierung kann die Kohle quellen und sich bei zu kleinem Spiel festsetzen. Hierdurch wird die Stromwendung weiter verschlechtert.

Der vorgeschriebene Druck, mit dem die Kohle auf dem Kommutator aufsitzt und der etwa 1,5 bis 2,5 N/cm^2 betragen muß, kann grob mit der Hand und genau mit einer kleinen Federwaage, mit deren Haken man die Kohle soeben zum Abheben bringt, nachgeprüft und daraufhin berichtigt werden. Dies ist bei vielen Haltern mit einstellbarer Feder besonders leicht möglich. Ebenfalls ist der Lauffläche der Kohle Aufmerksamkeit zu schenken, für deren einwandfreie Beschaffenheit notfalls durch besonderes Einschleifen Sorge zu tragen ist. Auch längeres Einlaufenlassen mit geringer Stromstärke führt zum Ziel. Die Bürstenbolzen müssen stabil gebaut sein und sind gegen Schwingungen evtl. durch Verbinden der freien Enden mittels kreisringförmiger Scheiben aus Isolierstoff zu schützen. Schiefstehende Bolzen erkennt man am schiefen Schnitt der Kommutatorsegmentkante und der Bürstenkante; sie sind genau geradezurichten.

Die Kommutatoroberfläche darf nicht rauh sein. Aufrauhung derselben verbessert zwar augenblicklich die Kommutierung, jedoch tritt das Übel später verstärkt auf. Am besten wird der Kommutator vor der Prüfung gut geschliffen. Der unrunde Kommutator verursacht durch schlechten Lauf der Kohlen besondere Schwierigkeiten. Beobachten der Kohlen und Berühren derselben mit einem kleinen Stäbchen aus Isolierstoff zeigt an, ob sie vibrieren. Das Maß der Unrundung wird durch eine an den Stromwender herangeführte Meßuhr mit $^1/_{100}$ mm Skalenteilen an mehreren Stellen nachgemessen. Bei merklichen Abweichungen wird der Kommutator erneut überdreht, wobei zu beachten ist, daß die Zentrierung an beiden Wellenenden nicht immer mit der Lage der Laufachse in den Lagerstellen übereinstimmt. Es ist allerdings oft nicht möglich, die Abdrehung in den eigenen Lagern vorzunehmen.

Auch vorstehende Glimmerreste, die nur bei genauem Zusehen zu erkennen sind, beeinträchtigen stark den ruhigen Lauf der Bürsten. Der Glimmer ist $^1/_2$ bis 1 mm tief auszukratzen und die Segmentkante sanft zu brechen.

Der Kommutator kann in kaltem Zustand rund sein und sich erst bei Erwärmung werfen. Er wird zwar schon bei der sorgfältigen Herstellung mehrmals erwärmt und nachgespannt, muß allerdings gegebenenfalls dieser Behandlung noch einmal, besonders wenn nach längerer Betriebszeit Anstände auftreten, unterzogen werden.

Schmierung des Stromwenders führt auf die Dauer nur selten zum einwandfreien Arbeiten. Nur bis sich die erste gute Politur bläulicher Färbung einstellt, kann gelegentlich etwas Paraffin zur Fettung in kleinen Mengen über den warmen Kommutator gestrichen werden. Metallhaltige Pasten werden vermieden.

Sehr schwer sind ungleiche Lötstellen oder sonstige Fehler in den Ausgleichverbindungen oder in den Verbindungsfahnen zwischen Wicklung und Stromwender als Ursache schlechter Stromwendung zu erkennen. Dagegen zeichnen sich Unterbrechungen in der Ankerwicklung selbst schnell durch starke Schwärzung der betreffenden Segmente ab. Die Unsymmetrie der Ausgleichsringwiderstände kann manchmal an der leichten Dunkelfärbung von einzelnen Segmenten in regelmäßigem Abstand auf dem Kommutatorumfang festgestellt werden. Durch sorgfältiges Kontrollieren aller Lötverbindungen und Nachlöten derselben wird Abhilfe geschaffen.

Die Wahl der geeigneten Bürstensorten ist ausschließlich Sache der Erfahrung. Oft müssen die Vorteile besserer Kommutierung gegen die Nachteile des erhöhten Verschleißes der Bürsten oder des Kommutators sowie der größeren Erwärmung desselben abgewogen werden. Normalerweise wird sich aber immer die geeignete Sorte finden lassen, die auch auf die Dauer einen einwandfreien Betrieb der sonst fehlerfreien Gleichstrommaschine gewährleistet [64].

Es versteht sich von selbst, daß der mit Kohlenstaub verschmutzte Stromwender unter erschwerten Bedingungen zu arbeiten hat. Durch leichtes Abwischen während des Laufs in axialer Richtung weg von der Wicklung wird der trockene Staub, der besonders durch Abschmirgeln des Kommutators und nach dem Einlaufen der Kohlen erzeugt wird, aus dem Ritzen zu entfernen sein.

2.4.5.2 Elektrische Untersuchung der Stromwendung

Die mechanischen Ursachen schlechter Kommutierung werden am besten vor der elektrischen Untersuchung ausgemerzt, da auch bei günstigster Einstellung des Wendepolluftspalts dennoch Anstände beobachtet werden können.

Die elektrische Untersuchung besteht zuerst in der *Messung der Bürstenspannungskurve*, die nach Abb. 110 vorzunehmen ist. Ein Drehspulgerät für etwa 3 V beidseitigen Ausschlag wird mit der einen Klemme an die Bürstenspindel und mit der anderen Klemme über eine Hilfsbürste oder meist über eine Kupferspitze längs der

Kohle an den Stromwender geführt. Man hält die Spitze zuerst dicht an die auflaufende Kante, dann an die Mitte der Kohle und zuletzt an die ablaufende Kante, ohne allerdings die Kohle selbst zu berühren. Am Spannungsmesser werden die drei Spannungen abgelesen, aus deren Größe auch ohne Aufzeichnung der Verlauf der Potentialkurve beurteilt werden kann. Haben alle drei Spannungen gleiches Vorzeichen und fallen sie nicht allzu stark nach der ablaufenden Kante (in Drehrichtung also) ab, so liegt etwas Überkommutierung vor. Diese ist bei Vollast erwünscht, da dann bei Überlast infolge der einsetzenden Sättigung des Wendepols gerade Kommutierung zu erwarten ist. Fallen die Spannungen stark ab und ist insbesondere der letzte Betrag negativ, so ist die Maschine stark überkompensiert. Der Wendepolluftspalt ist zu klein. Verläuft die Potentialkurve steigend, so liegt Unterkommutierung vor und der Wendepolluftspalt muß verkleinert werden. Abbildung 109a–e zeigten bereits den typischen Verlauf dieser Kurven und die zu ergreifenden Gegenmaßnahmen an.

Die *Änderung des Luftspalts* wird gelegentlich nach Schätzung, besser aber auf Grund einer weiteren Messung vorgenommen. Bei Maschinen mit Überkommutierung wird nach Abb. 111a durch Parallelschalten eines geeigneten, niedrigohmigen Widerstands ein Teil des Ankerstroms von der Wendepolwicklung abgezweigt. Der Zweigstrom I_n kann praktisch 1 bis 10% des Ankerstroms betragen, d. h., der Nebenwiderstand ist für den 10- bis 100fachen Eigenwiderstand der Hilfspolwicklung zu bemessen. Durch systematisches Versuchen wird der Betrag des Abzweigstroms bestimmt, bei dem die Funken und auch praktisch jedes Perlfeuer unter den Bürsten verschwindet. Man ermittelt den Geringstwert dieses Stroms, bei dem soeben bessere Kommutierung einsetzt, und den Höchstwert, bei dem sie wieder verschwindet. Der Mittelwert wird bei der Bestimmung des neuen Wendepolluftspalts zugrunde gelegt.

Die Größe der Luftspaltänderung ergibt sich aus der Überlegung, daß sich die während des Versuchs wirksamen Wendepol-*AW* zum vorhandenen Luftspalt ver-

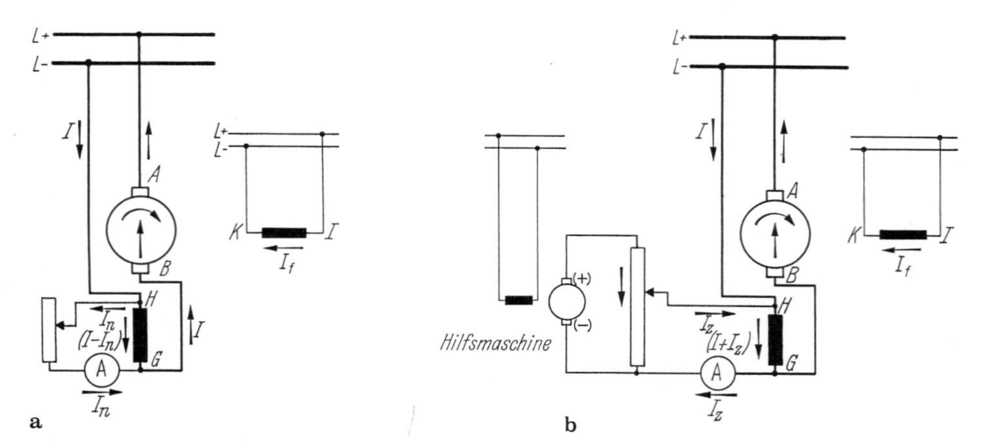

Abb. 111 Verringerung und Erhöhung des Stroms in der Wendepolwicklung bei der Untersuchung der Stromwendung. **a** Verringerung des Stroms in der Wendepolwicklung um den Betrag I_n bei Überkommutierung; **b** Erhöhung des Stroms in der Wendepolwicklung um den Betrag I_z bei Unterkommutierung.

halten müssen wie die ohne Nebenwiderstand vorhandenen *AW* zum neuen Luftspalt. Es gilt daher:

vor der Änderung: nach der Änderung:

$$\frac{(I - I_n)\, w_w - I w_a}{\delta_{vorh}} = \frac{I(w_w - w_a)}{\delta_{neu}}\,.$$

Hieraus ergibt sich die endgültige Berechnung zu:

$$\delta_{neu} = \delta_{vorh} \frac{1}{1 - \frac{I_n}{I}\left(\frac{k}{k-1}\right)} \quad \text{mit} \quad k = \frac{w_w}{w_a} = \text{relative Kompensation.}$$

In guter Annäherung an praktische Fälle kann gesagt werden, daß je 1% abgezweigten Strom der Luftspalt um 4% vergrößert werden muß. Dies gilt genau für eine relative Kompensation von 1,33.

Wenn die Maschine unterkommutiert, muß man versuchsweise der Wendepolwicklung einen höheren als den Ankerstrom zuführen. Abbildung 111 b gibt die vorzunehmende Schaltung wieder. Man belastet einen Hilfsdynamo, oder das Netz, auf einen Widerstand. Dann bestimmt man den Spannungsabfall und die Polarität der Wendepolwicklung. Am Widerstand greift man einen gleich großen Abfall ab und verbindet die Punkte gleicher Polarität miteinander. Ein eingeschalteter Strommesser zeigt zuerst keinen Strom, also den Zusatzstrom Null an. Dann verschiebt man den einen Abgriff am Widerstand im Sinne höheren Spannungsabfalls und führt so der Wendepolwicklung einen zusätzlichen Strom I_z zu. Diesen steigert man, bis gute Kommutierung einsetzt. Außerdem bestimmt man den höchsten Zusatzstrom, bei dem sie wieder schlecht wird. Den mittleren Wert legt man der Luftspaltänderung zugrunde. Es gelten die gleichen Überlegungen wie oben, nur ist an Stelle von I_n jetzt $-I_z$ einzuführen, so daß also der neue Luftspalt wird:

$$\delta_{neu} = \delta_{vorh} \frac{1}{1 + \frac{I_z}{I}\left(\frac{k}{k-1}\right)}\,.$$

Der Luftspalt muß also verkleinert werden, und zwar im Mittel um 4% für je 1% zugeführten Strom. Bei der Versuchsvornahme ist darauf zu achten, daß durch die Verbindungen zwischen Maschine und Widerstand keine Teile der Netzspannung kurzgeschlossen werden. Man vermeidet dies durch die Benutzung einer eigenen Hilfsmaschine.

Bei großen Gleichstrommaschinen für besonders hohe Stromstärke und verhältnismäßig kleine Spannung läßt sich durch Veränderung des Wendefelds gelegentlich noch nicht die erwünschte einwandfreie Stromwendung erreichen. Die Schwierigkeit kann unter Umständen in der geringen Überdeckung der Bürsten liegen. Aus mechanischen Gründen können diese nicht beliebig breit gewählt werden. Praktisch gilt als obere Grenze eine Breite in Umfangsrichtung von etwa 25 mm. Andererseits ist infolge der geringen Leiterzahl des Ankers die Teilung des Stromwenders grob und die Segmente erreichen eine Stärke bis zu 25 mm. Die Überdeckung der Bürste sinkt also in solchen Fällen auf 1,0. Da aber erfahrungsgemäß zur guten Stromwendung eine Bürstenüberdeckung von 1,3 bis 1,8 Segmenten gehört, so muß eine wirksame Verbreiterung der Bürstenauflage durch Staffelung der Kohlen vorgenommen werden. Diese darf aber andererseits nicht so weit getrieben werden, daß die kommutierenden Leiter in den Bereich der Hauptpolkraftlinien geraten. Durch versuchweise Änderung im Grad der Staffelung kann der beste Wert gefunden werden. Man beachte, daß jede Verbreiterung der Stromwendezone zu einer Verringerung der mittleren Reaktanzspannung führt und somit die Wendepole stärker wirksam werden läßt.

Auch zu große Bürstenüberdeckung bringt mitunter eine ungünstige Stromwendung mit sich, wenn nämlich hierdurch die Leiter der kurzgeschlossenen Spulen in das Hauptfeld geraten. Hier helfen schmalere Kohlen.

Ebenfalls hilft eine Bürstenverschmälerung, wenn die Wendepolschuhe zu schmal sind und die kommutierenden Leiter zwar nicht mehr im Hauptfeldbereich liegen, aber sich auch nicht vollständig innerhalb des Wendefelds befinden.

Eine Überdeckung der Bürsten von einem genauen ganzzahligen Vielfachen, also z. B. von 2,0 oder 3,0 Segmenten, ist nachteilig, und zwar deshalb, weil die geringsten Fehler in der Bürstenteilung bewirken, daß eine Bürste zur selben Zeit eine andere Zahl Segmente bedeckt als die benachbarte. In diesen Fällen wird mit der Bestückung der Maschine mit der nächstbreiteren oder schmaleren Sorte oft eine wesentliche Verbesserung erreicht. Der gute Sitz der schmalen Kohlen im zu weiten Halter wird durch Füllstücke gewährleistet.

Zur Verbesserung des mechanischen Laufs der Kohlen greift man gelegentlich zur nachträglichen Schrägstellung der Halter. Man beachte hierbei die daraus resultierende Verbreiterung der Auflagefläche, die bei 15° Schrägung etwa 4% und bei 30° Schrägung rund 15% ausmacht.

Eine seltene, aber recht nachteilige Fehlerquote besteht in der Verwendung magnetischer Kernbandagen auf dem Anker statt solcher aus unmagnetischem Werkstoff. Dies hat eine wesentliche Vergrößerung der Reaktanzspannung zur Folge, die außerdem wegen der sich zeigenden Sättigungserscheinungen nicht mehr proportional dem Strom ist. Die Kontrolle des verwendeten Werkstoffs kann mit einem kleinen Dauermagneten erfolgen. Magnetische Wickelkopfbandagen haben an sich keine nachteiligen Folgen auf die Stromwendung. Sie bedingen, genau wie Wickelkopfträger aus Eisen, ein stärkeres Wendefeld.

Bei Maschinen mit Doppelkommutatoren, die zu je einer Ankerwicklung geführt sind, erzielt man verbesserte Stromwendung unter Umständen durch eine kleine gegenseitige Versetzung der beiden Joche. Auf diese Weise vermeidet man, daß die Spulen der gleichen Nut zur gleichen Zeit den Strom wenden müssen. Man verschlechtert aber unter Umständen die gleichmäßige Stromverteilung auf die beiden Ankerwickelungen, wenn dieselben parallel geschaltet sind.

Der Austausch weicher Kohlen gegen harte oder die Verwendung graphithaltiger Sorten statt normaler Qualitäten kann in manchen Fällen die Stromwendung recht günstig beeinflussen, doch kann hier nur der Versuch und vor allem die Erfahrung entscheiden.

2.4.6 Leerlaufversuch

Nach der Messung des Anker- und des Feldwiderstands erfolgt die Aufnahme der *Sättigungslinie* $U_i = f(I_f)$ bei Nenndrehzahl der Maschine. Man treibt die Probemaschine an und erregt sie fremd. Dies gilt insbesondere auch bei Hauptstrommaschinen und solchen mit mehreren Erregerwicklungen. Wegen des verhältnismäßig geringen Einflusses der Polstreuung ist es ohne Belang, welche der vorhandenen Feldwicklungen benutzt wird. Man wählt zweckmäßigerweise eine der dünndrähtigen Wicklungen. Der Erregerstrom wird von Null ausgehend stetig gesteigert und bis auf den durch Erregernennspannung und kalten Erregerwiderstand gegebenen Höchstwert geregelt. Zurückregeln während des Versuchs vermeidet man, da man sonst Meßpunkte erhält, die nicht nur auf dem aufsteigenden Ast der Sättigungslinie liegen. Nur bei besonderen Prüfungen nimmt man auch noch anschließend den fallenden Ast der Kennlinie auf.

Wenn keine Antriebsmaschine zur Verfügung steht, muß man den Leerlaufversuch im Motorbetrieb bei verschiedenen Spannungen durchführen. Hauptstrommaschinen können natürlich nur mit Fremderregung gefahren werden, die man aber auch am besten bei den übrigen Maschinen anwendet. Erregerstrom und Ankerstrom erhält man auf diese Weise getrennt voneinander. Man erhält auch Punkte der Sättigungslinie, indem man bei konstanter Spannung U den Erregerstrom I_f ändert und die sich einstellende Drehzahl abliest. Die Verluste werden nur bei Nenndrehzahl abgelesen, da ihre Umrechnung bei anderen Sättigungen wegen der geänderten Geschwindigkeit nicht ohne weiteres möglich ist. Man betrachtet unter berechtigter Vernachlässigung des geringen Ohmschen Spannungsabfalls im Anker und der Ankerrückwirkung die um den Betrag von 2 V für den Bürstenspannungsabfall verringerte Netzspannung als die induzierte Spannung oder EMK des Motors. Die zu den einzelnen Erregerströmen $I_{f,1}$, $I_{f,2}$, $I_{f,3}$ ... zur Nenndrehzahl n_{nenn} gehörenden Leerlaufspannungen $U_{i,1}$, $U_{i,2}$, $U_{i,3}$ ... werden errechnet zu:

$$U_{i,1} = n_{nenn} \frac{U-2}{n_1},$$

$$U_{i,2} = n_{nenn} \frac{U-2}{n_2} \text{ usw.,}$$

wobei n_1, n_2, n_3 die sich bei den Erregerströmen $I_{f,1}$, $I_{f,2}$, $I_{f,3}$ ... einstellenden Drehzahlen sind und 2 V den Spannungsabfall unter den Bürsten bedeutet. Wegen der mechanischen Beanspruchungen darf man im allgemeinen die Drehzahl nur 25 bis 30% über die Nenndrehzahl hinaustreiben. Infolge der einsetzenden Sättigung gelingt es andererseits nur, die Geschwindigkeit bis auf 80% der Nenndrehzahl herabzuregeln. Die Genauigkeit, die mit diesem Versuch zu erreichen ist, liegt unter der bei Generatorbetrieb. Man kann den Versuch aber im allgemeinen ohne Aufwand vornehmen und führt ihn daher gern bei Messungen außerhalb durch.

Die *Verluste im Leerlauf* setzen sich zusammen aus den Eisen- und den Reibungsverlusten, also den sog. Leerverlusten, die zur Bestimmung des Wirkungsgrads benutzt werden, und aus den sehr kleinen Ankerkupferverlusten beim Motorverfahren, die immer vernachlässigt werden dürfen. Zu letzteren treten noch die Übergangsverluste der Bürsten, die zu $2I_0$ eingesetzt werden können. Bei kleinen Spannungen machen sie sich bereits bemerkbar, da sie bei der Spannung U_0 den Betrag von $200\%/U_0$ der Leerlaufverluste ausmachen. 2,0 ist der Wert des Bürstenspannungsabfalls auch bei kleinen Ankerströmen. Die Aufteilung der Verluste in Eisen- und Reibungswärme erfolgt nach den in Abb. 12 angegebenen zeichnerischen Verfahren oder nach der in Abschnitt 1.8.3 geschilderten Auslaufmethode, die allerdings in der Prüffeldpraxis nur sehr selten angewandt wird.

2.4.7 Selbsterregung

Maschinen mit Selbsterregung werden — nach der Aufnahme der Sättigungskennlinie in der Schaltung Fremderregung — anschließend in ihrer richtigen Schaltung mit zugehörigem Feldregler geprüft. Die Prüfung erstreckt sich darauf, ob die Maschine sich überhaupt selbst erregt, ob die gewünschte Polarität der Bürsten auftritt und ob der verlangte Spannungsregelbereich eingehalten wird.

Die Bedingung der Selbsterregung wird nur erfüllt, wenn der Widerstand des Erregerkreises kleiner als der sog. *kritische Widerstand* ist. Als solchen bezeichnet man jenen Wert, bei dem die zugehörige Widerstandsgerade, die oben auch mit Selbsterregungsgerade bezeichnet wurde, die Sättigungslinie in ihrem geraden, ungesättigten Teil berührt. Bei größeren Widerständen findet überhaupt keine Selbsterregung statt, bei kleineren Werten erregt sich die Maschine jedoch bis zu dem durch den Schnittpunkt zwischen Sättigungslinie und Widerstandsgeraden gegebenen Wert. Abbildung 112a veranschaulicht dies. Die Sättigungslinie ist über den Nullpunkt hinaus auch für den dritten Quadranten aufgetragen. Man erkennt, daß im allgemeinen die Polarität bei der Selbsterregung sich beliebig einstellen kann. Sie ist keinesfalls durch die Schaltung eindeutig bestimmt, sondern hängt nur von der Remanenz ab. Ohne diese setzt die Selbsterregung überhaupt nicht ein. Erst wenn, wie dies in Abb. 112 die eine vergrößerte Darstellung der unmittelbaren Umgebung des Nullpunkts darstellt, gezeigt wird, die Sättigungslinie durch eine geringe Re-

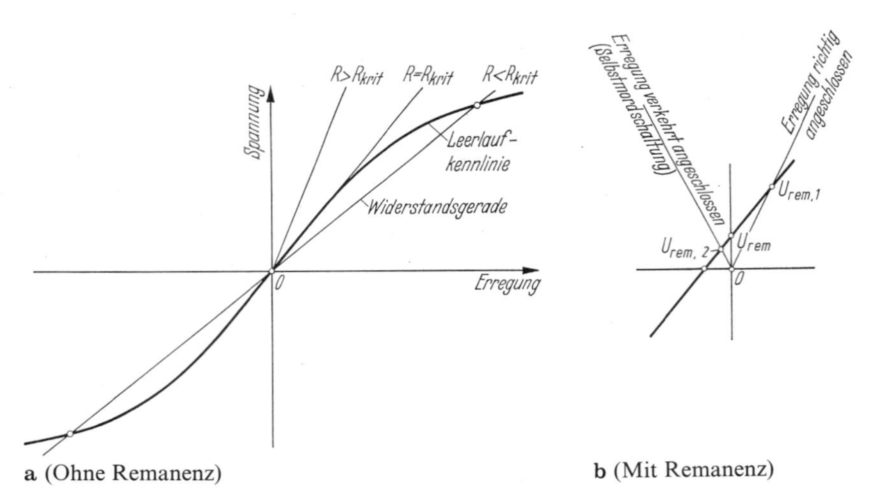

a (Ohne Remanenz) **b** (Mit Remanenz)

Abb. 112 Selbsterregung. Sie setzt nur ein, wenn Widerstand des Erregerkreises R kleiner als der kritische Wert R_{krit} ist (a). Polarität gegeben durch die Richtung der Remanenzspannung $U_{\text{rem}} \cdot U_{\text{rem}}$ sinkt bei verkehrtem Erregeranschluß auf $U_{\text{rem, 2}}$ steigt bei richtigem Anschluß auf $U_{\text{rem, 1}}$, auch wenn $R > R_{\text{krit}}$ ist (b).

manenz nach links oder rechts verschoben wurde, tritt an den Klemmen des Ankers eine kleine Spannung auf, auch wenn der Erregerstrom im ersten Augenblick noch Null ist. Diese Spannung bringt einen kleinen Erregerstrom zum Fließen, der seinerseits das Feld und somit die Ankerspannung verstärkt. Die Erregerwicklung darf keinesfalls verkehrt herum angeschlossen werden, also derart, daß die Remanenzspannung des Ankers in ihr einen Erregerstrom erzeugt, der dem remanenten Fluß entgegenwirkt. Diese Schaltung heißt sinngemäß Selbstmordschaltung und wird ausschließlich dort angewandt, wo die remanente Spannung und jegliche Selbsterregung verringert bzw. verhindert werden soll. In der Selbstmordschaltung hat die Widerstandsgerade den in Abb. 112b gezeigten Verlauf. Die Prüfung auf richtigen Anschluß geht folgendermaßen vor sich. Man legt an die Ankerklemmen der laufenden Maschine, deren Erregerkreis noch offen ist, einen empfindlichen Spannungsmesser an. Dieser zeigt durch einen kleinen Ausschlag die Remanenzspannung an. Man nimmt am besten ein Drehspulgerät, mit dessen Hilfe gleichzeitig festgestellt werden kann, ob die Remanenzspannung die gewünschte Polarität besitzt. Wenn dies nicht zutrifft, schickt man durch die Erregerwicklung einen Fremdstrom in der gleichen Richtung, in der der betriebsmäßige Strom später fließen wird. Man prüft, daß die an den Klemmen des Ankers nunmehr auftretende Spannung richtige Polarität zeigt. Man unterbricht den Strom und mißt den Wert der umgepolten Remanenzspannung. Dann schaltet man den Erregerkreis ein. Wenn die Ankerspannung ansteigt, ist alles in Ordnung. Wenn die Remanenzspannung dagegen kleiner wird, ist dies ein Zeichen für verkehrten Anschluß der Erregerwicklung, deren Anfang und Ende zu vertauschen sind. Gegebenenfalls müssen die Bezeichnungen geändert werden. Bei Verringerung des vorgeschalteten Regelwiderstands muß nunmehr die Ankerspannung stark ansteigen. Normale Maschinen lassen sich durch einen richtig gestuften Regler zwischen 80% der Nennspannung bei Leerlauf und 100% der Nennspannung bei Vollast bzw. der entsprechenden Überlast regeln. Falls dies nicht möglich ist, wird der Regler neu gestuft. Voraussetzung ist eine entsprechende Regelfähigkeit der Maschine selbst. Normalerweise kann eine Maschine nicht auf Spannungen eingeregelt werden, die noch auf dem geraden Teil der Sättigungslinie liegen, da sich dort keine stabilen Schnittpunkte mit der Widerstandsgeraden ergeben. Die Betrachtung der Kennlinie lehrt also, ob der Wert 80% der Nennspannung bereits auf dem krummen Teil der Linie liegt. Dies trifft in den meisten Fällen zu.

Besonders bei *Erregermaschinen* wird ein wesentlich größerer Regelbereich für die Spannung gefordert. So gibt es Maschinen, die bei reiner Selbsterregung zwischen 60 und 100%, 30 und 100% oder gar 10 und 100% der vollen Spannung regelbar sein müssen. Diesen Bereich erzielt man auf zweierlei Weise. Man verwendet einen *magnetischen Engpaß* im Kern des Pols oder eine Vormagnetisierung durch Einbau *permanent magnetischer Stahlplatten*, die in den Polkern eingebaut werden. Den Engpaß erhält man entweder durch eine teilweise Schwächung des Polquerschnitts bis zu 50%, oder man legt statt der üblichen vollen Bleche zwischen Polschenkel und Joch einen 2 bis 6 mm dicken Blechrahmen oder Leisten ein. In beiden Fällen wirkt bei ganz kleinen Feldern der Engpaß wie ungesättigtes Eisen, beeinflußt daher die Sättigungslinie im untersten Bereich überhaupt nicht. Bei merklicher Kraftliniendichte beginnt sich der Engpaß als allererster zu sättigen. Dies bewirkt eine frühzeitige Krümmung der Sättigungslinie gegenüber der normalen Maschine. Bei ganz hoher

Sättigung wirken die Engpässe wie ein zusätzlicher Luftspalt. Im ersten Fall ist dieser Zusatzluftspalt sehr groß, im zweiten Fall fällt er weniger ins Gewicht, da er verhältnismäßig klein ist. Die Schwächung des Schenkels wird daher nur dann verwendet, wenn man aus irgendwelchen Gründen die Leerlaufspannung der Maschine nur wenig über die Betriebsspannung ansteigen lassen will (z. B. gelegentlich bei Krämermaschinen). Den Rahmen verwendet man häufig in jenen Fällen, wo es nur auf den vergrößerten Regelbereich ankommt. In Abb. 113a, b sieht man die charakteristische Leerlaufkennlinie einer Maschine mit untergelegtem Rahmen im Vergleich mit derjenigen einer normalen Maschine. Die früh gekrümmte Kurve besitzt schon ganz unten stabil einstellbare Schnittpunkte mit der Widerstandsgeraden.

Maschinen mit kleiner Nennspannung unter 100 V werden statt mit Engpässen im magnetischen Kreis mit sog. *Oerstitplatten* ausgerüstet. Diese hochmagnetischen Platten von 1 cm Dicke verleihen der Maschine eine Remanenzspannung von 5 bis 7,5 %, wenn jeder zweite Pol mit ihnen versehen ist, und eine Spannung von 10 bis 15 %, wenn jeder Pol eine Platte erhält. Von diesem Wert ab kann die Spannung der selbsterregten Maschine bis zu 100 % geregelt werden. Dies geht ohne weiteres aus Abb. 113c hervor, wo die Sättigungslinie einer mit Oerstitplatten ausgerüsteten Maschine wiedergegeben ist. Da die Platten polarisiert sind, kann die Polarität der Maschine nicht mehr geändert werden. Wenn die Remanenzspannung nur klein ist, deutet dies auf die verkehrte Lage einer oder mehrerer Oerstitplatten hin, deren Wirkung dadurch zum Teil oder gänzlich aufgehoben wird. In diesem Fall sind die Pole auszubauen und die Lage der Platten zu kontrollieren. Dies ist leicht möglich, da Nord- und Südpolseite bezeichnet sind.

Alle Maschinen mit vergrößertem Regelbereich der Spannung benötigen mehr Erreger-*AW* als normale Maschinen und müssen daher im allgemeinen in der Leistung etwas zurückgesetzt werden. Die Prüfung ist im übrigen die gleiche wie bei anderen Maschinen.

Die normalen Kohle- oder Graphitbürsten erhöhen bei ganz kleinen Erregerströmen wegen ihres dann sehr hohen Übergangswiderstands den gesamten Widerstand

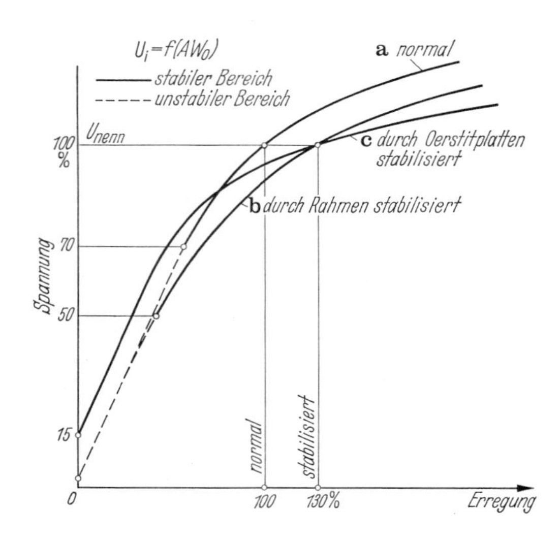

Abb. 113. Sättigungskurven a normaler und b durch Engpaß bzw. c dauermagnetische Oerstitplatten stabilisierter Gleichstrommaschinen.

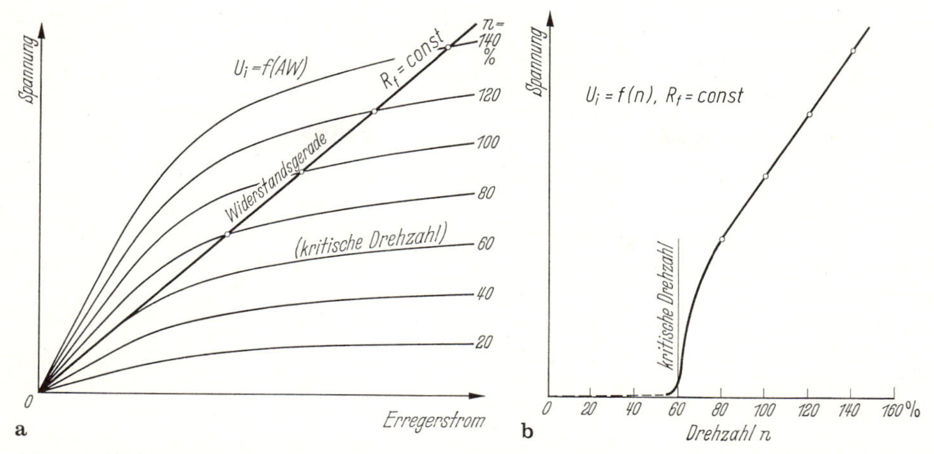

Abb. 114 Selbsterregung bei veränderlicher Drehzahl. **a** Bestimmung der Spannung für die verschiedenen Drehzahlen und **b** Darstellung über der Drehzahl.

des Erregerkreises unter Umständen derart, daß der kritische Wert überschritten wird. Man kann im allgemeinen sagen, daß die Bürsten 1 bis 2 V Abfall haben, also eine Remanenzspannung von geringerem Betrag sozusagen absperren. Wenn man bei Maschinen geringer Nennspannung Schwierigkeiten bezüglich einer sicher einsetzenden Selbsterregung hat, kann man die Erregerwicklung an besondere metallhaltige Bürsten anschließen, die isoliert auf den gleichen Bolzen wie die übrigen Kohlen sitzen, aber nur den kleinen Erregerstrom zu führen haben. Wegen des sehr kleinen Abfalls metallhaltiger Bürsten erreicht man in diesen Fällen sichere Erregung.

Außer dem kritischen Widerstand gibt es auch eine *kritische Drehzahl*, unterhalb derer bei gegebenem Feldkreiswiderstand keine Selbsterregung möglich ist. Dies geht aus Abb. 114a hervor, wo eine ganze Reihe von Sättigungslinien für gleichmäßig abgestufte Drehzahlen zusammen mit der Widerstandsgeraden aufgetragen sind. Schnittpunkte ergeben sich erst ab jener Drehzahl, bei der die Sättigungskennlinie die Widerstandsgerade berührt. Man kann die kritische Drehzahl durch Verkleinerung des Hauptpolluftspalts herabsetzen oder sie durch Vergrößerung desselben noch weiter erhöhen. Die kritische Drehzahl spielt eine Rolle bei allen Erregermaschinen, die mit veränderlicher Drehzahl angetrieben werden. Abbildung 114b zeigt den Verlauf der Leerlaufspannung über der Drehzahl einer selbsterregten Maschine. Der linear ansteigende Teil unterhalb der kritischen Geschwindigkeit ist auf den remanenten Magnetismus zurückzuführen.

2.4.8 Kurzschlußversuch

Während der Kurzschlußversuch an den meisten elektrischen Maschinen, also besonders bei den Synchron- und Asynchronmaschinen und Transformatoren vorgenommen wird, wird er bei der Gleichstrommaschine nur selten durchgeführt. Bei den sog. Konstantstrommaschinen nimmt man den Kurzschlußpunkt der voll erregten, mit Nenndrehzahl fahrenden Maschine als letzten Punkt der Belastungskennlinie auf. Zu diesen zählen die Stromerzeuger für Scheinwerfer, Schweißzwecke und Sonderanlagen nach dem System von Rosenberg, Krämer, Pestarini, Austin u. a. Der hierbei auftretende Kurzschlußstrom heißt der stationäre, zur Unterscheidung des wesentlich höheren dynamischen Kurzschlußstroms, der bei plötzlichem Klemmenkurzschluß auftritt und nur oszillographisch gemessen werden kann. Häufig geht er erst nach mehreren Schwingungen in den stationären Strom über. Der plötzliche Kurzschluß ergibt bei vielen Gleichstrommaschinen einen Strom von außerordentlicher Höhe, der die Maschine in starkem Maße gefährdet. Man vermeidet ihn unter Umständen durch Schnellschalter, die auslösen, ehe der Strom seinen Höchstwert erreicht hat.

Einen eigentlichen Kurzschlußversuch führt man an den Nebenschlußgeneratoren durch. Man schließt die unerregte, mit Nenndrehzahl laufende Maschine satt kurz, wobei man eine etwa vorhandene Hauptstromerregerwicklung aus dem Kurzschlußkreis entfernt. An einem eingebauten Strommesser beobachtet man den sich einstellenden Kurzschlußstrom, der nur 10% des Nennstroms erreichen darf. Der Strom wird eingeleitet durch die Remanenzspannung. Er kann wesentlich verstärkt werden durch zu starke Wendepole oder durch aus der neutralen Stellung rückwärts verschobene Bürsten. In diesem Falle wächst er nach dem Schließen des Kreises stetig an und erreicht unter Umständen Werte, die weit über dem Nennstrom liegen können. Dies ist immer unzulässig. Man schiebt nun entweder die Bürsten entsprechend weit vor oder schwächt das Wendefeld durch Vergrößerung des Wendepolluftspalts, bis der Kurzschlußstrom unter 10% des Nennstroms gesunken ist. Welche der beiden Maßnahmen zu treffen ist, hängt von der Kommutierung der Maschine ab, da die Wendepole nur so weit geschwächt werden dürfen, als die Forderung nach einwandfreier Stromwendung bei Nenn- und Überlast zuläßt. Die Maschine zeigt gutes Verhalten im Kurzschluß, wenn sich der Strom durch mäßiges Erregen eindeutig erhöhen und wieder verringern läßt. Kurzschlußstrom I_k und Erregerstrom $I_{f,k}$ stehen in linearem Zusammenhang.

Die Kurzschlußverluste werden nicht gemessen, da sie nicht auf einfache und eindeutige Weise in ihre einzelnen Anteile aufgeteilt werden können. Insbesondere werden die Zusatzverluste der Gleichstrommaschine nicht auf diese Weise gemessen, sondern ausschließlich durch den von den REM gegebenen Prozentsatz der Nennleistung berücksichtigt.

Die Untersuchung der Stromwendung und die Vornahme des Dauerlaufs im Kurzschluß stellen keine eigentlichen Kurzschlußversuche dar.

2.4.9 Belastungsversuch

Die Belastungsversuche werden nach Möglichkeit an jeder Maschine vorgenommen. Sie dienen der Aufnahme der Regel-, Spannungs- und Drehzahlkennlinien. Sie können erst begonnen werden, wenn die Bürsten tadellos eingeschliffen sind und die Stromwendung einwandfrei verläuft. Die Bürsten müssen in ihrer endgültigen Stellung stehen. Dies ist erforderlich, da infolge der Ankerrückwirkung ein starker Einfluß auf das Verhalten der belasteten Maschine besteht. Die allerersten Belastungspunkte fährt man vorsichtigerweise bei Motoren oder Generatoren mit etwas vorgeschobenen Bürsten, besonders, wenn man mit der Probe- und mit der Prüffeldmaschine je an einem Netz arbeitet. Zeigt die Maschine dann stabiles Verhalten, so geht man möglichst in die Neutralstellung zurück. Maschinen für Umkehrbetrieb, also z. B. Motoren für Hebezeuge, dürfen nur mit neutral stehenden Bürsten belastet werden. Wenn man auch schon nach den auf S. 11 beschriebenen Verfahren die Nullstellung der Bürstenbrücke recht genau ermitteln kann, so gibt der Belastungsversuch, sofern die Kohlen genügend lange in beiden Drehrichtungen einlaufen konnten, noch eine weitere Gelegenheit, die Stellung zu kontrollieren. Man belastet die Maschine, besonders Motoren oder Maschinen für Ausgleichsaggregate, in beiden Drehrichtungen und mißt die sich ergebende Drehzahl bzw. Klemmenspannung. Stimmen diese in beiden Richtungen überein, so stimmt auch die Neutralstellung der Brücke. Weichen sie voneinander ab, so bestimmt man den Mittelwert beider Messungen und verdreht die Brücke vorsichtig unter Last, bis dieser Mittelwert sich einstellt. Die Probe in der anderen Richtung bestätigt die Richtigkeit der neuen Einstellung.

Maschinensätze prüft man erst dann, wenn die Prüfung der einzelnen Maschinen, aus denen sie aufgebaut sind, beendet sind. Erst wenn die Charakteristik jeder einzelnen bekannt ist, kann bei etwaigen Abweichungen im Verhalten des Aggregats auf die Ursache geschlossen werden. Wenn man dagegen gleich mit der Gesamtprüfung beginnt, ist ein unter Umständen langwieriges Probieren kaum zu vermeiden. Dies gilt bereits bei im Aufbau einfachen Sätzen, wie sie z. B. von Ausgleichsaggregaten gebildet werden.

Im folgenden werden die wichtigsten Maschinen mit Rücksicht auf die Aufnahme und die graphische Bestimmung ihrer Kennlinien behandelt. Sie unterscheiden sich alle nur durch die Zahl und Schaltung ihrer Erregerwicklungen.

2.4.9.1 Korrektur der Leerlauf- oder der Lastdrehzahl

Häufig stimmt die Drehzahl der leerlaufenden oder der belasteten Gleichstrommaschine nicht mit dem Sollwert überein. Wenn die Abweichung innerhalb der Toleranz nach REM liegt (S. 210), kann im allgemeinen von einer Korrektur abgesehen werden. Liegt die Abweichung dagegen außerhalb der Toleranz oder aber sollen mehrere Maschinen auf völlig gleiche Drehzahl bei gleichem Erregerstrom abgestimmt werden, so ändert man die Drehzahl durch Vergrößerung oder Verkleinerung des Hauptpolluftspalts ab. Einer Vergrößerung entspricht eine Drehzahlerhöhung, einer Verkleinerung eine Drehzahlerniedrigung. Die notwendige Änderung des Luftspalts kann sehr genau auf Grund der Leerlauf- und der Belastungsmessung vorausberechnet werden. Das angegebene Verfahren stimmt für alle Arten von Motoren und Generatoren. Die Aufgabe lautet also folgendermaßen: Beim Ankerstrom $I = 0$ oder $I = I_{nenn}$ wurde die Drehzahl n beobachtet, wenn an den Klemmen der Maschine die Netzspannung U lag. Diese Drehzahl soll geändert werden auf den Wert n'. Die Sättigungslinie der Maschine bei einer beliebigen Drehzahl n_0, die natürlich aus irgendwelchen Gründen mit n oder n' übereinstimmen kann, ist bekannt. Der Ankerkreiswiderstand sei R. Man bestimmt zuerst die beiden induzierten Spannungen U_i und U_i' nach folgenden Formeln:

$$U_i = (U - IR)\frac{n_0}{n} \quad \text{und} \quad U_i' = (U - IR)\frac{n_0}{n'} \text{ bei Motoren bzw.}$$

$$U_i = (U + IR)\frac{n_0}{n} \quad \text{und} \quad U_i' = (U + IR)\frac{n_0}{n'} \text{ bei Generatoren,}$$

und sucht zu diesen mittels der Leerlaufkennlinie $U_i = f(I_f)$ bei Drehzahl n_0 die zugehörigen Werte des Erregerstroms I_f und I'_f. Außerdem liest man den auf den Luftspalt entfallenden Betrag $I'_{f,1}$ von I'_f ab. Dann ergibt sich der neue Luftspalt zu:

$$\delta_{neu} = \delta_{alt} \frac{I'_{f,1} + (I_f - I'_f)}{I'_{f,1}} .$$

Der Luftspalt ist also zu vergrößern, wenn I_f größer als I'_f ist, und zu verkleinern, wenn I'_f größer als I_f ist. In Abb. 115 ist die Aufgabe durchgeführt für den Fall einer erwünschten Drehzahlerhöhung um 10%. Bei Änderung der Leerlaufdrehzahl ist für I natürlich 0 einzusetzen.

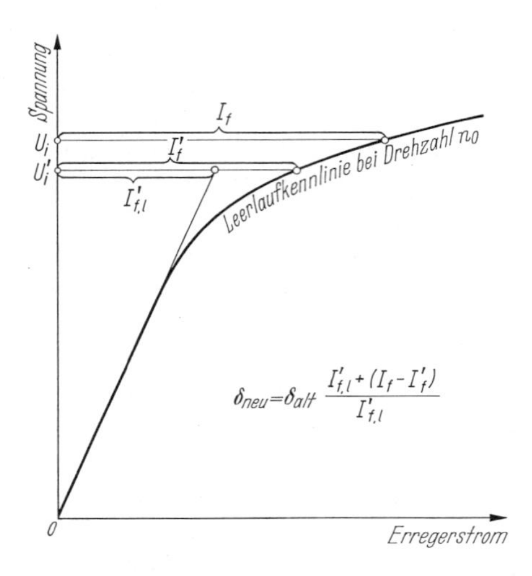

Abb. 115. Drehzahländerung durch Änderung des Luftspalts

2.4.9.2 Dauerlauf

Für die Vornahme des Dauerlaufs der Gleichstrommaschine gelten die in Abschnitt 1.5 gegebenen allgemeinen Richtlinien. Meistens ist es möglich, die kleinen und mittleren Maschinen mit Nenndrehzahl, Nennspannung und Nennstrom zu fahren. Nur bei großen Maschinen muß man mit Rücksicht auf die Größe des zur Verfügung stehenden Gleichstromnetzes zu Läufen mit reduzierter Spannung oder gar zum reinen Kurzschlußlauf greifen. Im letzteren Fall macht man einen zweiten Dauerlauf mit voll erregter, leerlaufender Maschine und addiert die Temperaturen beider Läufe. Die sich ergebenden Temperaturen sind etwas zu hoch, bergen also eine gewisse Sicherheit in sich. Außer Wicklungen, Eisen und Kommutator ist auch den Bandagen Aufmerksamkeit zu schenken, da unter Umständen durch die Streukraftlinien des Hauptfelds oder durch die magnetisierende Wirkung nahe vorbeigeführter Ankerstromleitungen (Kompensationswicklung) in diesen starke Wirbelströme induziert werden können, die zum Auslöten führen. Eine geeignete Gegenmaßnahme besteht z. B. im Isolieren der einzelnen Bandagenlagen oder im Entfernen der zu nahen Stromführungen.

2.4.9.3 Feldkurven

An Maschinen ohne Kompensationswicklung zeigt sich bei Belastung infolge der magnetisierenden Wirkung des Ankers eine Verzerrung des Felds, die sich in einer starken Verschiedenheit der Kraftliniendichte unter den beiden Polschuhkanten äußert. Beim Generator erscheint die ablaufende Kante, beim Motor die auflaufende Kante wesentlich stärker gesättigt. Die Feldkurve der leerlaufenden Maschine, Motor oder Generator zeigt symmetrische Flußverteilung zu beiden Seiten der Polschuhmitte.

Die Feldkurve der leerlaufenden oder der belasteten Gleichstrommaschine kann auf verschiedene Weise genau oder angenähert bestimmt werden. Die genaueste Bestimmung der Feldkurve gelingt mittels einer Probespule von Durchmesserschritt, also von einer Weite von 180° el, die möglichst nahe der Ankeroberfläche aufgebracht ist. Die oszillographische Aufnahme der in ihr bei Lauf induzierten Spannung gibt die Feldkurve wieder. Man erhält den Maßstab für die Kraftliniendichte B, indem man die zur höchsten induzierten Gesamtspannung gehörende höchste Kraftliniendichte $B_{\max}$ bestimmt nach der Formel:

$$B_{\max} = \frac{u_{\mathrm{i,max}}}{2wlv},$$

worin w die Windungszahl der Probespule, l die Eisenlänge des Ankers, v die Ankerumfangsgeschwindigkeit und $u_{\mathrm{i,max}}$ die höchste induzierte Spannung des Oszillogramms bedeutet.

Praktisch leichter durchzuführen ist die Aufnahme der Feldkurven mittels zweier Kupferhilfsbürsten, die man auf dem Kommutator schleifen läßt und von der (+)-Bürste zur (—)-Bürste bewegt. Die beiden Bürsten erhalten einen Abstand von k Kommutatorsegmenten voneinander, wobei $k = 1$ bei eingängigen Schleifen- und Wellenwicklungen zu machen ist. Bei m-facher Schleifen- oder Wellenwicklung wählt man k gleich m. Man mißt den Verschiebungswinkel α, liest jeweils die zwischen den Bürsten auftretende Spannung u_{i} ab und trägt dann bei Schleifenwicklungen $u_{\mathrm{i}}/2$ und bei Wellenwicklungen $u_{\mathrm{i}}/2p$ über dem Verstellwinkel α auf, erhält also bei Einwindungsankern die in einem Leiter induzierte Spannung über dem Polbogen. Diese Spannung gibt aber den Mittelwert der Kraftliniendichte an jedem Punkt zwischen den Hauptbürsten wieder. Die Feinheiten fehlen bis zu einem gewissen Grade. Den Maßstab für die Induktion erhält man wie oben, indem man aber statt $2w$ die Zahl 1 entsprechend einer halben Windung einsetzt. Nur wenn der Anker mehr als eine Windung je Segment besitzt, muß die Spannung noch durch die entsprechende Zahl geteilt werden.

Läßt man die eine Hilfsbürste dauernd mit einer der Maschinenbürsten verbunden und bewegt nur die zweite Hilfsbürste, bis sie schließlich die Maschinenbürste der anderen Polarität erreicht, so erhält man durch Auftragen der gemessenen Spannung über dem Verstellwinkel die sog. Kommutatorspannungskurve, deren Höchstwert gleich der Maschinenspannung ist. Durch zeichnerische Differentiation derselben gewinnt man die Feldkurve der Maschine, und zwar im gleichen Maßstab wie beim vorigen Versuch, wenn man die Differenz solcher Ordinaten bildet, die einem Abstand von k Segmenten entsprechen.

Zur Aufnahme von Feldkurven mit Hilfe von Hallsonden werden im Kapitel 4 ausführliche Angaben gemacht.

2.4.9.4 Welligkeit der Gleichspannung

Die von der Gleichstrommaschine abgegebene Spannung erhält eine Anzahl von Wellen, die zum Flimmern angeschlossener Lampen und zu Störungen der Fernsprechleitungen oder des drahtlosen Empfangs führen können. Durch Schrägstellen der Nuten, Anschluß von Störschutzkondensatoren und ähnliche Mittel versucht man die Welligkeit so klein wie möglich zu halten. Die Messung des noch bestehenden Anteils erfolgt durch oszillographische Aufnahme. Die Aufnahme der vollen Gleichspannung nützt im allgemeinen wenig, da die Wellen nur rund 1% der vollen Spannung betragen und daher im Oszillogramm kaum zu erkennen sind. Man bevorzugt daher Schaltungen, in denen der vollen Spannung oder einem Teil derselben eine fast gleich große Spannung, die von einem Akkumulator geliefert wird, entgegengeschaltet ist. Man oszillographiert dann nur die Differenz, die man so einstellt, daß einem Grundbetrag von etwa 2 V die Wellen in voller Größe, bzw. dem der Teilspannung entsprechenden Wert überlagert sind. Man beachte, daß die geringste Änderung der Maschinen- oder der Gegenspannung die Differenzspannung prozentual sehr stark verändert, so daß eine gewisse Gefährdung der Schleifen besteht.

In sehr einfacher Weise kann die Welligkeit der Gleichspannung durch einen subjektiven Versuch begutachtet werden. Man legt je nach Höhe der Spannung eine oder mehrere in Reihe geschaltete Glühlampen, die sich in einem verdunkelten Raume befinden, an die Klemmen der zu untersuchenden Maschine. Das Licht der Lampen fällt auf einen Zeitungsausschnitt, der ungefähr eine Minute lang betrachtet wird. Erscheint das Bild der Buchstaben ruhig, so ist die Spannung in Ordnung, da das Auge sehr scharf auf geringste Spannungsschwankungen nicht allzu hoher Frequenz reagiert. Die hohen Oberwellen, die zu Störungen der Fernsprechanlagen führen, können allerdings nicht festgestellt werden. Hierzu bedient man sich eigens geschaffener Störmeßgeräte.

2.4.9.5 Wirkungsgrad

Der Wirkungsgrad der Gleichstrommaschinen wird in der Praxis fast ausschließlich nach dem Einzelverlustverfahren bestimmt. Die andern Methoden finden nur selten Anwendung. Die Gesamtverluste setzen sich zusammen aus den Leerverlusten, den Erregerverlusten und den Lastverlusten, in denen die Zusatzverluste enthalten sind.

Die *Leerverluste* bestehen aus den Reibungsverlusten, die nur von der Drehzahl n abhängen, und den Eisenverlusten, die von der Drehzahl n und von der induzierten Spannung U_i, also von $U + IR$ bei Generatoren und $U - IR$ bei Motoren abhängen. Sie werden aus den Ergebnissen des Leerlaufversuchs bestimmt.

Die *Erregerverluste* berechnet man aus dem Produkt Nennerregerspannung mal Erregerstrom, also unter Einschluß der Verluste im Feldregler oder aus dem Produkt Klemmenspannung der Erregermaschine mal Erregerstrom geteilt durch den Wirkungsgrad der Erregermaschine, der auch die Verluste etwaiger weiterer Erreger berücksichtigt. Bei Regelung im Feldkreis der Erregermaschine ändert sich natürlich deren Klemmenspannung mit dem Erregerstrom der Hauptmaschine. Übergangsverluste treten bei Gleichstrommaschinen im Erregerkreis nicht auf.

Die Verluste einer fremdangetriebenen Erregermaschine werden nicht in die Erregerverluste der Hauptmaschine einbezogen.

Die *Lastverluste* bestehen aus den Stromwärmeverlusten in den Wicklungen des Ankerkreises, den Übergangsverlusten der Bürsten und den Zusatzverlusten. Die Stromwärmeverluste werden berechnet zu: (Ankerstrom zum Quadrat) mal (Ankerwiderstand + Wendepolwiderstand + Kompensationswicklungswiderstand + Hauptstromerregerwicklungswiderstand), wobei die warmen Widerstandswerte aus dem Dauerlauf oder, wenn diese nicht bestimmt worden sind, die auf 75 °C bezogenen Widerstände einzusetzen sind. Die Übergangsverluste werden nach den REM bestimmt zu Ankerstrom mal 2. Tatsächlich kann der Spannungsabfall der Bürsten zwischen 1,8 und 2,3 für beide Bürsten gerechnet schwanken. Er wird üblicherweise nicht durch Messung bestimmt. Die Zusatzverluste nichtkompensierter Maschinen werden zu 1,0%, die der kompensierten Maschinen zu 0,5% der bei Nennlast umgesetzten elektrischen Leistung eingesetzt. Man errechnet sie also bei Generatoren aus der Abgabe, bei Motoren aus der Aufnahme der vollbelasteten Maschine. Für Teillasten setzt man die im Quadrat des Ankerstroms reduzierten Beträge ein. Allgemein gilt also:

$$\text{Zusatzverluste} = \frac{\text{Ankerstrom}^2}{\text{Nennstrom}^2} \cdot \frac{\text{Nennspannung} \cdot \text{Nennstrom}}{100}$$

bei unkompensierter Maschine und:

$$\text{Zusatzverluste} = \frac{\text{Ankerstrom}^2}{\text{Nennstrom}^2} \cdot \frac{\text{Nennspannung} \cdot \text{Nennstrom}}{200}$$

bei kompensierten Maschinen. Grundsätzlich entsprechen also die Zusatzverluste der Stromwärme in einem zusätzlichen Ohmschen Widerstand des Ankerkreises, dessen Ohmwert gleich $U_{\text{nenn}}/100\,I_{\text{nenn}}$ bzw. $U_{\text{nenn}}/200\,I_{\text{nenn}}$ zu setzen wäre.

Bei Maschinen mit Selbsterregung ist immer genau zwischen dem Netzstrom und dem Ankerstrom zu unterscheiden, der bei Generatoren um den Betrag des Erregerstroms größer, bei Motoren dagegen kleiner als ersterer ist. Bei großen Maschinen ist der Unterschied allerdings sehr klein, er liegt in der Größe von etwa 1,5 bis 0,5%.

Die Summe der Verluste ergibt die Gesamtverluste, die bei Generatoren der abgegebenen Leistung zuzuschlagen sind, um die aufgenommene Leistung zu erhalten. Bei Motoren zieht man sie von der dem Netz entnommenen Leistung ab und erhält die abgegebene mechanische Leistung. Es kann auf die Ausführungen bei der Synchronmaschine verwiesen werden.

Der Wirkungsgrad η in Prozent wird errechnet zu:

$$\eta = 100 - \frac{\Sigma P_{\text{v}} \cdot 100}{P_{\text{ab}} + \Sigma P_{\text{v}}} \text{ in } \%$$

bei Generatoren und zu:

$$\eta = 100 - \frac{\Sigma P_{\text{v}} \cdot 100}{P_{\text{auf}}} \text{ in } \%$$

bei Motoren. Hierbei bedeutet ΣP_{v} die Summe aller Verluste, P_{ab} die elektrische Abgabeleistung der Generatoren und P_{auf} die elektrische Aufnahmeleistung der Motoren.

Es ist üblich, die Wirkungsgrade der Teillasten bei der Nenndrehzahl zu bestimmen, auch wenn die Drehzahl hierbei in Wirklichkeit geringe Änderungen erleidet. Bei Maschinen mit großem Drehzahlabfall, also besonders bei Hauptstrommotoren, wird der Wirkungsgrad dagegen für die wahre Drehzahl bestimmt. Es ist dann erforderlich, die Eisen- und Reibungsverluste auch bei diesen Geschwindigkeiten in besonderen Leerlaufversuchen aufzunehmen. Man fährt aber keine ganze Kurve, sondern begnügt sich mit der Aufnahme eines Punkts, entsprechend der bei Last auftretenden induzierten Spannung. Die Aufteilung in Eisen- und Reibungsverlusten kann und braucht dann nicht vorgenommen zu werden.

Die Prüffeldmaschinen werden meistens innerhalb eines weiten Drehzahl- und Spannungsbereichs als Generatoren und Motoren benutzt. Da bei vielen Versuchen die Kenntnis der von ihnen an der Welle abgegebenen oder aufgenommenen Leistung benötigt wird, ist es zweckmäßig, für die häufiger zur Verwendung kommenden Maschinen Kurvenblätter anzulegen, aus denen schnell die Verluste des jeweiligen Belastungszustands entnommen werden können. Die Erregerverluste schaltet man immer durch Wahl der Fremderregung aus. Man braucht also nur die Eisen- plus Reibungsverluste entsprechend der Drehzahl n und dem durch den Erregerstrom I_f gegebenen Sättigungszustand der Maschine sowie die Stromwärmeverluste durch den Ankerstrom I zu kennen. Am zweckmäßigsten trägt man die in einer Reihe von Leerlaufversuchen ermittelten Eisen- plus Reibungsverluste über der Drehzahl n für eine Anzahl gleichmäßig gestufter Erregerströme I_f als Parameter im Kurvenblatt A auf (Abb. 116). In einem zweiten Blatt B werden die vom Strom I abhängigen Verluste, also die Summe aus $I^2R + I \cdot 2 + I^2R_{Zus}$ über I aufgetragen. R ist der gesamte Widerstand des Ankerkreises bei betriebswarmer Maschine und R_{Zus} der den Zusatzverlusten entsprechende — gedachte — Zusatzwiderstand, der nach der Gleichung

$$R_{Zus} = \frac{U_{nenn}}{100 \cdot I_{nenn}}$$

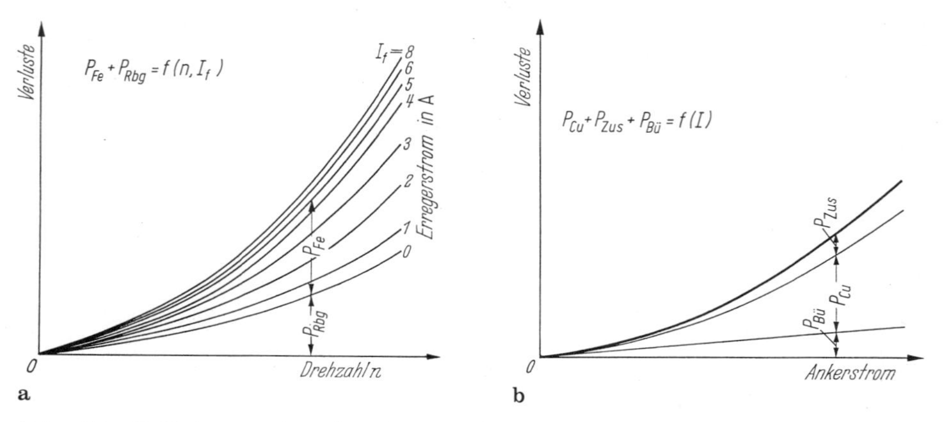

Abb. 116. Kalibrierung einer fremderregten Gleichstrommaschine. **a** ergibt Eisen- plus Reibungsverluste zu Drehzahl n und Erregerstrom I_f, **b** Lastverluste zu Strom I

bei der meist gebrauchten, unkompensierten Maschine zu berechnen ist. Bei den selten verwendeten kompensierten Prüffeldmaschinen ist statt 100 die Zahl 200 zu setzen.

Diese beiden Kurvenblätter genügen. Bei Betrieb als Motor bestimmt man die Leistung an der Welle zu:

Motorleistungsabgabe = Klemmenspannung · Ankerstrom — (Verluste aus Blatt A zu Drehzahl n und Erregerstrom I_f) — (Verluste aus Kurvenblatt B zu Strom I).

Bei Betrieb der Maschine als Generator bestimmt man die an der Welle aufgenommene Leistung zu:

Generatorleistungsaufnahme = Klemmenspannung · Ankerstrom + (Verluste aus Kurvenblatt A zu Drehzahl n und Erregerstrom I_f) + (Verluste aus Kurvenblatt B zu Ankerstrom I).

In Wirklichkeit hängen die Zusatzverluste von der Drehzahl n der Maschine ab. Da sie aber durch Messungen nicht eindeutig bestimmt werden können, mag die oben zugrunde gelegte reine Stromabhängigkeit als richtig gelten. Auch die Eisenverluste sind mit einem kleinen Fehler behaftet, da die feldverändernde Wirkung des Ankerstroms nicht berücksichtigt wird. Gemessen an der Genauigkeit des Gesamtergebnisses spielt dies nur eine untergeordnete Rolle, da ein Fehler von 5 bis 10% in den Eisenverlusten nur zu einem Gesamtfehler von etwa 0,1 bis 0,2% führt, wenn man etwa 2% Eisenverluste zugrunde legt. Dem steht die größere Zuverlässigkeit einer solchen einfachen Methode gegenüber den komplizierteren Verfahren entgegen.

Die Aufnahme der Kurven für Blatt A geschieht am besten mittels einer zweiten, bereits kalibrierten Prüffeldmaschine im Generatorverfahren. Man stellt die einzelnen Werte des Erregerstroms I_f ein und mißt die Verluste zwischen kleinster und höchster Drehzahl.

Steht keine Hilfsmaschine zur Verfügung, so muß man die Verluste im Motorverfahren bestimmen. Man legt die Maschine an ein Netz konstanter Spannung und stellt, unter Berücksichtigung der höchstzulässigen Drehzahl, die einzelnen Erregerströme ein. Man liest ab: die Netzspannung U, den Ankerstrom I, den Erregerstrom I_f und die Drehzahl n. Die Leerverluste berechnet man genügend genau zu: $P_{Fe} + P_{Rbg} = (U - 2V)\, I$. Diese Versuche werden für eine Reihe anderer Netzspannungen wiederholt. Dann trägt man die Verluste über der Drehzahl n auf und verbindet die Punkte gleicher Erregerströme I_f. Man beachte also von vorneherein bei der Aufnahme, daß immer genau die gleichen Erregerströme I eingestellt werden, damit eine nachherige Interpolation der Ergebnisse vermieden wird.

Unmittelbar kann man die gewünschten Kurven $P_{Fe} + P_{Rbg} = f(n, \text{bei } I_f = \text{const.})$ gewinnen, wenn man Auslaufversuche für jeden einzelnen Erregerstrom durchführt. Auf diese Weise kann man besonders auch die Kurvenäste für kleine Geschwindigkeiten ergänzen. Es empfiehlt sich, wegen der geringeren Genauigkeit dieser Verlustmessung einzelne Punkte im Leerlauf zu kontrollieren.

Es ist zweckmäßig, in die Kurvenblätter A und B auch den Wert des Ankerwiderstands R und vor allem das genaue Trägheitsmoment J der Maschine miteinzutragen, da diese beiden Werte immer wieder benötigt werden.

Für den Wirkungsgrad, die Spannung und die Drehzahl der Gleichstrommaschinen gelten folgende Toleranzen nach REM:

Gewährleistung für:	Zulässige Abweichungen:
Wirkungsgrad η %	$\pm \frac{100 - \eta \%}{10}$ aufgerundet auf 0,1 %. (Dies bedeutet 10 % Toleranz der Gesamtverluste.)

Drehzahl	bei Nennleistung		
	bis 1,1 kW	1,1 ... 11 kW	über 11 kW
1. Motor mit Nebenschlußwicklung	±10 %	± 7,5 %	±5 %
2. Motor mit Doppelschlußwicklung	±12 %	± 8,5 %	±6 %
3. Motor mit Reihenschlußwicklung	±15 %	±10 %	±7 %

Drehzahländerung	± 10 % des gewährleisteten Werts bei allen Motoren und Leistungen.
Spannungsänderung	± 20 % der gewährleisteten Spannungsänderung, aber mindestens ±2 % bei Doppelschlußgeneratoren.

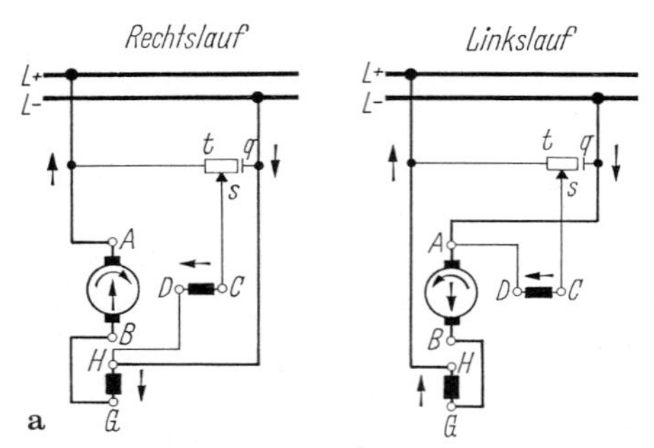

Bezeichnungen nach DIN 57530 siehe Abb. 4.

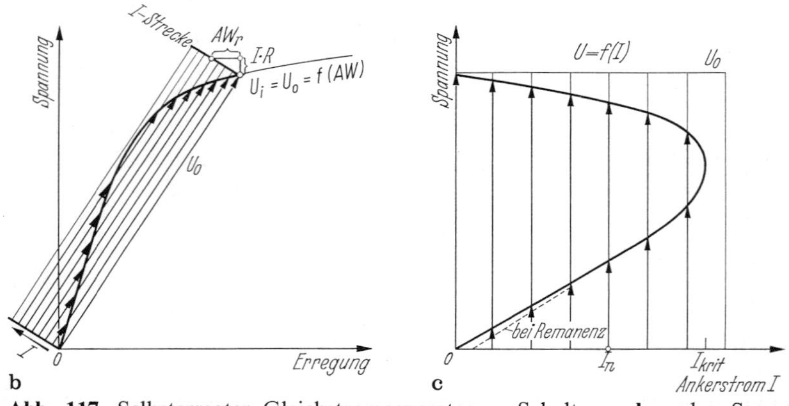

Abb. 117. Selbsterregter Gleichstromgenerator. **a** Schaltung; **b** und **c** Spannungskennlinie $U = f(I)$

2.4.10 Selbsterregter Nebenschlußgenerator

Der selbsterregte Generator wird mit seinem zugehörigen, feinstufigen Nebenschlußregler entweder auf das Netz oder auf Widerstände belastet. Beim Arbeiten auf das Netz konstanter Spannung kann man nur die Regelkennlinie $I_f = f(I)$ aufnehmen. Bei Belastung auf Widerstände erhält man auch die Spannungskennlinie $U = f(I)$, wenn man den Nebenschlußregler nicht betätigt. Beide Kurven können mit Hilfe der Leerlaufkennlinie $U_i = f(I_f)$ ineinander umgewertet werden. Abbildung 117 zeigt die Schaltung der Maschine und die graphische Ermittlung der Spannungskennlinie sowie ihre entzerrte Darstellung. Typisch für den selbsterregten Dynamo ist der kritische Wert des Ankerstroms, bei dem die Klemmenspannung jäh absinkt, und außerdem der sehr kleine Wert des Dauerkurzschlußstroms, der im wesentlichen nur durch die Remanenzspannung bestimmt wird. Wie beim Kurzschlußversuch erläutert, stellt man die Bürsten so ein, daß dieser Strom den Wert von 10% des Nennstroms nicht überschreitet.

2.4.11 Kompoundgenerator

Der Generator darf in dieser Schaltung im allgemeinen nicht auf ein starres Prüffeldnetz gefahren werden, da die zusätzliche Hauptstromwicklung die Spannungs-

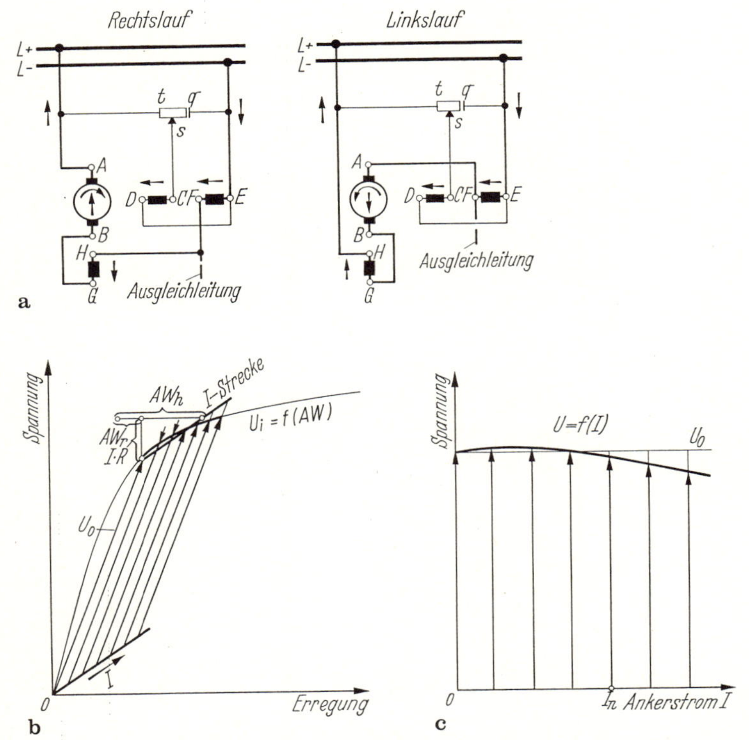

Abb. 118. Selbsterregter Gleichstromgenerator mit zusätzlicher Hauptstromerregung. **a** Schaltung **b** und **c** Spannungskennlinie $U = f(I)$

kennlinie im Bereich zwischen Leerlauf und ungefähr Halblast meist ansteigen läßt. Die Belastung auf Widerstände ist dagegen ohne weiteres möglich. Will man dennoch auf das Netz fahren, so nimmt man die Hauptstromwicklung aus dem Ankerstromkreis heraus und speist sie von einer fremden Stromquelle aus mit einem Strom, der stets gleich dem jeweiligen Ankerstrom ist und natürlich gleiche Richtung mit ihm haben muß. Auf diese Weise erzielt man ein weicheres Arbeiten des Generators. Abbildung 118 zeigt die Schaltung und die graphische Ermittlung der Klemmenspannungskennlinie der Maschine.

2.4.12 Fremderregter Generator

Dies ist die übliche Schaltung der größeren Gleichstromdynamos. Die Fremderregung wird meistens von einer angekuppelten Erregermaschine oder einem Stromrichter geliefert. In dem ersten Falle spricht man von Eigenerregung. Seltener wird sie einem getrennt aufgestellten Erregerumformer entnommen. Die Prüfung im belasteten Zustand kann wahlweise auf das Netz oder auf Widerstände erfolgen, da die Spannungskennlinie abfallend verläuft. Der Unterschied zur selbsterregten Maschine besteht darin, daß der Spannungsabfall bei Last nicht auf die Erregung

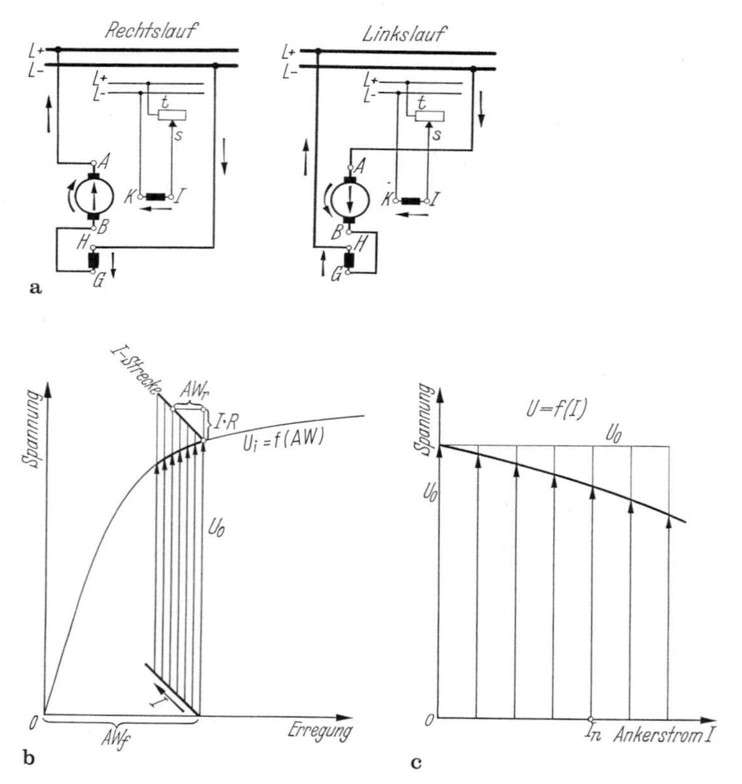

Abb. 119. Fremderregter Gleichstromgenerator. **a** Schaltung **b** und **c** Spannungskennlinie $U = f(I)$. (IR ist stark übertrieben!).

selbst zurückwirken kann, weshalb die fremderregte Maschine wesentlich härter als jene ist. Abbildung 119 zeigt ihre Schaltung und die zeichnerische Ermittlung der Spannungskennlinie.

2.4.13 Gegenkompoundgenerator

Die natürliche Spannungssteifigkeit der fremderregten Maschine ist in manchen Fällen mit Rücksicht auf das Verhalten der von ihr gespeisten Motoren nicht erwünscht. Dies trifft z. B. bei den Anlaßdynamos von Umkehrmotoren aller Art zu. Man bringt eine zusätzliche, feldschwächende Gegenstromwicklung von wenigen Windungen auf. Wegen der nunmehr stärker fallenden Spannungskennlinie können diese Maschinen ohne weiteres auch auf ein Netz belastet werden. Bemerkenswert ist der wesentlich kleinere Kurzschlußstrom der Maschine, der nicht größer werden kann, als der Wert, der sich aus Fremderregerstrom mal Fremderreger-Windungszahl geteilt durch die Windungszahl der Gegenstromwicklung ergibt. Abbildung 120 zeigt die Schaltung und erläutert die graphische Ermittlung der Kennlinien.

Fremderregte Maschinen mit feldverstärkender Hauptstromwicklung werden fast nie ausgeführt.

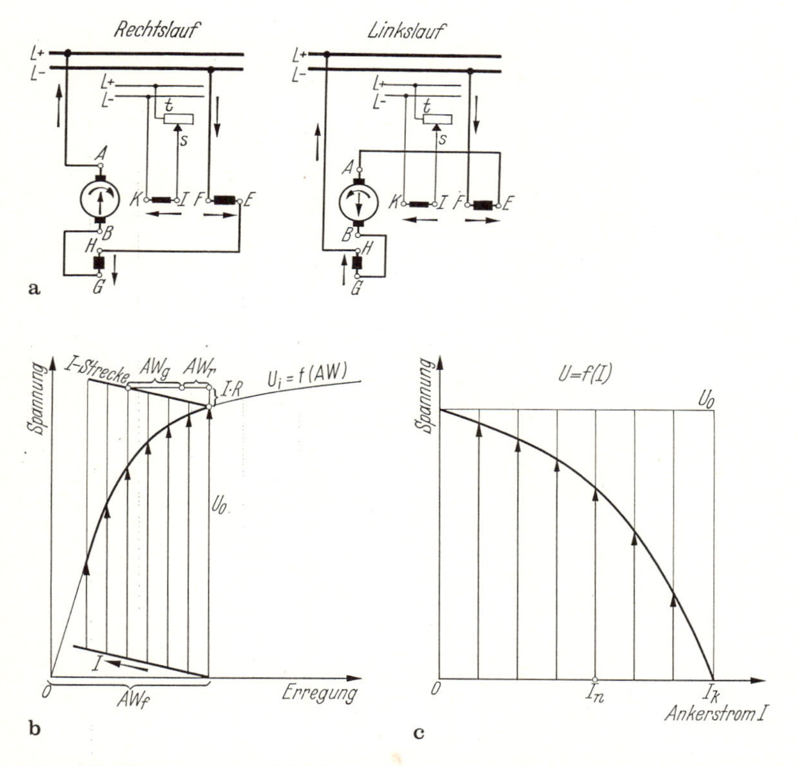

Abb. 120. Fremderregter Gleichstromgenerator mit zusätzlicher Gegenstromwicklung (Gegenkompoundgenerator). **a** Schaltung **b** und **c** Spannungskennlinie $U = f(I)$.

2.4.14 Hauptstromgenerator

Dieser Generator wird nur noch zu Sonderzwecken ausgeführt und kommt im großen Umfange nur bei der Bremsung von Fahrzeugmotoren (Straßenbahnen) vor, aus denen er durch Umschaltung der Feldwicklung hervorgeht. Er besitzt keine Leerlaufspannung, sofern man nicht die Remanenzspannung als solche bezeichnen will. Er erregt sich erst, sobald er auf einen Widerstand belastet wird, und zwar kommt er nur dann auf Spannung, wenn dieser Widerstand kleiner als der durch die Neigung der Leerlaufkennlinie gegebene kritische Widerstand ist. Die Spannung nimmt mit steigendem Belastungsstrom stark zu, bleibt bei höheren Werten etwa konstant, um ab einem gewissen Betrag wieder langsam abzusinken. Infolge dieses Verhaltens kommt eine Belastung in normaler Schaltung nur auf Widerstände in Betracht. Soll die Maschine bei der Probe auf das Netz gefahren werden, so schaltet man sie auf Fremderregung um. Sie verhält sich dann wie eine fremderregte Maschine mit schwach fallender Kennlinie.

Abbildung 121 zeigt die Schaltung der Maschine und die zeichnerische Ermittlung ihrer Spannungskennlinie.

Durch eine selten angewandte zusätzliche Selbst- oder Fremderregerwicklung kann man den Hauptstromdynamo auch leerlaufend auf Spannung bringen.

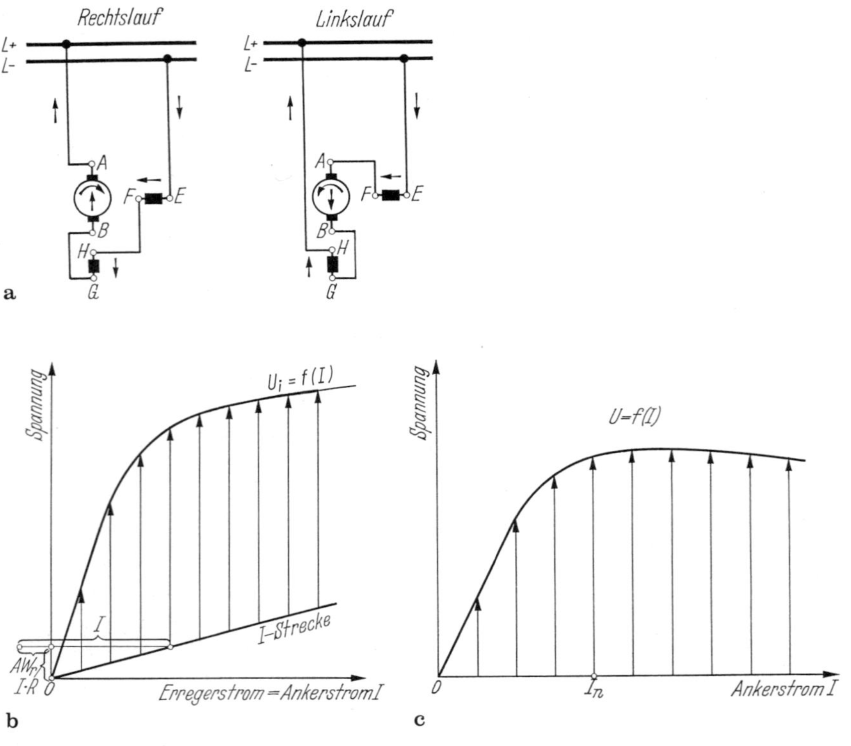

Abb. 121. Hauptstromgenerator. **a** Schaltung **b** und **c** Spannungskennlinie $U = f(I)$.

2.4.15 Krämermaschine (Dreifeldmaschine)

Als Krämermaschine bezeichnet man eine für viele Verwendungszwecke vorzüglich geeignete Maschine, die mit einer Fremderregung, einer sie unterstützenden Selbsterregung und außerdem einer feldschwächenden Gegenstromwicklung versehen ist. Sie trägt daher auch den Namen Dreifeldmaschine. Man benutzt sie zur Speisung normaler, fremderregter Motoren, die unter erschwerenden Bedingungen zu arbeiten haben und z. B. beim Antrieb von Baggern und ähnlichen Maschinen öfters durch zu große Drehmomente stillgesetzt werden können. Die Prüfung der Krämermaschine erfolgt durchweg mit dem zugehörigen Motor in gemeinsamer Probe, kann aber auch mit Belastungswiderständen vorgenommen werden. Die Spannung ändert sich betriebsmäßig zwischen dem Höchstwert bei Leerlauf bis auf Null bei Kurzschluß, weshalb von einer Prüfung auf ein Netz abgesehen werden muß. Die Windungszahl der Gegenstromwicklung bestimmt die Höhe des Kurzschlußstroms, wenn die AW der Fremderregung festliegen. Fremderregung und Selbsterregung bestimmen gemeinsam den Wert der Leerlaufspannung. Alle drei Wicklungen zusammen lassen sich so abstimmen, daß ein gewünschtes Wertepaar Klemmenspannung U und zugehöriger Laststrom I erhalten wird.

Abbildung 101 zeigte die Schaltung der Krämermaschine, deren Spannungskennlinie leicht auf Grund der Darstellung in Abb. 105 für alle vorkommenden Fälle erhalten werden kann. Insbesondere läßt sich der Einfluß der Stärke der einzelnen Wicklungen ohne weiteres übersehen.

2.4.16 Nebenschlußmotor

Wenn der Gleichstromnebenschlußmotor (Schaltung Abb. 122a) an einem Netz konstanter Spannung U arbeitet, besteht kein Unterschied im Verhalten des fremd- oder des selbsterregten Motors, da in beiden Fällen der Erregerstrom I_f unabhängig vom Ankerstrom I ist. Die Prüfung des Motors bei Belastung ist daher auch die gleiche. Man speist ihn vom Netz her und belastet ihn auf eine Prüffeldgleichstrommaschine. Wegen des feldschwächenden Einflusses, den sowohl die Ankerrückwirkung infolge der Polschuhsättigung wie auch die Rückwirkung der Wendepole ausüben, ist bei größeren Maschinen mit neutral stehenden Bürsten fast immer mit einer gewissen Instabilität zu rechnen, die sich im Drehzahlanstieg bei Belastung äußert. Vorsichtigerweise schiebt man daher die Bürstenbrücke zu Beginn der Messungen etwas vor, um sie später, wenn der Motor doch stabiles Verhalten zeigt, möglichst wieder in die Neutralstellung zurückzuschieben. Motoren mit Kompensationswicklung sind meist stabil. Man beachte, daß ein an sich unstabiler Nebenschlußmotor sich durchaus im Prüffeld stabil fahren läßt, wenn die Spannungsquelle ihrerseits fallende Kennlinie hat. An Ort und Stelle kann er aber, wenn das dortige Netz sehr steif ist (Gleichrichter), versagen. Der Motor gilt als stabil, wenn seine Drehzahl bei steigender Last und ungeregeltem Feld dauernd abnimmt oder wenn der Erregerstrom bei gleichzuhaltender Drehzahl mit zunehmender Last dauernd geschwächt werden muß. Steigt dagegen die Drehzahl bereits bei Teillast an, so ist der Motor im allgemeinen als instabil zu beanstanden. Dasselbe gilt, wenn der Erregerstrom bei konstanter Geschwindigkeit verstärkt werden muß, sobald die Lastübernahme erhöht werden soll. Die Instabilität kann meistens mit einem Bürstenvorschub oder, bei Umkehr-

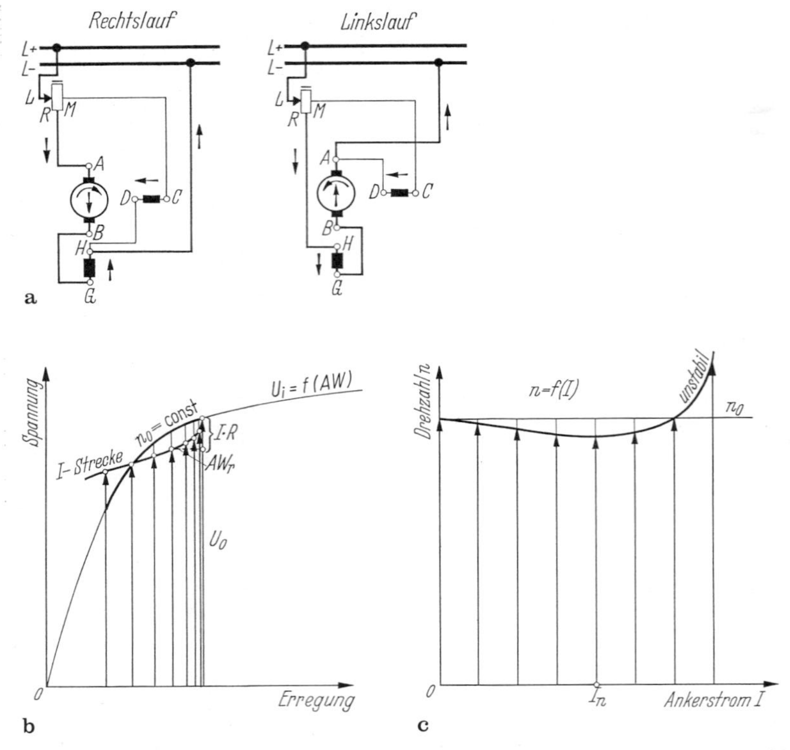

Abb. 122. Nebenschlußmotor. **a** Schaltung **b** und **c** Drehzahlkennlinie $n = f(I)$ unter Berücksichtigung der wirklich auftretenden quadratisch veränderlichen Ankerrückwirkung.

motoren, durch Schwächung des Wendefelds gemildert oder beseitigt werden. Größeren Erfolg erzielt man mit einer Hauptstromwicklung von einigen Windungen, grundlegenden Erfolg mit einer Kompensationswicklung, die unter Umständen nicht den ganzen Strombelag des Ankers, sondern nur etwa die Hälfte hiervon zu besitzen braucht. Unwirtschaftlich, aber mit einfachen Mitteln möglich, ist die Stabilisierung durch vorgeschaltete Ankerwiderstände.

Die grundlegende Gleichung für die Lastdrehzahl eines Motors ist folgende:

$$n_{(\mathrm{I})} = n_0 \frac{U - IR}{U_{\mathrm{i}(n_0,\mathrm{I})}},$$

in der bedeutet: U die angelegte, konstante Netzspannung, I den Ankerstrom, R den gesamten Ankerkreiswiderstand, n_0 die Leerlaufdrehzahl und schließlich $U_{\mathrm{i}(n_0,\mathrm{I})}$ die induzierte Spannung (EMK), welche unter Berücksichtigung der tatsächlichen Erregung und der Ankerrückwirkung durch den Strom I bei der Leerlaufdrehzahl n_0 in der Maschine induziert werden würde. Man erkennt, daß beim Fehlen jeglicher Ankerrückwirkung $U_{\mathrm{i}(n_0,\mathrm{I})}$ offenbar konstant bleiben muß und die Lastdrehzahl daher nur vom Ohmschen Spannungsabfall des Ankers abhängt. Sobald aber das Feld der Maschine beim Auftreten von Motorstrom durch die Ankerrückwirkung geschwächt wird, sinkt $U_{i(n_0, I)}$ mit wachsender Stromstärke ab. Wenn dieser Abfall im gleichen Maße erfolgt, wie die Schwächung der Netzspannung durch die Ohmschen Widerstände, ändert sich der Bruch in obiger Gleichung nicht und die Drehzahl des Motors erleidet keinen Abfall. Fällt $(U - IR)$ schneller als die induzierte Spannung, wie dies bei kleinen Motoren unter 10 kW der Fall ist, so sinkt die Drehzahl ab. Überwiegt dagegen die Feldschwächung durch Ankerrückwirkung, so nimmt die induzierte Spannung schneller ab als $(U - IR)$, und die Drehzahl steigt an. Wegen der eingangs erwähnten quadratischen Abhängigkeit der Ankerrückwirkung vom Strom I ist bei kleinen Strömen etwa bis Halblast bei vielen Motoren der Einfluß des Ohmschen Spannungsabfalls der stärkere, d. h., die Motordrehzahl sinkt zwischen Leerlauf und Halblast ab. Darüber hinaus überwiegt die Ankerrückwirkung. Dies bewirkt anschließenden Drehzahlanstieg bis Vollast und darüber. Die graphische Behandlung in Abb. 122b, c läßt dies erkennen. Wenn durch Bürstenvorschub die Ankerrückwirkung bei Vollast kompensiert wird, resultiert hieraus naturgemäß ein verstärkter Drehzahlabfall bei kleiner Last.

2.4.16.1 Drehzahlregelung

Man unterscheidet grundsätzlich zwei Arten der Drehzahlregelung der Gleichstrommotoren, die Regelung durch Veränderung der Ankerspannung und die Regelung durch Feldschwächung. Erstere setzt natürlich eine fremderregte Maschine voraus, letztere ist bei der fremd- und bei der selbsterregten Maschine möglich.

Die *Drehzahlregelung durch Verändern der Ankerspannung* findet meistens in der Leonard- oder weniger häufig in der Zu- und Gegenschaltung statt. Bei der Leonardschaltung treibt ein beliebiger Motor (Gleichstrom-, Synchron-, Asynchron- oder Dieselmotor) einen Gleichstromdynamo an, deren Erregerstrom durch ein leistungselektronisches Stellglied oder durch Spannungsregelung der Erregermaschine zwischen Null, bzw. einem Kleinstwert, und dem vollen Wert einstellbar ist. Die Spannung ist also in weiten Grenzen veränderlich. Sie wird dem zu steuernden Motor zugeführt. Dessen Erregerstrom wird von einer Fremdquelle geliefert und konstant gehalten. Die Motorleerlaufdrehzahl und nahezu auch die Lastdrehzahl ändert sich proportional der zugeführten Spannung. Man beachte, daß der geregelte Motor unabhängig von der zugeführten Spannung stets mit vollem Fluß arbeitet. Die Ankerrückwirkung ist daher im ganzen Bereich die gleiche. Zum Zwecke der Stabilisierung des Motors wird der Leonarddynamo oft mit einer feldschwächenden, zusätzlichen Hauptstromwicklung versehen.

Die *Drehzahlregelung durch Feldschwächung* kann nur in einem wesentlich kleineren Bereiche erfolgen, wobei man sich meistens auf 1:3, seltener auf 1:4 beschränkt. Der Kraftfluß wird mit zunehmender Geschwindigkeit immer stärker geschwächt. Man arbeitet also bei den hohen Drehzahlen immer mehr im ungesättigten Teil der magnetischen Kennlinie. Daher ändert sich die Ankerrückwirkung auch beträchtlich, und zwar nimmt sie im allgemeinen noch zu. Dies bedeutet aber wachsende Gefahr der Instabilität des feldgeschwächten Motors, der auch manchmal zum Durchgehen neigt. Eine grundsätzliche, weitere Gefahr wird durch die wachsende *maximale Segmentspannung* gegeben, die bei Feldschwächung stark zunimmt und deretwegen die Stromstärke meistens ganz beträchtlich bei der hohen Drehzahl reduziert werden muß. Unter maximaler Segmentspannung versteht man die höchste Spannung, die zwischen zwei Segmenten auftreten kann. Wegen der Feldverzerrung bei Last ist die Segmentspannung unter der auflaufenden Polkante des Motors, die hochgesättigt ist, wesentlich höher als die mittlere Spannung unter dem Polbogen.

Bei der Drehzahlregelung durch Spannungsänderung bleibt der Kraftfluß und der zulässige Strom des Ankers der gleiche. Dies bedeutet aber, daß die Leistung der Maschine mit wachsender Geschwindigkeit im gleichen Maße ansteigt oder aber, daß das Drehmoment unabhängig von der Regelung einen konstanten Wert besitzt. Der Motor wird also unten und oben gleichmäßig gut ausgenutzt.

Bei der Drehzahlregelung durch Feldschwächung wird der Kraftfluß geschwächt. Bei gleichbleibender Stromstärke würde also die Leistung konstant bleiben, das Drehmoment also mit steigender Drehzahl absinken. Tatsächlich muß aber meistens der Strom verringert werden, wodurch auch die Leistung des Motors bei steigender Geschwindigkeit zurückgeht, das Drehmoment mithin noch stärker fällt. Die Ausnützung dieses Motors ist mithin um so schlechter, je weiter die Drehzahl durch die Feldschwächung getrieben wird. Dies bedeutet, daß der Motor, wenn eine gewisse Leistung bei hoher Drehzahl verlangt wird, ganz bedeutend überdimensioniert werden muß. Drehzahlregelung durch Feldschwächung ist also besonders dort am Platze, wo wohl die hohe Geschwindigkeit, diese aber bei stark verringertem Drehmoment verlangt wird.

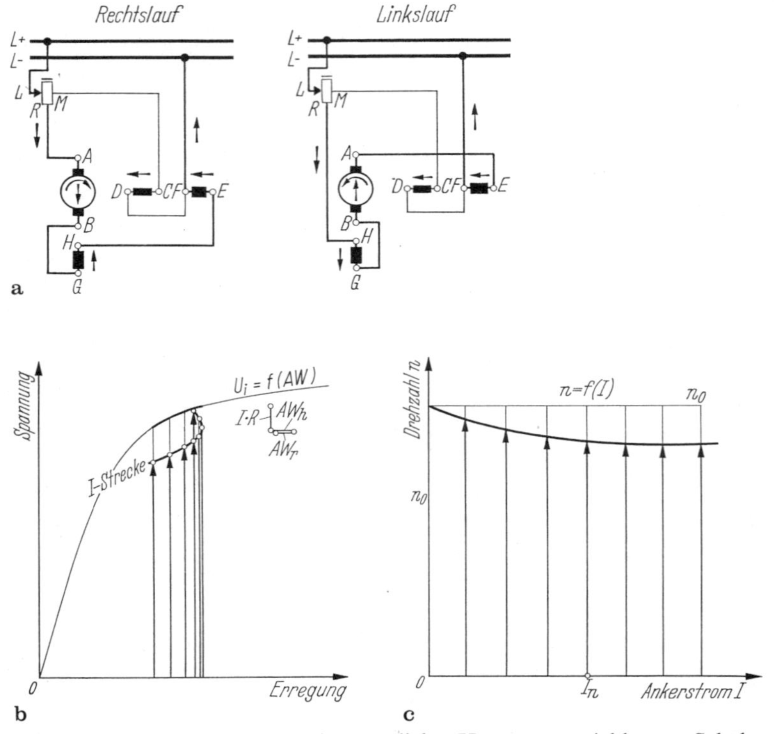

Abb. 123. Nebenschlußmotor mit zusätzlicher Hauptstromwicklung. **a** Schaltung **b** und **c** Drehzahlkennlinie $n = f(I)$, unter Berücksichtigung der wirklich auftretenden, quadratisch veränderlichen Ankerrückwirkung.

2.4.16.2 Nebenschlußmotor mit zusätzlicher Hauptstromwicklung (Kompoundmotor)

Zum Zwecke der Stabilisierung erhalten größere Motoren, die aus wirtschaftlichen Gründen noch nicht mit einer Kompensationswicklung ausgerüstet werden, recht häufig eine zusätzliche Hauptstromwicklung von wenigen Windungen. Ihre Schaltung ist in Abb. 123a dargestellt. Da diese Wicklung feldverstärkend wirkt, sinkt die Drehzahl des belasteten Motors mit der Last ab. Die Prüfung kann also in jeder beliebigen Prüfanordnung erfolgen. Zuvor muß natürlich der richtige Sinn der Hauptstromwicklung geprüft werden, sei es nach der induktiven Methode nach S. 10 oder durch vorsichtiges Belasten des Motors unter sorgfältiger Beobachtung der Motordrehzahl. Bleibt diese konstant oder steigt sie mit der Last an, so wirkt die Hauptstromwicklung falsch. Fällt sie dagegen merklich ab, so wirkt sie richtig. Die zeichnerische Ermittlung der Drehzahlkennlinie ist sehr genau und schnell nach der Anleitung in Abb. 123b, c durchzuführen.

Bei großen Motoren mit normalem Luftspalt kann die Ankerrückwirkung ab $^3/_4$ Last bereits so stark werden, daß auch durch eine Hauptstromzusatzwicklung beliebiger Stärke der Motor nicht mehr stabilisiert werden kann. Die anfänglich recht stark fallende Drehzahlkennlinie kehrt bei $^3/_4$ bis $^1/_1$ Last um und steigt bei höheren Lasten an. Eine solche Maschine verhält sich dann am starren Netz unbrauchbar, kann aber zusammen mit einem Leonarddynamo, der eine fallende Spannungskennlinie hat, durchaus stabil arbeiten. Stellt sich bei der Prüfung also eine Instabilität heraus, so sind, bevor grundlegende Änderungen am Motor getroffen werden (Kompensationswicklung!), doch noch die tatsächlichen Betriebsverhältnisse zu überprüfen.

Zu erwähnen ist, daß bei Drehrichtungswechsel des Motors, der durch Umkehr der Ankerpolarität erfolgt, der Ankerkreis umgeschaltet werden muß, damit die feldverstärkende Wirkung bestehen bleibt.

2.4.17 Hauptschlußmotor

Der Hauptschlußmotor, dessen Schaltung Abb. 124a wiedergibt, besitzt nur eine vom Ankerstrom I durchflossene Erregerwicklung. Der Kraftfluß des Motors hängt also von der Belastung ab, und deshalb sinkt die Drehzahl mit steigendem Ankerstrom stark ab. Man spricht allgemein vom Hauptstromverhalten. Ein Leerlauf des Hauptstrommotors ist unmöglich, da der entlastete Motor theoretisch der Drehzahl unendlich, praktisch einer aus mechanischen Gründen unzulässigen Durchgangsdrehzahl zustrebt. Die Prüfung muß daher mit der notwendigen Sorgfalt durchgeführt werden, die jede ungewollte Entlastung vermeidet. Am besten fährt man den Motor fremderregt, indem man die Erregerwicklung aus dem Ankerstromkreis entfernt und über regelbare Widerstände fremd speist. Stellt man den Erregerstrom dann jeweils auf den gleichen Wert wie den Ankerstrom ein, so erhält man dieselben Lastpunkte wie bei Nennbetrieb, aber mit einer Maschine, die sich wie eine Nebenschlußmaschine verhält. Da die hohe Erregerstromstärke mitunter schwierig zu beschaffen und zu regeln ist, ist man doch manchmal gezwungen, die Prüfung in der normalen Schaltung durchzuführen. Man belastet dann am besten auf einen Prüffeldgenerator, der seinerseits auf Widerstände arbeitet. Diese justiert man von vorneherein so ein, daß die Belastungsmaschine bei Nennerregung mit etwa der Nennleistung des Probemotors belastet wird. Bevor der Hauptstrommotor angelassen wird, schaltet man die

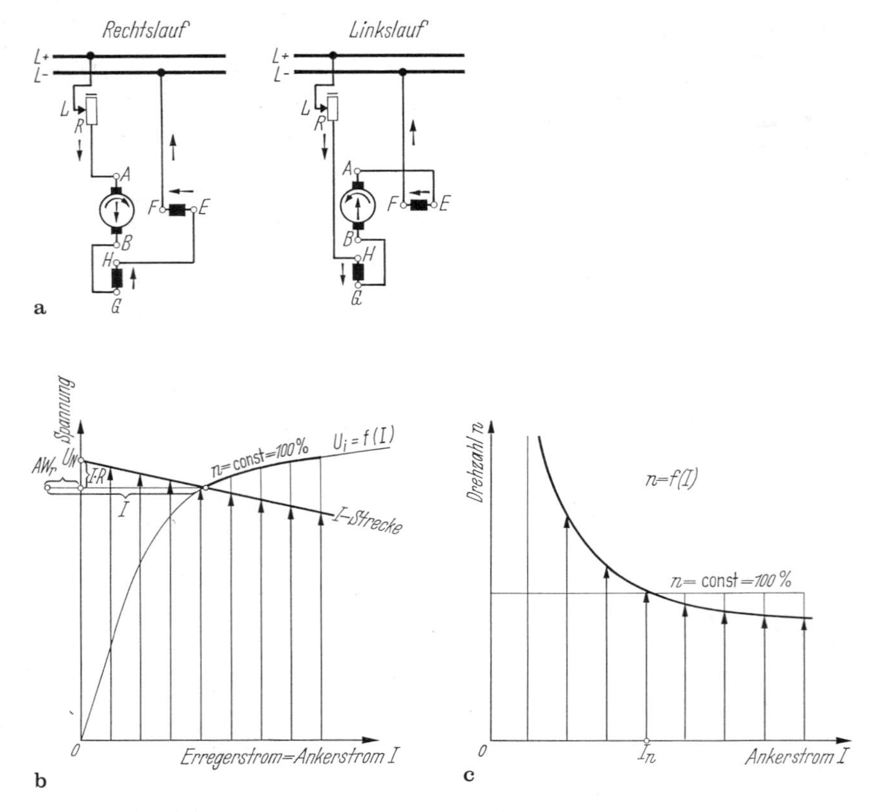

Abb. 124. Hauptstrommotor. **a** Schaltung **b** und **c** Drehzahlkennlinie $n = f(I)$.

Erregung der Belastungsmaschine ein. Der hochfahrende Motor wird also sofort belastet und läuft nach Kurzschließen des Anlassers etwa mit Nenndrehzahl um. Durch Regeln des Belastungswiderstands und des Erregerstroms des Generators können vorsichtig weitere Lastpunkte eingestellt und abgelesen werden. Meistens ist die höchste Entlastungsdrehzahl vorgeschrieben, die man durch weiteres Entlasten einstellt. Bei der vorgeschriebenen Schleuderprobe, die noch 20% über der höchsten Betriebsdrehzahl liegt, ist mit besonderer Sorgfalt zu verfahren, da der Hauptstrommotor bei allzu schroffer Entlastung gern zu Überschlägen des Stromwenders neigt. Gegen das Durchgehen bei völliger Entlastung kann der Motor durch Zentrifugalschalter geschützt werden, die ebenfalls im Prüffeld auf die vorgesehene Auslösegeschwindigkeit eingestellt werden.

Eine Drehzahlregelung der vollbelasteten Maschine ist in gewissem Umfange nach oben durch Abzweigung von Feldstrom möglich. Hierzu ist ein niedrigohmiger Widerstand parallel zur Feldwicklung nötig, der in ein oder mehreren Stufen einstellbar ist. Man macht von dieser Art der Feldschwächung nur selten Gebrauch.

Motoren für Fahrzeuge und Hebezeuge können auch zusammen mit den Schaltgeräten geprüft werden, indem man sie auf hochzufahrende Schwungmassen belastet.

Auf diese Weise kommt man zu einer dem tatsächlichen Betriebszustande gleichwertigen Prüfung.

Die zeichnerische Ermittlung der Drehzahlkennlinie ist aus Abb. 124b zu entnehmen. Die entzerrte Drehzahlkennlinie ist in Abb. 124c über dem Strom aufgetragen. Häufig wird die Drehzahl über dem Drehmoment wiedergegeben. Zu diesem Zwecke errechnet man nach den Angaben der S. 185 zu jedem Strom I und der zugehörigen induzierten Spannung U_i' bei n' U/min das Drehmoment zu: $M = (U_i'/n')(I/2\pi)$ und trägt die wirkliche Drehzahl n darüber auf.

3 Ein- und Mehrphasenkommutatormaschinen

3.1 Einphasen-Reihenschlußmotor (Bahnmotor)

3.1.1 Aufbau und Wirkungsweise

Der Einphasenreihenschlußmotor besitzt grundsätzlich den Aufbau eines kompensierten Gleichstromreihenschlußmotors. Die Schaltung ist in Abb. 125 dargestellt. Der Unterschied gegenüber dem Gleichstrommotor besteht in der Lamellierung des Ständers, in der Form des Hauptpols und in dem kleinen Luftspalt. In den großen Nuten liegt die Erregerwicklung, die den Pol umfaßt, und die Wendepolwicklung, die den Wendezahn umschlingt. In Nuten des Polbogens eingebettet befindet sich die Kompensationswicklung, die mit allen übrigen Wicklungen in Reihe liegt. Sie dient im wesentlichen der Verbesserung des Leistungsfaktors und verhindert außerdem die Feldverzerrung durch den Ankerstrom. Wenn die Maschine ohne Kompensationswicklung ausgeführt würde, müßte vom Netz zusätzlich die volle Magnetisierungsleistung des Ankers in der Bürstenachse aufgebracht werden. Der Anker besitzt eine normale Gleichstromankerwicklung, die als Schleifenwicklung ausgeführt wird.

Parallel zur Wendepolwicklung liegt ein Ohmscher und unter Umständen in Reihe mit diesem noch ein induktiver Widerstand. Durch die Wendepolwicklung fließt ein phasenverschobener Strom, dessen eine Komponente ein Feld zur Aufhebung der Reaktanzspannung und dessen andere Komponente ein Feld zur Aufhebung der Transformatorspannung in der kommutierenden Spule schafft.

Die Wirkungsweise der Maschine, welche mit Wechselstrom beliebiger Frequenz oder mit Gleichstrom betrieben werden kann, üblicherweise aber nur für die Bahnfrequenz von $16^2/_3$ Hz verwendet wird, ist folgende. Der dem Netz entnommene Strom

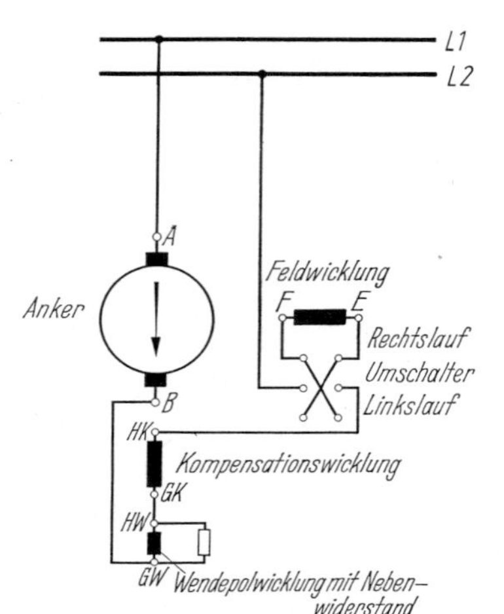

Abb. 125. Schaltung des Einphasenreihenschlußmotors.

durchfließt die Erregerwicklung und ruft in der Hauptpolachse einen pulsierenden Kraftfluß Φ hervor, der mit den vom gleichen Strom durchflossenen Ankerleitern ein Drehmoment ausübt. Φ und I hängen durch die Sättigungskurve $\Phi = f(I)$ miteinander zusammen. Das Drehmoment ist dem Produkt aus beiden proportional, verläuft also bei ungesättigter Maschine quadratisch, bei stark gesättigter Maschine fast linear mit dem Strom I. Von der Drehzahl ist es bei gegebenem Strom I praktisch unabhängig. Da aber I mit steigender Drehzahl abnimmt, nimmt auch das Drehmoment mit steigender Geschwindigkeit ab [65].

3.1.2 Kreisdiagramm

Die Abb. 126a zeigt das Diagramm des Motors für einen bestimmten Strom $\boldsymbol{I}$. Die gesamte Netzspannung $\boldsymbol{U}_{\text{netz}}$ setzt sich zusammen aus dem Ohmschen Abfall $\boldsymbol{I}R$ in Phase mit $\boldsymbol{I}$, den induktiven Streuabfällen der Anker-, Wendepol- und Kompensationswicklung, die zusammen durch $\boldsymbol{I} \cdot jX_s$ wiedergegeben sind und dem induktiven Abfall der Erregerwicklung $\boldsymbol{I} \cdot jX_{\text{Feld}} = \boldsymbol{U}_{\text{Feld}}$, woran sich endlich die in Phase mit $\boldsymbol{I}$ liegende Nutzspannung des Ankers, nämlich die Rotationsspannung $\boldsymbol{U}_r$ des Ankers, ansetzt. Die beiden induktiven Spannungsabfälle $\boldsymbol{I} \cdot jX_S$ und $\boldsymbol{U}_{\text{Feld}}$ eilen dem Strom um 90° vor. Man beachte, daß die tatsächlich an der Wendepol- und Kompensationswicklung sowie am Anker auftretenden Einzelblindspannungen wesentlich größer als $\boldsymbol{I} \cdot jX_S$ sind, sich aber wegen der Gegenschaltung der Wicklungen bis auf $\boldsymbol{I} \cdot jX_S$ aufheben. Die Blindspannung an der Feldwicklung läßt sich naturgemäß nicht durch eine Gegenwicklung verringern. Die kleine Ohmsche Komponente, welche durch den Parallelwiderstand zur Wendepolwicklung hineinkommt, sei vernachlässigt. Da die Rotationsspannung $\boldsymbol{U}_r$ der Drehzahl genau proportional ist, erkennt man, daß die Netzspannung bei *konstantem Strom* $\boldsymbol{I}$ mit steigender Drehzahl zunehmen

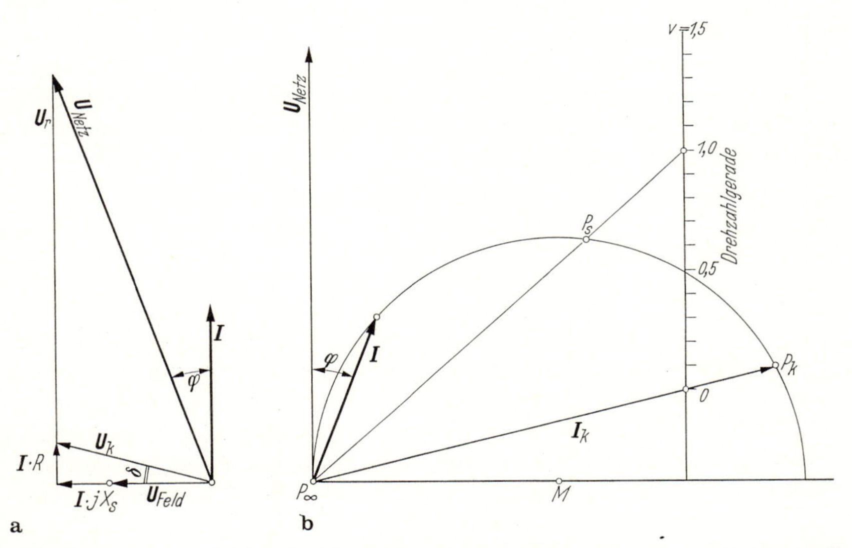

Abb. 126. Diagramme des Einphasenreihenschlußmotors. **a** Strom- und Spannungsdiagramm; **b** Kreisdiagramm des ungesättigten Motors.

muß, und daß sich der Leistungsfaktor, der durch den Winkel φ zwischen $\boldsymbol{U}$ und $\boldsymbol{I}$ gegeben ist, mit steigender Drehzahl verbessert, aber nicht zu 1,0 werden kann. Andererseits muß *bei konstanter Netzspannung* und steigendem Strom die Drehzahl stark abfallen, wodurch das Reihenschlußverhalten erklärt wird. Auf andere Ströme ist die Streuspannung und der Ohmsche Abfall proportional, die Feld- und die Rotationsspannung dagegen mittels der Sättigungskennlinie umzurechnen.

Die Drehzahlregelung des Motors geschieht durchweg durch Regelung der zugeführten Spannung, die der angezapften Sekundärseite eines Transformators entnommen wird. Der Spannungssprung zwischen zwei aufeinanderfolgenden Anzapfungen wird durch eine sog. Feindrossel genügend unterteilt.

Die Drehrichtung des Motors wird durch Betätigen des Umkehrschalters in der Zuleitung zur Feldwicklung gewechselt.

Wenn man den in Wirklichkeit sehr wichtigen Einfluß der Sättigung vernachlässigt, kann man zu einer bestimmten Spannung ein *Kreisdiagramm* nach Abb. 126b konstruieren, dem zu jeder Drehzahl der Strom und der Leistungsfaktor sowie die umgesetzte Leistung zu entnehmen sind. Die eingetragenen Punkte entsprechen: P_k dem Stillstand, P_S dem ,,Synchronlauf" und P_∞ der unendlich hohen Geschwindigkeit. Unter ,,synchroner" Drehzahl versteht man die sich aus Polzahl und Netzfrequenz bestimmende Drehzahl, die allerdings beim Reihenschlußmotor ohne jede physikalische Bedeutung ist.

3.1.3 Stromwendung

Wenn der Reihenschlußmotor mit Gleichstrom betrieben würde, so gälten für die Stromwendung die gleichen Überlegungen wie bei der Gleichstrommaschine. In Wirklichkeit tritt durch die Pulsation des Felds eine Komplikation ein, da außer der *Reaktanzspannung* in der kurzgeschlossenen Windung auch noch die vom Feld induzierte, um 90° zeitlich versetzte *Transformatorspannung* auftritt. Auch diese soll durch das Wendefeld möglichst vollkommen aufgehoben werden. Hieraus ergibt sich, daß der Wendepol nicht nur vom Ankerstrom selbst, sondern auch noch von einem um 90° verschobenen Strom durchflossen werden muß. Die Verhältnisse sind folgende: Der kommutierende Ankerzweigstrom I_Z induziert in der kurzgeschlossenen Spule die mittlere Reaktanzspannung:

$$e_r = H2l_e w_s v_a AS ,$$

der die vom Wendefeld erregte Wendespannung:

$$e'_w = 2l_e w_s v_a B'_w$$

entgegenwirkt. B'_w ist die Kraftliniendichte unter dem Wendepol, welche von dem mit dem Ankerstrom phasengleichen Anteil des wahren Wendepolstroms hervorgerufen wird. Wie bei der Gleichstrommaschine wählt man die Erregung des Wendepols etwas stärker, als sich aus der Beziehung $e_r = e'_w$ ergibt, man kompensiert also etwas über. Dies bedeutet aber eine verfrüht einsetzende Stromwendung, also eine Verschiebung des Ankerfelds gegen die Drehrichtung. Dadurch kommt es zu einer Feldschwächung des Hauptfelds, die sich in einer Erniedrigung der Blindspannung an der Erregerwicklung bei gleichem Strom gegenüber der alleinigen Speisung der Erregerwicklung beim Magnetisierungsversuch bemerkbar macht. Umgekehrt deutet also eine verringerte Blindspannung an der Feldwicklung auf Überkompensation des Wendekreises hin.

Die vom pulsierenden Fluß Φ (in 10^{-2} Vs) in der kurzgeschlossenen Spule bei Netzfrequenz f induzierte Transformatorspannung beträgt:

$$e_{tr} = \frac{2\pi}{\sqrt{2}} \cdot w_s \cdot \frac{f}{100} \cdot \Phi = K_1 \cdot f(I),$$

ist also unabhängig von der Drehzahl und hängt nur vom Strom I ab. Wegen des Nebenwiderstands zur Wendepolwicklung fließt in dieser ein zum Ankerstrom phasenverschobener Strom, dessen um 90° nacheilende Komponente zur Erzeugung der Induktion B_w'' dient. Durch die Bewegung im Wendefeld wird in der kommutierenden Spule noch die Wendespannung:

$$e_w'' = 2 l_e w_s v_a B_w'' = K_2 n I,$$

die in Gegenphase zu e_{tr} liegt, induziert. Man erkennt ohne weiteres, daß die gewünschte Aufhebung nur bei einer bestimmten Drehzahl für die einzelnen Ströme eintreten kann. Insbesondere kann bei Stillstand und kleinen Geschwindigkeiten keine Aufhebung erzielt werden. Interessant ist die Rückwirkung der durch die Differenzspannung ($e_{tr} - e_w''$) hervorgerufenen Kurzschlußströme auf die Wirkspannung, also den meßbaren Leistungsumsatz in der Erregerwicklung. Im Stillstand ist e_w'' gleich Null. Infolge der voll zur Wirkung kommenden Transformatorspannung fließt in der kurzgeschlossenen Spule ein Kurzschlußstrom, der Verluste verursacht, die ausschließlich von der Erregerwicklung transformatorisch gedeckt werden müssen. An der Welle machen sich die Verluste als meßbares, motorisches Drehmoment bemerkbar. Bei Lauf beginnt e_w'' in dem Sinne zu wirken, daß die Kurzschlußströme kleiner werden, die Leistungserhöhung in der Erregerwicklung also auch kleiner wird. Bei jener Drehzahl, wo bei gegebenem Strom die Wendespannung e_w'' die Transformatorspannung e_{tr} gerade aufhebt, fließt überhaupt kein Kurzschlußstrom mehr und die Leistungsaufnahme der Erregerwicklung ist die gleiche wie bei nichtaufliegenden Bürsten. Bei noch schnellerem Lauf wird e_w'' größer als e_{tr}. Dies bedeutet das Wiederauftreten des Kurzschlußstroms, der aber nunmehr seine Richtung umkehrt. Die Deckung der entstehenden Verluste erfolgt jetzt durch die Welle, deren Drehmoment also geschwächt wird, und die Erregerwicklung zeigt infolge auftretender Energierücklieferung durch die kurzgeschlossene Spule dabei eine Verringerung der aufgenommenen Leistung an, die in extremen Fällen zum generatorischen Verhalten der Erregerwicklung führen kann. Umgekehrt kann also aus der Leistungsänderung, die an den Klemmen der Erregerwicklung gegenüber dem Lauf ohne aufliegende Bürsten gemessen werden kann, auf die mehr oder weniger vollkommene Aufhebung der Transformatorspannung geschlossen werden. Man strebt die vollkommene Aufhebung an für Nenndrehzahl und Nennstrom.

In der Praxis bestimmt man den Nebenwiderstand zur Wendepolwicklung und deren Windungszahl häufig durch systematische Versuche, bei denen man durch Zusetzen oder Abzweigen von Ankerstrom bei entsprechender Änderung des Nebenwiderstands die besten Stromwendebedingungen aufsucht. Die Messung der Bürstenspannungskurve ist zwar grundsätzlich möglich, scheitert aber meistens an der Unzugänglichkeit des Stromwenders. Nach Stier kann man folgendermaßen vorgehen:

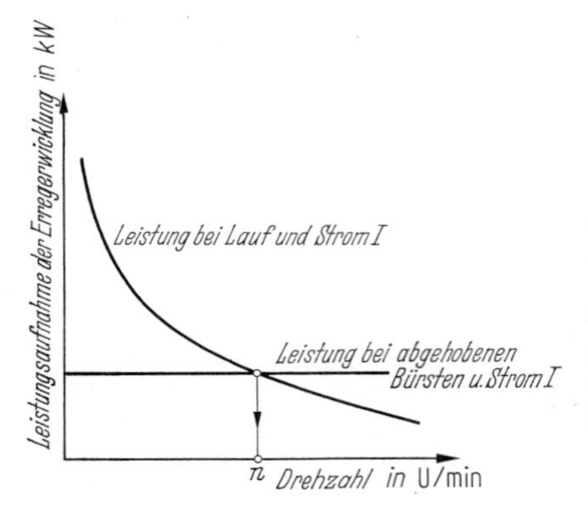

Abb. 127. Untersuchung der Aufhebung der Transformatorspannung e_{tr} durch die Stromwendespannung e_w'' bei konstantem Strom I in Abhängigkeit der Drehzahl durch Messung der Leistungsaufnahme der Erregerwicklung bei abgehobenen Bürsten und im Betrieb. Unterhalb der Drehzahl n ist $e_w'' < e_{tr}$, bei Drehzahl n ist $e_w'' = e_{tr}$ und darüber $e_w'' > e_{tr}$. (Nach Stier [66])

Man stellt zuerst die phasengleiche Stromkomponente fest, welche zur Aufhebung der Reaktanzspannung nötig ist, indem man die Stromwendung bei Gleichstrom untersucht. Dann ändert man durch Zuhilfenahme einer Drossel und eines Ohmschen Widerstands nur noch die senkrechte Stromkomponente und nimmt die Leistungsaufnahme der Feldwicklung über der Drehzahl bei dem betreffenden Ankerstromwert auf. Die Messung kann nur mit einem Leistungsmesser erfolgen, der bei einem Leistungsfaktor von 0,1 oder 0,3 Vollausschlag hat. Nach Abb. 127 stellt man die gemessenen Werte über der Drehzahl dar, wobei man gleichzeitig die Leistungsaufnahme der Erregerwicklung einträgt, die bei abgehobenen Bürsten gemessen wurde. Letzteres ergibt übrigens praktisch unabhängig von der Drehzahl eine Parallele zur Grundlinie. Dort, wo sich die beiden Leistungslinien schneiden, wird die Transformatorspannung e_{tr} vollkommen von der Stromwendespannung e_w'' aufgehoben. Man kann also durch Versuche die nacheilende Stromkomponente im Wendepol so lange ändern, bis bei einer bestimmten Drehzahl die Leistungsaufnahme der Erregerwicklung den gleichen Wert annimmt, wie er bei abgehobenen Bürsten gemessen wurde. Die gewünschte Überkompensation betreffs der Reaktanzspannung erkennt man an der Blindspannung, also praktisch richtig an der Klemmenspannung der Erregerwicklung, die etwa 5% tiefer liegen muß, als sie bei gleichem Strom und bei abgehobenen Bürsten gemessen wurde [66].

Die Stromwendung wird auf genaue Weise immer nur an der ersten Maschine der Type untersucht und die etwa notwendigen Änderungen werden dann von vornherein auch an den restlichen Motoren vorgenommen.

Das Zuschalten und Abzweigen von Ankerstrom geschieht bei der Einphasenreihenschlußmaschine mittels eines Stromtransformators in Sparschaltung. Abbildung 128 gibt die beiden zugehörigen Schaltungen wieder. Man kann also die Wendepolwicklung samt ihren Nebenwiderständen mit einem erhöhten oder verringerten, aber praktisch in der Phase unveränderten Ankerstrom speisen. Mußte man den Strom erhöhen, so ist die Windungszahl des Wendepols oder auch der Kompensationswicklung zu erhöhen. War der Ankerstrom zu hoch, so sind eine oder mehrere Windungen herauszunehmen. Eine Änderung des Luftspalts wie bei der Gleichstrommaschine ist nicht möglich.

Zu bemerken ist noch, daß bei generatorischem Betrieb sich die Richtung der transformatorischen Spannung e_{tr} umdreht, weshalb dann vor die Wendepolwicklung ein Ohmscher Widerstand und parallel zu beiden eine Drossel zu legen ist.

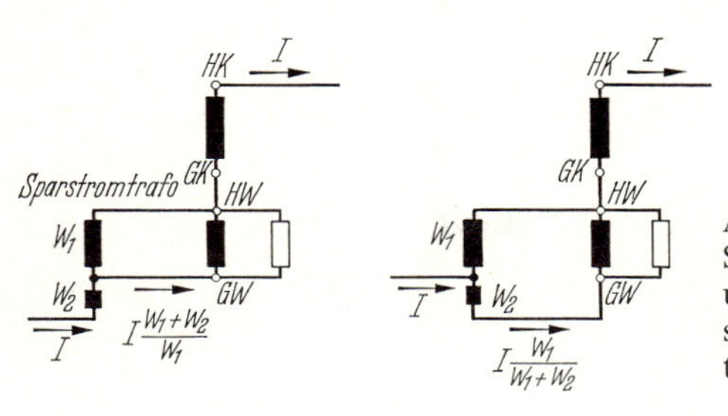

Abb. 128. Zuschalten und Abzweigen von Strom in der Wendepolwicklung bei unter- und bei überkompensierten Einphasenreihenschlußmotoren mit einem Stromtransformator in Sparschaltung

3.1.4 Prüfung

Bei Erstausführungen werden die meisten der nachstehend angegebenen Versuche durchgeführt, während man sich bei weiteren Motoren auf einige von ihnen beschränken kann. Die Untersuchungen erstrecken sich auf die Magnetisierungsaufnahmen im Stillstand und im Lauf in der Hauptsache und in der Querachse der Maschine. Hinzu kommen die Kurzschlußmessungen im Stillstand in normaler Schaltung sowie unter Ausschluß der Erregerwicklung. Die Lastablesungen werden in der betriebsmäßigen Schaltung durchgeführt und durch die Dauerläufe zur Bestimmung der Stunden- und der Dauerleistung in Abhängigkeit der Drehzahl ergänzt. Durch Spannungs- und Leistungsmessungen an der Erregerwicklung der belasteten Maschine wird auch die Stromwendung mit Hinblick auf die Aufhebung der Reaktanz- und der Transformatorspannung untersucht. Es bedeuten nachstehend U_a, U_{ko}, U_{we}, U_{Feld} die Spannungen an der Anker-, Kompensations-, Wendepol- und Feldwicklung.

Magnetisierungsversuch im Stillstand.
1. Magnetisierung von der Erregerwicklung aus: Die Bürsten müssen bei diesem Versuch abgehoben werden, da die Transformatorspannung bei stromlosem und stillstehendem Anker nicht kompensiert werden kann. Die Magnetisierung erfolgt in der Hauptachse der Maschine. Gemessen und aufgetragen werden: U_{Feld}, e_{tr} und P_{Feld} in Abhängigkeit vom Strom I. Errechnet und ebenfalls dargestellt werden der Streufaktor und der Feldschwächungsfaktor. Der *Streufaktor* wird bestimmt aus dem Verhältnis der transformatorischen Spannung im Anker zu der Windungsspannung der Erregerwicklung, also zu:

$$\text{Streufaktor } v = \frac{e_{tr} \cdot w_{Feld}}{U_{Feld}},$$

wobei w_{Feld} die Windungszahl der Erregerwicklung bedeutet. Dieser Faktor beträgt etwa 0,88. In der Formel ist vorausgesetzt, daß der Anker wie üblich nur eine Windung je Segment besitzt. e_{tr} wird als sog. Segmentspannung unter den abgehobenen Bürsten gemessen. Der *Feldschwächungsfaktor* stellt das Verhältnis der Feldspannung der belasteten Maschine zu jener bei abgehobenen Bürsten dar. Er ist ein Maß für die Überkompensation des Wendepols bezüglich der Reaktanzspannung. Bei etwas überkommutierenden Motoren beträgt der Feldschwächungsfaktor etwa 0,95, d. h., die etwas beschleunigt verlaufende Stromwendung schwächt das Feld in der Hauptachse um rund 5%. Die beim Stillstandsversuch beobachteten Erreger-

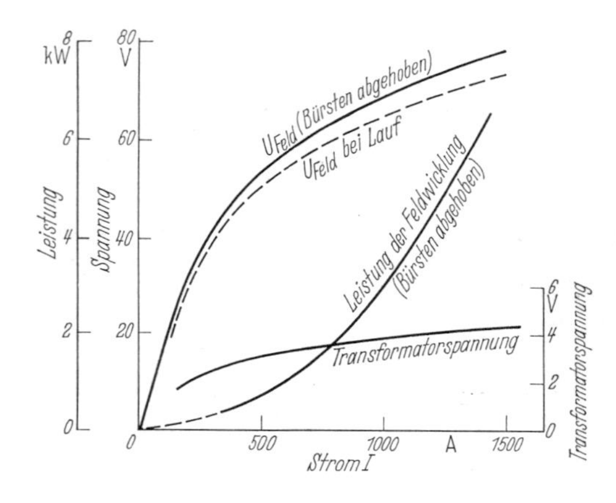

Abb. 129. Leerlaufmessungen bei abgehobenen Bürsten und bei Magnetisierung durch die Erregerwicklung. Die gestrichelte Kurve $U_{\text{Feld}} = f(I)$ gilt bei Lauf und zeigt an, da sie tiefer liegt als die Stillstandskurve, daß die Wendepole bezüglich der Reaktanzspannung etwas übererregt sind, daß also $e'_w > e_r$ ist

verluste decken die Verluste durch Stromwärme in der Erregerwicklung und die Eisenverluste bei Stillstand. Wenn man die Maschine antreibt, erhält man fast genau die gleichen Werte, da die ansteigenden Eisenverluste im Läufer von der Welle her zugeführt werden müssen. Abbildung 129 zeigt die Darstellung der Ergebnisse.

2. Magnetisierung von der Kompensations- plus Wendepolwicklung aus: Bei diesem Versuch wird der Motor in der Querachse magnetisiert. Unter den Bürsten tritt keine transformatorische Spannung auf, die Bürsten können daher aufgesetzt werden. Man mißt $(U_{\text{ko}} + U_{\text{we}})$, U_a und die zugeführte Leistung $P_{\text{zu}} = f(I)$.

3. Magnetisierung von der Ankerwicklung aus: Der Anker wird an Spannung gelegt und die gleichen Messungen wie vorher durchgeführt. Aus den sich aus beiden Versuchen ergebenden Spannungsverhältnissen errechnet man den Streufaktor zwischen Anker- und Kompensations- plus Wendepolwicklung zu:

$$\text{Streufaktor } v = \sqrt{\frac{U'_a}{U'_{\text{ko}} + U'_{\text{we}}} \cdot \frac{U''_{\text{ko}} + U''_{\text{we}}}{U''_a}}\,,$$

wobei die U'-Werte dem ersten Versuch (2) und die U''-Werte dem zweiten Versuch (3) bei gleichen AW-Beträgen zu entnehmen sind. Der Streufaktor liegt etwa bei 0,88.

Kurzschlußversuch im Stillstand.

1. Kurzschluß des ganzen Motors: Der normal geschaltete Motor wird an Spannung gelegt. Man mißt I, P, M, $\cos\varphi = f(U)$ und trägt neben diesen Größen auch noch den charakteristischen Wert P/M in kVA/Nm auf.

2. Kurzschluß des Motors unter Ausschluß der Erregerwicklung: Man speist nur die Anker- plus Kompensations- plus Wendepolwicklung und mißt U_{gesamt}, U_a, U_{ko}, U_{we}, $P = f(I)$. Ein Drehmoment tritt nicht auf. Man beachte bei diesem Versuch, daß die Summenspannung der beiden Ständerwicklungen wesentlich größer als die angelegte Spannung ist.

3. Kurzschluß des Ankers bei erregter Kompensations- plus Wendepolwicklung und Kurzschluß der beiden letzteren bei erregter Ankerwicklung. Diese Versuche dienen nur der Schaffung von Berechnungsunterlagen.

Magnetisierungsversuch im Lauf.

1. Magnetisierung von der Erregerwicklung aus. Der Läufer wird von einem kalibrierten Hilfsmotor aus angetrieben. Man mißt die dem Läufer zugeführte Leistung, die gleich den vom Läufer her gedeckten Eisenverlusten ist. Man stellt das Ergebnis dar entweder in der Form $P_{Fe} = f(n)$ bei konstanten Werten der Spannung an der Erregerwicklung U_{Feld} oder als $P_{Fe} = f(U_{Feld})$ bei konstanten Werten der Drehzahl.

2. Magnetisierung von der Wendepol- plus Kompensationswicklung aus: Dieser Versuch entspricht dem vorhergehenden, nur wird statt der Spannung an der Erregerwicklung, die jetzt gleich Null ist, jene an der erregten Ständerwicklung, also $U_{ko} + U_{we}$ gesetzt.

Lastversuche.

Aufnahme der Betriebskennlinien: Man betreibt den Motor mit verschiedenen Spannungen $U_1, U_2, \ldots, U_n$, die jeweils während einer Belastungsreihe konstant gehalten werden. Die Belastung geschieht fast ausschließlich auf Pendelmaschinen, da mit deren Hilfe auch der Wirkungsgrad bestimmt wird. Die Ermittlung des Wirkungsgrads nach einem Einzelverlustverfahren ist recht umständlich und wegen der nur ungenau zu berücksichtigenden Eisen- und Zusatzverluste nicht genauer als die direkte Methode. Man bestimmt aus den Ergebnissen der Lastversuche die Kurven: η, $\cos\varphi$, n, I, $P_{zu} = f(M)$ oder $= f(I)$, wobei M an Stelle von I dargestellt wird. Die Abhängigkeit des Drehmoments M vom Strom I wird kaum meßbar von der Drehzahl beeinflußt, weshalb die etwas streuenden Punkte der einzelnen Belastungsreihen durch eine einzige Kurve, die für Stillstand und alle Geschwindigkeiten gilt, verbunden werden können.

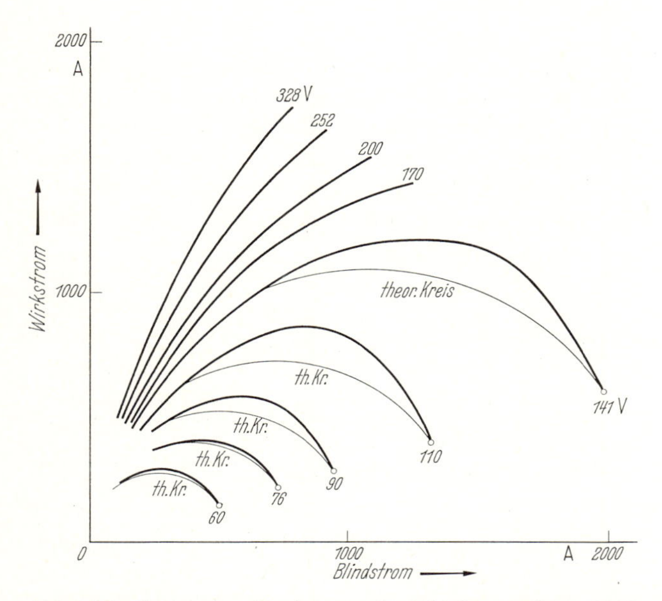

Abb. 130. Gemessene Ortskurven des Einphasenreihenschlußmotors bei konstanten Werten der Netzspannung. (Dünn eingezeichnet einige theoretische Kreise des ungesättigten Motors.)

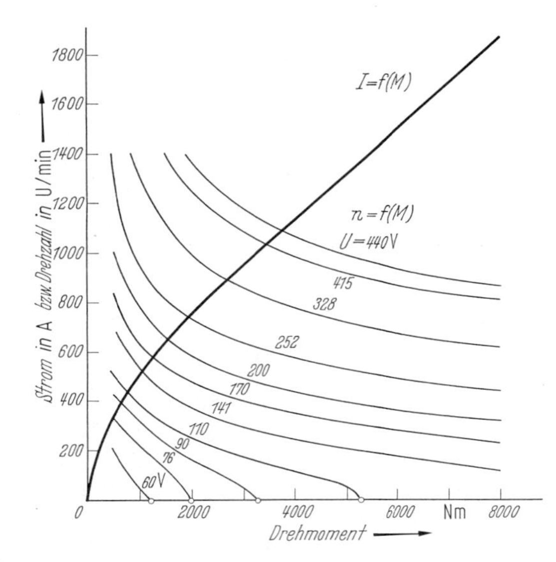

Abb. 131. Drehzahl- und Stromkennlinien des Einphasenreihenschlußmotors über dem Drehmoment.

Auf Grund der Belastungsaufnahmen kann man auch die tatsächlichen *Ortskurven* des Motors aufzeichnen, die von den theoretischen Kreisen der ungesättigten Maschine, wie aus Abb. 130 ersichtlich ist, nicht unbeträchtlich abweichen. Man kann dieser Darstellung entnehmen: Strom, Leistungsfaktor, Netzleistung und Drehmoment. Letzteres ist für konstante Werte des Stroms ebenfalls konstant, weshalb Punkte gleichen Moments auf Kreisen um den Nullpunkt liegen. Abbildung 131 zeigt die übliche Darstellung der Meßergebnisse.

Dauerlauf.
An den Reihenschlußmotoren werden eine Anzahl von Dauerläufen vorgenommen, bei denen die Grenzleistung für Stundenbetrieb und für Dauerbetrieb in Abhängigkeit der Drehzahl ermittelt wird. Infolge der energischen Kühlung von Ständer und Läufer, die getrennt erfolgt, liegen beide Leistungen nur um wenige Prozent auseinander. Die Grenzleistung steigt erst linear mit der Drehzahl an, nimmt aber ab etwa 80% der Höchstgeschwindigkeit wegen der stark anwachsenden Zusatzverluste nur noch schwach zu.

3.2 Mehrphasenkommutatormaschinen

Motoren wie der

- ständergespeiste Drehstromnebenschlußmotor,
- läufergespeiste Drehstromnebenschlußmotor (Schragemotor),
- Drehstromreihenschlußmotor

werden zur Lösung von antriebstechnischen Aufgaben heute kaum noch eingesetzt, so daß auf die Prüfung dieser Maschinentypen nicht mehr eingegangen wird. Ausführliche Hinweise zur Einstellung dieser Motoren sind in früheren Auflagen [17] zu finden.

4 Prüffeld- und Betriebsmessungen mit Flußmesser und Hall-Sonde

Die Erzeugung der elektrischen Spannung und der mechanischen Kräfte beruht bei den in der Praxis ausschließlich benutzten Maschinen der elektromagnetischen Bauart auf dem Vorhandensein eines starken magnetischen Felds, zu dem bei Gleichstrommaschinen noch das Hilfsfeld der Wendepole tritt. Besonders bei den Generatoren und Motoren mit eigenen Erregerwicklungen, also bei den Synchron- und Gleichstrommaschinen, interessiert die Abhängigkeit der Größe des Flusses ihrer Magnetfelder vom Erregerstrom, die Verteilung des Flusses längs des Maschinenumfangs, die Rückwirkung des Ankerstroms auf den Fluß und das dynamische Verhalten bei schnellen Änderungen des Erregerstroms. Bei den Hilfsfeldern der Gleichstrommaschinen will man die Abhängigkeit ihres Wendepolflusses oder seiner Dichte im Bürstenbereich vom Ankerstrom kennenlernen, wobei auch hier der Einfluß schneller Änderungen des Ankerstroms besonders zu klären ist.

Die Rückwirkung des Ankerstroms auf den Fluß kann dem Ankerstrom nahezu verhältnisgleich sein (Kompoundierung), also von seiner ersten Potenz und damit von seiner Richtung abhängen, sie kann aber auch vom Quadrat und höheren geradzahligen Potenzen des Ankerstroms bestimmt werden und somit von der Stromrichtung unabhängig sein (eigentliche Rückwirkung durch Feldverzerrung). Wenn die erstgenannte Rückwirkung durch einen Bürstenvorschub oder -rückschub bewirkt wird, ändert sie ihr Vorzeichen auch noch mit der Drehrichtung, so daß bei ständigem Wechsel der Betriebsart von Motor auf Generator und der Drehrichtung von links nach rechts die linear abhängige Beeinflussung des Flusses die stets vorhandene quadratische Beeinflussung in stetem Wechsel entweder erhöht oder aber vermindert. Bei Gleichstromgeneratoren hängt die Spannungskennlinie, bei Gleichstrommotoren die Drehzahlkennlinie von der Rückwirkung des Ankerstroms auf den Fluß ab, so daß in beiden Fällen eine unmittelbare Messung der Rückwirkung erwünscht und oft sogar notwendig erscheint. Der Verlauf der beiden Kennlinien entscheidet nämlich über die Fähigkeit der Maschine, mit anderen parallel zu laufen bzw. über ihre Neigung zu stabilem oder unstabilem Verhalten bei Laständerungen. Die von den Wendepolen unter den Bürsten in den kurzgeschlossenen Ankerwindungen erzeugten Ströme haben eine dritte Ankerrückwirkung zur Folge, die stark von der Drehzahl abhängt und mit steigendem Strom ihr Vorzeichen ändert. Sie hängt von der Stromrichtung ab und wird weiter unten besonders behandelt werden.

Die Möglichkeit zu unmittelbaren magnetischen Messungen ist heute im wesentlichen durch zwei verschiedene Geräte gegeben, nämlich durch den *Flußmesser* und die *Hall-Sonde*. Der Flußmesser mißt den Fluß Φ durch eine Induktionsspule, die an geeigneter Stelle in der Maschine anzuordnen ist, und die Hall-Sonde mißt die Dichte B des magnetischen Felds, also die magnetische Induktion, sofern sie von den

Kraftlinien senkrecht getroffen wird. Der Flußmesser kann bei Verwendung kleiner Spulen zur brauchbaren Messung auch der Induktion und die Hall-Sonde umgekehrt beim Vorliegen nahezu homogener Felder zur befriedigenden Messung von Flüssen benutzt werden.

Die früher benutzten Verfahren und Geräte waren in ihrer Anwendung zu umständlich oder zu unempfindlich, so daß sie im Prüffeld sehr selten und im Betrieb an Ort und Stelle überhaupt nicht benutzt wurden. Mit den neuen Geräten öffnet sich der Weg zu genaueren Untersuchungen des magnetischen Verhaltens und zur betrieblichen Überwachung des magnetischen Zustands sowie zur Beeinflussung der Regelung, worüber weiter unten ausführlich berichtet werden soll.

4.1 Flußmesser

Der Flußmesser in seiner klassischen Form ist ein Drehspulgerät mit Dauermagnet ohne Rückstellkraft, das mit möglichst kleiner Masse des drehbaren Teils ausgeführt wird. Es besitzt keine bevorzugte Zeigerstellung, insbesondere also keine eigene 0-Stellung; es kann aber unter Benutzung einer kurzfristig zugeführten elektrischen Spannung in jede beliebige Ausgangslage gebracht werden. Als Spannungsquelle hierfür dient bequemerweise eine ein- und umschaltbare Photozelle, die zudem mehr oder weniger stark abgeblendet werden kann, so daß man den Zeiger in beliebiger Geschwindigkeit in beiden Richtungen in eine bestimmte Lage zu bringen vermag. Bei der eigentlichen Messung führt man der Drehspule die in einer Induktionsspule von dem auszumessenden Fluß während seines Entstehens oder Verschwindens induzierte Spannung zu, die die Drehspule auf eine der augenblicklichen Spannungshöhe proportionale Winkelgeschwindigkeit bringt. Hört nach kurzer Dauer des Induktionsvorgangs zugleich mit dem Erlöschen der Induktionsspannung die Bewegung wieder auf, so hat der Zeiger einen Drehweg zurückgelegt, der gleich dem Zeitintegral der induzierten Spannung, also gleich der Änderung des Flusses in der Induktionsspule ist. Man beobachtet also die Zeigerstellung α_2 am Ende und die Stellung α_1 zu Beginn der Messung und bestimmt die Flußänderung $\Phi_2 - \Phi_1$ zu:

$$\Phi_2 - \Phi_1 = C \cdot (\alpha_2 - \alpha_1)\,,$$

wobei C die Konstante des Geräts ist. Sie beträgt z. B. bei dem in Abb. 132 wiedergegebenen Gerät, das über einen Gesamtausschlag von 120 Skalenteilen verfügt, 10000 Maxwell-Windungen oder 10^{-4} Vs Windungen je Skalenteil, so daß der volle Meßbereich 1,2 Mega-Maxwell-Windungen oder bei einer Induktionsspule von nur einer Windung 0,012 Vs entspricht. (Hinweis: 1 M = 10^{-8} Vs) Durch Erhöhen der Windungszahl der Induktionsspule auf einige Hundert kann man die Empfindlichkeit entsprechend erhöhen und durch Benutzung eines Empfindlichkeitsstellers nach Abb. 133, der entsprechend Abb. 134 eine Spannungsteilung bewirkt, vermag man die Empfindlichkeit auf $1/n$, z. B. auf $^1/_3$ bis $^1/_{10\,000}$ zu verringern. Man beachte, daß bei merklichem Widerstand R_{i} der Induktionsspule bereits auf Stellung $^1/_1$ die Meßkonstante verringert wird (vgl. Abb. 134). Man beherrscht auf diese Weise den gesamten in Frage kommenden Meßbereich von Flüssen, deren Dichte zwischen 2000 und 0,02 mT schwankt und die durch Flächen zwischen $^1/_5$ und 10000 cm^2 treten.

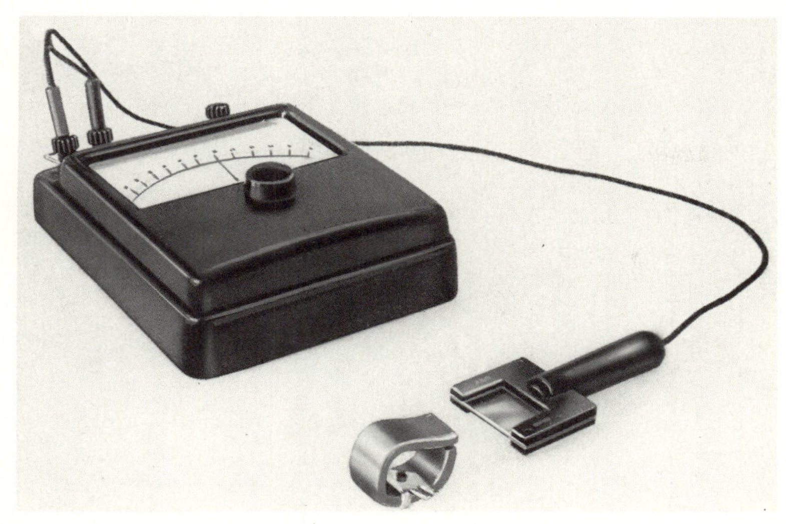

Abb. 132. Magnetischer Flußmesser mit Induktionsspule und Dauermagnet als Prüfling.

Abb. 133. Empfindlichkeitssteller für Flußmesser zur Fluß- oder Ladungsmessung (links) und nur zur Flußmessung (rechts).

Der Fluß kann bei *ruhender* Anordnung aller Teile, die zur Meßanordnung gehören, nur dann gemessen werden, wenn er sich *zeitlich* entweder im ganzen oder in einzelnen Sprüngen ändert; er kann aber dennoch zur Daueranzeige gebracht werden, wenn das Meßgerät — also der Flußmesser — bereits zum Zeitpunkt des Entstehens des Flusses angeschlossen war und seine Stellung während der Dauer unveränderten Flusses nicht etwa durch Kriechbewegung ändert. Dies ist bei besonders ausgewählten Einzelgeräten tatsächlich der Fall und man kann wenigstens während der Versuchsdauer z. B. bei der Aufnahme einer Magnetisierungskennlinie den jeweiligen Fluß durch die Induktionsspule gleichsetzen der Zunahme bzw. der Abnahme des Zeigerausschlags gegenüber der willkürlich gewählten Ausgangsstellung. Als

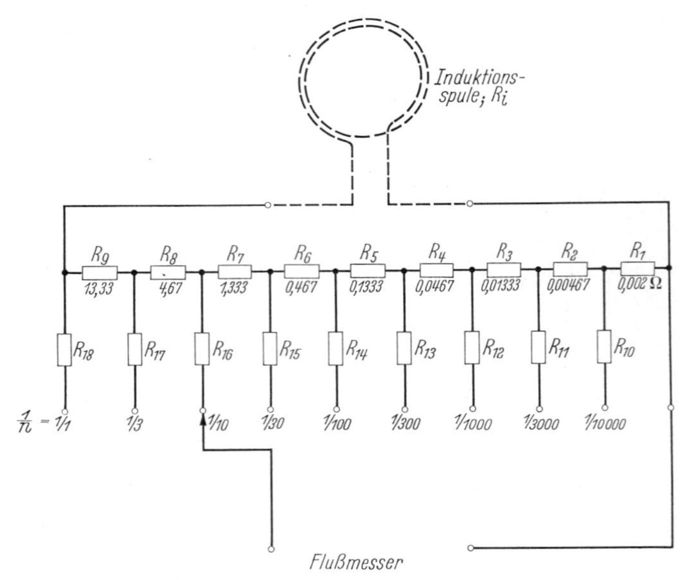

Abb. 134. Schaltung des Empfindlichkeitsstellers bei Flußmessungen. Die Angabe des Flußmeßgeräts ist malzunehmen mit

$$\frac{R_i + 20}{20} \cdot n .$$

günstig hat sich erwiesen, diese Stellung auf den Skalenanfang oder die Skalenmitte zu legen, wozu man durch Betätigen der Abdeckung der Photozelle auch in mäßig beleuchteten Räumen bequem in der Lage ist.

Durch Wahl entsprechend großer, den vollen Ausbreitungsbereich des Magnetfelds umfassender Induktionsspulen vermag man dessen ganzen Fluß Φ zu messen. Unter Benutzung schmaler, langer Spulen kann man bei zylindrisch erstreckten Feldern (angenähert zutreffend bei nicht allzu kurzen elektrischen Maschinen) die Verteilung des Flusses längs des Umfangs, also die sog. *Feldkurve*, bestimmen. Mit Spulen kleinen Querschnitts und entsprechend erhöhter Windungszahl ist es möglich, die Teilflüsse durch eben diese kleine Fläche, in guter Annäherung also die örtliche *Flußdichte* oder magnetische Induktion B zu bestimmen. Man hat nur die Anzeige des Flußmessers durch die Meßfläche und wie in jedem Fall durch die Windungszahl zu dividieren.

Abbildung 135 zeigt eine große Spule höherer Windungszahl, mit der man z. B. so schwache Felder wie das Erdfeld mit Induktionen unter 0,1 mT ausmessen kann; man sieht weiter eine schmale lange Spule, die bei geeigneter Abmessung (Breite = Nutteilung) den örtlichen Einfluß von Zähnen und Nuten im Ergebnis stark zurücktreten läßt und die man gern bei der Aufnahme von Feldkurven benutzt. Die letzte Spule, deren eigentliche Erstreckung der kleine Kreis am Ende der Halterung ist, wird zur Messung von Flußdichten gebraucht. Sie hat 243 Windungen bei einer wirksamen Fläche von 0,21 cm^2.

Ganz speziell vermag man mit Hilfe des Flußmessers bei längs erstreckten Feldern auch einer einzelnen *Kraftlinie* zu folgen, wenn man nämlich eine Induktionsspule

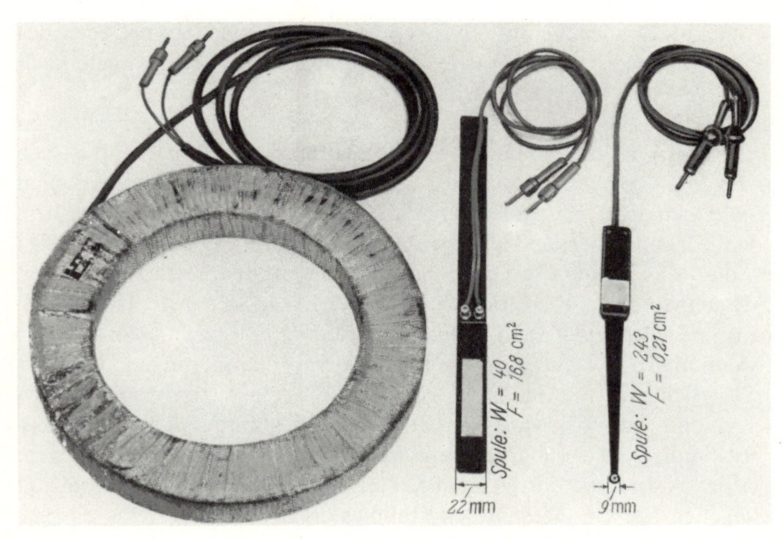

Abb. 135. Induktionsspulen zur Flußmessung. Große Spule für Erdfeld, mittlere und rechte auch für Fluß*dichtemessung* geeignet.

benutzt, deren einer Draht an beliebiger Stelle und zweckmäßigerweise dem Längsverlauf des Felds folgend örtlich festgelegt wird, während der andere Draht parallel zum ersten der Höhe und der Breite nach verschiebbar bleibt. Die beiden Stirnverbindungen sollen jeweils möglichst in der durch die Drahtenden bestimmten Endfläche verlaufen. Man bewegt nunmehr den freien Draht von seiner ersten Lage in eine neue in der Weise, daß der Ausschlag des Flußmessers unverändert bleibt oder daß eine inzwischen eingetretene Änderung der Anzeige durch eine Korrekturbewegung wieder rückgängig gemacht wird. So verfolgt man, soweit die freie Beweglichkeit möglich ist, eine einzelne Kraftlinie, die ja bei zylindrischen Feldern gleichzeitig eine Linie konstanten Flusses ist, und man kann sie nach einem räumlichen Hindernis

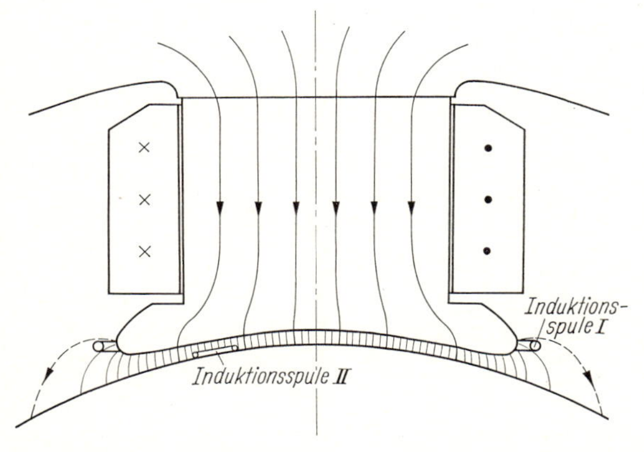

Abb. 136. Induktionsspule *I* für Messung des Polflusses und Spule *II* für Messung der Flußverteilung (Feldkurve).

(Eisenkern oder Wicklung) wiederfinden, wenn man dahinter wiederum Lagen des beweglichen Leiters aufsucht, in denen die alte Geräteanzeige, wenn auch nach vorübergehender erheblicher Abweichung sich wieder einstellt.

Die Anordnung der Induktionsspulen wird am Beispiel einer zu untersuchenden Gleichstrommaschine in Abb. 136 gezeigt. Die den Pol umfassende Spule mißt dessen ganzen Fluß, wenn man von den schwachen seitlich nicht erfaßten Streuanteilen absieht. Man erhöht den Erregerstrom in einem oder in mehreren Sprüngen, liest gleichzeitig mit dem Strommesser die jeweilige Ausschlagsänderung des Flußmessers ab und gewinnt die Magnetisierungskurve bei zu- und abnehmender Erregung, indem man die Meßreihe noch einmal rückwärts, am besten sogar bis in den anderen Quadranten hinein und wieder auf Null zurück durchfährt. Die gleiche Anordnung bleibt bestehen, wenn man schwache oder auch merkliche Flußänderungen als Rückwirkung eines zusätzlich zum nunmehr festgehaltenen Erregerstrom auftretenden Ankerstroms bestimmen will. Allerdings ist es bei der Bestimmung kleiner Flußschwankungen notwendig, die volle Empfindlichkeit der Anordnung auszunutzen, während man bei der Aufnahme der Magnetisierungskurve selbst in der Regel mit $^1/_{10}$ bis $^1/_{100}$ der eigenen Empfindlichkeit des Flußmessers arbeitet.

Die weiter unten mit ihren Meßergebnissen belegte genaue Untersuchung eines Wendepols forderte eine Reihe von Induktionsspulen, wie sie in Abb. 137 wiedergegeben wurden. Die Induktion im Luftspalt unter dem Wendepolschuh kann bequem mit einer dort eingeführten Hall-Sonde gemessen werden. Für die Bestimmung des Flusses und der Flußdichte in den einzelnen Querschnitten des eisernen Polkerns jedoch muß man den Flußmesser benutzen, der der Reihe nach an die insgesamt 13 Induktionsspulen anzuschließen ist, wobei jedesmal der Ankerstrom, der gleichzeitig die Wendepolwicklung durchfließt, ein- und wieder ausgeschaltet wird.

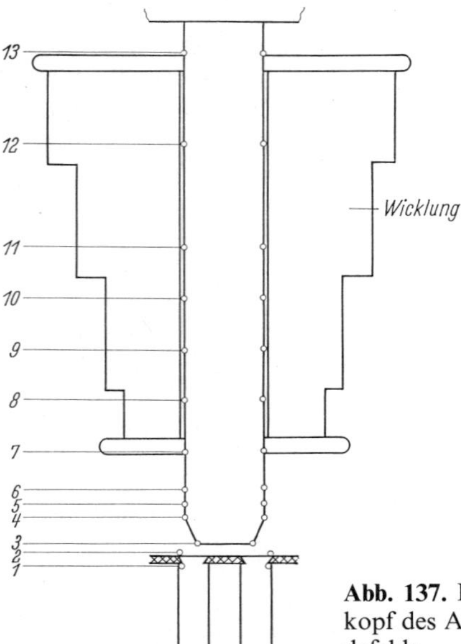

Abb. 137. Induktionsspulen auf Wendepolschenkel und Zahnkopf des Ankers zur Bestimmung der Flußverteilung des Wendefelds.

Bei Flußmessungen mit *freier örtlicher Beweglichkeit* der Induktionsspule erübrigt sich die zeitliche Änderung des auszumessenden Magnetfelds. Man führt die Induktionsspule aus einem (nahezu) feldfreien Gebiet zügig an die Meßstelle und beobachtet die Ausschlagsänderung des Geräts. Oder man dreht, falls möglich, die Spule an der Meßstelle selbst um 90°, wobei man den einfachen Fluß durch die Spule mißt, oder um 180°, wobei man den doppelten Wert erhält. Man muß natürlich erst die räumliche Lage der Ebene der Induktionsspule, in der sie den größten Fluß umfaßt und demnach im wesentlichen mit ihrer ganzen Fläche senkrecht zum Feld steht, aufsuchen. In den meisten Fällen kennt man den Feldverlauf; beim Erdfeld dagegen verstellt man die Spule systematisch so lange, bis man den höchsten Ausschlag erhält, und dreht sie dann schnell um eine beliebige Achse um 180° herum. Der gemessene Ausschlag wird dann halbiert, durch Fläche und Windungszahl der Spule geteilt und mit der Meßkonstante multipliziert. Er ergibt recht genau den Betrag der Induktion. Ihre Richtung steht senkrecht auf der Fläche der Induktionsspule, deckt sich also mit deren Achse. Beachtet man lediglich die Stellung der Spule im Raum, so arbeitet der Flußmesser demnach als Kompaß [67, 68].

4.2. Hall-Sonde

Während bei der Messung des Flusses oder der Flußdichte mit Hilfe des Flußmessers entweder das Magnetfeld selbst oder die Lage der Spule oder einer Spulenseite im Magnetfeld geändert werden muß, gelingt die Bestimmung der Dichte, also der magnetischen Induktion B, unmittelbar durch Ausnutzung des *Hall-Effekts*. Durchsetzt ein Magnetfeld die Fläche eines dünnen Plättchens geeignet ausgewählter Halbleiter, so erhöht sich dessen Widerstand und es tritt, falls das Plättchen in seiner Längsrichtung von einem Steuerstrom i_s durchflossen wird, eine Querspannung zwischen den Mittelpunkten seiner Längsseiten auf, die Hall-Spannung genannt wird und mit U_H bezeichnet werden soll.

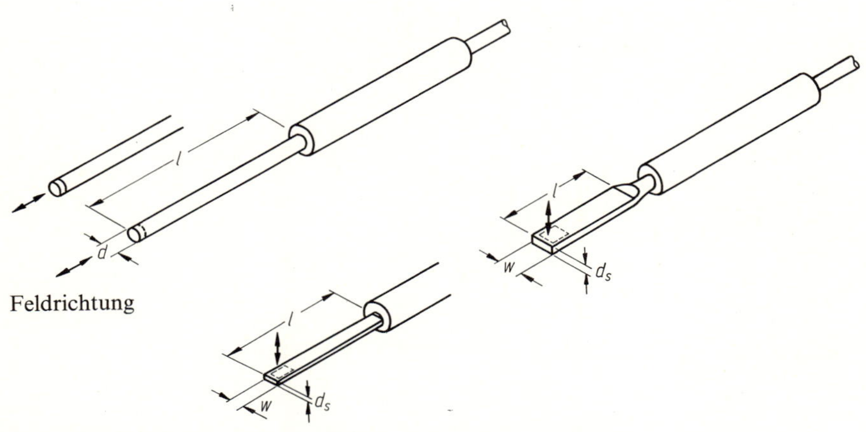

Abb. 138. Beispiele für industrielle Hallsonden. l = 50–100 mm.
Typische Abmessungen sind: w = 2–8 mm; d_S = 0,3–1,8 mm; d = 2,5–7 mm.

Die Abb. 138 zeigt Beispiele für komplette Sonden, wie sie heute angeboten werden. Das Sondenangebot ist recht vielfältig, um unterschiedliche Meßaufgaben der Flußdichtemessung zu lösen.

Bei der modernen *Hall-Sonde* (auch Hall-Generator genannt) wird nach sehr erfolgreichen Forschungen der Elektroindustrie heute z. B. die Zwischenmetallverbindung Indium-Arsenid benutzt, aus der eine dünne Platte etwa der Abmessung 4mal 6 mm, bei einer Stärke vom Bruchteil eines Millimeters, zu einer Meßsonde geschnitten wird. Der Steuerstrom i_s fließt über Elektroden auf den schmalen Seiten und die Hall-Spannung U_H wird an zwei Spannungselektroden in der Mitte der beiden längeren Seiten abgenommen. Solche Sonden, eingebettet in einen Kunststoffträger, der zur Verstärkung einen offenen U-förmig gestalteten Rahmen besitzt, sind in Abb. 139 zu sehen. Die insgesamt vier elektrischen Zuleitungen sind bei den unteren Sonden als je ein Paar für den Steuerstrom und ein weiteres für die Hall-Spannung zu erkennen. Der Steuerstrom liegt bei 0,6 A, wenn keine zusätzliche Kühlwirkung durch dicht benachbartes Eisen vorhanden ist; er kann bis auf 1,2 A erhöht werden, wenn gute Kühlmöglichkeiten bestehen.

Die Untersuchung einer Hall-Sonde liefert Ergebnisse, wie sie in Abb. 140 wiedergegeben wurden. Sie wurden übrigens mit Hilfe eines Flußmessers gewonnen, der bei dem zur Untersuchung der Sonde benutzten homogenen Feld die unabhängige Messung der Induktion B erlaubte. Die obere Kurve zeigt den relativen Längswiderstand R/R_0 und die untere die Hall-Spannung U_H in Abhängigkeit von der

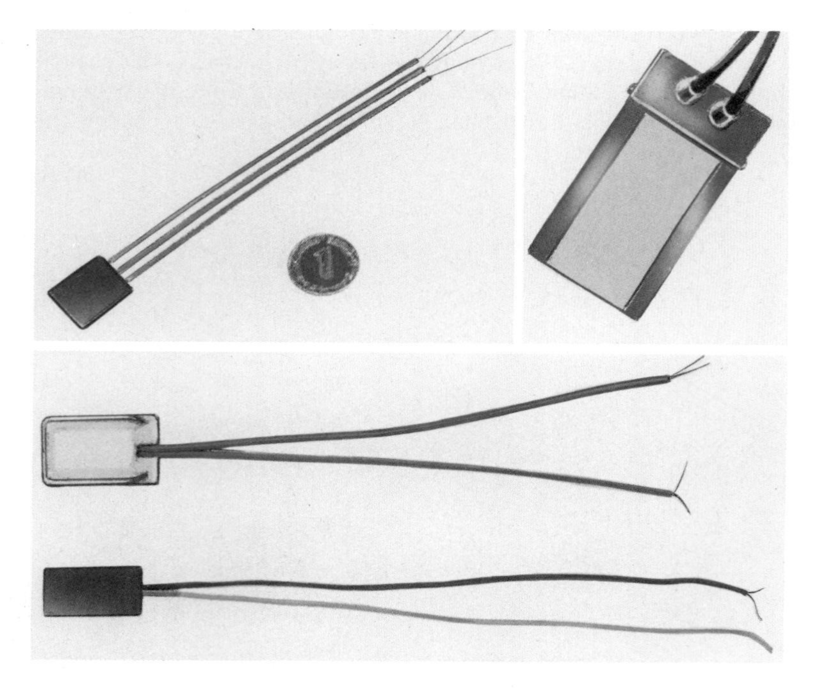

Abb. 139. Hall-Sonden aus Indium-Arsenid zur unmittelbaren Messung der Flußdichte.

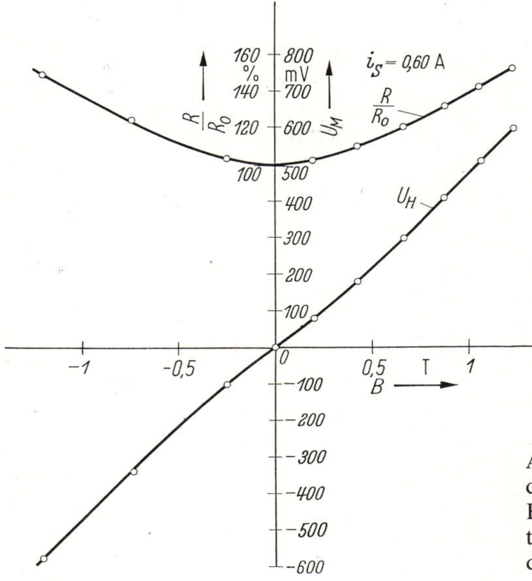

Abb. 140. Kalibrierkurven einer Hall-Sonde. Relativer Längswiderstand R/R_0 und Hall-Spannung U_H bei senkrecht eintretendem Feld über der magnetischen Induktion B.

Induktion B des die Hall-Sonde senkrecht zur Fläche durchsetzenden Magnetfelds. Der Steuerstrom i_s war 0,60 A. Mit einem Blick erkennt man, daß der eigentliche Hall-Effekt, nämlich das Auftreten einer Querspannung U_H, für die sich recht genau schreiben läßt:

$$U_H = C i_s B\,,$$

für die Messung von B wesentlich günstiger ist als etwa der bisher bei der Wismutspirale gelegentlich ausgenützte zweite Effekt, nämlich die von der zu messenden Induktion abhängige Widerstandszunahme. Die Hall-Spannung konnte gegenüber früher ganz bedeutend heraufgesetzt werden, so daß es heute möglich ist, Meßgeräte unmittelbar an die Spannungselektroden der Hall-Sonde anzuschließen. Durch Anpassen des Meßkreiswiderstands läßt sich übrigens die schwache Krümmung im Verlauf der Kurve $U_H(B)$ nahezu beseitigen. Für betriebliche Messungen stört sie nicht; bei genauen Untersuchungen kann man jederzeit auf die Kalibrierkurve zurückgreifen. Übrigens spielen zeitliche Änderungen des Steuerstroms (z. B. wenn er ein Wechselstrom ist) oder der Induktion keine Rolle, da die Hall-Spannung praktisch verzögerungsfrei den Schwankungen des Steuerstroms und der Induktion folgt, und zwar bis hinauf zu Frequenzen, die weit oberhalb der in der Starkstromtechnik vorkommenden Werte liegen.

Eine bei meßtechnischer Benutzung des Hall-Effekts häufig vorkommende Aufgabe besteht darin, aus einer zu messenden physikalischen Größe eine ihr verhältnisgleiche magnetische Induktion B zu gewinnen. Abbildung 141 gibt das hierzu gut verwendbare sog. *Stromjoch* wieder, welches aus zwei U-förmigen geblechten Eisenkernen besteht, die zusammengefügt z. B. die Schienen der einen Polarität einer Stromzuführung umfassen. Sie bleiben durch zwei Luftspalte von einigen Millimetern

Abb. 141. Stromjoch für 6 kA mit je einer Hall-Sonde in beiden Spalten.

Dicke getrennt, in die ein oder zwei Hall-Sonden eingefügt werden. Die Induktion in jedem Spalt beträgt nahezu:

$$B = \mu_0 \frac{I}{2 \cdot \delta}$$

wenn I der Strom im Fenster, δ die Spaltdicke ist. Hierbei ist der Eigenbedarf des Stromjochs an Erregung vernachlässigt worden, und es bleibt ebenfalls unberücksichtigt, daß eine zu nahe Nachbarschaft mit dem Rückleiter die Induktion des einen Spalts etwas erhöht und die des anderen Spalts um nahezu den gleichen Betrag verringert. Das dargestellte Joch ist für 6000 A bemessen, die Dicke jedes Spalts beträgt 4 mm, so daß in jedem Spalt eine Induktion von rd. $6000/(2 \cdot 0{,}4) \cdot 1{,}256 = 942$ mT auftritt. Das Joch ist frei von inneren und äußeren Kurzschlußbahnen, also nach den gleichen Grundsätzen wie ein Wandlerkern aufgebaut.

Bei kleineren Strömen, oder falls z. B. eine Spannung in eine Induktion B verwandelt werden soll, benutzt man Wicklungen höherer Windungszahl, so daß auch kleine Ströme das Stromjoch voll zu erregen vermögen. Andere physikalische oder technische Größen werden zuvor in einen Strom umgewandelt.

Bei den eigentlichen magnetischen Untersuchungen liegt das Magnetfeld als das auszumessende Objekt bereits vor, und es interessiert die Abhängigkeit der Hall-Spannung von dem evtl. Winkel, unter dem die Kraftlinien die Hall-Sonde treffen.

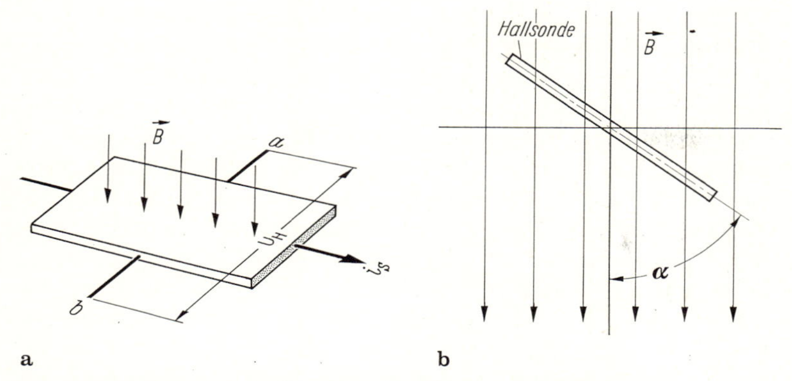

a **b**

Abb. 142. Hall Sonde **a** senkrecht und **b** schräg zum Magnetfeld.

In Abb. 142a ist der Fall des senkrechten Schneidens und in Abb. 142b der der schrägen Lage zum Feld dargestellt. Man sieht den die Längsrichtung durchsetzenden Steuerstrom i_s und die Hall-Sonde selbst, von der die Hall-Spannung an den beiden Elektroden a und b angegriffen wird. Beide Zuleitungspaare werden unter sich genügend verdrillt, damit nicht etwa transformatorisch erzeugte zusätzliche Spannungen entweder den Steuerstrom verändern oder sich zur Hall-Spannung hinzufügen. Die Hall-Spannung hängt, wie Abb. 143 zeigt, genau sinusförmig von der Winkellage ab, und die Widerstandszunahme in Längsrichtung ändert sich mit dem Quadrat des Sinus. Beide Kurven wurden in einem homogenen Magnetfeld gewonnen. Die Widerstandszunahme läßt, wenn man durch Stellungsänderung der Sonde ihren maximalen Wert aufsucht, die Richtung, nicht aber den Richtungs*sinn* des Felds erkennen, während die Hall-Spannung durch das positive oder negative Vorzeichen des Maximums anzeigt, ob die Feldlinien auf der einen oder auf der anderen Seite in die

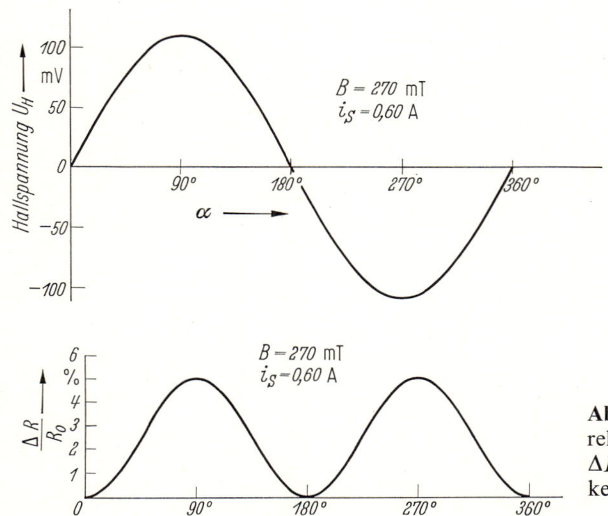

Abb. 143. Hall-Spannung U_{H} und relative Längswiderstandszunahme $\Delta R/R_0$ in Abhängigkeit des Winkels zum Magnetfeld.

Sonde eintreten. Wenn sich keine Hall-Spannung zeigt (der Nulldurchgang ist besonders exakt feststellbar), gehen die Feldlinien durch die Ebene der Sonde. Man ist also imstande, nicht nur den Betrag, sondern auch die Richtung und den Richtungssinn der magnetischen Induktion zu bestimmen, so daß man also unmittelbar den Feldvektor, und zwar schon bei schwachen Intensitäten, messen kann.

Die Hall-Spannung kann u. U. mit einem Fehler behaftet sein, der dem Steuerstrom i_s verhältnisgleich ist oder der bei unveränderlichem Steuerstrom selbst konstant ist. Er rührt von der nicht exakten Lage der beiden oder einer der beiden Spannungselektroden her. Die Korrektur geschieht nach Abb. 144a oder b; die zweite Möglichkeit sieht vor, daß ein konstanter Fehler durch eine fremd bezogene Zusatzspannung kompensiert wird, die ihrerseits konstant ist. Die in Abb. 144a gezeigte Schaltung liefert eine Zusatzspannung, die dem Steuerstrom i_s in genügender Genauigkeit proportional ist. Beide Schaltungen bedeuten keine fühlbare Erschwerung für die Messung. Man stellt den etwa vorhandenen Fehler fest, indem man den Steuerstrom aus- und wieder einschaltet und den Ausschlag am angeschlossenen Spannungsmesser beobachtet. Die Hall-Sonde muß sich dabei in einem nahezu feldfreien Gebiet befinden. Das überall vorhandene Erdfeld spielt allerdings wegen seiner Kleinheit bei dieser Kontrolle im allgemeinen keine Rolle.

Eine gewisse Aufmerksamkeit ist auf den eingespeisten Steuerstrom zu richten, da sich der Längswiderstand der Hall-Sonde nach Abb. 140 und Abb. 143 merklich ändert. Ein genügend hoher Vorwiderstand reicht bei nicht zu knapp gewählter Steuerspannung in der Regel aus, diesen Effekt im Rahmen der zulässigen Meßgenauigkeit zu unterdrücken. Dient als Quelle des Steuerstroms (z. B. bei der weiter unten beschriebenen Leistungsmessung) eine Spannung von einigen hundert bis zu etwa 1000 V, so braucht man mit Rücksicht auf den sehr hohen Vorwiderstand sowieso nicht mehr an die Widerstandsänderung der Sonde zu denken. Man muß dann allerdings auf kleinere Steuerströme von etwa 0,2 A zurückgehen, damit die Leistung des Vorwiderstands nicht über 100 bis 200 W hinausgeht. Die Empfindlich-

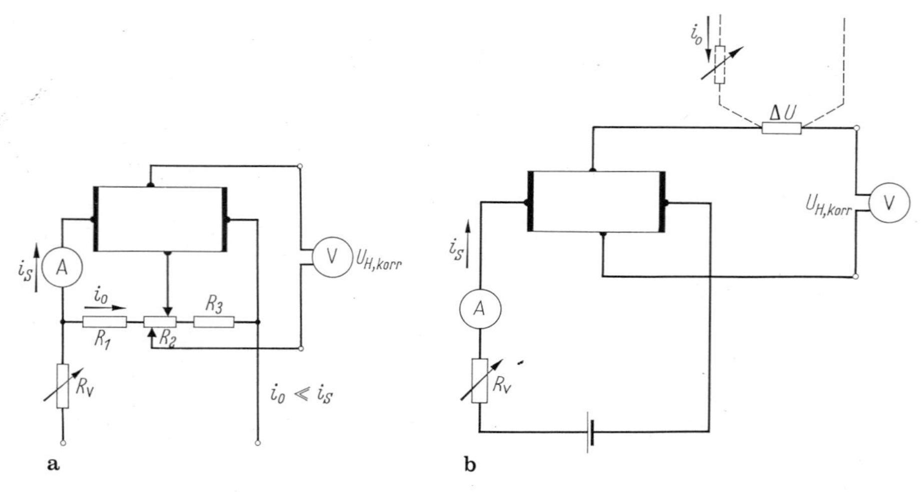

Abb. 144. Korrektur der Hall-Spannung **a** bei veränderlichem und **b** bei konstantem Steuerstrom, anzuwenden bei nicht genau gegenüberstehenden Spannungsabgriffen.

keit der Hall-Sonde wird im gleichen Maße wie der ihr zugeführte Steuerstrom verringert; sie dürfte bei dem genannten Steuerstrom aber für fast alle Verwendungszwecke noch hoch genug liegen. Geht man mit dem Steuerstrom noch weiter herunter, z. B. auf 0,02 A, also auf $^1/_{30}$ des in der Regel zulässigen Betrags, so können sich die durch unerwünschte, aber niemals ganz vermeidbare transformatorische Vorgänge erzeugten parasitären Spannungen lästig bemerkbar machen. Insbesondere erscheint bei oszillographischen Aufnahmen die Hall-Spannung als ein oberwellenreiches Band, das sich im gleichen Maße zu einem Strich zusammenzieht, wie man den Steuerstrom erhöht und den Vorwiderstand der Schleife vergrößert. Möglicherweise verläßt man durch die veränderte Anpassung des äußeren Meßkreiswiderstands die erstrebte geradlinige Charakteristik, aber man gewinnt dafür einwandfrei deutbare Ergebnisse.

Die Hall-Sonde kann — wie oben erwähnt — benutzt werden, um jede physikalische oder technische Größe zu messen, die in ein ihr proportionales Magnetfeld verwandelt zu werden vermag, dessen Querschnitt etwas größer als einige Quadratzentimeter ist. Verwandelt man die gleiche Größe oder eine zweite in einen verhältnisgleichen Strom, den man als Steuerstrom der Hall-Sonde zuführt, und ordnet man diese in dem gerade erwähnten Magnetfeld an, so tritt eine Hall-Spannung auf, die dem *Produkt* der beiden Größen verhältnisgleich ist oder, falls die Größen identisch sind, ihrem eigenen *Quadrat* entspricht. Wichtig ist z. B. die Messung der Leistung von großen Gleichstromanlagen, insbesondere wenn schnelle Laständerungen beobachtet werden sollen. Dann dient der Gleichstrom, der recht lebhaften Schwankungen unterworfen sein kann, der Erregung eines Stromjochs, und er verwandelt sich in die Dichte B in den beiden Spalten des Jochs. Die Spannung, ebenfalls entweder veränderlich oder aber auch konstant, liegt über einem Vorwiderstand an der Sonde und verwandelt sich in einen proportionalen Steuerstrom i_s. Wegen

$$U_{\text{Hall}} = C i_s B \qquad \text{gilt jetzt:}$$

$$U_{\text{Hall}} = C_1 U_{\text{gl}} I_{\text{gl}},$$

wobei U_{gl} und I_{gl} Spannung und Strom der Gleichstromanlage sind und C_1 unschwer durch eine Kalibrierung oder Umrechnung bestimmt werden kann. Der sehr große Vorzug dieses Vorgangs besteht darin, daß nunmehr ein Voltmeter oder eine normale Oszillographenschleife zur Messung oder Registrierung einer *Leistung* benutzt werden können. Wählt man als Steuerspannung den Ohmschen Abfall des gleichen Stroms, sei es an einem eigenen Reihenwiderstand, sei es auf eine gewisse Länge der Stromzuführung selbst, so mißt man eine Hall-Spannung:

$$U_{\text{Hall}} = C_2 I_{\text{gl}}^2 .$$

Darf man mit konstanten Widerständen im Stromkreis rechnen, so mißt man mit der Hall-Spannung nichts anderes als die sonst sehr schwer erfaßbaren *Verluste* $I^2 R$. Zählt man sie, indem man die Hall-Spannung einem Voltsekundenzähler zuführt, so mißt man die durch die Stromwärme verlorengegangene elektrische Arbeit, gewinnt also ein Maß, sei es für die Wirtschaftlichkeit, sei es für die thermische Beanspruchung der stromdurchflossenen Teile der Anlage, speziell z. B. der Maschinenanker.

Legt man die Hall-Sonde unter den Hauptpol einer Gleichstrommaschine und speist man den Steuerstrom wie eben als eine dem Ankerstrom der Maschine proportionale Größe ein, so bekommt man eine Hall-Spannung:

$$U_{\mathrm{Hall}} = C_3 \Phi I_{\mathrm{gl}} = C_4 M \,,$$

wobei M das innere *Drehmoment* der Maschine ist [69–71].

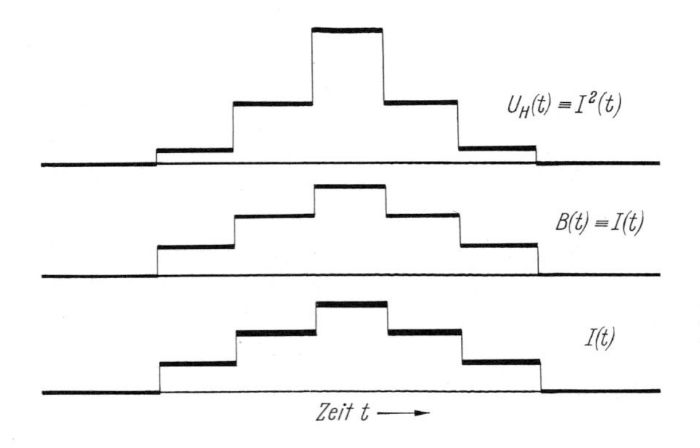

Abb. 145. Multiplikation zweier physikalischer Größen mit der Hall-Sonde. Hier beide Male der Strom, also Quadratur desselben.

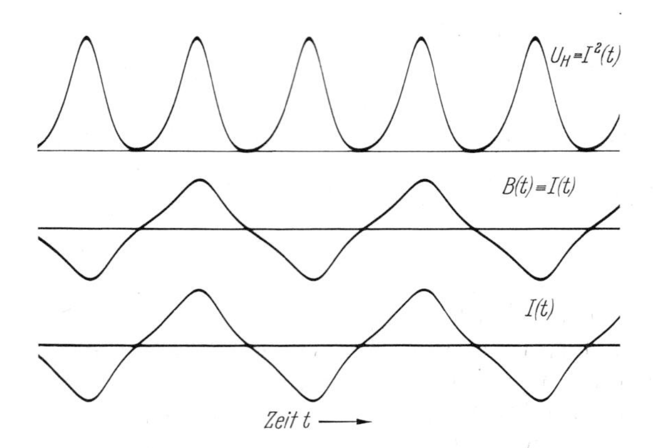

Abb. 146. Quadratur eines oberwelligen Wechselstroms mit der Hall-Sonde.

Die Abb. 145 und 146 sollen diese Produktbildung speziell an Hand der Quadrierung eines stufenförmig veränderlichen Gleichstroms und eines oberwellenhaltigen Wechselstroms erläutern. In beiden Fällen wurde der unten sichtbare Strom $I(t)$ in einem Stromjoch in die darüberliegende magnetische Induktion $B(t)$ verwandelt, während als Hall-Spannung $U_{\mathrm{H}}(t)$ die oberste Kurve auftrat. Bei der Aufnahme wurden also zwei Hall-Sonden benutzt, von denen die eine einen konstanten und die andere einen dem zu quadrierenden Strom verhältnisgleichen Steuerstrom führte, so daß einmal $U_{\mathrm{H}} = C_1 I(t)$ und zum anderen Mal $U_{\mathrm{H}} = C_2 I^2(t)$ geschrieben werden konnte. Die unterste Kurve wurde wie üblich als Spannungsabfall an einem Shunt $u_{\mathrm{Ohm}} = C_3 I(t)$ geschrieben. Produktmessungen im Betrieb, und zwar $U(t) \cdot I(t)$ sowie $I(t) \cdot I(t)$, zeigen zwei Oszillogramme in Abb. 184.

4.2.1 Messung der Stromstärke

Soll nur ein Strom gemessen oder oszillographiert werden, so bedient man sich bei Wechselströmen nach wie vor am besten eines Stromwandlers, den man sekundär auf ein oder zwei in Reihe liegende Nebenwiderstände für die meistens 5 A betragende sekundäre Nennstromstärke belastet. Ihr Spannungsabfall kann dünndrähtig auf nicht allzu große Entfernungen weitergeleitet werden, so daß man am Ende über eine Spannung verfügt, die dem primären Strom verhältnisgleich ist. Diese Möglichkeit wird übrigens von den Herstellern von Wechselstromwandlern mitunter nicht berücksichtigt.

Handelt es sich um Gleichstrom mäßiger Stärke, so benutzt man üblicherweise Widerstände im Zuge der Leitung, an deren Klemmen eine dem Strom verhältnisgleiche, meist aber recht kleine Spannung von 30 oder 60 mV, früher auch 150 mV, auftritt.

Liegen die Stromstärken jedoch über 1000 A bis hinauf zu 15000 A und ändern sie sich sehr schnell, so tritt die Verwendung eines oder mehrerer Shunts aus wirtschaftlichen und meßtechnischen Gründen zurück. Hier erkennt man den Vorteil der Messung mit der Hall-Sonde, die unter alleiniger Verwendung des Stromjochs den Strom in eine Spannung von 600 mV zu verwandeln gestattet. Wollte man diese Spannung mit Hilfe eines Shunts erzielen, so müßte dieser eine Leistung von 9000 W umsetzen, wenn man an die Messung von 15000 A denkt. Die in der Praxis weit verbreitete Anwendung sog. Gleichstromwandler muß hier natürlich auch erwähnt werden. Auch sie besitzen nur geringe Eigenverluste.

Die Hall-Spannung gibt bei genügend feiner Blätterung des Stromjochs ein unverzögertes Abbild der tatsächlichen Stromstärke. Dies ist von Interesse bei den in der Praxis bei Entlastung vorkommenden Stromänderungen von 50000 bis 300000 A/s, die bei Anlagen mit einer Nennstromstärke von 5000 bis 10000 A auftreten. Bei Verwendung von Nebenwiderständen besteht, besonders wenn man provisorisch zu Teilstücken der Stromschienen greift, immer die Möglichkeit einer momentanen Verfälschung infolge der merklichen Stromverdrängung im Querschnitt dieser Zuleitungen. Dieser Fehler kann, wie Abb. 182 zeigt, durch richtig geführte Meßdrähte allerdings unterdrückt werden.

Möglich erscheint bei der Strommessung auch die Benutzung eines durch einen konstanten Erregerstrom auf gleichbleibende Dichte B erregten Stromjochs, in dessen Spalt ein vom zu messenden Strom durchflossener Hall-Generator liegt. Dann wäre die Hall-Spannung wegen B = const diesem Strom verhältnisgleich. Das böte kaum einen Vorteil, da kleine Stromstärken mit den bekannten Mitteln besser gemessen werden können.

Das angedeutete Mittel wird aber erfolgreich angewandt, wenn z. B. das Produkt des Stroms mit sich selbst, also I^2 gemessen oder oszillographiert oder gezählt werden soll.

4.2.2 Messung des Stromquadrats

Man benutzt den Strom I, dessen Quadrat mittels Hall-Sonde in eine elektrische Spannung U_H verwandelt werden soll, einmal zur Erregung eines Stromjochs und zum zweiten Mal als Steuerstrom der Hall-Sonde. Meistens muß man nun doch zu einem — wenn auch behelfsmäßigen — Widerstand im Zuge der Stromleitung greifen, um die Stromstärke I zuerst in eine elektrische Spannung, nämlich den Ohmschen Abfall längs dieses Widerstands, zu verwandeln. Diese wird dann über einen Vorwiderstand wieder in einen Steuerstrom verwandelt und dem Hall-Generator zugeführt. Dieser erfährt also eine Steuerung durch einen dem Strom I proportionalen Strom i_s und eine Erregung durch eine demselben Strom I proportionale Induktion B. Die Hall-Spannung ist also $i_s B$ und daher $I \cdot I$ oder I^2 verhältnisgleich. Wenn man mit konstant bleibenden Gesamtwiderständen des Hauptstromkreises rechnen darf und diese R Ohm betragen, ist also zuletzt die Hall-Spannung $U_H \sim I^2 R$ und die Ablesung eines Voltsekundenzählers, an den der Hall-Generator direkt oder über einen Verstärker angeschlossen wird, lautet auf $\int I^2 R \, dt$. Der Zähler mißt also, auch bei stark veränderlichen Stromstärken, die in gewissen Zeiträumen entstandene Stromwärme.

Abbildung 182 läßt die Anordnung gut erkennen. Abbildung 184b zeigt den Verlauf eines zeitlich veränderlichen Gleichstroms $I_A(t)$, der links motorisch, rechts generatorisch ist. Abbildung 184d zeigt die Wiedergabe seines Quadrats, das natürlich nur positiv sein kann. Daher ist das Auffinden der Nullinie besonders leicht, da man nur die untersten Kurventeile durch eine gemeinsame Tangente, eben die gesuchte Nullinie, zu verbinden hat. Projiziert man die Nullstellen von I_A^2 nach oben, so gewinnt man die exakten Nullstellen oder Nulldurchgänge von I_A, die miteinander verbunden die genaue Nullinie von I_A ergeben. Bei dieser betrieblich besonders interessanten Messung ist es von Vorteil, Hall-Generatoren mit exakter Abnahme der Hall-Spannung zu benutzen, damit keinerlei Korrektur erforderlich wird. Dies trifft übrigens auf alle Produktmessungen zu, so auch bei der nachstehend beschriebenen Messung von Gleichstromleistungen.

4.2.3 Messung der Leistung

Während Wechsel- und Drehstromleistungen mit Hilfe der Spannungs- und Stromwandler leicht gemessen (leider aber nicht so gut oszillographiert) werden können, trifft dies auf die Gleichstromleistung nicht zu. Insbesondere entziehen sich ganz große und zeitlich schnell veränderliche Gleichstromleistungen der einfachen Messung oder der oszillographischen Aufnahme. Hier erscheinen die Vorteile des Hall-Generators besonders groß. Man benutzt den Strom I zur Erregung eines Jochs und verwandelt über einen Vorwiderstand R_v die Spannung U in einen ihr proportionalen Steuerstrom i_s.

Die Hall-Spannung U_H ist dann dem Produkt $U \cdot I$ wegen der unverzögerten Arbeitsweise zu jedem Zeitpunkt proportional. Zur Messung benötigt man ein normales Voltmeter, das bei Umkehr der Energierichtung natürlich im anderen Sinn ausschlägt, oder eine gewöhnliche Oszillographenschleife und nicht etwa eine sog. Leistungsschleife mit ihren bekannten Nachteilen. Der Vorwiderstand R_v muß eine gewisse Verlustleistung umsetzen, da der Steuerstrom wenigstens $^1/_5$ A betragen sollte, so daß bei 1000 V Betriebsspannung 200 W umzusetzen sind. Abbildung 184c zeigt eine Aufnahme von $P(t) = U(t)I(t)$, die mit einer normalen Schleife geschrieben wurde.

4.3 Prüfung von Synchronmaschinen

Bei Synchronmaschinen interessieren bezüglich ihrer magnetischen Eigenschaften zwei besondere Dinge, nämlich die veränderliche Gestalt ihrer Feldkurve bei Leerlauf, Last oder Kurzschluß, und die Erregung, die notwendig ist, ihr Feld aufzubauen. Das Vorhandensein des notwendigen Magnetfelds kann bei Lauf unschwer mit Hilfe einer normalen Spannungsmessung an ihren Klemmen nachgewiesen werden. Bei stillstehender Maschine jedoch muß man aber auf das Feld selbst, genauer gesagt auf seinen — mit den zwischen den Klemmen liegenden Ständerwindungen verketteten — Fluß zurückgreifen, nämlich wenn die Probe bei Lauf oder unter Vollast nicht durchgeführt werden kann. Man mißt dann mit einer der Hauptwicklung nachgebildeten Hilfswicklung und einem daran angeschlossenen Flußmesser den Fluß, d. h., man erregt die stromführende oder stromlose Maschine derart, daß der zur Erzeugung der Spannung notwendige Fluß einschließlich der zugehörigen Streuflußanteile nachweislich in der Maschine vorhanden ist. Dieses Verfahren ist einfach und offenbar gut entwicklungsfähig. Es eignet sich für die Prüfung beim Hersteller, zu Kontrollen nach Reparaturen und nicht zuletzt beim Studium der inneren Vorgänge im Unterricht.

Die Feldkurve, also die Verteilung des Flusses im Luftspalt, ist seit langem ein Objekt der theoretischen Betrachtung und wird bei Erklärungsversuchen z. B. über die Entstehung von Zusatzverlusten und ähnlichem herangezogen. Sie wird gewöhnlich ohne magnetische Meßgeräte bei Lauf durch Aufnahme der in einer einzelnen Probewindung induzierten Spannung gewonnen, wobei man eine Spulenweite gleich der Polteilung zu benutzen pflegt. Man erhält eine Spannungskurve, die den Charakter der Feldkurve, nicht aber ihre Feinheiten wiedergibt.

Die genaue Aufnahme der Feldkurve ist mit einer verschiebbaren Hall-Sonde bei stehender Maschine möglich, wenn nur die Breite der Sonde klein genug gegenüber der Nutteilung ist, z. B. 5 mm gegen 50 mm beträgt. Eine bequemere Aufnahme des wesentlichen Verlaufs der Feldkurve ist möglich, wenn man eine Hall-Sonde mitten auf einen Zahn legt und die Hall-Spannung bei Lauf oszillographiert.

4.3.1 Aufnahme der Feldkurve

Abbildung 147 zeigt den Schnitt einer Synchronmaschine über eine Polteilung mit einer Durchmesserspule zur Aufnahme der bei Lauf induzierten Spannung und mit Wiedergabe der verschiebbaren Hall-Sonde, die gerade auf der Mitte eines Zahns liegt. Hält man die angegebene Stellung von Läufer und Ständer fest, erregt das Polrad und führt die Hall-Sonde in einer beweglichen Halterung längs der Ständerbohrung, wobei ihre jeweilige Stellung durch Potentiometerabgriff auf die X-Ablenkung und ihre der örtlichen Induktion entsprechende Hall-Spannung auf die Y-Ablenkung eines X-Y-Schreibers gegeben wird, so bekommt man eine Kurve $B(x)$, die in Abb. 148 dargestellt wurde. Die verwendete Sonde war 3 mm breit. Man beachte die starken, erwarteten Einbuchtungen über den Nutmitten und die Zunahme der Induktion im Bereich der Zahnköpfe. Würde man das Polrad etwas verschieben und in seiner neuen Stellung wieder eine Kurve aufnehmen, so erhielte man eine leicht veränderte Feldkurve, da die Interferenz der Ständer- und der Läuferlücken sich geändert hätte. Typisch jedoch bliebe, daß die höchsten Induktionen im Bereich der

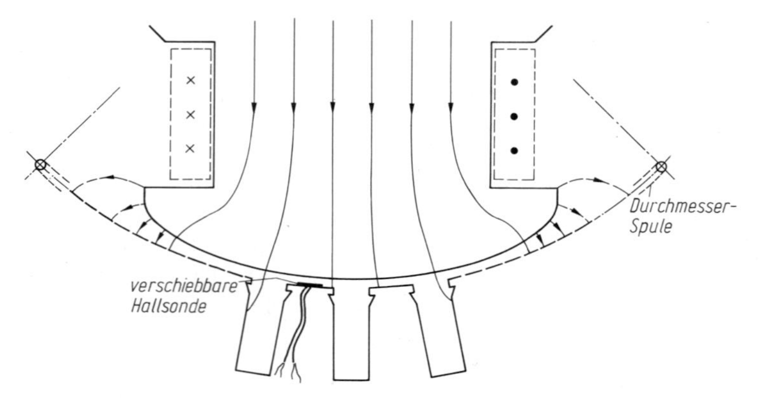

Abb. 147. Festangeordnete Durchmesserspule und verschiebbare Hall-Sonde zur Aufnahme der Magnetisierungskurve (mit Flußmesser) und der Feldkurve im Stillstand.

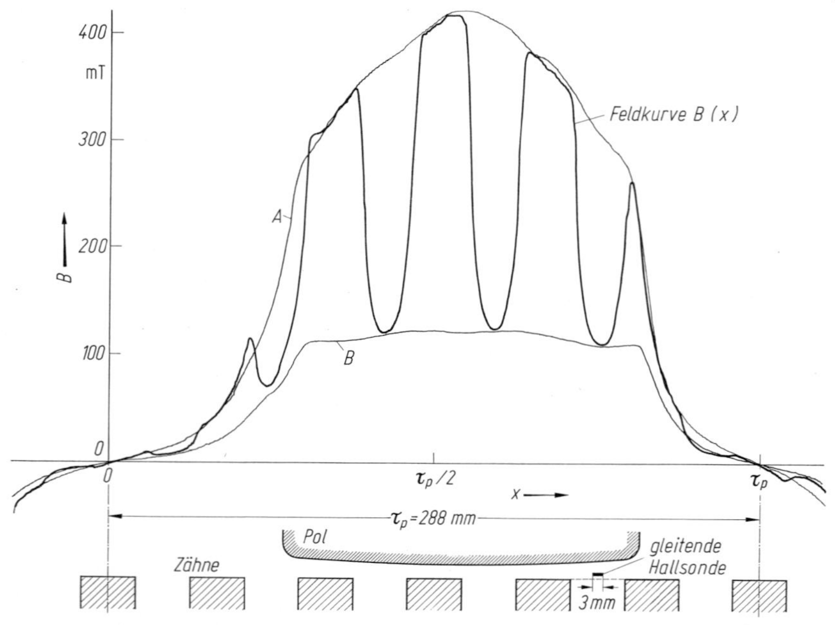

Abb. 148. Mittels beweglicher Hall-Sonde und *X*-*Y*-Schreiber aufgenommene Feldkurve einer stillstehenden Synchronmaschine. Dünn eingezeichnet die bei Lauf mitgeschriebenen Hall-Spannungen von fest angeordneten Sonden auf Mitte Zahn und Mitte Nut. Messung von Zahn.

Zähne und die kleinsten Werte über den Nutmitten auftreten. Bei Aufnahme vieler, also stellungsabhängiger Feldkurven ergäbe sich eine obere und eine untere Hüllkurve, die in Abb. 148 dünn eingezeichnet wurde. Diese beiden Kurven wurden aber auf ganz andere Weise gewonnen, nämlich bei laufender Maschine durch oszillographische Aufnahme der Hall-Spannung je einer festangeordneten Sonde: Mitte Zahn und

Mitte Nut. Wenn der Zusammenhang insbesondere der oberen, auf diese Art gewonnenen Kurve mit der wahren, aber stellungsabhängigen Feldkurve erkannt wurde, genügt es, um den wesentlichen Verlauf der Feldkurve einer Synchronmaschine zu erhalten, eine Hall-Sonde auf die Mitte eines Zahns zu legen und ihre Hall-Spannung bei laufender Maschine zu oszillographieren. Solche Meßergebnisse zeigen die Abb. 149 bis 152, und zwar auf der linken Seite (a). Rechts daneben (b) befinden sich Aufnahmen an der gleichen Maschine, die mit Hilfe der Durchmesserspule gewonnen wurden, deren beide Seiten oben in der Mitte zweier um eine volle Polteilung voneinander entfernter Nuten lagen.

Man sieht, daß sich die Ergebnisse mittels Hall-Sonde auf Mitte Zahn und Durchmesserspule auf Mitte Nut am besten decken. Zum Vergleiche wurde in Abb. 149a noch die Aufnahme mit einer Hall-Sonde auf Mitte Nut und in Abb. 152b die Spannung einer Spule auf Mitte Zahn wiedergegeben. Der Reihe nach wurden folgende Betriebszustände der jeweils mit voller Klemmenspannung laufenden Synchronmaschine untersucht: Leerlauf, Vollast $\cos \varphi = 1$, übererregter Phasenschieber $\cos \varphi = 0$ und zuletzt Kurzschluß mit voller Stromstärke. Zusammenfassend läßt sich sagen, daß die Aufnahme der Feldkurve bis in ihre Feinheiten hinein am besten bei stillstehender Maschine mit der dem zu untersuchenden Betriebszustand entsprechenden Stromverteilung im Ständer und Läufer unter Verwendung einer schmalen Hall-Sonde geschieht, die längs einer Polteilung verschoben wird. Wird nur das

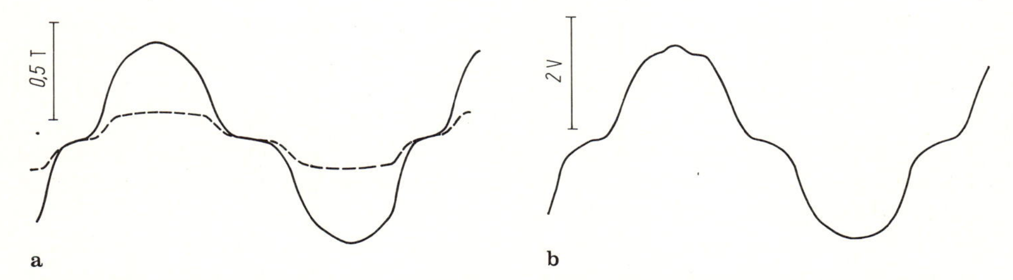

Abb. 149. Feldkurven einer Synchronmaschine bei Leerlauf. **a** Spannungen einer Halbsonde auf Mitte Zahn und gestrichelte Kurve auf Mitte *Nut*; **b** Spannungen einer Durchmesserspule auf Mitte Nut. Oszillogramme von Menzel.

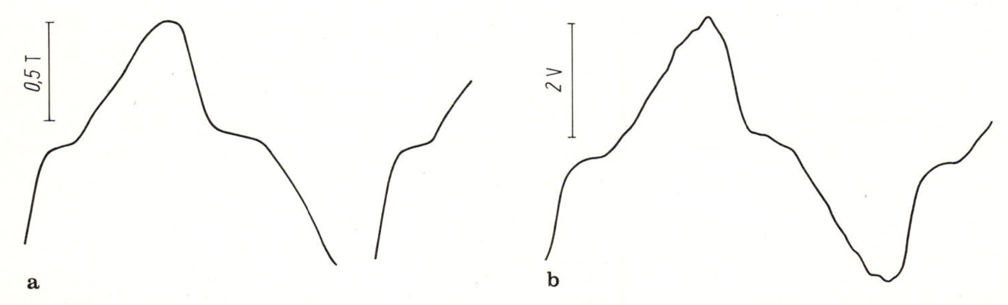

Abb. 150. Feldkurven einer Synchronmaschine bei Wirklast. **a** Spannungen einer Hall-Sonde auf Mitte Zahn; **b** Spannungen einer Durchmesserspule auf Mitte Nut. Oszillogramme von Menzel

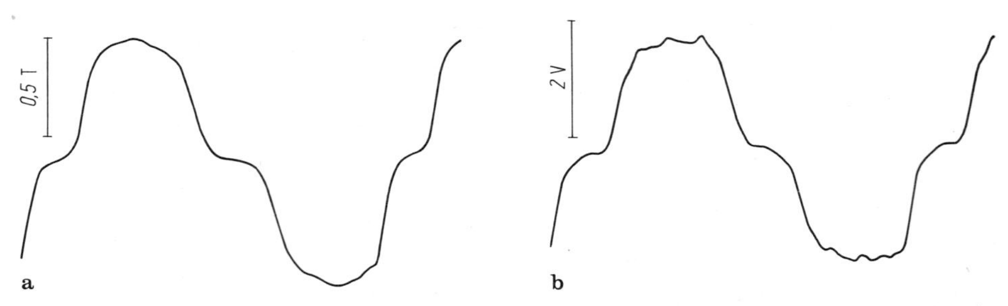

Abb. 151. Feldkurven einer Synchronmaschine bei Blindlast. **a** Spannungen einer Hall-Sonde auf Mitte Zahn; **b** Spannungen einer Durchmesserspule auf Mitte Nut. Oszillogramme von Menzel.

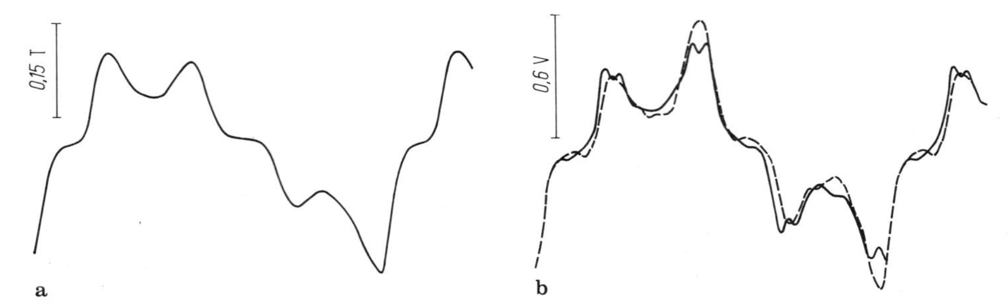

Abb. 152. Feldkurven einer Synchronmaschine bei Kurzschluß (veränderter Maßstab). **a** Spannungen einer Hall-Sonde auf Mitte Zahn; **b** Spannungen einer Durchmesserspule auf Mitte Nut und, gestrichelte Kurve, auf Mitte Zahn. Oszillogramme von Menzel.

Typische der Feldkurve verlangt, so genügt die Aufnahme der induzierten Spannung einer Durchmesserspule oder der Hall-Spannung einer Sonde, die auf der Mitte eines Zahns befestigt ist. Die Durchmesserspule soll von Mitte einer Nut bis zur Mitte der anderen Nut reichen. Mit gewissen Unterschieden zwischen den Stillstandsmessungen und denen bei Lauf muß man rechnen, wenn die Maschine über Kurzschlußbahnen im Polbogen verfügt (massive Schuhe z. B.), da örtliche Induktionsschwankungen dann bei Lauf durch die von ihnen hervorgerufenen Kurzschlußströme um 5 bis 10% gemildert werden.

Die Messung der Feldkurve mit einem Flußmesser unter Verwendung einer recht schmalen Induktionsspule erfaßt nicht alle Feinheiten. Der Versuch mit einer Induktionsspule, deren linker Draht festgelegt und deren rechter Draht ortsveränderlich ist, liefert als erstes Ergebnis den aufgelaufenen Teilfluß in Abhängigkeit der Lage der beweglichen Spulenseite. Man muß erst differenzieren, um zur Flußverteilung, also zur Induktion längs des Umfangs zu kommen. Dieses Verfahren verlangt hohe Genauigkeit und ist wesentlich umständlicher als die Benutzung der Hall-Sonde.

4.3.2 Untersuchung im Stillstand mit Flußmesser

Nachstehend mag besonders der praktisch wichtige Fall behandelt werden, daß bei der Prüfung einer Synchronmaschine zwar Leerlauf und Kurzschluß bei voller Drehzahl durchgeführt werden können, daß aber der Lauf unter Last entweder wegen der

Größe der Maschine oder aus anderen Gründen nicht möglich ist. Man muß dann einen anderen Weg suchen, um zur Feststellung der bei Last notwendigen Erregung zu gelangen, und zwar besonders für den Fall des größten Bedarfs, der bei $\cos\varphi = 0$ auftritt, wenn die Maschine übererregt als reiner Phasenschieber arbeitet. Dann muß sie nämlich volle Klemmenspannung abgeben und in den Ständerwicklungen den vollen Strom führen, den die Läufererregung zu kompensieren hat. Dieser Strom wird beim Stillstandsversuch über zwei Ständerstränge in Form eines gleichwertigen Gleichstroms geführt, der das $\sqrt{1{,}5}$-fache des effektiven Wechselstroms betragen muß. Der Erregerstrom seinerseits ist noch unbekannt und soll durch eine Messung mit Hilfe des Flußmessers bestimmt werden. Der Fluß selbst ist bekannt, denn er muß gleich der algebraischen Summe des zur Erzeugung der Klemmenspannung notwendigen Nutzflusses und des von der Ständerstromstärke abhängigen Streuflusses sein. Als Streufluß kommt genau der gleiche in Frage, der auch bei einer anderen Klemmenspannung, aber bei unveränderter Ständerstromstärke auftreten würde, sofern man in guter Annäherung an die wahren Verhältnisse von der schwachen Abhängigkeit der Streuflüsse vom Nutzfluß absehen darf. Als besonders guter Vergleichszustand mit gleichem Streufluß bietet sich der Kurzschluß an, bei dem die Klemmenspannung und somit der Nutzfluß verschwinden, so daß überhaupt nur noch der Streufluß vorhanden ist. Bestimmt man also beim Leerlaufversuch, wie weiter unten beschrieben, den Nutzfluß und beim Kurzschlußversuch unter vollem Strom den Streufluß, beide unter Benutzung der gleichen Induktionsspule, und addiert man beide Beträge, so erhält man denjenigen Gesamtfluß, der beim Phasenschieberversuch, sei es im Lauf, sei es — wie hier beabsichtigt — im gleichwertigen Stillstandsversuch auftreten muß. Ändert man also die Erregung bei gleichzeitig fließendem Stärkestrom so lange, bis der Flußmesser den aus Leerlauf und Kurzschlußversuch errechneten Gesamtfluß anzeigt, so hat man den gesuchten Erregerstrom gefunden.

Die *Probespule*, die als Induktionsspule für den Flußmesser dient, wird nach Abb. 153 am besten in kleine Aussparungen der Ständernutkeile eingelegt. Die Führung der einzelnen Windungen geschieht nach Abb. 154a entweder im Zuge der Originalwicklung oder nach Abb. 154b nur in Übereinstimmung mit den aktiven Leitern.

Abb. 153. Einbau von Probespulen zur Untersuchung stillstehender oder laufender Synchronmaschinen.

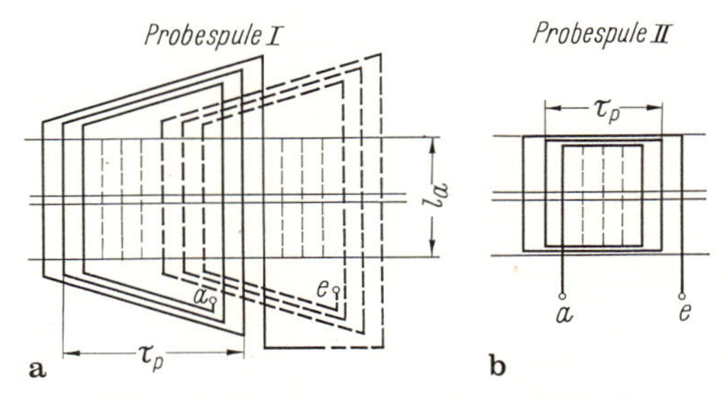

Abb. 154. Anordnung von Probespulen mit **a** 6 oder **b** 3 Windungen zur Messung der (verringerten) verketteten Spannung bei Lauf oder des mit zwei Maschinensträngen verketteten Flusses bei Stillstand. Beispiel einer Maschine mit ungesehnter Ganzlochwicklung und 3 Nuten je Pol und Strang.

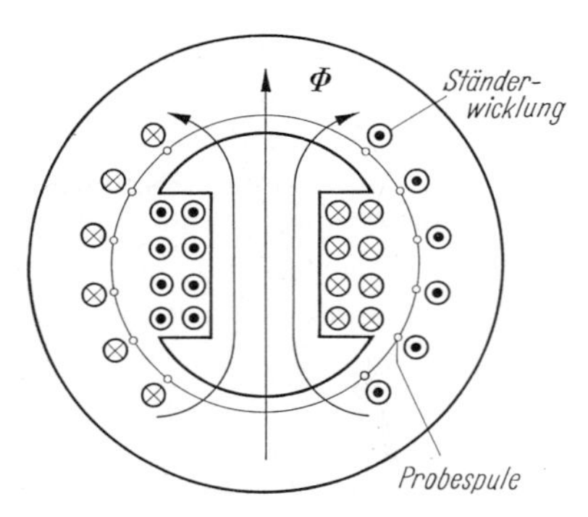

Abb. 155. Schnitt durch eine mit Probespule ausgerüstete Synchronmaschine in zweipoliger Darstellung.

Man muß bei Sternschaltung eine gleichwertige Nachbildung eines Teils von zwei Strängen durchführen, kann sich aber, wenn die Pole nicht gegeneinander versetzt sind, sogar mit zwei halben Strängen im Bereich einer Polteilung begnügen.

Abbildung 154 gilt für eine Ganzlochwicklung mit drei Nuten je Pol und Strang. Je nach Ausbildung ihrer Wickelköpfe und je nach Höhenlage in der Nut umfaßt die Probespule verschieden große Anteile der vollen mit der Stärkewicklung verketteten Streuflüsse. Da man aber bei allen Versuchen nur diese gleichbleibenden Anteile berücksichtigt, kommt man dennoch zum richtigen Ergebnis. Die *Stellung* der Synchronmaschine, also die gegenseitige Lage von Rotor und Stator, muß beim Stillstandsversuch richtig eingerichtet werden. Im Fall des hier bevorzugt beschriebenen Versuchs eines bei Stillstand gleichwertig nachgebildeten Phasenschieberbetriebs müssen die Wicklungen der beiden Maschinenteile die in Abb. 155 gezeigten Lage zueinander annehmen. Sie liegt vor, wenn beim Einschalten des Läuferstroms der dritte unbenutzte Ständerstrang keinen Spannungsstoß erfährt, wenn also ein an diesen Strang angeschlossener Flußmesser nichts anzeigt. Der Richtungs*sinn* der Ströme im Ständer und Läufer stimmt, wenn beim Zuschalten des Ständerstroms die Anzeige des Flußmessers eine Abnahme des vorher vorhandenen Flusses ausweist. Steigt der Fluß dagegen an, ist einer der beiden Ströme umzupolen.

Die Benutzung eines Spannungsteilers ist wegen der meist erforderlichen Verringerung der Empfindlichkeit des Flußmessers notwendig. Sie ist in Abb. 156 dargestellt. Die Anzeige wird im Verhältnis $R_n : (R_i + R_n)$ verkleinert.

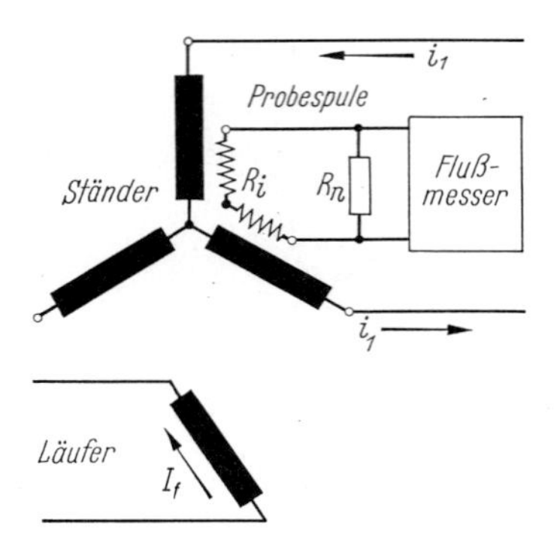

Abb. 156. Meßanordnung und Läuferstellung (senkrecht zum dritten Ständerstrang) bei Untersuchung der ruhenden Synchronmaschine; Angabe des Flußmessers ist mit $(R_i + R_n)/R_n$ malzunehmen.

4.3.3 Versuch im Stillstand zur Bestimmung der V-Kurve

Zunächst sollte man Vorversuche bei Leerlauf und im Kurzschluß bei Lauf durchführen. Beide Versuche werden wie üblich vorgenommen. Der Flußmesser wird zuvor abgeschaltet und durch einen elektrischen Spannungsmesser ersetzt, dessen Anzeige U_0 beim Leerlauf einfach über das Verhältnis Ständerwindungszahl/Probewindungszahl auf die ebenfalls gemessene Klemmenspannung umgerechnet werden kann. Beide Ergebnisse decken sich, da Ständerstreuflüsse im Leerlauf noch fehlen. Beim Kurzschlußversuch liest man an der Probespule eine kleine Spannung $U_k = U_s$ ab, die dem der Spule zukommenden Anteil der wahren Kurzschlußstreuspannung entspricht. Der Kurzschlußstrom sei gleich dem Nennstrom.

Wiederholt man die beiden Versuche im *Stillstand*, so tauscht man den Spannungsmesser gegen den Flußmesser aus. Man wiederholt den Magnetisierungsversuch, indem man bei offenen Klemmen und stehender Maschine den Erregerstrom erhöht und den Fluß mißt, nachdem man zuvor den Läufer so lange verstellt hat, bis der größte Ausschlag am Flußmesser erreicht ist; das Ergebnis trägt man wie in Abb. 157 auf, wobei man den Fluß mittels der Spannungsformel (Wicklungsfaktor = 1 setzen!) in elektrische Spannung umrechnet oder einfacher beide Magnetisierungskurven $U_0(I_f)$ und $\Phi_0(I_f)$ durch Wahl entsprechender Maßstäbe zur Deckung bringt. Man hätte natürlich auch den Magnetisierungsversuch lediglich im Stillstand durchführen und auf den Leerlaufversuch bei Lauf verzichten können.

Führt man nunmehr auch noch den Kurzschlußversuch im Stillstand durch, so muß man bei konstanter Ständerstromstärke $I_{gl} = \sqrt{1,5} \cdot I_{eff}$ den Läuferstrom $I_{f,k}$ so lange verändern, bis der Flußmesser einen kleinen, dem zuerst unter alleiniger Wirkung des Ständerstroms entstandenen großen Fluß entgegengesetzten Fluß anzeigt:

$$\Phi_k = \frac{U_k}{U_0} \Phi_0 ,$$

wobei U_k die zum gewählten Ständerstrom I_{eff} gehörige Kurzschlußspannung und U_0 die Leerlaufspannung der Probespule sind. Φ_0 ist der Leerlauffluß, der bei Leerlauferregerstrom $I_{f,0}$ und Stillstand am Flußmesser abgelesen werden konnte.

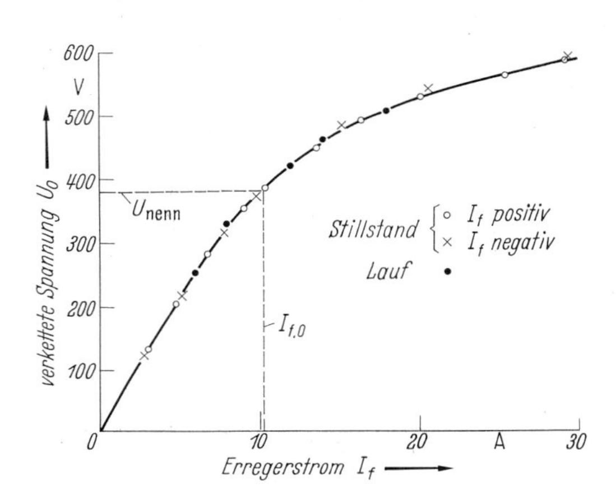

Abb. 157. Übereinstimmende Magnetisierungskurven einer Synchronmaschine, deren Spannung bei Lauf und deren (in Spannung umgerechneter) Fluß im Stillstand gemessen wurde.

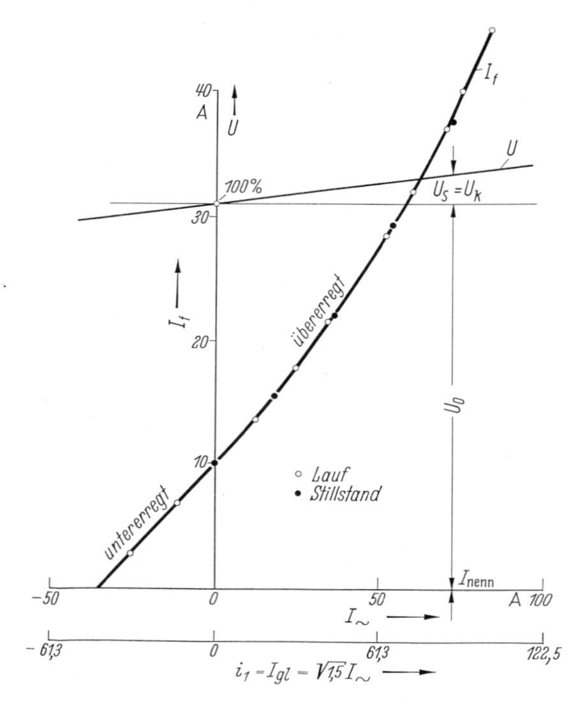

Abb. 158. Erregerkennlinie (V-Kurve bei $\cos\varphi = 0$), gemessen im Stillstand und im Lauf. Zusätzlich eingetragen die relative induzierte Spannung der Probespule, die den einzuhaltenden relativen Fluß für den Stillstandsversuch darstellt.

Man trägt über dem Ständerstrom $I_\sim$ bzw. $I_{gl} = \sqrt{1,5} \cdot I_\sim$ nach Abb. 158 die innere Spannung $U_0 + U_k \cdot I_\sim / I_{nenn}$ oder den in der Probespule später zu beobachtenden Fluß:

$$\Phi_{\cos\varphi = 0} = \Phi_0 \left(1 + \frac{U_k}{U_0} \cdot \frac{I_\sim}{I_{nenn}}\right)$$

bzw. die entsprechenden Ausschlagsänderungen des Flußmessers auf. Da es sich um eine Gerade handelt, genügen die beiden Punkte für Leerlauf und für volle Stromstärke im übererregten Bereich. Schaltet man jetzt den Leerlaufstrom $I_{f,0}$ ein, so springt der Flußmesser um einen Ausschlag entsprechend Φ_0. Erhöht man dann den Erregerstrom auf etwas mehr als $I_{f,0} + I_{f,k}$ und schaltet anschließend den dem Ankernennstrom gleichwertigen Gleichstrom ein, so sollte der Flußmesser einen im Verhältnis $(1 + U_k/U_0){:}1$ vergrößerten Ausschlag zeigen. Man wird in höchstens zwei weiteren Versuchen den richtigen Erregerstrom $I_{f,\cos\varphi = 0}$ ermitteln, bei dem sich $\Phi_0 + \Phi_k$ einstellt. Unter U_k ist die oben erwähnte Spannung der Probespule beim Lauf im Kurzschluß mit der vollen Ankerstromstärke, und unter $I_{f,k}$ der zugehörige Kurzschlußerregerstrom zu verstehen. Das Ergebnis zeigt Abb. 158. Es liefert die sog. V-Kurve für $\cos\varphi = 0$. Zum Beweis der Zuverlässigkeit dieses Stillstandsverfahrens wurden die Meßpunkte bei Lauf eingetragen. Beide Ergebnisse decken sich. Beim Stillstandsversuch benötigt man eine Stromquelle für die Erregung (rd. 1% der Maschinenleistung) und eine zweite Quelle für den gleichwertigen Ständerstrom (ebenfalls rd. 1% der Maschinenleistung). Der Leerlaufversuch kann immer durch einen Stillstandsversuch ersetzt werden, da die Umrechnung von U_0 in Φ_0 bei

Kenntnis der Windungszahl und der Frequenz leicht möglich ist. Der Kurzschlußversuch bei Lauf liefert den für den Stillstandsversuch nötigen Betrag der in der Probespule auftretenden Streuspannung $U_s = U_k$. Kann der Laufversuch im Kurzschluß nicht gefahren werden, so muß man auf einen vorausberechneten Wert U_s zurückgreifen. Der weitaus schwierige Laufversuch, nämlich die bei $\cos \varphi = 0$ voll belastete Maschine zu fahren, kann durch den Stillstandsversuch immer gleichwertig ersetzt werden, soweit es sich um die Bestimmung der notwendigen Erregung handelt. Die Bestimmung der Erregung für andere Leistungsfaktoren geschieht üblicherweise nach dem Schwedendiagramm.

4.4 Prüfung von Gleichstrommaschinen

Bei der Gleichstrommaschine interessieren bezüglich ihrer magnetischen Eigenschaften und ihres Verhaltens unter Last die Feldkurve, die Magnetisierungskurve der Haupt- und der Wendepole und die Rückwirkung des Ankers und des Wendefelds auf den Fluß der Hauptpole bei kleiner und bei hoher Drehzahl. Hinzu kommt die Frage nach dem *dynamischen* Verhalten der Flüsse der Haupt- und der Wendepole, da bei vielen Antrieben der Ankerstrom aus betrieblichen Gründen schroffen Änderungen seiner Stärke und dem Richtungswechsel unterworfen ist, und weil bei fast allen Steuerungen und Regelungen der Erregerstrom zur Drehzahl- oder Drehmomentbeeinflussung des Motors oder zur Spannungsregelung des Generators herangezogen wird. Man muß also durch entsprechende Messungen das zeitliche Ansprechen des Hauptflusses bei schneller Änderung des Erregerstroms und das verzögerte oder unverzögerte Folgen des Wendepolflusses bei schneller Zu- und Abnahme des Ankerstroms klären. Wegen des sehr engen Zusammenhangs zwischen Drehzahl n, Spannung U, Ankerstrom I und Fluß Φ:

$$n = \frac{U - IR}{C\Phi}$$

ist die Untersuchung des *Flusses* Φ besonders wichtig. Der Fluß Φ hängt nämlich sowohl vom Erregerstrom I_f als auch durch die Ankerrückwirkung bedingt vom Ankerstrom I und unter dem Einfluß des Wendefelds auch noch von der Drehzahl selbst ab. Die drei anderen Größen, nämlich U, I und n, können in üblicher Weise bequem mit Spannungs-, Strom- und Drehzahlmesser (Drehzahlgeber) erfaßt werden. Für den Fluß Φ bietet sich bei der Prüfung besonders der genau anzeigende *Flußmesser* und bei der betrieblichen Überwachung die zuverlässig messende *Hall-Sonde* an. Wie bei der Synchronmaschine kann nach der magnetischen Untersuchung das Verhalten der Maschine bei Last recht genau vorausgesagt werden, auch wenn man nur Versuche im Stillstand, evtl. sogar in unblockiertem Zustand durchzuführen vermag. Will man die Größe des räumlich weit ausgebreiteten Flusses Φ der Hauptpole und auch seine Änderung studieren, so bedient man sich des Flußmessers, den man jeweils auf die höchst zulässige Empfindlichkeit stellt. Will man andererseits bei andauernder Überwachung der Maschine den jeweiligen zeitlichen Erregerzustand ablesen, wobei wenige Prozent Ungenauigkeit statthaft sind, so wählt man besser die Hall-Sonde, die zwar nur die Flußdichte an einer bestimmten Stelle mißt, aber besonders bei den großen kompensierten Maschinen mit ihrer auch bei

Last fast unverzerrten Feldkurve einen zuverlässigen, durch einmalige Kalibrierung herbeigeführten Schluß auf den wahren, gerade vorhandenen Fluß zuläßt. Speziell beim Studium des dynamischen Verhaltens der Maschine ist die Hall-Sonde kaum zu entbehren.

Beim *Wendepol* ist wegen der geringen Ausbreitung seines Flusses die Induktion B_W unter dem Polschuh ein verläßliches Maß für den Fluß Φ_W selbst, sofern nicht das ganze Wendefeld in seinem Aufbau durch unzulässige Sättigungserscheinungen verzerrt und radial nach außen verdrängt wird. Sobald eine Prüfung mit hoher Genauigkeit verlangt wird, nimmt man auch beim Wendefeld den Flußmesser. Bei der betrieblichen Untersuchung oder bei Regeleingriffen in die Wendepolerregung wählt man dagegen die Hall-Sonde.

4.4.1 Feldkurve

Die genaue Kenntnis der Feldkurve einer leerlaufenden oder belasteten, unkompensierten oder zum Teil oder ganz kompensierten Gleichstrommaschine ist notwendig für die Beurteilung der maximalen Segmentspannung und für die planimetrische Bestimmung der Flußänderung, die aus der Differenz der Flächen der Leerlauf- und der Lastfeldkurve gewonnen wird. Bequemer allerdings und in der Regel genauer erscheint heute die unten behandelte unmittelbare Messung der Ankerrückwirkung mit dem Flußmesser. Die Feldkurve selbst läßt aber erkennen, welche Ursachen zu einer Flußänderung beitragen.

Die in Abb. 159 gezeigten Feldkurven wurden mit einer schmalen Hall-Sonde (3 mm) bei stromlosem Anker (A) und bei Last, und zwar bei Kompensationsgraden von $k = 25\%$ (B), 87% (C) und 125% (D) gewonnen. Für die Messung wurde die Hall-Sonde in eine geeignete Halterung eingebaut, die auf einem Rollenlager justiert war und die im Luftspalt der Maschine mit Hilfe eines Stellmotors längs einer

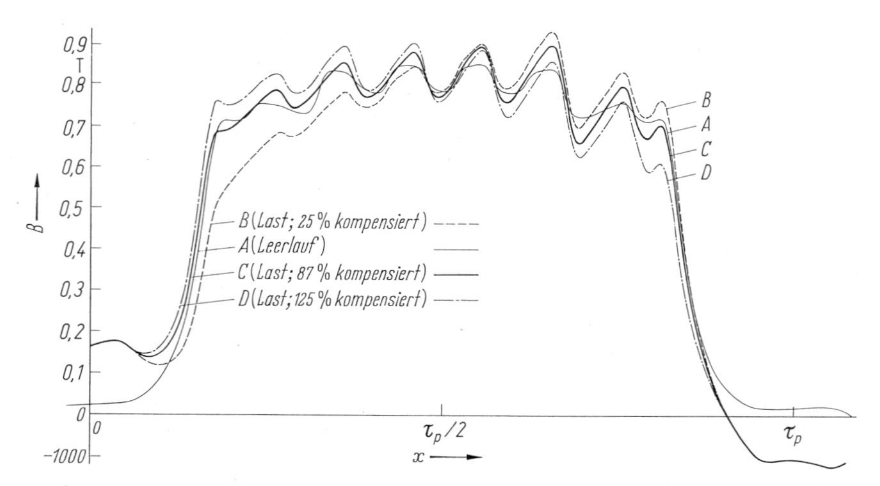

Abb. 159. Feldkurven einer kompensierten Gleichstrommaschine bei Leerlauf (A) und bei Last (B, C, D). Aufnahme mit im Luftspalt verschiebbarer schmaler Hall-Sonde und X-Y-Schreiber bei Lauf ($n = 650$ U/min). Örtliche Induktionsschwankungen von den Kompensationsnuten herrührend. Messungen von Becker.

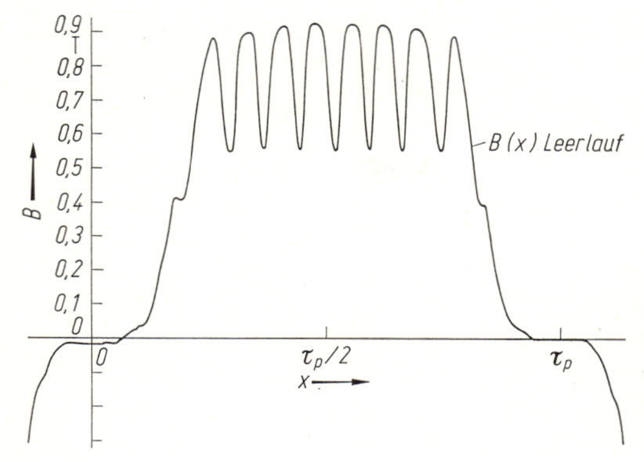

Abb. 160. Genaue Feldkurve einer nichtkompensierten stillstehenden Gleichstrommaschine bei Leerlauf. Aufzeichnung mit schmaler Hall-Sonde und *X*-*Y*-Schreiber im Bereich einer Polteilung. Messung von Köller.

Polteilung verschoben werden konnte. Die Aufzeichnung erfolgte bei einer Vorschubgeschwindigkeit der Hall-Sonde von etwa 2,5 cm/s mit einem *X*-*Y*-Schreiber, auf dessen *X*-Ablenkung der von der jeweiligen Stellung der Sonde abhängige Abgriff eines Potentiometers und auf dessen *Y*-Ablenkung die der örtlichen Induktion entsprechende Hall-Spannung gegeben wurde. Die Maschine lief während der Messung mit einer konstanten Drehzahl von n = 650 U/min. Die Struktur der Feldkurven läßt deutlich die vorhandenen 7 Kompensationsnuten erkennen, allerdings ist das Schreibgerät wegen seiner natürlichen mechanischen Trägheit nicht in der Lage, den Induktionsschwankungen, hervorgerufen durch die mit Läufergeschwindigkeit vorbeigleitenden Ankernuten, zu folgen. Ihr Einfluß wird in der Darstellung nur als Mittelwert wiedergegeben.

Sollen gerade die durch die Ankernutung bedingten Induktionsschwankungen der Feldkurve aufgenommen werden, so wird der Versuch im Stillstand durchgeführt. Abbildung 160 zeigt den genauen Feldverlauf einer unkompensierten Gleichstrommaschine mit Feldeinbrüchen im Bereich der Ankernutmitten, die 40% des Maximalwerts der Induktion auf Mitte Ankerzahn betragen. Wenn der Hauptpol (heute seltener) massiv ist, werden die Schwankungen bei Lauf mehr oder weniger stark abgedämpft. Wenn er geblecht ist, bleiben die Schwankungen in voller Höhe erhalten. Immer aber rufen sie Zusatzverluste hervor.

4.4.2 Magnetisierungskurve

Das übliche Verfahren, die Magnetisierung einer Maschine zu klären, besteht in der Aufnahme der Leerlaufspannung U_0 in Abhängigkeit des erst zunehmenden und dann wieder abnehmenden Erregerstroms I_f bei gleichbleibender Drehzahl n_0. Die gewonnene Leerlaufkurve zeigt bekanntlich eine Schleifenbildung und nähert sich bei großen Erregerströmen einem Sättigungswert, der etwa 30 bis 50% über der Nennspannung liegt. Genau das gleiche Ergebnis gewinnt man, und zwar unmittelbar, wenn man bei stehender (natürlich auch bei laufender) Maschine mit einer den Polschuh voll umfassenden Induktionsspule (vgl. in Abb. 136) und einem daran angeschlossenen Flußmesser den Fluß Φ in Abhängigkeit des Erregerstroms I_f aufnimmt. Man ändert den Strom I_f in mehreren Sprüngen bis auf den vollen Betrag und zurück und beobachtet jedesmal die Ausschlagsänderung des Flußmessers. Man addiert die Einzelsprünge auf und verfügt über $\Phi(I_f)$. Wenn der Flußmesser gar nicht oder nur unmerklich kriecht, kann man, von Stellung 0 des Geräts ausgehend, die jeweilige Anzeige bei den einzelnen Werten von I_f ablesen und besitzt dann unmittelbar $\Phi(I_f)$. Über die Spannungsformel:

$$U_0 = z\,\frac{2p}{2a} \cdot n_0 \cdot \Phi(I_f)$$

können beide Ergebnisse, nämlich $U_0(I_f)$ aus dem Versuch bei Lauf und $\Phi(I_f)$ aus der Magnetisierungsaufnahme bei Stillstand, ohne weiteres aufeinander bezogen werden. Sie decken sich völlig, da der in den Anker gelangende, winzige Leerlaufstreufluß, der bei der Flußmessung von der Spule nicht erfaßt wurde, keine Rolle spielt. Natürlich kann die Induktionsspule so breit gewählt werden, daß sie die volle Polteilung und nicht nur den Polbogen umfaßt, so daß dann auch dieser Anteil des Streuflusses mitgemessen wird. Ergebnisse der beiden Versuche, die an derselben Maschine gewonnen wurden, zeigt Abb. 161. Bei dieser Gelegenheit kann der Einwand gegen die Benutzung der *Hall-Sonde* geklärt werden. Unter die Mitte des Hauptpolbogens, einige Zentimeter von der seitlichen Ankerbegrenzung entfernt, wurde eine Hall-Sonde angeordnet und der Anker so gestellt, daß ein Zahn der Sonde gegenüberstand. Es wurde also die höchste Luftspaltinduktion $B_{0,\,\mathrm{Polmitte}}$ über dem Erregerstrom I_f aufgenommen, wobei bei konstantem Steuerstrom i_S der Sonde jetzt nur die zwischen 0 und 0,5 V betragende Hall-Spannung U_H aufzunehmen war. Dieser Versuch ist sehr schnell durchzuführen, man muß aber der Hall-Sonde wegen ihrer Zerbrechlichkeit etwas Aufmerksamkeit schenken. Die Hall-Spannung U_H beim Erregerstrom $I_f = 3$ A wurde (genau wie vorher U_0 und Φ_0) gleich 100% gesetzt und es entstand eine dritte Kurve $B_{0,\,\mathrm{Polmitte}} = f(I_f)$, die zusammenfallend mit den beiden anderen in Abb. 161 wiedergegeben wurde. Die einzelnen Meßpunkte

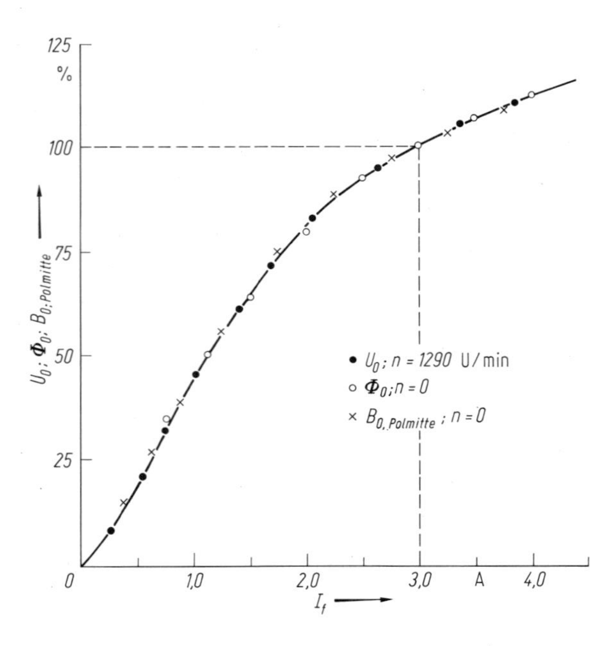

Abb. 161. Übereinstimmende Magnetisierungskurven einer Gleichstrommaschine auf Grund der Messung der Ankerspannung bei Lauf, des Flusses bei Stillstand und der Flußdichte mit Hall-Sonde in Polbogenmitte ebenfalls bei Stillstand.

der drei das gleiche Ergebnis liefernden Versuche sind deutlich gekennzeichnet. Bei Lauf würde die Hall-Spannung sehr schnell, nämlich mit der hohen Nutfrequenz, zwischen einem Maximal- und einem Minimalwert schwanken und das Voltmeter für die Hall-Spannung würde den mittleren Betrag anzeigen (vgl. Abb. 179). Man kann aber unbedenklich den Fluß Φ auch bei Lauf der Hall-Spannung U_H gleichsetzen und muß nur bei unter Last sehr stark verzerrten Feldkurven mit gewissen Abweichungen rechnen. Großmaschinen sind kompensiert und behalten unter Last eine nahezu unverzerrte Form der Feldkurve bei. Daher kann ihr Fluß Φ mit einer in Polbogenmitte eingebauten Hall-Sonde in wirklich genügender Genauigkeit gemessen werden und außerdem kann die Regelung, die häufig mit Feldbeeinflussung arbeitet, an diese Hall-Sonde angeschlossen werden, wodurch bei allen Drehzahlen, außer Stillstand, der richtige Istwert des Flusses in die Regelkette eingeführt wird. Nur bei Stillstand schwankt die Anzeige je nach Stellung der Zähne in Nähe der Sonde. Zwei Sonden im Abstand einer halben Nutteilung würden diese Schwankung beseitigen.

Weiter unten zeigt Abb. 178, daß die Anzeige einer einzigen Hall-Sonde sogar ausreicht, um auch Flußänderungen durch Ankerrückwirkung, wenigstens bei kompensierten Maschinen, zuverlässig anzuzeigen.

4.4.3 Ankerrückwirkung

Wenn die Gleichstrommaschine mehr oder weniger stark erregt wird, hat sie bei stromlosem Anker ($I_A = 0$) einen Leerlauffluß Φ_0, der — von der veränderlichen Remanenz abgesehen — nur vom Erregerstrom I_f abhängt. Sobald auch der Anker Strom führt, können drei Arten von Rückwirkung auf den Fluß eintreten. Die *erste* Rückwirkung $\Delta\Phi_1$ kommt durch eine nicht neutrale Stellung der Bürsten zustande, die vor- oder rückgeschoben sein können. Bei Vorschub- und Motorbetrieb oder bei Rückschub und Generatorbetrieb erhöht sich der Fluß um $\Delta\Phi_1$. Bei Rückschub und Lauf als Motor oder bei Vorschub und Lauf als Generator verringert sich der Fluß um $\Delta\Phi_1$. Der Wechsel der Drehrichtung und der Wechsel des Betriebszustandes ändern also bei einmal verschobenen Bürsten jeder für sich das Vorzeichen von $\Delta\Phi_1$, so daß bei Umkehrmaschinen, die beim Hochlauf als Motor und beim Stillsetzen als Generator arbeiten, zweimal eine Feldverstärkung und zweimal eine Feldschwächung durch die Ankerrückwirkung erster Art bewirkt wird. Im großen und ganzen hängt $\Delta\Phi_1$ linear vom Strom ab und könnte in guter Annäherung ebensogut von einer Kompoundwicklung bei neutral stehenden Bürsten bewirkt werden. Bei fehlender Kompoundwicklung und bei neutral stehenden Bürsten entfällt $\Delta\Phi_1$.

Die *zweite* Ankerrückwirkung auf den Fluß hängt anfangs nahezu quadratisch vom Strom I_A ab, ist also I_A^2 ohne Rücksicht auf das Vorzeichen (Generator- oder Motorbetrieb) verhältnisgleich. Die quadratische Abhängigkeit gilt recht genau im Bereich zwischen Leerlauf und Vollast. Bei höheren Strömen wird die hier mit $\Delta\Phi_2$ bezeichnete Ankerrückwirkung von der negativen 4. Potenz des Ankerstroms beeinflußt, wodurch das weitere Anwachsen verringert wird. Im wesentlichen ist $\Delta\Phi_2$ auf die bei Last auftretende Feldverzerrung zurückzuführen, ist also am stärksten bei unkompensierten Maschinen. Außerdem ist die zunehmende Sättigung der Ankerzähne und der etwa vorhandenen Kompensationszähne zu bedenken, die ebenfalls schwächend auf den durch die gleichen Zähne hindurchtretenden Hauptfluß Φ einwirkt. $\Delta\Phi_2$ ist die eigentliche Ankerrückwirkung, mit der immer gerechnet werden muß. Sie ist prozentual am größten bei kleinen Leerlaufflüssen Φ_0 und kann bei fast unerregter Maschine bis zu 30% von Φ_0 betragen. Sie wirkt bei Maschinen mit normal gekrümmter Magnetisierungskurve immer flußschwächend.

Die *dritte* Ankerrückwirkung ist noch kaum untersucht worden. Sie kann recht lästig bei hoher Drehzahl werden, und sie verschwindet bei kleinen Drehzahlen und im Stillstand. Sie sei hier mit $\Delta\Phi_3$ bezeichnet. Hervorgerufen wird sie von den Wendepolen und ausgeübt von den in den gerade stromwendenden Windungen fließenden Kurzschlußströmen, die im übrigen, wie bekannt ist, bei zu starken Wendefeldern eine verfrühte Wendung und bei zu schwachen Wendefeldern eine verspätete Wendung des Ankerstroms bewirken. Diesem Tatbestand entspricht ein quasi vollzogener Bürstenrückschub bzw. Bürstenvorschub. Infolge der — wenn auch mitunter nur sehr geringen — Krümmung der Magnetisierungskennlinie der Wendepole sind bei schwachen Ankerströmen die Wendepole etwas zu stark, bei Nennstrom oder mäßiger Überlast sind sie gerade richtig und bei Überlast über etwa den 1,5fachen

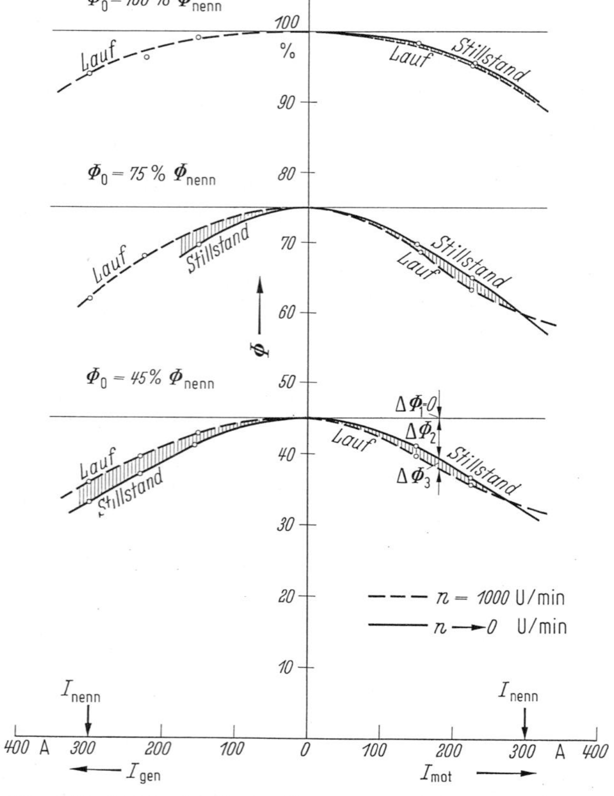

Abb. 162. Abhängigkeit des Flusses vom Ankerstrom (Ankerrückwirkung) bei Stillstand und bei Lauf. Messung mit Flußmesser und Induktionsspule um einen Hauptpolschuh. Nichtkompensierte Maschine. Bürstenstellung neutral. Prozentuale Flußschwächung wächst mit Verringern der Erregung.

Strom hinaus sind sie oft etwas zu schwach erregt. Der Unter- oder Überschuß an Wendefeld ruft Kurzschlußströme entgegengesetzter Richtung hervor, deren Stärke mit der *Drehzahl* wächst, so daß bei hohen Maschinendrehzahlen, speziell also bei Motoren im Feldschwächbereich, die Wendepole sich kritisch bemerkbar machen können. Bei kleinen Ankerströmen unterstützt übrigens der dort beachtlich angestiegene Bürstenübergangswiderstand die Stromwendung, so daß aus doppeltem Grund eine erhöhte Neigung zur verfrühten Stromwendung besteht.

In der Regel sind diese Verhältnisse mehr durch ihren Einfluß auf den unstabil werdenden Verlauf der Drehmoment-Drehzahl-Kennlinie im Feldschwächbereich bekannt und man begegnet den Nachteilen mitunter durch eine fremd zugeführte, von der Drehzahl abhängig gemachte Gegenerregung der Wendepole. Heute kann man $\Delta\Phi_3$ durch je einen Versuch bei kleiner Drehzahl und bei vollem Lauf der Maschine messen unter Benutzung des Flußmessers, der an eine den Polschuh der Hauptpole umfassende Induktionsspule angeschlossen wird. Man beobachtet zuerst $(\Delta\Phi_1 + \Delta\Phi_2)$ bei $n \approx 0$, also bei sehr kleiner Drehzahl, und anschließend $(\Delta\Phi_1 + \Delta\Phi_2 + \Delta\Phi_3)$ bei Lauf mit hoher Drehzahl. Die Differenz der beiden Ankerrückwirkungen auf den Fluß, also $\Delta\Phi_3$, ist dann dem Einfluß der Wendepole zuzuschreiben.

An einer ganz langsam laufenden und dann mit voller Drehzahl (1000 U/min) betriebenen, unkompensierten Maschine wurde die Ankerrückwirkung auf den Fluß Φ_0 mit den Ergebnissen nach Abb. 162 festgestellt. Bei voller Erregung ($\Phi_0 = \Phi_{nenn} = 100\%$) ging der Fluß bei Nennstrom des Ankers auf 91%, also um 9% zurück. Der Unterschied zwischen Lauf und angenähertem Stillstand war höchstens 0,5%, d. h., das Wendefeld machte sich kaum bemerkbar. Bei schwächerer Erregung ($\Phi_0 = 75\%$) änderte sich der Fluß bei voll belastetem Anker auf 60%, also um 20% seines Betrags bei Leerlauf, und der dritte Versuch mit $\Phi_0 = 45\%$ ergab eine derartige Ankerrückwirkung, daß der Fluß auf 32,5% abnahm, also um 28% ge-

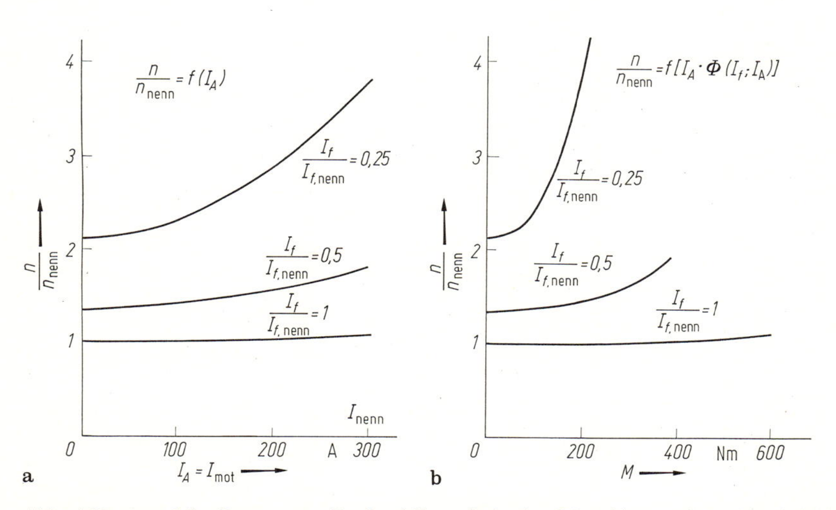

Abb. 163. a und b. Gemessene Drehzahlkennlinie der Maschine entsprechend Abb. 162 über **a** dem Ankerstrom und **b** über dem Drehmoment bei Motorbetrieb. Verlauf läßt sich aus den Kurven in Abb. 162 erklären.

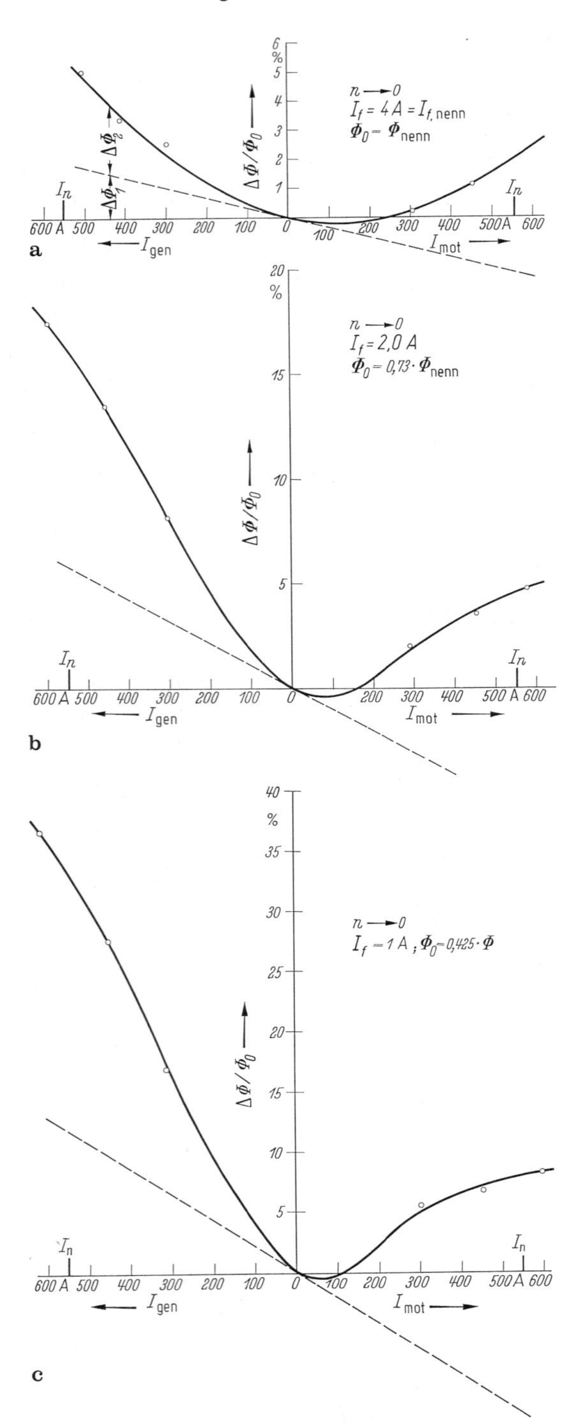

Abb. 164a–c. Änderung des Flusses infolge Ankerrückwirkung bei einer kompensierten Maschine mit vorgeschobenen Bürsten. Aufnahme mit Flußmesser bei drei verschiedenen Erregerströmen.

schwächt wurde. Diese Werte gelten für den Motorbetrieb. Bei Generatorbetrieb machte sich der Ankereinfluß in schwächerem Maße bemerkbar, d. h. also, daß die Kurzschlußströme den Fluß verstärkten. Diese Beobachtung gilt für alle Generatormeßpunkte der schnellaufenden Maschine. Bei Motorbetrieb zwischen Null und Vollast hingegen wird der Fluß durch die Einwirkung der Wendepole bei Lauf gegenüber dem Betrieb mit kleiner Geschwindigkeit noch weiter geschwächt. Erst beim Überschreiten des Nennstroms im Motorbereich drehen die Kurzschlußströme ihre Richtung um und verringern jetzt die bei kleinen Geschwindigkeiten beobachtete Ankerrückwirkung auf den Fluß.

Ein Einfluß der Bürstenstellung war nicht festzustellen, da die Kurven $\Phi(I_A)$ für $n \to 0$ symmetrisch nach beiden Seiten verlaufen. Die Bürsten standen also neutral und $\Delta\Phi_1$ war daher Null.

Die beobachtete beträchtliche Feldschwächung läßt einen starken Drehzahlanstieg der belasteten Maschine voraussagen. Sie wurde durch Vorschalten eines hohen Widerstands stabilisiert und zeigte das in Abb. 163 wiedergegebene Verhalten bei motorischer Last. Links (a) ist die relative Drehzahl n/n_{nenn} über dem Ankerstrom I_A, rechts (b) dieselbe Größe über dem Drehmoment $M = \text{const} \cdot I_A \cdot \Phi$ aufgetragen. Man erkennt, daß der Versuch bei Stillstand oder kleiner Drehzahl das Verhalten bei voller Ankerspannung vorauszusagen erlaubt. Nur der Einfluß der Wendepole, also die Größe $\Delta\Phi_3$, kann durch den Versuch bei Stillstand nicht geklärt werden. Man weiß aber, in welcher Richtung er sich bemerkbar machen wird.

Die Versuchsergebnisse an einer kompensierten, fast doppelt so großen Maschine sind in Abb. 164 zu sehen. Die Maschine wurde nur bei ganz kleiner Drehzahl untersucht. Wiederum war ein Flußmesser an eine den Polschuh umspannende Induktionsspule angeschlossen. Der Ankerstrom wurde zwischen $+100\%$ und -100% geändert und der Leerlauffluß durch Wahl dreier Erregerströme der Reihe nach auf $\Phi_0 = 100\%$, 73% und $42{,}5\%$ gebracht. Der Einfluß der Wendepole konnte wegen der kleinen Drehzahl nicht beobachtet werden. Dagegen trat jetzt die nicht neutrale Bürstenstellung in Erscheinung, es konnte also $\Delta\Phi_1$ beobachtet werden. Zuerst wurden die Meßpunkte für die gesamte Flußschwächung aufgetragen und durch einen parabelähnlichen Kurvenzug verbunden, der im Nullpunkt mit der Tangente versehen wurde. Ihr Verlauf bestimmt den Bürsteneinfluß $\Delta\Phi_1$; der verbleibende Überschuß ist auf die eigentliche Ankerrückwirkung $\Delta\Phi_2$ zurückzuführen. Die Flußschwächung wurde auf den jeweiligen Fluß bei Leerlauf bezogen und erreicht recht hohe Beträge. Die Bürsten standen vorgeschoben, da die Maschine sonst in der entsprechenden Drehrichtung als Motor laufen und daher stabil arbeiten soll.

4.4.4 Ankerrückwirkung bei Großmaschinen

Meistens können die großen Motoren mit Drehmomenten von 200 bis 1000 kNm nicht unter Vollast beim Hersteller untersucht werden. Zwar stehen für den Ankerstrom der stillstehenden oder ganz langsam laufenden Maschine Stromquellen, die rd. 3 bis 6% der vollen Leistung hergeben müssen, zur Verfügung. Dasselbe gilt erst recht für die kleinere Leistung des Erregerkreises, die nur 0,8 bis 1,5% der Nennleistung ausmacht. Echte Schwierigkeit hingegen bereitet die Aufnahme des vollen Drehmoments, das sowohl vom evtl. nur provisorisch aufgebauten Ständer als auch vom Läufer abgenommen werden muß. Nach einem Vorschlag von Beyse entgeht man dieser Schwierigkeit, indem man z. B. bei einer 20poligen Maschine 5 benachbarte Pole im richtigen Sinn, 5 gegenüberliegende im entgegengesetzten Sinn erregt und die übrigen $2 \cdot 5$ Pole unerregt läßt. Speist man den vollen Ankerstrom ein, so heben sich die Drehmomente auf und man kann die Ankerrückwirkung unter dem mittleren Pol einer erregten Polgruppe messen, ohne daß die Randbedingungen das Ergebnis beeinflussen. Messungen dieser Art ergaben, daß die Rückwirkung ganz großer Maschinen kleiner ist als die geringerer Einheiten. Die Abhängigkeit der eigentlichen Rückwirkung vom Quadrat und höheren geradzahligen Potenzen des Stroms gilt auch bei ihnen.

4.4.5 Hauptpole

Die Gleichstrommaschine kann von außen her durch zwei elektrische Größen beeinflußt werden, und zwar durch die Ankerspannung U und durch den Erregerstrom I_f. Einer veränderten Ankerspannung folgt die Maschine sehr schnell mit entsprechend veränderter Stromaufnahme, da das Ankerfeld besonders bei kompensierten Maschinen nicht allzu stark wird, so daß die Ankerinduktivität verhältnismäßig klein bleibt. Sie ist übrigens nur in schwachem Maße der Sättigung unterworfen. Sehr wesentlich für das schnelle Folgen des Ankerstroms bei schnell veränderter Spannung ist aber eine ganz andere Tatsache, nämlich das Fehlen von Kurzschlußbahnen im Innern des Ankers, die dort seit Beginn der Maschinenfertigung zur Verhinderung von Wirbelströmen vermieden werden.

Ganz anders liegen die Verhältnisse beim Erregerstrom. Mit ihm ist der Aufbau eines kräftigen magnetischen Flusses verknüpft, bei dem eine schnelle Zunahme auch einen hohen Aufwand an Stoßerregerspannung bedingt, da gilt:

$$U_f = I_f \cdot R_f + 2pw_f \frac{d\Phi}{dt},$$

wobei I_f den gerade fließenden Erregerstrom, R_f den gesamten Erregerkreiswiderstand, $2p$ die Polzahl und w_f die Windungszahl eines Pols bedeutet. Die benötigte *Stoßleistung* ist $U_f \cdot I_f$. Der wahre, gerade die Maschine durchsetzende Fluß je Pol ist Φ. Er hängt aber in den meisten Fällen nicht nur — nach [illegible]ßgabe der für stationäre Zustände geltenden Magnetisierungskurve — vom E[illegible]erstrom I_f ab, sondern auch von den bei schnellen Flußänderungen im Inneren der Pole und Joche und in den sie umgebenden Kurzschlußbahnen fließenden Kurzschlußströmen. Diese sind stets so gerichtet, daß sie die Flußänderung zu hemmen suchen. Die Folge davon kann sein, daß der Flußaufbau sehr verzögert wird und der Erregerkreis sich daher bei schnellen Änderungen des Erregerstroms fast wie ein Ohmscher Widerstand verhält. Der Erregerstrom folgt also der Erregerspannung zwar sehr schnell, der Fluß aber bleibt zeitlich stark zurück. Vermeidet man die Kurzschlußbahnen, so nähert sich das dynamische Verhalten recht gut dem stationären Verhalten, wie es bei der Aufnahme der Magnetisierungskennlinie beobachtet wird. Der Erregerstrom wächst zwar langsamer, der Fluß hingegen steigt viel schneller an; beide haben jetzt das gleiche Tempo.

Der Fluß Φ kann auch ohne magnetische Meßgeräte bei schnellverlaufenden Vorgängen bestimmt werden. Man legt z. B. eine Wicklung um den Pol, oszillographiert die in ihr induzierte Spannung $u_i(t)$, integriert sie über die Zeit t und gewinnt

$\Phi(t)$. Dieses Verfahren wird sehr selten, in der eigentlichen Praxis überhaupt nicht angewandt.

Die zweite Methode besteht darin, auf Grund der Beziehung:

$$\Phi(t) = \frac{U(t) - I_A(t)R_A}{C \cdot n(t)}$$

nachträglich den Fluß Φ in Abhängigkeit der Zeit t zu bestimmen, nachdem man Spannung U, Ankerstrom I_A und Drehzahl n oszillographisch aufgenommen hat. Findet der Eingriff in die Erregung noch statt, während die Maschine durch den Stillstand geht, wie es bei Umkehrantrieben oft vorkommt, so ist zu diesem Zeitpunkt eine Auswertung notwendig, bei der Nenner und Zähler des Bruchs verschwinden. Man muß dann statt der (zu Null gewordenen) Größen die Tangenten an den zeichnerisch ins Oszillogramm eingetragenen Zug $U(t) - I_A(t)R_A$ und an den oszillographierten Kurvenzug $n(t)$ legen und ihre Neigungen dividieren (Regel von de l'Hospital).

Im Falle von Generatoren ist die dynamische Prüfung beim Hersteller leicht durchführbar, besonders wenn der Ankerkreis geöffnet bleibt und daher $I_A = 0$ ist und die Maschine mit konstanter Drehzahl läuft. Dann gilt:

$$\Phi(t) = U(t) \cdot \text{const}$$

und die gleichzeitige Aufnahme des Erregerstroms $I_f(t)$ und der Ankerspannung $U(t)$ liefern die gewünschte dynamische Kennlinie $\Phi(I_f)$, die sehr stark durch ihre erweiterte Schleife von der stationären Magnetisierungskurve abweichen kann.

In Abb. 165 und 166 sind dynamische Magnetisierungskurven zusammen mit der stationären Kurve (deren schmale Schleife durch ihre Mittellinie ersetzt wurde)

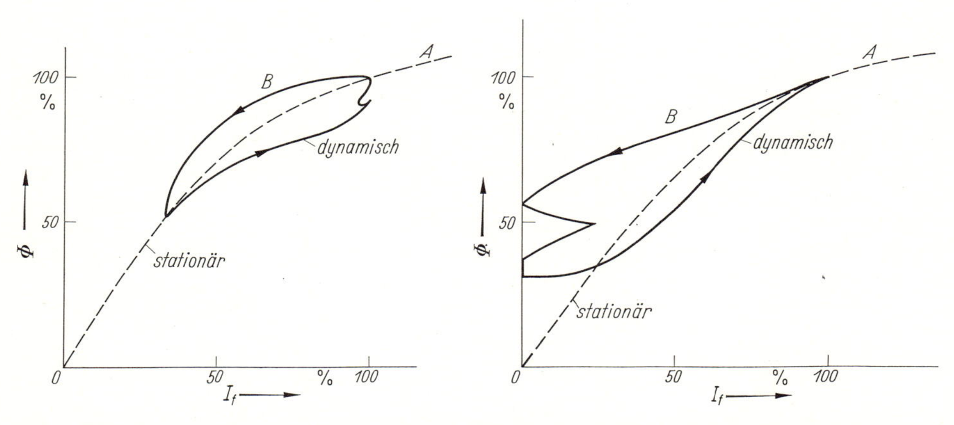

Abb. 165 u. 166. Dynamische Magnetisierungskennlinien großer Gleichstrommaschinen bei mäßig schnellen Änderungen des Erregerstroms. Ständer besitzen massive Teile bzw. Kurzschlußbahnen um die Pole. Mittelbare Bestimmung aus oszillographischen Aufnahmen von Spannung U, Ankerstrom I und Drehzahl n sowie des Erregstroms I_f aus:

$$\Phi = \frac{U - IR}{Cn}.$$

Auswertung auch bei den Null-Durchgängen von n möglich

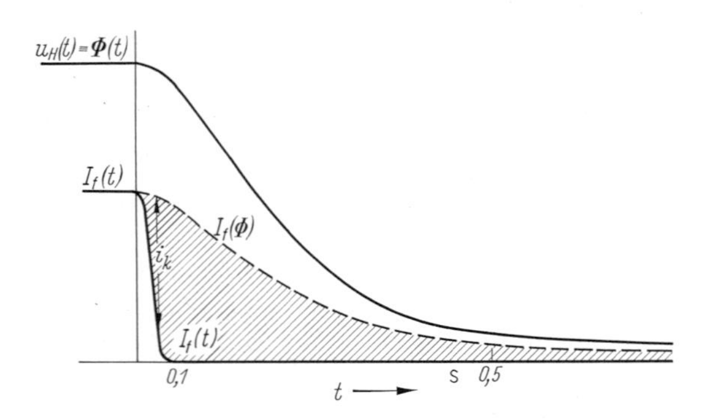

Abb. 167. Unmittelbare Aufnahme des Flusses Φ beim schnellen Abschalten des Erregerstroms I_f mit einer Hall-Sonde in der Mitte des Hauptpolbogens. $I_f(\Phi)$ gehört nach der stationären Magnetisierungskennlinie zum jeweiligen Fluß Φ. Der Differenzstrom $I_{f,k} = I_f(\Phi) - I_f(t)$ fließt als Kurzschlußstrom im Inneren der massiven Pole und Joche. Messung an stehender Maschine.

dargestellt. Das Durchfahren dauerte einige Sekunden. Sie wurden aus Oszillogrammen von U, I_A, n und I_f ermittelt. Im zweiten Fall änderte der Erregerstrom unter dem Einfluß der Regelung seinen Betrag zweimal bis auf Null, obwohl die Maschine unter Last stand. Der Fluß selbst blieb aber immer erhalten. Das Verfahren zur Bestimmung von Φ auf diese indirekte Weise ist umständlich und wenig genau.

Wesentlich besser und vor allem zu einer direkten Anzeige führend ist die Verwendung einer *Hall-Sonde* unter der Mitte des Hauptpolbogens. Eine solche oszillographische Aufnahme zeigt Abb. 167. Die untersuchte Maschine hatte massive Hauptpole. Aufgezeichnet wurde die Hall-Spannung $U_H(t)$, die gleich dem Fluß $\Phi(t)$ gesetzt werden darf, und der in der Erregerwicklung fließende Strom $I_f(t)$. Ergänzt wurde die Abbildung durch die Kurve $I_f(\Phi)$, die unter Benutzung der Magnetisierungskurve der Maschine gewonnen wurde, indem man zu jedem Fluß Φ des Oszillogramms den zugehörigen Erregerstrom beim stationären Verhalten abgriff. Die Differenz der beiden Ströme, nämlich $I_f(\Phi) - I_f(t)$, ist gleich dem im Inneren des Ständers fließenden Kurzschlußstrom $I_{f,k}$ der, wie man erkennt, im ersten Augenblick fast den vollen abgeschalteten Erregerstrom zu ersetzen vermag. Dieser Kurzschlußstrom hat oft die Stärke von einigen tausend Ampere.

Wenn die Pole geblecht und von allen inneren und äußeren Kurzschlußbahnen befreit sind, nimmt man Oszillogramme wie in Abb. 168 auf. Die Bandbreite der Aufzeichnung $\Phi(t)$ rührt von der Folge der Zähne und Nuten her. Die Frequenz des Hinundherschwingens ist gleich der Nutfrequenz. Sie hängt von der Drehzahl

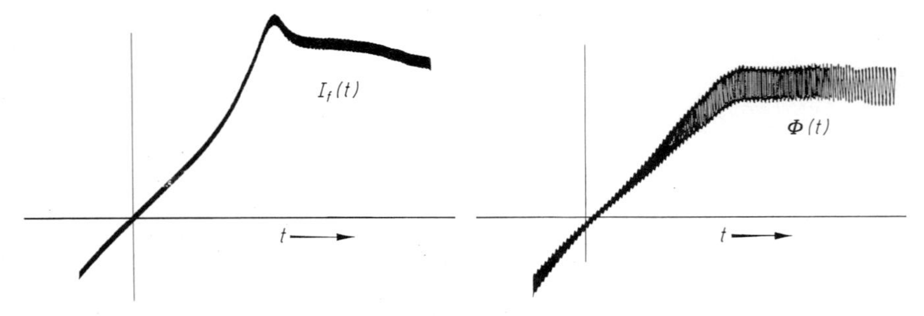

Abb. 168. Unmittelbare Aufnahme des Flusses Φ und des Erregerstroms I_f bei laufender Maschine. Die „Schriftbreite“ der Hall-Spannung rührt von der Folge von Zahn und Nut her. Die Mittellinie gibt verläßlich $\Phi(t)$ wieder. Maschine ist entdämpft.

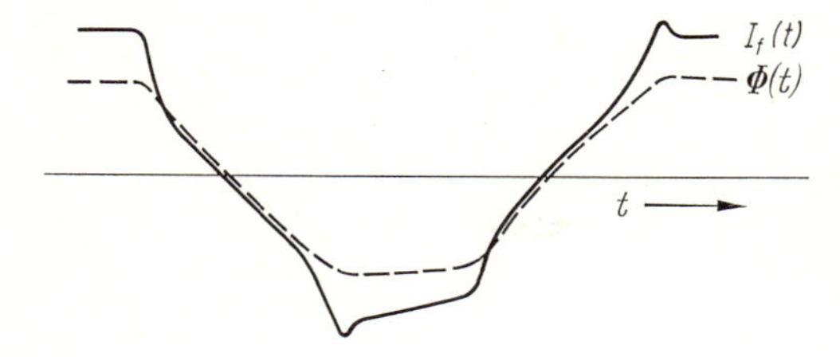

Abb. 169. Nachzeichnung eines Oszillogramms entsprechend Abb. 168 unter alleiniger Verwendung der Mittellinien. Zweimalige Feldumkehr. Aufnahme mit Hall-Sonde.

ab. Beides stört nicht, wenn man wie in Abb. 169 für den Vorgang einer doppelten Feldumkehr nur die Mittelwerte berücksichtigt. Ordnet man nun wieder zu jedem Zeitpunkt Φ und I_f einander zu, so erhält man Abb. 170 mit der dynamischen Magnetisierungsschleife, die sich jetzt der stationären recht gut anschmiegt.

Die kleine Ungenauigkeit, die darin besteht, daß statt des Flusses die Flußdichte in der Mitte des Felds aufgezeichnet wurde, spielt bezüglich der zu gewinnenden Erkenntnisse keine Rolle.

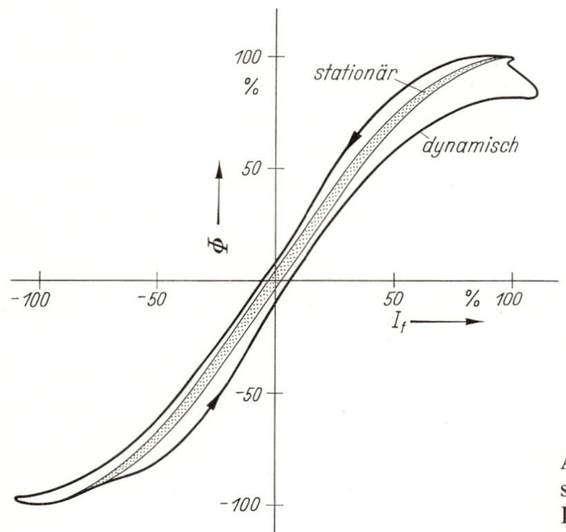

Abb. 170. Dynamische Magnetisierungsschleife auf Grund von Abb. 169. Im Inneren die schmale Hysteresekurve bei langsamer Änderung der Erregung.

4.4.6 Wendepole

Die Wendepole sorgen für eine einwandfreie Kommutierung des Ankerstroms in den von den Bürsten kurzgeschlossenen Windungen, wenn das von ihnen erzeugte Wendefeld eine günstige Verteilung und die richtige Induktion B_W besitzt, die der Ankerstromstärke verhältnisgleich sein muß. Die Rücksicht auf die Stabilität der Maschine macht es mitunter erforderlich, das Wendefeld schwächer zu wählen, als der optimalen Stromwendung entspricht. Die Beurteilung der Verhältnisse wird durch drei verschiedene Versuchsreihen erleichtert. Man mißt mit Hilfe einer *Hall-Sonde*, die genau in der Mitte des Wendepols angebracht wird, die dort auftretende Induktion B_w in Abhängigkeit des in beiden Richtungen fließenden Ankerstroms I_A.

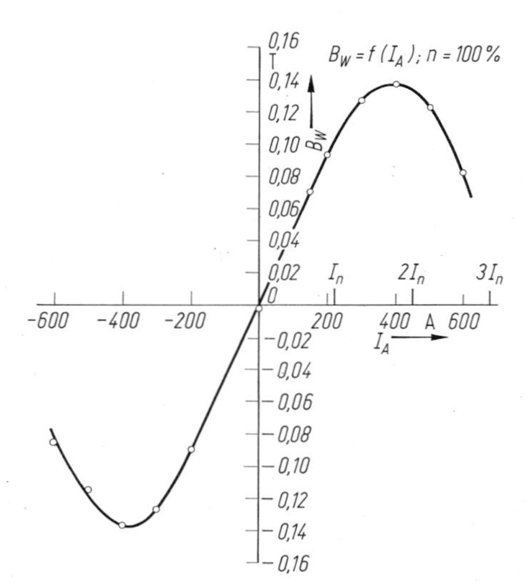

Abb. 171. Magnetisierungskennlinie eines sich sättigenden Wendepols. Induktion B_W im Luftspalt über Ankerstrom I_A. Hauptpole unerregt. Messung mit Hall-Sonde bei voller Drehzahl.

Man erhält bei ganz ungesättigten Wendepolen eine gerade Linie (gestrichelt in Abb. 181) oder im Falle gesättigter Wendepole eine Kurve nach Abb. 171. Zwischen Leerlauf ($I_A = 0$) und Vollast ($I_A = \pm 225$ A) ist im letzten Fall eine befriedigende Stromwendung zu erwarten, wenn die Neigung der Kennlinie, wie hier, nahezu richtig gewählt wurde. Bei Überlast wird das Wendefeld zu schwach und ab einer bestimmten Ankerstromstärke ist keine zulässige Wendung mehr möglich. Die genauere Bestimmung des *Bereichs*, innerhalb dessen noch erträglich kommutiert wird, gelingt mit der gleichen Anordnung, indem man in bekannter Weise Wendepolstrom zu- und absetzt. Man nimmt aber nicht nur den oberen und den unteren Wendepolstrom I_0 und I_u auf, bei denen gerade die Auflauf- bzw. Ablaufkante zu feuern beginnt, sondern viel aufschlußreicher die physikalisch interessierende Größe, nämlich wiederum die Induktion unter dem Polschuh, also die obere und die untere, gerade noch zulässige Induktion B_0 und B_u, wie sie in Abb. 172 gezeigt werden. Zusätzlich eingetragen wurde der angetroffene Befund, nämlich der Istzustand $B_W = f(I_A)$ aus

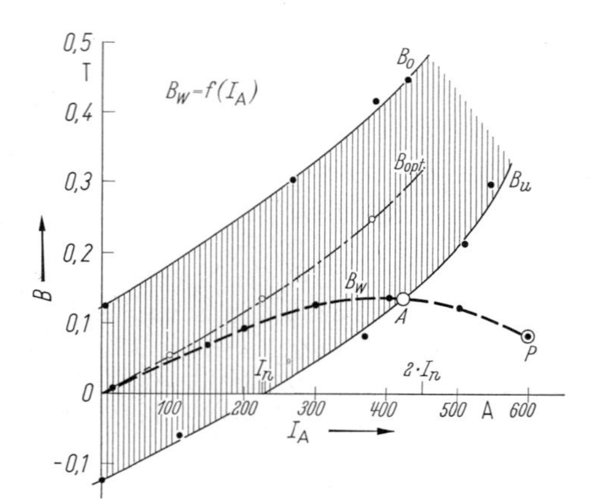

Abb. 172. Obere und untere noch zulässige Wendepolinduktion B_0 und B_u über Ankerstrom I_A. Optimale Induktion B_{opt} und wirklich vorhandene Induktion B_W.

Abb. 171. Wenn man zu einzelnen Ankerströmen den Mittelwert aus B_0 und B_u bestimmt und als Kurve $B_{opt} = (B_0 + B_u)/2$ über I_A aufträgt, erhält man ohne weiteres die erstrebenswerte Kennlinie des Pols. Noch *zulässige* Verhältnisse trifft man in dem Bereich zwischen der oberen und der unteren Kurve an. Dieser Bereich wird bei der untersuchten Maschine beim Punkt A entsprechend $I_A = 425\ A$ oder $1{,}9 \cdot I_{nenn}$ verlassen, so daß oberhalb dieser Stromstärke kein Betrieb mehr möglich ist. Dies wurde bei den Aufnahmen bestätigt. Die Bandbreite der Induktion ist beträchtlich. Sie beträgt $\pm 0{,}12$ T, genausoviel also, wie der optimale Wert B hier bei 90% des Ankerstroms ausmacht. Wenn man die Maschine in beiden Stromrichtungen fahren will, kann man durch Verändern (in diesem Fall durch Erhöhen) der Wendepolwindungszahl einen beliebigen Punkt der optimalen Kennlinie als Arbeitspunkt auswählen und durch diesen die neue Istkurve legen. Unterhalb der zugehörigen Ankerstromstärke liegt dann beschleunigte, oberhalb verzögerte Stromwendung vor. Soll die Maschine, z. B. als Motor, nur in einer Stromrichtung betrieben werden, so kann man zwei Punkte auf der optimalen Kurve aussuchen und durch diese die neue Istkurve laufen lassen, wozu dann allerdings eine feste, in der Regel negative Vorerregung des Wendepols notwendig wird. Der Grad der in Kauf zu nehmenden partiellen Über- und Untererregung des Pols wird dann stark gemildert.

Die Frage nach den erforderlichen Strömen in der Wendepolwicklung wird gleichzeitig mit der Aufnahme von B_0 und B_u geklärt, indem man den wahren Strom der Wendepolwicklung I_0 und I_u mißt bzw. den zusätzlichen oder absätzlichen Strom der Ankerstromstärke zuordnet. Dargestellt sind die beiden Ströme in Abb. 173 zusammen mit dem wirklich die Wendepole umfließenden Ankerstrom I_A. Zwischen

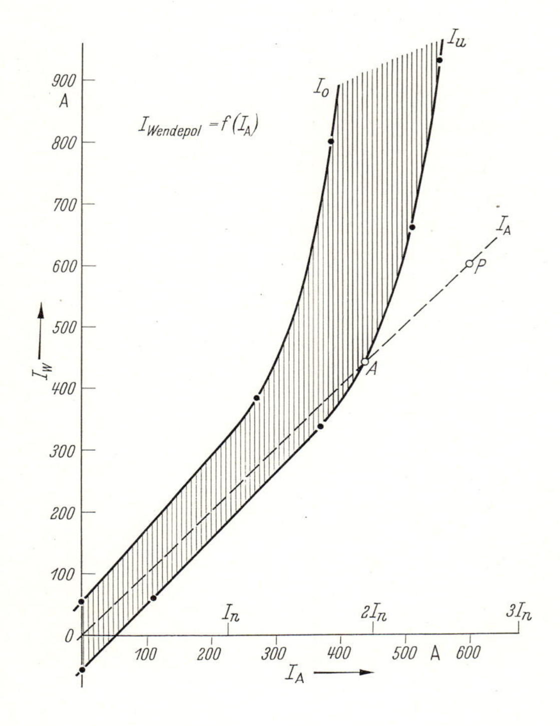

Abb. 173. Obere und untere in der Wendepolwicklung erforderliche Stromstärken I_0 und I_u, die die Induktionen B_0 und B_u aus Abb. 172 erzeugen würden. Dazu wirkliche Stromstärke $I_W = I_A$.

den beiden äußeren Kurven liegt der Bereich zulässiger Wendepolspeisung, aber man kann nicht mehr ohne weiteres annehmen, daß $(I_0 + I_u)/2$ der optimale Erregerstrom sei, da die Sättigungserscheinungen besonders bei I_0 ein früheres Abbiegen seiner Kurve nach oben bedingen. Wiederum aber liefert Punkt A die gleiche Grenzstromstärke für eine noch gerade zulässige Stromwendung.

Das Ergebnis der Untersuchung im vorliegenden Fall eines allerdings sehr bald in die Sättigung geratenden Wendepols zeigt, daß die Wendepolwicklung eine etwas zu kleine Windungszahl hat, da die Induktion um 15% angehoben werden müßte. Hierzu wäre allerdings nur eine Erhöhung von 4% der Windungszahl notwendig, wenn man annimmt, daß der Wendepol zu 25% überkompensiert ist. Der Erfolg einer etwa vorgenommenen Änderung ließe sich durch einen anschließenden Kontrollversuch sofort klären.

Bei Großmaschinen wird die magnetische Kennlinie der Wendepole durch Verwendung eines zweiten Luftspaltes zwischen Kern und Joch und durch starke Querschnittszunahme nach dem Joch zu so weitgehend verbessert, daß bei ihnen kaum noch Krümmungen der Kurve $B_W = f(I_A)$ auftreten. Die kleineren Maschinen sind aber in der Überzahl und verlangen Klärung besonders im Bereich der Überlast und bei harten Bremsvorgängen.

Bei einer noch weitergehenden Untersuchung wählt man statt der Hall-Sonde den *Flußmesser*, der der Reihe nach an mehrere, längs des Pols und wenn möglich bis in den Anker hinein verteilte Induktionseinzelspulen angeschlossen wird. Die Verteilung in einem besonderen Fall zeigt Abb. 137 und andeutungsweise noch einmal Abb. 175 und 176. Die von den Spulen umfaßten Querschnitte sind der Reihe nach vom Anker ausgehend nach dem Joch zu mit $n = 1$ bis 13 bezeichnet, und es treten in ihnen Induktionen $B = \Phi_n/F_n$ auf, die in Abb. 174 wiedergegeben sind.

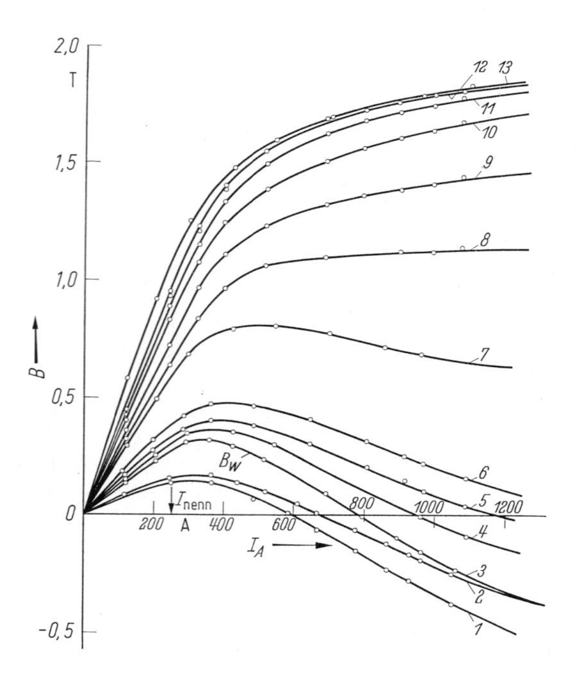

Abb. 174. Bestimmung der Wendepolinduktion $B = \Phi/F$ durch Messung des Flusses Φ in 13 verschiedenen Querschnitten F bis zum 5fachen Nennstrom. Wendefeldinduktion im Luftspalt mit B_W gekennzeichnet. Messung von Köller.

Der Index n bezeichnet die Nummer des Querschnitts, Φ_n den gemessenen Fluß, F_n den teilweise veränderten Querschnitt. Der Versuch wurde absichtlich bis zum 5fachen Nennstrom ausgedehnt und er lieferte ein interessantes Ergebnis. Anfänglich steigen alle Induktionen, und zwar wie es speziell im Raum des Luftspalts notwendig ist, linear mit dem Ankerstrom an. Im Bereich zwischen dem 1,5- bis 2fachen Ankerstrom erreichen die Induktionen unterhalb der Querschnitte 7 bis 8 ein Maximum und nehmen wieder ab. Oberhalb Querschnitt 8 wachsen die Induktionen immer noch, aber durch den zunehmenden Eigenverbrauch der Pole bedingt, nur noch schwach an. Der Eigenverbrauch des Kerns erreicht gegen Ende etwa 3000 AW und verzehrt damit den gesamten Überschuß der Wendepolwicklung an Erregung. Die Folge ist, daß sich in immer stärkerem Maße das Wendefeld räumlich aus dem Anker *zurückzieht* und statt dessen aus dem Anker ein Feld in den aktiven Bereich der Wendezone *vordringt*. Die neutrale Grenzfläche, wo Wendefeld und Ankerfeld zuletzt berharren, wird etwa beim Querschnitt 4 bis 5 liegen. Überall unterhalb dieser Grenze hat das Feld dann die falsche Richtung und verdirbt jede Stromwendung. Oberhalb der Grenze behält das Feld zwar den richtigen Sinn, aber es interessiert nicht mehr.

4.4.6.1 Flußverteilung im Wendepol

Auf Grund von Abb. 174 konnten die beiden Abb. 175 und 176 gezeichnet werden. Zwischen je zwei benachbarten Feldlinien fließt der gleiche Fluß. Abbildung 175 zeigt

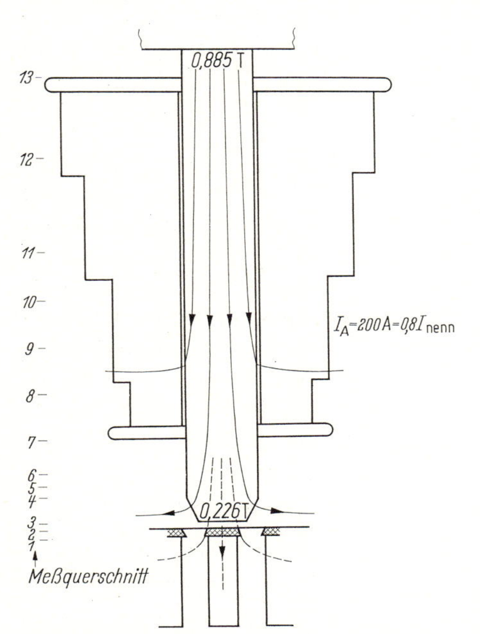

Abb. 175. Flußverteilung im Wendepolschenkel, im Luftspalt und in den Ankerzähnen im geradlinigen Arbeitsbereich; $I_A = 0{,}8 \cdot I_{nenn}$. Entwurf von Köller auf Grund von Abb. 174. Feldlinienverlauf außerhalb der Wicklung durch weitere Messungen belegt.

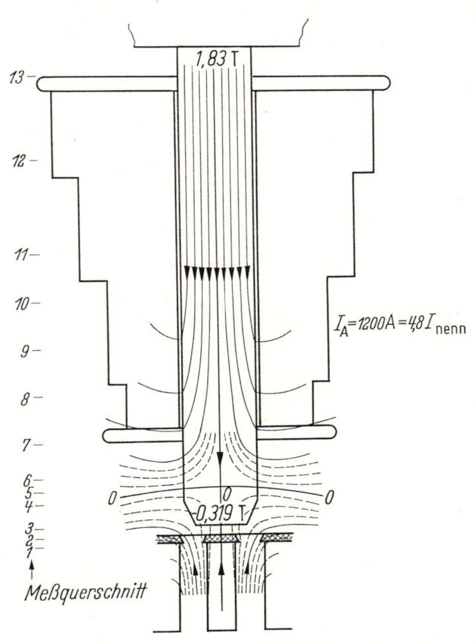

Abb. 176. Wie Abb. 175, jedoch im Bereich hoher Sättigung; $I_A = 4{,}8 \cdot I_{nenn}$. Wendefeld hat sich bis zur Linie *0* ... *0* ... *0* zurückgezogen, Ankerfeld ist bis dorthin vorgedrungen.

die Verhältnisse im ungesättigten Bereich beim 0,8fachen Nennstrom, Abb. 176 hingegen im höchstgesättigten Bezirk beim 4,8fachen Nennstrom. Im ersten Fall dringt das Wendefeld wie erforderlich bis zum Nutengrund vor und verhindert, daß irgendwelche Kraftlinien die kommutierenden Spulen im Inneren des Ankers durchsetzen. Anders ausgedrückt heißt das: Der Wendepol übernimmt im Bereich der Wendezone den von den Ankerströmen erzeugten Streufluß, er saugt ihn also ab, so daß er nicht mehr zur Spannungsinduktion in den Kurzschlußwindungen führen kann. Im zweiten Fall quellen die Kraftlinien des Ankerfelds aus dem Inneren hervor, durchsetzen also die kurzgeschlossenen Spulen und führen bei Lauf zu Spannungen bzw. Kurzschlußströmen, die die Stromwendung sehr stark beeinträchtigen. Die Grenze findet das Ankerfeld längs der Fläche *0—0—0*, auf deren anderen Seite das zurückgedrängte Wendefeld beginnt. Seine Einwirkung auf den Anker ist, da jede Verkettung mit diesem fehlt, zu Null geworden.

Durch Verbreitern des Eisenquerschnitts im oberen Bereich könnte, trotz der Einbuße an Wickelraum, der Wendepol wesentlich verbessert werden, und durch Anwenden eines zusätzlichen Luftspalts zwischen Joch und Kern ließe sich eine weitgehende Linearisierung erreichen; beide Maßnahmen sind von den Großmaschinen her als notwendig bekannt.

Vorstehende Untersuchungen wurden bei Stillstand durchgeführt. Die Stellung der Ankerzähne ist aus den Abb. 175 und 176 zu erkennen. Die Verhältnisse ändern sich, sobald der Ankerstrom sehr schnell verändert wird und wenn der Wendepol entweder massiv gestaltet ist oder von irgendwelchen Kurzschlußbahnen umschlungen wird. Die dann erforderliche dynamische Untersuchung wird weiter unten beschrieben.

4.4.6.2 Dynamisches Verhalten der Wendepole

Ein Nacheilen des Hauptflusses hinter dem Erregerstrom schädigt die Maschine nicht, verlangsamt aber ihre Reaktion und bedingt höhere Stoßerregungsleistung. Es ist höchstens als lästig anzusehen, da der eindeutige Zusammenhang zwischen I_f und Φ vorübergehend gestört wird, und es macht einen besonderen Aufwand erforderlich, falls der Fluß in einer bestimmten Zeit geändert werden soll. Beim *Wendefeld* liegen die Verhältnisse wesentlich ungünstiger. Die Stromwendung kann nur dann einwandfrei stattfinden, wenn zu keinem Zeitpunkt parasitäre Ströme in den kurzgeschlossenen Ankerwindungen induziert werden. Es muß also die Induktion B_W unter dem Wendepolschuh erstens größengerecht zu I_A und zweitens absolut gleichzeitig erscheinen. Jede Verzögerung verdirbt beides. B_W erscheint in falscher Größe und zur falschen Zeit, sofern man an wirklich schnelle Änderungen des Ankerstroms denkt.

Die Stromzunahme kann in der Praxis mit etwa 600 bis 1000% je Sekunde geschehen und bei Lastabwurf ändert sich die Stromstärke sogar noch schneller, nämlich um etwa 3000% in der Sekunde. Anders ausgedrückt heißt das, daß der volle Strom bei Lastübernahme in 160 bis 100 ms entsteht, während er bei Entlastung in 30 ms und kürzer verschwindet. Nur wenn der Wendepol aus dünnen Blechen besteht, die genügend gegeneinander isoliert sind, und wenn er keine Konstruktionsteile enthält (z. B. starke Endplatten mit Verbindung durch nicht isolierte Bolzen), die eine Kurzschlußbahn für induzierte Ströme bilden, kann man mit wirklich befriedigender unverzögerter Arbeitsweise rechnen. Je stärker der Kurzschluß dagegen

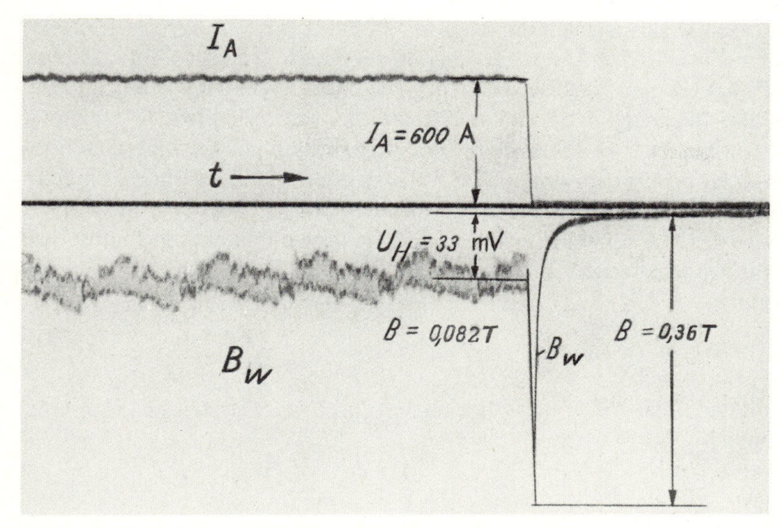

Abb. 177. Verhalten des Wendefelds bei sehr schnell abgeschaltetem Ankerstrom. Messung mit Hall-Sonde unter dem Polschuh bei laufender Maschine. Wendepol aus nichtisolierten Blechen; Joch massiv.

ausgebildet ist, also besonders bei massiven Polkernen, muß mit einer u. U. unzulässig starken Verzögerung zwischen B_W und I_A gerechnet werden. Es tritt evtl. nicht nur eine Verzögerung, sondern, viel schlimmer, sogar eine Erhöhung der Induktion auf, und zwar dann, wenn nämlich der Wendepol infolge ungünstiger Bemessung im Bereich der Überlast bereits stark gesättigt ist und der Ankerstrom sehr schnell abgeschaltet wird. Dabei verschwindet sofort die magnetisierende Wirkung der Ankerleiter und der eigentlichen Wendepolwindungen. Der im Inneren des Wendepols entstehende Kurzschlußstrom baut nunmehr allein ein Feld auf, dessen Dichte unter dem Polschuh ein Mehrfaches der (allerdings zu schwach gewesenen) vorherigen Dichte betragen kann. Einen solchen Fall zeigt Abb. 177. Oben ist der Ankerstrom $I_A(t)$, darunter $B_W(t)$ zu sehen. Die Aufnahme wurde mittels Hall-Sonde unter dem Polschuh gemacht. Man erkennt deutlich die einzelnen Umläufe der Maschine und sieht an der Schriftbreite die Schwankungen von B_W als Folge der sich ablösenden Nuten und Zähne. Der Strom wird sehr schnell abgeschaltet. Die Wendepolinduktion unter dem Polschuh springt auf den 4,4fachen Betrag hoch, der übrigens gerade für eine optimale Stromwendung des 600 A betragenden Ankerstroms erforderlich gewesen wäre, nun aber zur falschen Zeit kommt. Die Folge ist die Erzeugung eines nur durch den Übergangswiderstand der Bürsten geminderten hohen Kurzschlußstroms in den Ankerwindungen und die damit verbundene Gefahr eines Überschlags.

Vermutlich kann diese Überhöhung der Wendepolinduktion im Luftspalt nur bei gesättigten Wendepolen auftreten. Die Untersuchung solcher Fälle und ihre Klärung ist mit der Hall-Sonde besonders leicht durchzuführen.

Weiter unten zeigen Abb. 180 und 181 die Verhältnisse bei einer Großmaschine, wo nur eine Verzögerung des Wendefelds, aber keine Überhöhung von B zu beobachten war.

Abschließend mag die Beanspruchung der Bürsten durch das verzögert auftretende Wendefeld berechnet werden, und zwar für den Fall der Abschaltung des Ankerstroms. Üblicherweise beträgt bei Nennlast die Wendepolinduktion 0,1 bis 0,15 T. Bei 3fachem Strom kommen also Beträge bis 0,45 T vor. Wird dieser Strom in etwa 30 ms geradlinig auf Null verringert, so kann man bei Kurzschlußbahnen mit mäßigem Querschnitt um einen im übrigen geblechten Polkern ein zurückbleibendes, langsam abklingendes Restfeld von $^1/_5$ der vorherigen vollen Stärke, also von rd. 0,09 T, beobachten. Wenn die Maschine die Länge L, die Geschwindigkeit v und unter dem Polschuh die Wendepolinduktion B hat, entsteht in jeder kurzgeschlossenen Windung eine Spannung:

$$U = 2LBv \quad \text{in V},$$

die also bei einer Bedeckung von $w_{\text{bü}}$ Windungen durch die Bürsten zu einer Bürstenquerspannung von

$$U_{\text{bü}} = w_{\text{bü}} U$$

aufläuft. Denkt man an einen langsamlaufenden Motor von $L = 190$ cm, an $B = 0{,}09$ T und an eine Geschwindigkeit von $v = 10$ m/s, so erhält man bei einer Überdeckung von $w_{\text{bü}} = 4{,}5$ Windungen eine Spannung von rd. 15 V. Dieselbe Spannung träte auf bei doppelter Drehzahl, also bei 20 m/s, wenn im Feldschwächbereich mit etwa halb so starken Strömen gefahren würde. Die errechnete Querspannung stehe nur etwa während $^1/_{20}$ der Betriebszeit an, so daß ihr Effektivwert nur 3,4 V von Bürstenkante zu Bürstenkante gerechnet beträgt. Bildet man auch noch den örtlichen Effektivwert quer zur Bürste, so erhält man rd. 2 V. Dieser Effektivwert reicht nicht aus, um die Bürste unzulässig hoch zu belasten, aber er erschwert die Stromwendung und dürfte infolge der Dauerbeanspruchung bei durchgehendem Betrieb möglicherweise zum vorzeitigen Altern der Bürsten und evtl. der Federn beitragen. Man sollte daher nur völlig entdämpfte Wendepole verwenden.

4.4.7 Betriebsmessungen

Der Fluß Φ der Hauptpole und der Ankerstrom I_A bestimmen die Kraft der Maschine, da das Drehmoment dem Produkt der beiden verhältnisgleich ist. Es gilt also:

$$M = C_2 \Phi I_A .$$

Der gleiche Fluß Φ bestimmt zusammen mit der Drehzahl n die Höhe der in der Maschine induzierten elektrischen Spannung U_i, die dem Produkt aus U und Drehzahl n verhältnisgleich ist, so daß unabhängig von der ersten Gleichung auch noch gilt:

$$U_i = C_1 \Phi n .$$

Spannung, Stromstärke und Drehzahl können unschwer mit den bekannten Mitteln beobachtet, registriert und an der Schalttafel zur Anzeige gebracht oder in die Regelung eingeführt werden. Hiervon wird auch in der Praxis Gebrauch gemacht.

4.4.7.1 Hauptpole

Als wichtige Maschinengröße erscheint der Fluß Φ, der unter Verwendung der Hall-Sonde mit der für den Betrieb erforderlichen Genauigkeit ebenfalls gemessen, registriert, zur Anzeige gebracht und in die Regelung eingefügt werden kann. Wie bereits erwähnt, wird die Hall-Sonde — und zwar möglichst bequem auswechselbar — in Polschuhmitte und etwas von der seitlichen Begrenzung entfernt angeordnet. Man entnimmt ihren Steuerstrom einer nicht zu kleinen Spannungsquelle und vermeidet auf diese Weise die Rückwirkung des sich ändernden Längswiderstands auf den Steuerstrom i_S. Führt man die Hall-Spannung einem Schalttafelgerät zu, so ist man jederzeit, unabhängig von den etwaigen viele Sekunden dauernden Verzögerungen zwischen Erregerstrom und Fluß, imstande, den wirklichen magnetischen Zustand der Maschine festzustellen. Dies ist von Interesse bei allen Maschinen, die auch im Feldschwächbereich fahren und deren Fluß entweder vor dem Hochlauf (oft gemeinsam mit anderen) oder erst im Betrieb durch entsprechende Erregung auf einen gewünschten, nunmehr ablesbar gewordenen Betrag gebracht wird.

Bei der betrieblichen Untersuchung einer Anlage möchte man die zeitliche Entwicklung des Flusses bei Änderung der Erregung untersuchen und auch feststellen, welchen Grad die Rückwirkung des stromführenden Ankers besonders bei hohen Ankerstromspitzen erreicht. Diese Messung ist meistens bei der Prüfung der Maschine vom Hersteller nicht durchzuführen, sobald die Leistung eine gewisse Größe übersteigt.

Abbildung 178 zeigt ein Oszillogramm des Flusses $\Phi(t)$ (unmittelbar mit Hall-Sonde gemessen) und des Stroms $I_A(t)$ (ebenfalls mit Hall-Sonde über ein Stromjoch aufgezeichnet) einer Großmaschine, die bei einem Reversierantrieb in beiden Drehrichtungen als Motor unter Last anläuft und sich als Generator bremsend wieder stillsetzt. Man sieht, daß Ankerrückwirkung durch Bürstenverstellung nach links vorliegt, begleitet von einer ähnlich großen Rückwirkung infolge von Sättigungs-

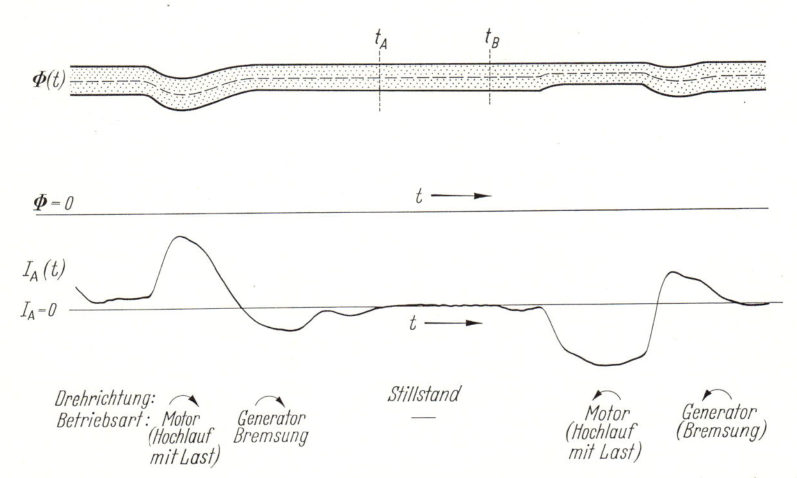

Abb. 178. Betriebsmessung von Fluß und Ankerstrom einer reversierenden Großmaschine, beide Aufnahmen mit Hall-Sonde. Zeichnerische Wiedergabe der beiden Hüllkurven und der Mittellinie der Hall-Spannung für den Fluß. Erklärung der zweimal auftretenden Feldschwächung im Text.

erscheinungen und etwaiger Feldverzerrung, die im Gegensatz zu der erstgenannten nicht linear, sondern quadratisch vom Ankerstrom abhängt. Bei Motorbetrieb und Rechtslauf addieren sich beide Rückwirkungen, bei Generatorbetrieb und Rechtslauf heben sie sich gegenseitig auf, nachdem der Einfluß der Bürstenverstellung sein Vorzeichen geändert hat und jetzt kompoundierend wirkt. Anschließend beim motorischen Linkslauf stehen die Bürsten wegen des Drehrichtungswechsels jetzt vorgeschoben, kompoundieren also und heben die Ankerrückwirkung der zweiten Art nahezu auf. Zuletzt treten beim generatorischen Linkslauf die Bürsten wegen des Wechsels der Stromrichtung wieder gegenkompoundierend in Erscheinung, so daß beide feldschwächenden Ankerrückwirkungen sich wieder addieren. Der Einfluß der Wendepole kann hier vermutlich vernachlässigt werden, da die Drehzahl gering blieb. Ein Beweis für die richtige qualitative Anzeige der Hall-Sonde lieferte der nicht wiedergegebene Erregerstrom, der die beiden Male, wo die resultierende Feldschwächung zu sehen ist (Motor rechts, Generator links), seinerseits eine entsprechende kurzfristige Erhöhung aufwies, die die unmittelbare Folge eines kleiner werdenden Flusses ist.

Abbildung 179 zeigt den Ausschnitt der oszillographischen Schrift der Feldsonde zwischen t_A und t_B in Abb. 178. Wieder erkennt man die Schriftbreite, die durch die Induktionsschwankungen an der Meßstelle bei der Folge von Zahn und Nut verursacht wird.

Deutlich sichtbar (exakter als bei jeder anderen Methode) wird der genaue Zeitpunkt der Drehzahl Null, neben dem nach links das Einlaufen der Zähne *3*, *2* und *1* und entsprechend nach rechts das Weglaufen derselben Zähne erkennbar ist. Die Frequenz der immer schneller werdenden Schwingungen ist ein unmittelbares Maß für die Drehzahl, die also gerade bei kleinen, sonst wegen der Ungenauigkeit der Nulllinie nur schwer bestimmbaren Beträgen sehr genau ermittelt werden kann.

Eine Mißdeutung der Hall-Spannung kann nur bei Stillstand geschehen (vgl. Abschnitt 4.4.2); sobald die Maschine läuft, gibt der Mittelwert, den jedes Spannungsgerät liefert, dagegen in erwünschter Genauigkeit den Fluß Φ an. Bei der Auswertung des Oszillogramms muß man nachträglich selbst die Mittellinie der beiden Grenzkurven, wie in Abb. 178 geschehen, eintragen und diese dann der weiteren Rechnung zugrunde legen.

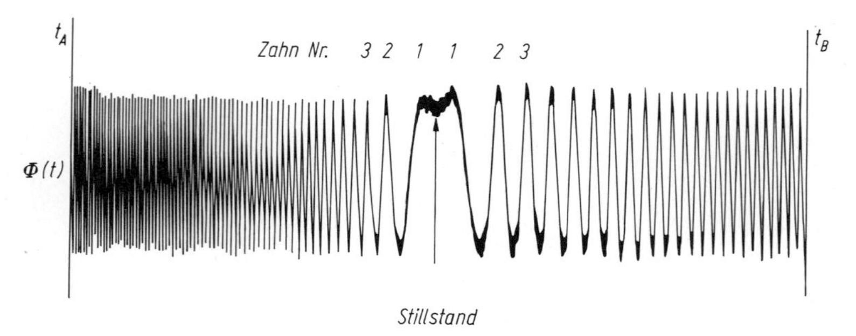

Abb. 179. Ausschnitt aus dem Oszillogramm des Flusses $\Phi(t)$ an der in der Nachzeichnung in Abb. 178 angegebenen Stelle. In der Mitte ist das Verhalten der Hall-Spannung einer einzigen Sonde bei Durchgang der Drehzahl durch den Stillstand deutlich erkennbar. Nullinie unterdrückt.

4.4.7.2 Wendepole

Betriebliche Untersuchungen der Wendepolinduktion B_W unter dem Wendepolschuh werden nötig, wenn der Verdacht auf verzögerte Feldausbildung besteht. Eine Daueranzeige der Wendepolinduktion ist unnötig. Die Einführung von B_w in einen Regelkreis zur automatischen Zu- und Abschaltung von Zusatzerregung bei großen Drehzahl- und Lastbereichen kann dagegen recht nützlich sein. Der Hall-Generator würde dann den Istwert der Wendepolstärke zeigen und den Vergleich mit dem vom Strom und evtl. von der Drehzahl abhängigen Sollwert erlauben, so daß die Differenz zur Ausregelung herangezogen werden könnte.

Abbildung 180 zeigt die Aufnahme eines großen, hoch überlastbaren Umkehrmotors, der bei Lastabwurf in etwa 80 ms seinen Ankerstrom verliert. Die obere Kurve zeigt den mittels Shunt oszillographierten Ankerstrom $I_A(t)$, der abwechselnd

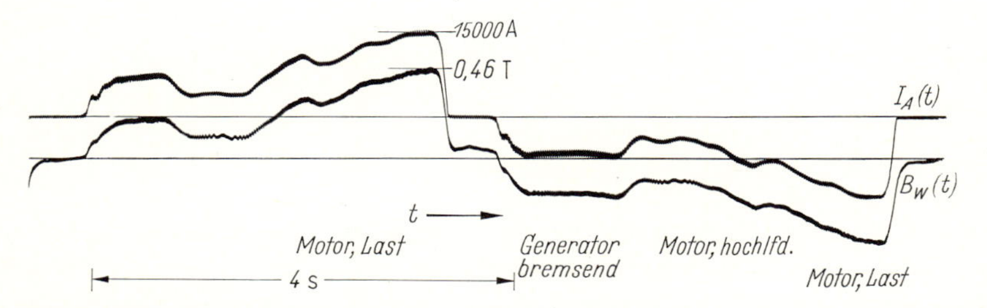

Abb. 180. Ankerstrom $I_A(t)$ und Wendefeld-Induktion $B_W(t)$ eines großen Gleichstrommotors. Aufnahme bei Lauf mit doppelter Umkehr der Drehrichtung und zweimaligem Durchgang durch den Stillstand, erkennbar an der unteren Schrift $B_W(t)$. Stromaufnahme mit Shunt und Aufzeichnung der Induktion mit Hall-Sonde unter dem Wendepolschuh.

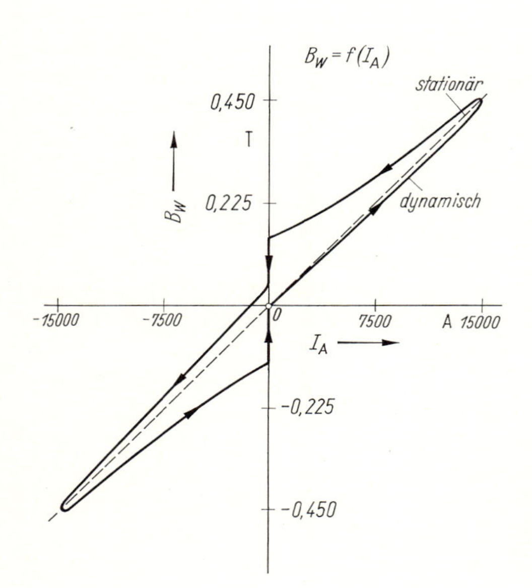

Abb. 181. Aus Abb. 180 gewonnene dynamische Magnetisierungskennlinie des Wendepols $B_W = f(I_A)$ Wendepolschenkel lammelliert. Endbleche durch Bolzen leitend verbunden.

motorisch und generatorisch war. Die Wendefelddichte $B_W(t)$ wurde aufgenommen durch Registrierung der Hall-Spannung einer Sonde unter dem Wendepolschuh. Infolge der Größe des auf zwei Spalte aufgeteilten Gesamtluftspalts des Wendepols sind die Schwankungen der Hall-Spannung (Zahn-Nut-Einfluß) recht gering. Die Stromstärke ist etwa für 0,45 s zwischen Motor- und Generatorbetrieb Null. Die in dieser Zeit anstehende, restliche Feldstärke des Wendefelds geht auf konstruktiv bedingte Kurzschlußbahnen rings um den Polkern zurück. Dort fließt nach dem Verschwinden des Ankerstroms ein einige tausend Ampere betragender Strom. Das Verschwinden des Restfelds ist übrigens der zeitlichen Abhängigkeit nach für Rechts- und Linkslauf typisch verschieden. Vermutlich spielt die nicht exakte Neutralstellung der Bürsten eine Rolle. Die Auswertung des Oszillogramms zeigt Abb. 181, in der das dynamische Verhalten $B_W(I_A)$ nach dem Eliminieren der Zeit t gezeigt wird. Rund $^1/_3$ der Wendepolinduktion bleibt nach Abschalten des Stroms übrig, so daß die Maschine bei $I_A = 0$ eine fühlbare Spannungsinduktion der kurzgeschlossenen Windungen erfährt. Reichlichkeit der Kommutierung und Wahl guter Bürsten läßt es zu einer zuverlässigen Arbeit des Stromwenders kommen, die Entfernung der Kurzschlußbahnen sollte aber das Ziel des Maschinenherstellers sein.

4.4.7.3 Elektrische Messungen

Die Aufnahme großer, sich lebhaft ändernder Gleichströme, die in beiden Stromrichtungen fließen können, ist mit modernen Shunts nicht immer leicht durchzuführen, da diese Hilfswiderstände aus Gründen der Wirtschaftlichkeit meist nur 45 oder 60 mV abgeben. Man muß bis zum Oszillographen mitunter einige hundert Meter zurücklegen und zur Vermeidung von Spannungsverlusten auf diesem Wege zu Meßleitungen von einigen hundert Quadratmillimeter Querschnitt greifen.

Wählt man die Kombination Stromjoch plus Hall-Sonde, so erhält man Spannungen bis zu 1000 mV, die keinerlei Oberwellen oder andere Verzerrungen enthalten, als sie im zu messenden Strom enthalten sind. Die Zuleitung dieser relativ hohen Spannung zur Schleife bereitet keine Schwierigkeit. Steuert man die Hall-Sonde mit einem konstanten Steuerstrom i_S, so bekommt man eine dem Strom I_A verhältnisgleiche Spannung. Wählt man als Steuerstromquelle die Netz- oder Ankerspannung U, so ist die Hall-Spannung der elektrischen *Gleichstromleistung* verhältnisgleich. Man muß etwa 0,2 A Steuerstrom aufwenden, so daß für den Steuerkreis bei 1000 V genau 200 W aufzubringen sind. Die Eigenleistung zur Erregung des Stromjochs spielt keine Rolle, da dieses über die sowieso vorhandene Zuleitung gestülpt wird. Man verfügt über eine ungewöhnlich einfache, für größte Leistung (10000 bis 20000 kW) brauchbare Einrichtung und kann, worin ein weiterer Vorzug besteht, die Leistung mit dem Spannungsmesser messen bzw. oszillographieren.

Als dritte Größe wird durch die aus Joch plus Sonde bestehende Einrichtung das Quadrat des Stroms, also $I_A^2(t)$, meßbar und zählbar. Hier ist es notwendig, den Steuerstrom i_S als sehr kleinen Zweigstrom des Ankerstroms I_A zu bilden und über die Sonde zu senden. Wählt man $i_S = 0{,}2$ A und will man 10000 A der Messung zuführen, so muß man eine Teilung im Verhältnis 1:50000 durchführen. Dies gelingt — falls man nicht an einen Gleichstromwandler denkt — auf für die betriebliche Untersuchung brauchbare, wenn auch provisorische Weise, indem man die Zuleitung

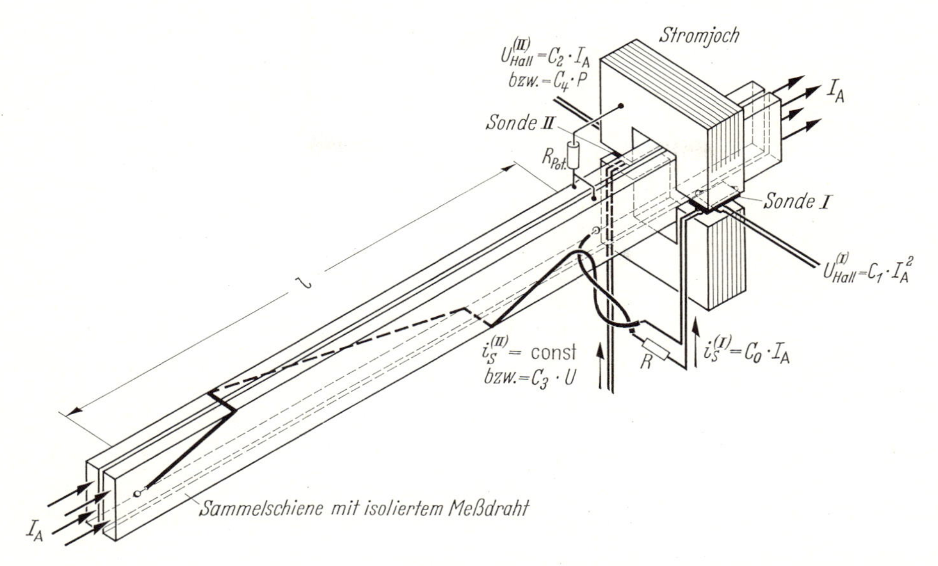

Abb. 182. Anordnung zur betrieblichen Oszillographie des Ankerstromquadrats I_A^2, des Ankerstroms I_A oder der Ankerleistung $P = UI_A$. Benutzung eines Stücks der Sammelschiene zur Erzeugung einer dem Strom verhältnisgleichen Spannung. Leitungszuführung vermeidet etwaige Verfälschung durch Skin-Effekt bei sehr schneller Stromänderung.

des Stroms auf eine Meßlänge l hin als Shunt benutzt. Wie schon erwähnt, kann man z. B. 10 bis 50 m der Zuleitung wählen, zwei isolierte Drähte mit ihrem einen Ende am Anfang und am Ende der Meßstrecke anlöten und dann die beiden Drähte einmal oder mehrere volle Male um die Zuleitung in gleichmäßiger Schraubung herumwinden (Skineffekt). An der Treffstelle werden die Zuleitungen miteinander verdrillt und gemeinsam zur Hall-Sonde geführt. Abbildung 182 läßt die Einrichtung erkennen. Die Hall-Sonde kommt nunmehr auf das volle Potential der Stromleitung, welche daher am besten über einen Halbleiter R_{pot} mit dem Stromjoch verbunden wird. Joch, Sonde und spannungsführende Leitung müssen natürlich isoliert werden bzw. bleiben. Man nimmt je nach spezifischer Belastung der Schiene eine dem Strom I_A verhältnisgleiche Spannung von 1 bis 5 V ab, die zwar noch nicht ausreicht, um die Längswiderstandsänderungen der Sonde unmerklich werden zu lassen, jedoch bekommt man über den Widerstand R von 5 bis 25 Ω einen Steuerstrom, der ein qualitativ befriedigendes und auch quantitativ hinreichendes Abbild des Stroms I_A ist, so daß als Hall-Spannung nunmehr

$$U_H = \text{const} \cdot I_A^2$$

auftritt, die nun aufgezeichnet werden kann.

Da die Erwärmung der den Strom I_A führenden Maschinenwicklungen von I_A^2 abhängt, ergibt die Zählung der *Stromquadratsekunden* über einen gewissen Zeitraum das Maß für die effektive Belastung der Wicklungen in dieser Zeit. Nach Verwandlung des Stromquadrats in eine Spannung ist daher an die Hallsonde eine Integriereinrichtung nach Abbildung 183 anzuschließen. Die anderweitig

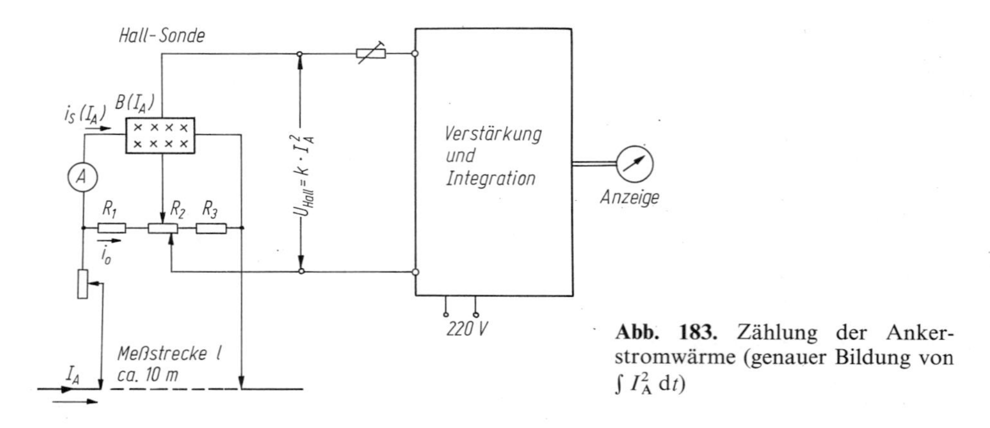

Abb. 183. Zählung der Ankerstromwärme (genauer Bildung von $\int I_A^2\, dt$)

überprüfte Genauigkeit erfüllt die normalen Ansprüche für die Anzeige dieser für die Lebensdauer der Maschine so wichtigen Größe $\int_{t_0}^{t_1} I_A^2\, dt$.

Zum Abschluß sollen in Abb. 184 Ausschnitte eines Oszillogramms gezeigt werden, bei dem mit Hilfe von drei Hall-Sonden und zwei Stromjochen der Reihe nach geschrieben wurden: Spannung $U(t)$, Strom $I_A(t)$, Leistung $P(t) = U(t) \cdot I_A(t)$ und zuletzt das Stromquadrat oder die relativen Ankerverluste $I_A^2(t)$. Durch Planimetrieren der beiden letzten Kurvenzüge findet man die umgesetzte Arbeit und — bei Kenntnis des Ankerkreiswiderstands R_A — die darin enthaltenen Wicklungsverluste, zu denen man sonst nur durch eine sehr sorgfältig durchgeführte Differenzmessung von Aufnahme und Abgabe oder eine recht umständliche, nachträglich durchgeführte Quadrierung und Integration der Stromkurve gelangen könnte.

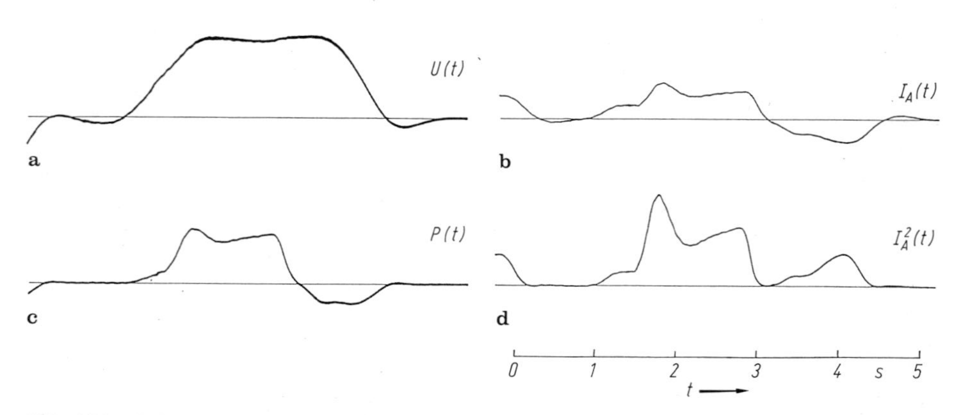

Abb. 184a–d. Betriebliche Aufnahme an einem Umkehrantrieb. Meßgrößen: Ankerspannung U, Ankerstrom I_A, Ankerleistung $P = U \cdot I_A$ und Ankerstromquadrat I_A^2. Die letzten drei Größen wurden mit Hall-Sonden gemessen

4.5 Förstersonde

Die Förstersonde, in der Literatur auch als second harmonic detector oder fluxgate bezeichnet, arbeitet nach folgendem Prinzip: Zwei Eisenkerne aus hochpermeablen Material tragen eine Primär- und eine Sekundärwicklung. Häufig sind beide Kerne räumlich in einer Linie angeordnet. Die Primärwicklungen werden von einem Wechselstrom aus einem Oszillator gespeist und aufgrund der Schaltung sind die Felder entgegengesetzt gerichtet. Da die beiden Sekundärwicklungen in Reihe geschaltet sind, ergänzt sich die Summe der induzierten Spannungen zu Null [72]. Wirkt nun ein Gleichfeld H_0 auf beide Eisenkerne, so addiert sich dieses Feld in einem Eisenkern zum Erregerfeld und subtrahiert sich im zweiten Eisenkern. Folglich werden die Nulldurchgänge der Flüsse in beiden ferromagnetischen Kernen verschoben und die in den Sekundärwicklungen induzierten Spannungen heben sich nicht mehr auf. Eine Analyse der Sekundärspannung läßt erkennen, daß die Ausgangsspannung der Sonde die doppelte Frequenz des Erregerstroms aufweist und daß die Amplitude dieser Spannung der auf sie einwirkenden Gleichfeldstärke proportional ist. Der lineare Zusammenhang zwischen der Amplitude der Sondenausgangsspannung und dem Meßfeld ist nur gegeben, solange das Erregerwechselfeld groß gegenüber dem

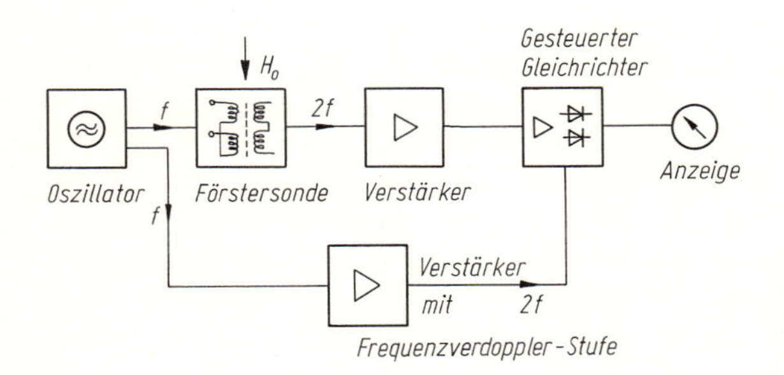

Abb. 185. Blockschaltbild eines Magnetfeldmessers mit Förstersonde

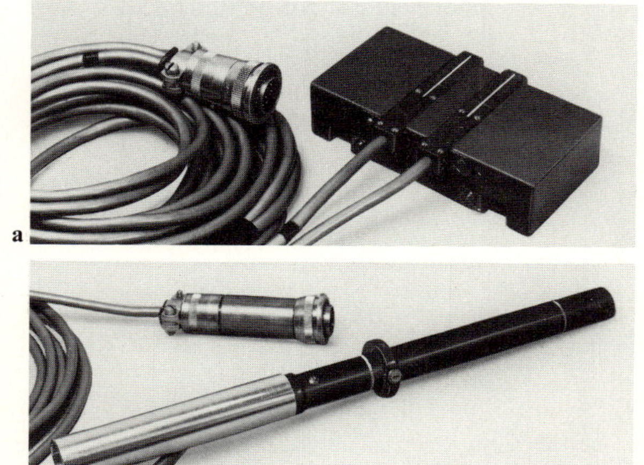

Abb. 186. Typische Förstersonden (Institut Dr. Förster). **a** Differenzsonde zur Untersuchung von Störfeldern; **b** Feld- und Gradientensonde

Meßfeld ist. Die obere Meßgrenze liegt je nach Sondenausführung zwischen 10^{-5} und 10^{-2} T.

Die Sonde eignet sich daher gut zur Messung von Streufeldern von elektrischen Maschinen, magnetischen Schiffsvermessung und magnetometrischen Messungen, insbesondere zur Koerzitivfeldstärkebestimmung von Permanentmagneten.

Das Blockschaltbild eines Magnetfeldmessers mit der Förstersonde zeigt Abb. 185. Es werden Geräte angeboten, mit denen man Gleichfelder, Gleichfelddifferenzen und Feldgradienten nach Betrag und Richtung messen kann, sowie magnetische Wechselfelder mit einer Frequenz von 50 Hz. Neben den Streufeldmessungen kann mit geeigneten Sonden auch die Messung der magnetischen Anisotropie in Elektroblechen mit magnetischer Vorzugsrichtung durchgeführt werden. Abbildung 186 zeigt typische Sonden, wie sie heute zur Anwendung kommen.

4.6 Magnetoresistive Sonden

Hallgeneratoren, deren Funktion auf dem galvanomagnetischen Effekt beruht, nehmen heute einen festen Platz in der Meßtechnik ein.

Feldplatten dagegen beruhen auf dem Thomson- oder Gauß-Effekt. Er besagt, daß ein stromdurchflossener Leiter unter dem Einfluß eines magnetischen Felds seinen Widerstand ändert. Mit der Halbleitertechnik gelang es Werkstoffverbindungen herzustellen, die eine ausgeprägte Widerstandsänderung im Magnetfeld zeigen. Die Feldplatte ist ein passiver Zweipol, der als Meßfühler für magnetische Größen oder auch als berührungsloser Impulsgeber eingesetzt werden kann [73, 74]. Den bezogenen Feldplattenwiderstand in Abhängigkeit von der Induktion für verschiedene Dotierungen zeigt Abb. 187a, während in Abb. 187b das Ersatzschaltbild dargestellt ist. Dabei bedeutet R_0 den Grundwiderstand und R_x die durch das Magnetfeld bewirkte Widerstandserhöhung. Im Bereich niedriger Induktionswerte, d. h. bis etwa 0,4 T hat das Widerstandsverhältnis einen quadratischen Verlauf. Bei magnetischen Induktionen über 1,5 T verlaufen die Kennlinien annähernd linear. Wegen der quadratischen Kennlinie der Feldplatten aus Indiumantimonid-Nickelantimonid geht bei Induktionsmessungen die Vorzeicheninformation verloren. Das dürfte

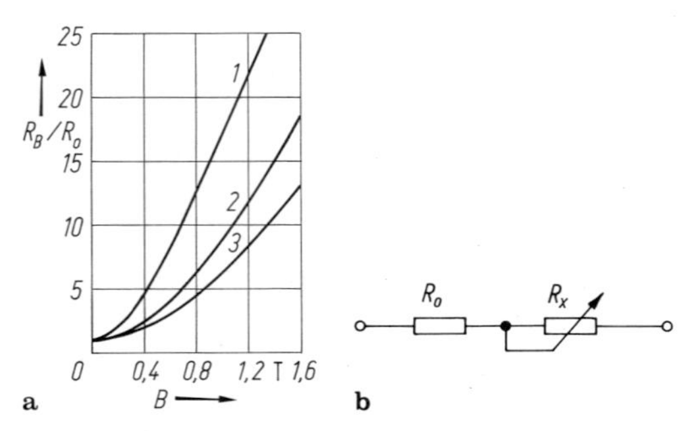

Abb. 187. Feldplatte. **a** Kennlinien bei 25 °C; **b** Ersatzschaltbild. *1* Leitfähigkeit 200 S/cm; *2* Leitfähigkeit 550 S/cm; *3* Leitfähigkeit 800 S/cm; R_B Gesamtwiderstand; R_0 Grundwiderstand; R_x Widerstandsänderung im Magnetfeld

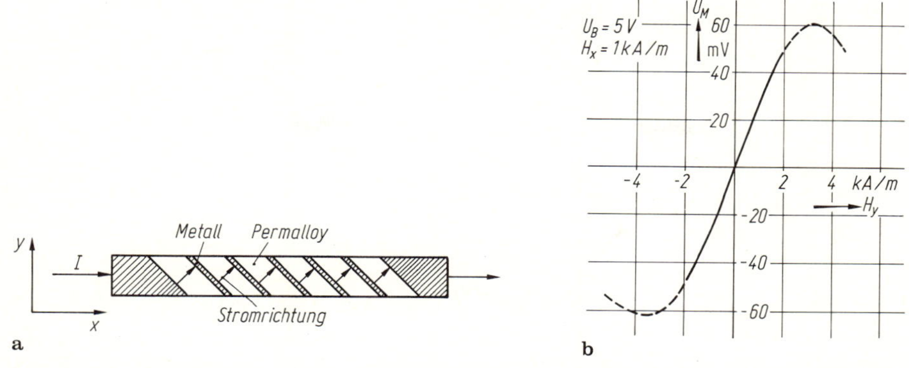

Abb. 188. Magnetoresistive Sensoren. **a** Sensorstreifen mit Barberpole-Konfiguration; **b** typischer Kennlinienverlauf eines Valvo-Sensors.

der Hauptgrund dafür sein, warum bei der Prüfung elektrischer Maschinen die Feldplatten seltener eingesetzt werden als die Hall-Sonden.

Die Fortschritte in der Dünnschichttechnologie haben zu einem neuen Sensortyp geführt, der ebenfalls nach dem magnetoresitiven Effekt arbeitet. Die hohe Empfindlichkeit, der große Arbeitstemperaturbereich und die Frequenzunabhängigkeit dieses magnetoresistiven Sensors aus ferromagnetischem Material ergibt zusätzliche Einsatzmöglichkeiten in der Meß- und Prüftechnik. Die Übertragungskennlinie wird durch Anwendung der sog. Barberpole-Konfiguration linearisiert. Dabei wird, wie Abb. 188a zeigt, die Oberfläche des Sensorstreifens mit schmalen Metallstreifen hoher Leitfähigkeit belegt. Der vollständige magnetoresistive Sensor besteht aus vier Sensorelementen, die als Wheatstonebrücke zusammengeschaltet sind. Die in Dünnfilmtechnologie aus Permalloy hergestellten Sensorstreifen haben als Substrat einen Siliziumkristall mit den Abmessungen ca. 1,6 mm × 1,7 mm.

Beim praktischen Betrieb eines magnetoresistiven Sensors kann es durch unkontrolliert einwirkende Felder zu einem Umklappen der inneren Magnetisierung kommen. Um dies mit Sicherheit zu vermeiden, werden die Sensoren mit einem Hilfsfeld, aufgebracht durch einen kleinen Permanentmagneten, betrieben.

Der typische Kennlinienverlauf eines Sensors ist in Abb. 188b dargestellt. Für die Messungen von geringen Induktionswerten, die im mT-Bereich liegen, eignet er sich gut.

Wie bei allen Brückenschaltungen ist beim Einsatz des magnetoresistiven Sensors eine kleine elektronische Schaltung aufzubauen. Die bisher angebotenen Sensorbrücken können mit einer Brückenspannung von 5 V betrieben werden und haben einen Betriebstemperaturbereich von —40° bis +150 °C.

5 Meßgeräte und Verfahren

Meßgeräte und Meßverfahren werden in steigendem Maß von der Digitaltechnik geprägt. Die klassische industrielle Meßtechnik ist die Analogtechnik gemäß Abb. 189a. Für anspruchsvolle meßtechnische Untersuchungen, bei denen viele Daten anfallen, werden Meßanordnungen gewählt, wie sie Abb. 189b und Abb. 189c entsprechen [30, 75–78]. Auf die zahlreichen Veröffentlichungen zur digitalen Meßtechnik soll aus Platzgründen nur kurz hingewiesen werden, denn im folgenden wird die analoge Meßtechnik im Prüffeld behandelt.

5.1 Messung elektrischer Größen

Die Messung der elektrischen Größen im Prüffeld geschieht vorwiegend nach dem indirekten Verfahren. Die Meßgeräte besitzen einen einzigen Meßbereich, und die Erweiterung desselben für die in Frage kommenden sehr weiten Bereiche erfolgt durch Neben- und Vorwiderstände oder Strom- und Spannungswandler. Allerdings

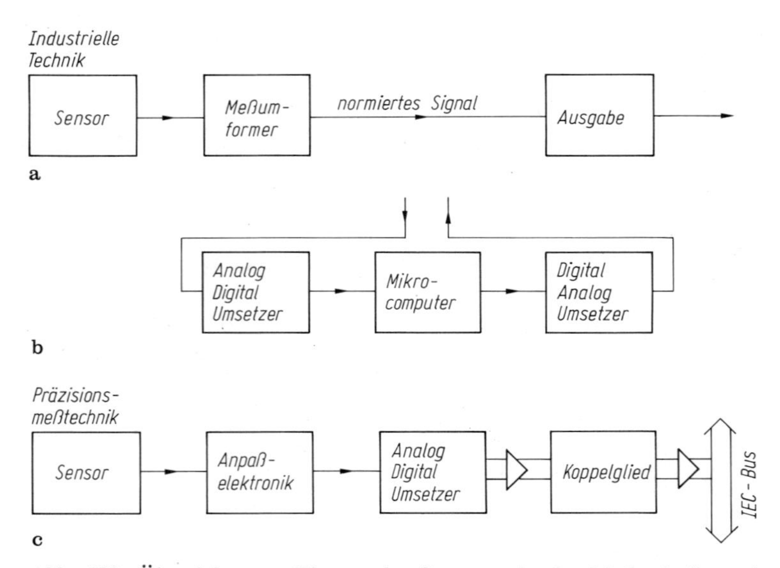

Abb. 189. Übersicht zum Einsatz der Sensoren in der Meßtechnik. **a** Analoge industrielle Meßtechnik; **b** Industrielle Meßtechnik unter Einsatz von Microcomputern **c** Digitale Meßtechnik.

besitzen manche Strom- und Leistungsmesser eine Umschaltvorrichtung auf Teilstromstärken, und die Vorwiderstände in Spannungs- und Leistungsmessern sind oft unmittelbar mit dem Gehäuse zusammengebaut.

Die Ablesung der Meßgeräte erfolgt oft in Skalenteilen und nicht unmittelbar in V, A oder W. Die Prüfungsnachweise besitzen daher stets zwei Spalten, in deren erste die Anzeige in Skalenteilen und in deren zweite der durch Multiplikation mit der Meßkonstante C rechnerisch ermittelte Betrag in V, A oder W eingetragen wird. Die Meßkonstante wird über der zweiten Spalte angegeben und in der nachstehenden Weise berechnet. Es empfiehlt sich erfahrungsgemäß, die Berechnung der Konstanten mit allen Zahlen hinzuschreiben, da ein bei ihrer Bestimmung etwa begangener Fehler auf diese Weise leichter nachträglich noch ermittelt und beseitigt werden kann.

Die Auswahl der Meßgeräte nach ihrer Meßgenauigkeit wird durch die bei der Prüfung der Maschine verlangte Genauigkeit bestimmt. Für die übliche Prüfung genügen durchaus die billigeren und robusteren Geräte mit einem Anzeigefehler von 1,5%. Für Abnahmeversuche und wichtige Messungen im Versuchsfeld verwendet man dagegen die genaueren Geräte mit einem Fehler von 0,2 bis 0,5%.

Die Aufstellung der Geräte erfolgt möglichst unter Ausschluß aller störenden Fremdeinflüsse und in der auf dem Gerät angegebenen Lage. Insbesondere ist zu beachten, daß sie nicht in unmittelbarer Nähe stromführender Leitungen aufgestellt werden oder daß diese gar eine Schleife um den Instrumententisch herum bilden. Ebenfalls ist das Aufsetzen auf Widerstandsgehäuse oder andere sich erwärmende Körper zu vermeiden, und weiterhin sind Erschütterungen durch benachbarte Maschinen fernzuhalten. Der gegenseitige Geräteabstand soll mindestens 30 cm betragen.

Die Nachprüfung der Geräte durch Präzisionsinstrumente oder durch den Kompensator erfolgt in regelmäßigen Zeiträumen; dies gilt auch für die Vor- und Nebenwiderstände, von denen besonders letztere infolge ihrer meist offenen Bauart besonders leicht mechanischen Beschädigungen ausgesetzt sind. Strom- und Spannungswandler können in größeren Abständen kontrolliert werden. Stromwandler, welche irrtümlich sekundär bei primärem Stromdurchgang geöffnet worden sind, können einen merklichen Fehler infolge des remanenten Magnetismus erhalten. Sie müssen aus der Meßanordnung herausgenommen und vor der Weiterverwendung entmagnetisiert und nachgeprüft werden.

Vor Beginn der Messungen wird die Nullstellung des Geräteanzeigers überprüft und gegebenenfalls eine Einstellung mittels der Nullstellschraube vorgenommen.

In den folgenden Abschnitten und in den zugehörigen Abbildungen bedeutet:

α = Ausschlag des Meßgeräts in Skalenteilen,
α_{ges} = Gesamtzahl aller Skalenteile,
C = Meßkonstante in V, A, W, VA je Skalenteil,
u_g = Nennspannung bzw. Nennspannungsabfall des Geräts in V,
i_g = Nennstrom des Geräts in A,
U_n = Nennspannungsabfall des Nebenwiderstands in V,
I_n = Nennstrom des Nebenwiderstands in A,
U_p / U_{sek} = Primärnennspannung/Sekundärnennspannung des Spannungswandlers,
I_{pr}/I_{sek} = Primärnennstrom/Sekundärnennstrom des Stromwandlers.

5.1.1 Messung von Strom, Spannung und Leistung bei Gleichstrom

Für Strommessungen werden im Prüffeld fast ausschließlich *Drehspulgeräte* mit Permanent-Magneten verwendet. Im ringförmigen Luftspalt zwischen den zylindrisch ausgedehnten Polschuhen des Magneten und dem konzentrisch dazu liegenden, ruhenden Eisenzylinder kann sich die stromdurchflossene Drehspule gegen die Kraft der beiden gleichzeitig als Stromzuleitung dienenden Spiralfedern drehen. Der Verdrehungswinkel α ist ein Maß für die Stärke des Stroms. Er wird durch einen Zeiger auf die Skala übertragen, die meist in 100 oder 150 gleichmäßige Skalenteile unterteilt ist.

Das *Meßgerät* besitzt eine in mV eingeteilte Skala. Üblich sind Geräte mit einem Endwert von 60, 100, 150 oder 300 mV. Sie nehmen nur einige mA Strom auf und werden nach Abb. 190 immer in Verbindung mit einem Nebenwiderstand benutzt. Dieser nimmt infolge seines wesentlich geringeren Widerstandswerts nahezu den vollen Strom auf, während das Millivoltmeter den an seinen Klemmen auftretenden Spannungsabfall mißt. Die Nebenwiderstände tragen die Angabe des

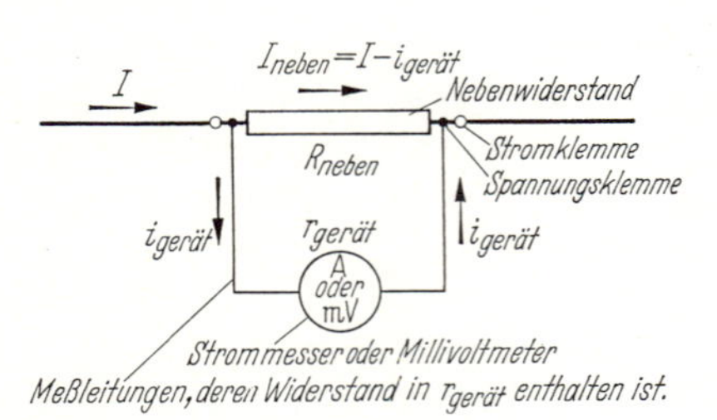

Abb. 190. Gleichstrommessung mit Nebenwiderstand. Bei der — seltenen — Verwendung eines ausgesprochenen Strommessers geht noch ein nennenswerter Teil des zu messenden Stroms durch das Gerät, der Rest durch den Nebenwiderstand. Bei der üblichen Verwendung eines Millivoltmeters geht praktisch der volle Strom durch den Nebenwiderstand. Das Gerät mißt eigentlich den vom Strom hervorgerufenen Spannungsabfall.

1. Meßkonstante: $C = \dfrac{i_g}{\alpha_{ges}}\left(1 + \dfrac{r_{gerät}}{R_{neben}}\right) = \dfrac{I_n}{\alpha_{ges}}$

wobei: i_g = Nennstrom des Strommessers.
I_n = Nennstrom in Verbindung mit Nebenwiderstand ist.

2. Der Wert des Nebenwiderstands R_{neben}, der zur Messung des Nennstroms I_n bei Vollausschlag benötigt wird, errechnet sich zu:

$$R_{neben} = \frac{r_{gerät}}{\dfrac{I_n}{i_g} - 1}$$

bei Verwendung eines ausgesprochenen Strommessers mit Nennstrom i_g und Widerstand $r_{gerät}$:

$$R_{neben} = \frac{u_g}{I_n - i_g} \approx \frac{u_g}{I_n}$$

bei Verwendung eines Millivoltmeters, mit Nennspannungsabfall u_g und Nennstromaufnahme $i_g = u_g/r_{gerät}$.

3. Bei Verwendung eines Millivoltmeters für 150 mV bei 5 Ω Widerstand gehen durch den Nebenwiderstand bzw. durch das Meßgerät die folgenden prozentualen Ströme:

I_n =	1,5	3,0	7,5	15	30	75	150	300	750	1500 A
I_{neben} =	98,0	99,0	99,6	99,8	99,9	99,96	99,98	99,99	99,996	99,998 %
$i_{gerät}$ =	2	1	0,4	0,2	0,1	0,04	0,02	0,01	0,004	0,002 %

Nennstroms und des Spannungsabfalls, also z. B. die Angabe 75 A und 150 mV. Sie können in Verbindung mit Millivoltmetern verschiedenen Eigenwiderstands benutzt werden, sofern deren Eigenstromaufnahme nicht mehr als 0,1 % des zu messenden Stroms ausmacht. Bei der Messung kleiner Ströme darf das Millivoltmeter nur in Verbindung mit seinem zugehörigen Nebenwiderstand benutzt werden. Außerdem ist zu beachten, daß die Meßleitungen zum Gerät, die es mit den Spannungsanschlüssen des Nebenwiderstands verbinden, mit ihm gemeinsam abgeglichen werden müssen, also nicht etwa durch behelfsmäßige Drahtverbindungen ersetzt werden dürfen. Unbedingt zu vermeiden sind Zuleitungen aus verschiedenen Werkstoffen, da sonst durch auftretende Thermospannungen grobe Meßfehler entstehen können.

Neuerdings erhalten die Nebenwiderstände auch die Angabe der bei ihrer Abgleichung berücksichtigten Stromaufnahme des zugehörigen Meßgeräts, sofern diese 0,1 % des Nennstroms überschreitet.

Die Meßkonstante des Millivoltmeters in Verbindung mit seinem Nebenwiderstand wird berechnet zu:

$$\text{Meßkonstante } C = \frac{\text{Nennstrom des Nebenwiderstands}}{\text{Gesamtzahl der Skalenteile}}.$$

Beispiel: Millivoltmeter mit 150 Skalenteilen für 60 mV, Nebenwiderstand für 75 A und ebenfalls 60 mV

$$C = \frac{75}{150} = 0{,}5 \text{ A je Skalenteil.}$$

Die Millivoltmeter müssen, wenn die Stromrichtung wechselt, oft während der Messung umgeschaltet werden, wobei die Gefahr der Berührung spannungsführender Leitungen besteht. Infolge des sehr geringen eigenen Widerstands kann das Gerät dabei explodieren. In der Praxis ist es daher üblich, die Geräte und den Ablesenden durch Einbau von Sicherungen zu schützen, deren zusätzlicher Widerstand bei der Abgleichung allerdings zu berücksichtigen ist. Der entstehende zusätzliche Temperaturfehler kann meist vernachlässigt werden.

Treten während der Prüfung kurzzeitig höhere Ströme als der Nennstrom des verwendeten Nebenwiderstands auf, so vermag man durch die *Reihen*schaltung zweier gleicher Millivoltmeter doch den Meßwert zu ermitteln. Die Anzeige beider Geräte wird addiert, die Meßkonstante bleibt dieselbe. Wenn der zu messende Strom sich während der Versuchsreihe in weiten Grenzen ändert, so können zwei oder mehr verschiedene Nebenwiderstände in Reihe gelegt werden. Das Millivoltmeter wird jeweils von einem Widerstand auf den anderen umgelegt. Die Nebenwiderstände mit den kleineren Nennstromstärken werden zu ihrem Schutz durch einen einpoligen Schalter überbrückt, sobald der Strom zu groß wird.

Da die Millivoltmeter stets eine genaue Bezeichnung der Polarität ihrer Klemmen besitzen, kann mit ihrer Hilfe die Richtung des Stroms ermittelt werden. Bei richtigem Ausschlag des Geräts geht der Strom von der (+)-Klemme nach der (—)-Klemme.

Unter Umständen muß die Durchführung einer Messung auch dann erfolgen, wenn nicht die zum Gerät gehörenden Nebenwiderstände vorhanden sind, wohl aber solche anderer Herkunft beschafft werden können. Für den allgemeinsten Fall, daß der zur Verfügung stehende Nebenwiderstand einen anderen Nennspannungsabfall

U_n als das Gerät besitzt und bei seiner Abgleichung ein anderer Gerätestrom i'_g berücksichtigt worden ist, errechnet sich die genaue Meßkonstante zu:

$$C = \frac{I_n}{\alpha_{ges}} \cdot \frac{u_g}{U_n} + \frac{i_g}{\alpha_{ges}} \left(1 - \frac{i'_g}{i_g} \cdot \frac{u_g}{U_n}\right).$$

Meist sind derartige Messungen nur für größere Ströme von über 10 A durchzuführen. Dann kann in guter Annäherung gesetzt werden:

$$C \approx \frac{I_n}{\alpha_{ges}} \cdot \frac{u_g}{U_n}.$$

Zur Messung der *Gleichspannung* wird das Drehspulgerät in Verbindung mit geeigneten Vorwiderständen benutzt. Meist sind diese im Gerät mit eingebaut und durch mehrere Klemmen am Gehäuse zugänglich gemacht; sie tragen eine dem Meßbereich entsprechende Bezeichnung in V. Die Meßkonstante C bestimmt sich zu:

$$C = \frac{\text{Spannungsangabe der benutzten Klemme in V}}{\text{Gesamtzahl aller Skalenteile}} = \frac{u_g}{\alpha_{ges}}.$$

Als zweite Klemme wird die mit 0 bezeichnete Nullklemme benutzt. Bei Verwendung äußerer getrennter Vorwiderstände ist eine Verbindung zwischen Gerät und besonders gekennzeichneter Vorwiderstandsklemme zu legen. Gelegentlich ist auch die Nullklemme zu verbinden. Die Meßkonstante berechnet sich wie oben. Allgemein erhöht sich die Meßkonstante $C_{gerät}$ eines Geräts mit dem Eigenwiderstand $r_{gerät}$ bei Verwendung eines Vorwiderstands von R_{vor} nach Abb. 191 auf:

$$C_{vor} = C_{gerät} \cdot \frac{r_{gerät} + R_{vor}}{r_{gerät}}.$$

Üblicherweise gehen die Geräte mit Vorwiderstand bis 600 V. Für die selteneren Messungen darüber schaltet man zwei gleiche Geräte mit ihren Vorwiderständen in Reihe. Die Angaben beider werden addiert. Für isolierte Aufstellung ist Sorge zu tragen.

Die *Gleichstromleistung* wird nicht mit einem Leistungsmesser bestimmt, sondern als Produkt aus Strom und Spannung errechnet. Nur die Kalibrierung der Leistungsmesser wird mit Gleichstrom vorgenommen.

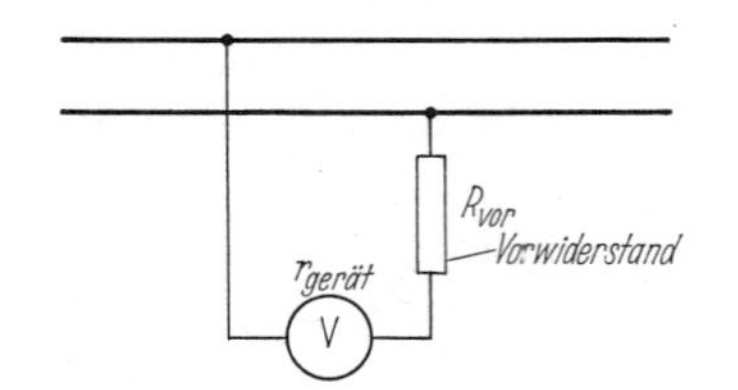

Abb. 191. Spannungsmessung mit Vorwiderstand bei Gleich- und Wechselstrom.

1. Meßkonstante: $C = \frac{u_g}{\alpha_{ges}} \cdot \frac{R_{vor} + r_{gerät}}{r_{gerät}}$, wobei u_g die Nennspannung des Spannungsmessers ist.

2. Der Wert des zur Messung der Spannung U bei Vollausschlag erforderlichen Vorwiderstands ist:

$$R_{vor} = \left(\frac{U}{u_g} - 1\right) \cdot r_{gerät}$$

5.1.2 Messung von Strom, Spannung und Leistung bei Wechselstrom technischer Frequenz (15—100 Hz)

5.1.2.1 Strommessung

Als Meßgerät findet heute meist das *Dreheisengerät* Verwendung. Der zu messende Strom durchfließt eine feste Spule, in welcher ein festes und ein bewegliches Eisenblättchen angeordnet sind, die sich infolge ihrer gleichpoligen Magnetisierung voneinander abstoßen. Die Gegenkraft wird von einer Feder aufgebracht, die aber nicht wie beim Drehspulgerät auch der Stromzufuhr dient. Durch geeignete Legierung und Formgebung wird eine Skala erhalten, deren Teilung ab 10 bis 20% des Endwerts angenähert gleichmäßig verläuft. Geräte anderer Bauart besitzen nur ein einziges bewegliches Blättchen, welches in die stromdurchflossene Spule hineingezogen wird.

Direkte Messungen werden praktisch nur selten durchgeführt. Fast immer wird ein *Stromwandler* benutzt, der sekundär für 5 A und primär für die Größe des zu messenden Wechselstroms gewickelt ist (Abb. 192). Üblich sind Primärnennstromstärken von 10, 20, 50, 100, 200, 500, 1000 usw. A. Die Meßkonstante des Wechselstrommessers in Verbindung mit einem Stromwandler errechnet sich zu:

$$C = \frac{\text{Nennstrom des Geräts}}{\text{Gesamtzahl der Skalenteile}} \cdot \frac{\text{Primärnennstrom des Wandlers}}{\text{Sekundärnennstrom des Wandlers}}$$

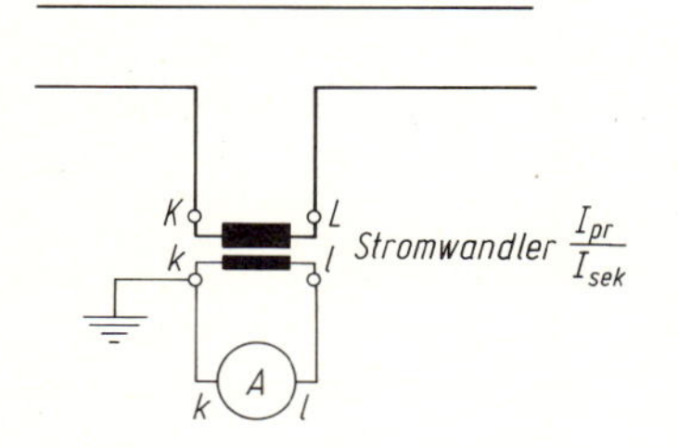

Abb. 192. Strommessung mit Stromwandler bei Wechselstrom.
Meßkonstante: $C = \frac{i_g}{\alpha_{ges}} \cdot \frac{I_{pr}}{I_{sek}}$ mit i_g = Nennstrom des Geräts (unter Berücksichtigung der Schaltung der Stromspulen).
$\frac{I_{pr}}{I_{sek}} = \frac{\text{Primärnennstrom des Stromwandlers}}{\text{Sekundärnennstrom des Stromwandlers}}$.

Die Primärnennstromstärke kann bei manchen Wandlern durch Umschalten der Primärwicklung geändert werden. Sehr praktisch, besonders bei Messungen außerhalb des Prüffelds, sind die Lochstromwandler nach Abb. 193. In der gezeigten Ausführung besitzt ein solcher Wandler drei Primärklemmen für Stromstärken von 15 und 50 A. Sekundär fließen 5 A. Für höhere Stromstärken wird nicht mehr die vorhandene Primärwicklung, sondern ein mehrfach oder nur einfach durch das Loch des Wandlers geführter Primärstromleiter benutzt. Er wird durchgeführt: 6mal für 100 A, 4mal für 150 A, 3mal für 200 A, 2mal für 300 A und 1mal für 600 A. Als Primärwindungen zählen nur die Gänge im Inneren des Lochs. Der Anschluß der Wandler erfolgt derart, daß die Primärklemme *K* mit der vom Erzeuger (Kraftwerk) kommenden Leitung, die Klemme *L* mit der zum Verbraucher gehenden Leitung verbunden wird bzw. bei Benutzung des Lochwandlers die mit *K* bezeichnete Seite desselben nach dem Erzeuger und die mit *L* bezeichnete nach dem Verbraucher zu liegt. Die Sekundärklemmen *k* und *l* gehen an die gleichbezeichneten

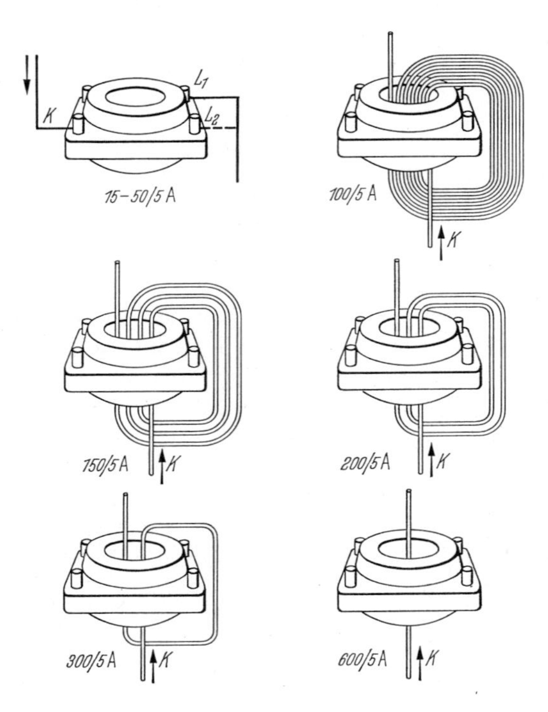

Abb. 193. Lochstromwandler. Schaltungen für die verschiedenen Übersetzungsverhältnisse.

15/5 A Primärer Anschluß an K und L_1
50/5 A Primärer Anschluß an K L_2
100/5 A Primärleiter 6mal durchführen
150/5 A Primärleiter 4mal durchführen
200/5 A Primärleiter 3mal durchführen
300/5 A Primärleiter 2mal durchführen
600/5 A Primärleiter 1mal durchführen

Klemmen des Strommessers. Bei umgekehrtem Anschluß ändert sich nichts an der Anzeige des Geräts. Da aber meist ein Leistungsmesser mit angeschlossen wird, dessen Ausschlagrichtung vom richtigen Klemmenanschluß abhängt, richtet man sich auch beim Strommesser nach den angegebenen Bezeichnungen.

Der Stromwandler arbeitet im Kurzschluß. Die primär und sekundär an seinen Klemmen auftretende Spannung ist sehr klein. Wird er dagegen im Betrieb versehentlich sekundär geöffnet, so wirken die primären Amperewindungen voll und ganz magnetisierend, da ihnen keine sekundären Gegenamperewindungen entgegenwirken. Die Folge ist eine Magnetisierung des Eisenkerns bis zur Sättigung und das Auftreten eines starken Spannungsabfalls auf der Primärseite. Da die Sekundärwindungszahl ein Vielfaches der primären beträgt, herrscht an den Sekundärklemmen eine noch wesentlich höhere Spannung, welche zur Gefährdung des Bedienenden führen kann. Außerdem treten hohe schädliche Eisenverluste auf und es bleibt unter Umständen ein remanenter Magnetismus im Wandler nach dem Abschalten zurück, der seine Genauigkeit stark beeinträchtigt. Alle Stromwandler müssen daher, sofern sie nicht auf Geräte belastet sind, kurzgeschlossen werden. Dieser Kurzschluß kann primär- oder sekundärseitig erfolgen.

Der Leistungsbedarf aller im Sekundärkreis angeschlossener Instrumente wird in VA angegeben, ihr Scheinwiderstand, die „Bürde" des Wandlers, in Ω. Bis zur Nennleistung, d. h. Belastung mit Nennbürde, dürfen die Wandler die für ihre Genauigkeitsklasse vorgeschriebenen Fehlergrenzen nicht überschreiten. Abbildung 194 läßt erkennen, welche Kurvenform der Wandlerfluß und der Sekundärstrom annehmen, wenn die Nennbürde versehentlich um ein Vielfaches vergrößert wird.

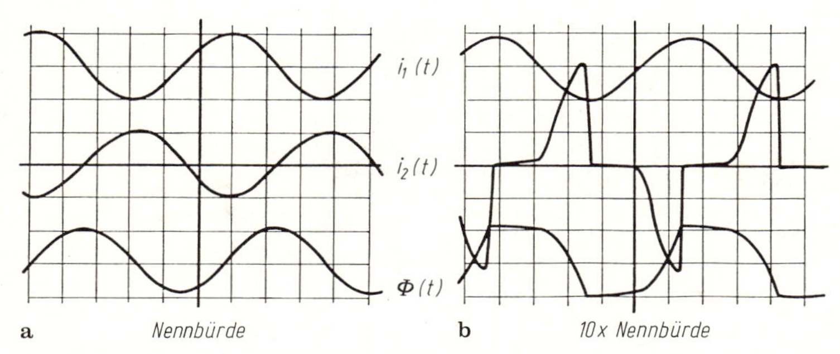

Abb. 194. Primärstrom, Sekundärstrom und Fluß eines Stromwandlers bei verschiedenen ohmschen Bürden. (Maßstäbe für **a** und **b** verschieden)

Bei Messungen in Hochspannungsnetzen wird eine Klemme des Wandlers auf der Sekundärseite geerdet. Meßgeräte, die am gleichen Stromwandler angeschlossen werden, sind in *Reihe* zu schalten, damit sie vom gleichen Strom durchflossen werden. Ihr Gesamtverbrauch darf den Wert der zulässigen Wandlerbelastung in VA nicht überschreiten. Zur Messung von Wechselströmen oder Impulsströmen hoher Stromstärke ist es sinnvoll, den magnetischen Spannungsmesser, eine Weiterentwicklung des Rogowski-Gürtels, zu benutzen. Anstelle des biegsamen Gürtels, wie er früher zum Einsatz kam, wird ein starrer Meßrahmen nach Heumann eingesetzt. In Verbindung mit einem Integrationsmeßverstärker eignet er sich zur genauen Messung hoher Wechsel- und Impulsströme [79, 80].

5.1.2.2 Spannungsmessung

Die Messung der Wechselspannung findet ebenfalls vorwiegend mit dem Dreheisengerät statt. Die Spule besitzt viele Windungen aus dünnem Draht. Vorschaltwiderstände ermöglichen wie beim Drehspulgerät die Messung aller Spannungen bis zu 600 V. Die Meßkonstante wird auf gleiche Weise wie beim Drehspulgerät errechnet. Bei höheren Spannungen werden fast ausschließlich *Spannungswandler* benutzt, die die Messung bis zu den höchsten Werten erlauben. Die Sekundärspannung der Wandler betrug früher 110 V, heute meist 100 und 110 V, d. h. es finden sich Anschlüsse für beide am gleichen Wandler. Die Schaltung mit Wandler zeigt Abb. 195. Die Meßkonstante errechnet sich zu:

$$C = \frac{\text{Nennspannung des Geräts}}{\text{Gesamtskalenteile}} \cdot \frac{\text{Primärnennspannung des Wandlers}}{\text{Sekundärnennspannung des Wandlers}}\,.$$

Als Nennspannung des Gerätes ist diejenige zu verstehen, die sich unter Berücksichtigung eines etwa vorgeschalteten Vorwiderstandes ergibt.

Der Spannungswandler besitzt primär die Klemmenbezeichnung *UV* und sekundär die Bezeichnung *uv*. Beide Wicklungen haben den gleichen Wickelsinn. Die Sekundärklemmen werden mit den gleichgezeichneten Klemmen des Spannungsmessers verbunden. Der Ausschlag ändert sich bei vertauschtem Anschluß nicht. Wie beim Stromwandler ist der richtige Anschluß nur beim Leistungsmesser von Bedeutung. Mehrere Geräte werden am gleichen Wandler in *Parallel*schaltung angeschlossen. Ihr Gesamtverbrauch darf die zulässige Belastung in VA nicht überschreiten.

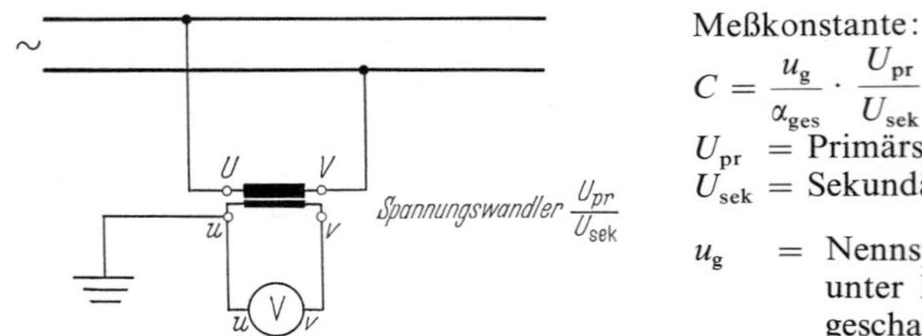

Meßkonstante:

$$C = \frac{u_g}{\alpha_{ges}} \cdot \frac{U_{pr}}{U_{sek}}$$

U_{pr} = Primärspannung } des Wandlers
U_{sek} = Sekundärspannung } des Wandlers
u_g = Nennspannung des Spannungsmessers unter Berücksichtigung eines etwa vorgeschalteten Widerstands

Abb. 195. Spannungsmessung mit Spannungswandler bei Wechselstrom.

5.1.2.3 Leistungsmessung

Als Leistungsmesser wird das *elektrodynamische Gerät* benutzt, bei dem eine feste Spule vom Strom und eine darin drehbare Spule von einem der Spannung verhältnis- und phasengleichen Strom durchflossen werden. Die bewegliche Spule erfährt ein Drehmoment und sucht sich gegen die Rückstellkraft der gleichzeitig als Stromzuleitung dienenden Federn in gleichachsige Lage mit der festen Spule zu verdrehen. Bei Gleichstrom ist der Ausschlag vom Produkt Spannung mal Strom, bei Wechselstrom vom Produkt Spannung mal Strom mal Leistungsfaktor abhängig. In beiden Fällen wird also die Wirkleistung gemessen. Bei Wechselstrom kann der Leistungsfaktor sehr klein oder auch Null werden. Im letzteren Fall zeigt das Gerät keinen Ausschlag, auch wenn ihm volle Spannung und voller Strom zugeführt werden. Während bei den Geräten für Strom- und Spannungsmessung bei kleinem Ausschlag stets der nächstkleinere Meßbereich gewählt werden darf, um einen möglichst großen Ausschlag zu erhalten, trifft dies beim Leistungsmesser keinesfalls zu. Die Stromstärke ist daher stets durch einen Strommesser und die Spannung durch einen Spannungsmesser zu überwachen und nur der ihren Anzeigen entsprechende Meßbereich für Strom und für Spannung am Leistungsmesser zu benutzen. Nur Sondergeräte zur Messung von Leistungen mit sehr kleinem Leistungsfaktor besitzen Endausschlag bei $\cos\varphi = 0{,}1$ oder 0,3. Spannung und Strom dürfen aber auch bei ihnen nicht die angegebenen Höchstwerte überschreiten.

Die Stromspule des Leistungsmessers ist meist für 5 A, mitunter umschaltbar auf 2,5 A vorgesehen. Die Nennspannung des Geräts selbst ist fast immer 30 V bei einem Widerstand des Spannungspfads von 1000 Ω. Vorwiderstände von je 1000 Ω für weitere 30 V erlauben Messungen bis 600 V. Darüber hinaus werden Spannungswandler benutzt. Die Stromspule wird fast nie unmittelbar in den Stromkreis gelegt, sondern über Wandler angeschlossen. Die Meßkonstante des normalen Geräts für Vollausschlag bei $\cos\varphi = 1{,}0$ berechnet sich zu:

$$C_{\text{gerät}} = \frac{\text{Nennspannung des Geräts} \cdot \text{Nennstrom des Geräts}}{\text{Gesamtskalenteile}}.$$

Unter Nennspannung und Nennstrom sind die Werte zu verstehen, die der benutzten Spannungsklemme und der Schaltung der Stromspule (Reihe oder Parallel) entsprechen. Bei Verwendung von Strom- und Spannungswandlern wird die Meßkonstante bestimmt zu:

$$C = \frac{\text{Nennspannung des Geräts} \cdot \text{Nennstrom des Geräts}}{\text{Gesamtskalenteile}}$$

$$\cdot \frac{\text{Primärnennstrom des Stromwandlers}}{\text{Sekundärnennstrom des Stromwandlers}}$$

$$\cdot \frac{\text{Primärnennspannung des Spannungswandlers}}{\text{Sekundärnennspannung des Spannungswandlers}}\,.$$

Bei Verwendung eines Geräts für 150 V und 2,5 A mit 150 Skalenteilen, eines Stromwandlers von 200/5 A und eines Spannungswandlers von 6000/110 V bestimmt sich die Konstante daher zu:

$$C = \frac{150 \cdot 2{,}5}{150} \cdot \frac{200}{5} \cdot \frac{6000}{110} = 5470 \text{ W je Skalenteil.}$$

Die Leistungsmesser dienen der Messung der Wirkleistung und der Blindleistung in Ein- und Mehrphasennetzen, wobei je nach den vorliegenden Bedingungen eine der nachstehend beschriebenen Schaltungen benutzt werden kann.

a) Messung der Wirkleistung bei Einphasenstrom. Bei Messung der Leistung in einphasigen Netzen wird der Leistungsmesser nach Abb. 196 geschaltet. Das Gerät zeigt positiven Ausschlag, wenn die Energie in Richtung von K nach L fließt. Schlägt bei umgekehrtem Energiefluß der Zeiger verkehrt aus, so wird die Spannungsspule durch

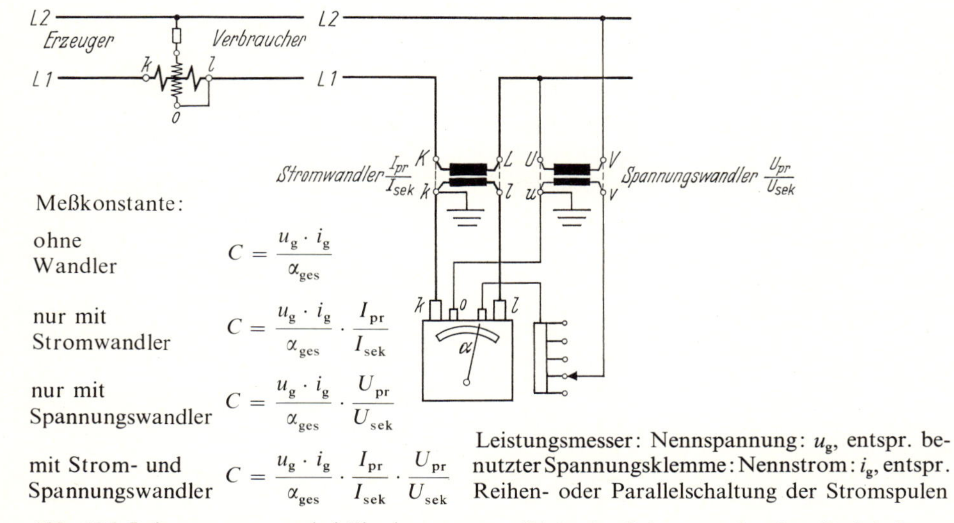

Abb. 196. Leistungsmessung bei Einphasenstrom. (Links das Schema und rechts die Schaltung der Wandler und der Geräte. Die – – – – Verbindungen gelten bei Nichtbenutzung des entsprechenden Wandlers. Die Erdung fällt dann fort. Gleiche Bemerkung bei den folgenden Abbildungen.)

einen eingebauten Umschalter umgepolt. Dasselbe bewirkt die Vertauschung des Anschlusses der Stromzuleitungen, jedoch ist diese Maßnahme nur möglich, wenn der Stromwandler kurzgeschlossen werden kann.

b) Blindleistungsmessung bei Einphasenstrom. Sie kann mit einem Leistungsmesser erfolgen, bei dem durch eine besondere Schaltung des Spannungspfads der darin fließende Strom um 90° gegenüber der angelegten Spannung geschwenkt wird. Infolge der Verwendung von vorgeschalteten Drosseln ist die Angabe eines solchen Geräts von der Frequenz abhängig. Es wird bei der praktischen Maschinenprüfung kaum verwendet. Die Bestimmung der Blindleistung erfolgt meist rechnerisch aus dem Produkt Spannung mal Strom mal sin φ. Dieser letztere ergibt sich aus dem cos φ zu $\sin\varphi = \sqrt{1 - \cos^2\varphi}$ oder ist einer Abbildung $\sin\varphi = f(\cos\varphi)$ zu entnehmen (Abb. 197).

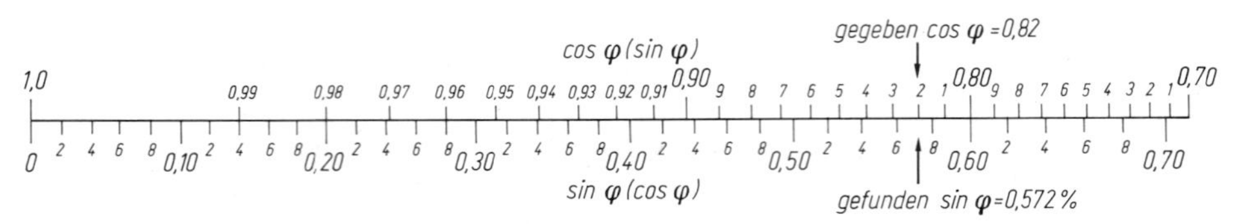

Abb. 197. $\sin\varphi = f(\cos\varphi)$ und umgekehrt. (Beispiel $\cos\varphi = 0{,}82$; $\sin\varphi = 0{,}572$.)

c) Wirkleistungsmessung bei Drehstrom gleicher Phasenbelastung mit zugänglichem Nullpunkt. Diese Meßanordnung benötigt nur ein einziges Meßgerät. Die Gesamtleistung aller drei Phasen wird gleich der dreifachen Leistung, die das Gerät anzeigt, gesetzt. Schaltung und Berechnung der Meßkonstanten nach Abb. 198.

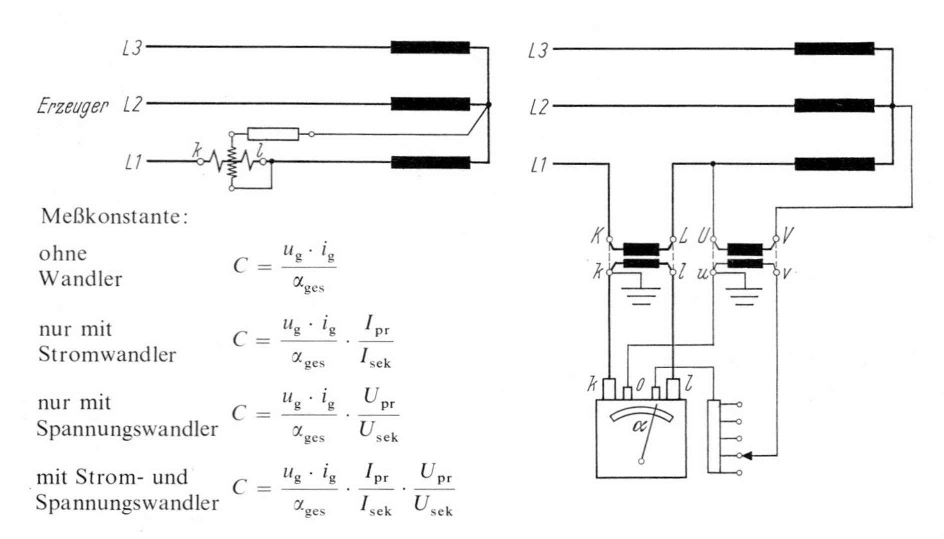

Meßkonstante:

ohne Wandler $C = \frac{u_g \cdot i_g}{\alpha_{ges}}$

nur mit Stromwandler $C = \frac{u_g \cdot i_g}{\alpha_{ges}} \cdot \frac{I_{pr}}{I_{sek}}$

nur mit Spannungswandler $C = \frac{u_g \cdot i_g}{\alpha_{ges}} \cdot \frac{U_{pr}}{U_{sek}}$

mit Strom- und Spannungswandler $C = \frac{u_g \cdot i_g}{\alpha_{ges}} \cdot \frac{I_{pr}}{I_{sek}} \cdot \frac{U_{pr}}{U_{sek}}$

Abb. 198. Leistungsmessung bei Drehstrom gleicher Phasenbelastung mit zugänglichem Nullpunkt.

d) Wirkleistungsmessung bei Drehstrom gleicher Phasenbelastung mit künstlichem Nullpunkt. In der Schaltung nach Abb. 199 wird durch die Sternschaltung dreier Widerstände ein künstlicher Nullpunkt gebildet. Der Wert des Widerstands, der in Reihe mit der Spannungsspule des Leistungsmessers liegt, ist um den Eigenwiderstand des Spannungspfads kleiner als der Widerstand in den beiden anderen Phasen zu bemessen. Wiederum ist die Gesamtleistung gleich der dreifachen Angabe des Geräts. Die Meßkonstante errechnet sich nach Abb. 199, ist aber meist auf dem zugehörigen Nullpunktwiderstand vermerkt.

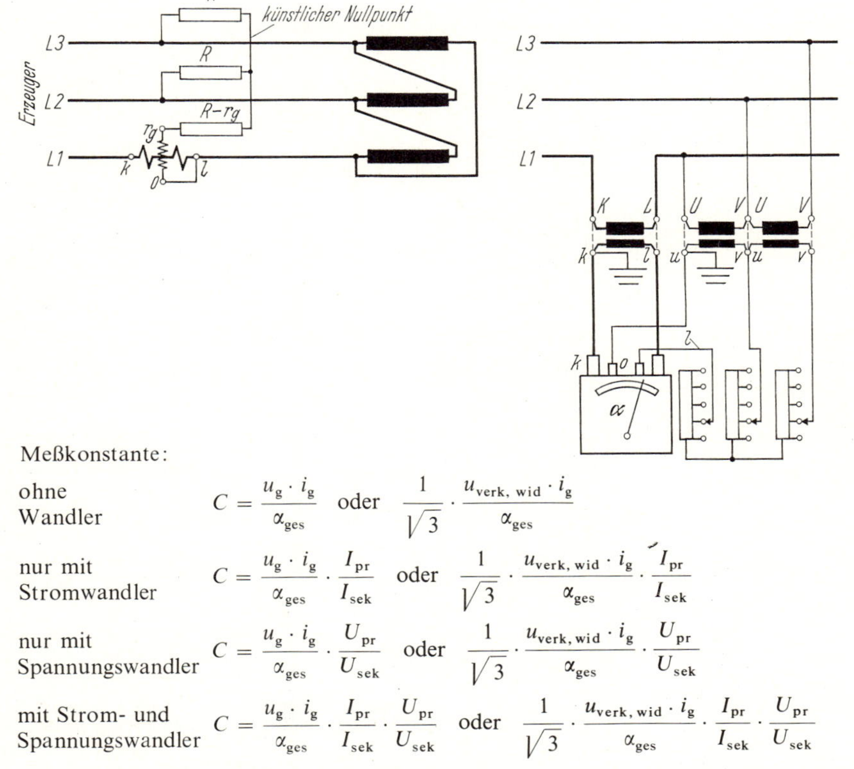

Meßkonstante:

ohne Wandler $C = \frac{u_g \cdot i_g}{\alpha_{ges}}$ oder $\frac{1}{\sqrt{3}} \cdot \frac{u_{verk,\,wid} \cdot i_g}{\alpha_{ges}}$

nur mit Stromwandler $C = \frac{u_g \cdot i_g}{\alpha_{ges}} \cdot \frac{I_{pr}}{I_{sek}}$ oder $\frac{1}{\sqrt{3}} \cdot \frac{u_{verk,\,wid} \cdot i_g}{\alpha_{ges}} \cdot \frac{I_{pr}}{I_{sek}}$

nur mit Spannungswandler $C = \frac{u_g \cdot i_g}{\alpha_{ges}} \cdot \frac{U_{pr}}{U_{sek}}$ oder $\frac{1}{\sqrt{3}} \cdot \frac{u_{verk,\,wid} \cdot i_g}{\alpha_{ges}} \cdot \frac{U_{pr}}{U_{sek}}$

mit Strom- und Spannungswandler $C = \frac{u_g \cdot i_g}{\alpha_{ges}} \cdot \frac{I_{pr}}{I_{sek}} \cdot \frac{U_{pr}}{U_{sek}}$ oder $\frac{1}{\sqrt{3}} \cdot \frac{u_{verk,\,wid} \cdot i_g}{\alpha_{ges}} \cdot \frac{I_{pr}}{I_{sek}} \cdot \frac{U_{pr}}{U_{sek}}$

u_g = Nennspannung des Geräts unter Berücksichtigung des bis zum Sternpunkt vorgeschalteten Widerstands (meist 1000 Ω je 30 V)

$u_{verk,\,wid} = \sqrt{3} \cdot u_g$ = Nennspannung an den Klemmen des dreiphasigen Widerstands. Achtung, da dieser Wert manchmal abgerundet angegeben wird; in diesem Fall angegebenen Wert für C benutzen, welcher dann für alle drei Phasen gilt. Leistung $P = 3 \cdot C \cdot \alpha$ in W

Abb. 199. Leistungsmessung bei Drehstrom gleicher Phasenbelastung mit künstlichem Nullpunkt.

e) Blindleistungsmessung bei Drehstrom gleicher Phasenbelastung. Nach Abb. 200 wird die Stromspule vom Strom einer Phase und die Spannungsspule von der verketteten Spannung der beiden anderen Phasen gespeist.

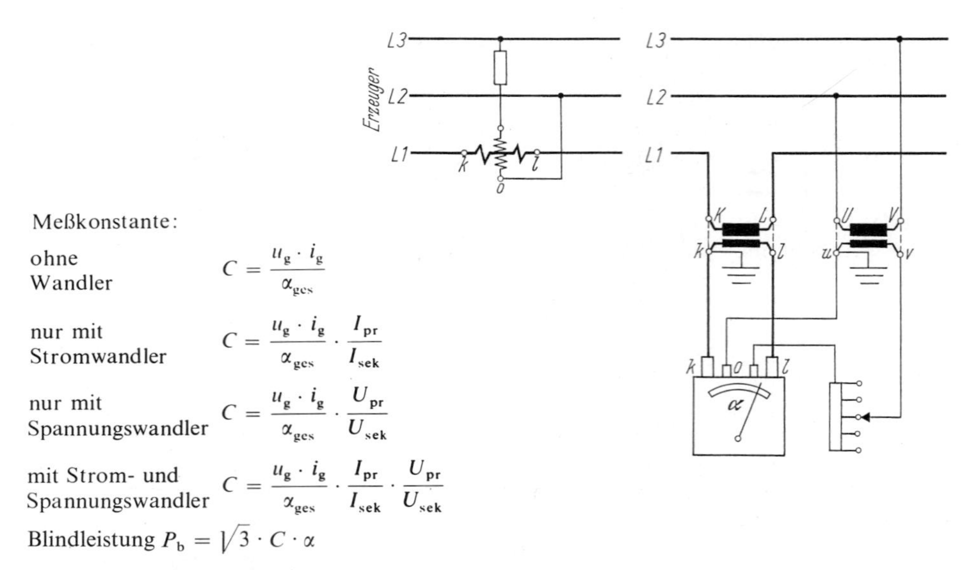

Meßkonstante:

ohne Wandler $C = \frac{u_g \cdot i_g}{\alpha_{ges}}$

nur mit Stromwandler $C = \frac{u_g \cdot i_g}{\alpha_{ges}} \cdot \frac{I_{pr}}{I_{sek}}$

nur mit Spannungswandler $C = \frac{u_g \cdot i_g}{\alpha_{ges}} \cdot \frac{U_{pr}}{U_{sek}}$

mit Strom- und Spannungswandler $C = \frac{u_g \cdot i_g}{\alpha_{ges}} \cdot \frac{I_{pr}}{I_{sek}} \cdot \frac{U_{pr}}{U_{sek}}$

Blindleistung $P_b = \sqrt{3} \cdot C \cdot \alpha$

Abb. 200. Blindleistungsmessung bei Drehstrom gleicher Phasenbelastung. Leistung $P = C(\alpha_1 + \alpha_2)$. Vorzeichen beachten!

Die Angabe des Geräts ist also eigentlich verhältnisgleich dem Produkt $I \cdot U_{ph} \cdot \sqrt{3} \cdot \sin \varphi$. Um die gesamte dreiphasige Blindleistung zu erhalten, ist daher die Anzeige des Geräts mit $\sqrt{3}$ malzunehmen bzw. mit einer im Verhältnis $\sqrt{3}/1$ erhöhten Meßkonstanten zu rechnen.

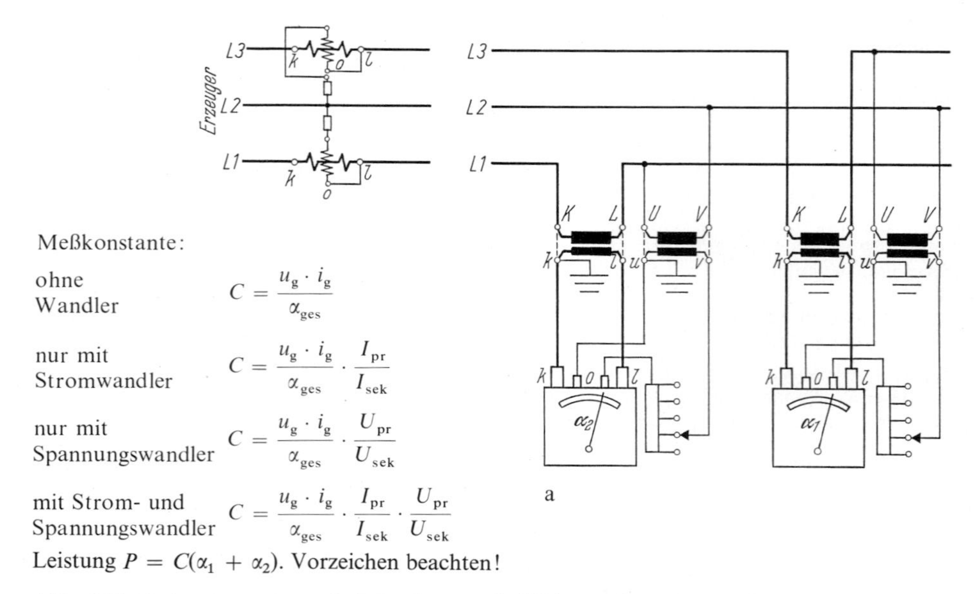

Meßkonstante:

ohne Wandler $C = \frac{u_g \cdot i_g}{\alpha_{ges}}$

nur mit Stromwandler $C = \frac{u_g \cdot i_g}{\alpha_{ges}} \cdot \frac{I_{pr}}{I_{sek}}$

nur mit Spannungswandler $C = \frac{u_g \cdot i_g}{\alpha_{ges}} \cdot \frac{U_{pr}}{U_{sek}}$

mit Strom- und Spannungswandler $C = \frac{u_g \cdot i_g}{\alpha_{ges}} \cdot \frac{I_{pr}}{I_{sek}} \cdot \frac{U_{pr}}{U_{sek}}$

Leistung $P = C(\alpha_1 + \alpha_2)$. Vorzeichen beachten!

Abb. 201. Leistungsmessung bei Drehstrom beliebiger Phasenbelastung in Zweileistungsmesser-Schaltung. **a** Schaltschema

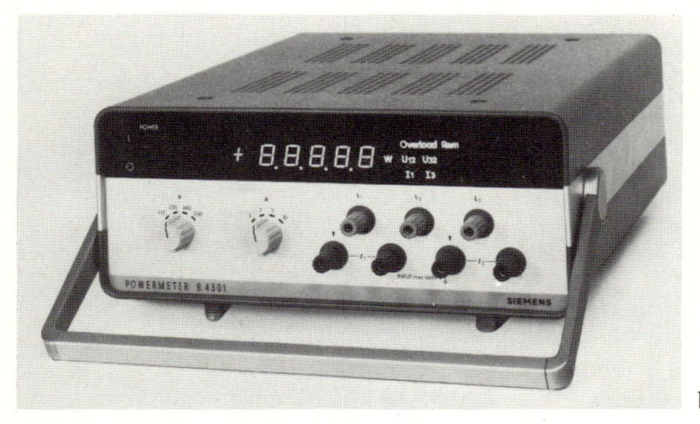

b

c

Abb. 201 b und **c.** Moderne Leistungsmesser für universellen Einsatz

f) Wirkleistungsmessung bei Drehstrom gleicher oder ungleicher Phasenbelastung mit zwei Leistungsmessern. Abbildung 201 gibt die in den weitaus meisten Fällen verwendete Meßanordnung mit zwei Geräten wieder. Die Stromspulen werden von den Strömen zweier beliebiger Phasen durchflossen und die zugehörigen Spannungsspulen an die eigene und an die dritte Phase gelegt. Die Gesamtleistung der drei Phasen ergibt sich aus der Summe der beiden Ausschläge entsprechend der in Abb. 202 gegebenen Ableitung zu $P = C \cdot (\alpha_1 + \alpha_2)$, wobei das Vorzeichen der Einzelausschläge zu berücksichtigen ist.

Bei *gleicher* Belastung aller drei Phasen hängen die Ausschläge α_1 des ersten und α_2 des zweiten Geräts von dem Winkel φ zwischen Spannung und Strom ab. Abbildung 203 gibt diese Veränderlichkeit wieder. Man erkennt, daß α_1 und α_2 alle Werte zwischen dem positiven und negativen Höchstwert annehmen. Umgekehrt kann aus dem Vorzeichen und dem Größenverhältnis des kleineren zum größeren Ausschlag in einfacher Weise auf den Phasenverschiebungswinkel φ bzw. den cos φ geschlossen werden. Abbildung 204 stellt den Zusammenhang zwischen Winkel φ, cos φ und sin φ und dem Verhältnis der Leistungsmesserausschläge dar. Unter α_{klein} ist der jeweils kleinere und unter $\alpha_{\text{groß}}$ der jeweils größere Ausschlag zu verstehen. Welcher „Oktant“ in Frage kommt, hängt davon ab, ob α_1 oder α_2 den größeren Wert hat und welches das beobachtete Vorzeichen von beiden ist. Ein in Abb. 204 angegebenes Beispiel erläutert dieses. Natürlich müssen über die Bezeichnung mit α_1 oder α_2 Vereinbarungen getroffen werden. Abbildung 205 gibt die Bezeichnungen wieder, welche

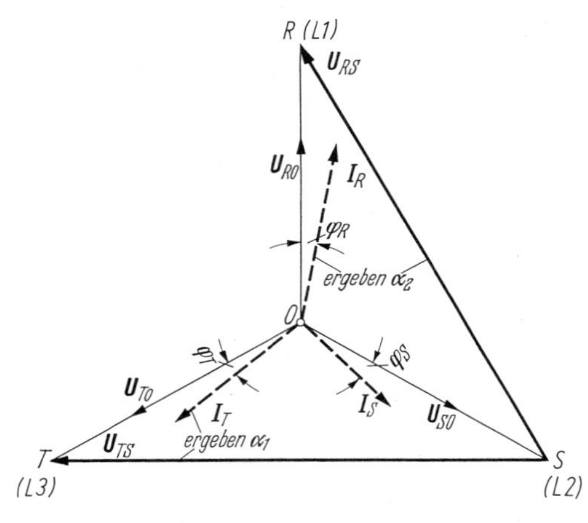

Abb. 202-a. Drehstromsystem (ohne Nulleiter!) mit ungleicher Phasenbelastung.

Ableitung A: Meßkonstante = C.
Es sind die Augenblickswerte der

verketteten Spannungen.	u_{RS}	u_{ST}	u_{TR}
Phasenspannungen:	u_{R0}	u_{S0}	u_{T0}
Phasenströme:	i_R	i_S	i_T
	wobei $i_R + i_S + i_T = 0$,		
Phasenleistungen:	$u_{R0} \cdot i_R$	$u_{S0} \cdot i_S$	$u_{T0} \cdot i_T$,

deren Summe = dem Augenblickswert p der Gesamtleistung P ist.

Das Gerät der Phase *L3* (Abb. 201) mit Ausschlag α_1 zeigt an den zeitlichen Mittelwert von $(u_{TS} \cdot i_T) \cdot \frac{1}{C}$, das Gerät in Phase *L1* mit dem Ausschlag α_2 den zeitlichen Mittelwert von $(u_{RS} \cdot i_R) \cdot \frac{1}{C}$. Die Summe $\alpha_1 + \alpha_2$ ist also gleich dem Mittelwert von $(u_{RS} \cdot i + u_{TS} \cdot i_T) \cdot \frac{1}{C}$.
Durch Zerlegung der verketteten Spannungen u_{RS} und u_{TS} in die entsprechenden Phasenspannungen ergibt sich:
$(u_{RS} \cdot i_R + u_{TS} \cdot i_T) = (u_{R0} - u_{S0})\, i_R + (u_{T0} - u_{S0}) \cdot i_T = u_{R0} \cdot i_R + u_{S0}(-i_R - i_T) + u_{T0} \cdot i_T$.
Da aber $i_R + i_S + i_T = 0$; also $(-i_R - i_T) = i_S$ ist, folgt: $(u_{RS} \cdot i_R + u_{TS} \cdot i_R) = u_{R0} \cdot i_R + u_{S0} \cdot i_S + u_{R0} \cdot i_T = p$. Es ist also $C(\alpha_1 + \alpha_2) = P$.

den Darstellungen zugrunde liegen. Allgemein ist zu sagen, daß mit α_2 derjenige Leistungsmesserausschlag zu bezeichnen ist, den das in der zeitlich späteren Phase eingeschaltete Gerät hat. Bei leer laufenden Asynchronmotoren, bei unbelasteten Transformatoren oder Drosseln, die ihren Magnetisierungsstrom dem Netz entnehmen, ist α_1 der positive und größere, α_2 der negative und kleinere Ausschlag.

Zur schnellen Ermittlung des cos φ bedient man sich im Prüffeld einer Skala nach Abb. 206, die den Leistungsfaktor auf der einen und das Verhältnis der Leistungsmesserausschläge auf der anderen Seite trägt.

g) Blindleistungsmessung bei Drehstrom gleicher oder ungleicher Phasenbelastung mit zwei Leistungsmessern. Die Anordnung nach Abb. 207 erlaubt die Messung der Blindleistung auch bei ungleich belasteten Phasen. Sie wird in der Praxis der Maschinenprüfung kaum angewendet, da dort immer mit nahezu gleicher Belastung der Phasen zu rechnen ist. Bei Messungen außerhalb findet sie Anwendung. Durch einen geeigneten Mehrfachwiderstand in Verbindung mit einmm Umschalter kann die Schaltung durch Umlegen desselben schnell aus der Zweileistungsmesserschaltung

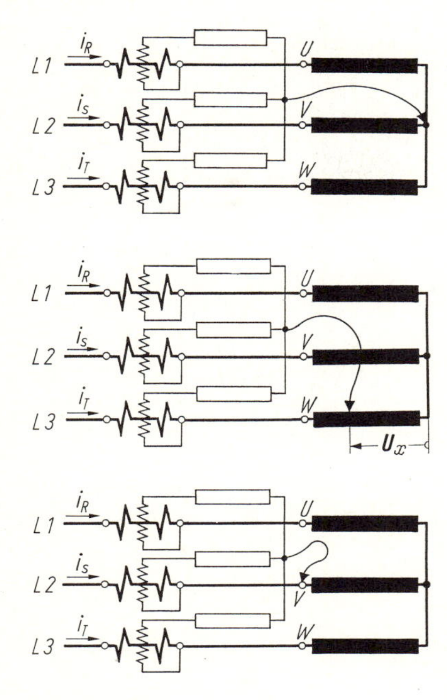

Abb. 202-b. Zwei Ableitungen für die Zweileistungsmesserschaltung nach Abb. 201 und 205.

Ableitung B:

1.
3-Leistungsmesserschaltung; jede Spannungsspule liegt an der zur Stromspule gehörigen Phasenspannung. Leistung = (Anzeige aller 3 Geräte) $\cdot C = (\alpha_u + \alpha_v + \alpha_w) \cdot C$.

2.
3-Leistungsmesserschaltung; jede Spannungsspule liegt an der Summe von der Phasenspannung und einer beliebigen Zusatzspannung U_X. Die einzelnen Anzeigen ändern sich, jedoch bleibt die gesamte Summe erhalten, da $\boldsymbol{U}_X$ mit den drei Strömen $\boldsymbol{I}_R$, $\boldsymbol{I}_S$ und $\boldsymbol{I}_T$ zusammen keine Leistung geben kann, weil die Stromsumme Null ist.

3.
3-Leistungsmesserschaltung, wo z. B. $U_X = U_{V0}$ gemacht wurde. Wie ersichtlich, liegt Spannungsphase des Leistungsmessers in Phase V an Spannung Null; das Gerät zeigt nichts mehr an, es kann entfernt werden. Es entsteht dann die gewünschte 2-Leistungsmesserschaltung. Wie oben ergibt sich Leistung aus der Summe aller Geräteanzeigen zu Leistung = (Anzeige des Geräts in Phase U) $\cdot C + O +$ (Anzeige des Geräts in Phase W) $\cdot C = (\alpha_1 + \alpha_2) \cdot C$. In gleicher Weise kann die Anzeige eines der anderen Geräte zu Null gemacht werden. Die restlichen Geräte kommen immer in die Zweileistungsmesserschaltung nach Abb. 201 und 205 zu liegen.

gebildet werden. Die Meßkonstante ist auf diesen kombinierten Widerständen angegeben oder wird nach den Angaben der Abb. 207 berechnet. Im Prüffeld erechnet man die Blindleistung wie bei den Einphasenmessungen mit Hilfe des aus dem $\cos\varphi$ bestimmten $\sin\varphi$. Es gilt:

$$P_b = \sqrt{3} \cdot U_{verk} \cdot I \cdot \sin\varphi \qquad \text{mit} \qquad \sin\varphi = \sqrt{1 - \cos^2\varphi}\,.$$

h) Behelfsmäßige Leistungsmessung bei Drehstrom mit einem Leistungsmesser. Oft findet man bei Hochspannungsmaschinen an Ort und Stelle nur einen einzigen Stromwandler und einen einphasigen Spannungswandler vor, der entweder an die

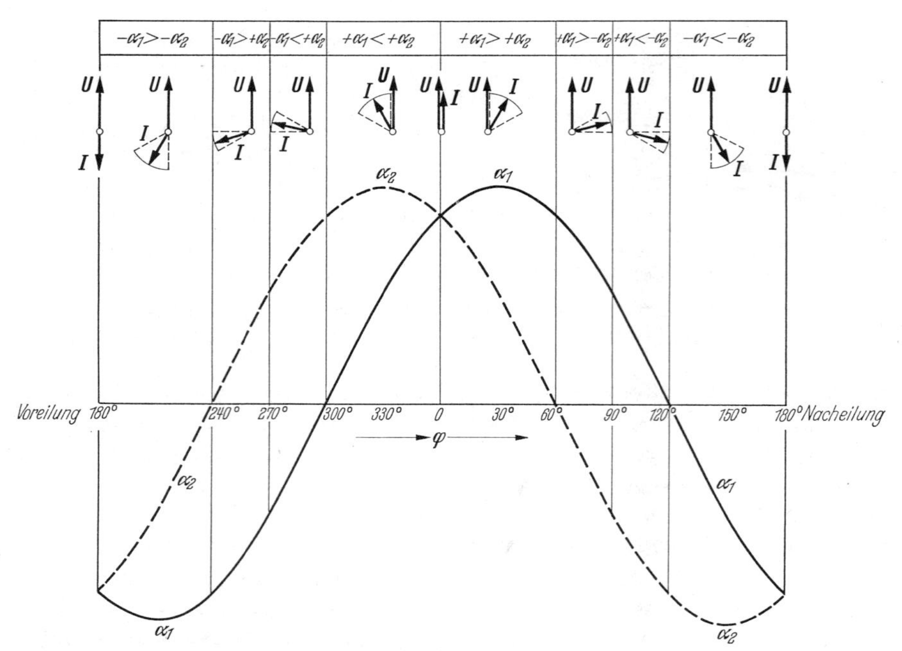

Abb. 203. Abhängigkeit der Leistungsmesserausschläge α_1 und α_2 vom Phasenverschiebungswinkel φ zwischen Phasenspannung $\boldsymbol{U}$ und Strom $\boldsymbol{I}$ bei der Zweileistungsmesserschaltung nach Abb. 201 (Gleiche Phasenbelastung!)

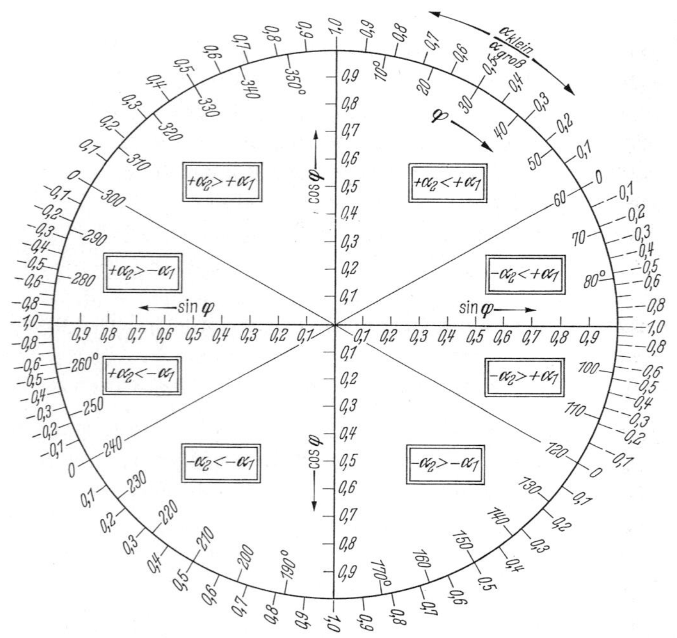

Abb. 204. Zusammenhang zwischen Phasenwinkel φ, Verhältnis der Leistungsmesserausschläge $\alpha_{\text{klein}}/\alpha_{\text{groß}}$, Leistungsfaktor $\cos\varphi$ und Blindleistungsfaktor $\sin\varphi$ bei gleicher Phasenbelastung (Beispiel $\alpha_1 = +88$, $\alpha_2 = +22$; also $+\alpha_2 < +\alpha_1$ und $\alpha_{\text{klein}}/\alpha_{\text{groß}} = +0{,}25$. Hierzu ergibt sich $\varphi = 46°$, $\cos\varphi = 0{,}69$, $\sin\varphi = 0{,}72$.)

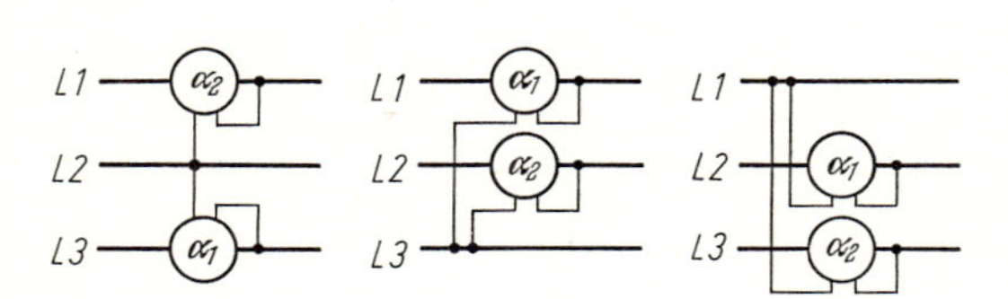

Abb. 205. Bezeichnung der Leistungsmesserausschläge mit α_1 und α_2 bei den drei möglichen Geräteanordnungen in zwei der drei Netzphasen. α_1 ist der Ausschlag in der zeitlich früheren Phase, α_2 der Ausschlag in der zeitlich späteren Phase. Die zeitliche Folge zweier Phasen ist *L3, L1, L1, L2* und *L2, L3*

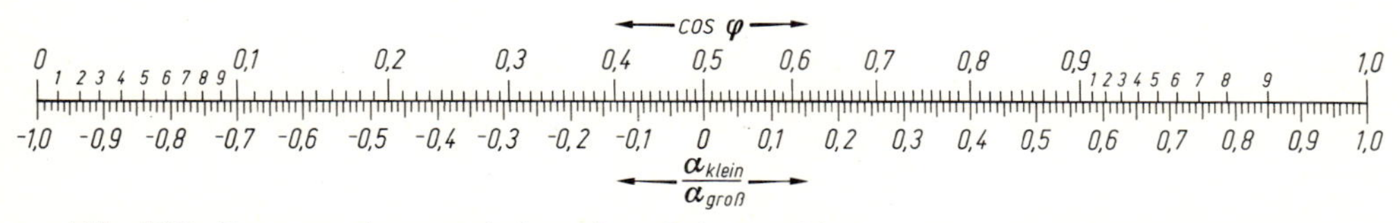

Abb. 206. Zusammenhang zwischen dem Leistungsfaktor $\cos\varphi$ und dem Verhältnis des kleinen zum großen Leistungsmesserausschlag $\alpha_{\text{klein}}/\alpha_{\text{groß}}$. Das Verhältnis ist positiv, wenn die Ausschläge gleiches Vorzeichen, negativ, wenn sie verschiedenes Vorzeichen haben.

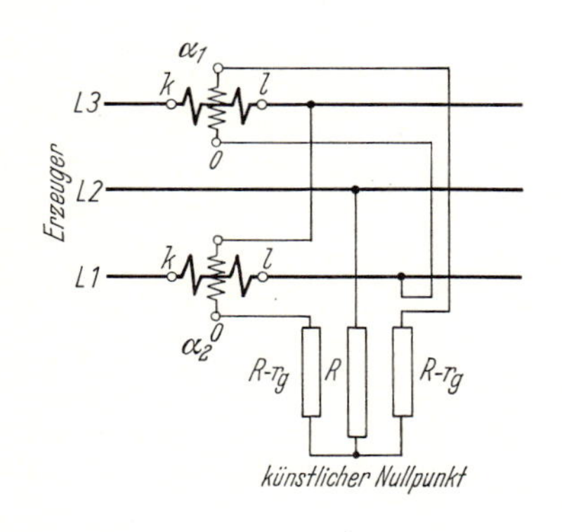

Meßkonstante:

ohne Wandler
$$C = \sqrt{3} \cdot \frac{u_g \cdot i_g}{\alpha_{\text{ges}}}$$
oder
$$= \frac{u_{\text{verk, wid}} \cdot i_g}{\alpha_{\text{ges}}}$$

nur mit Stromwandler
$$C = \sqrt{3} \cdot \frac{u_g \cdot i_g}{\alpha_{\text{ges}}} \cdot \frac{I_{\text{pr}}}{I_{\text{sek}}}$$
oder
$$= \frac{u_{\text{verk, wid}} \cdot i_g}{\alpha_{\text{ges}}} \cdot \frac{I_{\text{pr}}}{I_{\text{sek}}}$$

nur mit Spannungswandler
$$C = \sqrt{3} \cdot \frac{u_g \cdot i_g}{\alpha_{\text{ges}}} \cdot \frac{U_{\text{pr}}}{U_{\text{sek}}}$$
oder
$$= \frac{u_{\text{verk, wid}} \cdot i_g}{\alpha_{\text{ges}}} \cdot \frac{U_{\text{pr}}}{U_{\text{sek}}}$$

mit Strom- und Spannungswandler
$$C = \sqrt{3} \cdot \frac{u_g \cdot i_g}{\alpha_{\text{ges}}} \cdot \frac{I_{\text{pr}}}{I_{\text{sek}}} \cdot \frac{U_{\text{pr}}}{U_{\text{sek}}}$$
oder
$$= \frac{u_{\text{verk,wid}} \cdot i_g}{\alpha_{\text{ges}}} \cdot \frac{I_{\text{pr}}}{I_{\text{sek}}} \cdot \frac{U_{\text{pr}}}{U_{\text{sek}}}$$

Blindleistung $P_b = C(\alpha_1 + \alpha_2)$
Bezeichnungen wie in Abb. 199, insbesondere bedeutet u_g = Nennspannung des Leistungsmessers unter Berücksichtigung des bis zum Nullpunkt vorgeschalteten Widerstands und $u_{\text{verk, wid}}$ = verkettete Nennspannung an den benutzten Widerstandsklemmen, also $u_{\text{verk, wid}} = u_g \cdot \sqrt{3}$.

Abb. 207. Blindleistungsmessung bei Drehstrom beliebiger Phasenbelastung mit zwei Leistungsmessern.

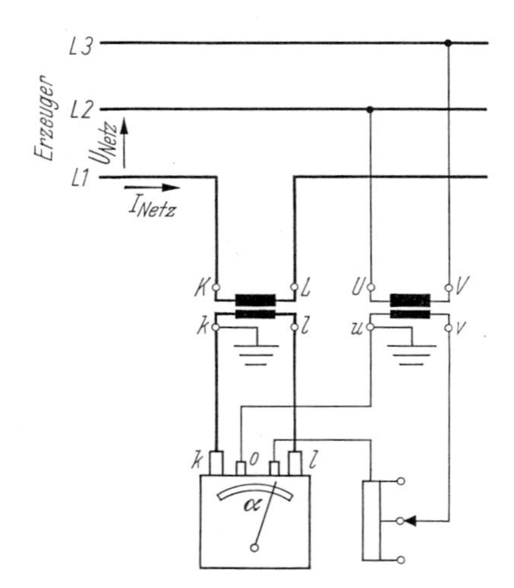

Meßkonstante:

$$C = \frac{u_g \cdot i_g}{\alpha_{ges}} \cdot \frac{I_{pr}}{I_{sek}} \cdot \frac{U_{pr}}{U_{sek}}$$

Gesamtleistung

$$P = \sqrt{3} \cdot U_{Netz} \cdot I_{Netz} \cdot \cos\varphi$$

$$\cos\varphi = \sqrt{1 - \left(\frac{C \cdot \alpha}{U_{Netz} \cdot I_{Netz}}\right)^2}$$

Abb. 208. Behelfsmäßige Leistungsmessung in Hochspannungsnetzen mit einem Stromwandler und einem Spannungswandler, der nicht an die Stromwandlerphase angeschlossen ist.

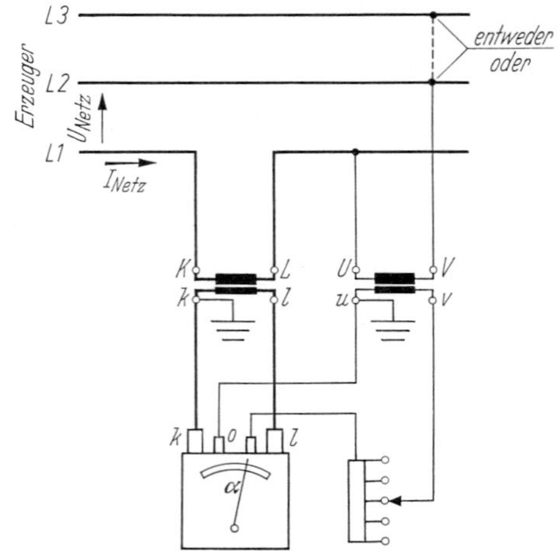

Meßkonstante:

$$C = \frac{u_g \cdot i_g}{\alpha_{ges}} \cdot \frac{I_{pr}}{I_{sek}} \cdot \frac{U_{pr}}{U_{sek}}$$

Gesamtleistung

$$P = 1{,}5 \cdot C \cdot \alpha \left[1 \pm \frac{1}{\sqrt{3}} \sqrt{\left(\frac{U_{netz} \cdot I_{netz}}{C \cdot \alpha}\right)^2 - 1} \right]$$

Es ist der Absolutwert zu nehmen; über das Vorzeichen des zweiten Glieds entscheidet meist die Größe von I_{Netz}, bzw. die Größe des mutmaßlichen $\cos\varphi$, die zu der höheren oder tieferen Leistung gehören.

Abb. 209. Behelfsmäßige Leistungsmessung in Hochspannungsnetzen mit einem Stromwandler und einem Spannungswandler, der mit einer Klemme an der Stromwandlerphase liegt.

beiden anderen Phasen oder an die Stromwandlerphase und eine der beiden anderen Phasen angeschlossen ist. In diesen Fällen kann man ebenfalls Leistungsmessungen durchführen, wozu die Anleitung in Abb. 208 und 209 gegeben ist.

i) Die bisher im Abschnitt 5.1.2 behandelten Meßgeräte können in dem Frequenzbereich von 15 bis 100 Hz mit vertretbarer Genauigkeit arbeiten. Bei der Prüfung von Wechsel- oder Drehstrommotoren, die mit Stromrichtern gespeist werden, treten jedoch erheblich höhere Frequenzen auf.

Immer häufiger werden Motoren von Umrichtern gespeist, die eine hochfrequente pulsweitenmodulierte Spannung liefern. Modulationsfrequenzen bis zu 20 kHz können zur Anwendung kommen. In diesem Fall ist z. B. der Motorstrom nahezu sinusförmig, aber die Motorspannung besteht aus Spannungsimpulsen hoher Frequenz.

Wattmeter in klassischer Bauart sind nicht in der Lage, aus den pulsweitenmodulierten Spannungsimpulsen den Effektivwert zu ermitteln. Folgende Verfahren bieten sich zur Messung der Motorleistung bei nicht sinusförmigen Größen an:

— Leistungsmesser, die Hallgeneratoren zur Produktbildung der Augenblickswerte $u(t) \cdot i(t)$ verwenden: Bei einem industriell angebotenen Gerät darf die maximale Frequenz der Rechteckspannungen 500 kHz betragen. Die Spannungsform darf beliebig sein, wenn deren Oberwellenfrequenzen unter 2,5 MHz liegen, wobei der Strom möglichst sinusförmig sein sollte. Wegen des induktiven Stromaufnehmers arbeitet das Gerät noch zufriedenstellend bis zu einer Stromfrequenz von 1 kHz.

— Leistungsmesser, die nach dem Time-Division-Verfahren arbeiten: Bei diesem Verfahren wird ein Rechteck in seiner Breite von einem Signal, z. B. dem Strom, und in seiner Höhe von einem zweiten Signal, z. B. der Spannung, gesteuert, so daß das Integral unter der Fläche dem Produkt beider Signale entspricht. Nach dieser Multiplikation der Augenblickswerte erfolgt die Summierung der Leistungen. Verschiedene Firmen bieten derartige Leistungsmesser an, wobei der Frequenzbereich zwischen 15 Hz bis 1 KHz liegt. Die Leistungsmesser eignen sich jedoch nicht zur Messung von Mischleistung.

— Thermo-Umformer-Meßgeräte eigenen sich aufgrund ihres Meßprinzips zur Messung von Misch- und Wechselleistung. Der Frequenzbereich handelsüblicher Geräte reicht von 0 Hz bis ca. 50 kHz. Die Genauigkeit beträgt etwa 0,5% vom Meßbereich.

— Stochastisch — ergodische Meßverfahren, z. B. das U-Functionmeter: Dieses Verfahren ermöglicht die kurvenformunabhängige Verarbeitung periodischer, deterministischer und stochastischer Signale und wird für einen Frequenzbereich von 15 Hz bis 2 MHz angeboten. Die Genauigkeit liegt bei etwa 1% vom Meßbereich.

Beim Arbeiten mit diesen Geräten bei der Motorenprüfung ist zu berücksichtigen, daß diese Leistungsmesser unterschiedliche Anwärmzeiten haben. Sie liegen zwischen 2 bis 30 min.

5.1.3 Leistungsfaktormessung

Im Prüffeld erfolgt die Bestimmung des Leistungsfaktors fast ausschließlich aus dem Verhältnis Wirkleistung/Scheinleistung und bei Drehstrommessungen zusätzlich aus dem Verhältnis der Leistungsmesserausschläge $\alpha_{\text{klein}}/\alpha_{\text{groß}}$ in Zweileistungsmesserschaltung mit Hilfe einer entsprechenden Skala (Abb. 206).

Im Betrieb bevorzugt man die Verwendung unmittelbar anzeigender Meßgeräte, welche bei Einphasenstrom den Leistungsfaktor des Netzes und bei Drehstrom den Leistungsfaktor einer Phase anzeigen. Bei gleicher Phasenbelastung stimmt letzterer mit dem Leistungsfaktor der beiden anderen Phasen überein.

Zur Anwendung kommen Geräte, welche als Kreuzspul- oder Kreuzeiseninstrumente gebaut sind und eisenlos oder eisengeschlossen ausgeführt werden. Zwei gegeneinander versetzte Spannungsspulen bilden mit einer Stromspule entgegenwirkende Drehmomente, deren Größe vom Verstellwinkel abhängig ist. Da keinerlei rückführende Federkräfte vorhanden sind, stellt sich das drehbare Organ in diejenige Winkelstellung ein, in welcher die beiden einander entgegenwirkenden Momente sich das Gleichgewicht halten. Entweder ist die Stromspule fest und die beiden Spannungsspulen beweglich (Kreuzspulgerät) oder die Stromspule dreht sich in einem vierpoligen Eisenkörper, der von den Spannungsspulen erregt wird (Kreuzeisengerät).

Allen cos φ-Messern ist eigentümlich, daß sie keine eigentliche Nullstellung besitzen, in welche der Zeiger des nichtangeschlossenen Geräts zurückkehrt. Ihre Meßgenauigkeit liegt etwa bei 1 bis 2 Winkelgeraden und sinkt mit fallender Stromstärke. Die Abhängigkeit von der Frequenz ist bei allen Geräten, welche mit Vorschaltdrosseln arbeiten, groß, dagegen ist der Einfluß der zugeführten Spannung wesentlich geringer.

Die Skala ist in cos φ eingeteilt; auf einer zweiten Skala findet sich gelegentlich auch der Winkel φ angegeben. Geräte in Anlagen, bei denen neben Leistungsbezug auch Rückgabe erfolgt, erhalten eine 360°-Skala, auf der in jedem Viertel eine Unterteilung von cos $\varphi = 0$ bis 1,0 vorhanden ist. Der Zustand der Über- und Untererregung, des Leistungsbezugs oder der Abgabe ist aus der Stellung des Zeigers innerhalb der einzelnen Viertel zu erkennen.

Außer zur Anzeige werden Leistungsfaktormesser oft zur Registrierung benutzt.

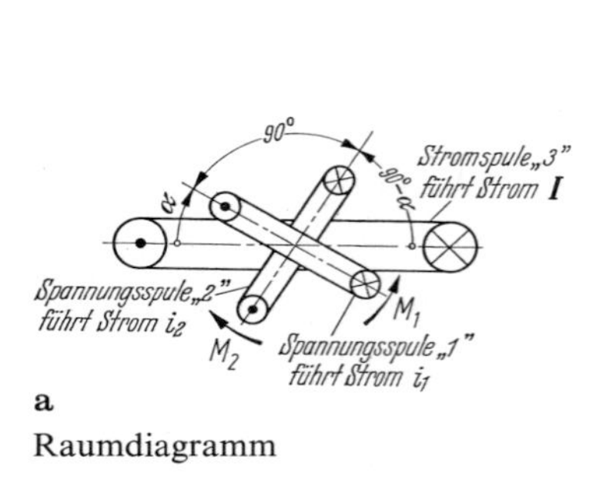

a

Raumdiagramm

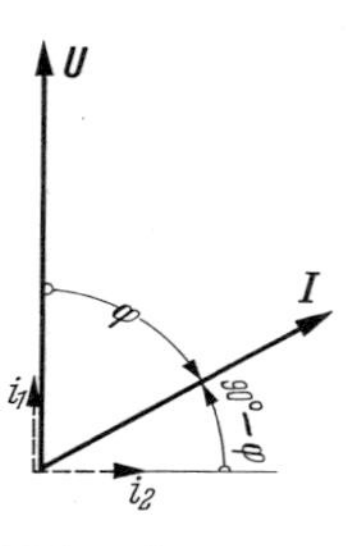

Zeigerdiagramm

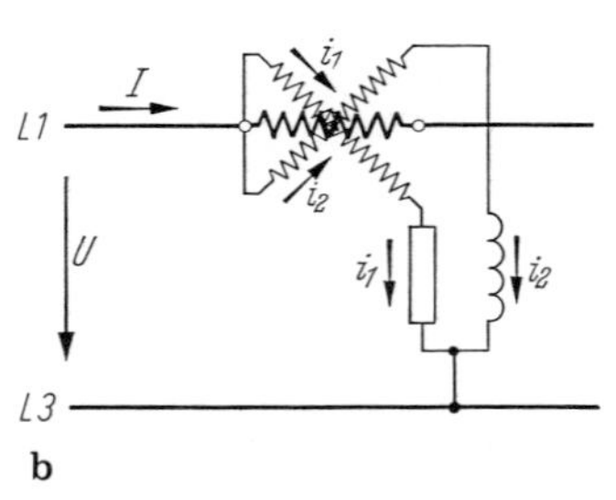

b

Schaltung bei Einphasenstrom (frequenzabhängig wegen Drossel)

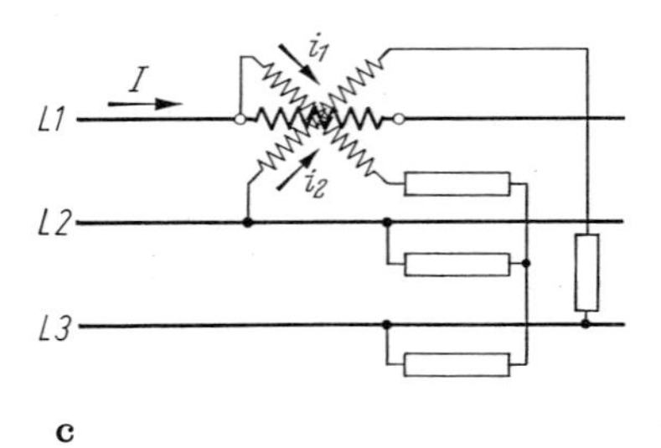

c

Schaltung bei Drehstrom (frequenzunabhängig)

Ableitung für Schaltung b und c:

$M_1 = C_1 \cdot I \cdot i_1 \cdot \cos\varphi \cdot \sin\alpha$.

$M_2 = C_2 \cdot I \cdot i_2 \cdot \cos(90° - \varphi) \cdot \sin(90° - \alpha)$;

da $M_1 = M_2$, ergibt sich: $C_1 \cdot i_1 \cdot \cos\varphi \cdot \sin\alpha = C_2 \cdot i_2 \cdot \cos(90° - \varphi) \cdot \sin(90° - \alpha)$;

wenn $C_1 \cdot i_1 = C_2 \cdot i_2$ gemacht wird, dann ist:

$\cos\varphi \cdot \sin\alpha = \sin\varphi \cdot \cos\alpha$

$\tan\alpha = \tan\varphi$

$\alpha = \varphi$

Abb. 210a–c. Kreuzspulgerät zur cos φ-Messung bei Ein- und Dreiphasenstrom (Ströme in Spannungsspulen sind um 90° gegeneinander phasenverschoben).

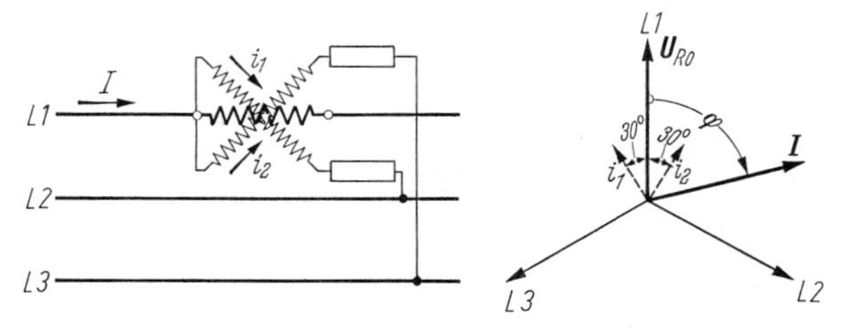

Schaltung (frequenzunabhängig) Zeigerdiagramm

Abb. 211. Kreuzspulgerät zur cos φ-Messung bei Drehstrom. (Ströme in den Spannungsspulen sind um 60° gegeneinander phasenverschoben.)
Ableitung:
$M_1 = C_1 \cdot I \cdot i_1 \cdot \cos(\varphi + 30°) \cdot \sin\alpha$,
$M_2 = C_2 \cdot I \cdot i_2 \cdot \cos(\varphi - 30°) \cdot \sin(90° - \alpha)$;
da $M_1 = M_2$, und wenn $C_1 \cdot i_1 = C_2 \cdot i_2$ ist, ergibt sich: $\tan\alpha = \dfrac{\cos(\varphi - 30°)}{\cos(\varphi + 30°)}$
woraus sich durch Umformung ergibt: $\tan\varphi = \sqrt{3} \cdot \tan(\alpha - 45°)$

Bei Messungen im Einphasennetz werden Kreuzspulgeräte eingesetzt. Nach Abb. 210 durchfließt der Netzstrom I die feststehende Stromspule *3*, während die beiden Spannungsspulen am Netz liegen. Durch Verwendung von vorgeschalteten Drosseln und Widerständen wird erreicht, daß die Spule *1* einen der Spannung verhältnis- und phasengleichen Strom i_1 führt und die Spule *2* einen ebenfalls verhältnisgleichen, aber um 90° nacheilenden Strom i_2 aufnimmt. Beide Spannungsspulen sind um 90° räumlich gegen einander versetzt und drehbar angeordnet. Die Ableitung ergibt $\tan\alpha = C \cdot \tan\varphi$, d. h. also, daß der Zeigerverstellwinkel eine Funktion des Phasenwinkels ist.

Je nach Wahl des konstanten Beiwerts C kann eine mehr oder weniger gestreckte Skala erhalten werden. Für $C = 1$ wird $\alpha = \varphi$. Das Gerät besitzt eine starke Frequenzabhängigkeit. Die Abb. 210c und 211 geben die Schaltung und die Ableitung des Kreuzspulgeräts für Drehstrom wieder. Die Spannungsspulen liegen über Ohmsche Vorwiderstände an den verketteten Spannungen und führen Ströme i_1 und i_2, die um 60° oder um 90° gegeneinander phasenverschoben sind. Besondere Drosseln entfallen, wodurch die Frequenzabhängigkeit des Geräts stark verringert wird.

5.1.4 Frequenzmessung

Bei Benutzung eines Netzes, welches an die großen Kraftversorgungen angeschlossen ist, erübrigt sich meist die Messung der Frequenz, da diese mit einer Genauigkeit von 0,1 bis 0,2% gehalten wird. Fährt man dagegen von Prüffeldumformern mit Gleichstrommotorantrieb aus, so ist es üblich, parallel zum Spannungsmesser auch einen Frequenzmesser anzuschließen, der die Einhaltung der gewünschten Frequenz bequemer und auch genauer abzulesen gestattet, als dies mit einem der üblichen Drehzahlmesser möglich ist. Im Prüffeld kommt der digitale Frequenzmesser vorzugsweise zum Einsatz.

Vereinzelt findet der Zungenfrequenzmesser noch Verwendung, dessen meist großer Meßbereich eine allgemeine Anwendung des Geräts ermöglicht. In älteren festen

Anlagen sind das Induktions- und Kreuzspul- bzw. Kreuzeisengerät zu finden, deren Bereich nur wenig über und unter die zu haltende Nennfrequenz hinausgeht und deren Ablesegenauigkeit infolgedessen recht beachtlich ist.

Der *Zungenfrequenzmesser* beruht auf dem Resonanzprinzip. Ein vom Netz aus erregter Magnet wirkt entweder unmittelbar (Hartmann-Kempf) oder — über die sie tragende Leiste — mittelbar (FRAHM) auf eine Reihe von einseitig eingespannten Stahlblattfedern ein. Die Federn besitzen von 0,5 zu 0,5 Hz steigende Eigenschwingungszahlen, und es kommt bei Erregung des Magneten jene Feder in starke Schwingungen, deren Eigenschwingungszahl mit der doppelten Netzfrequenz übereinstimmt. Bei Benutzung eines polarisierten Magneten, die durch wahlweise Umschaltung meist möglich ist, schwingt die Feder, die in Resonanz mit der Netzfrequenz selbst steht. Die Ablesung erfolgt, wenn eine Feder allein sehr stark schwingt, auf der darüberstehenden Skala. Wenn zwei Federn gleichmäßig stark schwingen, schätzt man die Frequenz als Mittelwert aus den beiden zugehörigen Frequenzen. Unter 0,25 Hz kann die Ablesegenauigkeit kaum getrieben werden. Eingebaute Vorwiderstände gestatten den Anschluß an verschiedene Spannungen. Die Anzeigegenauigkeit ändert sich weder bei Spannungs- noch bei Temperaturschwankungen. Mit der Zeit tritt unter Umständen eine geringe Veränderung der Eigenschwingungszahl der Federn auf, die durch zeitweiliges Nachprüfen zu überwachen ist. Abbildung 212 zeigt eine übliche Ausführung nach Hartmann-Kempf (Schnitt und Skala).

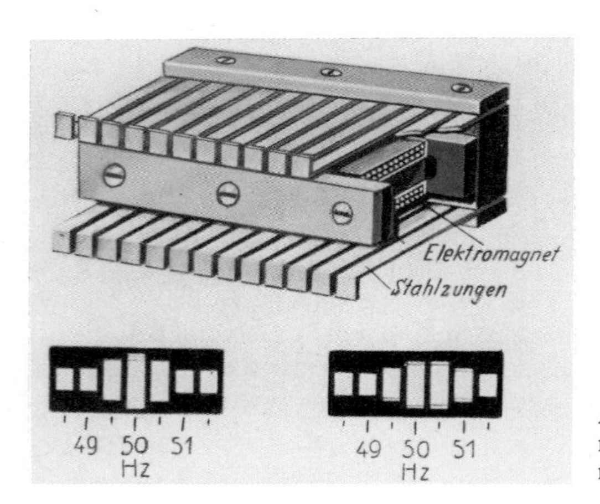

Abb. 212. Aufbau eines Zungenfrequenzmessers. (Angabe links = 50 Hz, Angabe rechts = 50,25 Hz).

Induktionsfrequenzmesser: Auf eine exzentrisch gelagerte Aluminiumscheibe wirken im entgegengesetzten Sinne zwei Triebkerne, deren Wicklungen über einen Ohmschen Widerstand bzw. einen Schwingungskreis an der Netzspannung liegen. Der Strom im zweiten Kern ist in starkem Maße von der Frequenz abhängig. Die Drehmomente ändern sich mit der Stellung der Scheibe, welche sich so einstellt, daß beide einander das Gleichgewicht halten. Gegenkräfte sind nicht vorhanden. Eine Dämpfung sorgt für schwingungsfreie Einstellung des Zeigers. Die Anzeige ist in den Spannungsgrenzen $\pm 20\%$ von deren Schwankungen nahezu unabhängig. Abbildung 213 zeigt die Schaltung des *Kreuzeisenfrequenzmeßgeräts*, das in seinem Aufbau dem Leistungsfaktor-

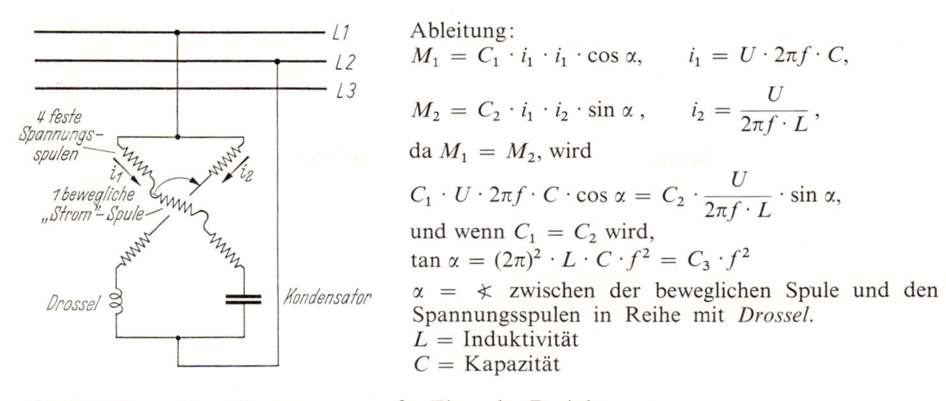

Abb. 213. Kreuzeisen-Frequenzmesser für Ein- oder Dreiphasenstrom.

messer gleicht. Der Strom i_1 in dem einen Zweig durchfließt die Spulen auf zwei Polen des Kreuzeisens und die bewegliche Spule. Er wächst mit steigender Frequenz wegen des vorgeschalteten Kondensators an. Der Strom i_2 im anderen Zweig durchfließt die beiden anderen Spulen und fällt mit steigender Frequenz wegen der vorgeschalteten Drosselspule ab. Die Anzeige des Geräts steht in Abhängigkeit vom Verhältnis beider Ströme und entspricht somit der Frequenz, während sie von Schwankungen der Spannung in gewissen Grenzen unabhängig ist. Rückführende Federkräfte fehlen.

Der *digitale Frequenzzähler* besteht aus einem elektronischen Zähler, vor dessen Eingang eine Torschaltung liegt, die durch die gewählte Zeitbasis geöffnet wird. Die Frage nach der Dauer der Zeitbasis T_M läßt sich nur im Zusammenhang mit der zu messenden Frequenz f und dem zulässigen Fehler $\Delta f/f$ beantworten. Da in der Regel die Fehler der Zeitbasis und der Laufzeit bei der Torsteuerung vernachlässigt werden können, gilt:

$$\frac{\Delta f}{f} \geqq \frac{1}{fT_M}$$

Die Beziehung besagt, daß z. B. eine Frequenz nur dann mit einem Fehler $\Delta f/f = 10^{-3}$ gemessen werden kann, wenn der Zähler mindestens 10^3 Perioden abgezählt hat. Bei den heute erhältlichen universellen Frequenzzählern wird stets eine umschaltbare Zeitbasis vorgesehen. Ferner erlauben diese Geräte neben der Frequenzmessung eine Frequenzverhältnismessung, Periodendauermessung, Zeitintervallmessung und Ereigniszählung. Der Frequenzbereich geht von wenigen Hz bis in den MHz-Bereich. Das Zählergebnis einer Frequenzmessung ist grundsätzlich um ± 1 Einheit in der letzten Stelle unsicher. Mit der Zeitbasis T_M und dem Zählerstand Z kann sich die Frequenz ergeben zu:

$$f = \frac{Z-1}{T_M}; \quad \frac{Z}{T_M}; \quad \frac{Z+1}{T_M}.$$

Der Grund liegt darin, daß der Beginn der Zeitbasis keine feste Phasenlage zu der Zählerfrequenz hat [77, 78].

5.1.5 Messung von Ohmschen Widerständen

Die Messung Ohmscher Widerstände erfolgt in der Praxis vornehmlich nach drei verschiedenen Verfahren. Das Strom-Spannungsverfahren wird für Widerstände unter $^1/_{1000}\,\Omega$ bevorzugt, aber auch bis zu Werten von einigen 100 Ω angewendet. Die Thomsonbrücke dient für den Meßbereich von $^1/_{1000}\,\Omega$ aufwärts bis zu etwa 10 Ω und die Wheatstonebrücke, welche baulich gelegentlich mit der Thomsonbrücke vereinigt ist, der Messung der Werte ab 1,0 bis zu 1000 Ω.

5.1.5.1 Strom-Spannungsverfahren

Bei diesem Verfahren wird ein Gleichstrom in der Größe von 1 bis 75 A durch den zu messenden Widerstand geschickt und der an diesem auftretende Spannungsabfall mit einem Spannungsmesser gemessen. Eine Korrektur mit Rücksicht auf den Eigenverbrauch des Spannungsmessers ist in der Schaltung nach Abb. 214 meist nicht erforderlich, da die Stromaufnahme des Geräts (Millivoltmeter mit Vorschaltwider-

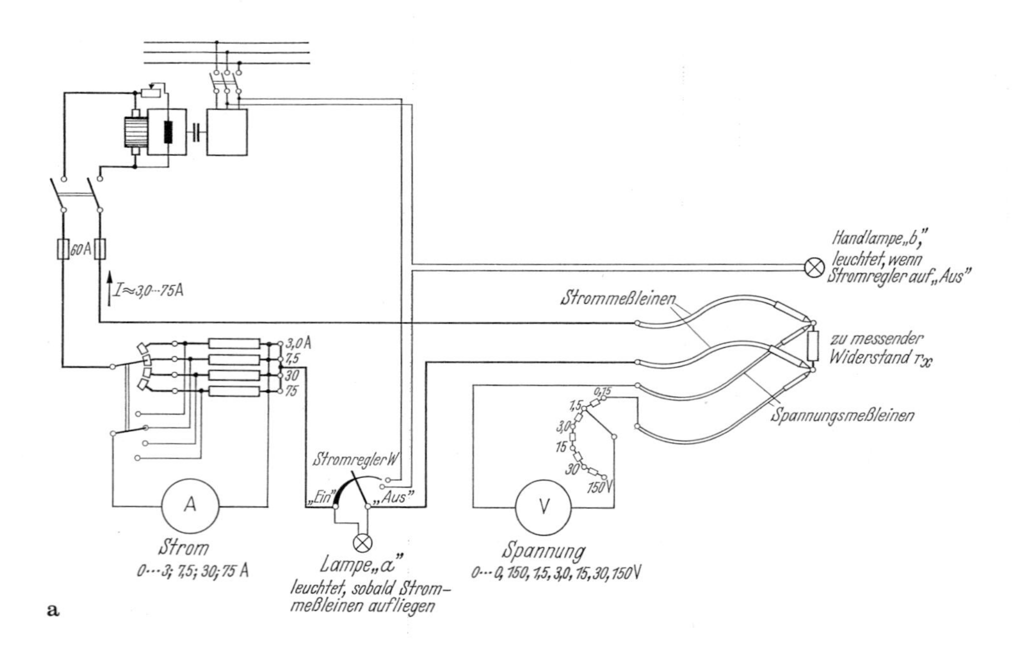

a

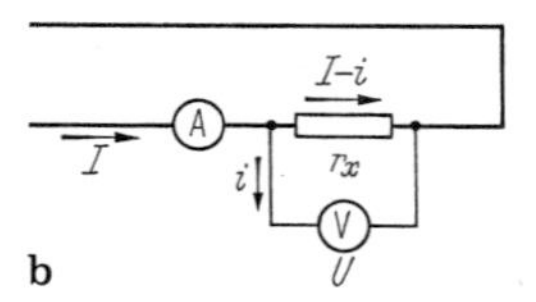

b

$$r_x = \frac{U}{I - i_{\text{gerät}}} \approx \frac{U}{I}\,,$$ da der Strom im Spannungsmesser nur einige Milliampere beträgt.

Abb. 214. Widerstandsmessung mit „Strom und Spannung". **a** Schaltung; **b** Schema.

ständen) nur etwa 30 mA bei Endausschlag beträgt. Die Abbildung zeigt eine Meßeinrichtung, welche den praktischen Bedürfnissen besonders gut angepaßt ist. Der Meßstrom wird einem besonderen Maschinensatz entnommen und über Regelwiderstände mittels Strommeßleinen zum Widerstand geführt. Der Spannungsabfall wird über getrennte Spannungsmeßleinen abgegriffen und am Spannungsmesser abgelesen. Ein Umschalter erlaubt die wahlweise Einschaltung der verschiedenen Nebenwiderstände für Werte zwischen 3,0 und 75 A und ein zweiter Umschalter die wahlweise Vorschaltung verschiedener Vorwiderstände vor den Spannungsmesser für Meßbereiche zwischen 0,150 und 150 V. Die Meßstromstärke läßt sich mittels des Regelwiderstands *W* zwischen 0 und 75 A einstellen. Die Messung der fast immer mit hoher Induktivität behafteten Maschinenwicklungen verlangt einige besondere Vorsichtsmaßnahmen. Die Strommeßleinen dürfen nur in fast stromlosem Zustand aufgelegt und vor allen Dingen wieder getrennt werden, da andernfalls der entstehende Lichtbogen zu einer Blendung und Gefährdung des Bedienenden führen kann. Zu diesem Zwecke ist eine Handlampe *b* vorgesehen, welche nur in Nullstellung des Stromregelwiderstands aufleuchtet und das Zeichen für das Auflegen der Meßleinen gibt. Sobald diese auf den Klemmen des Widerstands aufliegen, wird über denselben der Stromkreis einer Lampe *a* am Meßtisch geschlossen, deren Aufleuchten das Zeichen gibt, daß nunmehr der starke Meßstrom durch den Meßkreis geschickt werden darf. Die Handlampe *b* erlischt, sobald der Regelwiderstand *W* betätigt wird und zeigt dann an, daß die Meßleinen nicht mehr abgehoben werden dürfen. Sobald Strom und Spannung abgelesen worden sind, wird der Stromregler *W* in die Nullstellung zurückgeführt und der Meßstrom hierdurch unterbrochen. Im gleichen Augenblick leuchtet die Handlampe *b* an der Meßstelle wieder auf und zeigt an, daß die Messung beendet ist und die Leinen abgehoben werden können. Es ist zu beachten, daß der Meßstrom keinesfalls von der Größenordnung des Nennstroms der zu messenden Wicklung sein darf, da sonst eine unzulässige Erwärmung während des Messens auftreten würde. Angemessen ist ein Meßstrom von 0,1 bis 0,25 des Nennstroms bei nicht zu langer Dauer der Messung.
In vielen Prüffeldern sind Konstanstrom-Speisegeräte vorhanden, mit denen Ströme von bis zu 100 A zur Widerstandsmessung erzeugt werden können. Die Schaltung gemäß Abb. 214 vereinfacht sich dann.

5.1.5.2 Thomsonbrücke

Die Thomsonbrücke wird am häufigsten angewendet, da die meisten Wicklungswiderstände im Bereich von 1,000 bis 0,001 Ω liegen. Abbildung 215 gibt eine Schaltung für den praktischen Gebrauch wieder. Der einem Akkumulator von 6 V entnommene Meßstrom durchfließt die in Reihe geschalteten Normalwiderstände r_N von 0,1, 0,01 und 0,001 Ω und wird über zwei Strommeßleinen dem zu messenden Widerstand r_X zugeführt. Der Spannungsabfall an einem der eingebauten Normalwiderstände (durch Stöpsel zu wählen) und am zu messenden Widerstand (über besondere Spannungsmeßleinen abgegriffen) wird der eigentlichen Brücke zugeführt, die aus zwei völlig gleich aufgebauten Ästen besteht. Diese setzen sich aus zwei Festwiderständen r_2 und r_4 von je 10 plus 100 Ω und den vierkurbeligen Einstellwiderständen r_1 und r_3 zusammen. Mit den Bezeichnungen der Abb. 215 ergibt sich $r_X = r_N \cdot \frac{r_1 + r_{\text{leine}}}{r_2}$,

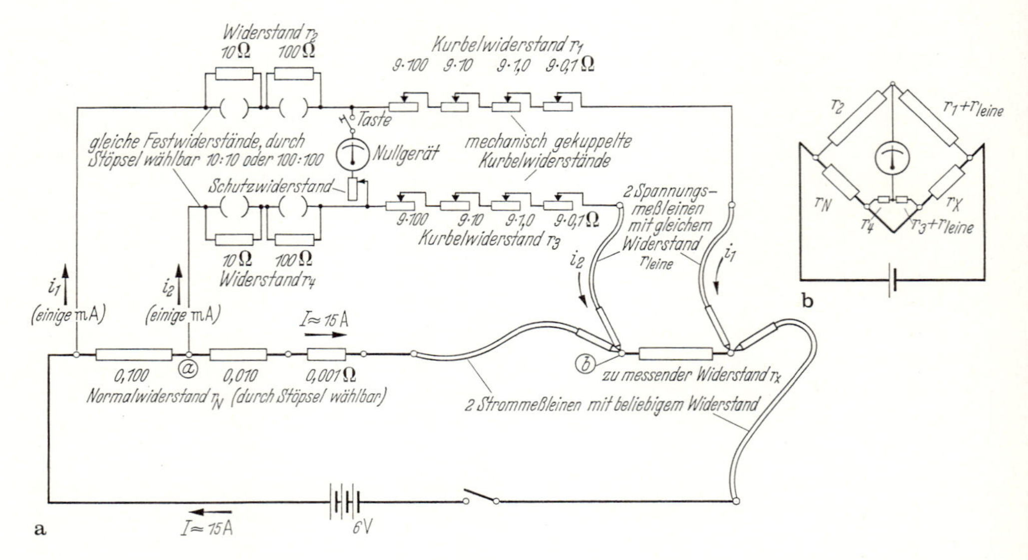

$r_X = r_N \cdot \dfrac{r_1 + r_{\text{leine}}}{r_2}$, wenn $\dfrac{r_1 + r_{\text{leine}}}{r_3 + r_{\text{leine}}} = \dfrac{r_2}{r_4}$ gemacht wird. Dies geschieht durch Gleichheit der Widerstände r_1 und r_2, sowie r_2 und r_4.

Abb. 215. Thomsonbrücke. Praktischer Meßbereich $r_X = 0{,}001 - 10{,}0\ \Omega$. **a** Schaltung; **b** Schema.

wenn $\dfrac{r_1 + r_{\text{leine}}}{r_3 + r_{\text{leine}}} = \dfrac{r_2}{r_4}$ gemacht wird. r_1 ist wegen der Kupplung der Kurbeln immer gleich r_3, während r_2 durch Ziehen des entsprechenden Stöpsels gleich r_4 zu machen ist. r_{leine} ist der meistens gegen r_1 zu vernachlässigende Widerstand einer Spannungsmeßleine.

Bei der wiedergegebenen Brücke entstehen vier Meßbereiche. Die Korrektur, die praktisch nur selten vorgenommen wird, besteht also darin, daß dem Widerstandswert r_1 des Kurbelwiderstands in obiger Formel noch der Widerstand einer Spannungsmeßleine zuzufügen ist. Da der Kurbelwiderstand zwischen 100 und 999,9 Ω liegt und der Widerstand einer Spannungsleine nur etwa 0,1 Ω ausmacht, ist die Korrektur sehr klein. Die Meßstromstärke liegt zwischen 1,0 und 20,0 A. Die Brücke wird durch Beobachtung des Nullgeräts abgeglichen, dem ein hochohmiger Stufenwiderstand zum Schutze gegen Überlastung bei noch nicht oder nur grob abgeglichener Brücke vorgeschaltet ist. Dieser Widerstand wird in gleichem Maße, wie die feinere Abstimmung fortschreitet, verringert. Erst bei nahezu vollkommener Abstimmung wird mit dem Nullgerät allein gearbeitet. Abheben der Meßleinen während des Abstimmens gefährdet das Nullgerät und darf daher nur nach Öffnen des Querzweigs, in welchem das Gerät liegt, auf besonderes Zeichen (Glocke) hin erfolgen.

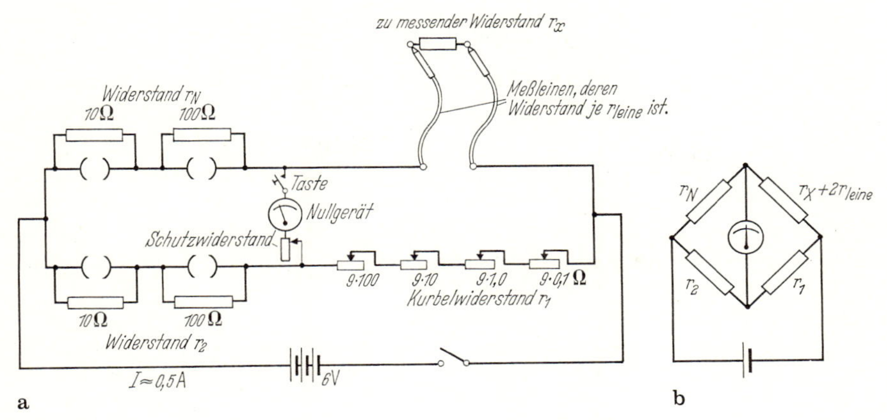

$r_X = r_N \cdot \frac{r_1}{r_2} - 2r_{\text{leine}}$

$\frac{r_N}{r_2}$ kann durch Stöpseln gebracht werden auf $\frac{100}{10}$, $\frac{100}{100}$ und $\frac{10}{100}$, r_1 ist durch Kurbeln einstellbar zwischen 0,1 und 999,9 Ω.

Abb. 216. Wheatstone-Brücke. Praktischer Meßbereich $r_X = 10 \ldots 9999\ \Omega$. **a** Schaltung; **b** Schema.

5.1.5.3 Wheatstonebrücke

Die Wheatstonebrücke ist in Abb. 216 dargestellt. In bekannter Weise ergibt sich bei ihr der unbekannte Widerstand zu:

$$r_X = r_N \cdot \frac{r_1}{r_2} - 2r_{\text{leine}}\,.$$

Durch Verändern des Werts r_N von 10 auf 100 Ω und des Werts r_2 von 10 auf 100 Ω ergeben sich drei verschiedene Meßbereiche von 10 bis 9999 Ω. Die Korrektur ist konstant und besteht im Widerstand der beiden Meßleinen. Das Nullgerät kann wie bei der Thomsonbrücke durch Abheben der Meßleinen während der Messung beschädigt werden, weshalb diese auch hier nur nach besonderem Signal vom Widerstand getrennt werden dürfen.

Da der Meßstrom nur Werte bis etwa 0,5 A annimmt, ist im übrigen ein Abheben unter Strom für die Bedienenden nicht gefährlich, sollte aber doch vermieden werden. Immer zu empfehlen ist eine gute Beleuchtung der Meßstellen, die das richtige Aufsetzen und Anhalten der Meßleinen wesentlich erleichtert. Alle Meßeinrichtungen für Widerstandsbestimmungen sollen von Zeit zu Zeit mittels eines Normalwiderstands nachgeprüft werden.

5.1.6 Messung des induktiven Widerstands und der Induktivität

Der induktive Widerstand und die Induktivität stehen in dem von der Frequenz abhängigen Verhältnis:

$$\text{Induktiver Widerstand} = 2\pi \cdot \text{Frequenz} \cdot \text{Induktivität}$$
$$X_L = 2\pi \cdot f \cdot L\,,$$

wobei der Widerstand in Ω, die Frequenz in Hz und die Induktivität in H einzusetzen sind. Die Messung des Widerstands erfolgt mit Strom und Spannung bei bekannter Frequenz. Diese Bestimmung reicht für die Erfordernisse der Maschinenprüfung aus. Die genauere Bestimmung mit Brücken wird bei Maschinenprüfungen nur selten durchgeführt.

Die Messung erfolgt bei verschiedenen, steigenden Werten der Spannung. Abgelesen werden Strom, Spannung und Leistung. Da meist der Leistungsfaktor sehr klein ist, muß entweder ein Leistungsmesser mit Endausschlag bei $\cos\varphi = 0{,}1 \ldots 0{,}3$ benutzt oder auf die Genauigkeit der Verlustmessung verzichtet werden. Das Ergebnis wird praktisch hierdurch nicht beeinflußt.

Der induktive Widerstand berechnet sich zu:

$$X_{\mathrm{L}} = \frac{U}{I} \cdot \sin\varphi\,,$$

wobei U die angelegte Klemmenspannung, I der aufgenommene Strom, $\sin\varphi = \sqrt{1 - \cos^2\varphi}$ bedeuten.

Infolge der Kleinheit von $\cos\varphi$ kann in den meisten Fällen in guter Annäherung gesetzt werden:

$$X_{\mathrm{L}} \approx \frac{U}{I} \qquad \text{und} \qquad L \approx \frac{U}{I} \cdot \frac{1}{2\pi f}.$$

Der Wert von X_{L} und von L hängt in bekannter Weise vom Sättigungszustand des Eisens ab und ist daher bei eisenhaltigen Induktivitäten (sämtliche Maschinenwicklungen) in Abhängigkeit von der Spannung oder besser vom aufgenommenen Strom zu ermitteln und in Kurvenform aufzutragen. Induktiver Widerstand und Induktivität sind bei kleinen Strömen am größten und fallen mit zunehmender Stromstärke stark ab.

Wenn der Fluß $\Phi = f(I)$ bekannt ist, kann man die Induktivität und den induktiven Widerstand errechnen zu:

$$\text{(bei Gleichstrom) } L = \Phi \cdot \frac{w}{I} \qquad \text{und} \qquad X_{\mathrm{L}} = 2\pi \cdot f \cdot \Phi \cdot \frac{w}{I},$$

$$\text{(bei Wechselstrom) } L = \frac{\Phi}{\sqrt{2}} \cdot \frac{w}{I} \quad \text{und} \quad X_{\mathrm{L}} = 2\pi \cdot f \cdot \frac{\Phi}{\sqrt{2}} \cdot \frac{w}{I}.$$

Der Zusammenhang $\Phi = f(I)$ kann in vielen Fällen aus der Sättigungskurve gewonnen werden, indem man mit Hilfe der entsprechenden Spannungsformeln den Fluß aus der induzierten Spannung errechnet. Der Unterschied obiger Formeln für Gleichstrom und Wechselstrom ist nur ein scheinbarer. In beiden Fällen ist mit Φ wie üblich der Höchstwert des Flusses bezeichnet, aber I bedeutet bei Wechselstrom nicht den zugehörigen Höchstwert des Stroms, sondern den um $1/\sqrt{2}$ kleineren Effektivwert. Für den Strom ist daher bei Wechselstrom der Wert $\sqrt{2} \cdot I$ zu setzen. Der Fluß Φ ist in Vs einzusetzen.

5.1.7 Messung des kapazitiven Widerstands und der Kapazität

Beide stehen in folgendem Zusammenhang:

$$\text{Kapazitiver Widerstand} = \frac{1}{2\pi \cdot \text{Frequenz} \cdot \text{Kapazität}},$$

$$X_C = \frac{1}{2\pi \cdot f \cdot C},$$

wobei X_C in Ω, f in Hz und C in F einzusetzen sind.

Die Bestimmung, die praktisch selten vorgenommen wird, erfolgt durch einmalige Messung mit Strom und Spannung, aus welcher sich ergibt:

$$X_C = \frac{U}{I} \quad \text{und} \quad C = \frac{I}{2\pi \cdot f \cdot U},$$

wobei die sehr kleinen Verluste vernachlässigt werden.

Oft ist die Leistung des Kondensators bei gegebener Spannung bekannt. Dann errechnet sich Widerstand und Kapazität zu:

$$X_L = \frac{U^2}{P}, \qquad C = \frac{P}{2\pi f \cdot U^2}.$$

Bei Drehstromkondensatoren ist für P $^1/_3$ der Gesamtleistung und für U bei Sternschaltung $U_{netz}/\sqrt{3}$ und bei Dreieckschaltung U_{netz} einzusetzen.

Der Vektormesser nach Koppelmann ist abgelöst worden von elektronischen *Vektormessern*, die im Frequenzbereich von 15 bis 400 Hz arbeiten. Sie gestatten die Bestimmung von Spannungen bzw. Stromstärken nach Betrag und Phasenlage relativ zu einer Bezugsspannung oder -stromstärke. Mit dem Vektormesser können folglich bestimmt werden:

— Wirk- und Blindanteil von Spannungsverhältnissen,
— Wirk- und Blindanteil von Stromstärkeverhältnissen,
— Impedanzen,
— Admittanzen.

Die Meßbereiche für die Eingangsgrößen, bei den vom Handel angebotenen elektronischen Vektormessern, sind abgestimmt auf die Belange in der elektrischen Energiemeßtechnik [81, 82].

5.2 Messung mechanischer Größen

5.2.1 Drehzahlmessung

Die Drehzahlmessung erfolgt bei der einfachen Maschinenprüfung meistens mit einem sog. Tachometer, welcher entweder optoelektronisch oder nach dem Wirbelstromprinzip arbeitet. Die Meßgenauigkeit liegt etwa bei 0,5 bis 1 %. Genauere Messungen, wie sie insbesondere bei der Bestimmung des Wirkungsgrads aus Drehzahl und Drehmoment benötigt werden, sind möglich mit Tachogeneratoren oder Zählern.

5.2.1.1 Tachogeneratoren

Um ein kontinuierliches, der Drehzahl proportionales Ausgangssignal zu erhalten, setzt man Tachogeneratoren ein, die auf einer gemeinsamen Welle mit der zu untersuchenden Maschine sitzen.

Man unterscheidet zwischen Gleichstromtachogeneratoren und Wechselstromtachogeneratoren. Kommen Gleichstromgeneratoren zum Einsatz, so handelt es sich um permanentmagneterregte Maschinen mit sehr guten dynamischen Eigenschaften und Restwelligkeiten von nur ca. 0,5 bis 1 %. Der Forderung nach einer möglichst linearen Charakteristik der Kennlinie $U = f(n)$, selbst bei Belastung mit mehreren Instrumenten, werden die Hersteller gerecht. Will man die Tachospannung in einem Regelkreis mit kleiner Zeitkonstante verarbeiten oder durch Differentiation die Drehbeschleunigung ermitteln, müssen die der Gleichspannung überlagerten Oberwellen möglichst hochfrequent sein. Aus wirtschaftlichen Gründen können jedoch Pol-, Nuten- und Lamellenzahl nicht beliebig hoch gewählt werden.

Durch Kupplungs- oder Anbaufehler hervorgerufene Oberwellen beeinflussen die Spannung der Tachomaschine. Auf eine präzise Verbindung zwischen Antriebswelle und Tachogenerator ist sorgfältig zu achten. Typische Anbaufehler sind der Parallelversatz und Winkelfehler. Oszillographiert man die Tachospannung, so erscheint beim Parallelversatz die Oberwelle mit der Drehzahlfrequenz, während beim Winkelfehler eine Oberwelle mit doppelter Drehzahlfrequenz auftritt.

Der Temperaturgang des Permanentmagneten liegt bei ca. 3‰ pro 10 K Temperaturerhöhung. Die Reduktion der Flußdichte mit steigender Temperatur ist bis etwa +100 °C reversibel. Eine Temperaturkompensation läßt sich, wenn die erhöhte Umgebungstemperatur dies wünschenswert erscheinen läßt, mit Hilfe eines magnetischen Nebenschlusses mit speziellem Magnetmaterial realisieren. Der Temperaturgang liegt dann bei 0,5‰ je 10 K.

Von den Herstellern der Tachogeneratoren wird für den jeweiligen Maschinentyp der zulässige Belastungsstrom angegeben, der mit Rücksicht auf den Linearitätsfehler infolge der Ankerrückwirkung möglichst nicht überschritten werden sollte.

Während für Auslaufversuche der Verlauf $n = f(t)$ von Interesse ist, interessiert beim Hochlaufversuch die Beschleunigung. Mit der Schaltung nach Abb. 217 läßt sich die Spannung der Tachomaschine differenzieren. Multipliziert man die gemessene Drehzahländerung dn/dt mit dem Trägheitsmoment des hochlaufenden Antriebs, so können die auftretenden Drehmomentspitzen angegeben werden.

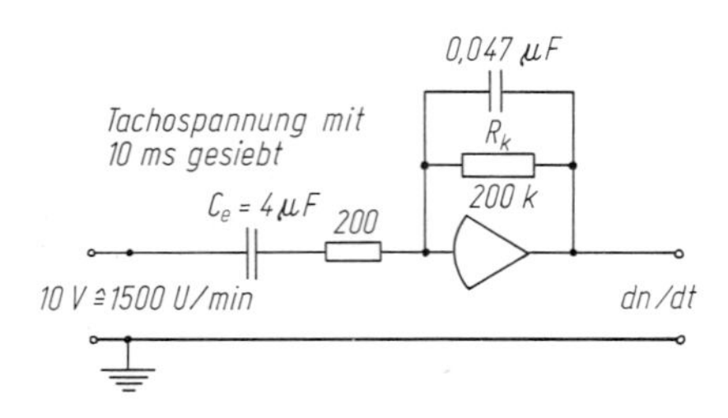

Abb. 217. Analogrechnerschaltung zum Oszillographieren der Beschleunigung.

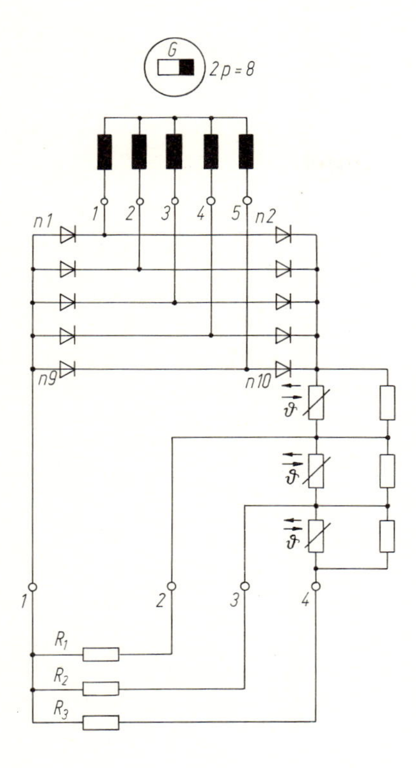

Abb. 218. Wechselstrom-Tachogenerator mit Diodenbrücke und Temperaturkompensation.

Als Wechselstromtachogeneratoren kommen mehrphasige Innenpol-Synchronmaschinen mit integriertem Gleichrichter zum Einsatz. Nachteilig bei diesem Drehzahlgeber ist, daß durch die Gleichrichtung die Drehrichtungsinformation verloren geht und daß die Schwellspannung der Dioden die Linearität bei niedrigen Drehzahlen beeinflußt.

Abbildung 218 zeigt die Schaltung für eine achtpolige, fünfphasige Wechselstromtachomaschine mit verschiedenen Bürden und Temperaturkompensation. Je nach Abschlußwiderstand ergeben sich unterschiedliche Spannungsbereiche bei der maximalen Drehzahl von 3000 U/min (Abb. 219). Wie beim Gleichstromtachogenerator wird auch hier eine Geberspannung mit möglichst geringem Oberwellengehalt gefordert, wobei die verbleibenden Oberwellen eine möglichst hohe Frequenz aufweisen sollen. Um diesen Anforderungen gerecht zu werden, bieten Hersteller Sonderbauformen an wie z. B. einen 20poligen Klauenpolgenerator mit zwei um 30° versetzten Drehstromwicklungen und einer Doppeldrehstrombrücken-Gleichrichterschaltung.

Abschließend sei auf eine Sonderausführung, den Hohlwellentachogenerator, hingewiesen. Dieser Maschinentyp ohne eigene Lagerung ist für Antriebe mit hoher Dynamik gut geeignet. Drehschwingungen, die durch Kupplungselemente oder beim fliegenden Anbau durch die Haltevorrichtungen der Gehäuse gelegentlich auftreten, können hierbei weitgehend vermieden werden.

Aus Gründen der Vollständigkeit soll kurz auf die *Stroboskope* hingewiesen werden. Bei diesem Verfahren kann z. B. durch Einstellen der Lichtblitzfrequenz die

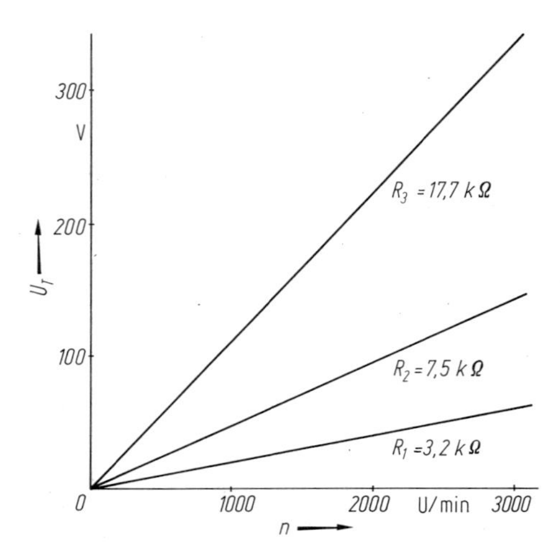

Abb. 219. Tachospannung einer Wechselstrom-Tachomaschine $U_T = f(n)$ bei verschiedenen Bürden.

Welle der Probemaschine zum scheinbaren Ruhen gebracht werden, wobei die Frequenz der Lichtblitze ein unmittelbares Maß für die Drehzahl ist.

5.2.1.2 Impulsverfahren

Sollen sehr schnelle Drehzahlschwankungen gemessen werden und/oder handelt es sich um die Untersuchung von elektrischen Maschinen kleiner Leistung, so werden vorzugsweise Impulsgeber zur Drehzahlmessung eingesetzt. Dabei wird die Geschwindigkeitsgröße einer Drehbewegung in eine dem Drehwinkel proportionale Anzahl von Impulsen umgewandelt. Der Impulsgeber besteht aus einer Scheibe mit äquidistanten Impulsmarken, die von einem Tastkopf photoelektrisch oder induktiv abgetastet werden. Für den Meßvorgang wird die Impulsscheibe mit der Welle des zu untersuchenden Motors verbunden. Es werden heute Einrichtungen angeboten, die mehr als 5000 Impulse je Umdrehung liefern. Die Impulsfolgen stellen periodische Vorgänge dar, die eine Kurvenform besitzen, auf die bistabile Kippstufen, wie sie in elektronischen Zählern zum Einsatz kommen, nicht ansprechen. Daher muß in einem digitalen Drehzahlmesser die Pulsfolge über einen Pulsformer geführt werden, der die Impulsfolge in Rechteckkurven großer Flankensteilheit umformt. Die Impulse werden entweder direkt pro Zeiteinheit gezählt, oder man wertet sie durch Mittelwertbildung als kontinuierliche Anzeige aus [83–86].

Insbesondere bei der Prüfung von Kleinmotoren haben sich die Impulsverfahren bewährt, da eine dünne Rasterscheibe das Massenträgheitsmoment des Kleinmotors nur unwesentlich vergrößert [87, 88].

Da die optoelektronische Drehzahlmessung im Regelfall zu einer Vergrößerung der Baulänge des Kleinmotors führt, gewinnt die indirekte Drehzahlmessung durch Auswertung der Zeit zwischen Spannungsnulldurchgängen, Spannungsminima oder -maxima in der elektronischen Ansteuerung an Bedeutung [89—92].

5.2.2 Schwingungsmessungen

Maschinenschwingungen führen zu Störungen oder gar Schäden, wenn sie eine gewisse Stärke überschreiten. Unwucht und magnetische Unsymmetrien können zu unruhigem Lauf der Maschinen führen, der besonders dann verschlechtert wird, wenn eine der Eigenschwingungszahlen der Maschine gleiche oder fast gleiche Frequenz mit der erregenden Frequenz hat. Im allgemeinen kann man einige wenige 1/100 mm Schwingungsweite als zulässig annehmen. Die Beobachtung erfolgt in einfachster Weise subjektiv durch Berühren von Hand; die Beurteilung setzt allerdings eine gewisse Erfahrung voraus. Eine Reihe von Meßgeräten erlaubt die objektive Anzeige oder Aufschreibung der Schwingungen.

Um das Schwingungsverhalten einer Maschine beurteilen zu können, muß die Schwingstärke gemessen werden. Objektive und aussagekräftige Meßergebnisse erhält man, wenn die meßtechnischen Untersuchungen gemäß der VDI-Richtlinie 2056 „Beurteilungsmaßstäbe für mechanische Schwingungen von Maschinen" durchgeführt werden.

Es ist keineswegs immer die Unwucht des Rotors, die Schwingungen hervorruft. Wälzlager, Getriebe, magnetische Unsymmetrien und z. B. Oberschwingungen des Läuferstroms bei der Asynchronmaschine können mechanische Schwingungen erzeugen [93—96].

Das Auswuchten des Rotors dient bekanntlich dem Zweck, die umlauffrequenten Lagerreaktionen in vorgegebene enge Grenzen zu bringen. Die VDI-Richtlinie 2060 gibt Richtwerte für die Auswuchtgütestufen für starre Wuchtkörper an. Die Gütegruppe Q 1 stellt den Bereich der Feinwuchttechnik dar. Läufer können nach den Anforderungen dieses Bereichs nur ausgewuchtet werden, wenn sie in Betriebskugellagern laufen. Deren Innenringe dürfen danach nicht mehr abgenommen, auf keinen Fall verdreht werden. Läufer der Gruppe Q 0,4, das ist der Bereich der Feinstwuchtung, müssen in ihrem eigenen Gehäuse ausgewuchtet werden, denn die Montage würde die erzielte Wuchtgüte hinfällig werden lassen [97, 98].

Als Meßgröße für die mechanischen Schwingungen von Maschinen wird der „Effektivwert der Schwinggeschwindigkeit v_{eff}" verwendet. Da im Regelfall Schwingungsgemische auftreten, die sich aus mehreren Teilschwingungen mit den Kreisfrequenzen $\omega_1, \omega_2, \dots \omega_n$ und den zugehörigen Schwingwegamplituden $\hat{s}_1, \hat{s}_2, \dots \hat{s}_n$ zusammensetzen, werden sie zu einem Summenwert zusammengefaßt, der auch als „effektive Schnelle" bezeichnet wird.

$$v_{\mathrm{eff}} = \sqrt{\frac{1}{2}\left[(\hat{s}_1\omega_1)^2 + (\hat{s}_2\omega_2)^2 + \dots (\hat{s}_n\omega_n)^2\right]}$$

$$= \sqrt{v_{1\,\mathrm{eff}}^2 + v_{2\,\mathrm{eff}}^2 + \dots v_{n\,\mathrm{eff}}^2}$$

Die Meßeinrichtungen bestehen jeweils aus einem Schwingungsaufnehmer und einem Anzeigegerät, das die Rechenoperationen durchführt und es gestattet, die effektive Schnelle in mm/s abzulesen.

Für Schwingungsmessungen wird heute vorwiegend der piezoelektrische Beschleunigungsaufnehmer eingesetzt. Das der Beschleunigung proportionale Ausgangssignal läßt sich durch elektronische Integration in geschwindigkeitsproportionale und ausschlagsproportionale Signale umwandeln. Die üblichen Beschleunigungsaufnehmer sind so aufgebaut, daß eine bewegte Masse eine Kraft auf das piezoelektrische Element ausübt, wenn der Aufnehmer einer Schwingung und somit einer Beschleunigung ausgesetzt ist.

Zwei Bauarten von Aufnehmern sind im Handel: der Kompressionstyp und der Scherungstyp. Von den Herstellern werden „Miniatur Typen", „Mehrzweck Typen" und Sondertypen, z. B. für dreiachsige Messungen angeboten.

Die Resonanzfrequenz der Mehrzweck-Beschleunigungsaufnehmer liegt im Bereich von 20 bis 30 kHz, während die Miniatur-Typen mit ihrer geringen Masse eine Resonanzfrequenz von ca. 180 kHz besitzen. Wählt man einen Beschleunigungsaufnehmer mit einem möglichst breiten Frequenzbereich in Verbindung mit einem Tiefpaßfilter, so lassen sich Fehlmessungen infolge des Frequenzgangs des Beschleunigungsaufnehmers bei hohen Frequenzen vermeiden. Die Abb. 220 zeigt den Frequenzgang eines universell einsetzbaren Beschleunigungsaufnehmers.

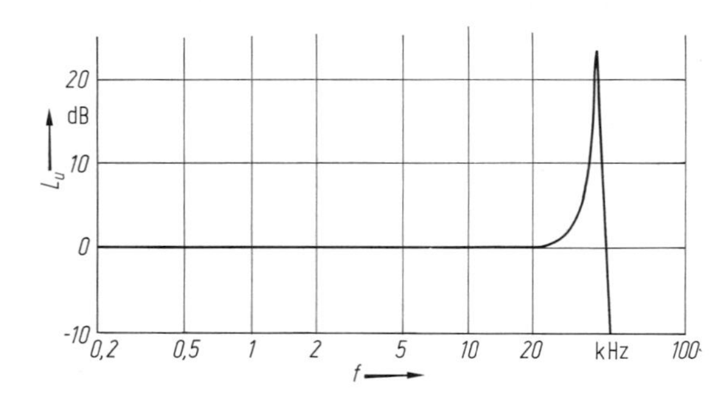

Abb. 220. Frequenzgang eines universell einsetzbaren Beschleunigungsaufnehmers

Die Kopplung des Beschleunigungsaufnehmers an die elektrische Maschine als das Meßobjekt, ist ein wesentlicher Faktor beim Aufbau der Meßanordnung.

Die günstigste Kopplungsart ist die Verwendung eines Gewindebolzens bei ebener und glatter Auflage, die sich noch durch eine dünne Fettschicht verbessern läßt.

Eine Bienenwachsklebung verträgt unter guten Bedingungen, d. h. unter 40 °C, noch Beschleunigungswerte von etwa 100 m/s^2. Mit Epoxidklebern und Klebkopfschrauben lassen sich ebenfalls Dauermeßstellen einrichten. Zur Vermeidung von Erdschleifen werden Isolierscheiben aus Glimmer und Isolierbolzen zum Einsatz gebracht.

Bei den elektrischen Maschinen können auch Permanentmagnete mit Gewindezapfen zur Befestigung der Beschleunigungsaufnehmer verwendet werden, wobei aber die Resonanzfrequenz auf etwa 7 kHz zurückgeht. Für einfache Betriebsmessungen eignet sich eine von Hand gehaltene Prüfspitze mit dem Beschleunigungsaufnehmer am oberen Ende. Die Reproduzierbarkeit dieser Messungen ist erwartungsgemäß schlecht. Die Resonanzfrequenz liegt in diesem Fall bei ca. 2 kHz.

Beschleunigungsaufnehmer und Aufnehmerkabel sind heute so konstruiert, daß Temperaturschwankungen und magnetische Wechselfelder einen geringen Einfluß auf die Meßgröße haben. Bei besonders starken elektromagnetischen Störungen können doppeltgeschirmte Kabel verwendet werden oder Beschleunigungsaufnehmer mit symmetrischem, erdfreiem Ausgang und Differenz-Vorverstärker sind ein-

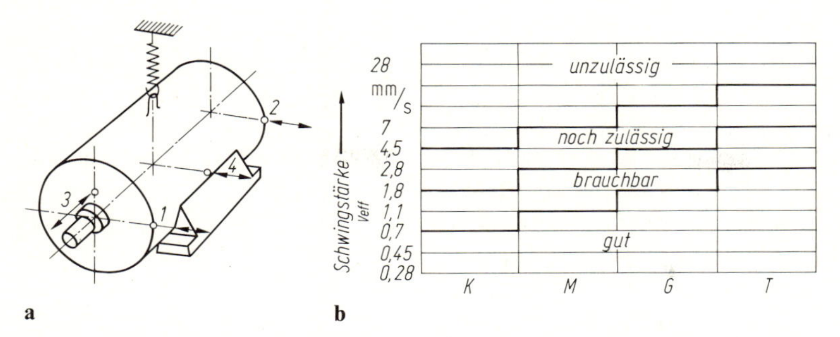

Abb. 221a. Meßorte an einem Elektromotor zum Messen der Schwingungsstärke (nach DIN 45665); **b** Beurteilungsgrenzen für das Schwingverhalten von Maschinen (nach Tabelle 2 der VDI — Richtlinie 2056). *1* und *2* Lagerstellen in Radialrichtung; *3* Lagerstelle in Axialrichtung; *4* Mittenebene in Radialrichtung. Gruppe K Kleinmaschinen; Gruppe M mittlere Maschinen; Gruppe G Großmaschinen; Gruppe T Turbomaschinen

zusetzen. Die Herstellerfirmen kalibrieren die Beschleunigungsaufnehmer und liefern auch ein Kalibrierzeugnis.

Sind die mechanischen Schwingungen von kleineren Elektromotoren zu messen, dann ist es ratsam, diese an weichen Schraubfeldern aufzuhängen oder auf Moosgummiplatten zu stellen. Größere Maschinen werden immer betriebsmäßig aufgestellt, denn gemäß VDI-Richtlinie 2056 wird davon ausgegangen, daß die zu untersuchende Maschine vollständig montiert ist. Als Meßorte empfiehlt es sich, die Lagerstellen der elektrischen Maschinen zu wählen (Abb. 221a).

Die VDI-Richtlinie 2056 gibt für die folgenden Maschinengruppen definierte Beurteilungsgrenzen für die effektive Schnelle an (Abb. 221b).

— Kleinmaschinen; K
— mittlere Maschinen; M
— Großmaschinen; G
— Turbomaschinen; T

Ein Vergleich der gemessenen Schwingstärke mit den Grenzwerten der VDI-Richtlinie läßt dann erkennen, ob das Schwingverhalten der untersuchten Maschine in die Bewertungsstufe „gut", „brauchbar", „noch zulässig" oder „unzulässig" einzuordnen ist. Grenzwerte und Beurteilungsstufen der Schwingstärke von rotierenden elektrischen Maschinen der Baugrößen 80 bis 315 sind in DIN 45665 zu finden.

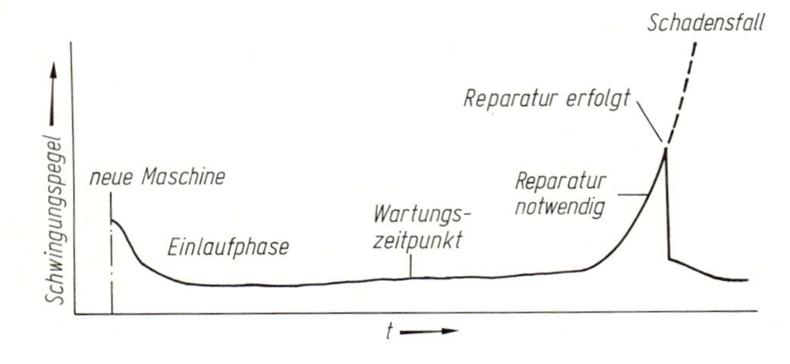

Abb. 222. Schwingungsmessung zur Maschinenüberwachung

In den letzten Jahren wird verstärkt die Schwingungsmessung als Indikator zur Maschinenüberwachung benutzt. Abbildung 222 zeigt den Schwingungspegel als Funktion der Zeit. Der bis zur Einleitung einer Reparatur noch zulässige Schwingungspegel wird am besten durch Erfahrung ermittelt. Als grober Richtwert kann angegeben werden, daß bei einem Pegelanstieg um 6 dB oder gar 10 dB über den Normalpegel eine Reparatur erfolgen sollte [99—101].

Zur Schwingungs- und Deformationsanalyse von Neuentwicklungen kommt in letzter Zeit die holografische Meß- und Prüftechnik zum Einsatz. Für die Auswertung der sehr großen Datenmengen, die in holografischen Aufnahmen in Form von Interferenzstreifen enthalten sind, kommen spezielle digitale Bildverarbeitungssysteme zum Einsatz. Sie ermöglichen die Umsetzung von Interferenzbildern in dreidimensionale Darstellungen von Verformungszuständen [102, 103].

5.2.3 Geräuschmessungen

Im Rahmen des Umweltschutzes gewinnt die Geräuschmessung an elektrischen Maschinen an Bedeutung. Dieser Sachverhalt wird belegt mit dem Erscheinen der Verwaltungsvorschrift TA Lärm, der VDI-Richtlinie 2058 und dem Bundes-Immissionsschutzgesetz. Ferner gibt es eine stattliche Reihe von Normen zum Bereich der Schallmeßtechnik und Geräuschmessung:

DIN 1311: Schwingungslehre, kinematische Begriffe
DIN 1320: Akustik, Grundbegriffe
DIN 13320: Spektren und Übertragungskurven. Begriffe, Darstellungen
DIN 42540: Geräuschstärke von Transformatoren
DIN 45630: Grundlagen der Schallmessung
DIN 45632: Geräuschmessung an elektrischen Maschinen, Richtlinien
DIN 45633: Präzisionsschallpegelmesser
DIN 45635: Geräuschmessung an Maschinen
DIN 45641: Mittelungspegel und Beurteilungspegel zeitlich schwankender Schallvorgänge
DIN 45645: Einheitliche Ermittlung des Beurteilungspegels für Geräuschimmissionen
DIN 45661: Schwingungsstärkemeßgeräte

Grundlegend für die Auswertung von Geräuschen einer elektrischen Maschine ist die Frage nach deren meßtechnischer Erfassung und Charakterisierung. Unter einem Geräusch versteht man die von Schwingungen in einem elastischen Medium hervorgerufenen Schallwellen, die in Amplitude und Frequenz ständig wechseln. Es sind nicht zweckbestimmte Schallereignisse im Frequenzbereich des menschlichen Hörens. Geräusche sind rein physikalisch erfaßbar nach Schalldruck, Frequenz, Dauer und Häufigkeit.

Bei einer meßtechnischen Erfassung von Kennwerten des Luftschalls wird neben dem Wert der Meßgröße häufig auch der dekadische Logarithmus des auf eine Grundgröße bezogenen Meßwerts angegeben. Er wird mit Pegel bezeichnet.

Der vom Ohr noch wahrgenommene Schalldruck liegt im Durchschnitt bei $2 \cdot 10^{-4}$ μbar = 20 μN/m² = 20 μPa, während die Größe des Schalldrucks an der oberen Grenze des Hörbereichs etwa $6 \cdot 10^2$ µbar beträgt. Für den Schalldruck wählt man als den Bezugswert den Schalldruck an der Hörschwelle, d. h. $p_0 = 20\ \mu N/m^2 = 20\ \mu Pa$. Damit ergibt sich für den Schalldruckpegel in Dezibel (dB):

$$Lp = 10 \lg \frac{p_x^2}{p_0^2}\ \text{dB}$$

$$= 20 \lg \frac{p_x}{p_0}\ \text{dB}$$

Die Angabe des Schalldrucks wird dem tatsächlichen Lautheitsempfinden nicht gerecht. Für allgemeine, vergleichende Geräuschmessungen genügt es, den auftretenden Schalldruck nach den „Kurven gleicher Lautstärke" zu bewerten. In DIN 45633 (IEC 179) hat man sich auf Bewertungskurven geeinigt. Die den Kurven entsprechenden Filternetzwerke sind in die Schallpegelmeßgeräte eingebaut. Zur eindeutigen Kennzeichnung der bewerteten Pegel schreibt man hinter das Einheitszeichen dB in Klammern den Buchstaben der verwendeten Bewertungskurve, z. B. dB(A). Fehlt dieser Buchstabe, so handelt es sich um einen unbewerteten physikalischen Schalldruck.

Die Bewertungskurve A wird meist für Geräuschmessungen verwendet. Bewertungskurve C stellt einen im Hörfrequenzbereich geradlinigen Frequenzgang dar.

5.2.3.1 Rotierende Maschinen

Die Normen, eine Auswahl wurde oben angegeben, schaffen die Voraussetzung dafür, daß von Maschinen unmittelbar abgestrahlte Geräusche nach einheitlichen Verfahren ermittelt werden.

Geräuschmessungen an Maschinen dienen vor allem der Feststellung, ob eine Maschine bezüglich der Geräuschemission bestimmte Forderungen erfüllt. Die zu ermittelnden Kennwerte sind u. a. geeignet für

- den Vergleich ähnlicher Maschinen,
- den Vergleich verschiedener Maschinen,
- das Abschätzen der Geräuschimmission in einiger Entfernung,
- die Planung von Geräuschminderungsmaßnahmen.

Die Geräusche der elektrischen Maschinen bestehen aus den Luft-, den magnetischen und den mechanischen Geräuschen, die unmittelbar als Luftschall oder mittelbar als Körperschall in den Raum gelangen.

In den Luftgeräuschen tritt als hauptsächlichste Frequenz die Nutenfrequenz des Läufers und weniger stark die Flügelfrequenz des Lüfters hervor [104, 105].

Die magnetischen Kräfte pulsieren normalerweise mit 100 Hz und rufen daher Schwingungen dieser Frequenz samt ihren Obertönen hervor. Daneben ist ausgeprägt die Nutenfrequenz zu hören. Auch die magnetischen Oberfelder können zu starken Geräuschen Anlaß geben.

Die beiden Geräuscharten können durch Beobachtung der erregten und der unerregten Maschine voneinander getrennt werden.

Als Quelle mechanischen Geräuschs kommen hauptsächlich die Bürsten der Kommutatormaschinen und außerdem Kugellager in Betracht.

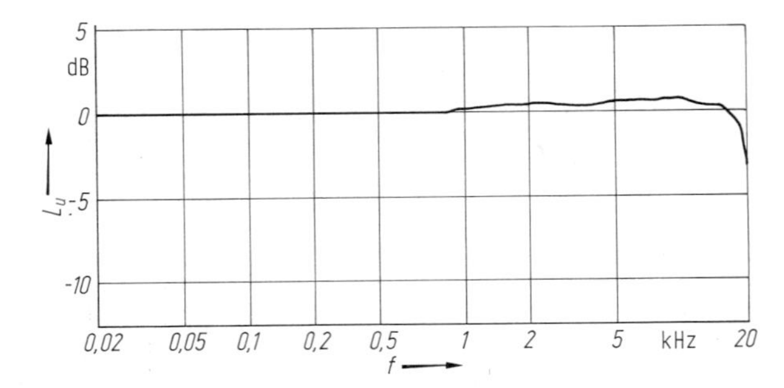

Abb. 223. Frequenzgang eines Kondensator-Meßmikrophons

Im allgemeinen findet sich stets ein Spektrum vieler Einzelschwingungen verschiedener Frequenzen in dem gesamten Maschinengeräusch.

Die Untersuchung erstreckt sich vornehmlich auf die Bestimmung der Lautstärke in Phon in einem bestimmten Abstand von der Maschine und auf die Untersuchung der Teiltöne, also des Spektrums, da hierdurch die hauptsächlichsten Schwingungen nach Stärke und Frequenz bestimmt und ihre Ursache daraufhin festgestellt werden kann.

Zur Messung des Schalldrucks oder des Schalldruckpegels steht eine große Anzahl von Meßmikrophonen zur Verfügung. Auswahlkriterien sind vor allem die Empfindlichkeit und der Frequenzgang des Mikrophons. Daher werden vorwiegend Kondensator-Meßmikrophone für Geräuschmessungen an Maschinen eingesetzt (Abb. 223).

Eine Apparatur zur Messung von Geräuschen besteht im einfachsten Falle aus dem elektroakustischen Wandler, einem Verstärker und einer Anzeigeeinrichtung. Selbstverständlich darf eine Einrichtung zur Messung von Luftschall nicht auf Erschütterungen, eine Apparatur zur Messung von Körperschall nicht auf Luftschall ansprechen [106–108].

Die Apparatur muß ferner einen so großen Dynamikbereich verarbeiten können, daß es weder bei großen Amplituden zu unzulässigen Verzerrungen kommt, noch bei kleinen Amplituden die Meßgröße von den Eigenstörungen überdeckt wird.

Meßgeräte, die diese Anforderungen erfüllen, gibt es batteriebetrieben für mobile und netzbetrieben für stationäre Verwendung. Der prinzipielle Aufbau gemäß Abb. 224 ist allen Geräten gemeinsam. Aufwendige Labormeßgeräte gestatten es, für spezielle Bewertungsaufgaben externe Filter (Terz- oder Oktavfilter) anstelle der genormten Bewertungsnetzwerke einzuschleifen. Die meisten Geräte sind von der PTB bauartgeprüft und können dort bei Bedarf amtlich geeicht werden.

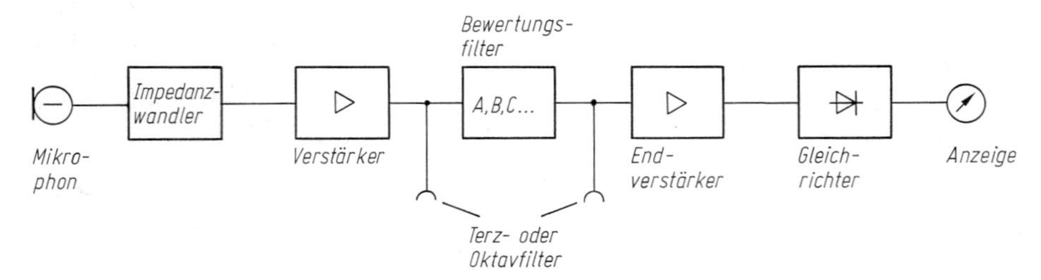

Abb. 224. Blockschaltbild eines Schallpegelmessers

Ungenauigkeiten bei der Geräuschmessung ergeben sich durch die Art der Richtcharakteristik des Meßmikrophons. Es können z. B. Signale aus Umgebungsgeräuschen, die durch Überlagerung ebenfalls im Luftschallfeld der interessierenden Maschine enthalten sind, nur mit extrem schmalen Richtcharakteristiken ausgeblendet werden. Im allgemeinen praktischen Anwendungsfall sind folglich immer Geräuschanteile aus der Umgebung im Meßsignal enthalten.

Für elektrische Maschinen hat sich das Hüllflächenverfahren durchgesetzt. Nach der Norm wird auf einfachen Hüllflächen im wesentlichen an einzelnen Meßpunkten der Schalldruckpegel gemessen und daraus ein Mittelwert gebildet. Abbildung 225 zeigt den Meßpfad und die Meßfläche für eine elektrische Maschine. In der Nähe von Ansaug- oder Ausblasöffnungen sind die Meßpunkt so zu legen, daß das Mikrophon nicht vom Luftstrom getroffen wird.

Der Hauptbetriebszustand für die Geräuschmessung ist der Nennbetrieb. Ist dieser Betriebszustand nicht typisch für die Geräuschmessung, so kommen auch in Frage
— Betrieb unter definierter Teillast,
— Betrieb bei einem charakteristischen Arbeitszyklus o. ä.

Die rotierende elektrische Maschine besitzt bekanntlich mehrere gleichzeitig vorhandene und in ihrem Entstehungsmechanismus verschiedene Quellen für das Maschinengeräusch
— magnetische Geräusche (magnetisch verursachte Töne),
— aerodynamische Geräusche,
— Lagergeräusche und u. U. Bürstengeräusche.

Grundsätzlich kann man sagen, bei schnellaufenden, nicht gekapselten Maschinen überwiegt der aerodynamische Geräuschanteil, bei langsamlaufenden Großmaschinen überwiegt der magnetische Geräuschanteil.

Der Komplex des elektromagnetischen Maschinengeräusches gliedert sich in drei Teilbereiche [109]
— elektromagnetische Kräfte im Luftspalt,
— Schwingungsverhalten der Motorteile,
— Geräuschabstrahlung.

Für die Kennzeichnung einer Kraftwelle ist neben ihrer Frequenz die Ordnungszahl die zweite wichtige Größe. Das Prinzip der Messung von Ordnungszahlen sei im folgenden kurz erläutert:

Da die Verformungskraftwellen umlaufen, treten sie am Umfang des Blechpakets überall mit der gleichen Amplitude, jedoch mit unterschiedlicher Phasenlage auf.

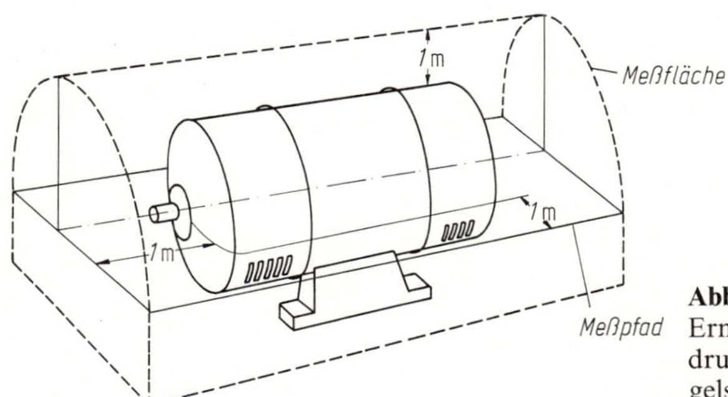

Abb. 225. Meßfläche und Meßpfad zur Ermittlung des Meßflächen-Schalldruckpegels und des Schalleistungspegels (DIN 45635, Teil 10)

Der Phasenwinkel zwischen den an zwei verschiedenen Punkten des Maschinenumfangs auftretenden Schwingung ist von der Anzahl der Schwingungsperioden über dem Umfang und von der geometrischen Lage der beiden Punkte abhängig. Somit läßt sich die Bestimmung der Schwingungsform auf eine Phasenwinkelmessung zurückführen. Die gesuchte Ordnungszahl ergibt sich als Quotient aus dem Phasenwinkel zwischen der an zwei verschiedenen Meßpunkten auftretenden Schwingung und dem räumlichen Winkel, den diese Meßpunkte miteinander bilden [110, 111]. Der gerätetechnische Aufwand zur Bestimmung der Ordnungszahl ist jedoch recht beachtlich.

Der aerodynamische Geräuschanteil einer elektrischen Maschine besteht aus einem Grundrauschen, dem hörbare Töne überlagert sein können. Das Rauschen entsteht durch regellose Wirbelablösungen der zur Kühlung benötigten Luft im Maschineninneren. Ursache der aerodynamisch bedingten Töne ist am häufigsten der Sireneneffekt, seltener sind es periodische Wirbelablösungen.

Im allgemeinen gilt, daß der aerodynamische Geräuschanteil bei Umfangsgeschwindigkeiten von Rotor oder Eigenlüfter mit mehr als 50 m/s das Gesamtgeräusch einer rotierenden elektrischen Maschine allein bestimmt. Es empfiehlt sich daher, soweit dies möglich ist, kleinere Durchmesser auch unter Inkaufnahme von axial längeren Abmessungen zu wählen. Eine Verringerung der Umfangsgeschwindigkeit im Verhältnis 1:2 bringt für den aerodynamischen Rauschanteil eine Pegelminderung um 16,5 dB.

Die Sirenentöne entstehen, falls der Luftstrom eines Lüfters mit gleichmäßiger Schaufelteilung von feststehenden Konstruktionselementen abgehackt wird. Die Intensität dieser Töne wächst mit abnehmender Spaltbreite zwischen rotierendem und feststehendem Bauteil. Zur Minderung dieses Geräuschanteils werden Lüfter mit ungleichmäßiger Schaufelteilung eingesetzt.

Die Lagergeräusche sind bei schnellaufenden, mittelgroßen Motoren von besonderer Bedeutung, da speziell die Wälzlagergeräusche für diese Maschinen bei gekapselter Bauweise dominierend sein können. Die Ursachen hierfür sind der Abrollvorgang im Lager selbst und Unwuchtkräfte des Läufers. Die zunächst nur am Lager verursachten Schwingungen breiten sich über die gesamte Motoroberfläche aus und werden schließlich als Luftschall abgestrahlt. Durch die Wahl bestimmter Wälzlagerarten lassen sich Geräuschminderungen erreichen. Kugellager sind im allgemeinen unter vergleichbaren Bedingungen bis zu 10 dB leiser als Zylinderrollenlager. Für leise Maschinen werden vorzugsweise Gleitlager verwendet. Die hiermit erzielbaren Verbesserungen betragen für einen größeren Motor bis zu 26 dB.

5.2.3.2 Transformatoren

Eine Grundlage für die Beurteilung der Transformatorengeräusche gibt die VDI-Richtlinie 2714. Bei der Berechnung der Immissionswerte wird von der Schalleistung der Schallquelle ausgegangen.

Die gültige Geräuschmeßvorschrift für Transformatoren DIN 45635, Teil 30 schreibt vor, daß neben dem aus vielen Meßpunkten gemittelten A-Schalldruckpegel auch die Größe der Meßfläche angegeben werden muß, die den Transformator einhüllt und auf der die Meßpunkte liegen. Die A-Schalldruckpegel werden je nach Betrieb der Luftkühleinrichtungen in zwei verschiedenen Abständen gemessen. Bei Betrieb ohne Lüfter beträgt der Abstand 0,3 m und mit Lüfterbetrieb beträgt der

Abstand 2 m. Es wird von einer Transformatorbezugsfläche ausgegangen, die gebildet wird von einer Fadenlinie um den Transformator einschließlich der Kühlelemente. Zum Bestimmen der A-Schalldruckpegel in Entfernungen von mehr als 30 m vom Transformator wird als Meßfläche die Oberfläche einer Halbkugel eingesetzt, da ab dieser Entfernung auch Großtransformatoren als Punktschallquelle angesehen werden können. Die verschiedenen Einflußgrößen auf die Schallausbreitung werden gemäß VDI 2714 berücksichtigt: Geländebeschaffenheit, Wind, Temperaturschichtung der Atmosphäre und Bebauung, um einige zu nennen.

Allgemeine Angaben über die zulässige Schalleistung von Öltransformatoren in Normalausführung sind in der VDI-Richtlinie 3739 enthalten. Die dort genannten Werte beruhen auf einer Nennflußdichte von 1,75 T.

Nur mit geräuscharmen Sonderausführungen von Transformatoren lassen sich niedrigere Schalleistungen realisieren. Die zunächst unwirtschaftlich erscheinende Maßnahme der Induktionsabsenkung zum Zweck der Geräuschminderung kann sinnvoll sein, wenn die Leerlaufverluste hoch bewertet werden.

5.2.4 Temperaturmessungen

Die Bestimmung der Temperatur der einzelnen Maschinenteile während des Dauerlaufs geschieht mit Flüssigkeitsthermometern oder Thermoelementen und später im Betrieb mit eingebauten Widerstandsthermometern oder Thermistoren.

Flüssigkeitsthermometer für den elektrischen Prüfbetrieb enthalten vorzugsweise eine Alkoholfüllung; Quecksilberthermometer haben den Nachteil, daß es beim Zerbrechen des Geräts leicht zur Verdampfung des Quecksilbers oder zur Schlußbildung spannungführender Teile kommen kann. Außerdem ist die Entfernung der Quecksilbertropfen aus der Maschine nur schwer möglich.

Wichtig für eine einwandfreie Messung ist guter Wärmekontakt mit der Meßstelle, der durch Umhüllen der Flüssigkeitskugel mit Stanniol verbessert werden kann. Die Abstrahlung nach außen und der Zutritt von Kühlluft wird durch Überkleben der Meßstelle mit Filz verhindert. Zu beachten ist die leichte Ablesbarkeit der Skala, weshalb der Thermometerhals von vornherein in eine entsprechend günstige Stellung zu bringen ist. Wenn das Thermometer dagegen bei jedem Ablesen herausgenommen und wieder zurückgesteckt werden muß, ist keine Gewähr für gleichbleibenden Wärmekontakt gegeben und die einzelnen Ablesungen streuen stark.

Die Temperaturmessung mittels *Thermoelement* beruht auf dem Auftreten einer Thermospannung an den Enden zweier verschiedener Metalle, die durch Löten oder Schweißen am anderen Ende verbunden sind und deren Verbindungsstelle einer

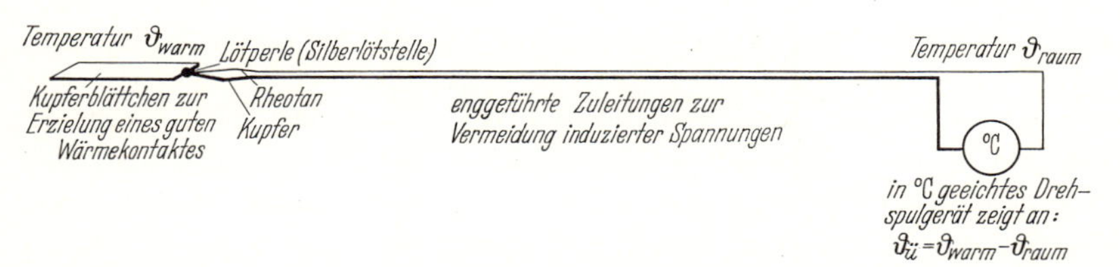

Abb. 226. Thermoelement aus Rheotan und Kupfer (Thermospannung 3,5 mV bei 80 K Übertemperatur).

erhöhten Temperatur ausgesetzt wird. Abbildung 226 veranschaulicht die Schaltung. An einem etwa 5 mm breiten und 20 mm langen Kupferblättchen sind z. B. ein Draht aus Kupfer und aus Rheotan durch eine Lötperle befestigt. Beide Drähte werden — am besten unmittelbar — einem empfindlichen Millivoltmeter zugeführt. Bei entfernter Aufstellung dürfen zur Verlängerung nur dieselben Metalle oder solche gleicher Thermospannung verwendet werden, damit Fehler durch weitere Thermospannungen an den Verbindungsstellen vermieden werden. Das Gerät mißt eine Spannung, die der Differenz der Temperaturen an der Lötstelle und an den Klemmen des Meßgeräts verhältnisgleich ist. Man erhält also, wenn die Skala in °C geeicht ist, die *Übertemperatur* der Meßstelle gegen den Raum. Wenn das Thermoelement neben das Gerät gelegt wird, muß die Anzeige Null werden. Bei den obenerwähnten Metallen beträgt die Thermospannung bei 80 K Übertemperatur etwa 3,5 mV. Im praktischen Gebrauch bevorzugt man die Anwendung der Thermoelemente in all jenen Fällen, wo das Einstecken von Glasthermometern Schwierigkeiten bereitet. Dies gilt z. B. besonders bei vollständig gekapselten Maschinen, bei denen die Thermoelemente gut am Wickelkopf der Ständerwicklung und am Ständereisen anzubringen sind, während die Zuleitungen durch ein kleines Bohrloch nach außen geführt werden.

Die Induzierung von Wirbelströmen im Kupferblättchen muß vermieden werden, jedoch sind im allgemeinen keine großen Bedenken in dieser Richtung vorhanden. Bei Verwendung mehrerer Elemente nimmt man praktischerweise eine Klemmleiste in Verbindung mit einem Umschalter, wodurch die Ablesung mit einem einzigen Drehspulgerät ermöglicht wird.

Für Thermoelemente gelten nach DIN 43710 Toleranzen gemäß Tabelle 5.

Tabelle 5. Toleranzen für Thermoelemente

Thermopaar Typ	Temperaturbereich °C	Zulässige Abweichung
U (Cu—CuNi)	50 ... 400	±3 °C
	400 ... 600	±0,75%
L (Fe—CuNi)	50 ... 400	±3 °C
	400 ... 900	±0,75%

Die Toleranzen für NiCr—Ni und Pt10Rh—Pt nach DIN 43710 unterscheiden sich von DINIEC 584. Einige Kennlinien von Thermoelementen und die Meßschaltung mit einer Vergleichstelle zeigt Abb. 227b. Sind die Fehlergrenzen für besondere Meßzwecke zu groß, so kann man vom Hersteller Thermopaare mit halber DIN-Toleranz beziehen.

Für orientierende technische Messungen wird das Thermopaar in einem Fühlerstab untergebracht. Die Ausgleichsleitungen befinden sich im Verbindungskabel zwischen Fühler und Gerät; die Vergleichsstelle liegt im Stecker des Geräts und erfaßt die Umgebungstemperatur. Bei den heutigen Sekundenthermometern erfolgt eine Analog-Digital-Umsetzung und Verstärkung des Signals der Thermospannung. An Stelle des Zeigerinstruments werden Digitalanzeigen verwandt.

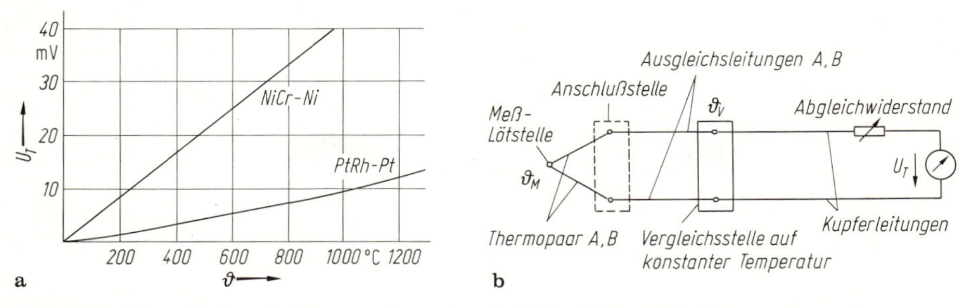

Abb. 227 a. Kennlinien von Thermoelementen; **b** Meßschaltung für Thermoelemente.

Bei der Auswahl der Meßfühler von Sekundenthermometern ist zu beachten, daß Widerstandsthermometer wesentlich langsamer gegenüber Thermoelementen ihren Endausschlag erreichen.

Widerstandsthermometer. Bei diesem Verfahren wird die Widerstandserhöhung eines an die erwärmte Stelle eingebrachten Metalldrahts gemessen, die ein Maß für die dort herrschende höhere Temperatur ist. Im Prüffeld macht man hiervon wenig Gebrauch, jedoch werden große Maschinen zum Zwecke der laufenden Temperaturüberwachung häufig mit Widerstandsthermometern ausgerüstet. Die Bestimmung der Widerstandszunahme kann in einer der verschiedenen Brückenschaltungen oder mittels Kompensator erfolgen [112–114].

Als Metalle finden vorzugsweise Platin und Nickel Verwendung, da der temperaturabhängige Widerstandswert dieser Metalle einen nahezu linearen Verlauf über der Temperatur zeigt. Bei Platin sind die Konstanz der elektrischen Werte und die Resistenz gegen äußere Einflüsse, bei Nickel die steile Widerstandscharakteristik von Interesse. Die DIN 43760 gibt die Grundwertreihen für beide Metalle an. Sie beziehen sich auf den sogenannten Nennwiderstand von 100 Ω bei der Temperatur von 0 °C.

Der Meßstrom durch das Widerstandsthermometer darf einige 10 mA nicht übersteigen, damit unzulässige Erwärmungen vermieden werden.

Nickel-Widerstandsthermometer eignen sich zur Temperaturmessung im Bereich von −60 bis +150 °C, während solche mit Platinwicklung von −250 bis +850 °C eingesetzt werden können. Die in der Prüftechnik eingesetzten Widerstände bestehen aus dünnen Platin- oder Nickeldrähten von etwa 0,05 bis 0,3 mm Durchmesser, die in Form einer Wendel auf einem flachen oder zylindrischen Widerstandskörper aufgebracht sind. Die Wendel ist meist bifilar gewickelt, so daß keine Überkreuzung der Leitungen auftritt und eine gute Erfassung der Temperatur gewährleistet ist.

Tabelle 6. Toleranzen für Widerstandsthermometer Pt 100 nach DIN 43760

Klasse	zulässige Abweichung
A	$\pm(0{,}15 + 0{,}002 \cdot \lvert \vartheta \text{ in } ^\circ\text{C} \rvert)$
B	$\pm(0{,}3 + 0{,}005 \cdot \lvert \vartheta \text{ in } ^\circ\text{C} \rvert)$

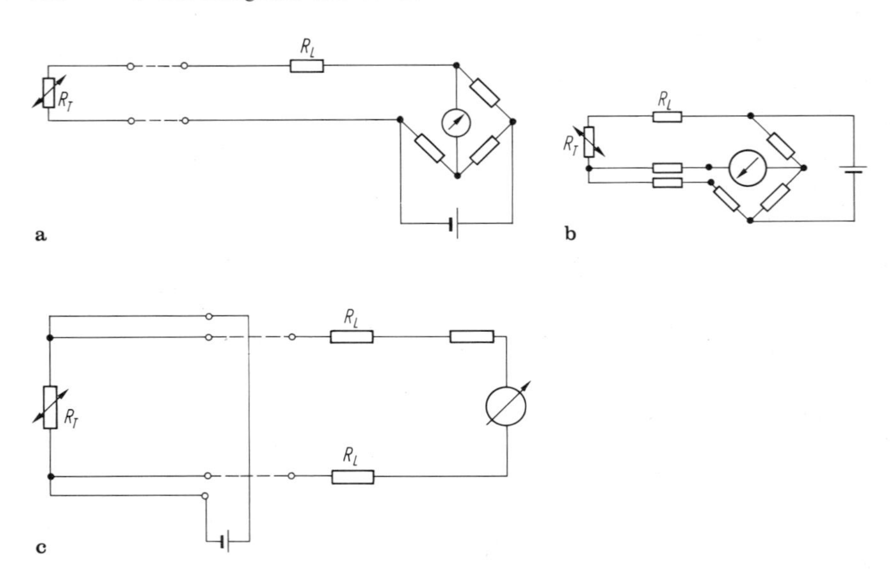

Abb. 228. Meßschaltung für Widerstandsthermometer **a** Zweileiter-Schaltung, **b** Dreileiter-Schaltung, **c** Vierleiter-Schaltung

Grundwerte und zulässige Fehler für Meßwiderstände aus Platin und Nickel sind in DIN 43760 festgelegt. Widerstandsthermometer haben bei Temperaturen unter 200 °C im Vergleich zu Thermoelementen etwas kleinere zulässige Toleranzen (Tabelle 6).

Da für das Meßsignal eine Widerstandsänderung zugrunde gelegt wird, ist der Einfluß der Leitungswiderstände besonders zu beachten. Bei einer Zweileiterschaltung muß der vorgeschriebene Wert genau abgeglichen werden. Es ist darauf zu achten, daß die Leitung keine nennenswerte Widerstandsänderung durch den Einfluß von Wärmequellen erfährt. Um den Temperatureinfluß auf die Zuleitung zu eliminieren, verwendet man die Dreileiter- oder bei sehr genauen Messungen auch die Vierleiterschaltung (Abb. 228). Bei stark schwankender Umgebungstemperatur wird üblicherweise die Dreileiterschaltung angewendet. Der Widerstand wird bei der Vierleiterschaltung nicht mehr direkt gemessen, sondern der Spannungsabfall am Widerstand bei Speisung mit konstantem Strom wird bestimmt [115, 116].

Der Zuleitungswiderstand für Widerstandsthermometer ist nach DIN 43709 mit 10 Ω genormt. Bei der Inbetriebnahme einer Meßstelle muß daher der Widerstandswert der Zuleitungen einmalig abgeglichen werden. Der Isolationswiderstand der vollständigen Meßanordnung, gegen Erde gemessen, sollte bei Raumtemperatur größer als 1 MΩ sein.

Bei allen Temperaturmessungen kommt es nicht nur auf die Genauigkeit eines einzelnen Meßwerts, sondern auch auf die Aussagekraft des Ergebnisses, d. h. die Wahl des richtigen Meßorts an. *Strahlungspyrometer* werden dann zur Temperaturmessung verwendet, wenn die Temperatur von bewegten Oberflächen, wie zum Beispiel Schleifringe, Kommutator oder Rotorkäfig, von Interesse ist. Der Anwendungsbereich wird durch die Kalibrierung festgelegt. In der industriellen Meßtechnik kommen häufig das Thermoelementpyrometer oder das fotoelektronische Pyrometer zum Einsatz. Technologische Verbesserungen bei den *Thermistoren* (thermal sensitive resistor) ermöglichen den Einsatz dieser temperaturabhängigen Widerstände zu Meßzwecken. Man unterscheidet zwei Arten. Beim NTC-Widerstand, auch Heißleiter genannt, sinkt der Widerstand mit steigender Temperatur während beim PTC-Widerstand, Kaltleiter genannt, der Widerstand mit anwachsender Temperatur steigt. Es ist zu beachten, daß das typische Verhalten von Heiß- und Kaltleitern nur jeweils innerhalb bestimmter Temperaturgrenzen auftritt (Abb. 229).

Thermistormeßfühler sind häufig perlenförmig und in Glas eingebettet. Als Folge dieser Bauform zeigen sie eine hohe Ansprechgeschwindigkeit auf plötzliche Temperaturänderungen und gestatten punktförmige Messungen. Diese besonderen Gegebenheiten werden genutzt in elektronischen Überwachungsschaltungen zum Schutz elektrischer Maschinen vor thermischer Überlastung.

Beispielsweise werden zur Überwachung einer Nennansprechtemperatur in einer Drehstromwicklung sinnvollerweise drei Kaltleiter in Reihe geschaltet, einer pro Wicklungsstrang. Auch bei unsymmetrischer Belastung der Wicklungsstränge ist dann der thermische Schutz gewährleistet.

Die Schaltungen zur Temperaturmessung mit Thermistorfühlern sind im Prinzip die gleichen wie beim Widerstandsthermometer.

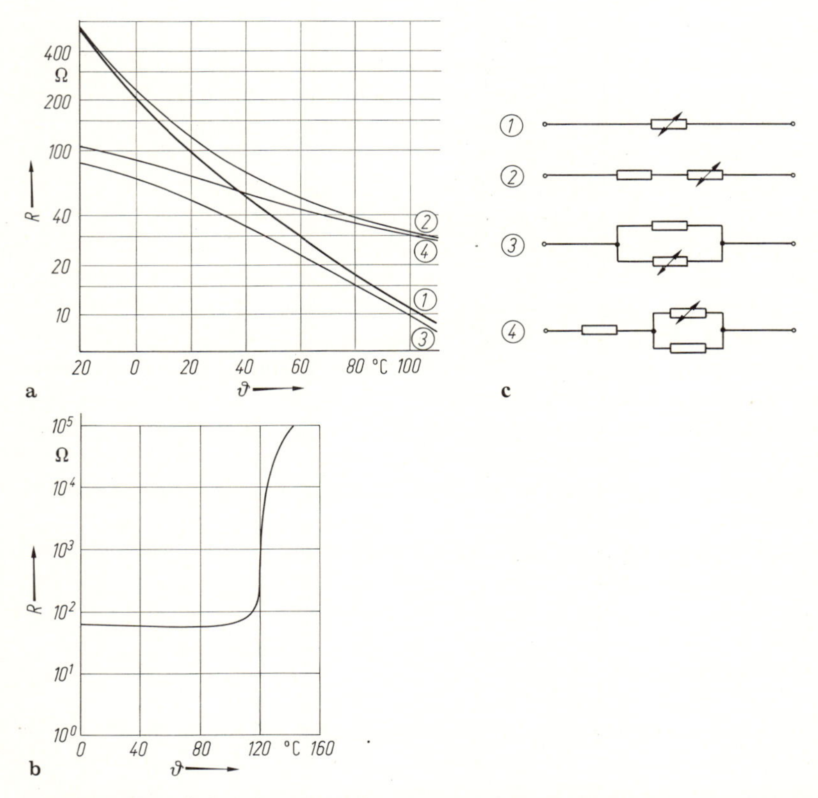

Abb. 229 a Kennlinien eines Heißleiters bei unterschiedlicher Beschaltung; **b** Widerstand-Temperaturkennlinie eines Kaltleiters; **c** Schaltungen zur Kennlinien-Linearisierung

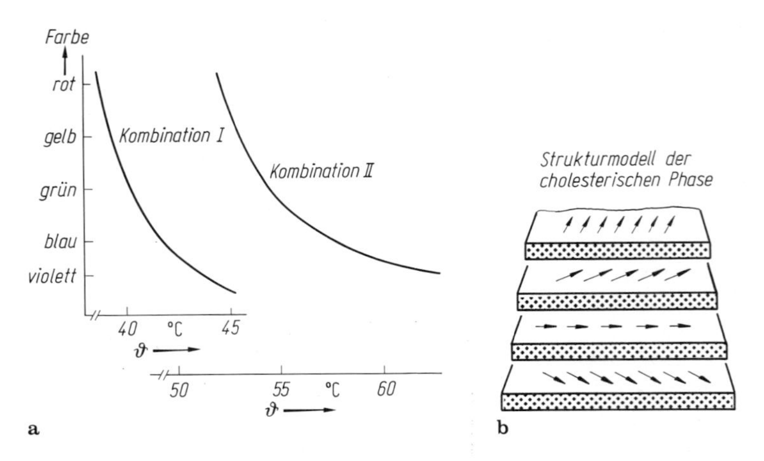

Abb. 230. Kalibrierkurven für zwei verschiedene Mischungen von cholesterinen Flüssigkristallen. **a** Kennlinien; **b** Strukturmodell

Die Temperaturfühler sollen möglichst in den Heißpunkt der Wicklungen eingebaut werden. Das ist oft der Wickelkopf auf der dem Lüfter abgewandten Seite.

Abschließend sei kurz auf die Anwendung von Flüssigkristallen in der Temperaturmeßtechnik hingewiesen. Sie eignen sich gut zur Bestimmung der Oberflächentemperatur. Die cholesterischen flüssigen Kristalle werden mit einem Pinsel auf die zu untersuchende Fläche aufgetragen. Da Flüssigkristalle das einfallende Licht gestreut zurückwerfen, müssen sie auf einem dunklen Untergrund aufgetragen werden, so daß vorgeschwärzte Mischungen benutzt werden. Die zu untersuchende Oberfläche zeigt bei Raumtemperatur folglich eine schwarze Farbe. Verändert sich nun die Temperatur der zu beobachtenden Fläche, z. B. infolge von Wirbelströmen, so zeigen bestimmte noch wenig erwärmte Bereiche die Farbe gelb, während stärker aufgeheizte Bereiche schon die Farbe violett angenommen haben (Abb. 230). Wie Abb. 230b erkennen läßt, ist die Vorzugsrichtung der Molekülachsen innerhalb einer Molekülschicht gegenüber der nächsten um einen konstanten Winkel räumlich versetzt. Die Ganghöhe der Helix verändert sich nun durch Erwärmung. Das hat zur Folge, daß sich die Farbe des reflektierten Lichts ändert, denn immer der Spektralanteil des eingestrahlten Lichts wird reflektiert, dessen Wellenlänge der Ganghöhe der Helix entspricht.

Die Photoaufnahmen zu definierten Zeitpunkten und ihre anschließende Auswertung sind jedoch recht zeitintensiv.

5.2.5 Drehmomentmessungen

Die Welle der elektrischen Maschine erfährt bei Aufbringen eines Drehmoments eine mechanische Verformung. Diese Verformung hat folgende Auswirkungen:

— Zwei Querschnitte der Welle im Abstand l verdrehen sich um den Torsionswinkel φ.

— Die Permeabilität einer Welle aus ferromagnetischem Material nimmt etwa proportional dem aufgebrachten Drehmoment in der um $+45^\circ$ zur Wellenachse geneigten Richtung (Druck) ab und in der -45° Richtung (Zug) zu.
— Es werden mechanische Spannungen im Wellenmaterial erzeugt, deren Hauptspannungsrichtungen gegenüber der Wellenachse um $\pm 45^\circ$ geneigt sind.

Zunächst soll kurz auf die Drehmomentmessung im Stillstand eingegangen werden, bevor die drei Meßprinzipien behandelt werden. Die unmittelbare mechanische Bestimmung des Drehmoments, das an der Welle der Probemaschinen auftritt, wird der mittelbaren Bestimmung aus Strom und Fluß (Erregerstrom) oder aus Leistung und Drehzahl bei laufenden Maschinen vorgezogen. Neben den Verfahren mit elektrischen und mechanischen Bremsen bestimmt man das Drehmoment im Stillstand mit dem einfachen Hebelarm, der fest auf die Maschinenwelle aufgesetzt wird.

Drehmomentmessung mit Hebelarm. Ein auf die Welle der Maschine aufgesetzter Hebelarm von genau bestimmter Länge zwischen Wellenmitte und Angriffspunkt der Kraft drückt entweder auf eine Kraftmeßdose oder zieht, wie Abb. 231 zeigt, über einen Flaschenzug an einer Federwaage. Das vom Motor ausgeübte Drehmoment ergibt sich zu:

$$\text{Drehmoment in Nm} = (\text{Kraft in N}) \cdot (\text{Hebelarmlänge in m})$$

$$M = F \cdot l\,.$$

Zu beachten ist, daß die Kraft F senkrecht am waagerecht liegenden Arm angreifen muß. Als diese darf nur die wirklich vom Motor ausgeübte Kraft eingesetzt werden. Vor der eigentlichen Messung ist daher der von den einseitigen Gewichten der Anordnung herrührende Ausschlag abzulesen und entsprechend zu berücksichtigen. Diese Übergewichte müssen, um bei der Federwaage meßbar zu sein, in Richtung des Motordrehmoments wirken; bei Verwendung eines zweiarmigen Hebels, die sich aus Sicher-

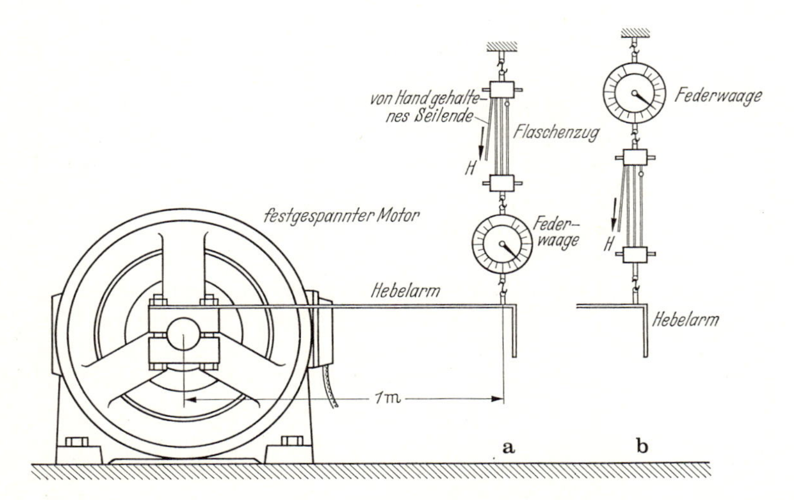

Abb. 231. Drehmomentmessung im Stillstand. Anordnung **a** vermeidet Fehler durch Handkraft H am freien Seilende. Anordnung **b** zeigt Fehler, wenn freies Seilende nicht waagerecht gehalten wird

heitsgründen (verkehrte Motordrehrichtung) empfiehlt, ist unter Umständen durch ein zusätzliches Übergewicht auf der Waagenseite hierfür zu sorgen. Der Flaschenzug ermöglicht es, während der Messung durch langsames Durchziehenlassen des Seils den Motorläufer in verschiedene Stellungen zu bringen, um sein etwa schwankendes Drehmoment bestimmen zu können. Man begnügt sich mit der Feststellung des Höchst- und des Kleinstwerts und nimmt als richtigen Betrag des ausgeübten Drehmoments den Mittelwert aus beiden Ablesungen. Zu beachten ist, daß in Anordnung b) das freie Seilende nicht in Richtung auf den Hebelarm zu mit der Hand geführt werden darf, da sonst die von ihr auszuübende Haltekraft H mitgemessen würde. Bei waagerechter Führung oder durch die Anordnung a) kann dieser Fehler ohne weiteres vermieden werden. Die Wirkung der Reibungskraft wird ausgeschieden, wenn man das Moment einmal beim Heben und einmal beim Sinkenlassen des Arms an der gleichen Stelle mißt und den Mittelwert beider Angaben nimmt. Bei Asynchronmotoren mit Wälzlagern, die am häufigsten zur Probe kommen, spielt die Reibung eine untergeordnete Rolle; ihr Einfluß ist geringer als der natürliche Fehler der Federwaage. Die Verwendung von Kraftmessdosen erlaubt eine genauere Bestimmung der Kraft, jedoch ist die Drehmomentbestimmung bei verschiedenen Läuferstellungen nicht leicht durchzuführen; außerdem ist die Dose bezüglich des ersten Stoßes beim Einschalten des Motors wesentlich empfindlicher als die Federwaage.

Drehmomentmessung mit Torsionswelle nach Vieweg. Diese Meßmethode empfiehlt sich besonders bei der Aufnahme der Drehmoment-Drehzahlkurven von Gleichstrommaschinen in Sonderschaltungen, wie sie z. B. für Schiffshilfsmaschinen und Hebezeuge verwendet werden. Das Torsionsdynamometer besteht im wesentlichen aus einem schlanken Stahlstab hoher Güte, der in die mechanische Kraftübertragung eingeschaltet wird. Beim Auftreten eines Drehmoments verdrehen sich die Stabquerschnitte gegeneinander. Diese Verdrehung ist, wenn die Proportionalitätsgrenze nicht überschritten wird, dem Drehmoment verhältnisgleich. Durch eine optische Vorrichtung z. B. kann die Verdrehung der beiden Einspannquerschnitte gegeneinander beobachtet werden, zu der sich aus der statisch ermittelten Kalibrierkurve des verwendeten Stabs der zugehörige Wert des Drehmoments in Nm ergibt. Für die einzelnen Meßbereiche müssen verschieden starke Wellen verwendet werden. Für Prüffeldzwecke ergibt sich eine sehr praktische Anordnung, wenn das Torsionsdynamometer für sich allein zwischen zwei Lagerböcken auf einer eigenen Grundplatte aufgebaut wird. Die antreibende Welle wird auf der einen, die angetriebene Welle auf der anderen Seite besonders angekuppelt.

Mit Hilfe einer schleifringlosen Meßwertübertragung wird ein der Winkelverdrehung proportionales Signal, das ein Maß für das übertragene Drehmoment ist, von dem rotierenden Teil auf den feststehenden Empfänger übertragen. Je nach Steifigkeit der Meßwelle liegt die Eigenfrequenz zwischen 2 bis 7 kHz. Meßwellen, die nach diesem Prinzip arbeiten, werden für Drehmomente bis zu 50000 Nm angeboten und können bei Bedarf statisch kalibriert werden. Der Einbau der Meßwelle zwischen Prüfling und Belastungsmaschine ist sorgfältig durchzuführen, um Biegemomente zu vermeiden.

Eine Drehmomentmeßeinrichtung, die die Permeabilitätsänderung der ferromagnetischen Welle bei Belastung als Maß für die Größe des Drehmoments auswertet, wird von der ASEA unter dem Namen Torduktor angeboten.

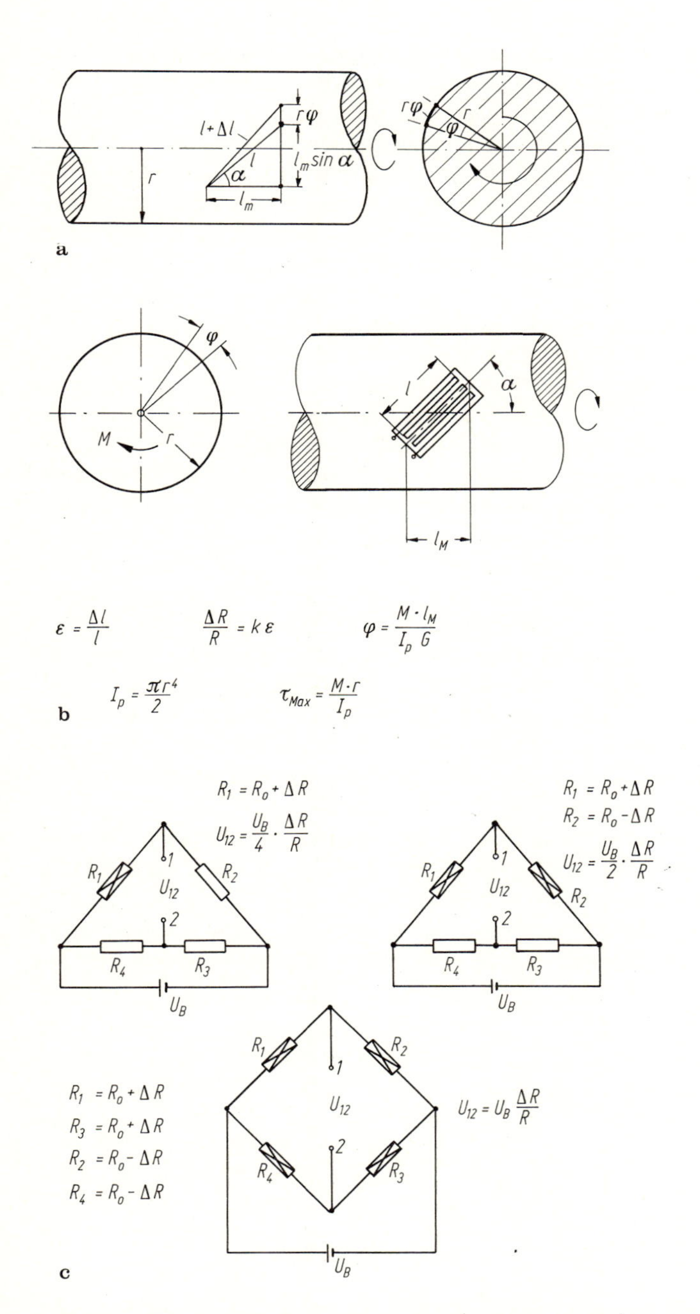

Abb. 232. Drehmomentmessung mit Dehnungsmeßstreifen. **a** Torsion ruft eine Längenänderung hervor; **b** Anordnung eines Dehnungsmeßstreifens; **c** Beispiele für Brückenschaltungen

Ein Drehmoment ist die Ursache für die Torsion, d. h. Dehnungen und Stauchungen, einer Welle. Wie aus Abb. 232a zu erkennen ist, kann über eine Längenänderung Δl das Drehmoment gemessen werden. Um eine größtmögliche Empfindlichkeit zu erhalten, werden Dehnungsmeßstreifen unter 45° zur Wellenachse aufgeklebt. Von Bedeutung für die Genauigkeit der Messung ist die Qualität der Klebeverbindung zwischen Welle und Dehnungsmeßstreifen. Dazu ist der Klebebereich mechanisch sorgfältig zu reinigen und zu entfetten. Ferner ist darauf zu achten, daß sich keine Lufteinschlüsse unter dem Dehnungsmeßstreifen befinden. Die Klebung, die einige Erfahrungen erfordert, muß sicherstellen, daß die Wellendehnungen bzw. -stauchungen kriech- und hysteresefrei auf den Meßdraht des Dehnungsmeßstreifens übertragen werden [117, 118]. Montierte Dehnungsmeßstreifen sind gegen die Einwirkungen von Feuchtigkeit und vor mechanischer Beschädigung zu schützen. Von der Industrie werden geeignete Abdeckmaterialien angeboten.

Während früher vornehmlich Drahtmeßstreifen — mäanderförmig auf dem Trägerkörper geklebt — zur Anwendung kamen, werden heute oft Folienmeßstreifen zum Einsatz gebracht. Um die Effekte der Störgröße Temperatur gering zu halten, kann mit temperaturkompensierten Dehnungsmeßstreifen gearbeitet werden, oder man erfaßt die Temperatur getrennt und korrigiert das Ergebnis der Dehnungsmessung im Anschluß an die Messung. Besonders bei Langzeitmessungen kann eine Temperaturkompensation sinnvoll sein. Eine weitere Anwendung haben die Dehnungsmeßstreifen in Kraftmeßdosen gefunden [119].

Sofern der Platz zum Kleben der Dehnungsmeßstreifen ausreicht, wird man immer die Vollbrücke bevorzugen. Ferner benötigt man noch Platz für das Anbringen der vier Schleifringe oder für das Anflanschen eines Schleifringübertragers. Neben der Gleichstromspeisung der Brücke wird verstärkt die Brückenspeisung mit einer Trägerfrequenz praktiziert. Bei einer Trägerfrequenz von 5 kHz können dynamische Vorgänge bis 1,5 kHz mit vertretbarer Genauigkeit gemessen werden. Isolationswiderstände und Erdkapazitäten erschweren unter Umständen den Brückenabgleich, so daß es sinnvoll ist, erdsymmetrische Brücken zu verwenden.

Für Prüffelduntersuchungen werden Drehmomentmeßwellen mit Dehnungsmeßstreifenbrücken angeboten. Zur Brückenspeisung und Abgriff der Meßspannung werden berührungslose Drehübertrager eingesetzt.

Andere Anbieter von Drehmomentmeßwellen nutzen die schwingende Saite für die Messung aus. Bekanntlich hängt die Eigenfrequenz f_0 einer gespannten Saite ab von:

— der spannenden Kraft F
— der Saitenlänge l und
— der Masse m

$$f_0 = \frac{1}{2}\sqrt{\frac{F}{ml}}$$

Betrachtet man ferner für die Saite:

— Dichte ϱ
— Querschnitt
— Elastizitätsmodul E und
— Dehnung ε

so erhält man:

$$f_0 = \frac{1}{2l} \sqrt{\frac{\varepsilon E}{\varrho}}$$

Die Eigenfrequenz ist proportional der Dehnung ε, d. h. die schwingende Saite ist ein frequenzanaloger Aufnehmer, mit dem Kräfte und Drehmomente gemessen werden können.

In vielen Fällen kann das Drehmoment nicht an der Stelle gemessen werden, an der es angreift. Die Drehmomentmeßwelle muß oft zwangsläufig an einer zugänglichen Stelle im Wellenstrang montiert werden [120–122].

Bei der Untersuchung des Leeranlaufs eines Maschinensatzes, bestehend aus Antriebsmotor, Kupplung und Belastungsmaschine, kann bei entlasteter Maschine an dem freien Wellenende des Motors die Drehbeschleunigung $\mathrm{d}n/\mathrm{d}t$ gemessen werden. Wegen

$$M = 2\pi J \frac{\mathrm{d}n}{\mathrm{d}t}$$

erhält man unmittelbar das Drehmoment, das über die Welle zugeführt wurde. Abbildung 233 zeigt das dynamische Drehmoment einer anlaufenden Synchronmaschine und zum Vergleich die Kurve des mittleren Drehmoments, wie sie üblicherweise im Prüffeld aufgenommen wird. Zur Drehbeschleunigungsmessung kann die Spannung einer exakt montierten Gleichstromtachomaschine differenziert werden, oder man benutzt Wirbelstromaufnehmer nach dem Ferraris-Prinzip. Nach unseren Erfahrungen empfiehlt es sich, die Tachospannung mit 10 ms zu sieben [16, 123—126].

Der Sachverhalt, daß die gemessene Drehbeschleunigung bei bekanntem Trägheitsmoment gleich dem unbekannten Drehmoment ist, sollte bei der Prüfung elektrischer Maschinen stärkere Beachtung finden.

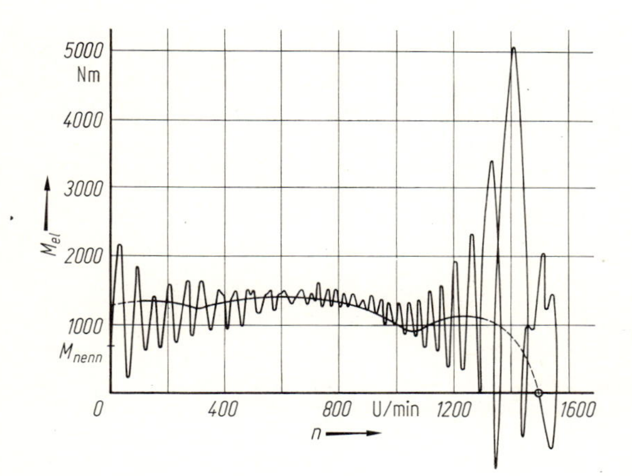

Abb. 233. Mittleres und dynamisches Drehmoment bei asynchronem Anlauf einer Synchronmaschine

Literaturverzeichnis

1. Schlichting, S.: Stoßspannungsprüfung von Elektromotoren zur Früherkennung von Isolationsfehlern. Elektrizitätswirtschaft 85 (1986) 406—409
2. Zwicknagl, W.: Zur Stoßspannungsfestigkeit von Hochspannungsmotoren und deren Prüfung. Elektrotech. Maschinenbau 100 (1983) 206–212
3. Meyer, H.; Pollmeier, F. J.: Transiente Beanspruchungen der Spulenwindungsisolierung von elektrischen Maschinen mit Leistungen über 1 MW. Siemens Energietech. 3 (1981) 347–352
4. Karady, G.; Rozsa, E.: Die Prüfung der Isolierung von Induktionsmotoren mit Stoßspannung. Elektrie 11 (1963) 382–384
5. Rentmeister, M.: Eine Methode zur Prüfung von Windungsschlüssen bei Läufern von Kommutatormaschinen. Elektrotech. Maschinenbau 100 (1983) 6–10
6. Woydt, G.: Beanspruchung und Versteifung der Wickelköpfe von Drehstrommotoren. Siemens-Z. 40 (1966) 28–33 Beiheft „Motoren für industrielle Antriebe“
7. Heiles, F.: Wicklungen elektrischer Maschinen, 2. Aufl. Berlin: Springer 1953
8. Meyer, H.: Die Isolierung großer elektrischer Maschinen. Berlin: Springer 1962
9. Sequenz, H.: Die Wicklungen elektrischer Maschinen, Bd. I–IV. Wien: Springer 1973
10. Meyer, M.: Elektrische Antriebstechnik, Bd. 1. Berlin: Springer, 1985
11. Wütherich, W.: Übersicht über die Einschaltmomente bei Asynchronmaschinen im Stillstand. Elektrotech. Z. Ausg. A 88 (1967) 555–559
12. Voigt, K.: Elektrische Maschinen. Berlin: VEB Verlag Technik 1972
13. Rotter, R.: Thermische Betriebsuntersuchungen an elektrischen Fahrmotor-Kommutatoren der Österreichischen Bundesbahnen. Z. Eisenbahnwes. Verkehrstech. Glasers Ann. 96 (1972) 173–182
14. Auinger, H.; Kracke, G.; Neuhaus, W.: Wirkungsgrad elektrischer Maschinen-Möglichkeiten und Grenzen für eine Verbesserung. Siemens-Energietech. 2 (1980) 271–276
15. Bödefeld, Th.; Sequenz, H.: Elektrische Maschinen, 8. Aufl. Wien: Springer 1971
16. Nürnberg, W.: Torsionsschwingungen bei elektrischen Maschinen. Maschinenschaden. 43 (1970) 225–229
17. Nürnberg, W.: Die Prüfung elektrischer Maschinen, 5. Aufl. Berlin: Springer 1965, S. 258–312
18. Nürnberg, W.: Die Asynchronmaschine, 2. Aufl. Berlin: Springer 1963
19. Nürnberg, W.: Die Ankerrückwirkung der Gleichstrommaschine. Jahrb. AEG-Forsch. Bd. 8 (1941) 120–128
20. Nürnberg, W.: Große elektrische Schadströme in nichtelektrischen Maschinen. Ursache und Wirkung. Gerling Konzern (1965) 3–15
21. Nürnberg, W.; Lax, F.: Gleichstrommaschinen, 2. Aufl. AEG-Handbücher, Bd. 2 (1964)
22. Nürnberg, W.; Lax, F.: Synchronmaschinen. AEG-Telefunken Handbücher, Bd. 12 (1970)
23. Nürnberg, W.; Lax, F.: Drehstromasynchronmotoren. AEG-Telefunken Handbücher, Bd. 1 (1978)
24. Gürich, G.; Milz, U.; Wolf, H.-C.: Meßverfahren zur dynamischen Drehmomentbestimmung. Technisches Messen 51 (1984) 105–110
25. Auckland, D. W.; Sundram, S.; Shuttleworth, R.; Posner, D. I.: The measurement of shaft torque using an optical encoder. J. Phys. E 17 (1984) 1193—1198
26. Hanitsch, R.; Lorenz, U.; Petzold, D.: Elektrische Energietechnik. Handbuchreihe Energieberatung/Energiemanagement, Bd. V, Berlin: Springer 1986, S. 167–195

27. Rohrbach, C.: Handbuch für elektrisches Messen mechanischer Größen. Düsseldorf: VDI 1967
28. Pflier, P. M.; Jahn, H.: Elektrische Meßgeräte und Meßverfahren. Berlin: Springer 1965
29. Palm, A.: Elektrische Meßgeräte und Meßeinrichtungen. Berlin: Springer 1963
30. Schrüfer, E.: Elektrische Meßtechnik. 2. Aufl. München: Hanser 1984
31. Küchler, R.: Die Transformatoren. Berlin: Springer 1966
32. Reiplinger, E.: Verminderung der Leerlaufverluste bei Transformatoren. Siemens-Energietech. 2 (1980) 255–257
33. Obereder, J. P.: Verlust- und geräuscharme Transformatoren mittlerer Leistung in Wandlerbauart. Elektrizitätswirtschaft 85 (1986) 228–231
34. Leohold, J.: Zur Genauigkeit von Netzwerkmodellen für die Berechnung von Resonanzvorgängen in Transformatorwicklungen. Elektrotech. Z. Arch. 8 (1985) 41–50
35. Felderhoff, R.: Elektrische Meßtechnik. 4. Aufl. München: Hanser 1982
36. Brosch, P. F.; Tiebe, J.; Schusdziarra, W.: Erwärmung kleiner Asynchronmaschinen bei Betrieb mit Frequenzumrichtern. Elektrotech. Z. Arch. 7 (1985) 351–355
37. Gnadt, U.: Der polumschaltbare asynchrone Anwurfmotor mit Widerstandskäfig für den Hochlauf großer Blindleistungsmaschinen. AEG-Mitt. 54 (1964) 80–85
38. Reinermann, J.; Seinsch, H. O.: Über einen neuartigen Asynchrongenerator für den Inselbetrieb. Elektrotech. Z. Arch. 8 (1986) 15–22
39. Fischer, H.: Blindstromüberlastbarkeit von kondensatorerregten Asynchrongeneratoren. Elektrotech. Z. 107 (1986) 156–158
40. Deleroi, W.: Bestimmung der Asynchronmaschinen-Parameter aus Lastmessungen. Elektrotech. Z. Arch. (1985) 329–336
41. Hitz, A.: Die graphische Darstellung der Leistungen und des Drehmomentes der Einphasen-Induktionsmaschine und der Einphasen-Nebenschluß-Kollektormaschine mit Hilfe ihrer Primärstrom-Diagramme. Arch. Elektrotech. 43 (1957) 15–32
42. Laithwaite, E. R.: Induction machines for special purposes. London: Newnes 1966
43. Yamamura, S.: Theory of linear induction motors. New York: Wiley 1972, p. 101–111
44. Hanitsch, R.; Dragomir, T.: Die Erwärmung der Reaktionsschiene bei linearen asynchronen Antrieben unter Berücksichtigung des elektrischen Bremsens. Bul. Stiint. Ser. Electroteh. 24 (1979) 81–94
45. Dragomir, T.; Hanitsch, R.: Erwärmungsvorgang einer homogenen Reaktionsschiene bei linearen Antriebssystemen. Antriebstechnik 15 (1976) 334–336
46. Hanitsch, R.: Beitrag zur Jochflußverteilung in asynchronen Linearmotoren. Arch. Elektrotech. 58 (1976) 47–51
47. Hanitsch, R.; Sprang, H. D.: Einfluß verschiedener Parameter auf die Anfahrkraft beim asynchronen Linearmotor. Antriebstechnik 9 (1974) 526–528
48. v. Zweygbergk, S.; Sokolow, E.: Verlustermittlung im stromrichtergespeisten Asynchronmotor. Elektrotech. Z. Ausg. A 90 (1969) 612–616
49. Stemmler, H.: Steuerverfahren für Ein- und Mehrpulsige Unterschwingungswechselrichter zur Speisung von Kurzschlußläufermotoren. Diss. TH Aachen 1970
50. Brüderlink, M.; Lorenzen, H. W.; Stemmler, H.: Umrichterspeisung von Asynchronmaschinen. Elektrotech. Z. Ausg. A 91 (1970) 22–28
51. Feldmann, U.: Verluste in stromrichtergespeisten Asynchron-Bahnmaschinen. Arch. Elektrotech. 61 (1979) 229–236
52. Würslin, R.: Pulsumrichtergespeister Asynchronmaschinenantrieb mit hoher Taktfrequenz und sehr großem Feldschwächbereich. Diss. Univ. Stuttgart 1984
53. Schörner, J.: Ein Beitrag zur Drehzahlsteuerung von Asynchronmaschinen über Pulsumrichter. Diss. TU München 1975
54. Schneider, J.; Alwers, E.: Auswirkungen der Umrichterspeisung auf die Asynchronmaschine. VDE-Fachber. 24 (1966) 44–52
55. Benzing, R.: Über den Einfluß von spannungseinprägenden Pulsumrichtern auf den Betrieb von Käfigläufermotoren. Diss. TH Darmstadt 1978
56. Bonfert, K.: Betriebsverhalten der Synchronmaschine. Berlin: Springer 1962
57. Gerber, G.; Hanitsch, R.: Elektrische Maschinen. Stuttgart: Kohlhammer 1980

58. Schammel, J.: Das Stromdiagramm der Synchronmaschine mit ausgeprägten Polen in symbolischer Behandlung. Arch. Elektrotech. 23 (1929) 237–257
59. Siegel, E.: Kippleistung und Stromdiagramm der Synchronmaschine. Elektrotech. Maschinenbau 45 (1927) 1–8
60. Krapp, K.: Synchronmaschinen im untererregten Betrieb. Wiss. Veröff. Siemens-Werke 5 (1926/27) 8–26
61. Ritter, C.: Bestimmung der Parameter einer Synchronmaschine mit Hilfe von Gleichspannungsversuchen im Stillstand. Elektrotech. Z. Arch. 8 (1986) 189–194
62. Happoldt, H.; Oeding, D.: Elektrische Kraftwerke und Netze. Berlin: Springer, 1978
63. Gärtner, R.: Die Reaktanzen der Synchronmaschine in anschaulicher Darstellung. Bull. Schweiz. Elektrotech. Ver. 58 (1967) 729–734
64. Volkmann, W.: Zusammenhang zwischen Verschleiß und Diffusionsspannung in der Oxydhaut des Rotors beim Kohlebürstengleitkontakt. Elektrotech. Z. Ausg. A 97 (1976) 212–215
65. Kratz, G.: Fahrmotoren und Antriebe bei elektrischen Triebfahrzeugen mit Drehstromantriebstechnik. Z. Eisenbahnwes. Verkehrstech. Glasers Ann. 104 (1980) 283–290
66. Stier, F.: Über die Aufhebung der Transformatorspannung beim Einphasenbahnmotor. Elektrische Bahnen 14 (1938) 46–48
67. Gös, W.: Messung parasitärer Flüsse. Arch. Tech. Mess. V 392-J (1964) 145–148
68. Ludewig, G.: Methode zur meßtechnischen Untersuchung der Luftspaltfelder in Drehfeldmaschinen und ihre Erprobung. Diss. TU Hannover 1973
69. Langweiler, F.; Richter, M.: Flußerfassung in Asynchronmaschinen. Siemens-Z. 45 (1971) 768–771
70. Wetzel, K.; Kuczynski, L.: Leistungsmessung mit Hallgeneratoren an Verbrauchern mit pulsweitenmodulierter Spannung. Siemens Components 24 (1986) 59–62
71. Weber, J.: Entwicklung eines Meßverfahrens zur Erfassung des Drehmoments von Drehfeld-Maschinen mit Hilfe von Hallgeneratoren im Luftspalt. Diss. TH Braunschweig 1961
72. Luz, H.: Magnetfeldmessung mit Förstersonden und Hallgeneratoren. Elektronik 8 (1968) 247–250
73. Steidle, H.-G.: Magnetisch steuerbare Halbleiterwiderstände. Siemens-Z. 45 (1971) 607–613, 681–686
74. Gevatter, H. J.; Merl, W. A.: Der Wiegand-Draht, ein neuer magnetischer Sensor. Regelungstech. Prax. 22 (1980) 81–85
75. Tränkler, H. R.: Die Technik des digitalen Messens. München: Oldenbourg 1976
76. Drachsel, R.: Grundlagen der elektrischen Meßtechnik. 6. Aufl. Berlin: VEB Verlag Technik 1979
77. Rohe, K.-H.; Kamke, D.: Digitalelektronik. Stuttgart: Teubner 1985
78. Borucki, L.; Dittmann, J.: Digitale Meßtechnik, 2. Aufl. Berlin: Springer 1971, S. 97
79. Heumann, K.: Magnetischer Spannungsmesser hoher Präzision. Elektrotech. Z. Ausg. A 83 (1962) 349–356
80. Heumann, K.: Messung und oszillographische Aufzeichnung von hohen Wechsel- und schnell veränderlichen Impulsströmen. Tech. Mitt. AEG-Telefunken 60 (1970) 444–448
81. Koppelmann, F.: Der Vektormesser. Elektrotechnik 2 (1948) 11–15
82. Braun, A.: Elektronischer Vektormesser für die komplexe Wechselstrommeßtechnik. Tech. Messen. 52 (1985) 372–377
83. Marganitz, A.: Dynamische Fehler bei der Geschwindigkeitsmessung mittels gleichmäßig geteilter Impulsscheiben. Arch. Tech. Mess. V 145-6 (1972) 121–122
84. Tendulkar, G. A.: Measurement of speed, position and acceleration of electrical drives in microprocessor-based control systems. 2nd Int. Conf. on Electrical Variable-Speed Drives. No. 179 London: IEE 1979, p. 171–174
85. Trenkler, G.: Aufnahme der Drehmomenten-Drehzahlkennlinien elektrischer Motoren mit einem Wirbelstromdrehzahlmesser. Elektrotech. Z. Ausg. A 93 (1972) 183–186
86. Falk, K.: Selbsttätige Momentenmessung bei Motoren mittels RC-Glied während des Hochlaufs. Arch. Tech. Mess. R 13–24 (1970) 13–16
87. Kessler, K. H.: Meß- und Prüftechnik in der Kleinmotoren-Fertigung. Feinwerktechnik Meßtechnik 85 (1977) 116–121

88. Hanitsch, R.: Elektronisch gesteuerte Kleinmotoren mit dauermagnetischem Rotor. J. Magnetism and Magnetic Mater. 9 (1978) 182–187
89. Hanitsch, R.: Bürstenlose Gleichstrom-Kleinmotoren. Bull. Schweiz. Elektrotech. Ver. 23 (1983) 1344–1348
90. Hanitsch, R.; Meyna, A.: Bürstenloser Gleichstrommotor mit digitaler Ansteuerung. Elektrotech. Z. Ausg. A 97 (1976) 204–211
91. Hanitsch, R.: Meyna, A.: Beitrag zur technischen Zuverlässigkeit von elektrischen Kleinmotoren. Qualität und Zuverlässigkeit 22 (1977) 132–135
92. Hanitsch, R.; Bergmann, K.-D.; Schüler, D.: Bürstenloser Gleichstrommotor digital geregelt. Elektronik 29 (1980) 67–71
93. Heumann, K.; Jordan, K.-G.: Einfluß von Spannungs- und Stromoberschwingungen auf den Betrieb von Asynchronmaschinen. AEG-Mitt. 54 (1964) 117–122
94. Fick, H.: Anregung subsynchroner Torsionsschwingungen von Turbosätzen durch einen Stromzwischenkreisumrichter. Siemens-Energietech. 4 (1982) 39–42
95. Taegen, F.; Walczak, R.: Eine experimentell überprüfte Vorausberechnung der Harmonischen des Läuferstromes von Käfigläufermotoren mit geraden Nuten. Arch. Elektrotech. 67 (1984) 265–273
96. Taegen, F.; Walczak, R.: Theoretische und experimentelle Untersuchung der Läuferoberfelder von Käfigläufermotoren. Arch. Elektrotech. 67 (1984) 169–178
97. Wutsdorff, P.: A contribution to the discussion concerning methods of balancing flexible rotors. Brown Boveri Rev. 5–74 (1974) 228–237
98. Federn, K.: Auswuchttechnik, Bd. 1. Berlin: Springer 1977, S. 130
99. Brosch, P. F.; Früchtenicht, J.; Jordan, J.: Laufruhestörungen bei elektrischen Maschinen. Konstr. Masch. Appar. Gerätebau 26 (1974) 107–111
100. Peters, O. H.; Meyna, A.: Handbuch der Sicherheitstechnik, Bd. 1. München: Hanser 1985, S. 142–155
101. Wittrisch, G.: Totalschaden eines 900 kW-Motors durch Lagerschaden und Versagen der Schutzeinrichtung. Maschinenschaden 54 (1981) 72–73
102. Breuckmann, B.; Thieme, W.: Computeraided analysis of holographic interferograms using the phase-shift method. Appl. Opt. 24 (1985) 2145–2149
103. Breuckmann, B.: Holografie — neue Möglichkeiten in der Meßtechnik. Labor 2000 (1985) 188–193
104. Reiplinger, E.; Steler, H.: Geräuschprobleme. Elektrotech. Z. Ausg. A 98 (1977) 224–228
105. Tikvicki, M.: Sekundäre Maßnahmen zur Geräuschminderung an elektrischen Maschinen im mittleren Leistungsbereich. Siemens-Energietech. 2 (1980) 23–26
106. Ellison, A. J.; Moore, C. J.; Yang, S. J.: Methods of measurement of acoustic noise radiated by an electric machine. Proc. IEE, 116 (1969) 1419–1431
107. Yang, S. J.; Ellison, A. J.: Machinery noise measurement. Oxford: Clarendon 1985
108. Broch, J. T.: Mechanical vibration and shock measurement. Søborg: K. Larsen & Son A/S 1980, S. 268–291
109. Jordan, H.; Röder, G.: Über die akustische Wirkung von Oberschwingungen des Läuferstromes. Elektrotech. Z. Ausg. A 91 (1970) 498–502
110. Bloudek, G.: Der Einfluß der magnetischen Textur auf das Schwingungs- und Geräuschverhalten von Drehstrom-Asynchronmaschinen mit Kurzschlußläufer. Diss. TU Berlin 1985
111. Frohne, H.: Über die primären Bestimmungsgrößen der Lautstärke bei Asynchronmaschinen. Diss. TH Hannover (1959)
112. Dommer, R.; Rotter, H.-W.: Meßfühler für den thermischen Maschinenschutz. Siemens-Energietech. 3 (1981) 313–317
113. Borecki, J.; Wieczorek, J.: Neuer Überlast-Temperaturschutz für Hochspannungsmotoren. Elektrotech. Z. Arch. 8 (1986) 171–176
114. Virt, W.: Niederspannungsmotorschutz in Mikroprozessortechnik. Elektrotech. 103 (1982) 243–244
115. Herzog, H.: Temperaturmessung mit Platin-Widerstandsthermometern, Schaltungen elektrischer Meßumformer. Regelungstech. Prax. 24 (1982) 9–14
116. Kolb, F.; Trenkler, G.: Mechanische und elektrische Eigenschaften von Nutenwiderstandsthermometern. Elektrotech. Z. Ausg. A 91 (1970) 336–338

117. Mertens, P.: Über Meßgeräte zur experimentellen Bestimmung der Drehmomentkennlinien von Asynchronmotoren. Arch. Tech. Mess. R 141 (1967) 141–148
118. Nagel, G.: Messung der stationären Momentenkennlinie von Asynchronmotoren im quasistationären Hochlauf. Arch. Tech. Mess. V 136-5 (1969) 121–124
119. Stütz, G.: Kontrollierte Spannung mit Kraftmeßlagern-Beispiele aus der Praxis. Antriebstechnik 23 (1984) 30–32
120. Eckert, J.: Stoßmomente und Ströme eines Asynchronmotors bei Netzumschaltung und anderen Schaltvorgängen. Siemens-Energietech. 2 (1980) 51–54
121. Pfaff, G.; Jordan, H.: Dynamische Kennlinien von Drehstromasynchronmotoren. Elektrotech. Z. Ausg. A 83 (1962) 388–392
122. Sobota, J.: Messung der Kupplungsbelastung beim Anlauf von Asynchronantrieben. Antriebstechnik 23 (1984) 44–47
123. Führer, H.; Waldmann, L.: Ein einfaches Verfahren zur Aufnahme der Drehmomenten-Drehzahlkennlinie von Asynchronmotoren. Elektrotech. Maschinenbau 79 (1962) 9–13
124. Brodersen, P.; Sperling, P.-G.: Dynamische Drehmomente bei Asynchronmaschinen Siemens Forsch. Entwicklungsber. 7 (1978) 257—262
125. Härle, A.; Kähne, R.; Schultz, S.: Messung der Drehgeschwindigkeit bei schnellen Kupplungs- und Blockiervorgängen in Antriebsmaschinen. Tech. Messen 53 (1986) 202–207
126. Juckenack, D.; Molnar, J.: Sensor zur Drehmomentmessung mit amorphen Metallen. Tech. Messen 53 (1986) 242–248

Sachverzeichnis